Datenanalyse und Modellierung mit STATISTICA

Von
Christian Weiß

Oldenbourg Verlag München Wien

Dipl. Math. Christian Weiß ist Wissenschaftlicher Mitarbeiter am Lehrstuhl für Statistik der Julius-Maximilians-Universität Würzburg.

Bibliografische Information Der Deutschen Bibliothek

Die Deutsche Bibliothek verzeichnet diese Publikation in der Deutschen Nationalbibliografie; detaillierte bibliografische Daten sind im Internet über <http://dnb.ddb.de> abrufbar.

Rosenheimer Straße 145, D-81671 München
Telefon: (089) 45051-0
oldenbourg.de

Lektorat: Margit Roth
Herstellung: Anna Grosser
Umschlagkonzeption: Kochan & Partner, München
Gedruckt auf säure- und chlorfreiem Papier
Druck: Grafik + Druck, München

ISBN 3-486-57959-2
ISBN 978-3-486-57959-8

Das Wahrscheinliche (daß bei 6 000 000 000 Würfen mit einem regelmäßigen Sechserwürfel annähernd 1 000 000 000 Einser vorkommen) und das Unwahrscheinliche (daß bei 6 Würfen mit demselben Würfel einmal 6 Einser vorkommen) unterscheiden sich nicht dem Wesen nach, sondern nur der Häufigkeit nach, wobei das Häufigere von vornherein als glaubwürdiger erscheint. Es ist aber, wenn einmal das Unwahrscheinliche eintritt, nichts Höheres dabei, keinerlei Wunder oder Derartiges, wie es der Laie so gerne haben möchte. Indem wir vom Wahrscheinlichen sprechen, ist ja das Unwahrscheinliche immer schon inbegriffen und zwar als Grenzfall des Möglichen, und wenn es einmal eintritt, das Unwahrscheinliche, so besteht für unsereinen keinerlei Grund zur Verwunderung, zur Erschütterung, zur Mystifikation.

(Max Frisch, *Homo Faber*)

Vorwort

STATISTICA ist ein weit verbreitetes Softwarepaket der Firma StatSoft, welches die statistische und grafische Analyse von Datenmaterial erlaubt. Bereits das Basismodul „STATISTICA Standard" stellt eine Reihe grundlegender Verfahren der deskriptiven wie auch der induktiven Statistik zur Verfügung, zudem zahlreiche Werkzeuge zur grafischen Analyse. Durch den gezielten Erwerb zusätzlicher Module lässt sich das Repertoire statistischer Datenanalyseverfahren nach Bedarf erweitern; einen Überblick über die angebotenen Module findet der Leser in Anhang E. Trotz seiner Popularität gibt es im deutschsprachigen Raum jedoch erstaunlich wenig Literatur zu STATISTICA, was ein Grund war, das vorliegende Buch zu verfassen.

Die Notwendigkeit statistischer Datenanalyse besteht in vielen Berufs- und Forschungszweigen. Zu nennen sind hier etwa das Handels- und Dienstleistungsgewerbe, die Fertigungsindustrie, sowie Biologie, Medizin, Chemie, Physik, Geographie, Wirtschafts-, Sozialwissenschaften, u. v. m. Für einen großen Teil der dort anfallenden Fragestellungen bietet STATISTICA, zumindest nach Erwerb geeigneter Module, Lösungsmöglichkeiten an. Ein besonderer Vorzug von STATISTICA gegenüber manch anderem Produkt ist dabei die klare und leicht bedienbare Benutzeroberfläche. Diese ist an herkömmlichen Tabellenkalkulationsprogrammen orientiert und erleichtert somit den Einstieg in die Verwendung von STATISTICA. Ferner erlaubt STATISTICA den Import und Export verschiedenster Datenformate, was die Praxistauglichkeit deutlich erhöht.

Bei dem vorliegenden Buch zur *Datenanalyse und Modellierung mit STATISTICA* handelt es sich um einen einführenden Text zu STATISTICA ab Version 6.0. Neuerungen, die erst mit Version 7 implementiert wurden, sind im Text explizit als solche gekennzeichnet, u. a. durch das am Rand stehende Symbol. Somit kann dieses Buch von einer breiten Leserschaft verwendet werden. Es wird dabei stets eine deutschsprachige Version von STATISTICA zu Grunde gelegt, ferner wurden Bildschirmausdrucke stets im klassischen Windows-Stil gemacht. Große Teile des Buches gehen auf Materialien zurück, die ich für Kurse entwickelt habe, welche die Stochastik-Vorlesungen von Herrn Prof. Dr. Rainer Göb begleiten und ergänzen. Ferner fanden frühere Versionen des Manuskriptes ihren Einsatz im Rahmen des Kompaktseminars *Qualitäts- und Risikomanagement* des MBA Weiterbildungsstudienganges *Business Integration.*

Der Text ist im Stile eines Lehrbuchs verfasst worden, darüberhinaus aber auch eingeschränkt als Nachschlagewerk verwendbar. Wer nur an speziellen technischen Details oder Beschreibung einzelner Menüs interessiert ist, der findet sicherlich in der Hilfe von STATISTICA vergleichbare Informationen. Ebenso kann das im Internet verfügbare, auf Englisch verfasste, elektronische Handbuch, siehe hierzu StatSoft (2004), von Nutzen sein. Die Idee des vorliegenden Textes ist es dagegen, den mit STATISTICA noch nicht oder nur partiell vertrauten Leser auf (hoffentlich) leicht verständliche und kurzweilige Weise an die Möglichkeiten von STATISTICA heranzuführen. Obwohl bei den besprochenen Verfahren auch immer die statistischen Hintergründe erläutert werden, handelt es sich beim vorliegenden Buch nicht um ein Lehrbuch zur Statistik, sondern primär um ein Buch für Anwender. Alle im Text vorgestellten Verfahren werden anhand von Beispielen illustriert. Die dabei verwendeten Datensätze, abgespeichert im `.sta`-Format für Version 6.0, finden sich bei den Informationen zum Buch auf der Verlags-Website `oldenbourg.de`. Diese werden auch für die Aufgaben zu den einzelnen Kapiteln benötigt. Es wird dem Leser empfohlen, diese Datensätze am besten vor Beginn der Lektüre herunterzuladen und im Laufe dieser alle Beispiele selbst durchzuführen.

Die Voraussetzungen, die an den Leser gemacht werden, sind, zumindest nach Auffassung des Autors, minimal – eine gewisse Routine im Umgang mit handelsüblicher Windows-Software sowie rudimentäre Vertrautheit mit Tabellenkalkulationsprogrammen wie z. B. EXCEL[1] sind hilfreich. Vertiefte statistische Kenntnisse sind zum Verständnis vieler Teile des Textes nicht zwingend notwendig, sollten aber zumindest bei späterer verantwortungsvoller Nutzung des Programms vorhanden sein. Das jeweils nötige Fachwissen ist entweder in Form eines *Hintergrundes* zusammengefasst, oder es wird auf einen Anhang verwiesen. Ferner werden an entsprechenden Stellen im Buch Hinweise auf einführende Texte wie etwa Basler (1994) oder Falk et al. (2002) gegeben, die zur weiteren Vertiefung herangezogen werden können. Gelegentlich ist eine solche Darstellung des statistischen Hintergrundes auch zur Erläuterung der Bezeichnungsweisen von STATISTICA und der Resultate der Analysen unumgänglich.

Generell ist das vorliegende Buch stark untergliedert, um die Übersichtlichkeit und Lesbarkeit zu erhöhen. Es werden eine Reihe von Umgebungen verwendet, wie der genannte *Hintergrund*, oder auch *Voraussetzungen* oder *Durchführung*. Diese sind nummeriert und durch Randsymbole gekennzeichnet. Damit sollte eine einfache Navigation möglich sein – der Leser kann gezielt die von ihm benötigten Informationen auf-

[1] An dieser Stelle eine Bemerkung: Immer wieder werden im Text Firmen- oder Produktnamen wie Microsoft, StatSoft, MySQL, etc. verwendet werden. Auch wenn nicht ein jedes einzelne Mal vermerkt, sei darauf hingewiesen, dass es sich dabei jeweils um eingetragene Markenzeichen handelt.

suchen. Die verwendeten Umgebungen und deren Symbole sind dabei die Folgenden:

Die *Durchführung*, zusätzlich noch grau unterlegt, beschreibt stets die konkreten Schritte, die in STATISTICA zu durchlaufen sind, um die gewünschte Analyse vollziehen zu können. Bezüglich der Menüführung wird dabei eine Schreibweise der Art *Datei* → *Öffnen* verwenden, welche auf den Punkt *Öffnen* im Menü *Datei* verweist.

Eine solche Durchführung wird gelegentlich durch kleine *Tipps* ergänzt, welche auf Besonderheiten im positiven oder negativen Sinne hinweisen.

Beispiele dienen der Veranschaulichung und Einübung der beschriebenen Verfahren; dabei werden zumeist reale oder realitätsnahe Datensätze verwendet. Auch die *Motivation* versucht durch Verweis auf reale Situationen den Nutzen von behandelten Methoden nahezubringen.

Der *Hintergrund* präsentiert, wie bereits erwähnt, statistisches Fachwissen in kompakter Form und ermöglicht somit ein vertieftes Verständnis der behandelten Themen.

Voraussetzungen an das zu untersuchende Datenmaterial stellen insbesondere Verfahren der induktiven Statistik. Nur wenn diese erfüllt sind, sind die gewonnenen Aussagen auch tatsächlich zuverlässig.

Gerade im Rahmen der explorativen Datenanalyse werden algorithmische Verfahren verwendet, deren prinzipieller Ablauf in Form eines *Algorithmus* zusammengefasst ist.

Häufig wird zudem eine der genannten Beschreibungen durch eine *Bemerkung* ergänzt.

Der Aufbau dieses Buches ist ausschließlich an inhaltlichen Aspekten orientiert, nicht an der Menüführung von STATISTICA. In Teil I werden wir uns vor allem mit der grundlegenden Bedienung von STATISTICA beschäftigen, wozu insbesondere auch Fragen der Datenhaltung und Datenverarbeitung gehören, siehe Kapitel 2 und 3. Anschließend werden in Teil II zahlreiche Verfahren der deskriptiven und explorativen Statistik vorgestellt. An dieser Stelle sei erwähnt, dass das partiell recht anspruchsvolle Kapitel 7, in welchem Verfahren wie Cluster-, Hauptkomponenten-, Diskriminanzanalyse, o. Ä., vorgestellt werden, nicht für das Verständnis der anschließenden Kapitel benötigt wird und deshalb auch einer späteren Lektüre vorbehalten werden kann.

Erst in Teil III zur induktiven Statistik kommt dann der Zufall ins Spiel. Hier werden eine Reihe wichtiger Testverfahren vorgestellt sowie Ansätze zur Datenmodellierung. In Teil IV werden schließlich einige Besonderheiten von STATISTICA behandelt, welche dieses von anderen Programmpaketen abheben. Es sind dies in Kapitel 12 das Modul der statistischen Qualitätskontrolle, und in Kapitel 13 eine kleine Einführung in die Makroprogrammierung. Ergänzt wird der Text in Teil V durch eine Reihe von Anhängen, zu denen etwa Kompaktkurse zu MySQL und Visual Basic gehören, siehe die Anhänge B und C. Dadurch ist es zumindest theoretisch möglich, das vorliegende Buch ohne Begleitlektüre durchzuarbeiten.

Zu guter Letzt möchte ich noch einige Worte des Dankes aussprechen. Ein großer Dank geht an meinen Kollegen, Herrn Dr. René Michel, für die sorgfältige Durchsicht des Manuskriptes und die damit verbundenen wertvollen Änderungs- und Ergänzungsvorschläge. Nicht vergessen möchte ich Herrn Prof. Dr. Rainer Göb, der das STATISTICA-Projekt am hiesigen Statistiklehrstuhl begründete und mich mit STATISTICA überhaupt erst in Kontakt brachte, außerdem einzelne Abschnitte einer kritischen Durchsicht unterzog. Auch Herrn Fabian Müller von der Universität Freiburg gilt mein Dank für konstruktive Anregungen zu einer früheren Version des Manuskriptes. Nicht versäumen möchte ich es, mich bei den Herren Bernd-Uwe Loll, Thilo Eichenberg und Michael Busch von der Firma StatSoft zu bedanken für die Unterstützung während des Buchprojektes, zahlreiche wichtige Informationen und wertvolle Tipps zu STATISTICA, insbesondere bei Herrn Thilo Eichenberg auch für das Durchlesen des Manuskriptes und die daraus resultierenden Anregungen und Korrekturen. Ebenso gilt mein Dank dem R. Oldenbourg Verlag, vor allem meiner Lektorin, Frau Margit Roth, aber auch Herrn Dr. Rolf Jäger, Herstellungsleitung, für den Einsatz für dieses Buchprojekt und die sehr gute Zusammenarbeit. Und natürlich möchte ich meiner Frau Miia danken, für sprachliche Anregungen sowie vor allem für ihr Verständnis dafür, dass ich in den letzten Monaten meine Freizeit größtenteils der Arbeit am Computer widmen musste.

Würzburg, im Sommer 2006 Christian H. Weiß

Christian H. Weiß

Universität Würzburg
Institut für Mathematik, Lehrstuhl für Statistik
Am Hubland
97074 Würzburg

`christian.weiss@mathematik.uni-wuerzburg.de`

Inhaltsverzeichnis

II Deskriptive und explorative Datenanalyse 69

III Induktive Statistik 183

Teil I

Einführung in STATISTICA

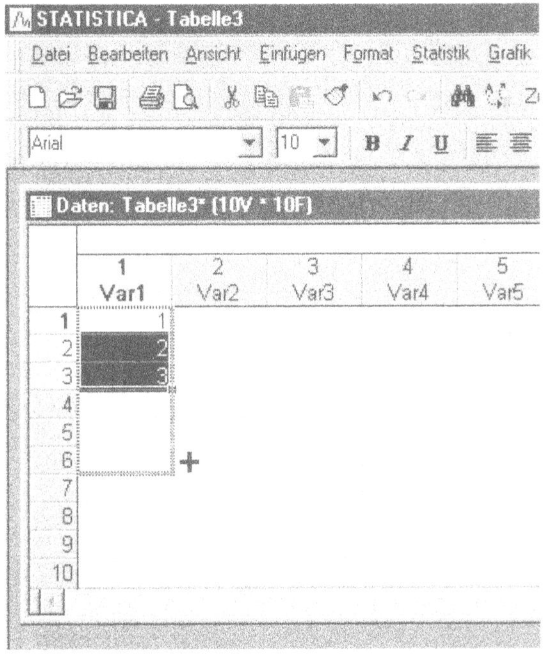

Abb. 1.1: *Der Startbildschirm von STATISTICA.*

1 Erste Schritte in STATISTICA

Das Programm STATISTICA umfasst eine sehr große Sammlung statistischer Verfahren und grafischer Methoden, ist aber trotzdem ein sehr überschaubares und leicht bedienbares Programm geblieben. Dazu trägt auch die benutzerfreundliche Oberfläche bei, die den meisten Computeranwendern ohnehin durch EXCEL oder ähnliche Tabellenkalkulationsprogramme vertraut erscheinen dürfte.

Wie in Abbildung 1.1 angedeutet, verfügt das Tabellenblatt von STATISTICA über ähnliche Funktionen wie das von EXCEL. So kann man beispielsweise auch hier eine Reihe von Zahlen mittels Mauszeiger fortsetzen.

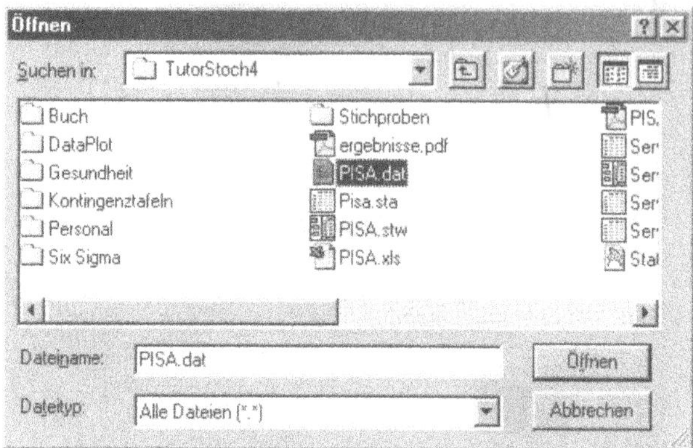

Abb. 1.2: *Öffnen der Datendatei.*

Abweichend von EXCEL ist allerdings die Funktion von Zeilen und Spalten. Während bei EXCEL Zeilen und Spalten prinzipiell gleichwertig sind, sind in STATISTICA, wie bei einer Datenbank, die Spalten den Zeilen übergeordnet. Jedoch erlaubt STATISTICA, bei Bedarf ein Tabellenblatt zu transponieren.

Die Spalten, hier *Variablen* genannt, bezeichnen verschiedene Merkmale, in den Zeilen, den *Fällen*, werden die einzelnen konkreten Messwerte gesammelt. Ein Beispiel:

Beim innerdeutschen Vergleich der PISA-Studie (OECD PISA 2000, zusammengefasst vom Berliner Max-Planck-Institut für Bildungsforschung 2002) wurde u. a. die Fähigkeit im Lesen, in der Mathematik und den Naturwissenschaften von Schülern der Jahrgangsstufe 9 in 14 deutschen Bundesländern (ohne Hamburg und Berlin) gemessen. In diesem Fall wären *Lesefähigkeit*, *Math. Fähigkeit* und *Naturwiss. Fähigkeit* die drei Variablen, die Fälle würden mit den einzelnen Bundesländern bezeichnet und die jeweils erzielten Werte enthalten.

Nehmen wir dieses Beispiel, um uns ein wenig mit STATISTICA vertraut zu machen:

Die konkreten Daten befinden sich in der (Text-)Datei `PISA.dat` und müssen erst in ein STATISTICA-Tabellenblatt importiert werden.[1] Dazu wählt man wie gewohnt den Menüpunkt *Datei* → *Öffnen*, worauf ein Dialogfenster wie in Abbildung 1.2 erscheint. Nachdem man bei Dateityp *Alle Dateien* eingestellt hat, wird die gesuchte Datei angezeigt und kann ausgewählt werden.

[1] Es sei an dieser Stelle nochmals erwähnt, dass alle in diesem Text besprochenen Datensätze von der im Vorwort angegebenen Seite heruntergeladen werden können.

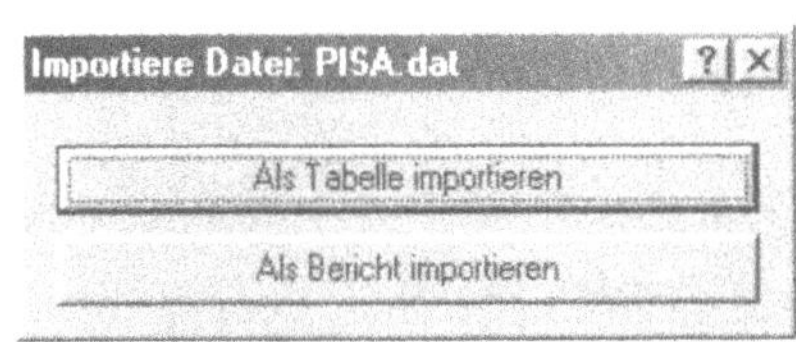

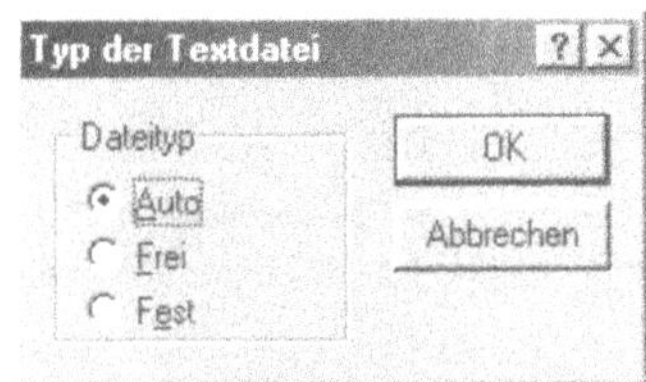

Abb. 1.3: *Die Datendatei als Tabelle importieren und Dateityp* Auto *wählen.*

Im nächsten Dialog, vergleiche Abbildung 1.3, wählt man *Als Tabelle importieren* und belässt es anschließend beim Dateityp *Auto*.

Nun öffnet sich das Fenster *Textdatei öffnen* aus Abbildung 1.4. Hier müssen einige Einstellungen gemacht werden. Ein Blick in die Datei `PISA.dat` zeigt, dass sich über dem eigentlichen Datensatz ein paar Zeilen mit einer kleinen Beschreibung befinden. Da der beschreibende Text nicht im Tabellenblatt erscheinen soll, beginnen wir den Import bei Zeile 4, welche die Bezeichnungen der späteren Variablen enthält. Wir machen einen Haken bei *Variablennamen aus erster Zeile*. Ebenso verfahren wir bei *Fallnamen aus erster Spalte*, damit die Fälle die Namen der einzelnen Bundesländer tragen. Schließlich darf bei *Feldtrennung(en)* lediglich *Tabulator* markiert sein. Eine Auswahl von *Komma* würde dagegen dazu führen, dass die Kommazahlen in mehrere Spalten zerlegt würden.

Falls der Computer auf deutsche Sprache eingestellt ist, verwendet STATISTICA die deutsche Schreibweise, insbesondere also das Komma als Dezimaltrennzeichen. In der Praxis hat man jedoch häufig Datensätze aus dem angloamerikanischen Raum vorliegen, die Punkte verwenden. Damit solche Daten importiert werden können, müssen bei den Versionen bis inkl. 6.1 vorher in einem Editor die Punkte durch Kommata ersetzt werden. Alternativ, aber wohl problematischer, kann in der Systemsteuerung unter Ländereinstellungen die Sprache geändert werden. Seit Version 7 werden auch Punkte als Dezimaltrennzeichen erkannt.

Neu ab Version 7 sind leicht modifizierte Dialoge zum Import von Dateien, verglichen mit denen aus den Abbildungen 1.3 und 1.4. Nützlich sind dabei insbesondere einige weitere Optionen im Dialog *Textdatei öffnen* aus Abbildung 1.4, wie etwa *Voranst. Leerzeichen abschneiden* oder *Leere Zeilen ignorieren*. Ferner erlaubt ein Häkchen bei *Ansicht/Bearbeiten von Spaltentypen vor Import* eine Vorschau auf die von STATISTICA erstellten Variablen. •

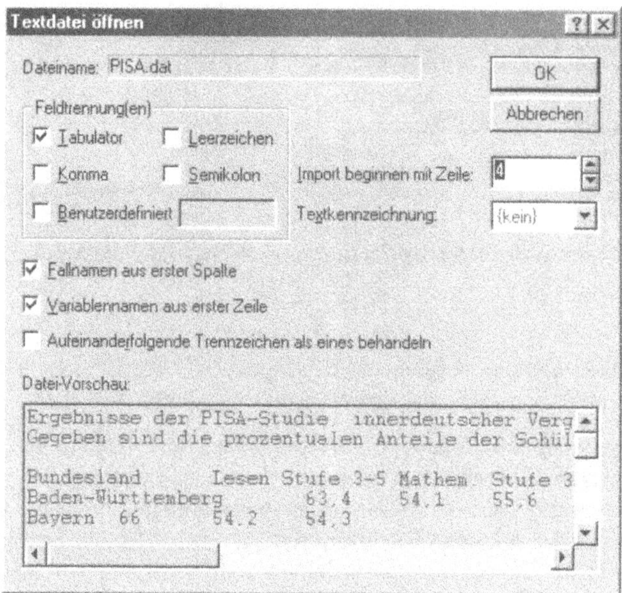

Abb. 1.4: *Unter* Textdatei öffnen *müssen eine Reihe wichtiger Einstellungen gemacht werden.*

Nun ist es geschafft, und durch Klick in das weiße Feld links oben in der Tabelle kann diese markiert werden. Durch erneuten Klick mit der *rechten* Maustaste ins Tabellenblatt öffnet sich ein PopUp-Menü. Dort kann unter *Format* der Befehl *Optimale Höhe/Breite* betätigt werden, damit die Daten und Randbeschriftungen tatsächlich gut lesbar sind, vergleiche hierzu Abbildung 1.5.

Betrachten wir die Daten genauer: In den Disziplinen Lesen, Mathematik und Naturwissenschaften wurde jeweils der Anteil von Schülern an den Stufen 3 bis 5 gemessen, konkret: Wenn wir unter der Rubrik Lesen bei Baden-Württemberg eine 63,4 finden, so bedeutet dies, dass 63,4 % aller dortigen Schüler der 9. Klasse über mittlere bis sehr gute Lesekenntnisse verfügen. Wir wollen uns die Werte der Variablen *Lesen* grafisch veranschaulichen, und zwar mit Hilfe eines Balkendiagramms. Dazu wählen wir wie in Abbildung 1.6 den Menüpunkt *Grafik* → *2D-Grafiken* → *Balkenplots*. Anschließend stellen wir wie in Abbildung 1.7 *Lesen Stufe 3-5* als Variable und horizontale Ausrichtung ein, und betätigen dann den *OK*-Knopf. Nun wird eine *Arbeitsmappe* (*Workbook*) erstellt und die gewünschte Grafik in Selbige eingefügt. Das Ergebnis ist in Abbildung 1.8 zu sehen.

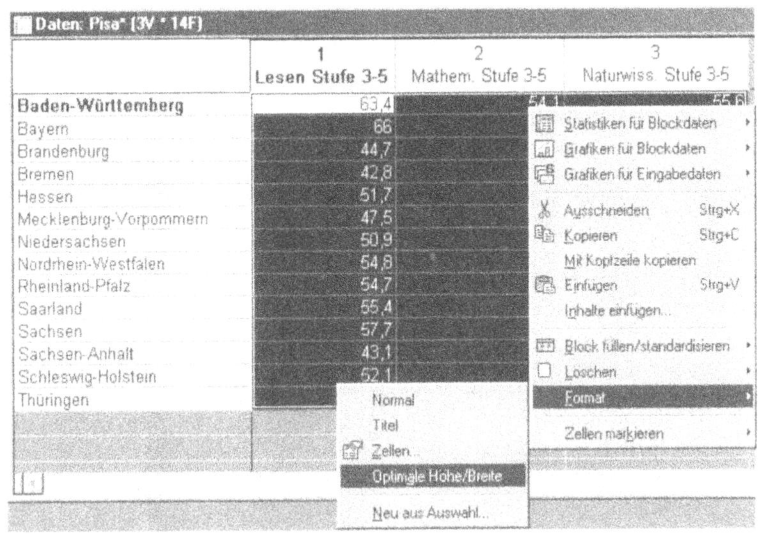

Abb. 1.5: *Die gewünschten Daten wurden nun als Tabellenblatt importiert.*

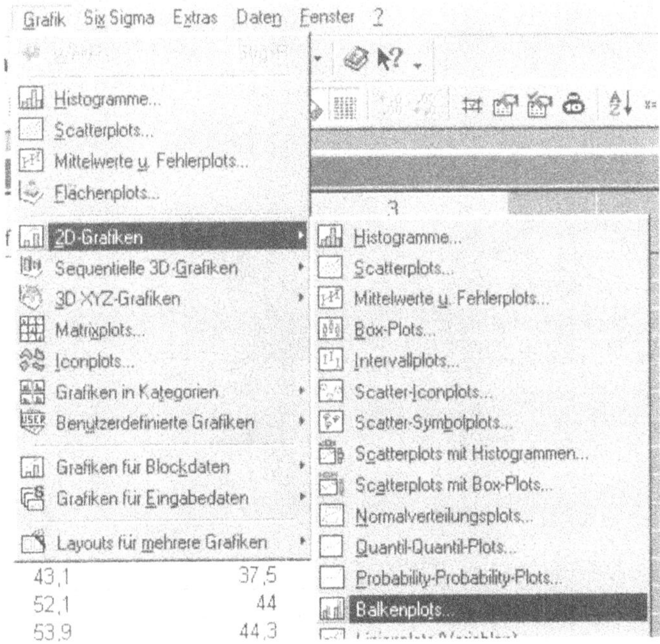

Abb. 1.6: *Wir erstellen ein Balkendiagramm der Daten.*

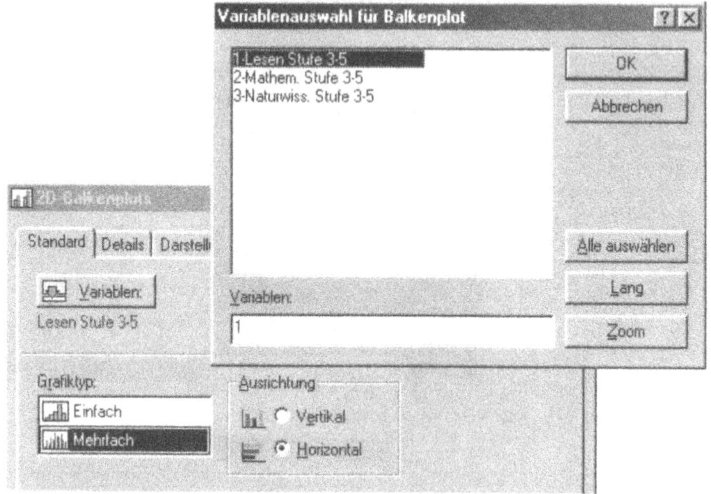

Abb. 1.7: *Als Variable wählen wir* Lesen Stufe 3-5.

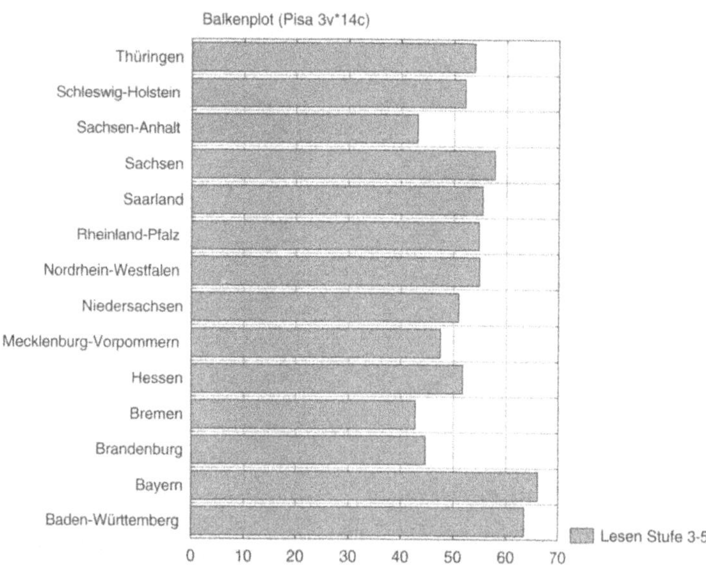

Abb. 1.8: *Ein Balkendiagramm der Lesedaten.*

Abb. 1.9: *Aktives Grafikmenü – Reaktivierung per Knopfdruck.*

Links unten im STATISTICA-Fenster befindet sich nun ein Knopf, mit dem das Balkendiagramm-Menü mit den getroffenen Einstellungen wieder aktiviert werden kann, siehe Abbildung 1.9. Nach erneuter Aktivierung können weitere Diagramme, etwa alle drei Disziplinen in einem mehrfachen Balkendiagramm, erstellt werden können. Dies sei dem Leser zur Übung empfohlen. Parallel dazu können auch beliebige weitere Analysen gestartet werden, auch hier sei an die Experimentierfreude des Lesers appelliert.

Bis zu dem Zeitpunkt, an dem wir die erstellte Arbeitsmappe zum ersten Mal schließen, werden alle weiteren Analyseresultate, auch wenn sie von anderen Datenblättern herrühren sollten, in dieser Arbeitsmappe abgelegt. Man erkennt dies zum Beispiel im Hintergrund von Abbildung 2.2 auf Seite 15. Beim Abspeichern der Arbeitsmappe bekommt diese die Dateiendung `.stw`.

Setzt man zu einem späteren Zeitpunkt Analysen fort, die man gern in einer früheren Arbeitsmappe ablegen möchte, gibt es zwei Möglichkeiten: Entweder man analysiert wie gewohnt, öffnet am Ende die gewünschte Arbeitsmappe und zieht mit gedrückter Maustaste die Resultate in die Zielarbeitsmappe. Oder man wählt vor Beginn der Analysen den Punkt *Datei* → *Ausgabemanager*, woraufhin der *Optionen*-Dialog geöffnet wird, mit der Karte *Ausgabemanager* in Front. Dort wählt man *Alle Ergebnisse (...) in* → *Arbeitsmappen* → *Bestehende Arbeitsmappe*, und in letzterem Feld die gewünschte Zielarbeitsmappe. Nach Bestätigung mit *OK* werden alle weiteren Analyseresultate dort eingefügt.

Achtung! STATISTICA merkt sich diese Einstellung. Solange Sie daran nichts ändern, werden von nun an immer Resultate in genau dieser Arbeitsmappe abgelegt.

Neu ab Version 7 ist die Möglichkeit, sog. *Variablenbündel* zu definieren, und zwar immer vom Variablendialog einer Analyse aus. Bei aktuellen STATISTICA-Versionen verfügt dieser nämlich, im Gegensatz zu Abbildung 1.7, noch über den zusätzlichen Knopf *[Bündel]...*, nach dessen Betätigung sich der *Variablenbündel-Manager* öffnet. Hier kann man bestehende Bündel verändern, oder durch Klick auf *Neu...* ein neues definieren. Im letztgenannten Fall muss man zuerst einen Namen für das Bündel angeben, anschließend erscheint ein Variablenauswahldialog wie in Abbildung 1.7. Hier wählt man die Variablen für das Bündel aus und bestätigt.

Zukünftig werden, wenn die Tabelle im `.sta`-Format ab Version 7 gespeichert wird, im Variablendialog neben den Variablen selbst auch die definierten Bündel angezeigt. Klickt man auf ein solches, so werden auf einen Schlag genau jene Variablen ausgewählt, die im Bündel vermerkt sind. Gerade bei Dateien mit vielen Variablen, bei denen immer wieder die gleiche Auswahl einer Analyse unterzogen wird, ist dies eine große Erleichterung. •

2 Datenhaltung in STATISTICA

In diesem Abschnitt wollen wir uns mit Fragen auseinandersetzen, die in irgendeiner Weise mit der Datenhaltung in Zusammenhang stehen. Dazu zählt ein erster Überblick über die verschiedenen Dateitypen in STATISTICA in Abschnitt 2.1, sowie die Frage des Imports und Exports von Daten. Gerade Letzteres ist von großer praktischer Bedeutung, da einerseits Rohdaten gewöhnlich in Form von Textdateien oder gar Datenbanken vorliegen, andererseits Resultate von Analysen natürlich auch Benutzern zur Verfügung gestellt werden müssen, die nicht auf STATISTICA Zugriff haben. Deshalb werden wir uns in den Abschnitten 2.2 und 2.4 bis 2.6 mit dem Import von Daten verschiedenster Formate auseinandersetzen, und in Abschnitt 2.3 Exportmöglichkeiten besprechen.

Beginnen wir jedoch zuerst mit einem kurzen Überblick über die wichtigsten Dateitypen von STATISTICA.

2.1 Die unterschiedlichen Dateitypen in STATISTICA

Neben den Datentabellen, welche bei STATISTICA die Dateiendung `.sta` besitzen, sind folgende Dateitypen von Bedeutung:

- `.stw`: In der *Arbeitsmappe* (*Workbook*) werden alle Ergebnisse abgelegt, die im Laufe der Datenanalyse anfallen. Bei Bedarf können einzelne Teilergebnisse extrahiert und in verschiedenen anderen Dateiformaten abgespeichert werden, siehe hierzu auch Durchführung 2.3.1. Generell ist eine Arbeitsmappe eine Art von Behälter für ActiveX-Dokumente.

- `.stg`: In Durchführung 2.3.2 werden wir auf die *Grafikdateien* von STATISTICA zu sprechen kommen.

- `.smx`: Hierbei handelt es sich um *Matrixdateien*, wie sie etwa im Rahmen der Clusteranalyse (vgl. Abschnitt 7.1) vorkommen werden, wenn man dort eine Abstandsmatrix erstellen lässt.

- `.str`: Alternativ kann man Datentabellen und jegliche Art von Analyseergebnis auch zusätzlich in *Berichtsdateien* abspeichern

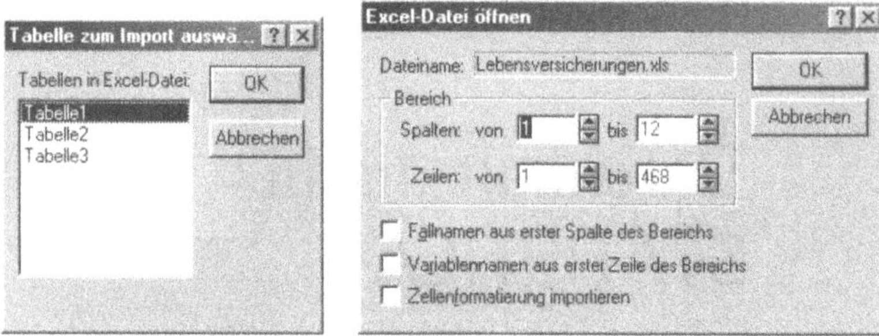

Abb. 2.1: *Auswahl und Einschränkung der zu importierenden Tabelle.*

bzw. einzelne Teilresultate aus einer Arbeitsmappe via Kopieren und Einfügen in einen Bericht übertragen. Ein Bericht ist im Prinzip ein gewöhnliches Textdokument, welches man auch als `rtf`-Datei speichern kann. Nur ist es hier möglich, im Gegensatz zur Arbeitsmappe, noch weitere Bemerkungen oder externe Daten anzubringen. Eine genauere Beschreibung ist in Abschnitt 3.4 zu finden.

- `.svb`: Hierbei handelt es sich um *Makrodateien*. STATISTICA erlaubt die Aufzeichnung und Programmierung von Makrodateien, wobei hier ähnlich wie bei vielen anderen Produkten ein Visual-Basic-Dialekt verwendet wird. Dieses Thema werden wir in Kapitel 13 vertiefen. Verwandte Dateitypen sind `.svc` (Klassenmodule), `.svo` (Objektmodule) und `.svx` (Codemodule).

2.2 Import von Daten

Nur selten wird man in der Natur auf Daten treffen, die bereits im `.sta`-Format abgelegt sind. Deshalb ist der Import von Daten in der Praxis sehr wichtig. Neben dem Import von Daten aus Datenbanken, auf welchen wir in den Abschnitten 2.4 bis 2.6 eingehen werden, wird man vor allem häufig auf zwei Fälle treffen: Daten, die im Textformat abgespeichert sind, die zugehörigen Dateien haben dann üblicherweise die Endung `.txt`, `.dat` oder gar keine Endung. Oder Daten, die in einer EXCEL-Datei mit Endung `.xls` vorliegen.

Der Import von Daten aus Textdateien wurde bereits in Kapitel 1 erläutert und soll deshalb hier nicht erneut vertieft werden. Betrachten wir hier also den Fall, bei dem die Daten in einer EXCEL-Datei vorliegen.

Durchführung 2.2.1

Um EXCEL-Dateien zu importieren, wählt man wie in Kapitel 1 den Menüpunkt *Datei* → *Öffnen* und dann im sich öffnenden Dialog den *Dateityp: Datendateien* oder direkt *Excel-Dateien*. Nachdem man die gewünschte Datei gewählt und *Öffnen* gedrückt hat, wird man seit Version 7 gefragt, ob man *Alle Tabellen in eine Arbeitsmappe importieren* oder eine *Ausgewählte Tabelle in eine Tabelle importieren* möchte; wir wählen Letzteres.

Anschließend erscheint ein Fenster wie im linken Teil von Abbildung 2.1. Dort wählt man das gewünschte Tabellenblatt aus, bestätigt, und trifft dann auf einen Dialog wie im rechten Teil von Abbildung 2.1. Hier ist der zu importierende Ausschnitt der Tabelle zu bestimmen, wobei der angegebene Vorschlag erst einmal den gesamten nichtleeren Bereich der Tabelle umfasst. Ähnlich wie bei Textdateien, vgl. Kapitel 1, kann man auch hier auf Wunsch Fall- und/oder Variablennamen übernehmen, und diesmal sogar Formatierungen. Durch Betätigung des *OK*-Knopfes wird der Import abgeschlossen. •

Andere von STATISTICA unterstützte Dateitypen sind etwa dBase-, SPSS-, Lotus- oder Quattro-Pro-Dateien, seit Version 7 auch SAS-, Minitab- oder JMP-Dateien.

Ferner können in Arbeitsmappen auch andere ActiveX-Dokumente wie WORD- oder EXCEL-Dateien abgelegt werden. Dazu klickt man im Verzeichnisbaum an die gewünschte Stelle mit der rechten Maustaste und wählt im sich öffnenden PopUp-Menü *Einfügen ...*, dann *ActiveX-Dokumentobjekt* und klickt *OK*. Anschließend markiert man *Aus Datei erstellen* und sucht die betreffende Datei aus.

2.3 Export von Daten

Der Export von Daten verläuft im Prinzip auf umgekehrten Wege wie im vorigen Abschnitt 2.2 beschrieben. Um eine `.sta`-Tabelle in eines der bereits oben genannten Datenformate zu übertragen, wählt man *Datei* → *Speichern unter* und im sich öffnenden Dialog den gewünschten Dateityp.

Unter Umständen benötigt man diese Exportmöglichkeit aber auch, wenn man mit einer älteren Version von STATISTICA arbeiten will. Um z. B. eine Datei, welche mit STATISTICA 6.1 oder höher erstellt wurde, mit STATISTICA 6.0 öffnen zu können, muss diese im STATISTICA 6.0-Format abgespeichert werden. Und für Version 7 gilt, dass nicht nur erneut die `.sta`-Dateien, sondern diesmal auch die `.stw`- und `.stg`-Dateien modifiziert wurden.

Die eben beschriebenen Exportmöglichkeiten gelten in gleicher Weise auch für `.smx`-Dateien, jedoch gibt es Unterschiede bei den übrigen Dateitypen. Bei den Berichtsdateien, Endung `.str`, handelt es sich ja eigentlich um höhere Textdateien, entsprechend sind hier ein Export nach `.rtf` oder `.html` möglich, seit Version 7 ist zudem auch nach XML oder PDF. Mehr dazu in Abschnitt 3.4.

Neu ab Version 7 ist die Möglichkeit, den Inhalt eines Arbeitsmappenordners auf einmal anzeigen zu lassen; dazu ist lediglich der entsprechende Ordner zu markieren. Vorsicht: Bei gut gefüllten Ordnern kann dieser Vorgang erheblich Zeit beanspruchen, so dass man unter Umständen den Fokus besser auf ein anderes Objekt setzen sollte. •

Bei `.stw`-Dateien ist ein direkter Export erst einmal gar nicht möglich, da es sich hierbei ja eigentlich um ein Sammelsurium verschiedenster Analyseresultate handelt. Die einzelnen Teile kann man aber wie folgt exportieren:

Durchführung 2.3.1

Im Wesentlichen befinden sich in einer Arbeitsmappe eigentlich nur zwei Arten von Analyseresultaten: Entweder Tabellen oder Grafiken. Betrachten wir die Arbeitsmappe aus Abbildung 2.2, welche sowohl eine Grafik als auch eine Tabelle enthält. Klickt man mit der rechten Maustaste auf das Tabellensymbol in der linken Hälfte der Arbeitsmappe, so öffnet sich das PopUp-Menü der Abbildung. Um die Tabelle zu extrahieren (und die Originalarbeitsmappe unverändert zu lassen), wählt man *Als Stand-alone Fenster extrahieren → Kopie*. Anschließend erscheint die Tabelle in einem eigenen Fenster, und STATISTICA erlaubt es, diese Tabelle als gewöhnliche `.sta`-Datei abzuspeichern oder in einem der anderen oben erwähnten Formate.

Um eine Grafik zu extrahieren, klickt man mit der rechten Maustaste direkt in die Grafik hinein, so dass sich ein PopUp-Menü wie in Abbildung 2.3 öffnet. Nun kann man entweder *Identische Grafik erzeugen* wählen, dann wird analog eben eine freistehende Kopie der Grafik erzeugt, oder man wählt direkt *Grafik speichern*.

Welchen Weg man immer auch gegangen ist, letztlich stehen einem die Exportmöglichkeiten zur Verfügung, wie sie für die Grafikdateien von STATISTICA, Endung `.stg`, gelten. Diese sind in Durchführung 2.3.2 beschrieben. •

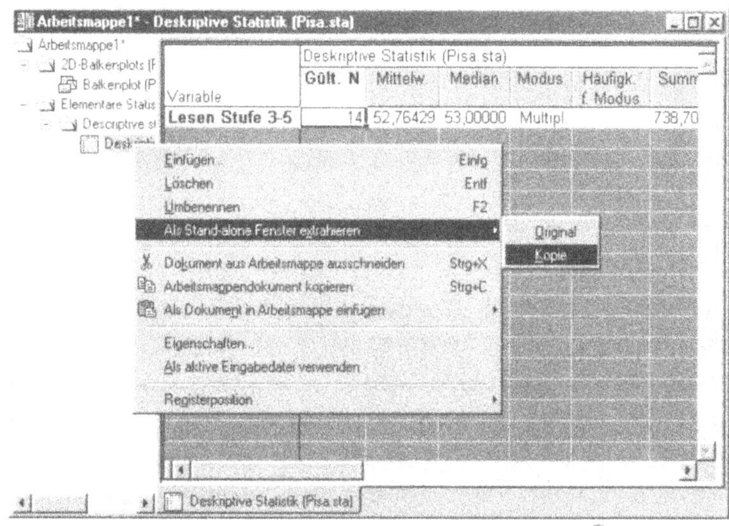

Abb. 2.2: *Extraktion einer Tabelle aus einer Arbeitsmappe.*

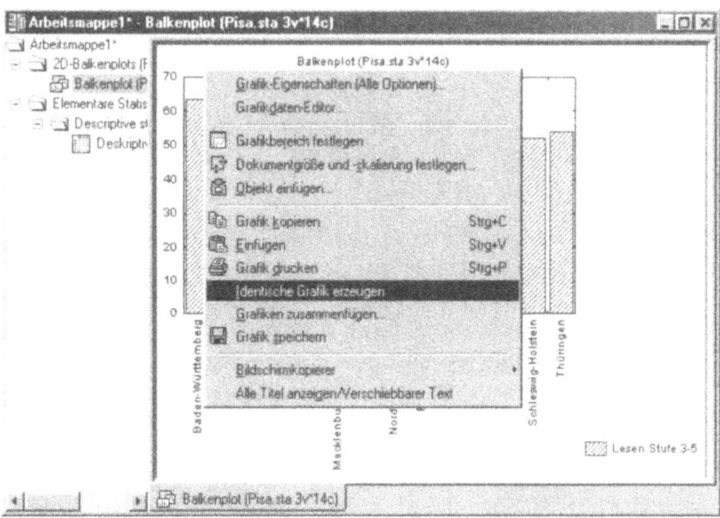

Abb. 2.3: *Extraktion einer Grafik aus einer Arbeitsmappe.*

(a) 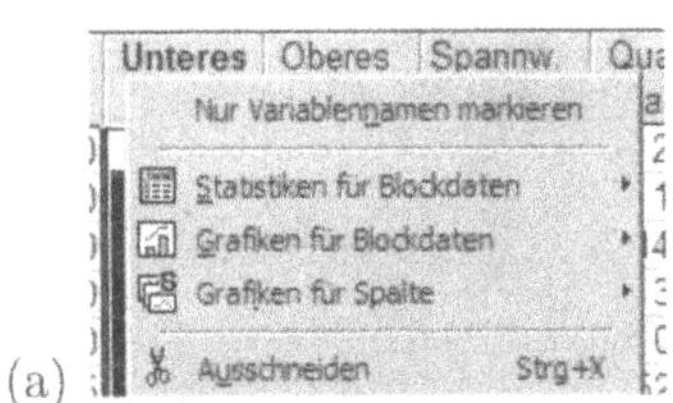

(b) 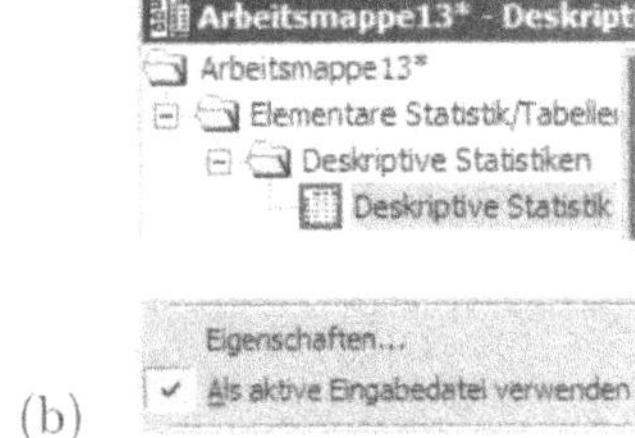

Abb. 2.4: *Tabellen in Arbeitsmappen.*

Seit Version 7 kann man Grafiken und Tabellen aus Arbeitsmappen übrigens auch gleich über *Speichern unter* exportieren.

Sollen Grafiken oder Tabellen in einem Textverarbeitungsprogramm wie WORD o. Ä. direkt verwendet werden, kann man sich den Umweg über Speichern und später dann Grafik/Tabelle einfügen auch sparen. Man wählt in den in Durchführung 2.3.1 besprochenen PopUp-Menüs einfach den Punkt *Kopieren* und dann im Textverarbeitungsprogramm entsprechend *Einfügen*.

Liegt in einer Arbeitsmappe eine Tabelle vor, die weiter analysiert werden soll, stehen dazu im Prinzip zwei Möglichkeiten zur Verfügung:

- Man markiert die interessierenden Variablen, klickt diese mit der rechten Maustaste an, und wählt Analysewerkzeuge aus den Teilmenüs *Statistiken für Blockdaten*, *Grafiken für Blockdaten* oder *Grafiken für Spalte*, die im sich öffnenden PopUp-Menü zur Verfügung stehen, siehe Abbildung 2.4 (a). Allerdings ist die Auswahl an Analysen begrenzt.
- Oder man setzt den Fokus auf die Tabelle der Arbeitsmappe, indem diese im Navigationsfeld mit der rechten Maustaste angeklickt und im sich öffnenden PopUp-Menü *Als aktive Eingabedatei verwenden* gewählt wird. Dann erscheint die betreffende Tabelle im Navigationsfeld rot umrandet, siehe Abbildung 2.4 (b) oben. Nun kann man wie gewohnt Analysen ausführen. Allerdings werden nun tatsächlich alle Analysen mit dieser Tabelle durchgeführt. Will man wieder eine `.sta`-Datei analysieren, muss man die rot umrandete Tabelle erneut mit der rechten Maustaste anklicken und das Häkchen vor *Als aktive Eingabedatei verwenden* entfernen, siehe Abbildung 2.4 (b) unten.

Obwohl eine aus einer Arbeitsmappe extrahierte Tabelle, siehe Durchführung 2.3.1, die Endung `.sta` trägt, ist sie leider zuerst einmal keine gewöhnliche Datentabelle. Zwar ist die Eingabe von Formeln im Tabellenblatt bereits innerhalb der Arbeitsmappe möglich, siehe Abschnitt 3.2, doch die üblichen Analysen des Hauptmenüs können auf eine extrahierte Tabelle zunächst nicht direkt angewendet werden. Dies kann man jedoch einfach beheben, indem man, nachdem die Tabelle als aktives Fenster gewählt wurde, den Punkt *Daten* → *Eingabetabelle* wählt.

Einzelne Grafikdateien kann man in STATISTICA nicht nur als `.stg`-Datei abspeichern, es stehen auch hier eine Reihe von Exportmöglichkeiten zur Verfügung:

Durchführung 2.3.2

Will man eine einzelne Grafik speichern, stehen das hauseigene `.stg`-Grafikformat sowie `.bmp`, `.jpg`, `.png` oder auch `.wmf` zur Verfügung. Bei Version 6.0 verläuft der Export nach `.wmf` gelegentlich nicht zufriedenstellend. Seit Version 7 werden die Exportmöglichkeiten noch ergänzt durch `.pdf`, `.emf`, `.gif` und `.tif`, so dass nun kaum noch Wünsche unerfüllt bleiben dürften. •

Der Vorteil des `.stg`-Formats ist es, dass man die Grafik auch zu einem späteren Zeitpunkt in gewohnter Weise, siehe Kapitel 4, manipulieren kann. Der Nachteil ist natürlich, dass wohl kaum ein anderes Programm solche Dateien lesen kann.

Zumindest Benutzer von LaTeX sind vorwiegend an `.eps`-Grafiken interessiert. Um diese, sowohl von Tabellen als auch Grafiken einer Arbeitsmappe, in sehr guter Qualität zu erzeugen, empfiehlt sich die Installation eines geeigneten Druckertreibers (z. B. HP LaserJet 5/5M PostScript) der Windows-CD an den Anschluss FILE. Ist dies geschehen, markiert man in der linken Hälfte der Arbeitsmappe das gewünschte Objekt und wählt *Datei* → *Drucken*. Als Drucker wählt man den installierten PS-Drucker, welcher die Druckausgabe automatisch in eine `.eps`-Datei umleitet.

Neu ab Version 7 Nicht nur Berichte, auch Tabellen, Grafiken und Teile einer Arbeitsmappe allgemein, können nun als `.pdf` gespeichert werden. Diese Möglichkeit wird entweder im Menü *Datei* → *Speichern als PDF*, über den Knopf der Symbolleiste, oder über ein sich öffnendes PopUp-Menü angeboten. •

Zu erwähnen ist noch ein Merkmal, dass vor allem für Autoren von STATISTICA-Büchern sehr hilfreich sein dürfte. Unter Windows kann man einen Bildschirmausdruck gewöhnlich entweder nur mit Hilfe der *Druck*-Taste, dann wird der gesamte Bildschirm in die Zwischenablage kopiert, oder mit der Kombination *Alt+Druck* erstellen, dann wird nur die aktive Anwendung in die Zwischenablage kopiert. Bei STATISTICA dagegen kann man sich des Werkzeuges *Bildschirmkopierer* bedienen, das über das Menü *Bearbeiten* sowie über manche PopUp-Menüs erreichbar ist.

Dabei gibt es zwei Wahlmöglichkeiten: Klickt man auf *Rechteck kopieren*, so wandelt sich der Mauszeiger in ein Kreuz um, und man kann bei gedrückter linker Maustaste einen beliebigen rechteckigen Bereich des Bildschirms auswählen; nach dem Loslassen der Maustaste wird dieser automatisch in die Zwischenablage kopiert. Bei der Option *Fenster kopieren* dagegen ist immer eines der geöffneten Fenster komplett markiert. Nach Klick mit der linken Maustaste in das gewünschte Fenster wird dieses vollständig in die Zwischenablage kopiert.

Den Inhalt der Zwischenablage kann man dann mit Hilfe eines Bildbearbeitungsprogrammes wie beispielsweise PAINT im gewünschten Grafikformat speichern.

2.4 Anbindung an Datenbanken via OLE DB

STATISTICA erlaubt auch den direkten Zugriff auf Datenbanken; man ist dabei auf das Menü *Datei* → *Externe Daten* angewiesen. Prinzipiell benötigt man dazu entweder eine geeignete OLE DB[1]- oder ODBC[2]-Schnittstelle. In diesem Abschnitt wollen wir den Zugang via OLE DB beispielhaft demonstrieren, im anschließenden Abschnitt 2.5 den über ODBC. Schließlich soll in Abschnitt 2.6 der Sonderfall von ACCESS-Datenbanken angeschnitten werden, die ja im Hausgebrauch recht beliebt sind.

Zuerst wollen wir erörtern, wie man mit Hilfe von OLE DB auf Datenbanken zugreifen kann. Das notwendige Vorgehen soll beispielhaft am kostenlosen Datenbanksystem MySQL demonstriert werden. Bei Datenbanken anderer Datenbankhersteller ist ein analoges Vorgehen möglich. Informationen zu MySQL findet der interessierte Leser im Anhang B,

[1] ***O**bject **L**inking and **E**mbedding for **D**ata**b**ases*, eine Sammlung von Schnittstellen zum Zugriff auf Datenbanken, basierend auf dem *Component Object Model (COM)*.

[2] ***O**pen **D**ata**B**ase **C**onnectivity* ist eine standardisierte Schnittstelle zum Zugriff auf Datenbanken.

und ferner beispielweise auch bei Hinz (2002). Informationen zur Sprache SQL an sich gibt es etwa bei Throll & Bartosch (2004).

Um Daten von STATISTICA aus über OLE DB aus einer MySQL-Datenbank abfragen zu können, muss man zumindest MySQL selbst sowie MyOLEDB installieren. Zu finden sind diese auf der MySQL-Homepage `http://www.mysql.com`, siehe auch Anhang B.

Gehen wir im Folgenden vom Beispiel eines Handelsunternehmens aus. In der Datenbank `verkauf`[3] befindet sich u. a. die Tabelle `deckung`, welche zu jedem durchgeführten Auftrag den zugehörigen Deckungsbeitrag enthält. Ferner sind diese Daten um die zuständige Abteilung und den zuständigen Mitarbeiter ergänzt.

Nun wollen wir die ermittelten Deckungsbeiträge einer tiefergehenden Analyse unterziehen. Dazu werden wir die Daten nach STATISTICA importieren, so dass wir alle dort verfügbaren statistischen und grafischen Werkzeuge einsetzen können.

Hierzu wählen wir das Menü *Datei → Externe Daten → Neue Abfrage erstellen*. Es öffnet sich ein Dialog wie in Abbildung 2.5. Dort könnte man bereits fertige Datenbankverknüpfungen auswählen, in unserem Fall gilt es jedoch, zuerst einmal eine passende Datenbankverknüpfung zu erstellen. Deshalb wählen wir *Neu*, und es öffnet sich ein Menü wie in Abbildung 2.6.

Leider kennt STATISTICA weniger Datentypen als MySQL. Beispielsweise können `BIGINT`-Variablen nicht importiert werden, entsprechende Spalten wären nur mit Nullen gefüllt. Falls ohne Datenverlust möglich, sollte deshalb der Datentyp in MySQL verändert werden, z. B. zu `INT`.

Auf der Karte *Provider* wählen wir den *MySQL.OLEDB Provider* und klicken *Weiter* ≫. Auf der anschließenden Karte *Verbindung* tragen wir wie in Abbildung 2.7 bei *Datenquelle* die gewünschte Datenbank ein, in unserem Fall also `verkauf`. Bei *Speicherort* geben wir entweder *localhost* ein, so wahr sich die Datenbank auf dem lokalen Rechner befindet, oder ansonsten die IP-Adresse des entsprechenden Rechners. Wichtig ist, dass der MySQL-Server im Hintergrund aktiv ist, siehe Anhang B.

Nach dem Bestätigen mit OK wird im nun folgenden Dialog aus Abbildung 2.8 nach einem Namen für die Datenbankverknüpfung gefragt,

[3] Datenbanken werden bei MySQL als eigener Unterordner im Verzeichnis `C:\Programme\...\MySQL\data` abgelegt. In der Datei `verkauf.zip` befindet sich der gepackte Ordner `verkauf`, welcher in dieses Verzeichnis zu entpacken ist. Alternativ kann man das Beispiel in Anhang B durchlaufen, dabei wird die genannte Datenbank erzeugt.

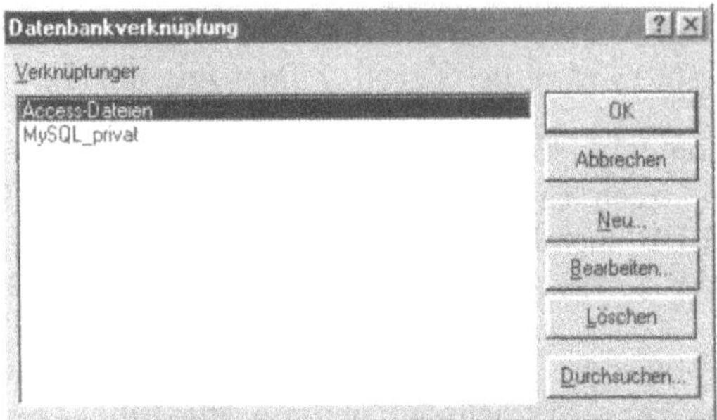

Abb. 2.5: *Erstellen einer neuen Datenbankverknüpfung.*

wir geben z. B. *MySQL_ verkauf* ein. Nun gelangen wir wieder in das allererste Menü, vergleiche die Abbildungen 2.5 und 2.9. Unterschied ist, dass jetzt auch die neue Verknüpfung angeboten wird. Diese wählen wir aus und gelangen in das Fenster aus Abbildung 2.10. Nachdem nun die Verknüpfung zur Datenbank definiert wurde, werden wir bei zukünftigen Zugriffen immer an dieser Stelle einsteigen.

Links in Abbildung 2.10 sehen wir alle Tabellen und Variablen der Datenbank **`verkauf`**, und es besteht die Möglichkeit, per Maus eine Abfrage zusammenzustellen. Wer seine Abfragen lieber selbst mit SQL formulieren möchte, kann den grafischen Modus verlassen, indem er das Häkchen vor dem Menü *Ansicht* → *Grafischer Modus* entfernt, vgl. Abbildung 2.10, oder den Knopf [icon] löst. Man wechselt dadurch in den Textmodus, wie er in Abbildung 2.11 zu sehen ist, und kann dort gewöhnliche SQL-Abfragen formulieren, etwa

```
SELECT * FROM deckung;
```

Anschließend drücken wir den Abspielknopf ganz rechts in der Symbolleiste, vgl. Abbildung 2.11 oben, und geben der Abfrage im folgenden Menü, siehe Abbildung 2.12, einen Namen. Ein Häkchen bei *Angepasst an Datentabelle* bewirkt, dass die Tabelle genau so viele Felder enthält, wie auch importiert werden. Schließlich erhalten wir die Daten in Form einer `.sta`-Tabelle, wie sie in Abbildung 2.13 unten zu sehen ist. Ferner erkennen wir in der Abbildung 2.13 auch, dass wir im Hintergrund via MySQL die Daten unserer Datenbank weiterbearbeiten und durch Auswahl des Menüpunktes *Daten aktualisieren* die Änderungen automatisch in STATISTICA übernehmen können.

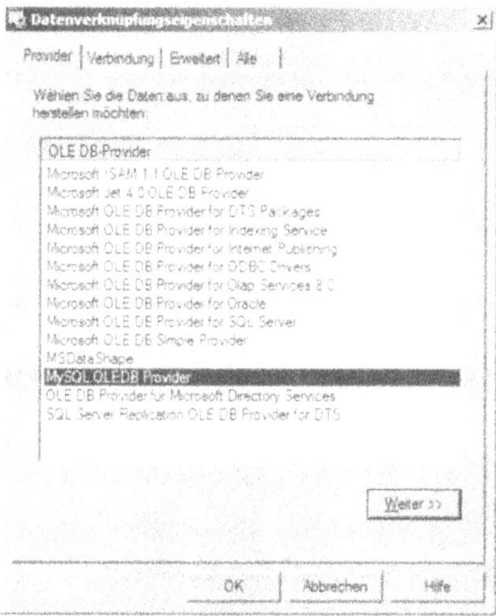

Abb. 2.6: Auswahl des MySQL.OLEDB-Treibers.

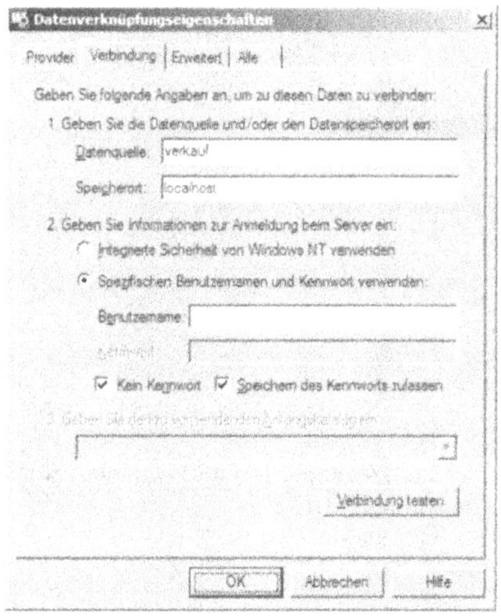

Abb. 2.7: Auswahl von Datenbank und 'localhost'.

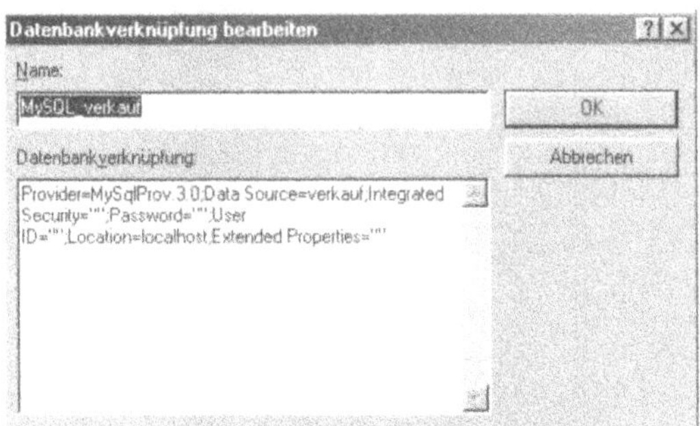

Abb. 2.8: *Benennung der fertigen Datenbankverknüpfung.*

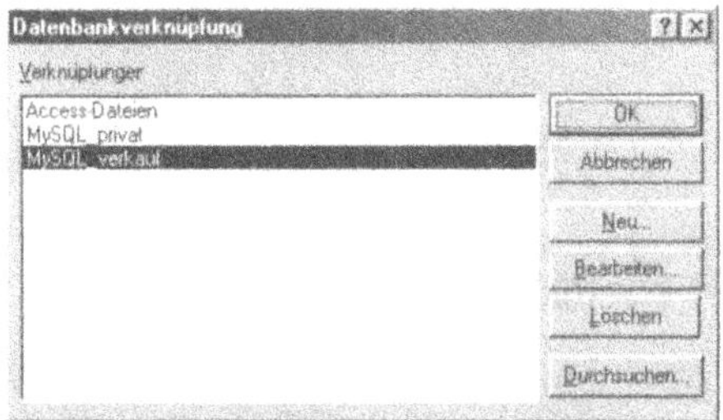

Abb. 2.9: *Ausführen der Datenbankverknüpfung.*

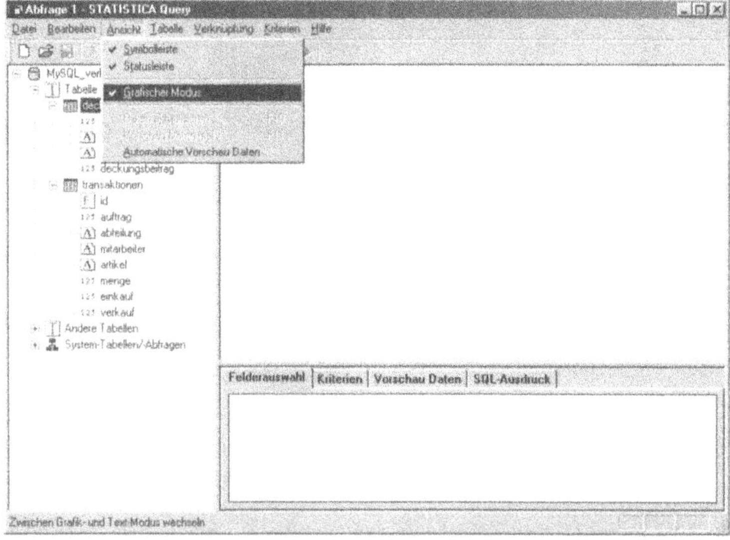

Abb. 2.10: *Abfragen formulieren im grafischen Modus.*

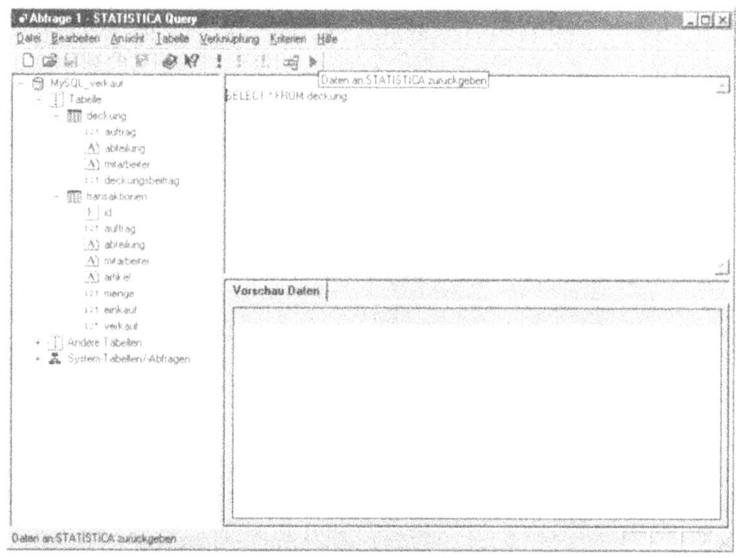

Abb. 2.11: *Abfragen formulieren im Textmodus.*

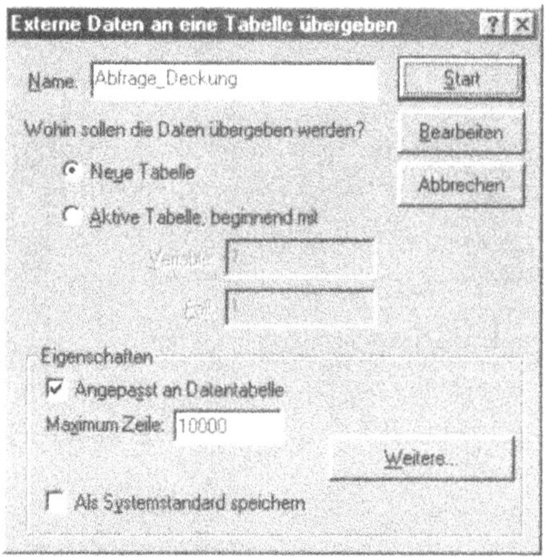

Abb. 2.12: *Abfrage abspeichern.*

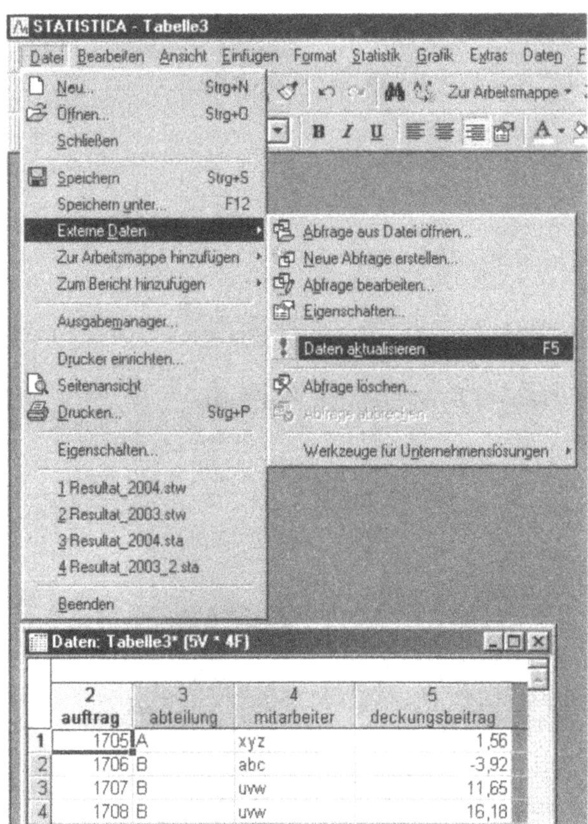

Abb. 2.13: *Die von MySQL importierten Daten.*

2.5 Anbindung an Datenbanken via ODBC

Eine zweite Möglichkeit, an eine Datenbank anzudocken, besteht darin, zuerst einmal eine ODBC-Schnittstelle zu dieser Datenbank einzurichten, und dann über diese Schnittstelle auf die Datenbank zuzugreifen. In diesem Abschnitt soll erläutert werden, wie man eine solche Schnittstelle allgemein einrichtet, unabhängig davon, ob überhaupt auf dem Rechner STATISTICA installiert ist. Anschließend wollen wir dann mittels STATISTICA über diese Schnittstelle an die Datenbank andocken. Jedoch sei schon hier erwähnt, dass die Erstellung einer solchen Schnittstelle auch direkt von STATISTICA aus möglich wäre, worauf wir im anschließenden Abschnitt 2.6 eingehen werden.

Als Beispiel verwenden wir wieder die MySQL-Datenbank `verkauf` aus dem vorigen Abschnitt 2.4. Damit das nun beschriebene Verfahren funktioniert, muss zusätzlich zu MySQL auch *MyODBC* installiert sein, vgl. Anhang B.

Um für diese Datenbank eine ODBC-Schnittstelle einzurichten, wechseln wir ins *Start*-Menü von Windows, und dort zu *Einstellungen* → *Systemsteuerung* → *Verwaltung* → *Datenquellen (ODBC)*, siehe Abbildung 2.14. Es öffnet sich der Dialog aus Abbildung 2.15, welcher bereits eine Reihe von fertigen ODBC-Schnittstellen anbietet.

Zur Erstellung einer neuen Schnittstelle betätigen wir den Knopf *Hinzufügen* und gelangen zum Dialog der Abbildung 2.16. Hier wählen wir den installierten MyODBC-Treiber aus, vgl. Anhang B, und klicken auf *Fertig stellen.* Im anschließenden Dialog, siehe Abbildung 2.17, müssen wir im Feld *Data Source Name* einen Namen für die Verknüpfung eintragen. Unter diesem Namen wird die Verknüpfung dann als `.dsn`-Datei gespeichert. Bei *Server* trägt man *localhost* oder die IP-Adresse des Rechners ein, auf dem die Datenbank lagert, bei *User* einfach *Yes*, und schließlich bei *Database* den Namen der Datenbank.

Nach Bestätigung mit *OK* kommt man wieder in das Ausgangsfenster aus Abbildung 2.14 zurück, mit dem Unterschied, dass nun die gerade erstellte Verknüpfung sichtbar wird, siehe Abbildung 2.18. Die Einrichtung der ODBC-Schnittstelle ist abgeschlossen.

Um mit STATISTICA über die neu geschaffene ODBC-Schnittstelle auf die Datenbank `verkauf` zuzugreifen, gehen wir erst einmal genauso vor, wie im vorigen Abschnitt 2.4 beschrieben, bis wir zu dem Dialog aus Abbildung 2.6 gelangen. Hier wählen wir aber nun, im Unterschied zu vorher, den Eintrag *Microsoft OLE DB Provider for ODBC Drivers* aus, siehe Abbildung 2.19. Wir klicken auf *Weiter* ≫ und gelangen zum Dialog aus Abbildung 2.20. Hier können wir unter *1.* bei *Datenquellenname*

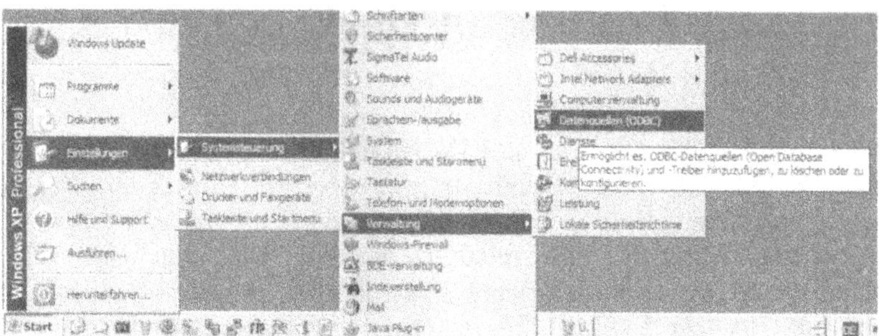

Abb. 2.14: *Menü zum Anlegen einer ODBC-Schnittstelle.*

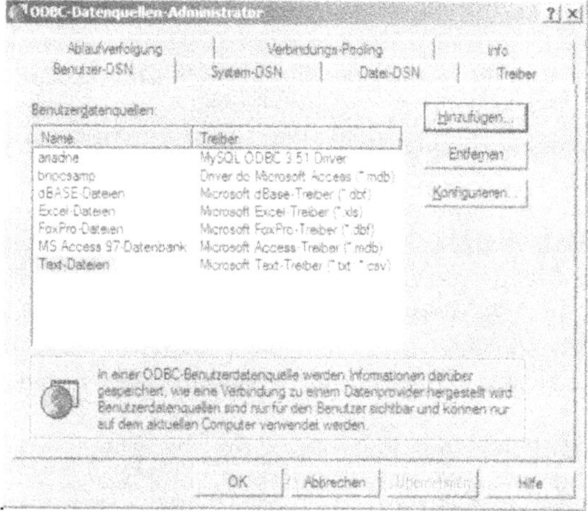

Abb. 2.15: *Benutzerdatenquelle hinzufügen.*

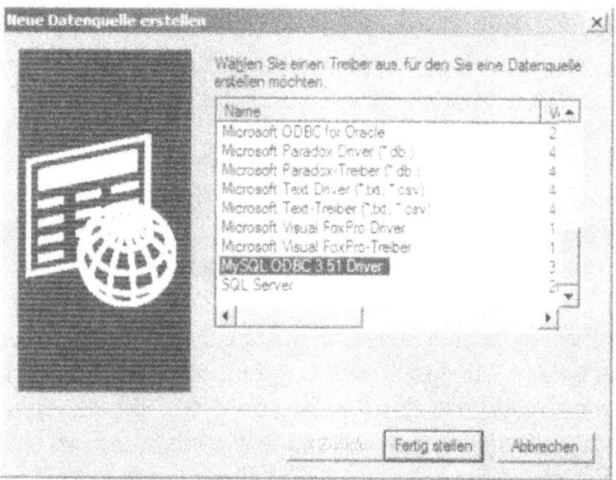

Abb. 2.16: *Datenbanktreiber auswählen.*

Abb. 2.17: *Datenbankverbindung bestimmen.*

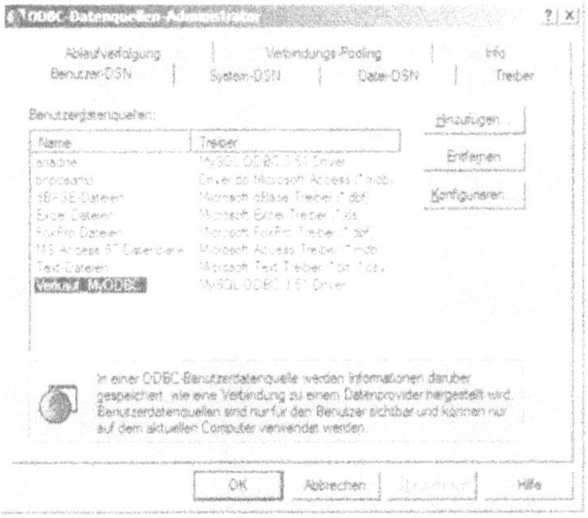

Abb. 2.18: *Die neu erstellte Datenbankverknüpfung.*

verwenden die eben eingerichtete ODBC-Schnittstelle auswählen, siehe Abbildung 2.20. Nach einem Klick auf *OK* verfahren wir völlig analog wie im vorigen Abschnitt 2.4 ab Abbildung 2.8.

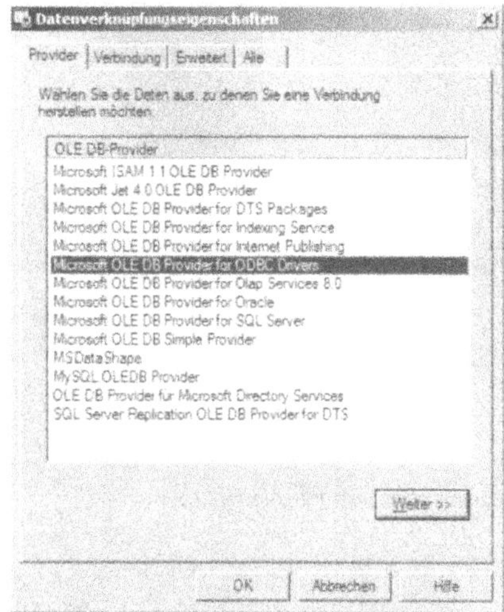

Abb. 2.19: *ODBC-Anbieter auswählen.*

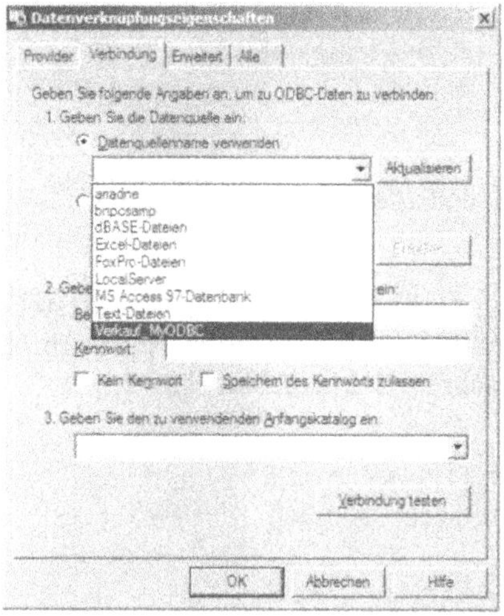

Abb. 2.20: *Datenbankverknüpfung auswählen.*

2.6 Anbindung an ACCESS-Datenbanken

Wie bereits in Abschnitt 2.5 erwähnt, kann man eine ODBC-Schnittstelle auch direkt von STATISTICA aus einrichten. Das dazu notwendige Vorgehen soll beispielhaft am Datenbanksystem ACCESS demonstriert werden. Bei Datenbanken anderer Hersteller ist ein analoges Vorgehen möglich.

Gehen wir auch wieder vom Beispiel eines Handelsunternehmens aus. In der ACCESS-Datenbank `Verkauf.mdb` befinden sich die gleichen Daten wie in der MySQL-Datenbank `verkauf`, siehe Abschnitt 2.4.

Um auf diese Datenbank zuzugreifen, gehen wir erst einmal wie in Abschnitt 2.4 bis Abbildung 2.5 vor. Im Dialog *Datenverknüpfungseigenschaften*, Karte *Provider*, wählen wir dann den *Microsoft OLE DB Provider for ODBC Drivers* aus, vgl. Abbildung 2.19, und klicken *Weiter* ≫.

Auf der anschließenden Karte *Verbindung*, siehe Abbildung 2.21, könnten wir nun die passende ODBC-Schnittstelle auswählen, wenn wir sie denn schon erstellt hätten, vgl. den vorigen Abschnitt 2.5. Da dies jedoch noch nicht geschehen ist, wählt man unter Punkt *1. Verbindungszeichenfolge verwenden* und klickt dann auf *Erstellen...*.

Im folgenden Dialog aus Abbildung 2.22 ist noch keine passende `.dsn`-Datei vorhanden. Also klickt man auf den Knopf *Neu...* hinter dem Feld *DSN-Name*, worauf sich ein Fenster wie in Abbildung 2.23 öffnet.

Dort wählen wir den *Microsoft Access-Treiber (*.mdb)* und klicken auf *Weiter* >. Im anschließenden Dialog aus Abbildung 2.24 vergeben wir einen Namen für die Datenbankverknüpfung, im Beispiel *Accessdatenbank*, und klicken erneut auf *Weiter* >. Abschließend müssen wir nochmal mit *Fertig stellen* bestätigen, siehe Abbildung 2.25.

Nun kommen wir zum Dialog aus Abbildung 2.26, in welchem wir jetzt die gewünschte *Datenbank: Auswählen* können. Jetzt ist es endlich soweit: In diesem Dialog, siehe Abbildung 2.27, können wir die Datenbankdatei[4] `Verkauf.mdb` auswählen und mit *OK* bestätigen. Dann gelangen wir zurück in den Dialog aus Abbildung 2.26, klicken nochmals *OK*, und kommen wieder in den Dialog aus Abbildung 2.21.

Im Gegensatz zu früher findet sich jetzt bei *Verbindungszeichenfolge* ein

---

[4]Im Gegensatz zu größeren Datenbanksystemen wie etwa MySQL sind ACCESS-Datenbanken in einer einzelnen Datei zusammengefasst, die sich auch an einem beliebigen Ort der Festplatte befinden darf. Bei MySQL dagegen liegt die Datenbank in einem Unterordner des Verzeichnisses `C:\Programme\...\MySQL\data` vor, wobei für eine jede Tabelle drei Einzeldateien angelegt sind.

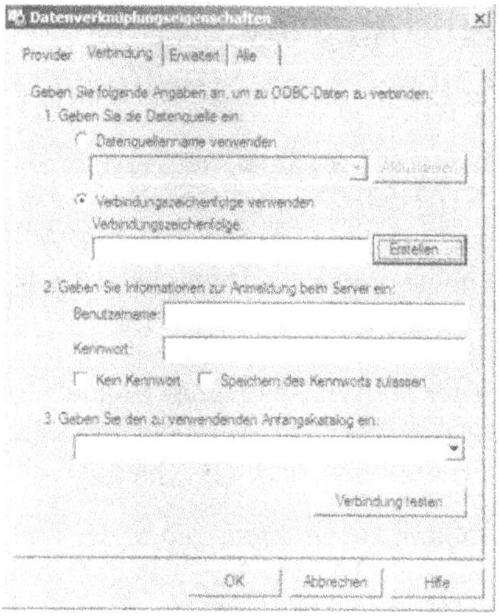

Abb. 2.21: *Verbindungszeichenfolge erstellen.*

Eintrag wie etwa

```
DBQ=D:\EigeneDateien\...\Verkauf.mdb;
DefaultDir=D:\...;
Driver=Microsoft Access-Treiber (*.mdb);
DriverId=281;FIL=MS Access;
FILEDSN=C:\Programme\Gemeinsame Dateien\ODBC\Data
Sources\Accessdatenbank.dsn;
MaxBufferSize=2048;MaxScanRows=8;PageTimeout=5;
SafeTransactions=0;Threads=3;
UID=admin;UserCommitSync=Yes;
```

Ein weiteres Mal wählt man *OK* und verfährt nun völlig analog wie in Abschnitt 2.4 ab Abbildung 2.8.

Das in den Abschnitten 2.4 bis 2.6 beschriebene Vorgehen zum Andocken an Datenbanken ist zugegebenermaßen nicht ganz einfach. Es sei aber bemerkt, dass der Großteil der Schritte pro Datenbank nur ein einziges Mal zu durchlaufen ist. Ist nämlich erst einmal eine Verknüpfung zu einer Datenbank erstellt worden, so kann man bei zukünftigen Zugriffen, wie bereits erwähnt, bei Abbildung 2.10 aus Abschnitt 2.4 einsteigen.

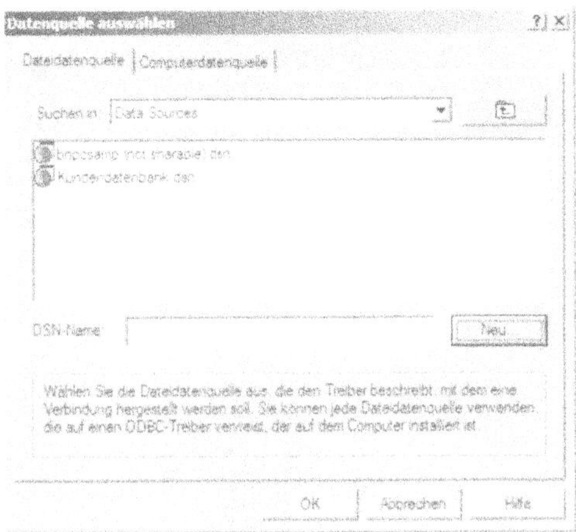

Abb. 2.22: *Neue Dateidatenquelle erstellen.*

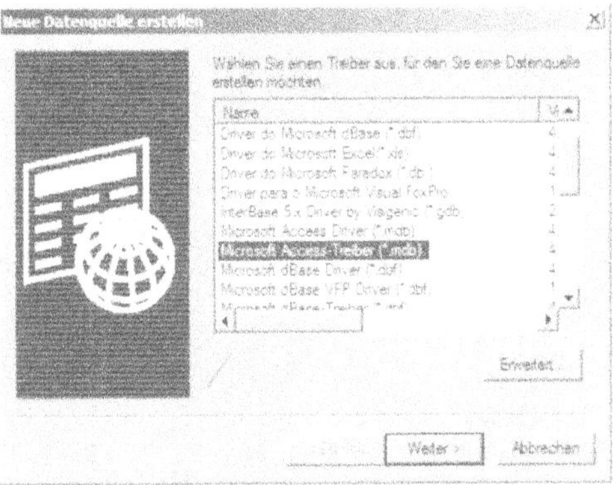

Abb. 2.23: *Microsoft Access-Treiber auswählen.*

Abb. 2.24: *Benennen der Dateidatenquelle ...*

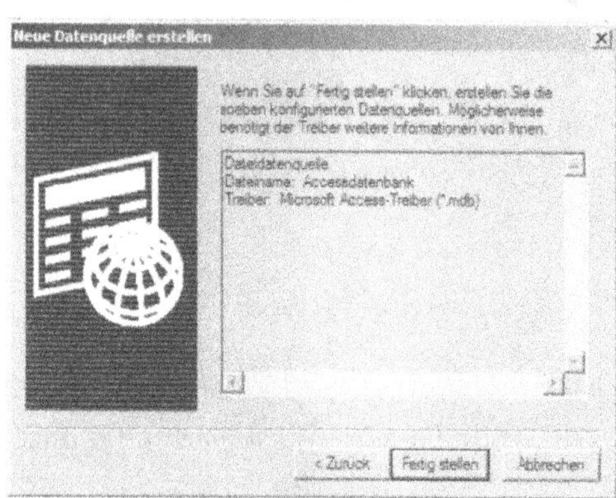

Abb. 2.25: *... und bestätigen.*

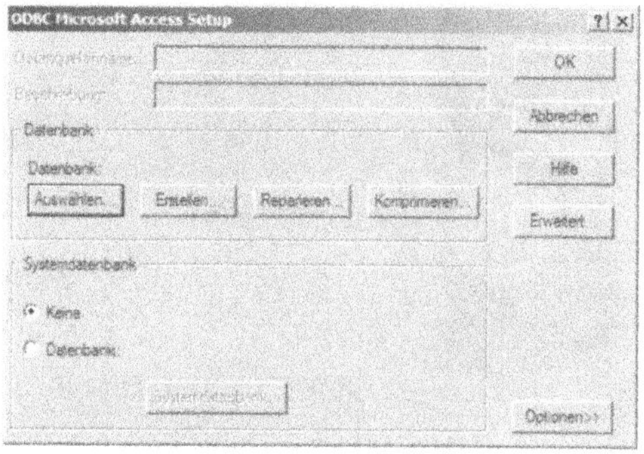

Abb. 2.26: *Datenbank auswählen.*

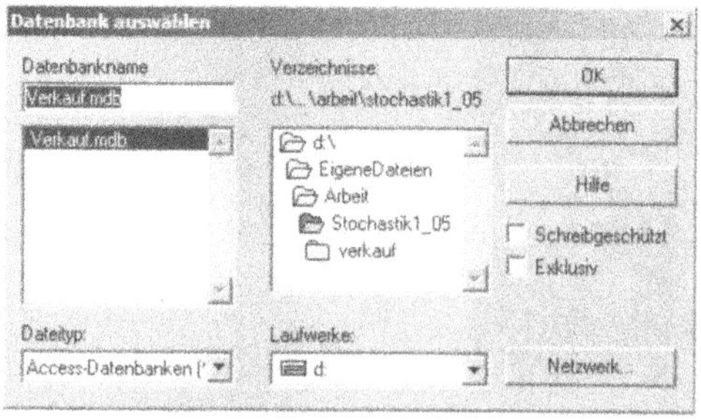

Abb. 2.27: *Datenbank* **`Verkauf.mdb`** *auswählen.*

2.7 Aufgaben

Aufgabe 2.7.1

Die Datei `Autoabsatz.txt` (Quelle: Bureau of the Census, Foreign Trade Division) enthält die jährliche Zahl verkaufter Autos deutscher und japanischer Autohersteller in den USA von 1970 bis 2002.

Importieren Sie Daten in STATISTICA. Achten Sie dabei darauf, dass die Jahreszahlen als Fallbeschriftung übernommen werden, und die Variablen mit dem jeweiligen Land überschrieben sind.

Speichern Sie die importierten und formatierten Daten als `Autoabsatz.sta` ab. Später in Aufgabe 3.6.1 werden wir diesen Datensatz weiter bearbeiten.

Aufgabe 2.7.2

Ein mittelständisches Unternehmen der metallverarbeitenden Branche stellt unter anderem zylindrische Bauteile mit kegelförmigen Ausfräsungen her, wie sie in Abbildung 3.18 skizziert sind. Genauere Daten finden sich in der MySQL-Datenbank `teile`[5], und dort insbesondere in der Tabelle *Artikel*.

Importieren Sie die Daten der Tabelle *Artikel* in eine `sta`-Tabelle und speichern Sie die Datei unter dem Namen `Artikel.sta` ab. In Aufgabe 3.6.3 werden wir diese Tabelle weiter bearbeiten.

Aufgabe 2.7.3

Die Daten aus Aufgabe 2.7.2 befinden sich auch in der Access-Datenbank `Teile.mdb`.

Importieren Sie, genau wie in Aufgabe 2.7.2, die Daten der Tabelle *Artikel*. Falls Sie dies nicht ohnehin schon in Aufgabe 2.7.2 getan haben, speichern Sie die Datei unter dem Namen `Artikel.sta` ab.

[5]Datenbanken werden bei MySQL als eigener Unterordner im Verzeichnis `C:\Programme\...\MySQL\data` abgelegt. In der Datei `teile.zip` befindet sich der gepackte Ordner `teile`, welcher in dieses Verzeichnis zu entpacken ist.

3 Datenverwaltung in STATISTICA

Grundsätzlich werden bei STATISTICA Daten in einem Tabellenblatt abgespeichert. Ein solches Tabellenblatt ist dabei nicht wie bei Tabellenkalkulationsprogrammen organisiert, bei welchen Zeilen und Spalten prinzipiell gleichberechtigt sind. Stattdessen ist es vergleichbar mit einer Tabelle einer relationalen Datenbank, bei der eine jede Zeile, bei STATISTICA *Fall* genannt, einen eigenen mehrdimensionalen Datensatz beschreibt und eine jede Spalte eben eine Komponente dieses Datensatzes, genannt *Variable*, darstellt, vergleiche hierzu auch das einleitende Kapitel 1. Ein wohltuender Unterschied zu gewöhnlichen Tabellenkalkulationsprogrammen ist es, dass die Zahl dieser Fälle nicht auf 32.767 beschränkt, sondern unbegrenzt ist, zumindest laut Herstellerangabe.

Eine genauere Beschreibung der *Tabellenblätter* von STATISTICA wird in den Abschnitten 3.1 bis 3.3 vorgenommen. Anschließend wollen wir uns in Abschnitt 3.4 ausführlich mit *Berichten* beschäftigen, welche eine komfortable Möglichkeit darstellen, Analyseresultate zu präsentieren. Dieses Thema hatten wir bereits kurz in Abschnitt 2.1 angeschnitten. Zu guter Letzt wollen wir uns in Abschnitt 3.5 noch die *Optionen* ansehen, welche uns STATISTICA anbietet, um das Programm individuellen Bedürfnissen anzupassen.

3.1 Formatierung von Datentabellen

3.1.1 Design von Tabellenblättern

Tabellen können in STATISTICA im Wesentlichen in der von Tabellenkalkulationsprogrammen her bekannten Art und Weise formatiert werden. Notfalls für jede Zelle einzeln kann man individuelle Schriftart, -größe, -farbe wählen. Auch ist es möglich, den Zellen selbst eine Hintergrundfarbe zu verleihen, vgl. die markierten Knöpfe im oberen Teil der Abbildung 3.1. Ebenso ist die Fortsetzungsfunktion via Maus implementiert, vgl. Abbildung 1.1, wie man sie etwa von EXCEL her kennt.

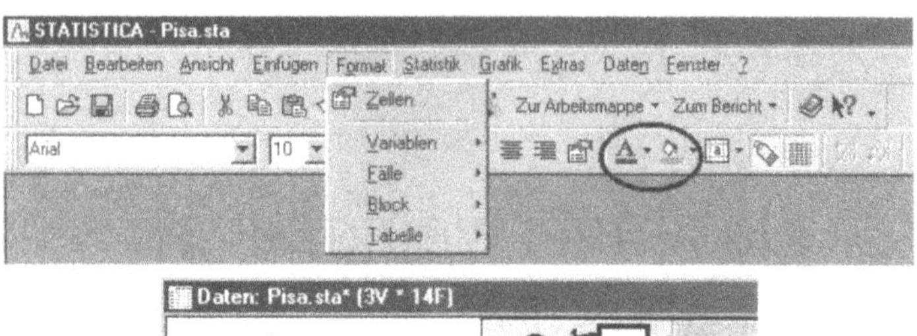

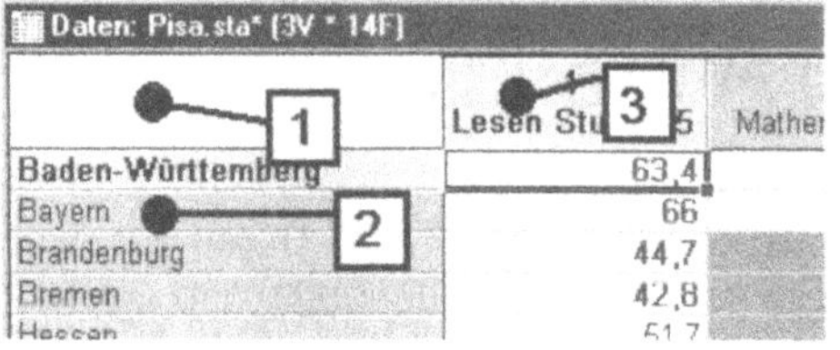

Abb. 3.1: *Formatieren von Tabellen.*

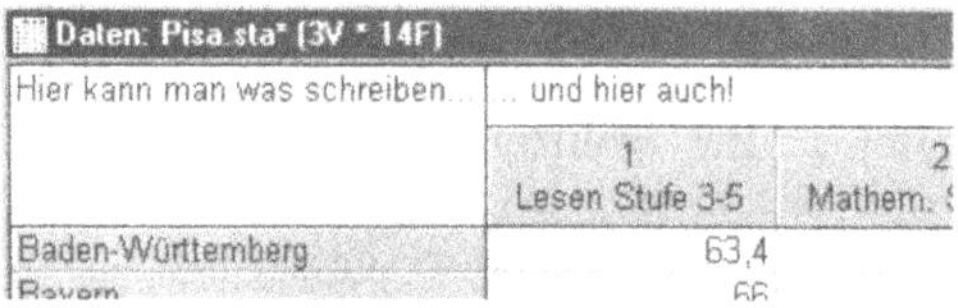

(Screenshot: Daten: Pisa.sta (3V * 14F))*

Hier kann man was schreiben...	... und hier auch!	
	1 Lesen Stufe 3-5	2 Mathem.
Baden-Württemberg	63,4	

Abb. 3.2: *Beschriften von Tabellen.*

Durchführung 3.1.1.1

Formatierungen kann man für ganze Blöcke der Tabelle vornehmen. Um das ganze Tabellenblatt auf einmal zu formatieren, muss es zuvor markiert werden, indem man mit der linken Maustaste in das mit '1' gekennzeichnete Feld im unteren Teil der Abbildung 3.1 klickt. Um Selbiges für eine Zeile zu erreichen, muss auf ein '2'er Feld geklickt werden, für eine Spalte auf ein '3'er Feld. Im Folgenden sei ein '2'er/'3'er Feld mit Kopffeld eines Falles/einer Variablen bezeichnet.

Um mehrere Zeilen/Spalten zu markieren, muss man mit der linken Maustaste in das entsprechende Feld der Startzeile/-spalte klicken und die Maustaste gedrückt halten. Bei gedrückter Maustaste zieht man den Mauszeiger bis zur gewünschten Zeile/Spalte und lässt erst dann los. Ferner können noch einzelne Zeilen/Spalten zur Markierung hinzugefügt werden, indem man bei gedrückter *Strg*- bzw. *Ctrl*-Taste auf die gewünschten Zeilen/Spalten klickt. •

Optimale Spaltenbreite und Zeilenhöhe kann man von STATISTICA bestimmen lassen, zudem auch geeignete Umrandungen wählen.

Durchführung 3.1.1.2

Dazu bedient man sich des Menüs *Format*, vgl. Abbildung 3.1 oben. Sind die gewünschten Spalten markiert, so kann man unter *Format* → *Variablen* entweder selbst die Spaltenbreite bestimmen oder die optimale Breite von STATISTICA bestimmen lassen. Ersteres würde man für eine Einzelspalte auch erreichen, indem man den Mauszeiger an den Rand des Kopffeldes führt, bis er die Gestalt zweier paralleler Linien annimmt. Dann lässt sich bei gedrückter linker Maustaste die Breite verändern.

Analog ist zu verfahren, wenn man die Zeilenhöhe verändern will. Um markierte Gebiete umranden zu lassen, wählt man *Format* → *Zellen*. Auf der Registerkarte *Grenze* können in der Spalte *Stil* die gewünschten Ränder ausgewählt werden.

Die eben erwähnten Untermenüs des Menüs *Format* findet man übrigens auch im sich öffnenden PopUp-Menü, wenn man mit der rechten Maustaste auf das Variablenkopffeld bzw. das Fallkopffeld bzw. in den markierten Zellbereich klickt. •

Erwähnenswert ist noch, dass Tabellen auch beschriftet werden können, beispielsweise zur Beschreibung der darin enthaltenen Daten. Dazu stehen zwei Textfelder zur Verfügung, wie in Abbildung 3.2 zu sehen. Um Text einzufügen, ist ein Doppelklick in das entsprechende Feld zu machen, anschließend kann der Text eingetippt werden. Ist die Kopfzeile der Tabelle nicht zu sehen, so geht man mit der Maus an das obere Ende der Variablenköpfe, bis die Form des Mauszeigers sich verändert und man mit gedrückter linker Maustaste das Feld aufziehen kann.

Tipp!!!

Gibt man in eines der zwei Beschriftungsfelder Text ein und betätigt die Eingabetaste, so wird das Textfeld verlassen und der Cursor wieder in die Tabelle gesetzt. Soll ein Zeilenumbruch in eines der Textfelder eingegeben werden, so ist die Tastenkombination *Strg+Enter* zu wählen.

3.1.2 Variablen verwalten

Um Variablen in irgendeiner Art zu manipulieren, ist erneut das Kopffeld einer Variablen von Bedeutung. Um eine einzelne Variable umzubenennen, vollführt man am einfachsten einen Doppelklick auf das Kopffeld der betreffenden Variablen. Alternativ klickt man mit der rechten Maustaste auf das Kopffeld und wählt im sich öffnenden PopUp-Menü den Punkt *Variablenspez....* Im darauf erscheinenden Dialog kann links oben der Variablenname eingetragen werden. Weitere Einstellungsmöglichkeiten betreffen den Typ der Variablen oder das Anzeigeformat. In Abschnitt 3.2 werden wir auf das Feld *Langer Name (Label oder Formel...)* zu sprechen kommen, welches einem die Definition von Formeln erlaubt.

Sollen nur die Namen einiger Variablen kopiert werden, nicht aber deren Inhalt, so markiert man die gewünschten Variablen und klickt mit der rechten Maustaste auf das Kopffeld einer Variablen im markierten Bereich. Anschließend ist der Punkt *Nur Variablennamen markieren* zu wählen.

Um weitere Variablen in das Tabellenblatt einzufügen, klickt man mit der rechten Maustaste auf das Kopffeld einer Variablen und wählt im sich öffnenden PopUp-Menü den Punkt *Variable einfügen*[1].

Will man eine Variable zusammen mit ihrem Namen in eine andere Variable (auch eines anderen Tabellenblattes) kopieren, so klickt man mit der rechten Maustaste auf den Kopf der Quellvariablen und wählt *Mit Kopfzeile kopieren*. Anschließend klickt man mit der rechten Maustaste die Zielvariable an und wählt wie gewohnt *Einfügen*; es wird dann auch der Variablenname übernommen.

Im nun folgenden Dialog sind insbesondere folgende Angaben möglich:

- *Anzahl* legt die Zahl der einzufügenden Variablen fest.
- *Nach* enthält den Namen oder die Nummer[2] jener Variablen, *hinter* welcher die neue(n) Variable(n) eingefügt werden soll(en). Standardmäßig steht hier die Bezeichnung der Variablen, die vor der angeklickten Variablen steht.
- *Name* meint den Namen der neuen Variablen. Werden mehrere Variablen eingefügt, so bekommen alle den gleichen Namen, an welchen dann eine fortlaufende Nummer angehängt wird.
- *Langer Name...* erlaubt die Eingabe einer Formel. Bei mehreren Variablen erhalten alle die gleiche Formel.

---

[1] Das Kommando *Einfügen* dagegen würde den Inhalt der Zwischenablage in die bestehende Variable einfügen.

[2] Um eine Variable an erster Stelle einzufügen, wählt man *Nach: 0.*

Die eben besprochen Manipulationsmöglichkeiten für die Variablen eines Tabellenblattes sind in gleicher Weise auch für Tabellen in einer Arbeitsmappe möglich. Insbesondere kann man von der Möglichkeit des Umbenennes Gebrauch machen, wenn man die von STATISTICA vergebenen Bezeichnungen ändern möchte.

Zum Löschen einer Variablen oder eines Blockes aufeinanderfolgender Variablen klickt man erneut mit der rechten Maustaste auf das Kopffeld einer Variablen des markierten Bereichs, wählt im sich öffnenden PopUp-Menü den Punkt *Variable löschen* und bestätigt. Klickt man stattdessen auf *Löschen* allein, werden lediglich die Werte der Variablen gelöscht, nicht aber die Variablen selbst.

Um den Namen oder die Formel mehrerer Variablen zugleich zu bearbeiten, ist wie in Abbildung 3.3 vorzugehen. Nach dem Markieren des gewünschten Bereichs wählt man den Menüpunkt *Var.* → *Alle Einstellungen*, es öffnet sich der *Variablenspezifikationen-Editor*, in dem Name, Typ oder Formel manipuliert werden können.

Achtung! Bei Version 6 hat das Textfeld für *Langer Name...* im Variablenspezifikationen-Editor eine geringere Kapazität als das gewöhnliche Feld bei der Bearbeitung einer einzelnen Variablen. Folge: Hatte man ursprünglich eine sehr lange Formel in diesem Feld stehen, so wird diese nach Aufruf des Variablenspezifikationen-Editor irreparabel abgeschnitten! Bei langen Formeln also nicht den Variablenspezifikationen-Editor verwenden!

Neu ab Version 7 ist ein *Autofilter* für Variablen. Diesen aktiviert man, indem man nach Auswahl einer Variablen auf *Daten* → *Auto-Filter* → *Auto-Filter* klickt; ebenso deaktiviert man diesen Filter wieder. Nach Aktivierung befindet sich im Kopf der betreffenden Variablen ein Auswahlmenü, mit dem man etwa nur Fälle eines bestimmten Wertes, die obersten/untersten n Fälle oder n % der Fälle anzeigen lassen kann. Letztgenanntes verbirgt sich hinter *Top 10 ...*.

Ferner kann man auch individuell Variablen und/oder Fälle auswählen und ausblenden, indem man nach Markierung Selbiger *Format* → *Variablen/Fälle* → *Ausblenden* wählt. Solche Ausblendungen macht man rückgängig, indem man stattdessen auf *Alle einblenden* klickt. •

Zu guter Letzt können Variablen auch sortiert werden. Erwähnenswert ist dabei, dass sich der Sortierdialog von Version 6 zu Version 7 grundlegend verändert hat. Bei Version 6 stehen bis zu sieben Sortierschlüssel zur Verfügung. Angezeigt werden dabei zuerst drei, nach Klick auf

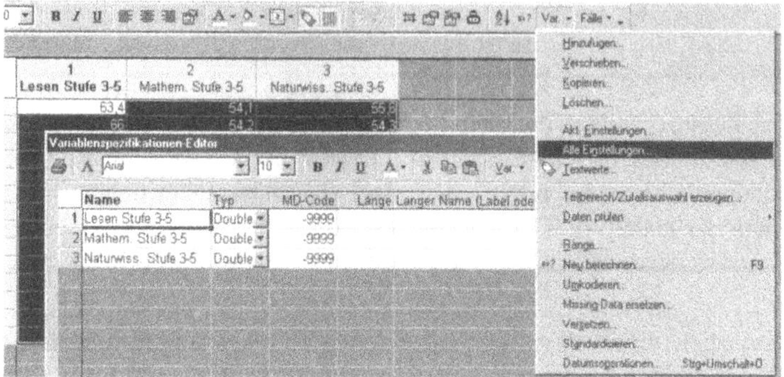

Abb. 3.3: *Bearbeiten mehrerer Variablen.*

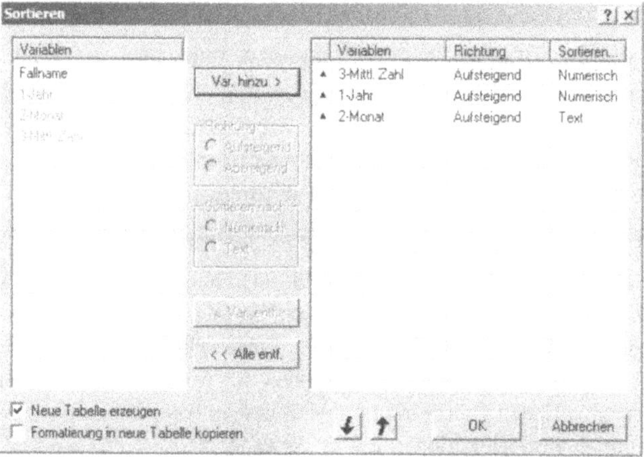

Abb. 3.4: *Sortierdialog von STATISTICA ab Version 7.*

Weitere die übrigen vier Sortierschlüssel. Bei jedem einzelnen kann bestimmt werden, ob auf- oder absteigend, und ob numerisch oder alphabetisch (*Text*) sortiert werden soll. Durch Doppelklick auf das Textfeld eines jeden Sortierschlüssels wird ein Variablendialog angezeigt, indem man dann die Variablen auswählen kann. Dabei gibt die Reihenfolge der gewählten Sortierschlüssel die Hierarchie der Variablen an, d. h., zuallererst wird gemäß Schlüssel 1 sortiert, bei gleichlautenden Werten dann in diesem Teilbereich gemäß Sortierschlüssel 2 usw. Wichtig ist dabei, dass beim Sortieren stets die Fälle als Ganzes bewegt werden, nicht nur einzelne Zellen, wie das bei Tabellenkalkulationsprogrammen der Fall ist.

Neu ab Version 7 ist ein modifizierter Sortierdialog. Nun stehen Sortierschlüssel für alle Variablen plus die Spalte der Fallnamen zur Verfügung, und der Dialog sieht aus wie in Abbildung 3.4. Im linken

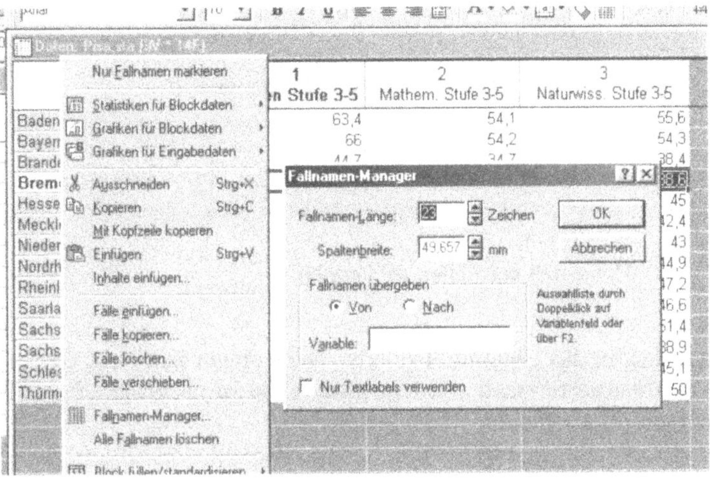

Abb. 3.5: *Fallnamen aus einer Variable übernehmen.*

Tabellenfeld sind alle Variablen und die Fallnamen notiert, und nach Markierung einer oder mehrerer Variabler kann man durch Klick auf *Var. hinzu* diese in das zweite Tabellenfeld (Sortierschlüssel) kopieren. Bei einer jeden Variablen können nun zu Version 6 analoge Einstellungen getroffen werden. Die Reihenfolge kann mit den Pfeiltasten am unteren Ende des Dialogs verändert werden. Ebenfalls ist es möglich, Variablen wieder aus dem Sortierschlüssel zu entfernen.

Optional wird auch angeboten, nicht die Reihenfolge der Originaltabelle zu verändern, sondern das Resultat in eine neue Tabelle zu kopieren, bei Bedarf mitsamt der Formatierung; dazu mache man ein Häkchen bei *Neue Tabelle erzeugen.* •

3.1.3 Fälle verwalten

Das Umbenennen, Einfügen oder Löschen von Fällen funktioniert völlig analog, wie dies bei Variablen der Fall war. Einzig muss man nun die Fallbeschriftung, gekennzeichnet mit '2' in Abbildung 3.1, an Stelle der Variablenköpfe anklicken.

Eine Zusatzfunktion stellt der *Fallnamen-Manager* dar. Dieser erlaubt es, alle Fallnamen auf einen Schlag zu ändern, indem Werte übernommen werden, die in einer der Variablen des Tabellenblattes stehen. Dazu klickt man mit der rechten Maustaste auf den Bereich der Fallnamen und wählt im sich öffnenden PopUp-Menü den Punkt *Fallnamen-Manager.* Im Fallnamen-Manager, vgl. auch Abbildung 3.5, gibt es nun das Feld *Fallnamen übergeben* → *Von* → *Variable.* Dort trägt man am einfachsten die Nummer der betreffenden Variablen ein oder wählt diese nach

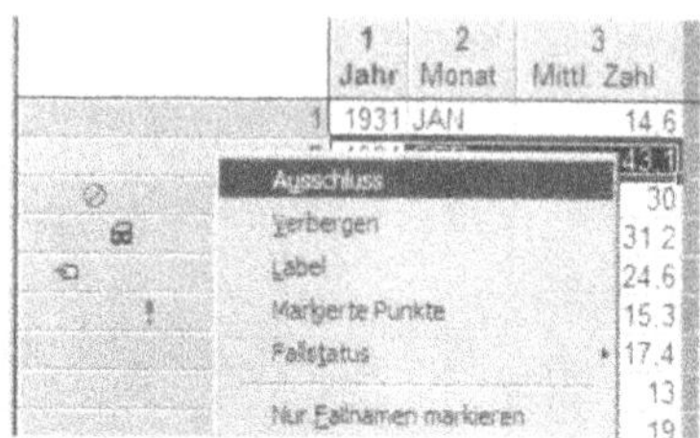

Abb. 3.6: Metadaten bei Fällen ab Version 7.

Doppelklick in das genannte Feld aus. Nach einem Klick auf *OK* werden die Variablenwerte, nach evtl. Nachfrage, die zu bestätigen ist, als neue Fallnamen übernommen.

Neu ab Version 7 ist die Möglichkeit, für Fälle und Variablen *Metadaten* abzuspeichern. Wie in Abbildung 3.6 zu sehen, sind dies insbesondere die vier (auch kombinierbaren) Möglichkeiten *Ausschluss*, *Verbergen*, *Label* und *Markierte Punkte*, deren Symbole in genau dieser Reihenfolge auf den Kopffeldern der Fälle 3 bis 6 zu sehen sind.

Neu ist ganz allgemein, dass Tabellen und Grafiken stärker mit- und untereinander verknüpft sind, und bei Änderungen im Tabellenblatt Grafiken aktualisiert werden, siehe hierzu auch Kapitel 4. Umgekehrt kann man in Grafiken wie Boxplots, vgl. Abschnitt 5.3, oder Scatterplots, vgl. Abschnitt 6.3, mit Hilfe des *Brushing*-Werkzeuges den Status einzelner Punkte manipulieren. Diese Statusänderungen finden sich dann automatisch bei den entsprechenden Fällen im Tabellenblatt wieder. Ebenso werden weitere mit diesem Blatt verknüpfte Grafiken angepasst.

Der *Fallstatus* kann sich dabei aus den folgenden Möglichkeiten zusammensetzen:

- Im Falle von *Ausschluss* wird der entsprechende Fall völlig von jeglichen Analysen ausgeschlossen, was hilfreich ist, um z. B. Ausreißer zu isolieren.
- Bei *Verbergen* hingegen wird der entsprechende Punkt lediglich in der Grafik nicht angezeigt, ist aber bei evtl. Berechnungen mit inbegriffen.
- Durch Wahl von *Label* wird festgelegt, dass der Punkt in der Grafik eine Beschriftung erhält,
- bei *Markiert* dagegen, dass der entsprechende Punkt in jeder Grafik markiert ist.

Ferner gibt es noch die Möglichkeiten, die Form des Punktes und dessen Farbe festzulegen. •

3.2 Formeln in Datentabellen

Wie bereits in Abschnitt 3.1.2 angedeutet, erlaubt STATISTICA die Definition und Berechnung von Formeln. Zu Beginn jenes Abschnitts wurde beschrieben, dass man einer Variablen eine Formel zuweisen kann, indem man auf ihren Kopf doppelklickt und dann im Feld *Langer Name...* die Formel eingibt. Dabei ist folgende Syntax zu verwenden:

`= Funktion(v1, v2, ...).`

Hierbei steht `v1` für die Variable mit der Nummer 1, `v2` für Variable Nummer 2 usw. Erlaubt, aber schreibintensiver, wäre auch das Ansprechen der Variablen über ihren Namen. Die Definition der Funktion setzt sich dabei zusammen aus zweierlei Bausteinen: den gewöhnlichen Rechenoperationen `+`, `-`, `*`, `/`, Klammern `(`, `)` und Potenzierung `^` bzw. `**`, sowie bei STATISTICA implementierten Funktionen. Mögliche Funktionen können über den Knopf *Funktionen* aufgerufen werden, siehe Abbildung 3.7, und umfassen etwa

- *Verteilungen*: Angeboten werden eine Reihe von Dichtefunktionen (z. B. `Chi2`, die Dichte der χ^2-Verteilung), Verteilungsfunktionen, die durch vorangestelltes 'I' gekennzeichnet sind (z. B. `IChi2`, die Verteilungsfunktion der χ^2-Verteilung), und Quantilfunktionen bzw. (verallgemeinerte) Inverse, die durch vorangestelltes 'V' gekennzeichnet sind (z. B. `VChi2`, die Inverse der χ^2-Verteilung).

- *Mathematische Funktionen*: Im Prinzip alles, was Rang und Namen hat (Sinus, Tangens hyperbolicus, etc.). Nennenswert wegen der unüblichen Abkürzung ist die Funktion `Trunc(...)`, welche die Nachkommastellen einer reellen Zahl abschneidet.

- *Statistiken*: Angeboten werden eine Reihe von Stichprobenfunktionen, wie etwa Mittelwert, empirische Varianz, verschiedenste empirische Quantile u.ä.

- Zudem sind *logische Operatoren* implementiert, auf die auch in Abschnitt 3.3 eingegangen werden soll. Neben dem Vergleichsoperator `=` stehen auch noch „`<`, `<=`, `>`, `>=`, `<>`" zur Verfügung, wobei Letzteres 'ist ungleich' bedeutet. Zudem gibt es die logischen Verknüpfungen `and`, `or` und `not`. Somit können etwa kompliziertere Ausdrücke wie

  ```
  =(v1=v2 and v3>=5)*(v4<>0)+7,2^2
  ```

  konstruiert werden, wobei eine jede Klammer `(...)` die Werte 0 oder 1 annehmen kann. Den Wert 1 nimmt sie genau dann an, wenn der Ausdruck in den Klammern wahr ist.

- Ferner stehen Methoden zur *Manipulation von Strings*, also von Zeichenketten, zur Auswahl.

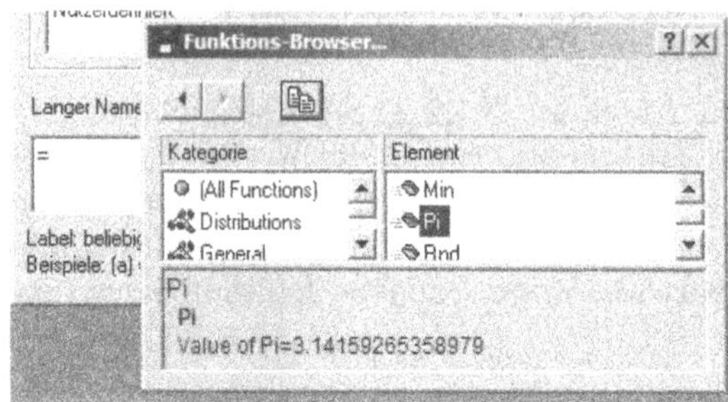

Abb. 3.7: *Das Funktionsmenü zur Formeleingabe.*

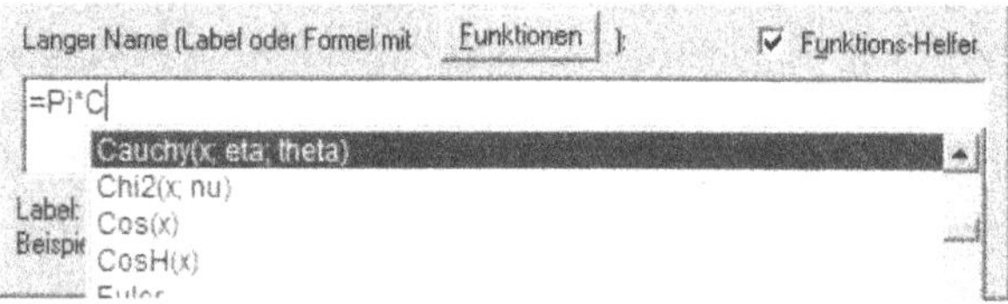

Abb. 3.8: *Hilfsmenü zur Formeleingabe.*

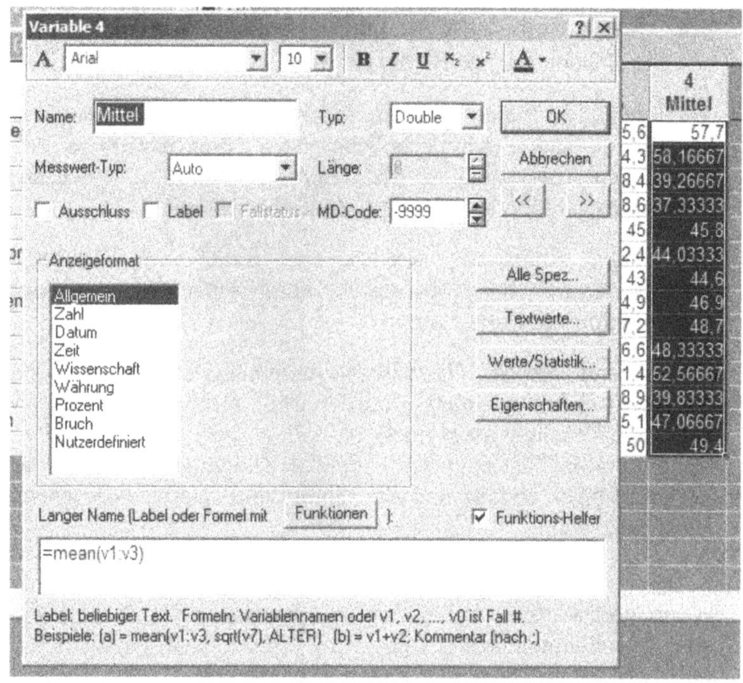

Abb. 3.9: *Variablen über eine Formel definieren, siehe Beispiel 3.2.2.*

Durch Doppelklick auf eine Funktion wird diese in das Formelfeld eingefügt. Des Weiteren ist erwähnenswert, dass während des Eintippens einer Formel stets ein Menü aktiv ist, welches einem die möglichen Befehle anzeigt, die man im Moment eintippen kann, siehe Abbildung 3.8.

Beispiel 3.2.1

Die obige Formel `=(v1=v2 and v3>=5)*(v4<>0)+7,2^2` liefert übrigens zwei potentielle Werte zurück, nämlich entweder $(7{,}2)^2 = 51{,}84$ oder $(7{,}2)^2+1$. Letzerer wird nur dann zurückgegeben, wenn die entsprechenden Zellen von Variable 1 und 2 übereinstimmen, zudem der Wert von Variable 3 größer gleich 5 ist und ferner Variable 4 ungleich 0. Die Multiplikation bewirkt hier ein logisches UND. □

Beispiel 3.2.2

Betrachten wir erneut die PISA-Daten aus Kapitel 1. Das zug. Datenblatt enthält die drei Variablen *Lesen Stufe 3-5*, *Mathem. Stufe 3-5* und *Naturwiss. Stufe 3-5*. Fälle waren die einzelnen an der Studie beteiligten Bundesländer. Um einen Gesamteindruck über die Leistung der einzelnen Bundesländer zu erhalten, soll die neue Variable *Mittel* an vierter Stelle erzeugt werden, siehe Abschnitt 3.1.2. Diese soll den Mittelwert der drei vorigen Variablen enthalten. Dazu gibt man wie in Abbildung 3.9 in das Feld *Langer Name...* folgenden Ausdruck

`=mean(v1:v3)` oder alternativ `=1/3*(v1+v2+v3)`

ein. Anschließend wählt man *OK*, bestätigt die Nachfrage und erhält das Resultat, wie es im Hintergrund von Abbildung 3.9 bereits zu erkennen ist. □

Ändert man beispielsweise die Ausgangsdaten der Variablen 1 bis 3 aus Beispiel 3.2.2 ab, und will dann entsprechend den Mittelwert aktualisieren, so kann man dies einfach durch Knopfdruck auf ▪? in der Hauptmenüleiste auslösen.

Durchführung 3.2.3

Will man die Werte einer Variablen, die sich über eine Formel definiert, neu berechnen lassen, kann man den genannten Knopf verwenden, nachdem man die betreffende Variable markiert hat. Es öffnet sich der Dialog aus Abbildung 3.10, bei dem im Feld *Neu berechnen* unter *Variable* bereits die betreffende Variable eingetragen ist. Hier könnte man stattdessen auch einstellen, dass *Alle Variablen* neu berechnet werden. •

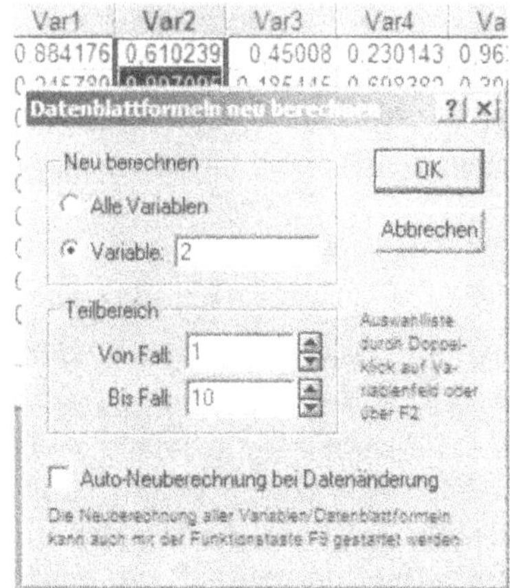

Abb. 3.10: *Neuberechnung von Formeln.*

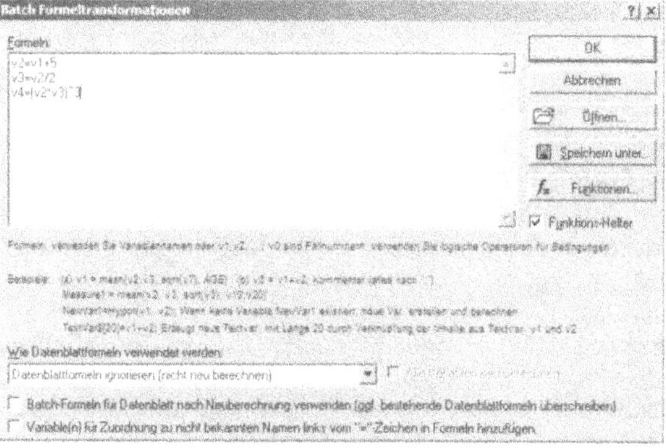

Abb. 3.11: *Abarbeiten eines Stapels von Formeln.*

Bemerkung zu Durchführung 3.2.3.

Ein Häkchen bei *Auto-Neuberechnung bei Datenänderung* ist dagegen mit Bedacht zu setzen, da mit einer jeden Änderung einzelner Werte der komplette Datensatz aktualisiert wird, was bei größeren Datensätzen erheblich Zeit beansprucht. □

STATISTICA bietet auch *Batch Formeltransformationen* an, die man durch Drücken des Knopfes erreicht. Der Begriff *batch* bedeutet dabei *Stapel*. Es wird also ein Stapel von Formeln *der Reihe nach* abgearbeitet, wie das in Abbildung 3.11 zu sehen ist. Im genannten Beispiel etwa wird zuerst Variable 2 berechnet, anschließend Variable 3, zum Schluss Variable 4. Bei einer jeden Berechnung stehen bereits die zuvor erlangten Resultate zur Verfügung.

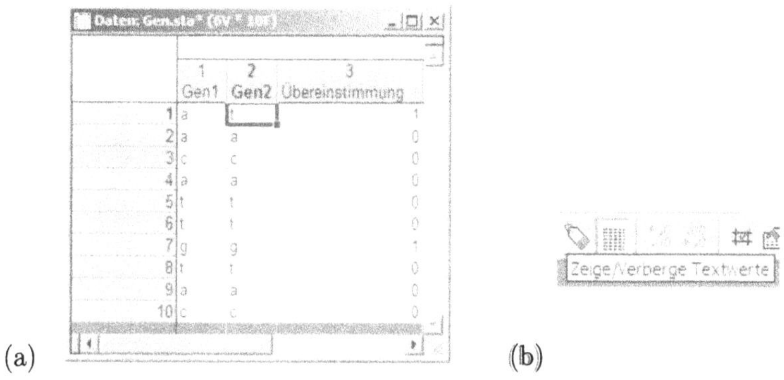

Abb. 3.12: *Ein scheinbar falsches Resultat – Anzeigen von Textwerten.*

3.3 Der Textwerte-Editor

Bei der Analyse kategorialer/nominaler Daten kann man gelegentlich auf ‘seltsame’ Phänomene treffen. Betrachten wir etwa folgendes

Beispiel 3.3.1

Gegeben sind die zwei fiktiven Gensequenzen *Gen1* und *Gen2* der Datei `Gen.sta`, die wir auf Übereinstimmungen prüfen wollen. Deshalb definieren wir eine weitere Variable *Übereinstimmung* über die Formel

`=(Gen1=Gen2)`.

Die Schreibweise `=(...)` besagt dabei, dass in den Klammern ein logischer Ausdruck steht, der auf seine Wahrheit hin untersucht wird. Im Falle der Wahrheit wird eine ‘1’ als Wert zurückgegeben, andernfalls eine ‘0’, vgl. Abschnitt 3.2. Das offensichtlich falsche Resultat ist in Abbildung 3.12 (a) zu sehen. □

Was ist verkehrt gelaufen? Das Problem ist, dass die vorliegenden Variablen offenbar nicht vom Typ *Text* waren, sondern beispielsweise *Double* oder *Integer*. In diesen Fällen legt STATISTICA bei kategorialen Werten, bei STATISTICA *Textwerte* genannt, eine interne Codierung durch Nummern an. Einem jeden kategorialen Wert wird eine ganze Zahl zugeordnet, beginnend bei 101 aufsteigend, siehe auch Abschnitt 3.5. Dabei bekommt der erste auftretende Wert der Variablen die Nummer 101, der nächste 102, usw., und danach werden diese Nummern(!) auf Gleichheit untersucht. In unserem Fall wäre die interne Codierung so wie in Abbildung 3.13 dargestellt, wodurch sich das obige Resultat erklären lässt. Durch Lösen des Knopfes aus Abbildung 3.12 (b) könnte man die Codierung übrigens auch im Tabellenblatt sichtbar machen. Und was nun?

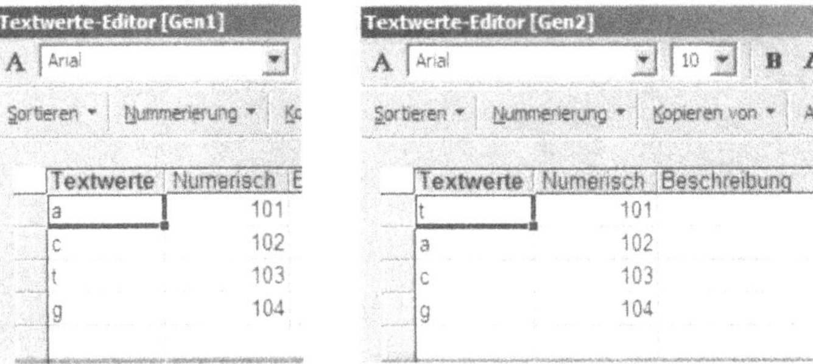

Abb. 3.13: *Die Textwerte der beiden Variablen.*

Im genannten Beispiel sicherlich am einfachsten ist es, den Variablentyp zu ändern, indem man die Variablenspezifikationen öffnet und bei *Typ: Text* wählt, vgl. etwa Abbildung 3.10. Anschließend funktioniert der Vergleich problemlos.

Alternativ könnte auch die interne Codierung geändert werden, was im momentanen Beispiel sicherlich unnötig aufwendig wäre.

Durchführung 3.3.2

Man vollführe einen Doppelklick auf den Kopf der Variablen *Gen1*, und wähle im sich öffnenden Dialog den Knopf *Textwerteditor*. Es erscheint eine Tabelle der internen Codierung wie in Abbildung 3.13. Diese Codierung notiere man sich auf irgendeine Weise, schließe den Dialog, und verfahre wie gerade eben, nur mit der Variablen *Gen2*. Manuell ist nun die Codierung so umzuändern, dass sie mit der von Variable *Gen1* übereinstimmt. Danach lässt man die Variable *Übereinstimmung* neu berechnen, wie es weiter oben in Durchführung 3.2.3 erläutert wurde. •

Bemerkung zu Durchführung 3.3.2.

Bei riesigen Datensätzen treten zumindest bei älteren STATISTICA-Versionen Probleme auf, da dort intern nur die Nummern 101 bis 32.767 zur Verfügung stehen. Gibt es mehr verschiedene Textwerte, kann es sein, dass diese von STATISTICA schlichtweg ignoriert werden und leere Zellen erscheinen. □

Wofür werden die Textwerte eigentlich benötigt, wenn kategoriale Daten doch schlicht als Text gespeichert werden können? Die Idee ist wohl, dass man einmal eine Codierung wählt, welche dann für immer fest bleibt. Anschließend können je nach Zweck die Textwerte geändert werden, beispielweise Übersetzung in eine andere Sprache, ohne dass dadurch Analysen beeinflusst würden. Insbesondere kann eine solche Wertänderung durchgeführt werden, ohne mühsames *Suchen* und *Ersetzen* im Tabellenblatt. Man ändert die Werte einfach im Textwerteditor, wie in Durchführung 3.3.2 beschrieben. Ferner bestände hier auch die Möglichkeit, vergleiche Abbildung 3.13, eine Beschreibung zu den Textwerten einzugeben.

Zu guter Letzt ist auch erwähnenswert, dass die Textwerte eine Länge von bis zu 10.000 Zeichen besitzen dürfen. Bei Textwerten dieser Länge würde ein Vergleich wie in Beispiel 3.2.2 sicherlich wesentlich länger dauern, wenn tatsächlich diese Textwerte Zeichen für Zeichen verglichen werden müssten, wie das beim Typ *Text* der Fall wäre. Der Vergleich der numerischen Codes dagegen bleibt von der Länge der Textwerte unbeeinflusst.

3.4 Berichte erstellen und exportieren

Bereits in Abschnitt 2.1 hatten wir von der Möglichkeit gehört, mit STATISTICA *Berichte* zu erzeugen. Im Prinzip kann man einen solchen Bericht auch als eine Art Arbeitsmappe begreifen, in der Resultate und Datentabellen abgelegt werden können, allerdings mit zwei wesentlichen Unterschieden:

- Man kann die Resultate in einem Bericht durch eigene Notizen oder andere Grafiken o. Ä. ergänzen.
- Eine Berichtsdatei erfordert wesentlich mehr Speicherplatz als eine vergleichbare Arbeitsmappe.

Ein Bericht ist einem gewöhnlichen RichText-Dokument (`.rtf`) ähnlich. Es ist also wenig verwunderlich, dass man via *Datei → Speichern unter* einen Bericht in folgende Dateiformate übertragen kann: `.rtf`, `.txt` und `.html`, seit Version 7 zudem noch `.xml` und `.pdf`. Während der Export in `.rtf` und `.html` inhaltlich gesehen verlustfrei verläuft, können natürlich keine Grafiken oder Tabellen in Text übertragen werden.

Wie erstellt man nun Berichte? Eine Möglichkeit besteht darin, von Anfang an eine Kopie eines jeden Resultates automatisch in einem Bericht ablegen zu lassen. Es ist dazu, wie zu Ende von Kapitel 1, über *Datei → Ausgabemanager* der Ausgabemanager zu öffnen. Dort ist bei *Zusätzlich in Berichtsfenster einfügen* einen Haken zu setzen, vgl. auch den anschließenden Abschnitt 3.5. Jedoch ist dabei Vorsicht geboten: Auch hier gilt wieder, dass sich STATISTICA diese Einstellung so lange merkt, bis sie erneut geändert wird. Alternativ geht man wie folgt vor:

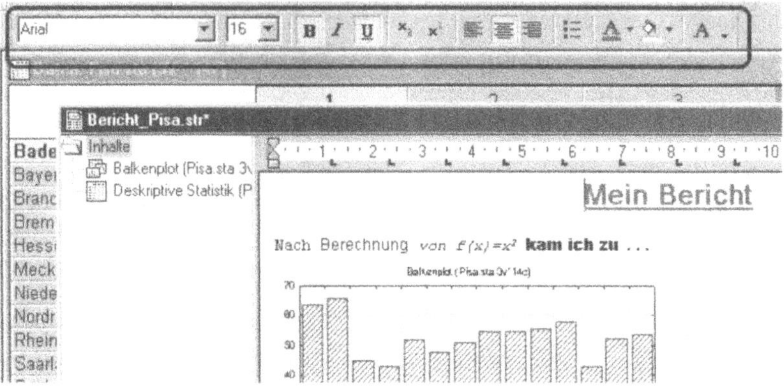

Abb. 3.14: Formatierung von Berichten.

Durchführung 3.4.1

Um wichtige Analyseresultate in einem Bericht zusammenzufassen, erstellt man zuerst eine gewöhnliche Arbeitsmappe. Anschließend ist über *Datei* → *Neu* eine leere Berichtsdatei zu erzeugen, indem auf der Karte *Bericht* gewählt wird: *Erzeugen* → *Als einzelnes Fenster*. Nun überträgt man wichtige Resultate aus der Arbeitsmappe in den Bericht, indem man diese entweder mit gedrückter rechter Maustaste aus der Arbeitsmappe in den Bericht zieht. Im sich öffnenden PopUp-Menü hat man dann die Wahl zwischen *Kopieren* und *Verschieben*. Oder man markiert mit der Maus bei gedrückter *Strg*-Taste alle erwünschten Resultate aus der Arbeitsmappe, wählt anschließend die Tastenkombination *Strg+C* bzw. *Strg+X*, wechselt in den Bericht, und drückt dort *Strg+V*. Dann werden die Resultate kopiert bzw. verschoben.

Danach oder auch währenddessen kann der Bericht durch Text, externe Grafiken, etc., ergänzt werden. Diese können in gewohnter Weise formatiert und somit die Resultate in eine ansehliche Form gebracht werden. •

Eine kleine Kostprobe findet sich in Abbildung 3.14, und ferner auch in Anhang F.

Erwähnenswert ist, dass man Grafiken und Tabellen auch in einem Bericht in gewohnter Weise, also im Sinne von Kapitel 4 bzw. 3.1 bis 3.3, nachbearbeiten kann. Dazu muss man die betreffenden Objekte mit der

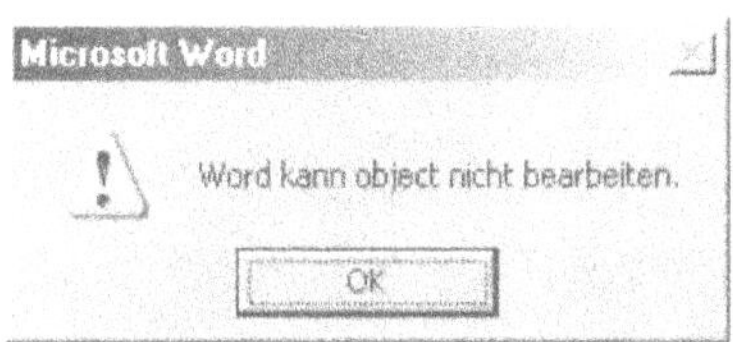

Abb. 3.15: *Fehlermeldung in* `rtf`*-Dateien.*

linken Maustaste mehrmals anklicken und kann anschließend wie in den genannten Abschnitten beschrieben vorgehen.

Wenn man seinen Bericht im `rtf`-Format gespeichert hat und diese Datei dann mit WORD oder einem ähnlichen Textverarbeitungsprogramm öffnet, so kann man auch von dort aus die eingebetteten Grafiken und Tabellen nachbearbeiten. Diese sind tatsächlich vollständig in die `rtf`-Datei integriert[3], was umgekehrt den Nachteil hat, dass auch die `rtf`-Datei sehr viel Speicherplatz benötigt. Einzige Voraussetzung zum Nachbearbeiten ist dabei, dass auf dem betreffenden Rechner STATISTICA installiert ist. Ist dieses dagegen nicht installiert, so werden Grafiken und Tabellen zwar weiterhin angezeigt, versucht man diese jedoch zu bearbeiten, erscheint eine Fehlermeldung wie in Abbildung 3.15.

Mit dem *Writer* des Programms *OpenOffice.org 2.0* scheint es dagegen leider bisher nicht möglich zu sein, den Bericht auf diese Weise zu manipulieren.

Seitenzahlen, Datum o. Ä. kann man in die Kopf- und/oder Fußzeile von Berichten wie folgt einfügen: Bei aktivem Berichtfenster wählt man entweder das Menü *Ansicht* → *Kopf- und Fußzeile...*, oder besser gleich *Datei* → *Seitenansicht* und dort *Kopf- und Fußzeile....* Letzteres ist vorzuziehen, da Kopf- und Fußzeile ohnehin nur in der Seitenansicht angezeigt werden.

Im Dialog *Kopf-/Fußzeile modifizieren* wählt man nun jeweils *Anpassen...* und kann anschließend festlegen, was jeweils links, mittig und/oder rechts in der Kopf-/Fußzeile stehen soll. Hierbei kann man eigenen Text und die von STATISTICA zur Verfügung gestellten Elemente wie (Gesamt-)Seitenzahl, Dokumentname, Datum und Uhrzeit kombinieren. Ein Beispiel entnimmt man Abbildung 3.16.

---

[3]Dem experimentierfreudigen Leser wird empfohlen, eine solche `rtf`-Datei einmal mit einem gewöhnlichen Texteditor zu öffnen. Man kann dann erkennen, dass die Tabellen als **`STATISTICA.Spreadsheet`**-Objekt eingebunden sind, siehe hierzu auch Anhang D.1, die Abbildungen dagegen als **`STATISTICA.Graph`**-Objekt.

1/10 Datei "Klausurloesung.str" Erstellt am: 22.03.2006, 10:07:36

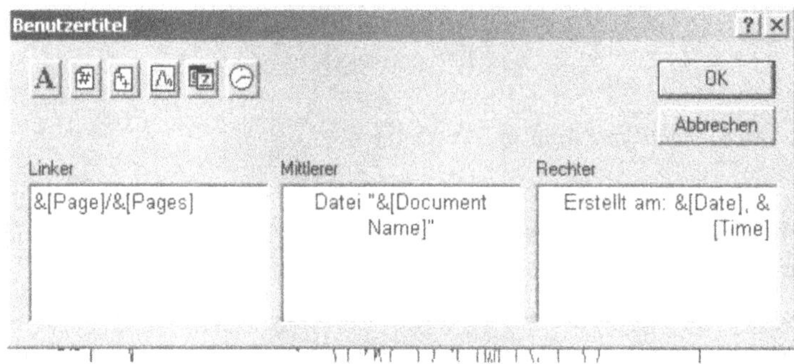

Abb. 3.16: *Kopfzeile eines Berichtes anpassen.*

3.5 Die STATISTICA-Optionen

STATISTICA bietet eine Reihe von Optionen an, mit denen man das Programm individuellen Bedürfnissen anpassen kann. Diese Stellschrauben sind dabei allesamt in einem größeren Dialog zusammengefasst, den man beispielsweise über *Datei* → *Ausgabemanager* oder *Extras* → *Optionen ...* erreichen kann. Einige von ihnen sollen nun beispielhaft vorgestellt werden:

Allgemein: Hier empfiehlt sich nach Meinung des Autors bei *Startoptionen* ein Häkchen bei *Maximale STATISTICA-Fenstergröße*, kein Häkchen bei *Dialog mit Startauswahl anzeigen*, und ferner die Auswahl *Kein Dokument öffnen oder erzeugen.* Bei *Perzentile berechnen* sollte *Empirische Verteilungsfunktion mit Mittelwert* gewählt werden, und bei *Dateipfad* → *Standardpfad* kann man einen Pfad der Art `D:\Eigene Dateien` eintragen. Da bei größeren Datensätzen das automatische Speichern äußerst lästig ist, kann man dieses bei *Autom. speichern: Deaktivieren.* Zu guter Letzt sollte aus Gründen der Übersichtlichkeit bei *Liste mit zuletzt verwendeten Dateien* keine allzu große Zahl stehen.

Ausgabemanager: Bereits im Tipp auf Seite 9 des Kapitels 1 wurde erläutert, wie man auf dieser Karte die Ausgabe von Resultaten in Arbeitsmappen beeinflussen kann. Selbiges wurde für Berichte in Abschnitt 3.4 erklärt. Ferner kann man die *Auflösung bei Erstellung von PDF-Dateien* auswählen, was Auswirkungen auf die Qualität, aber auch den benötigten Speicherplatz dieser Dateien hat.

Makros (SVB): Hier kann man insbesondere Schriftart und Syntax-Highlighting bei der Makroprogrammierung beeinflussen, wobei sich das *Standard Farbschema: Reserviert* auf Visual-Basic-Schlüsselwörter bezieht, und *Kommentare* auf Kommentierungen im Programmtext, welche mit `Rem` oder einem Hochkomma ' beginnen.

Arbeitsmappen: Hier kann man evtl. das Häkchen bei *Bestätigung beim Löschen von Objekten* entfernen, um überflüssige Rückfragen zu vermeiden.

Berichte: Auf dieser Karte sollte auf jeden Fall ein Häkchen bei *Objektbaum anzeigen* gemacht werden, um die Navigation innerhalb von Berichten zu erleichtern. Unter *Grafiken in HTML-Dokumenten als* kann man auswählen, ob Grafiken ins png- oder jpeg-Format exportiert werden sollen. Schließlich sollte man bei *Schriftart* die Voreinstellung den eigenen Wünschen anpassen.

Grafiken 1: Hier kann man bei *Außen Farbe → Transparenter Hintergrund* wählen, um z. B. den voreingestellten gelblichen Hintergrund zu vermeiden. Die übrigen Optionen wie Punktmuster etc. kann man auch individuell bei einzelnen Grafiken ändern, siehe Kapitel 4.

Grafiken 2: Seit Version 7 sind Grafiken und die zu Grunde liegenden Daten enger verknüpft, siehe etwa Abschnitt 3.1.3. Bei Änderung des Datenbestandes werden auch automatisch die Grafiken aktualisiert. Wer diesen Automatismus jedoch unterdrücken möchte, kann unter *Daten-Aktualisierung* entsprechende Einstellungen treffen.

Tabellen: Bei *Bewegung nach Eingabe in Datenblatt* kann festgelegt werden, in welche Richtung sich der Cursor in der Tabelle bewegt, wenn die Eingabetaste gedrückt wurde; Analoges wird für die Tabulatortaste angeboten. Interessant auch das *Startjahr für zweistellige Jahreszahlen in Datumsangaben*, wo 1930 vorgewählt ist. Tritt nun der Jahreswert '29' auf, wird dieser als 2029 interpretiert, '30' dagegen als 1930. In der Zeile *Numerische Werte zur ...* wird zudem bestimmt, mit welcher Zahl die Textwertcodierung, siehe Abschnitt 3.3, beginnen soll. Voreinstellung ist '101'.

Import: Hier können Voreinstellungen bzgl. des Imports von EXCEL-, Text- und HTML-Dateien getroffen werden, Standard ist jeweils *Bei jedem Import fragen.* Beim Feld *STATISTICA Query*, wo es um den Import aus Datenbanken geht, speziell den Dialog aus Abbildung 2.12, empfiehlt sich ein Häkchen bei *An Datentabelle angepasst.*

Zu guter Letzt erlaubt einem STATISTICA auch, die Symbolleisten und Menüs den eigenen Bedürfnissen anzupassen. Dazu wechselt man ins Menü *Extras → Anpassen ...*, woraufhin sich der Dialog aus Abbildung 3.17 öffnet. Hier kann man nun die entsprechenden *Kategorien* und deren *Befehle* auswählen und einfach mit gedrückter Maustaste

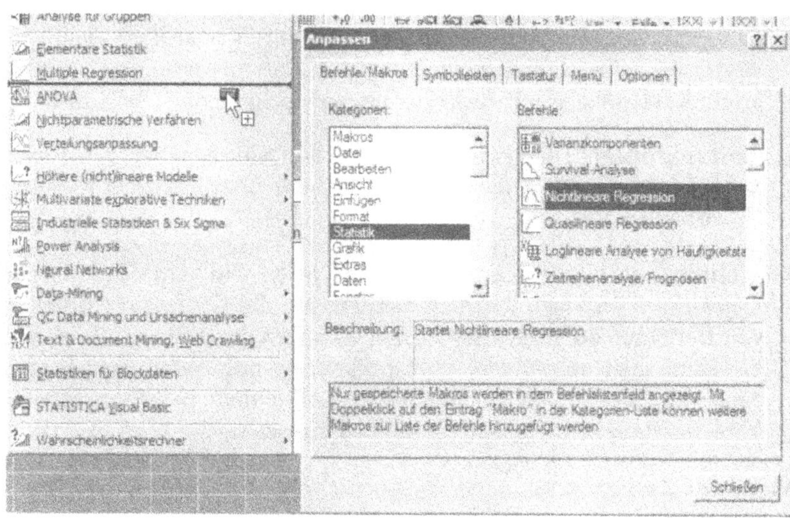

Abb. 3.17: Symbolleisten anpassen.

dorthin ziehen, wo man den entsprechenden Befehl vorfinden will, siehe Abbildung 3.17. Vorsicht: Die Ergänzung der Menüs, nicht der Symbolleisten, ist situationsbezogen, in dem Sinne, dass ein Menüpunkt, der eingefügt wurde, während z. B. eine Tabelle aktiv war, zukünftig auch immer nur dann angeboten wird, wenn wieder eine Tabelle aktiv ist, nicht jedoch beispielsweise bei einer Arbeitsmappe.

3.6 Aufgaben

Aufgabe 3.6.1

Die Datentabelle **Autoabsatz.sta** aus Aufgabe 2.7.1 soll nun formatiert werden.

(a) Passen Sie die Spaltenbreite den Daten an. Wählen Sie für beide Variablen jeweils unterschiedliche Schriftfarben.

(b) Die Datei **Autoabsatz.txt** enthält zudem in den ersten Zeilen eine kurze Beschreibung des Datensatzes sowie Quellenangaben. Kopieren Sie diese in das Kopffeld der **sta**-Datei.

Aufgabe 3.6.2

Nun soll der Datensatz **Autoabsatz.sta** aus Aufgabe 3.6.1 analysiert werden.

(a) Erstellen Sie dazu eine neue Variable *Differenz*, deren Werte sich als Differenz der Verkaufszahlen japanischer und deutscher Autos berechnet.

(b) Im Menü *Statistik* → *Elementare Statistik* → *Deskriptive Statistik* → *Karte: Details* haben Sie die Möglichkeit, den Mittelwert aller Differenzen berechnen zu lassen. Dazu wählen Sie unter *Variablen* die Variable *Differenz* aus, machen auf der Karte *Details* einen Haken *nur* bei Mittelwert, und klicken anschließend auf *Zusammenfassung*.

(c) Wechseln Sie nun in das Menü *Grafik* → *2D Grafiken* → *Linienplots (Variablen)*, um einen *Run Chart* der Differenzwerte zu erstellen. Wählen Sie dazu erneut die Variable *Differenz* aus und klicken Sie anschließend auf *OK*.

(d) Die Resultate werden in einer Arbeitsmappe abgelegt, die Sie unter dem Namen **Autoabsatz.stw** speichern sollten.

(e) Erstellen Sie abschließend einen Bericht, den Sie als **Autoabsatz.str** abspeichern. Dieser Bericht soll die unter (b) und (c) erstellten Resultate enthalten, und von Ihnen mit einer Überschrift und Erläuterungen zum von Ihnen verwendeten Verfahren versehen werden. Versuchen Sie ferner die Resultate zu interpretieren, und notieren Sie diese Interpretationen ebenfalls im Bericht.

(f) Ergänzen Sie den Bericht um Seitenzahlen gemäß dem Muster 'Seite x von xx', ferner um Datum, Uhrzeit und Dokumentname, und fügen Sie diese Elemente nach eigenem Gutdünken in Kopf- und/oder Fußzeile ein.

(g) Exportieren Sie den Bericht **Autoabsatz.str** ins RichText-Format.

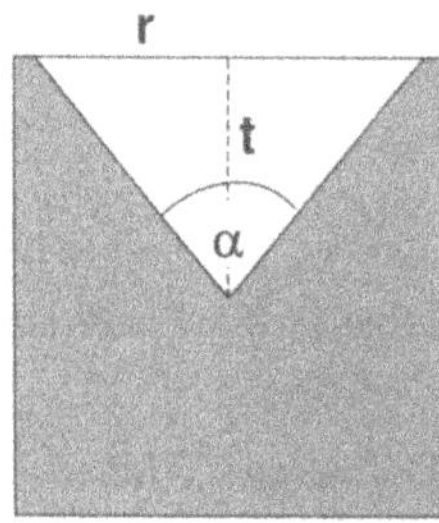

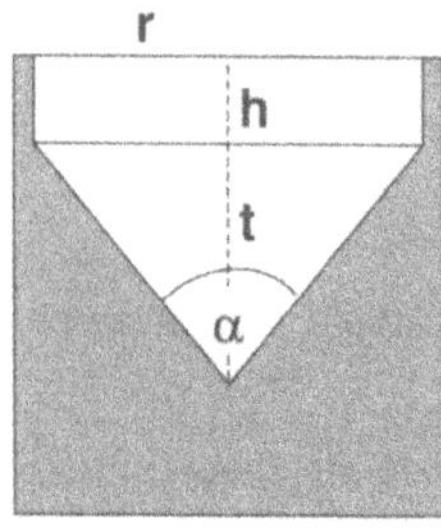

Abb. 3.18: *Skizze der Bauteile aus Aufgabe 2.7.2 bzw. Aufgabe 3.6.3.*

Aufgabe 3.6.3

Betrachten wir erneut die zylindrischen Bauteile, vgl. Abbildung 3.18, aus Aufgabe 2.7.2. In dieser Aufgabe bzw. in Aufgabe 2.7.3 hatten wir die Datei **`Artikel.sta`** erstellt, welche Angaben zu diesen Bauteilen enthält.

(a) In der Datei **`Artikel.sta`** befinden sich folgende Variablen:

- *Artikelnummer* enthält die Bestellnummer des Bauteils.
- *Kategorie* beschreibt den späteren Einsatz des Bauteils. Zu beachten ist hierbei: Teile der Kategorie *Getriebe* verfügen über eine Fräsung wie im linken Teil der Abbildung 3.18, Teile der Kategorie *Motor* dagegen wie im rechten Teil der Abbildung 3.18, d. h., mit einer zusätzlichen zylindrischen Fräsung der Höhe h=2 mm.
- *Fräswinkel* ist der Winkel α (in Grad) der kegelförmigen Fräsung.
- *Fräsradius* ist der Radius r (in mm) der Fräsung am äußeren Rand.

Legen Sie zusätzlich die Variable *Tiefe* an, welche die Gesamttiefe t bzw. $t + h$ der Fräsung beschreibt. Definieren Sie dazu eine geeignete Formel, die Ihnen aus den gegebenen Daten die Tiefe berechnet.

(b) Legen Sie des Weiteren die Variable *Volumen* an, welche das durch Fräsung entfernte Volumen beschreibt. Definieren Sie auch hier wieder eine geeignete Formel, und berücksichtigen Sie erneut die jeweilige Kategorie des Bauteils.

Lösungshinweis zu Aufgabe 3.6.3

Es ist hilfreich, eine boolsche Bedingung in die Formel einzubauen, vgl. Abschnitt 3.2. Ferner gelten folgende geometrische Beziehungen: $\tan \frac{\alpha}{2} = \frac{r}{t}$, $V_{\text{Kegel}} = \frac{1}{3}\,\pi\, r^2\, t$, sowie $V_{\text{Zylinder}} = \pi\, r^2\, h$.

Man beachte, dass die in STATISTICA implementierten Winkelfunktionen als Argument einen Wert erwarten, welcher im Bogenmaß angegeben ist, d. h. ein Winkel von 180° entspricht dem Wert π im Bogenmaß. □

4 Grafiken in STATISTICA

Im Regelfall, und nur dieser wird hier betrachtet, werden Grafiken mit Hilfe des *Grafik*-Menüs erstellt, basierend auf einer aktiven Datentabelle. Solche Grafiken werden in einer Arbeitsmappe abgelegt, man betrachte etwa das Beispiel des Kapitels 1, und können dann nachbearbeitet werden. Diese Möglichkeiten der Nachbearbeitung sind der Inhalt dieses Kapitels. Beginnen werden wir in Abschnitt 4.1 mit Möglichkeiten, wie sie für alle Grafiken angeboten werden. Anschließend weist Abschnitt 4.2 auf zusätzliche Funktionalitäten bei 3D-Grafiken hin. Schließlich werden wir in Abschnitt 4.3 auf Themen wie den Einsatz von Zeichenwerkzeugen eingehen.

Wie bereits in Durchführung 2.3.1 auf Seite 14 erwähnt, bleiben diese Möglichkeiten erhalten, wenn die Grafiken in Form einer `.stg`-Datei gespeichert werden. Auch in Berichten, siehe Abschnitt 3.4, und selbst in `rtf`-Dateien, vgl. den Tipp auf Seite 51, sind diese Nachbearbeitungen möglich.

Neu ab Version 7 ist, dass Grafiken automatisch aktualisiert werden, falls sich etwas an der zu Grunde liegenden Tabelle ändert. Dies betrifft sowohl Werte als auch den Fallstatus, vgl. Abschnitt 3.1.3. Den Automatismus kann man auf der Karte *Grafik 2* im Optionendialog, siehe Abschnitt 3.5, unterbinden. •

4.1 Zweidimensionale Grafiken bearbeiten

Als roter Faden dieses Abschnitts soll wieder das PISA-Beispiel aus Kapitel 1 dienen. Dort hatten wir bereits eine Balkengrafik der Lese-Daten erzeugt, vgl. Abbildung 1.8. In der rechten unteren Ecke finden wir eine *Legende* zu der Grafik. Klicken wir auf diese mit der rechten Maustaste, öffnet sich ein PopUp-Menü wie in Abbildung 4.1.

Aus diesem können wir den Punkt *In verschiebbaren Text umwandeln* wählen, wenn wir die Legende lieber frei platzieren wollen, beispielsweise an einer leeren Stelle der Grafik. Wollen wir ganz auf eine Legende verzichten, dann ist *Verbergen* die richtige Wahl. Entscheiden wir uns für *Titel-Eigenschaften*, dann öffnet sich ein Fenster, in dem wir den Text

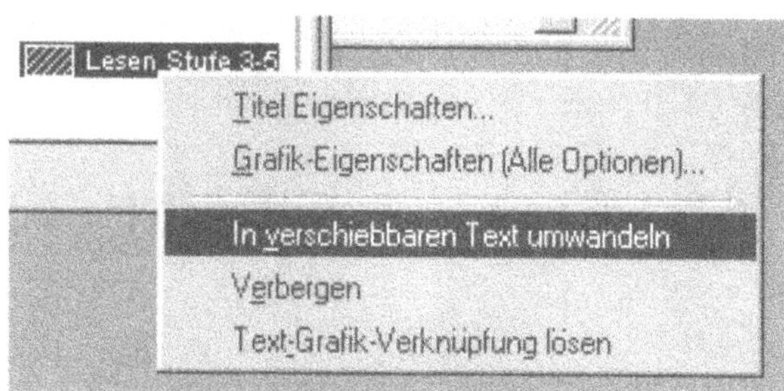

Abb. 4.1: *Legende einer Grafik manipulieren.*

der Legende ändern können. Dieses Menü hätten wir direkt erreicht, falls wir auf die Legende doppelgeklickt hätten.

Schließlich hätten wir auch den Punkt *Grafik-Eigenschaften (Alle Optionen)* wählen können. Dann wäre das Menü *Alle Optionen* erschienen, wie wir es in Abbildung 4.2 sehen können.

Dieses Menü ist von zentraler Bedeutung, denn es enthält tatsächlich alle die gesamte Grafik betreffenden Optionen. Man kann es auf verschiedene andere Weisen aktivieren. Bei Klick mit der rechten Maustaste öffnen sich dabei je nach Position des Mauszeigers die unterschiedlichsten PopUp-Menüs. Alternativ ist auch ein gezielter Doppelklick mit der linken Maustaste möglich. Hierbei heißt gezielt, dass sich der Mauszeiger im Randbereich der Grafik, der gewöhnlich hellgelb hinterlegt ist, befinden sollte.

Im Fall aus Abbildung 4.2 ist die Karte *Grafiktitel/Text* zuvorderst, mit der wir beispielsweise später die Legende wieder erscheinen lassen können, falls wir uns zuvor gegen sie entschieden haben.

Bevor wir näher auf die Grafik-Optionen eingehen, vielleicht ein paar Worte zum Klick-System von STATISTICA-Grafiken: Dieses könnte man als vorausahnend bezeichnen, da es je nach Ort des Mauszeigers zuerst einmal nur jene Menüteile anzeigt, die für den betreffenden Ort relevant sind. Klicken wir z. B. gezielt auf die Rechtsachse der Grafik, so erscheint ein reduzierter Dialog, dessen oberste Karte Einstellungen erlaubt, welche die *Skalierung* der X-Achse der Grafik betreffen. Hätten wir dagegen auf die Achsenbeschriftung geklickt, wäre die Karte *Skalenwerte* zu oberst. Um die Treffgenauigkeit beim Klicken zu erhöhen, empfiehlt es sich, zuvor den interessierenden Bereich mit einem Einfachklick zu markieren.

Öffnet sich nach Klick in die Grafik ein reduzierter Dialog, obwohl man den vollständigen Dialog gewünscht hätte, so kann man diesen durch

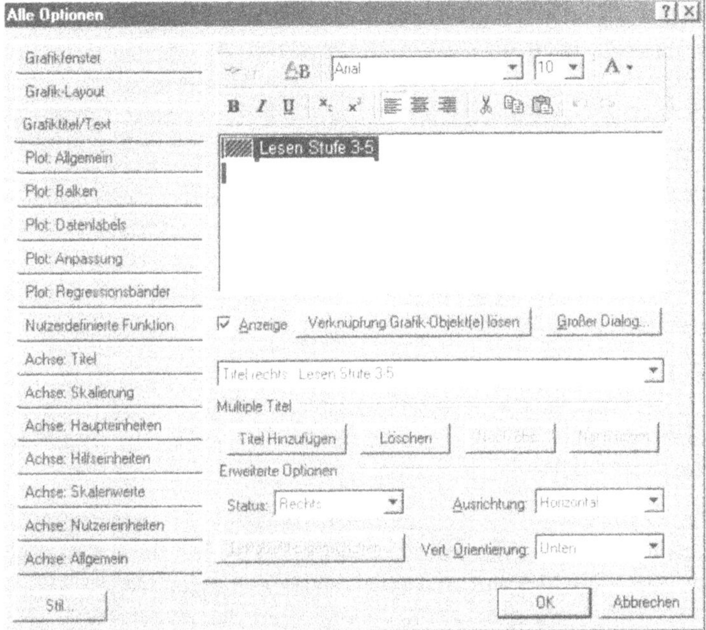

Abb. 4.2: *Alle Optionen einer Grafik.*

Drücken der Taste *Alle Opt...* öffnen. Manchmal wird erst ein Zwischendialog gezeigt; in diesem Fall muss man erneut auf *Alle Opt...* klicken.

Welche Stellschrauben zur Manipulation von Grafiken gibt es? Gehen wir die Karten des *Alle Optionen*-Dialogs durch:

Grafikfenster: Hier kann man z. B. die Hintergrundfarben in und außerhalb der Grafik, auch deren Gesamtgröße, ändern.

Grafik-Layout: Diese Einstellungen betreffen im Wesentlichen das Koordinatensystem der Grafik. Beispielsweise kann man zwischen gewöhnlichen kartesischen und polaren Koordinaten wählen. Ferner kann man einen *Zoom-Bereich* definieren, also etwa nur den Ausschnitt von 30 bis 70 der Y-Achse auswählen, wie es im Hintergrund von Abbildung 4.3 zu sehen ist.

Grafiktitel/Text: Auf dieser Karte können der Titel der Grafik verändert und weitere Texte hinzugefügt werden. Diese Textmöglichkeiten wählt man im Listenfeld unterhalb des Textfeldes aus. Als Beispiel betrachte man Abbildung 4.3, bei der eine Fußnote mit dem Text 'Meine Grafik!!' erstellt wurde.

Plot: Allgemein: Im momentan betrachteten Beispiel erlaubt dieses Menü nicht allzu viele Einstellungen. Hätten wir dagegen beispielsweise einen Linienplot erstellt, vgl. etwa Abbildung 5.14, so könnten wir hier die Linienart und das Aussehen der eingezeichneten Datenpunkte einstellen.

Plot: Balken: Dagegen ist im betrachteten Beispiel dieses Menü aktiv. Hier kann man etwa Linienart und Füllung der Balken verändern, ebenso auch noch nachträglich ihre *Orientierung*. Ferner könnten wir an Stelle von Balken auch eine anderen *Typ*, etwa Linien oder Whisker auswählen, sieh auch Abschnitt 5.3.

Plot: Datenlabels: Macht man in diesem Menü einen Haken bei *Datenlabels anzeigen*, so wird zusätzlich an der Spitze eines jeden Balkens ein zusätzlicher Text, in diesem Fall der Name des zug. Bundeslandes, angezeigt werden.

Plot: Anpassung: Im momentanen Beispiel ist der Inhalt dieser Karte inaktiv. Er ist von Bedeutung etwa bei den Histogrammen aus Abschnitt 5.4 mit zusätzlich eingezeichneter Dichte/Verteilung, einer *Anpassung* also. Dann könnte man den angepassten Graphen verändern, sogar nachträglich noch einen ganz anderen Verteilungstyp auswählen.

Plot: Regressionsbänder: Wie der Name bereits andeutet, ist diese Karte im Rahmen der Regressionsanalyse relevant, auf die wir in Abschnitt 11.1 eingehen. Wurde beispielsweise ein Scatterplot mit Regressionsgerade erstellt, so kann man diesen Plot durch Drücken des Knopfes *Neues Paar hinzufügen* um Regressionsbänder ergänzen, die ein gewisses Konfidenz- oder Prognoseintervall repräsentieren.

Nutzerdefinierte Funktion: Wie in Abbildung 4.4 zu sehen, bietet dieses Menü die Möglichkeit, einen oder mehrere Funktionsgraphen samt Legende und Stil festzulegen.[1]

Achse: Titel: Auf allen weiteren Karten gibt es stets links oben ein Listenfeld, beschriftet mit *Achse*, mit welchem man alle vier Achsen (links, rechts, oben, unten) ansprechen kann. Auf dieser Karte kann man die Beschriftung jeder Achse definieren. Bei der unteren X-Achse in unserem Beispiel würde sich etwa die Beschriftung 'Bundesland' anbieten.

Achse: Skalierung: Die *Skalierung*-Karte ist eine der wichtigsten überhaupt. Hier legt man Skalentyp (z. B. linear, logarithmisch, ...) und Skalenbereich fest, und kann Skalenunterbrechungen definieren. Klickt man auf *Schritte bearbeiten*, landet man auf der folgenden Karte:

[1]Bemerkenswert übrigens, dass im momentanen Beispiel überhaupt ein solcher Graph eingezeichnet wird, da ja die X-Achse eigentlich kategorial ist.

Achse: Haupteinheiten: Um die Schrittweite einer oder mehrerer Achsen zu verändern, muss man im *Modus*-Listenfeld zuerst *Manuell* wählen. Dann definiert man die *Schrittweite* der *Haupteinheiten*, im Beispiel beträgt diese für die Y-Achse gerade 10. Standardmäßig werden bei Haupteinheiten auch punktierte Linien gezogen, die das Gitter im Hintergrund bilden; auch diese kann man hier verändern oder gar entfernen.

Achse: Hilfseinheiten: Hier hat man die Möglichkeit, zusätzliche Teilstriche und/oder Gitterlinien in das Koordinatensystem einzeichnen zu lassen.

Achse: Skalenwerte: Diese Karte besteht aus vier Teilbereichen:

- Im Teil *Skalenwerte anzeigen* kann man die Beschriftung der Einheiten der Achsen verändern. Durch einen Klick auf *Nutzerlabels bearbeiten* würde man auf die anschließende Karte springen.
- Häufig hat man z. B. auf der X-Achse nicht nur 14 verschiedene Werte, sondern deutlich mehr. Damit sich dann die zug. Beschriftungen nicht gegenseitig überdecken, kann man *Anzeige jedes ... Label* wählen und festlegen, dass etwa nur jedes zehnte Etikett erscheinen soll. Wählt man *Aus*, werden alle angezeigt, auch wenn sie sich möglicherweise überlappen.
- Der Punkt *Werteformat* bezieht sich auf den Typ der Etiketten. Sind die Etiketten etwa reelle Zahlen, könnte man hier festlegen, wieviele Nachkommastellen angezeigt werden sollen.
- Schließlich gibt es noch den Punkt *Optionen* → *Layout*, der häufig in Kombination mit dem Teil *Werte auslassen* gesehen werden muss. Hier kann man einstellen, ob die Beschriftungen senkrecht, wie im Beispiel bei der X-Achse, oder waagrecht angebracht werden sollen.

Achse: Nutzereinheiten: Im Tabellenfeld einer jeden Achse kann man hier die Beschriftungen ändern und zusätzlich Teilstriche und/oder Linien einfügen.

Achse: Allgemein: Hier kann der Benutzer insbesondere die Linienart und -stärke der einzelnen Achsen bestimmen.

Bei diversen Grafiktyp können noch weitere Karten auftreten, auf die hier nicht mehr im Einzelnen eingegangen werden soll. Es handelt sich dabei um spezielle Funktionalitäten, wie sie nur beim betreffenden Grafiktyp gegeben sind. Teilweise wird in späteren Abschnitten an passender Stelle darauf verwiesen werden. Ansonsten oder bei weiteren Fragen zu einzelnen Karten sei der entsprechende Hilfeeintrag bei STATISTICA empfohlen, den man durch Klick auf das Fragezeichen ganz rechts oben erreicht: ?×

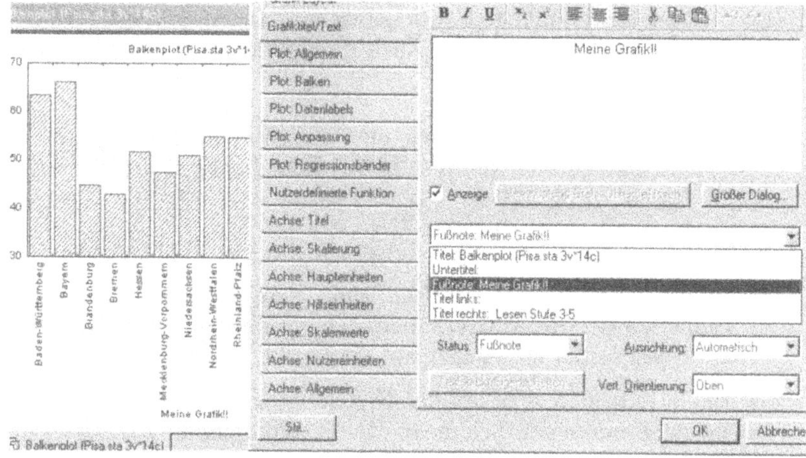

***Abb. 4.3:** Titel und Texte einer Grafik anpassen.*

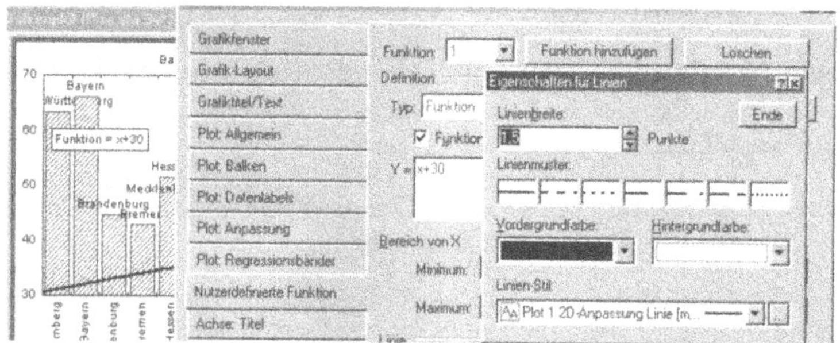

***Abb. 4.4:** Eine selbst definierte Funktion in die Grafik einfügen.*

Eine Bemerkung zum Schluss: Einige der genannten Optionen kann man auch dauerhaft als Voreinstellung wählen. Dazu muss man entsprechende Einstellungen bei den Programmoptionen, Karte *Grafik 1* oder *Grafik 2*, wählen, siehe Abschnitt 3.5.

4.2 Dreidimensionale Grafiken bearbeiten

Dreidimensionale Grafiken gehören zu den besonderen Leistungsmerkmalen von STATISTICA, wie in diesem Abschnitt illustriert werden soll. Anhand unserer PISA-Daten werden wir eine 3D-Grafik erzeugen und dann auf die eigentlich einzige, aber sehr attraktive zusätzliche Karte im *Alle Optionen*-Dialog zu sprechen kommen, die Karte *Perspektive.*

Der PISA-Datensatz aus Kapitel 1 enthält die drei Variablen *Lesen*, *Mathematik* und *Naturwissenschaften*, welche parallel in einem einzigen, dreidimensionalen Balkenplot angezeigt werden sollen:

Durchführung 4.2.1

Man öffne das Menü *Grafik → Sequentielle 3D-Grafiken → Plots für Fallreihen* und wähle etwa auf der Karte *Details* zuerst *Variablen → Alle auswählen* und anschließend den *Grafiktyp: Säulen*, wie es in Abbildung 4.5 oben zu sehen ist. Nach Bestätigen mit *OK* erscheint eine Grafik wie in Abbildung 4.5 unten. •

Nun macht man einen Doppelklick auf den hellgelben Hintergrund der Grafik, um das *Alle Optionen*-Menü zu öffnen und wechselt zur Karte *Perspektive.* Wie in Abbildung 4.6 zu sehen, hat man nun die Möglichkeit, durch Änderungen am Rollbalken die Grafik nahezu beliebig zu rotieren.

Wollen wir zu guter Letzt noch eine andere 3D-Grafik zu unseren PISA-Daten erstellen, kann man den bestehenden Dialog erneut öffnen, in dem man auf den Knopf *3D-Plot für Fallreihen* links unten drückt, siehe Abbildung 4.7. Nun kann man auf der Karte *Details* einen anderen *Grafiktyp* auswählen oder sonstige Modifikationen vornehmen.

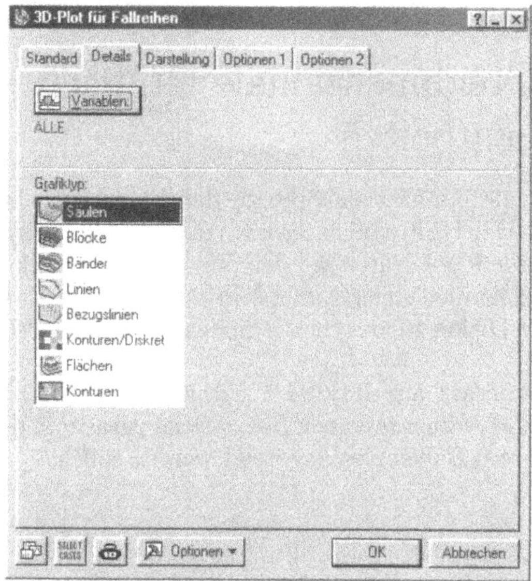

Sequentielle 3D-Grafik (Pisa.sta 3v*14c)

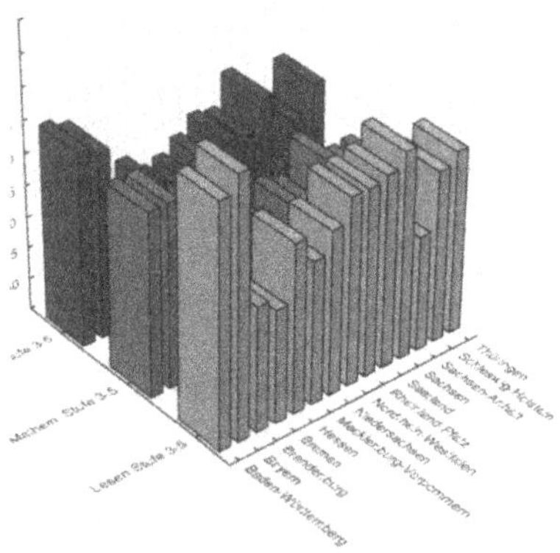

***Abb. 4.5:** Dreidimensionale Balkengrafik erzeugen.*

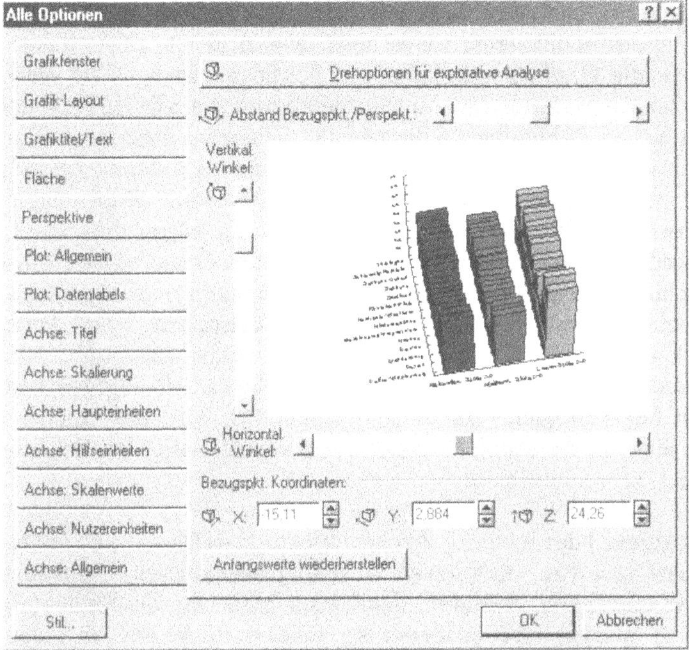

Abb. 4.6: *Dreidimensionale Grafiken rotieren.*

Abb. 4.7: *Aktiver Grafikdialog.*

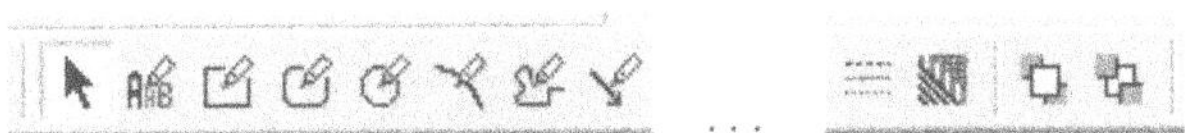

Abb. 4.8: *Zeichenwerkzeuge bei STATISTICA.*

4.3 Verwendung von Zeichenwerkzeugen

Neben den in den Abschnitten 4.1 und 4.2 diskutierten Möglichkeiten, Grafiken zu modifizieren, ist es noch, wie in jedem Office-Paket auch, möglich, die Grafiken mit Hilfe von Zeichenwerkzeugen zu verändern. Diese Zeichenwerkzeuge sind in der Menüleiste von STATISTICA untergebracht und in Abbildung 4.8 dargestellt. Gehen wir diese der Reihe nach, von links nach rechts, durch: Ist der Pfeil wie in Abbildung 4.8 gedrückt, so ist gar kein Zeichenwerkzeug aktiv. Das erste Werkzeug erlaubt es, Beschriftungen in Grafiken einzufügen. Es folgen drei Werkzeuge, um Rechtecke mit eckigen oder abgerundeten Ecken sowie Ellipsen zu zeichnen. Mit dem anschließenden Werkzeug kann man Bögen zeichnen. Werkzeug Nummer 6 ist auf zweierlei Art einsetzbar, beide Arten sind auch kombinierbar: Bei gedrückter linker Maustaste ergibt sich eine Freihandlinie, zwischen je zwei einfachen Mausklicks dagegen wird eine gerade Linie gezogen. Mit einem Doppelklick wird das Zeichenobjekt abgeschlossen. Werkzeug Nummer 7 schließlich erlaubt das Zeichnen von Pfeilen.

Hat man ein oder mehrere Zeichenobjekte erstellt, so kann man deren Linienart mit dem viertletzten Werkzeug beeinflussen, Füllfarben und -muster mit dem drittletzten. Schließlich kann man die Reihenfolge der Objekte, welches also zuoberst ist, welches folgt, etc., mit den zwei letzten Werkzeugen bestimmen.

Die genannten Zeichenwerkzeuge kann man aber nicht nur bei bestehenden Grafiken einsetzen, man kann auch eine völlig neue Grafik erstellen. Dazu wählt man *Grafik → Layouts für mehrere Grafiken → Leere Grafik*, und es wird eine leere, freistehende Grafik erzeugt. Um diese in eine bestehende Arbeitsmappe zu verschieben, muss man prinzipiell den bereits am Ende von Abschnitt 2.2 beschriebenen Weg zum Import eines ActiveX-Dokumentes beschreiten. Genau wie dort geschildert, klickt man mit der rechten Maustaste an die gewünschte Stelle im Verzeichnisbaum der Arbeitsmappe und wählt im sich öffnenden PopUp-Menü den Punkt *Einfügen...*. Nun aber entscheidet man sich für ein *STATISTICA-Dokument* und bestätigt mit *OK*. Es öffnet sich der Dialog *Dokumenttyp*, wo man *Aus Fenster erzeugen* markiert. Aus der mit *Fenster* überschriebenen Liste wählt man dann die Grafik aus und klickt *OK*. Auf diesem Weg kann man übrigens auch STATISTICA-Tabellen in eine Arbeitsmappe einfügen.

4.4 Aufgaben

Aufgabe 4.4.1

Erstellen Sie erneut den Run Chart aus Aufgabe 3.6.2. Führen Sie anschließend die folgenden Nachbearbeitungen aus:

(a) Fügen Sie eine Funktion mit der Funktionsgleichung *Y*=`2E5*(X-3)` hinzu. Hierbei steht `2E5` für die Zahl $2 \cdot 10^5$.

(b) Ändern Sie die Skalierung der linken Y-Achse auf den Bereich von −500.000 bis 2.500.000, Schrittweite 250.000.

(c) Modifizieren Sie jetzt die Linienart des Funktionsgraphen: Linienbreite 1,0, Linienmuster gestrichelt, und Linienfarbe dunkelgrau.

(d) Ändern Sie den Graphen des Run Charts: Wählen Sie für die Punkte gefüllte Quadrate, Größe 6, Farbe rot. Manipulieren Sie auch die Linie: Linienbreite 1,5, Linienmuster durchgezogen, und Linienfarbe grün.

Aufgabe 4.4.2

Öffnen Sie die Datei `Artikel.sta` aus Aufgabe 3.6.3. In der dortigen Teilaufgabe (a) hatten wir die Variable *Tiefe* angelegt.

(a) Erstellen Sie, genau wie in Kapitel 1, eine Balkengrafik mit horizontalen Balken der Variablen *Tiefe*.

(b) Verwandeln Sie die Legende in verschiebbaren Text und platzieren Sie diesen an einer freien Stelle innerhalb der Grafik. Ändern Sie ferner den Stil der Balken um: Vollständig gefüllte Fläche, Farbe dunkelgrau.

Aufgabe 4.4.3

Erstellen Sie nochmals, wie zuvor in Abschnitt 4.2, den Fallreihenplot der PISA-Daten.

(a) Rotieren Sie die Grafik so, dass der Blickwinkel der Gleiche ist wie in Abbildung 4.6, jedoch mit den drei Reihen in genau umgekehrter Reihenfolge.

(b) Färben Sie die linke Fallreihe in Grautöne um.

(c) Ändern Sie das *Grafik-Layout*: Wählen Sie *Bänder* statt Säulen.

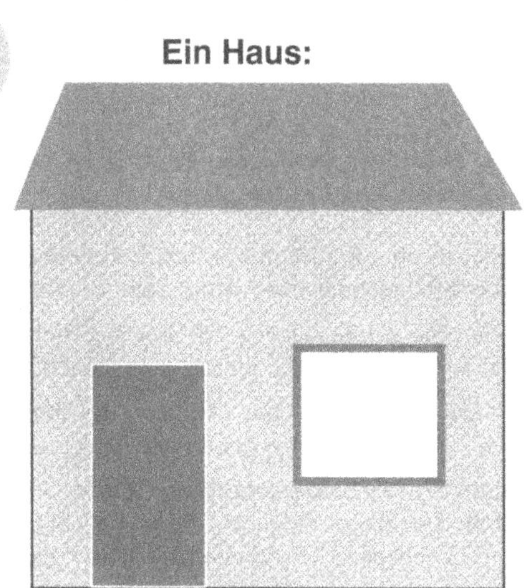

Abb. 4.9: *Eine mit den Zeichenwerkzeugen von STATISTICA erstellte Grafik.*

Aufgabe 4.4.4

Versuchen Sie die Grafik in Abbildung 4.9 eigenhändig zu reproduzieren und ergänzen Sie diese nach eigenem Geschmack. Fügen Sie das Resultat in eine Arbeitsmappe ein.

Teil II

Deskriptive und explorative Datenanalyse

5 Univariate deskriptive Statistik

In der Statistik unterscheidet man (zumindest) drei große Teilgebiete: Die *deskriptive Statistik*, die *explorative Statistik* und die *induktive Statistik*. Wenn auch die in diesen Zweigen eingesetzten Methoden manchmal die gleichen sind, so unterscheiden sich diese Bereiche doch in ihrer Zielsetzung:

Deskriptive Statistik, auch *beschreibende Statistik* genannt, beginnt bei der Erhebung und Aufbereitung von Daten. Sie versucht, gegebene und u. U. sehr umfangreiche Datensätze möglichst kompakt zu beschreiben, indem sie diese geeignet komprimiert. Dazu zählt sowohl die Berechnung von Kenngrößen, als auch die grafische Darstellung von Daten. Im Gegensatz zur induktiven Statistik geht sie dabei weder von einem zu Grunde liegenden Wahrscheinlichkeitsmodell aus, noch versucht sie, die gewonnenen Resultate auf eine umfassendere Grundgesamtheit zu verallgemeinern.

Explorative Statistik, auch *explorative Datenanalyse (EDA)* genannt, ist das jüngste der drei Teilgebiete. Ihre Entstehung lässt sich auf das Jahr 1977 datieren, dem Erscheinungsjahres des gleichnamigen Werkes von Tukey (1977). Er charakterisiert explorative Statistik als *detective work* (Tukey, 1977, S. 1), als *looking at data to see what it seems to say* (Tukey, 1977, S. v). Explorative Statistik versucht also, Zusammenhänge, Besonderheiten, Strukturen und Muster in Daten zu entdecken. Die gewonnenen Erkenntnisse können dann später zur Modell- und Hypothesenbildung verwendet werden. Da sie dabei viele Methoden benutzt, die auch im Rahmen der deskriptiven Statistik ihren Einsatz finden, ist sie manchmal recht schwer von dieser zu trennen.

Induktive Statistik, auch *schließende Statistik* genannt, analysiert Daten, die als Stichprobe aus einer i. A. sehr viel größeren Grundgesamtheit gezielt erhoben wurden. Sie versucht von gewonnenen Erkenntnissen über die Stichprobe auf Eigenschaften der Grundgesamtheit zu schließen. Meist werden dabei wahrscheinlichkeitstheoretische Modellannahmen über die Grundgesamtheit gemacht und diese entweder durch Schätzverfahren verfeinert, oder basierend auf ihnen Hypothesen formuliert, welche dann überprüft werden.

In diesem Kapitel wollen wir uns zunächst auf Verfahren der *univariaten* deskriptiven Statistik beschränken, d. h. auf Verfahren, die eindimensionale Daten untersuchen. Zu solchen Verfahren zählen grundlegende Kenngrößen eines Datensatzes, siehe Abschnitt 5.1, sowie grafische Methoden, die charakteristische Informationen in komprimierter Form darstellen, besprochen in den Abschnitten 5.3 bis 5.6. Im anschließenden Kapitel 6 sollen dann auch Verfahren zur Analyse *multivariater* (mehrdimensionaler) Daten miteinbezogen werden. Methoden explorativer Datenanalyse werden in Kapitel 7 vorgestellt. Teil III ist dann der induktiven Statistik gewidmet.

5.1 Elementare Kenngrößen

Motivation. Nehmen wir an, wir haben einen, unter Umständen sehr großen, Datensatz $x_1, \ldots, x_n$ vorliegen. Ein solcher Datensatz wurde entweder gezielt erhoben, etwa durch ein geplantes Experiment, eine Umfrage, oder hat sich im Laufe der Zeit angesammelt, wie etwa im Falle einer Kundendatenbank. Ziel ist es nun, diesen unüberschaubaren Datensatz in solcher Weise zu komprimieren, dass wertvolle Informationen mit einem Blick erfasst werden können. Dies kann man beispielweise erreichen, indem man geeignete Kenngrößen $T(x_1, \ldots, x_n)$ berechnet, die auf dem Datensatz basieren und etwa die Lage, Streuung und Gestalt der Daten beschreiben. Eine zusammenfassende Beschreibung solcher Charakteristika bietet der Anhang A.1.1. □

Durchführung 5.1.1

Kenngrößen eines Datensatzes kann man im Menü *Statistik* → *Elementare Statistik* → *Deskriptive Statistik* → *Karte: Details* auswählen und berechnen lassen. Per Voreinstellung ist dabei nur eine kleine Auswahl von Kenngrößen aktiviert. Oft empfiehlt es sich jedoch, möglichst viele der hier diskutierten Kennzahlen zu berechnen, um ein möglichst vollständiges Bild der Daten zu erhalten. Damit man diese Auswahl nicht jedes Mal von Neuem treffen muss, kann man die erweiterte Auswahl per Druck auf den Knopf *Speichern als Standard* sichern. •

Folgende Kenngrößen eines univariaten Datensatzes sind von Bedeutung, deren theoretische Hintergründe in Anhang A.1.1 skizziert sind:

Lokation. Die populärste Kenngröße zur Beschreibung der Lage numerischer Daten ist wohl das *arithmetische Mittel*. Allerdings hat dieses den praktischen Nachteil, dass es sehr anfällig gegenüber *Ausreißern* ist – bereits ein extrem großer oder kleiner Wert führt zu einer Verfälschung der Aussage über die tatsächliche Lokation der Daten. Man spricht deshalb bei gegebenem Datensatz vom Umfang n davon, dass das arithmetische Mittel einen *Bruchpunkt* von $\frac{1}{n}$ hat.

Wesentlich robuster ist der empirische *Median*, bei dem extreme Abweicher nur dann zu Verfälschungen führen, wenn zumindest die Hälfte der Daten sich derartig verhalten (Bruchpunkt $\frac{1}{2}$). Ob man dann noch von Ausreißern sprechen kann, ist mehr als fraglich. Beispiel 5.1.3 illustriert den Einfluss von Ausreißern.

Bei kategorialen Daten sind die eben angeführten Lokationsparameter bedeutungslos, hier wird man üblicherweise den *Modus* verwenden. Weitere Möglichkeiten, die Lokation eines Datensatzes zu beschreiben, sind letztlich auch *Minimum, Maximum, empirische Quantile*, insbesondere *unteres* oder *oberes Quartil*.

Dispersion. Von besonderer Bedeutung bei der Beschreibung der Streuung eines Datensatzes ist die empirische *Varianz* bzw. die empirische *Standardabweichung*, die sich aber mit dem arithmetischen Mittel den Nachteil eines Bruchpunktes von $\frac{1}{n}$ teilt. Bereits einer von n Datenwerten kann die Aussage der Kenngröße also zerstören. Ein weiterer Nachteil beider Größen ist zudem, dass sie jeweils für sich betrachtet nur schwer zu interpretieren sind, siehe Anhang A.1.1.

Ebenfalls stark ausreißeranfällig ist per Definition auch die *Spannweite*, also der Abstand von Maximal- und Minimalwert. Robuster dagegen ist der *Interquartilsabstand (IQR)*, der sich durch einen Bruchpunkt von $\frac{1}{4}$ auszeichnet. Letzterer ist auch leicht zu interpretieren: Er drückt die Breite des Bereiches aus, der die mittleren 50 % der Daten umfasst.

Gestalt. Gestaltparameter versuchen die Häufigkeitsverteilung der Daten zu beschreiben. Zu nennen sind hier insbesondere die auf Momenten basierenden Schätzer für *Schiefe* und *Exzess*, deren Interpretation in Anhang A.1.1 erläutert wird.

In Hinblick auf die induktive Statistik sei erneut auf Anhang A.1.1 verwiesen, welcher den Zusammenhang zu entsprechenden Kenngrößen von Zufallsvariablen beschreibt. Zur Illustration der eingeführten Kenngrößen betrachten wir das folgende Beispiel.

Beispiel 5.1.2

Die Firma R. in Mellrichstadt produziert u. a. Getriebeteile. In einem der dazu notwendigen Arbeitsgänge muss in ein Metallteil eine Rille der Tiefe 2,20 mm eingefräst werden, dabei ist eine Abweichung von maximal ±0,01 mm erlaubt, andernfalls ist das Teil unbrauchbar. Bei dem Arbeitsvorgang setzt ein Arbeiter jeweils ein Werkstück in eine Maschine ein und startet diese nach dem Schließen der Tür.

	Deskriptive Statistik (FiktFraesen.sta)										
Variable	Gült. N	Mittelw.	Median	Minimum	Maximum	Unteres Quartil	Oberes Quartile	Quartile Spannw.	Stdabw.	Schiefe	Exzeß
Ideal	200	2,200002	2,200230	2,186080	2,214110	2,196765	2,202925	0,006160	0,004905	-0,078162	-0,080674

Abb. 5.1: *Kenngrößen der Fräsdaten aus Beispiel 5.1.2.*

Anschließend wird das Teil herausgenommen und während der Bearbeitung des nächsten Teiles vermessen. Zweihundert fiktive Messergebnisse befinden sich in der Datei `Fraesung.sta`, welche nun, wie in Durchführung 5.1.1 beschrieben, analysiert werden sollen.

In Abbildung 5.1 sieht man, dass Mittelwert und Median sehr eng beisammen liegen, bei ca. 2,200 mm. Somit haben wir bisher keinen Hinweis, dass es möglicherweise Ausreißer in den Daten gibt, bzw. dass die Daten Schiefe aufweisen. Auskunft über die Streuung der Daten geben empirische Standardabweichung und IQR, geschätzt zu 0,004905 mm bzw. 0,006160 mm. Letzterer besagt, dass sich die mittleren 50 % der Daten in einem Bereich der Breite 0,006160 mm aufhalten. Eine isolierte Interpretation der Standardabweichung ist schwierig, siehe Anhang A.1.1. Bereits der Vergleich von Median und Mittelwert lieferte kein Anzeichen für Schiefe (Unsymmetrie), was auch die empirische Schiefe bestätigt, die nur marginal unterhalb 0 liegt. Negative Schiefe an sich bedeutet, dass es eher stark nach unten als stark nach oben vom Mittelwert abweichende Werte gibt. Schließlich liegt auch der Exzess nur minimal unter 0, so dass insgesamt die Häufigkeitsverteilung der Daten einer Normalverteilung ('Gaußsche Glockenkurve') zu ähneln scheint. Negativer Exzess würde hierbei bedeuten, dass perfekt normalverteilte Daten mehr stark abweichende Werte aufweisen würden als beobachtet. □

Den verfälschenden Einfluss von *Ausreißern* auf einige der obigen Kenngrößen soll folgendes Beispiel illustrieren:

Beispiel 5.1.3

In einer Gemeinde mit 199 Haushalten findet sich eine Verteilung des Sparvermögens wie im *Histogramm* der Abbildung 5.2. Nun zieht ein Milliardär (Sparvermögen 1 Mrd. €) in den landschaftlich reizvoll gelegenen Ort, was sich in den Kenngrößen der Tabelle aus Abbildung 5.2 folgendermaßen äußert: Während der Median unbeinflusst bei 15.000 € bleibt, springt der Mittelwert von 22.206 € auf 5.022.095 €, was einzeln betrachtet eine äußerst wohlhabende Gemeinde suggerieren würde. Somit wird auch die bereits zuvor bestehende Differenz zwischen Mittelwert und Median, welche auf eine Schiefe der Daten schließen lässt, deutlich verschärft. Der Modus bleibt dagegen, genau wie der Median, unbeeinflusst.

Auch bei den Dispersionsmaßen zeigen sich Änderungen: Während der IQR stabil bei 15.000 € verweilt, wachsen Standardabweichung und Spannweite deutlich an, von 20.679 € auf 70.709.111 € bzw. von 149.000 € auf 999.999.000 €. Dies demonstriert deutlich die Gefahr eines geringen Bruchpunktes. □

In der Praxis stößt man häufig auf Situationen, in denen der Datensatz auch eine oder mehrere Gruppierungsvariablen enthält. Beispielsweise könnte es sich bei einer solchen Gruppierungsvariablen um das Geschlecht der Versuchspersonen, um Kundennummern oder -gruppen handeln, oder um ein Kennzeichen für Probanden, welche der gleichen Behandlungsmethode/Medikation unterzogen wurden. Neben globalen Kenngrößen ist man dann auch an gruppenweisen Kenngrößen interessiert, insbesondere um feststellen zu können, ob sich manche der Gruppen von den übrigen unterscheiden.

Durchführung 5.1.4

Um Kenngrößen gruppenweise berechnen zu lassen, wähle man den (etwas kryptischen) Menüpunkt *Statistik* → *Elementare Statistik* → *Gliederung/einfaktorielle ANOVA*. Auf der Karte *Einzelne Tabellen* kann man im *Variablen*feld die *abhängigen Variablen*, welche die eigentlichen Datenwerte enthalten, und die *Gruppierungsvariablen* mit den Gruppencodes auswählen. Unter *Codes für Gruppierungsvariablen* kann man die Gruppen weiter einschränken. Per Voreinstellung werden die Berechnungen für alle sich ergebenden Gruppenkombinationen durchgeführt. Dabei werden verschiedene Codewerte durch Leerzeichen getrennt, und Bereiche würde man z. B. in der Art 1970-1983 notieren.

Anschließend klickt man auf *OK* und wechselt im sich öffnenden Dialog auf die Karte *Deskriptive Statistik*. Dort kann man im Feld *Statistiken* die gewünschte Auswahl an Kenngrößen zusammenstellen und klickt schließlich auf *Zusammenfassung*. •

Neu ab Version 7 Die gruppenweise Berechnung von Kenngrößen ist nun noch zusätzlich zum in Durchführung 5.1.4 beschriebenen Menü unter *Statistik* → *Elementare Statistik* → *Gliederung/Deskr. Statistik nach Gruppen* zu finden. Dort kann man auf der Karte *Deskriptive Stat.* die eben beschriebenen Einstellungen treffen. •

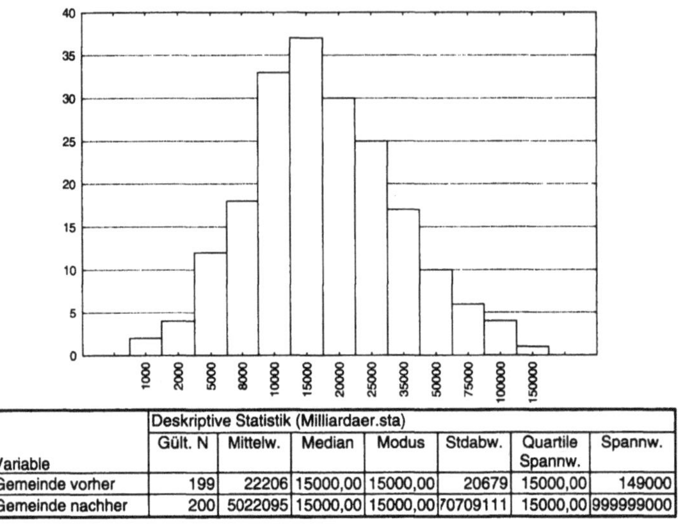

Variable	Deskriptive Statistik (Milliardaer.sta) Gült. N	Mittelw.	Median	Modus	Stdabw.	Quartile Spannw.	Spannw.
Gemeinde vorher	199	22206	15000,00	15000,00	20679	15000,00	149000
Gemeinde nachher	200	5022095	15000,00	15000,00	70709111	15000,00	999999000

Abb. 5.2: *Einfluss eines Milliardärs.*

Beispiel 5.1.5

Betrachten wir als Beispiel die mittlere monatliche Sonnenfleckenzahl der Jahre 1931 bis 1983 aus der Datei `Sonnenflecken.sta`, entnommen aus Falk et al. (2002). Zu den Daten der Jahre 1970 bis 1983 sollen neben dem Teilstichprobenumfang auch Mittelwert und Standardabweichung ausgegeben werden, das Resultat entnimmt man der Abbildung 5.3. Man erkennt bei den zwei letztgenannten Kenngrößen deutliche Schwankungen, etwa im Mittelwert von 12,5500 im Jahre 1975 bis hin zu 155,2750 im Jahre 1979. □

Neu ab Version 7 ist die Möglichkeit, nun praktisch alle Analysen und Grafiken auch gruppenweise durchführen zu lassen. Der Unterschied, z. B. gegenüber einer gruppenweisen Berechnung von Kenngrößen gemäß Durchführung 5.1.4, besteht darin, dass die Resultate diesmal nicht in einer einzigen Tabelle bzw. einzigen Grafik ausgegeben werden, sondern jedes Resultat bekommt sogar seinen eigenen Unterordner.

Leider wurde diese Option nicht innerhalb der entsprechenden Menüs implementiert, es wurde stattdessen jeweils ein eigenes Menü für Analysen und Grafiken erstellt, wie in Abbildung 5.4 oben zu sehen. Im Menü selbst, vgl. Abbildung 5.4 unten, kann man dann die gewünschte Analyseart auswählen und bestätigt anschließend mit *OK*.

Nun wird man i. A. auf einen Dialog stoßen, der gegenüber dem Originaldialog spürbar eingeschränkt ist. Entscheidet man sich etwa für die

Tabelle der deskriptiven Statistiken (Sonnenflecken.sta)
N=168 (Keine MD in Liste mit abh. Var.)

Jahr	Mittl. Zahl Mittelw.	Mittl. Zahl N	Mittl. Zahl Stdabw.
1970	104,6917	12	14,21411
1971	66,6500	12	14,04865
1972	69,7667	12	16,70462
1973	38,1500	12	12,87792
1974	34,4083	12	10,81619
1975	15,4583	12	9,88897
1976	12,5500	12	6,53682
1977	27,4833	12	12,57825
1978	92,6583	12	26,66992
1979	155,2750	12	26,23762
1980	154,6500	12	15,98849
1981	140,3750	12	22,03489
1982	116,2917	12	23,35094
1983	66,6333	12	21,91373
Alle	78,2173	168	51,38712

Abb. 5.3: *Kenngrößen der Sonnenfleckendaten gruppiert nach Jahren.*

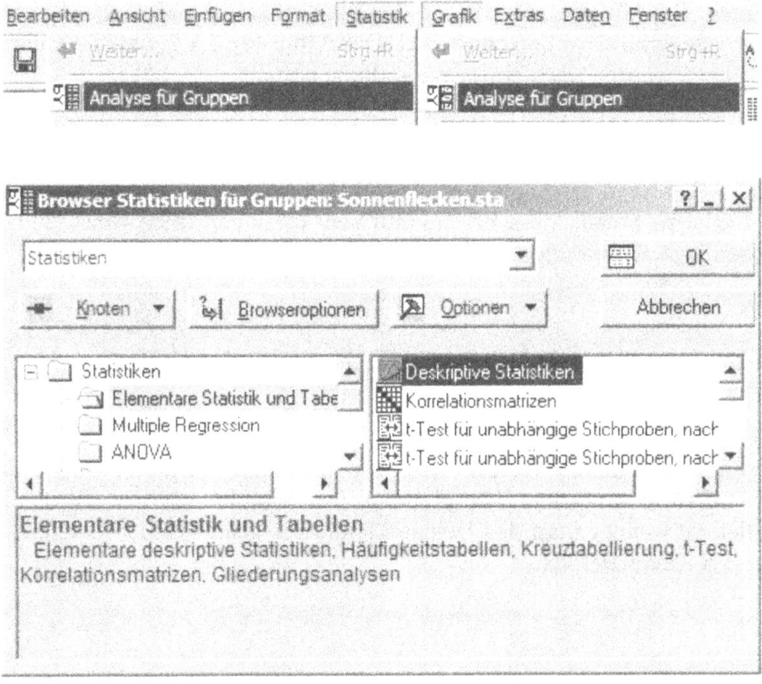

Abb. 5.4: *Gruppenweise Durchführung von Analysen.*

	Häufigkeitstabelle: Frästiefe (mm) (Fraesung.sta)			
Von Bis	Häufigk.	Kumul. Anzahl	Prozent	Kumul. Prozent
2,185000<x<=2,190000	3	3	1,50000	1,5000
2,190000<x<=2,195000	25	28	12,50000	14,0000
2,195000<x<=2,200000	71	99	35,50000	49,5000
2,200000<x<=2,205000	72	171	36,00000	85,5000
2,205000<x<=2,210000	27	198	13,50000	99,0000
2,210000<x<=2,215000	2	200	1,00000	100,0000
2,215000<x<=2,220000	0	200	0,00000	100,0000
Missing	0	200	0,00000	100,0000

Abb. 5.5: *Häufigkeitstabelle der Fräsdaten aus Beispiel 5.1.2.*

Deskriptive Statistik, so verfügt der sich öffnende Dialog nur über zwei Karten.

Auf der Karte *Standard* kann man die zu analysierenden *Variablen* sowie die *Gruppen* festlegen. Leider kann man seine Auswahl nicht auf einen Teil der Gruppen beschränken, Analysen werden stets für alle sich ergebenden Gruppenkombinationen durchgeführt.

Auf der Karte *Allgemein* hat man dann bei *Ergebnisumfang* lediglich die Möglichkeit, zwischen *Minimal*, *Umfassend* oder *Alle Ergebnisse* zu wählen. Bei *Minimal* werden nur die Kenngrößen gemäß dem eingestellten Systemstandard berechnet, vgl. Durchführung 5.1.1, bei den anderen Optionen werden auch ein paar Grafiken erstellt.

Ähnliche Einschränkungen sind auch bei den anderen Analysearten anzutreffen. Die von StatSoft gewählte Art der Implementierung gruppenweiser Analysen erscheint dem Autor als nicht völlig befriedigend, und es bleibt zu hoffen, dass bei zukünftigen Versionen diese Einstellungen in den jeweiligen Originalmenüs getroffen werden können. •

5.2 Einfache Häufigkeitstabellen erstellen

Sowohl für numerische als auch für kategoriale Daten können mit STATISTICA einfache *Häufigkeitstabellen* erstellt werden. In beiden Fällen verwendet man das gleiche Menü, mit geänderten Einstellungen auf der Karte *Details*:

Durchführung 5.2.1

Häufigkeitstabellen für eine einzelne Variable erstellt man mit dem Menü *Statistik → Elementare Statistik → Häufigkeitstabellen*. Je nach Art der vorliegenden Daten trifft man auf der Karte *Details* unter *Kategorisierung für Tabellen...* folgende Einstellung:

- Bei kategorialen Daten wählt man *Alle Werte*,
- bei numerischen Daten entweder *Anzahl exakter Intervalle* oder *"Glatte" Intervalle, etwa*. Der Unterschied: Im ersten Fall werden tatsächlich exakt soviele Intervalle konstruiert wie vorgegeben, mitunter jedoch mit sehr 'krummen' Intervallgrenzen. Im zweiten Fall werden 'glatte' Grenzen erzeugt (=möglichst wenig Nachkommastellen, und dann bevorzugt endend auf 1, 2 oder 5), unter Umständen wird die vorgegebene Zahl jedoch nicht eingehalten.

Auf der Karte *Optionen* kann zudem entschieden werden, ob zu den einfachen Häufigkeiten noch Summen- und/oder relative Häufigkeiten ausgegeben werden sollen. Schließlich wird nach Drücken des Knopfes *Zusammenfassung* die gewünschte Tabelle erstellt. •

Beispiel 5.2.2

Betrachten wir erneut die Fräsdaten aus Beispiel 5.1.2. Von diesen (numerischen) Daten soll, wie in Durchführung 5.2.1 beschrieben, eine Häufigkeitstabelle erstellt werden, mit Ausgabe relativer und Summenhäufigkeiten. Es wird die Option *"Glatte" Intervalle, etwa: 10* gewählt. Als Resultat erhält man die Tabelle aus Abbildung 5.5. Dabei haben etwa die Zahlen aus der Zeile '2,195000<x<=2,200000' folgende Bedeutung: Insgesamt gab es im Datensatz 71 Werte in diesem Bereich, das entspricht 35,5 % aller Messwerte, Frästiefen $\leq 2,20$ mm kamen insgesamt 99 mal vor, was 49,5 % aller Messwerte entspricht. □

Beispiel 5.2.3

Als Beispiel eines kategorialen Datensatzes betrachten wir die Datei `HaarAuge.sta`, wie sie in Falk et al. (2002) wiedergegeben ist. Der Datensatz enthält die Haar- und Augenfarben von 592 Personen, wobei folgende Werte möglich sind:

- Die Augenfarbe kann 'blau', 'braun', 'grün' und 'nuss' sein,
- die Haarfarbe dagegen 'blond', 'braun', 'rot' und 'schwarz'.

	Häufigkeitstabelle: Haar (HaarAuge.sta)			
Kateg.	Häufigk.	Kumul. Anzahl	Prozent	Kumul. Prozent
rot	71	71	11,99324	11,9932
braun	286	357	48,31081	60,3041
blond	127	484	21,45270	81,7568
schwarz	108	592	18,24324	100,0000
Missing	0	592	0,00000	100,0000

Abb. 5.6: *Häufigkeitstabelle der Haarfarbedaten aus Beispiel 5.2.3.*

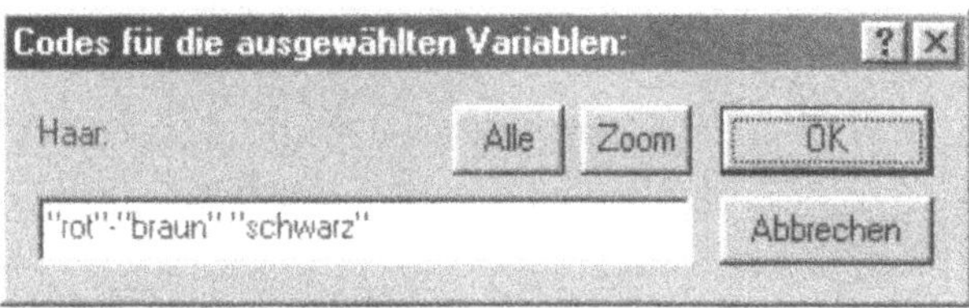

Abb. 5.7: *Gruppierung auswählen.*

Nun wird eine Häufigkeitstabelle für die vorkommenden Haarfarben erstellt, das Resultat ist in Abbildung 5.6 zu sehen. Da die Daten jedoch nicht ordinal sind, d. h. von keiner natürlichen Ordnung, machen die beiden kumulativen Spalten wenig Sinn. □

Will man sich bei einem kategorialen Datensatz nur auf eine bestimmte Auswahl von Werten beschränken, kann man diese auf der Karte *Details* unter *Codes für Gruppierungen (Werte)* auswählen. Es öffnet sich ein Fenster wie in Abbildung 5.7. Dort kann man die gewünschten Werte zwischen Anführungszeichen angeben, verschiedene Werte getrennt durch Leerzeichen. Will man zusammenhängende Teilbereiche auswählen, kann man das Zeichen '–' verwenden.

Eventuell zu berechnende Prozentwerte werden dabei auf diese reduzierte Auswahl bezogen.

5.3 Der Box-Whisker-Plot

Neben Kenngrößen sind insbesondere grafische Methoden zur Beschreibung von Datensätzen von großer Bedeutung. Dies liegt insbesondere daran, dass die Fähigkeit des Menschen, visuell Informationen aufzunehmen und zu analysieren, stark ausgeprägt ist. Im Folgenden wollen wir eine Reihe solcher Methoden betrachten und ihre Einsatzmöglichkeiten an Beispielen illustrieren.

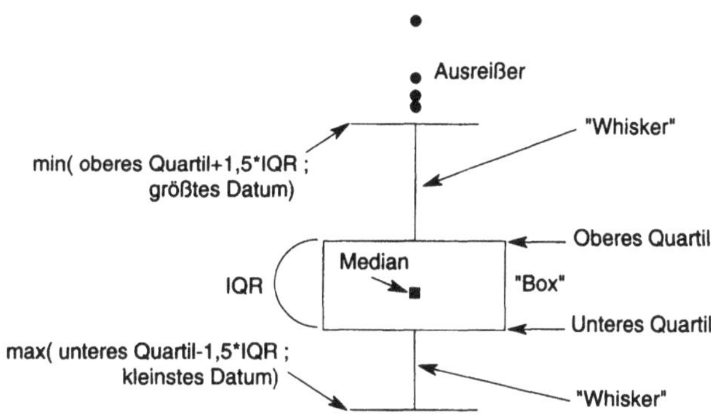

Abb. 5.8: *Aufbau des Box-Whisker-Plots.*

Ein erstes wichtiges grafisches Hilfsmittel zur Beschreibung eines Datensatzes ist der *Box-Whisker-Plot*, kurz *Boxplot*, der in Abbildung 5.8 erläutert wird. Er ermöglicht nicht nur die Veranschaulichung von Datenlokation und -dispersion, auch die Gestalt der Daten lässt sich an ihm ablesen: Bei schiefen Daten liegt der Median nicht in der Mitte der Box, auch können die Whisker unterschiedlich lang sein. Auskunft über den Exzess der Daten kann man u. U. aus dem Größenverhältnis von Box und Whiskern ablesen. Ferner erlaubt der Boxplot auch die Analyse geschichteter Daten, vgl. hierzu auch Beispiel 5.3.3.

Durchführung 5.3.1

Box-Whisker-Plots kann man mit dem Menü *Grafik* → *2D-Grafiken* → *Box-Plots* erstellen. Die darzustellende Variable muss dabei als *Abhängige Variable* gewählt werden. Liegt zudem noch eine *Gruppierungsvariable* vor, welche eine Schichtung des Datensatzes beschreibt, so kann man durch Auswahl dieser Variablen Boxplots für die einzelnen Schichten vergleichend nebeneinander ausgeben lassen. Wichtig ist dabei, nach Auswahl der Gruppierungsvariablen unter *Codes* auf *Alle* zu drücken. •

Wie Abbildung 5.8 nahelegt, ist der Boxplot auch exzellent geeignet, um *Ausreißer* in Datensätzen aufzuspüren. Gewöhnlich sind alle Punkte außerhalb der Whisker stark ausreißerverdächtig. Dabei wird von STATISTICA eine noch feinere Unterscheidung getroffen:

Weicht ein Wert nicht nur um mehr als 1,5 IQR von der Box ab, das ist die maximale Länge der Whisker, sondern gar um mehr als 3 IQR, so spricht STATISTICA von einem *extremen Wert.* Generell sind also Werte, die außerhalb der Whisker liegen, ausreißerverdächtig. Allerdings wird man solche Werte nur dann tatsächlich als Ausreißer bezeichnen, wenn die Abweichung keinen regelmäßigen oder systematischen Eindruck macht. Dann kann den Daten nämlich auch lediglich eine Dichte hohen Exzesses zu Grunde liegen, z. B. die t-Verteilung. Dort sind stark vom Zentrum abweichende Werte ganz normal, vgl. dazu Anhang A.1.1.

Die Wichtigkeit des Auffindens von Ausreißern mag folgender Fall schildern: Ein Müllentsorgungsunternehmen stellte durch Datenanalyse fest, dass einige der Fahrer eine außergewöhnlich hohe Kilometerleistung erreichten. Um zu prüfen, ob dies vielleicht an der diesen Fahrern zugeteilten Strecke liegen könnte, wurde mit Hilfe eines Routenplaners die Kilometerleistung eines jeden Fahrers abgeschätzt und mit den tatsächlichen Werten verglichen. Tatsächlich stellte man bei einigen der Fahrer eine erhebliche Abweichung fest. Weitere Nachforschungen ergaben als Grund die vom Unternehmen vorgeschriebene Zeit 16 Uhr, vor der kein Fahrer wieder zurück sein durfte. Da aber einige Fahrer ihre Tour in einer deutlich kürzeren Zeit erledigten, fuhren sie anschließend zum Zeitvertreib weiter in der Gegend herum. Das Unternehmen denkt nun über eine Lockerung der Rückkehrzeiten nach.

Beispiel 5.3.2

Betrachten wir erneut die Fräsdaten aus Beispiel 5.1.2 und erstellen einen Boxplot gemäß Durchführung 5.3.1. Der Box-Whisker-Plot, siehe Abbildung 5.9, zeigt je einen ausreißerverdächtigen Wert nach oben und nach unten an, welche allerdings eher als systembedingt zu interpretieren sind. Der Interquartilsbereich (kleine Box), der die mittleren 50% der Daten umfaßt, liegt eng um den Median, die Streuung scheint gering. Da der Median zudem weitestgehend in der Mitte der Box liegt, scheinen die Daten symmetrisch zu sein. □

Beispiel 5.3.3

Analysieren wir ein weiteres Mal die Sonnenfleckendaten aus Beispiel 5.1.5. Hier bietet es sich an, die Boxplots gruppenweise erstellen zu lassen, und zwar für jedes Jahr einen eigenen Boxplot. Das Resultat ist in Abbildung 5.10 zu sehen. Deutlich zu erkennen sind hier regelmäßige Schwankungen der mittleren Zahl von Sonnenflecken. Genauer betrachtet handelt es sich dabei um knapp elfjährige Zyklen, die auf einen Wechsel der Polung des solaren Magnetfeldes zurückzuführen sind. Zudem sieht man, dass auch die Streuung der Sonnenfleckenzahl diesen Schwankungen unterliegt und häufig eine deutliche Schiefe gegeben ist. □

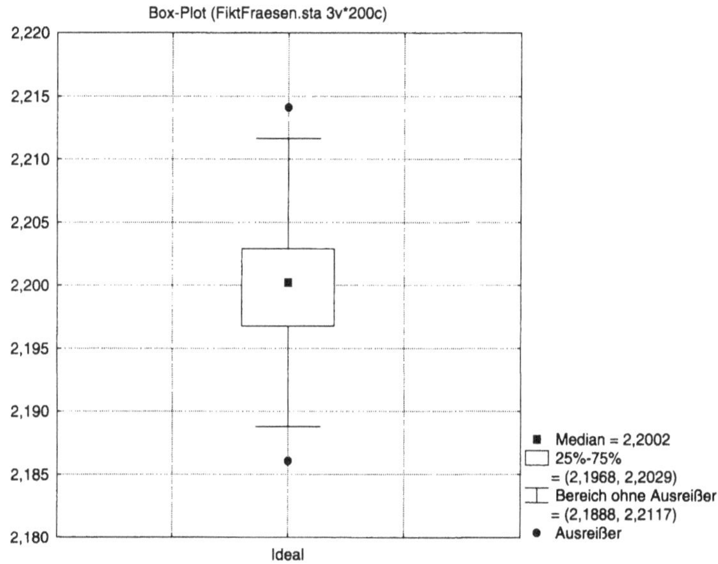

Abb. 5.9: *Boxplot zu den Fräsdaten.*

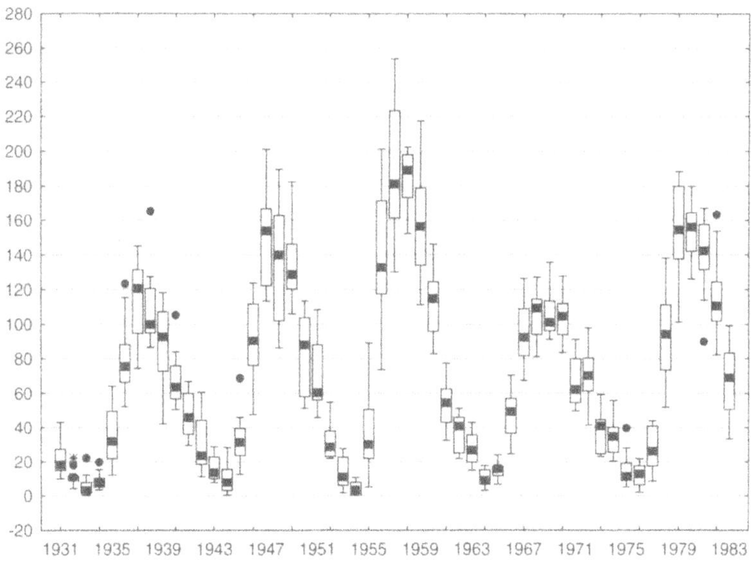

Abb. 5.10: *Monatliche Zahl von Sonnenflecken.*

5.4 Histogramm und Stamm-Blatt-Darstellung

Bei einem Histogramm handelt es sich im Wesentlichen um eine visualisierte Häufigkeitstabelle, vgl. Abschnitt 5.2. Genau wie dort kann man unterscheiden zwischen 'gewöhnlichen' und kumulativen Histogrammen, ferner kann man die Y-Achse mit absoluten oder relativen Werten beschriften lassen.

Hintergrund 5.4.1

Ein Histogramm mit relativen Werten auf der Y-Achse kann als Schätzer einer den Daten gemeinsam zu Grunde liegenden Dichte interpretiert werden, siehe auch Anhang A.1 und A.2. Bedingung dafür ist aber die Annahme, dass es sich bei den Daten tatsächlich um unabhängige Wiederholungen der gleichen Zufallsvariablen handelt. Entsprechend ist dann ein kumulatives Histogramm als Schätzer der zu Grunde liegenden Verteilung zu verstehen.

Aus diesem Grund lässt man auch häufig eine theoretische Dichte/Verteilung mit in das Histogramm einzeichnen, also eine *Anpassung* durchführen. Dadurch kann man visuell entscheiden, ob es sich bei der wahren, aber unbekannten Dichte vielleicht um die eingezeichnete handeln könnte. Auf diese Art der Überprüfung von Verteilungsannahmen werden wir später in Abschnitt 8.2 zu sprechen kommen.

Ein Nachteil des Histogramms als Dichte-/Verteilungsschätzer sei jedoch schon an dieser Stelle erwähnt: Auch wenn den Daten eine kontinuierliche Dichte zu Grunde liegt, z. B. die Normalverteilung, wird die geschätzte Dichte zwangsweise eine unstetige Stufenfunktion sein. Eine Glättung könnte man durch die Verwendung eines *Kernes* erreichen. Dies würde in einem *Kerndichteschätzer* resultieren, vgl. hierzu Abschnitt 1.1 in Falk et al. (2002). Eine solche Möglichkeit ist in STATISTICA jedoch leider nicht implementiert. ◇

Bemerkung zu Hintergrund 5.4.1.

Einen ganz entscheidenden Einfluss auf die Qualität der Dichteschätzung hat dabei die Anzahl der gewählten Intervalle; diese Aussage ist in gleicher Weise auch für Häufigkeitstabellen gültig. Ist die Zahl der Intervalle zu gering, spricht man von *Überglättung*, da eventuell charakteristische Formen der tatsächlichen Dichte 'verschluckt' werden. Das andere Extrem wäre die Wahl zu vieler Intervalle, im Extremfall so viele, dass pro Intervall maximal ein Datenwert zu finden ist. Dann ist offenbar jegliche Aussagekraft des Histogramms verloren, welches ja gerade auf die Verdichtung der Daten abzielt.

Deswegen empfiehlt es sich, die folgende **Faustregel** zu berücksichtigen: Besteht der Datensatz aus n Werten, so wähle man höchstens $\lfloor\sqrt{n}\rfloor$ Intervalle. Dabei bedeutet $\lfloor y \rfloor$ die größte ganze Zahl kleiner gleich $y \in \mathbb{R}$. Dies ist die sog. $\sqrt{n}$*-Regel*, die vor sägezahnförmigen Histogrammen bewahren soll. Als untere Schranke für die Kategorienzahl gilt $\lfloor \log_2 n + 1 \rfloor$, wobei $\log_2 y$ den Logarithmus von y zur Basis 2 bezeichnet. Diese sog. $\log_2 n$*-Regel* sollte Überglättung vermeiden. □

Da der 2er-Logarithmus häufig nicht direkt in Taschenrechnern implementiert ist, kann man die Regel

$$\log_2 y = \frac{\log_b y}{\log_b 2}$$

verwenden, die aufzeigt, wie man diesen mit Hilfe eines Logarithmus zur Basis $b \in \mathbb{R}^+$ berechnet. Einen Taschenrechner, der zur Logarithmenberechnung fähig ist, findet man im Windows-Start-Menü unter *Start* → *Programme* → *Zubehör* → *Rechner*. Dort wählt man *Ansicht* → *Wissenschaftlich* und kann dann den Logarithmus zur Basis $b = 10$ mit Hilfe der Taste *log* berechnen, den natürlichen Logarithmus, also den Logarithmus zur Basis $b = e$, wobei $e \approx 2,718282$ die Eulersche Zahl bezeichnet, mit Hilfe der Taste *ln*.

Alternativ kann man eine Formel in einer STATISTICA-Tabelle anlegen, dort steht die Funktion `Log2(...)` direkt zur Verfügung.

Durchführung 5.4.2

Histogramme kann man im Menü *Grafik* → *Histogramme* erstellen. Dabei kann man auf der Karte *Details* einen Anpassungstyp auswählen oder einen solchen völlig deaktivieren; per Voreinstellung wird stets die Dichte der Normalverteilung eingezeichnet. Soll bei numerischen Daten die Zahl der Intervalle von der Voreinstellung abweichend bestimmt werden, muss bei *Intervalle* → *Kategorien* die gewünschte Zahl eingetragen werden. Im diskreten Fall wähle man im Menü *Histogramme* unter *Intervalle* die Option *Ganzzahlig* und bei *Anzeigetyp* die Option *Säulen trennen*.

Bei kategorialen Daten ist es am geschicktesten, den Punkt *Codes* zu markieren und dann je nach Bedarf entweder auf *Alle* zu klicken oder die gewünschten Werte anzugeben; hierzu beachte man den Tipp auf Seite 80. Seit Version 7 gibt es zudem die Option *Einzelwerte*, bei deren Wahl dann für alle kategorialen Werte, mit oder ohne Sortierung, ein eigener Balken erstellt wird.

Um ein kumulatives Histogramm zu erstellen, wechselt man auf die Karte *Details* und wählt unter *Anzeigetyp* die Option *Kumulativ*.

Zu guter Letzt kann man im Listenfeld *Y-Achse* entscheiden, ob die Y-Achse mit absoluten Zählwerten oder relativen Anteilen beschriftet werden soll. •

Ist der vorliegende Datensatz sehr groß, kann man auf der Karte *Optionen 2* festlegen, dass STATISTICA nicht den ganzen Datensatz, sondern nur eine (pseudo-)zufällige Teilstichprobe daraus auswerten soll. Dazu macht man auf der genannten Karte bei *Zufällige Teilstichprobe, Umfang ungefähr* einen Haken und gibt die gewünschte Größe der Teilstichprobe an.

Voraussetzung für die Erstellung eines Histogramms ist dabei, dass die Daten in Rohform vorliegen. Ist dies nicht der Fall, sondern liegen die Daten bereits ausgewertet in Form von Häufigkeiten vor, so verwendet man alternativ *Balkengrafiken*, wie dies beispielsweise in Kapitel 1 geschah.

Bemerkung zu Durchführung 5.4.2.

Zumindest theoretisch besteht die Möglichkeit, an Stelle einer Zahl von Intervallen auch die Intervalle selbst direkt zu bestimmen. Dazu dient der Punkt *Intervalle* → *Grenzen* auf der Karte *Details*. Dort findet sich auch ein Beispiel zur Definition solcher Grenzen.

Der praktische Nutzen dieser an sich guten Idee ist jedoch leider gering, da die Balken zwar korrekt beschriftet, aber stets in der gleichen Breite gezeichnet werden, auch wenn sie unterschiedlich breite Intervalle repräsentieren. □

Es besteht ferner die Möglichkeit, bis zu zwei Gruppierungsvariablen zu berücksichtigen. Dies geschieht auf der Karte *Kategorien*. Dort macht man einen Haken bei *X-Kategorie* und bei Bedarf auch bei *Y-Kategorie*, wählt jeweils die Gruppierungsvariable aus und bestimmt dann die Art der Gruppierung. Bei numerischen Gruppierungsvariablen geschieht dies wieder durch die Bestimmung einer Anzahl von Intervallen oder durch direkte Definition der Intervalle unter *Grenzen*. Bei kategorialen Gruppierungsvariablen klickt man auf *Codes* und wählt dort beispielsweise *Alle* oder gibt eine konkrete Auswahl kategorialer Werte an.

Beispiel 5.4.3

Der Datensatz `Lackierer.sta`, entnommen aus Hand et al. (1994), enthält Blutwerte von 103 Autolackierern, u. a. jeweils einen Wert für die weißen Blutkörperchen (Variable *wbc*). Von dieser Variablen soll ein Histogramm erstellt werden, mit $\lfloor\sqrt{103}\rfloor = 10$ Intervallen. Das Resultat ist in Abbildung 5.11 wiedergegeben und zeigt eine deutlich nicht-normalverteilte Gestalt. Dazu später mehr in Abschnitt 8.2. □

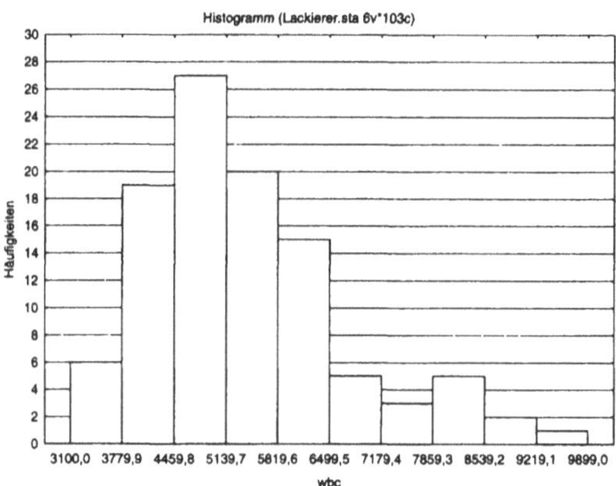

Abb. 5.11: *Histogramm der Lackiererdaten aus Bsp. 5.4.3.*

Beispiel 5.4.4

Betrachten wir erneut die Haar-/Augenfarbe-Daten aus Beispiel 5.2.3. Ziel ist es, Histogramme für die Augenfarbe zu erstellen, gruppiert nach Haarfarbe. Also wählen wir als X-Kategorie die Haarfarbe mit *Codes: Alle*. Das Resultat findet sich in Abbildung 5.12 und scheint bestehende Vermutungen über den Zusammenhang blonder Haare und blauer Augen zu bestätigen. □

Eine interessante Alternative zum Histogramm ist die *Stamm-Blatt-Darstellung*. Sie beruht auf folgender Idee: Hat man an Stelle des originalen (numerischen) Datensatzes lediglich ein Histogramm vorliegen, so ist es unmöglich, den ursprünglichen Datensatz zu rekonstruieren. Deshalb wird bei der Stamm-Blatt-Darstellung ein Stamm aus den gemeinsamen ersten Ziffern gebildet und an diesen Stamm als Blätter pro Datum die jeweils folgende Ziffer angehängt. Somit erhält man genau wie beim Histogramm einen Schätzer der Dichte, im Vergleich zu diesem um 90° gekippt, kann aber die tatsächlich im Datensatz vorkommenden Zahlen rekonstruieren, vgl. untenstehendes Beispiel 5.4.5. Bei STATISTICA ist die Stamm-Blatt-Darstellung unter *Statistik → Elementare Statistik → Deskriptive Statistik* auf der Karte *Normalv.* zu finden.

Beispiel 5.4.5

Betrachten wir erneut die Lackiererdaten, welche wir bereits in Beispiel 5.4.3 diskutiert hatten. In Abbildung 5.13 ist eine Stamm-Blatt-Darstellung der Daten zu sehen. Die erste Zeile „3°13444“ liest man dabei wie folgt: In den Daten kam einmal der Wert 3100, einmal der Wert 3300 und dreimal der Wert 3400 vor. □

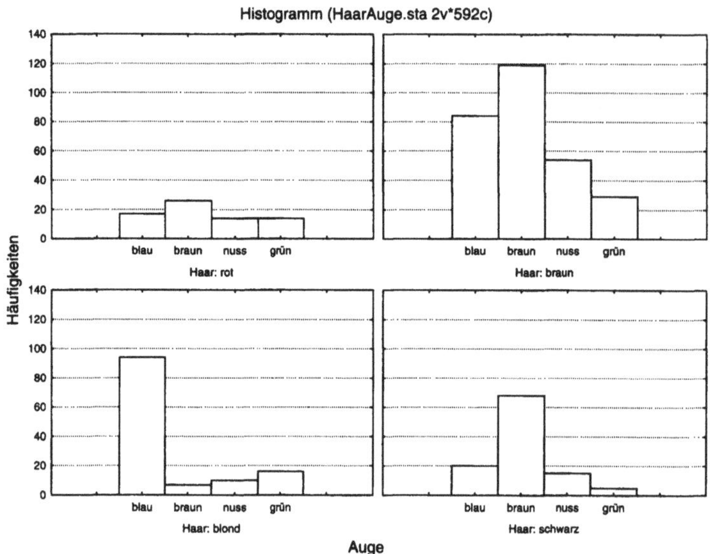

Abb. 5.12: *Histogramm der Augenfarben, gruppiert nach Haarfarbe.*

Stamm°Blatt (Einheit= 1000,000, z.B., 6°5 = 6500,000)	Stamm-Blatt-Darstellung: Weiße Blutkörp. 1 Blatt= 1 Fall Klas. N	Perzentile
3° 13444	5	
3° 7999	4	
4° 0001111112233334	16	
4° 5555666667777778999	19	25%
5° 0000011122222234	16	Median
5° 555666777788	12	
6° 000000112233334	15	75%
6° 6899	4	
7° 02	2	
7° 789	3	
8° 1144	4	
8° 69	2	
9°	0	
9° 8	1	
10°	0	
min = 3100,000 max = 9899,000 Ges. N:	103	

Abb. 5.13: *Stamm-Blatt-Darstellung der Lackiererdaten aus Beispiel 5.4.3.*

5.5 Run Charts

Run Charts dienen der Darstellung des zeitlichen Verlaufs sequentieller Daten. Die Rechtsachse repräsentiert dabei die fortschreitende Zeit, auf der Hochwertachse ist der zum jeweiligen Zeitpunkt erfasste Datenwert aufgetragen. Der Begriff Zeit sollte dabei vielleicht in Anführungszeichen gesetzt werden, denn auch anderweitig kann die Reihenfolge von Daten fixiert sein. So gibt es z. B. bei Gensequenzen eine natürliche Reihenfolge, die jedoch nicht zeitlich bedingt ist.

Immer dann, wenn Daten in einer bestimmten Reihenfolge aufgenommen wurden, besteht die Möglichkeit *serieller Abhängigkeit*, d. h. einer Abhängigkeit entlang der Zeitachse. Derartige Abhängigkeiten wollen wir in Abschnitt 10.2 genauer untersuchen, und in Abschnitt 11.4 im Rahmen der *Zeitreihenanalyse* modellieren. Umgekehrt können solche Run Charts auch eingesetzt werden, um Daten auf serielle Unabhängigkeit hin zu prüfen, was im Allgemeinen ja ein notwendiges Kriterium für viele Stichproben ist.

Zur Untersuchung auf serielle Abhängigkeit trägt man die Daten in der Reihenfolge des Entstehens/Messens auf. Zeigen sich dabei deutliche Strukturen wie Trends oder zyklische Schwankungen, handelt es sich nicht um eine Stichprobe unabhängiger Wiederholungen.

Durchführung 5.5.1

Run Charts findet man im Menü *Grafik* → *2D Grafiken* → *Linienplots (Variablen)*. Auf der Karte *Details* sollte man i. A. *Punkte anzeigen* auf *An* stellen. Die diskreten Datenpunkte werden dann deutlicher erkennbar.

Der Benutzer hat auf dieser Karte eine ganze Reihe von Möglichkeiten, das Erscheinungsbild des Run Charts zu beeinflussen. Bei *Grafiktyp* etwa kann man zwischen *Einfach* und *Mehrfach* wählen, mit folgender Konsequenz: Sind im *Variablen*-Feld mehrere Variablen gleichzeitig markiert, wird entweder für eine jede Variable eine eigene Grafik erstellt, oder alle Graphen werden in ein und dasselbe Koordinatensystem eingezeichnet.

Ferner kann man einen Anpassungstyp auswählen oder ausstellen. Im Falle von *Linear*, *Polynom*, *Logarithmisch* oder *Exponentiell* wird im Hintergrund eine Regressionsanalyse für den entsprechenden Modelltyp durchgeführt und in der Titelzeile der Grafik auch die geschätzte Funktionsgleichung ausgegeben. •

Zu guter Letzt sei erwähnt, dass die auf Seite 86 formulierten Tipps für Histogramme auch hier auf gleiche Art anwendbar sind.

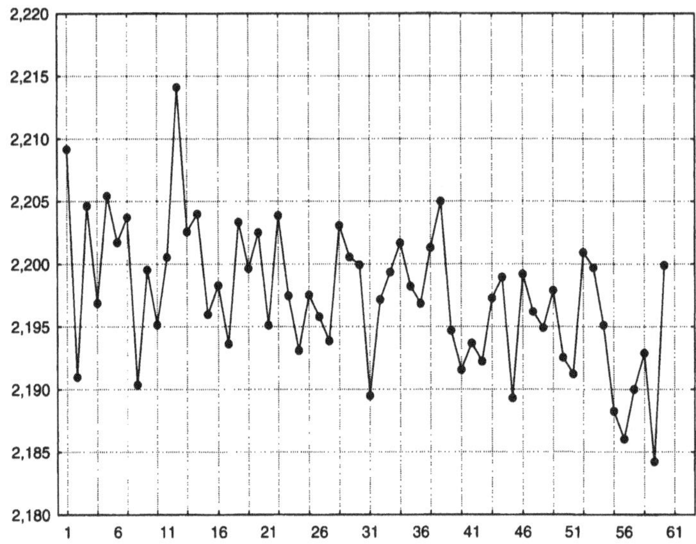

***Abb. 5.14:** Run Chart der Fräsdaten aus Beispiel 5.5.2.*

Beispiel 5.5.2

Betrachten wir die Fräsdaten der Datei `FraesenAb.sta`, die einem Prozess wie in Beispiel 5.1.2 entstammen. Der Run Chart dieser Daten, dargestellt in Abbildung 5.14, zeigt einen deutlichen Abwärtstrend, man spricht von substantieller Variation. Mögliche Erklärung: Mit der Zeit nutzt sich die Klinge der Fräsmaschine ab und sollte deshalb bald ausgetauscht werden. □

Beispiel 5.5.3

Erstellen wir auch einen Run Chart der Sonnenfleckendaten aus Beispiel 5.3.3. Der Run Chart dieser Daten, dargestellt in Abbildung 5.15, zeigt erneut die zyklischen Schwankungen, wie wir sie bereits von Beispiel 5.3.3 her kennen. Allerdings scheinen die dortigen Boxplots dieser Grafik hier überlegen, da man aus den Boxplots besser Informationen über Streuungsverhalten und Schiefe in den einzelnen Jahren ablesen kann. □

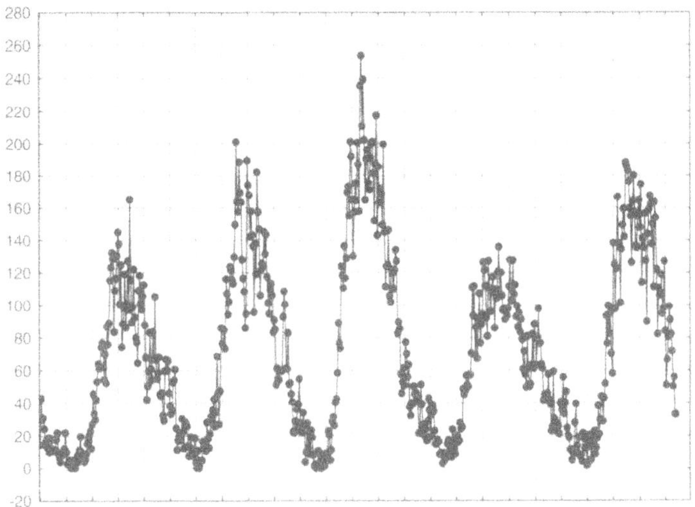

Abb. 5.15: *Run Chart der Sonnenfleckendaten aus Beispiel 5.3.3.*

5.6 Weitere grafische Darstellungen

Zusätzlich zu den bereits besprochenen Grafikarten bietet STATISTICA noch eine ganze Reihe weiterer Möglichkeiten zur grafischen Analyse univariater Daten an, deren umfassende Besprechung allerdings den Rahmen dieses Werkes sprengen würde. Eine kleine Auswahl dieser weiteren Grafiktypen soll nun abschließend kurz behandelt werden. Ferner sei auf Abschnitt 6.4 verwiesen, in welchem Grafiken zur Untersuchung multivariater Daten vorgestellt werden.

Mittelwertgrafiken für (gruppierte) numerische Daten sind eng verwandt zu den Boxplots aus Abschnitt 5.3. Man findet sie unter *Grafik* → *Mittelwert u. Fehlerplots.* Hierbei wird der Mittelwert pro Gruppe durch einen Punkt dargestellt, an den Whisker angesetzt werden. Diese repräsentieren, je nach Wahl im Feld *Whisker* → *Wert*,

- ein zug. Konfidenzintervall, siehe Abschnitt 9.3,
- einen 'Bereich ohne Ausreißer', also Whisker im Sinne des Boxplots,
- den Bereich zwischen Minimal- und Maximalwert, oder
- einen Bereich fester Breite.

Diese Breite kann man dabei im Feld *Whisker* → *Koeffizient* festlegen, im Falle der Min-Max-Grenzen dient der dortige Wert als Faktor, mit dem Minimal- und Maximalwert multipliziert werden.

Ein Mittelwertplot mit Min-Max-Grenzen, Faktor 1, der Sonnenfleckendaten aus Beispiel 5.1.5 ist in Abbildung 5.16 wiedergegeben.

Paretodiagramme werden häufig in der Qualitätskontrolle angewendet und sind deshalb bei STATISTICA unter *Statistik* → *Industrielle Statistik & Six Sigma* → *Six Sigma-Shortcuts (DMAIC)* → *Verbessern (Improve)* → *Paretodiagramme* oder *Statistik* → *Industrielle Statistik & Six Sigma* → *Qualitätsregelkarten* → *Paretodiagramme* implementiert. Sie werden motiviert durch Vilfredo Paretos Beobachtung, dass in einem System relativ wenig Fehlerursachen verantwortlich sind für eine große Zahl katastrophaler Fehler. Ein Paretodiagramm ist nun einfach ein Histogramm der Häufigkeiten kategorialer Daten, z. B. von gewissen Qualitätsproblemen, bei dem die Klassen ihrer Häufigkeit nach geordnet sind und das Ganze zusätzlich noch mit der entsprechenden empirischen Verteilung versehen ist. Zur Veranschaulichung betrachte man Beispiel 5.6.1.

Kreisdiagramme, auch *Kuchen-* oder *Tortendiagramme* genannt, sind einfache Möglichkeiten, um relative Häufigkeiten von kategorialen Daten in einem Datensatz zu illustrieren. Auch hierzu betrachte man Beispiel 5.6.1. In STATISTICA findet man Kreisdiagramme im Menü *Grafik* → *2D-Grafiken*.

Auf der Karte *Details* hat man die Möglichkeit, die Gestalt der Kreisdiagramme zu modifizieren. Als *Form* kann man neben *Kreis* auch *Ellipse* wählen, ferner eine *2D-* oder *3D*-Darstellung. Im Feld *Legende* kann man festlegen, wie die einzelnen Kreissegmente zu beschriften sind. Ferner erlaubt ein Häkchen bei *Absetzen, Nr.: n* das n-te Segment ein Stückchen aus dem Kreisdiagramm herauszuschieben. Wechselt man in die Grafikoptionen, siehe Abschnitt 4.1, so kann man auf der Karte *Plot: Kreissegmente* durch Setzen entsprechender Häkchen sogar mehrere Segmente zugleich verschieben, ferner auch die Größe anpassen. Leider werden in der dreidimensionalen Darstellung keine Schattierungen verwendet.

Beispiel 5.6.1

Betrachten wir folgende (fiktive) Situation: Sechs gleichartige, vernetzte Maschinen produzieren abwechselnd eine Fehlermeldung gleichen Types – wo ist die Ursache für diesen Fehler tatsächlich zu lokalisieren? In Abbildung 5.17 ist das Paretodiagramm der Daten zu sehen, und ganz offensichtlich geht der größte Teil der Fehlermeldungen auf Maschine 4 zurück; diese sollte also gründlich untersucht werden.

Zu dem gleichen Schluss wäre man wohl auch durch die Betrachtung des Kreisdiagramms in Abbildung 5.17 gekommen. □

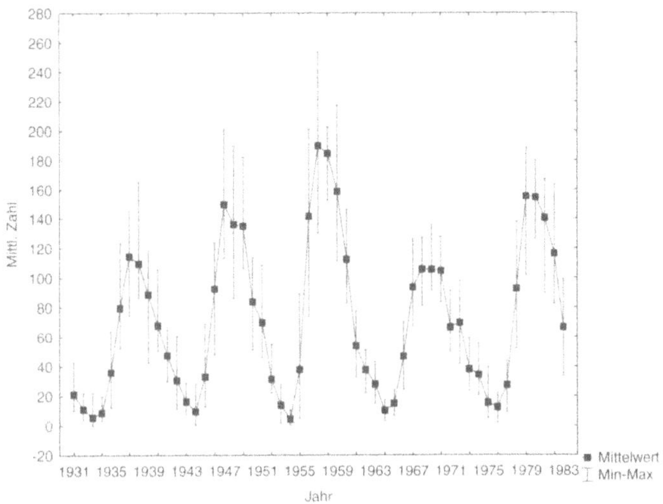

Abb. 5.16: *Ein Mittelwertplot der Sonnenfleckendaten aus Beispiel 5.1.5.*

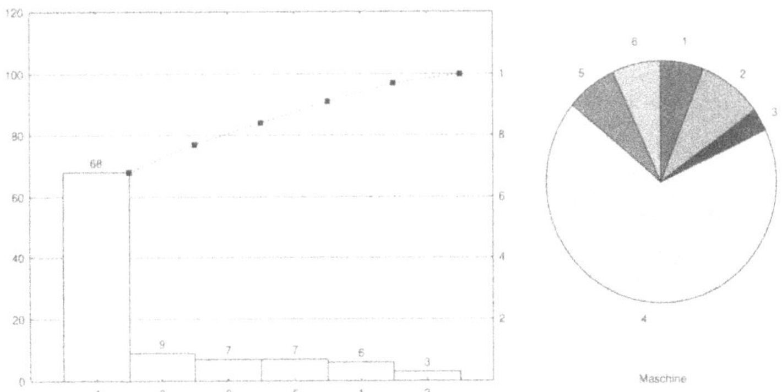

Abb. 5.17: *Pareto- und Kreisdiagramm eines Maschinenfehlers.*

5.7 Aufgaben

Es wird empfohlen, für jede Aufgabe einen eigenen STATISTICA-Bericht (Endung `.str`) anzulegen.

Aufgabe 5.7.1

Die Datei `MannFrau.sta` aus Beispiel 6.1.3 enthält die Körpergrößen von jeweils 199 Männern und Frauen (in mm).

(a) Bestimmen Sie die mittlere Größe der Männer und Frauen des vorliegenden Datensatzes. Schätzen Sie die Streuung der Daten mit Hilfe geeigneter Kenngrößen. Gibt es wesentliche Unterschiede zwischen Männern und Frauen?

(b) Erstellen Sie eine Grafik, welche einen Boxplot der Männergrößen, und einen der Frauengrößen enthält. Beschreiben und interpretieren Sie diese Grafik. Erläutern Sie dabei auch die Bedeutung der einzelnen Bestandteile eines Boxplots.

(c) Wiederholen Sie Teilaufgabe (b), jedoch mit einer Mittelwertgrafik (*Grafiktyp* → *Mehrfach*).

(d) Erstellen Sie Histogramme beider Variablen. Wieviel Kategorien haben Sie gewählt? Welche Verteilung könnte den Daten zu Grunde liegen?

Aufgabe 5.7.2

Die Datei `Frauen.sta` enthält die Körpergrößen von 351 älteren Frauen (in cm), entnommen aus Hand et al. (1994).

(a) Berechnen Sie, analog zu Aufgabe 5.7.1 (a), geeignete Kenngrößen, welche Auskunft über Lage (Lokation) und Streuung (Dispersion) des Datensatzes geben. Vergleichen Sie mit entsprechenden Resultaten aus Aufgabe 5.7.1.

(b) Welcher Verteilung scheinen die Daten zu unterliegen? Überprüfen Sie ihre Hypothese sowohl grafisch als auch mit Hilfe von *Schiefe* und *Exzess*.

(c) Geben Sie eine Situation an, in der Median und IQR eine zuverlässigere Auskunft über Lage und Streuung der Daten als arithmetisches Mittel und empirische Standardabweichung geben und begründen Sie dies!
Was lässt sich diesbezüglich für die Frauendaten aussagen?

Aufgabe 5.7.3

Die Datei `Zuckerpackung.sta` aus Beispiel 9.4.3 enthält das Gewicht von 540 Zuckerpäckchen (in g). Dabei sollte das Gewicht der Zuckerpackungen zwischen 7 bis 9 Gramm betragen.

(a) Bestimmen Sie Mittelwert, Standardabweichung sowie Maximal und Minimalwert des Datensatzes. Wie gut sind die genannten Vorgaben erfüllt?

(b) Erstellen Sie einen Boxplot der Daten und beurteilen Sie erneut, wie gut die genannten Vorgaben erfüllt sind!

(c) Es wird vermutet, dass die Daten annähernd normalverteilt sind. Zur Beurteilung dieser Hypothese soll ein Histogramm erstellt (Achten Sie dabei wiederum auf eine vernünftige Anzahl von Kategorien!) sowie geeignete Kenngrößen berechnet werden.

Wie beurteilen Sie die Hypothese?

Aufgabe 5.7.4

Im Rahmen einer (fiktiven) physikalischen Studie über das Flugverhalten eines Bumerangs werden von einer Person insgesamt 150 Würfe durchgeführt. Nachdem der Bumerang jeweils gelandet ist, wird seine Entfernung von der werfenden Person ermittelt. Die Resultate dieses Versuches sind in der Datei `Bumerang.sta` festgehalten.

(a) Erstellen Sie einen Boxplot der Daten und interpretieren Sie diesen, insbesondere auch in Hinblick auf Lokation und Streuung der Daten. Gibt es Ausreißer?

(b) Zur weiteren, quantitativen Beschreibung der Daten sollen nun geeignete Kenngrößen berechnet werden, um folgende Auskünfte über die Daten zu gewinnen:

- Lokation,
- Streuung,
- eventuell Ausreißer,
- Schiefe und Exzess.

Geben Sie zu jedem der genannten Punkte explizit die von Ihnen ausgewählten Kenngrößen an und interpretieren Sie diese kurz!

(c) Erstellen Sie nun ein Histogramm der Daten nach der $\log_2(n)$-Regel. Sie werden feststellen, dass die Besetzungszahlen mancher Intervalle recht hoch sind (bis knapp 80). Inwiefern können dadurch Informationen über die Daten verloren gehen?

(d) Die Reihenfolge der Daten entspricht der zeitlichen Reihenfolge der Würfe. Erstellen Sie deshalb einen Run Chart der Daten und interpretieren Sie diesen!

Aufgabe 5.7.5

Zwischen 1821 und 1934 wurde notiert, wieviele Luchse jährlich mit Fallen gefangen wurden. Die Daten befinden sich in der Datei `Luchs.sta`, wiedergegeben bei Hand et al. (1994). Stellen Sie die Daten auf zweierlei Weise dar: Einmal als Histogramm, einmal als Run Chart.

Welche Information kann man dem Histogramm entnehmen? Welche zusätzliche Information bietet der Run Chart über den Verlauf längs der Zeitachse?

Aufgabe 5.7.6

In der Datei `Naschwerk.sta`, entnommen aus Brockwell & Davis (2002), findet sich die monatliche Produktion an schokoladenbasierten Süßwaren in Tonnen wieder. Erstellen Sie die folgenden drei Grafiken der Daten:

- Histogramm (gewählte Zahl der Intervalle und zu Grunde liegende Regel nennen);
- Boxplot (gruppieren nach Jahr, dabei „Codes: Alle“ wählen);
- Run Chart (Linienplot).

Vergleichen Sie nun diese drei Grafiken miteinander. Gehen Sie dabei insbesondere darauf ein, was man den einzelnen Grafiken entnehmen kann, und welche Aussagen sie einem über die Daten evtl. vorenthalten!

6 Multivariate deskriptive Statistik

In realen Situationen ist man meist mit mehrdimensionalen Daten $\boldsymbol{x}_1, \ldots, \boldsymbol{x}_n \in \mathbb{R}^m$ konfrontiert. Eine Kundendatenbank enthält zu jedem Kunden eine Vielzahl von Merkmalen, der Vergleich der Wirtschaftskraft verschiedener Länder beruht auf einer Reihe von Indikatoren, die Analyse eines Krankheitsbildes basiert nicht auf einem einzigen Blutwert allein. In diesem Fall können die im vorigen Kapitel 5 besprochenen univariaten Verfahren kein Resultat liefern, welches den Datensatz vollständig beschreiben würde.

Deshalb sollen in diesem Kapitel Ansätze zur deskriptiven Analyse multivariater Daten behandelt werden. In Abschnitt 6.1 werden dabei Kenngrößen für mehrdimensionale Daten vorgestellt werden, in Abschnitt 6.2 verallgemeinern wir das Konzept der Häufigkeitstabelle aus Abschnitt 5.2. In den Abschnitten 6.3 und 6.4 schließlich sollen grafische Verfahren zur Darstellung höherdimensionaler Daten besprochen werden.

6.1 Multivariate Kenngrößen

In diesem und in den folgenden Abschnitten wird davon ausgegangen, dass der Datensatz $\boldsymbol{x}_1, \ldots, \boldsymbol{x}_n \in \mathbb{R}^m$ so in einer `.sta`-Datei abgespeichert wurde, dass die Variablen des Tabellenblattes die m Komponenten der Vektoren repräsentieren. Ferner ist ein jeder Fall ein einzelnes Datum, so dass wir n Fälle vorliegen haben. Sollten die Daten genau umgekehrt abgespeichert sein, kann man die Tabelle *transponieren.* Dazu wählt man *Daten* $\rightarrow$ *Transponieren* $\rightarrow$ *Datei.*

Die *Lokation* eines mehrdimensionalen Datensatzes lässt sich, genau wie im univariaten Fall, mit Hilfe von Mittelwert, Median oder Modus beschreiben, wobei man hier einen Vektor erhält, dessen i-te Komponente entsprechend den Mittelwert, Median oder Modus der i-ten Komponenten enthält. Prinzipiell kann man diese Berechnungen auch gruppenweise durchführen lassen, in völliger Analogie zu Durchführung 5.1.4. Allerdings ist die ausgegebene Tabelle dann leider wenig übersichtlich. Deshalb ist in diesem Fall ein Vorgehen wie ab Seite 76 beschrieben sinnvoller.

Durchführung 6.1.1

Um zum Datensatz $\boldsymbol{x}_1, \ldots, \boldsymbol{x}_n \in \mathbb{R}^m$ den Vektor der Mittelwerte bzw. Mediane bzw. Modi zu berechnen, sind im Variablenfeld des Menüs *Statistik* → *Elementare Statistik* → *Deskriptive Statistik* alle Variablen zugleich zu markieren, mit gedrückter Maustaste oder durch einzelnes Anklicken bei gedrückter *Strg*-Taste. Dann wählt man auf der Karte *Details* die gewünschten Kenngrößen aus und drückt auf *Zusammenfassung*. Man erhält eine Tabelle, in der die Variablen die gewünschten Kenngrößen repräsentieren und die Fälle die Komponenten der Vektoren. •

Ähnlich könnte man auch einen Vektor komponentenweiser Varianzen erstellen. Allerdings zieht man hier die *empirische Kovarianzmatrix* $\hat{\boldsymbol{\Sigma}} = (\hat{\sigma}_{ij})_{i,j=1,\ldots,m}$ vor, welche auf der Diagonalen die komponentenweisen Varianzen, und ansonsten die wechselseitigen Kovarianzen enthält, vgl. auch Anhang A.1.2. Genauer ist

$$\hat{\sigma}_{ij} = \frac{1}{n-1} \cdot \sum_{k=1}^{n} (x_{k,i} - \bar{x}_{n,i})(x_{k,j} - \bar{x}_{n,j}), \tag{6.1}$$

und man kann die Kovarianzmatrix kompakt notieren als

$$\hat{\boldsymbol{\Sigma}} = \frac{1}{n-1} \cdot \sum_{k=1}^{n} (\boldsymbol{x}_k - \bar{\boldsymbol{x}}_n)(\boldsymbol{x}_k - \bar{\boldsymbol{x}}_n)^T. \tag{6.2}$$

Betrachtet man an Stelle der Kovarianzen die Korrelationen, so erhält man die *empirische Korrelationsmatrix*

$$\hat{\mathbf{R}} = (\hat{r}_{ij})_{i,j=1,\ldots,k} \quad \text{mit} \quad \hat{r}_{ij} = \frac{\hat{\sigma}_{ij}}{\sqrt{\hat{\sigma}_{ii}\hat{\sigma}_{jj}}}. \tag{6.3}$$

Diese besitzt offenbar auf der Diagonalen nur den Eintrag 1, die übrigen Werte liegen zwischen -1 und 1. Hierbei ist laut Anhang A.1.2 ein deutlich von 0 abweichender Wert als Zeichen für lineare Abhängigkeit der betreffenden Komponenten zu interpretieren. Umgekehrt impliziert ein Wert nahe 0 lediglich, dass zumindest keine lineare Abhängigkeit vorliegt, andere Abhängigkeitsformen werden dadurch jedoch nicht gänzlich ausgeschlossen.

Variable	Deskriptive Statistik Mittelw.	Median
AlterMann	42,623	43,000
GrößeMann	1732,492	1725,000
AlterFrau	40,682	41,000
GrößeFrau	1601,950	1600,000

Variable	Kovarianzen (MannFrau.sta) AlterMann	GrößeMann	AlterFrau	GrößeFrau
AlterMann	138,218	-178,681	125,950	-143,252
GrößeMann	-178,681	4418,385	-121,896	1265,005
AlterFrau	125,950	-121,896	130,289	-148,665
GrößeFrau	-143,252	1265,005	-148,665	3857,323

Variable	Korrelationen (MannFrau.sta) AlterMann	GrößeMann	AlterFrau	GrößeFrau
AlterMann	1,000000	-0,228646	0,938560	-0,196190
GrößeMann	-0,228646	1,000000	-0,160658	0,306420
AlterFrau	0,938560	-0,160658	1,000000	-0,209706
GrößeFrau	-0,196190	0,306420	-0,209706	1,000000

Abb. 6.1: *Mittelwerte, Mediane, Kovarianz- und Korrelationsmatrix zu Beispiel 6.1.3.*

Durchführung 6.1.2

Die Korrelationsmatrix kann man im Menü *Statistik* → *Elementare Statistik* → *Korrelationsmatrizen* berechnen lassen. Dazu wählt man in der Variablenliste *1 Liste (quadr. Matrix)* die betreffenden Variablen aus und klickt auf Zusammenfassung.

Etwas komplizierter wird es, wenn man auch an der Kovarianzmatrix interessiert ist. Dann kann man etwa ins Menü *Statistik* → *Multivariate explorative Techniken* → *Hauptkomponenten und Klassifikationsanalyse* wechseln. Im ersten erscheinenden Dialog wählt man im *Variablen*-Feld unter *Variablen für Analyse* die betreffenden Variablen aus und klickt auf *OK*. Anschließend wechselt man auf die Karte *Desk. Statistik* und kann dort sowohl Korrelations- als auch Kovarianzmatrix berechnen lassen. •

Beispiel 6.1.3

Die Datei `MannFrau.sta`, wiedergegeben in Hand et al. (1994), enthält Angaben zu 199 zufällig ausgewählten britischen Ehepaaren, insbesondere Alter und Größe der Partner. Von diesem Datensatz betrachten wir die vierdimensionalen Vektoren mit den Komponenten *AlterMann*, *GrößeMann*, *AlterFrau* und *GrößeFrau*. Es sei daran erinnert, dass es sich hier jeweils um Ehepaare handelt.

Nun analysieren wir den Datensatz gemäß der Durchführungen 6.1.1 und 6.1.2; das Resultat ist in Abbildung 6.1 zu sehen. Der Mittelwertvektor ist gegeben durch

$$(42{,}623,\ 1732{,}492,\ 40{,}682,\ 1601{,}950)^T,$$

der Medianvektor durch

$$(43,\ 1725,\ 41,\ 1600)^T.$$

Das Alter der Ehepartner lag also im Mittel bei Anfang 40, die Ehemänner waren im Mittel knapp über 1,70 m groß, die Frauen im Mittel 1,60 m. Da die Mittelwerte und Mediane jeweils dicht beieinander liegen, gibt es keine Hinweise auf Ausreißer. Kovarianzmatrix bzw. Korrelationsmatrix sind gegeben durch

$$\begin{pmatrix} 138{,}2 & -178{,}7 & 126{,}0 & -143{,}3 \\ -178{,}7 & 4418{,}4 & -121{,}9 & 1265{,}0 \\ 126{,}0 & -121{,}9 & 130{,}3 & -148{,}7 \\ -143{,}3 & 1265{,}0 & -148{,}7 & 3857{,}3 \end{pmatrix}$$

bzw.

$$\begin{pmatrix} 1 & -0{,}229 & 0{,}939 & -0{,}196 \\ -0{,}229 & 1 & -0{,}161 & 0{,}306 \\ 0{,}939 & -0{,}161 & 1 & -0{,}210 \\ -0{,}196 & 0{,}306 & -0{,}210 & 1 \end{pmatrix}.$$

Auf der Diagonalen der Kovarianzmatrix sind die komponentenweisen Varianzen zu sehen, welche jeweils für sich allein schwer interpretierbar sind. Im Vergleich sieht man aber, dass die Körpergrößen und das Alter jeweils bei beiden Partnern in ähnlichem Ausmaße streuen. Noch schwerer zu interpretieren sind die Kovarianzen. Interessanter dagegen die Korrelationsmatrix. Auffallend ist hier insbesondere die äußerst hohe positive Korrelation von 0,938560 des Alters beider Partner. Dies deutet auf einen stark linearen Zusammenhang hin, vgl. auch Abbildung 6.11 auf Seite 112. Hierbei impliziert das positive Vorzeichen, dass ein älterer Mann auch eine ältere Frau als Partner bevorzugt und umgekehrt. Ferner besteht auch zwischen den Körpergrößen eine deutliche, wenn auch nicht ganz so stark ausgeprägte, positive Korrelation.

Zwischen Körpergröße und Alter dagegen misst man jeweils moderat negative Korrelation, d. h. ältere Ehepaare sind tendenziell kleiner als jüngere Ehepaare. □

6.2 Mehrdimensionale Tabellen

Liegt ein mehrdimensionaler kategorialer Datensatz vor, so kann man diesen mit Hilfe von mehrdimensionalen Tabellen analysieren. Allerdings ist mehrdimensional dabei so zu verstehen, dass die Tabellen selbst weiterhin zweidimensional bleiben. Es wird entweder bei weiteren Dimensionen für jede Wertekombination der zusätzlichen Dimensionen eine zweidimensionale Schnitttabelle erzeugt, oder weitere Dimensionen werden überlagert.

Durchführung 6.2.1

Mehrdimensionale Tabellen kann man im Menü *Statistik → Elementare Statistik → Tabellen und gestapelte Tabellen* auf der Karte *Kontingenztabellen* erzeugen. Im Feld *Tabellen spezifizieren* hat man bis zu sechs Dimensionen zur Verfügung. Man wählt dabei in Liste i die Variable aus, welche die i-te Dimension beschreibt.

Nach Bestätigung mit *OK* kommt man ins finale Menü und kann dort auf der Karte *Optionen* z. B. festlegen, dass neben den absoluten Häufigkeiten auch relative Zeilen-, Spalten- oder Gesamthäufigkeiten ausgegeben werden sollen.

Auf der Karte *Details* verwendet man nun entweder den Knopf *2 D-Tabellen und Statistiken*, um die Schnitttabelle erzeugen zu lassen, oder den Knopf *Zusammenfassung*, um überlagerte Tabellen erzeugen zu lassen. •

Beispiel 6.2.2

Der Datensatz `MathematikDaten.sta` enthält Geburtsdatum, Punktzahl und Note von Teilnehmern einer Mathematikklausur. Es soll eine Tabelle mit den drei Dimensionen *Monat*, *Jahr* und *Note* erstellt werden, in genau dieser Reihenfolge. Gemäß Durchführung 6.2.1 erhält man nun entweder zwölf Einzeltabellen, für jeden Monat eine, in denen Jahr gegen Note aufgetragen ist, oder eine überlagerte Tabelle, von der ein Ausschnitt in Abbildung 6.2 zu sehen ist. □

Die zweite Möglichkeit besteht darin, zwei Listen von Dimensionen zu definieren und alle Dimensionen der einen Liste gegen alle Dimensionen der zweiten Liste paarweise auftragen zu lassen.

Häufigkeitstabelle (MathematikDaten.sta)
Tab.: Geburtsdatum: Monat(12) x Geburtsdatum: Jahr(13) x Note(5)

Geburtsdatum: Monat	Geburtsdatum: Jahr	Note 1	Note 3	Note 4	Note 5	Note 6	Zeile Gesamt
1	1961	0	0	0	0	0	0
1	1964	0	0	0	0	0	0
1	1965	0	0	0	0	0	0
1	1968	0	0	1	0	0	1
1	1969	0	0	0	0	0	0
1	1970	0	0	0	0	1	1
1	1971	0	0	0	0	1	1
1	1972	0	0	1	2	1	4
1	1973	0	0	0	0	0	0
1	1974	0	0	1	1	1	3
1	1975	0	5	2	7	2	16
1	1976	0	4	0	5	1	10
1	1977	0	1	0	0	0	1
Ges.		0	10	5	15	7	37
2	1961	0	0	0	0	0	0
2	1964	0	0	0	0	0	0

Abb. 6.2: *Überlagerte Tabelle zu Beispiel 6.2.2.*

Durchführung 6.2.3

Dazu wählt man im Menü *Statistik* → *Elementare Statistik* → *Tabellen und gestapelte Tabellen* die Karte *Gestapelte Tabellen* aus. Im Feld *Tabellen spezifizieren* bestimmt man die zwei Listen.

Nach Bestätigung mit *OK* kommt man ins finale Menü und kann dort auf der Karte *Optionen* z. B. festlegen, dass neben den absoluten Häufigkeiten auch relative Zeilen-, Spalten- oder Gesamthäufigkeiten ausgegeben werden sollen.

Auf der Karte *Details* verwendet man nun entweder die Knöpfe *Zusammenfassung* oder *2 D-Tabellen und Statistiken*, um Einzeltabellen zu erzeugen, oder den Knopf *Gestapelte Tabelle*, um die Tabellen in einer einzigen Tabellenmatrix zusammensetzen zu lassen. •

Beispiel 6.2.4

Betrachten wir nochmals den Datensatz `MathematikDaten.sta` aus Beispiel 6.2.2. Als Liste 1 wählen wir *Tag* und *Monat*, als Liste 2 *Jahr* und *Note*. Dann werden insgesamt die vier Tabellen *Tag* – *Jahr*, *Tag* – *Note*, *Monat* – *Jahr* und *Monat* – *Note* erzeugt. Diese werden entweder einzeln ausgegeben oder in Form einer einzigen Tabellenmatrix der Art

Tag	–	Jahr	Tag	–	Note
Monat	–	Jahr	Monat	–	Note

□

6.3 Scatterplots für bivariate Daten

Scatterplots sind einfache Punktdiagramme, mit denen man zwei- oder dreidimensionale Daten darstellen kann. Betrachten wir hier vorläufig den Fall zweidimensionaler Daten (x_i, y_i), $i = 1, \ldots, n$, auf Verallgemeinerungen für höherdimensionale Daten gehen wir später in Abschnitt 6.4 ein. Ein Scatterplot dieser Daten ist nichts anderes als eine Grafik, in der alle n Punkte, ihren Koordinaten entsprechend, aufgetragen sind.

Durchführung 6.3.1

Scatterplots kann man im Menü *Grafik* → *Scatterplots* erstellen. Dabei kann man auf der Karte *Details* unter *Variablen* einstellen, welche der Variablen auf der Rechtsachse (X) und welche auf der Hochachse (Y) dargestellt werden soll. Unter *Grafiktyp* kann man zwischen verschiedenen Darstellungsformen wählen, voreingestellt ist *Einfach*.

Unter *Anpassung* kann man zusätzlich geschätzte Funktionsgraphen einzeichnen lassen, hierbei ist *Linear* voreingestellt. Will man keine Gerade eingezeichnet haben, so muss man hier *Aus* wählen. Im Falle der Einstellung von *Linear*, *Polynom*, *Logarithmisch* oder *Exponentiell* wird im Hintergrund eine Regressionsanalyse für den entsprechenden Modelltyp durchgeführt und in der Titelzeile der Grafik auch die geschätzte Regressionsgleichung ausgegeben. •

Ferner sei erwähnt, dass die auf Seite 86 formulierten Tipps für Histogramme auch hier auf gleiche Art anwendbar sind.

Ziel einer Analyse zweidimensionaler Daten (x_i, y_i), $i = 1, \ldots, n$, mit Scatterplots kann beispielsweise eine Untersuchung auf Unabhängigkeit der beiden Komponenten sein. Diese ist *nicht* gegeben, falls sich Strukturen im Scatterplot ausmachen lassen. Eine völlig diffuse Punktwolke dagegen würde auf Unabhängigkeit hinweisen. Der Scatterplot ist in dieser Hinsicht eine Ergänzung zur Korrelation aus Abschnitt 6.1, welche den Grad linearer Abhängigkeit ausdrückt. Stark korrelierte Daten würden sich im Scatterplot entlang einer Geraden sammeln. Mehr dazu in Abschnitt 10.1.2.

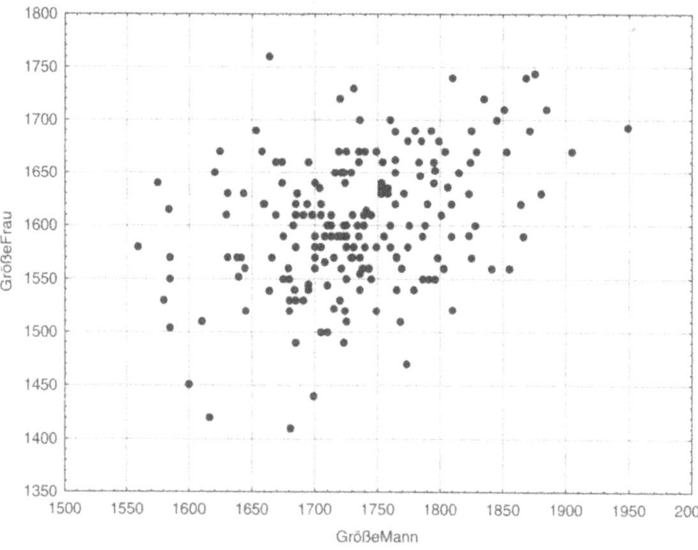

Abb. 6.3: *Scatterplot der Körpergrößen aus Beispiel 6.3.2.*

Beispiel 6.3.2

Betrachten wir erneut die Mann-Frau-Daten aus Beispiel 6.1.3. Erstellt man einen Scatterplot mit der Körpergröße des Mannes auf der Rechtsachse und der Körpergröße der Frau auf der Hochachse, erhält man eine Grafik wie in Abbildung 6.3. Dabei erkennt man, dass sich die Daten leicht entlang der Hauptdiagonalen verdichten, was übrigens auch durch die gemäßigt positive Korrelation von 0,306, siehe Beispiel 6.1.3, ausgedrückt wird. Größere Männer bevorzugen demnach oftmals größere Frauen und umgekehrt. Die Komponenten der Daten sind entsprechend nicht unabhängig. □

Oftmals ist es von Interesse, in einem Scatterplot gewisse Teilmengen zu markieren. Dies ist auf der Karte *Details* des Scatterplotmenüs möglich, man betätige den Knopf *Teilmengen markieren*. Es öffnet sich ein Dialog, in welchem man verschiedene Teilmengen bestimmen kann.

Definieren wir beispielhaft eine Teilmenge zu den Mann-Frau-Daten aus obigem Beispiel 6.3.2, indem wir bei *Einschluss, wenn*

```
AlterMann>=40 and AlterFrau>=35
```

eintragen. Nach Bestätigen mit *OK* erhält man die Grafik aus Abbildung 6.4.

Scatterplots kann man auch sinnvoll bei kategorialen Daten einsetzen, bzw. bei künstlich kategorisierten Daten. Hier wird dann allerdings nicht jedes Datum einzeln wiedergegeben, sondern nur die Häufigkeit einzelner Wertepärchen.

Durchführung 6.3.3

Nachdem die beiden kategorialen Variablen ausgesucht wurden, wählt man auf der Karte *Details* unter *Grafiktyp* den Punkt *Häufigkeiten*, bei *Anpassung* dagegen *Aus*. Es wird nun eine Grafik erstellt, in welcher die Dicke des Punktes die Häufigkeit der entsprechenden Wertekombination repräsentiert. •

Daten kann man wie folgt kategorisieren: Neben der Variablen mit den Rohdaten, diese sei die Variable Nr. 1, erstellt man eine neue Variable, klickt diese mit der rechten Maustaste an und wählt im PopUp-Menü den Punkt *Variablenspez.* Dort trägt man unter *Langer Name (...)* eine Formel der folgenden Bauart ein:

= (v1> e_1 and v1<= e_2)*1 + (v1> e_2 and v1<=e_3)*2 +...

oder kürzer

= (v1> e_1) + (v1> e_2) +...

Die in den Klammern stehenden Ausdrücke sind logische Operatoren, siehe Abschnitt 3.2. Liegt beispielsweise der Fall 39 von Variable 1 im Intervall $(e_2; e_3]$, so erhält der Fall 39 der Kategorisierungsvariable den Wert $0 \cdot 1 + 1 \cdot 2 + 0 \cdot \ldots = 2$ bzw. $1 + 1 + 0 + \ldots = 2$.

Alternativ kann man auch *Daten → Umkodieren* wählen und definiert dort analoge Ein- und Ausschlussbedingungen.

Beispiel 6.3.4

Betrachten wir erneut die Haar-/Augenfarbe-Daten aus Beispiel 5.2.3 und erstellen, wie in Durchführung 6.3.3 beschrieben, einen Häufigkeits-Scatterplot. Das Resultat aus Abbildung 6.5 bestätigt unsere frühere Beobachtung, dass blonde Haare und blaue Augen, aber auch schwarze Haare und braune Augen, in Abhängigkeit stehen. □

Neu ab Version 7 ist die erweiterte Funktionalität und Verfügbarkeit des *Brushing*-Werkzeugs für Punktgrafiken, insbesondere für Scatterplots. Das englische Wort *brush* bedeutet dabei soviel wie Pinsel oder Bürste und deutet somit schon die Funktion dieses Werkzeuges an.

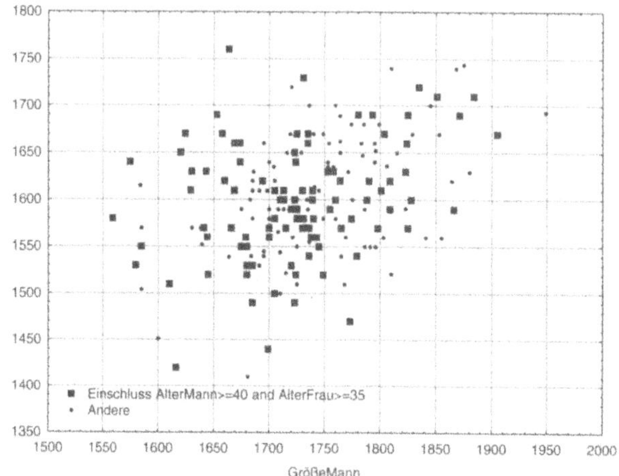

Abb. 6.4: *Scatterplot der Körpergrößen aus Beispiel 6.3.2 mit Teilgruppe.*

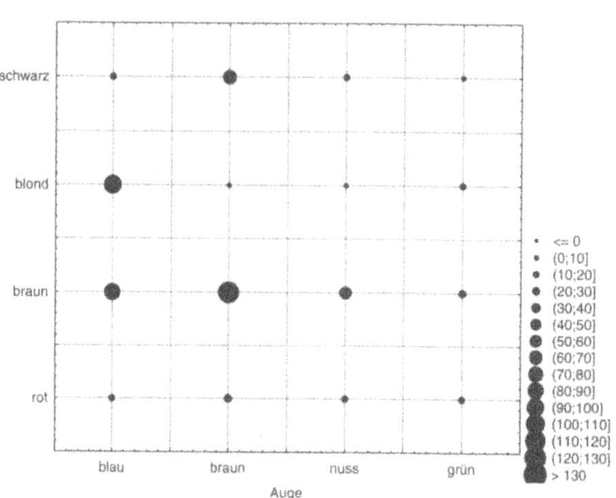

Abb. 6.5: *Scatterplot der Haar-/Augenfarbe-Daten aus Beispiel 5.2.3.*

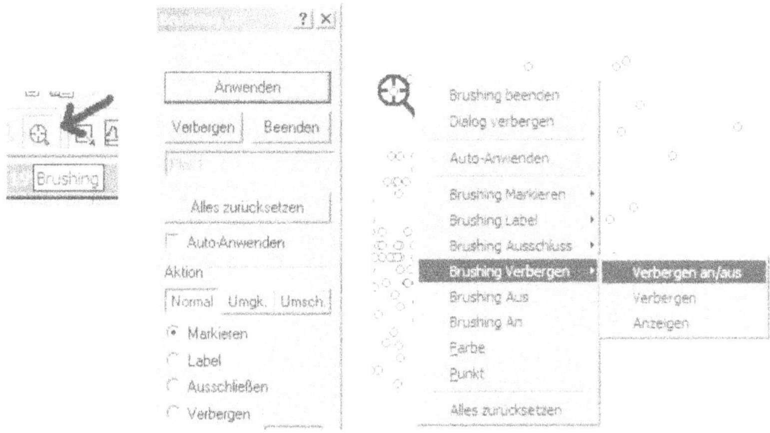

Abb. 6.6: *Das Brushing-Werkzeug für Punktgrafiken.*

Ist eine Arbeitsmappe mit einem Scatterplot geöffnet, so kann man das Brushing-Werkzeug durch Klick auf den Brushing-Knopf der Symbolleiste, siehe Abbildung 6.6 links, aktivieren. Der Mauszeiger wandelt sich dann zu einer Lupe mit Fadenkreuz um, was anzeigt, dass das Werkzeug einsatzbereit ist. Gleichzeitig öffnet sich ein (unübersichtlich gestaltetes) Fenster mit den verfügbaren Brushing-Operationen, siehe Abbildung 6.6 Mitte.

Die wesentliche Funktion dieses Werkzeuges besteht nun darin, dass man einzelne Punkte des Scatterplots (z. B. Ausreißer) ansteuern und ihren *Fallstatus* verändern kann, genau wie dies auch direkt in der Tabelle möglich wäre; letztere Möglichkeit wurde in Abschnitt 3.1.3 ausführlich besprochen. Bemerkenswert ist, dass eine Änderung des Fallstatus im Scatterplot automatisch zu einer Änderung des entsprechenden Status in der Tabelle führt. Auch hier sieht man wieder deutlich die zu Beginn von Kapitel 4 bereits erwähnte stärkere Verknüpfung von Tabellen und Grafiken seit Version 7.

Um nun, wie in Abbildung 6.6 rechts zu sehen, den Fallstatus eines Punktes zu verändern, markiert man den betreffenden Punkt durch einen Klick mit der linken Maustaste. Anschließend betätigt man am einfachsten die rechte Maustaste, woraufhin sich ein PopUp-Menü öffnet. Hier könnte man nun beispielsweise *Brushing Verbergen* → *Verbergen an/aus* wählen, wodurch der markierte Punkt in der Grafik nicht mehr angezeigt, gewissermaßen also aus der Grafik weggepinselt wird. Beim zugehörigen Fall der Tabelle ist das Symbol zu sehen, vgl. Abschnitt 3.1.3. •

6.4 Grafische Darstellung höherdimensionaler Daten

Es gibt zahlreiche Möglichkeiten, höherdimensionale Daten grafisch darzustellen. Zum einen bietet STATISTICA zu vielen der in Kapitel 5 diskutierten zweidimensionalen Grafiken ein dreidimensionales Pendant an. So steht etwa im Menü *Grafik* → *Sequentielle 3D-Grafiken* ein *bivariates Histogramm* zur Verfügung. Im Menü *Grafik* → *3D XYZ-Grafiken* dagegen befindet sich ein dreidimensionaler *Scatterplot*, siehe auch Abschnitt 6.3.

Beispiel 6.4.1

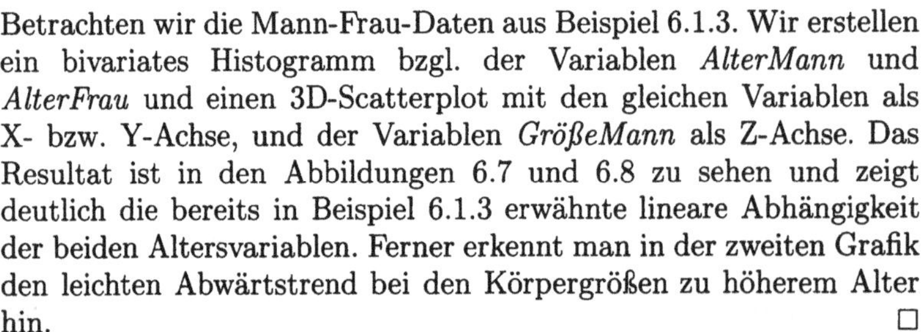

Betrachten wir die Mann-Frau-Daten aus Beispiel 6.1.3. Wir erstellen ein bivariates Histogramm bzgl. der Variablen *AlterMann* und *AlterFrau* und einen 3D-Scatterplot mit den gleichen Variablen als X- bzw. Y-Achse, und der Variablen *GrößeMann* als Z-Achse. Das Resultat ist in den Abbildungen 6.7 und 6.8 zu sehen und zeigt deutlich die bereits in Beispiel 6.1.3 erwähnte lineare Abhängigkeit der beiden Altersvariablen. Ferner erkennt man in der zweiten Grafik den leichten Abwärtstrend bei den Körpergrößen zu höherem Alter hin. □

Des Weiteren kann man im Menü *Grafik* → *Sequentielle 3D-Grafiken* auch dreidimensionale *Boxplots* erstellen lassen, bei denen auf der X-Achse beliebig viele Variablen aufgetragen werden und auf der Y-Achse eine gemeinsame Gruppierungsvariable.

Ferner bietet das Menü *Grafik* → *Sequentielle 3D-Grafiken* auch *Plots für Fallreihen* an, bei denen auf der X-Achse beliebig viele Variablen aufgetragen werden, die Y-Achse die Zeit (im weiteren Sinne) repräsentiert und erneut die Z-Achse die Werteachse ist, vgl. auch Durchführung 4.2.1. Hierbei handelt es sich also um eine Verallgemeinerung des *Run Charts*, indem mehrere Sequenzen parallel aufgetragen werden. Etwas Ähnliches würde man auch erreichen, wenn man wie gewohnt einen zweidimensionalen Run Chart erstellt, mehrere Variablen auswählt und dann die Option *Mehrfach* wählt, so dass mehrere Linien zugleich in einer Grafik aufgetragen werden.

Eine weitere Alternative zur Darstellungen multivariater sequentieller Daten ist der *Stapelplot* des Menüs *Grafik* → *2D-Grafiken* → *Stapelplots.* Dieser kann dann sinnvoll eingesetzt werden, wenn alle Komponenten von gleicher Dimension sind, z. B. Ausgabebeträge in € in verschiedenen Haushaltskategorien. Hier werden nämlich nicht einfach Linien wie beim mehrfachen Linienplot aufgetragen, sondern zuerst eine Linie für Variable 1 der Tabelle, dann eine für die *Summe* aus Variable 1

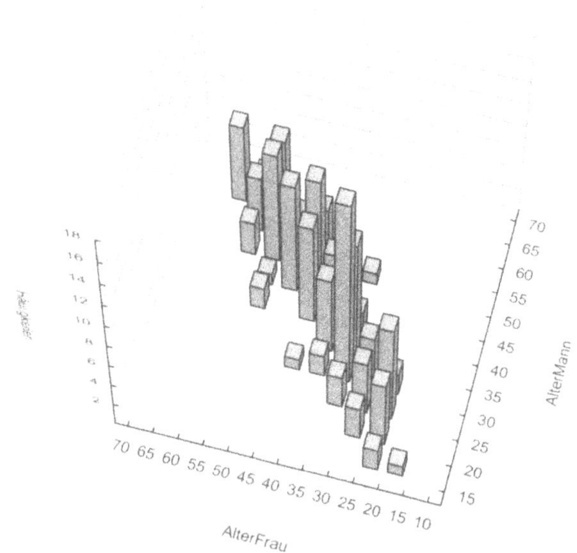

Abb. 6.7: *Histogramm der Mann-Frau-Daten aus Beispiel 6.4.1.*

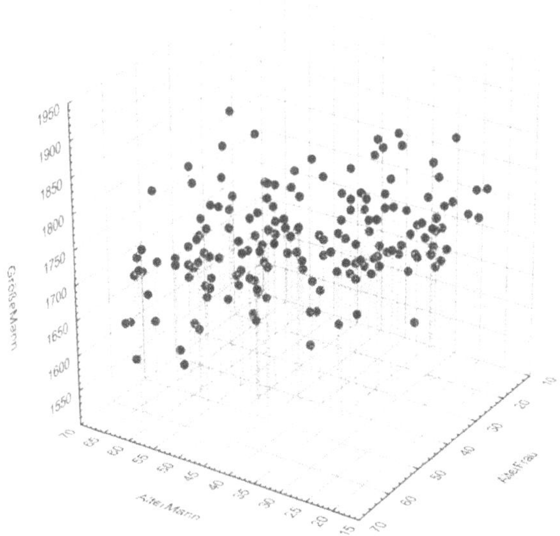

Abb. 6.8: *Scatterplot der Mann-Frau-Daten aus Beispiel 6.4.1.*

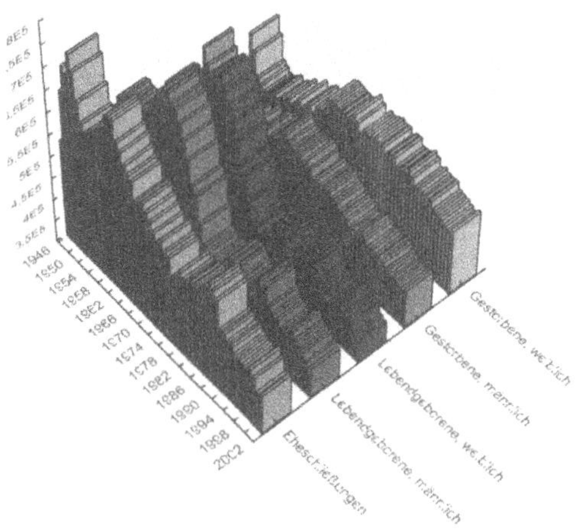

Abb. 6.9: *Fallreihenplot der Leben-Tod-Daten aus Beispiel 6.4.2.*

und 2, usw. Wählt man dabei *Grafiktyp: Flächen*, so werden die Flächen zwischen den Graphen farbig schraffiert.

Alle 3D-Grafiken können rotiert und/oder perspektivisch verzerrt werden, wie dies in Abschnitt 4.2 beschrieben wurde.

Beispiel 6.4.2

Die Datei `LebenTod.sta` beruht auf der abgekürzten Sterbetafel 1999/2001 des Statistischen Bundesamtes. Sie enthält für die Jahre 1946 bis 2002 Daten wie Zahl von Eheschließungen, Geburten oder Todesfällen. Für die fünf Variablen *Eheschließungen*, *Lebendgeborene, männlich* und *weiblich*, sowie *Gestorbene, männlich* und *weiblich* soll ein Fallreihenplot in dieser Reihenfolge erstellt werden, welcher in Abbildung 6.9 zu sehen ist.

Man sieht, dass die Zahl der Eheschließungen sowie der Geburten stark rückläufig ist, wobei beim Geburtenrückgang der 'Pillenknick' deutlich sichtbar ist. Letzteren erkennt man auch im Stapelplot der Geburten aus Abbildung 6.10, aus dem sich zudem ablesen lässt, dass die Zahl der Totgeborenen nach Kriegsende zurückgegangen ist. Bei den Sterbezahlen zeigt sich zuerst ein sehr hoher Wert (2. Weltkrieg), dann ein starker Rückgang, ein kontinuierlicher Anstieg und ab den 70er Jahren wieder ein leichtes Fallen. □

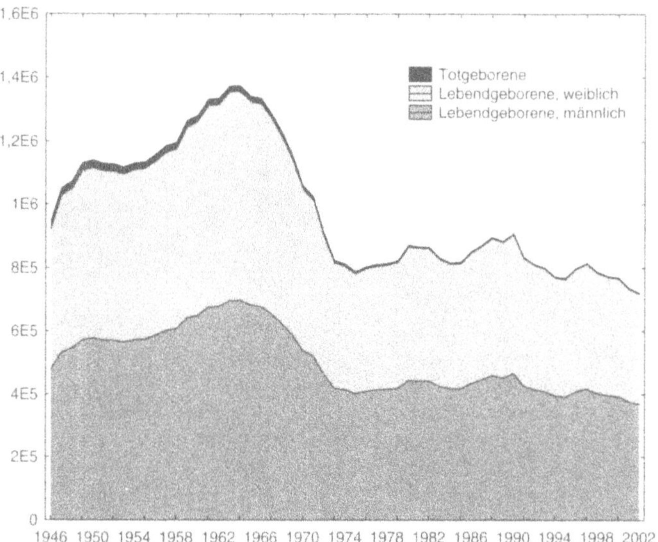

Abb. 6.10: *Stapelplot der Leben-Tod-Daten aus Beispiel 6.4.2.*

Für Scatterplots gibt es auch die Möglichkeit, Matrixgrafiken zu erstellen, über das Menü *Grafik* → *Matrixplots.* Hier kann man beliebig viele Variablen auswählen, und zu allen paarweisen Kombinationen wird ein Scatterplot erstellt. Diese Scatterplots werden in einer Matrix zusammengefasst, mit einem Histogramm für jede Variable auf der Diagonalen.

Beispiel 6.4.3

Betrachten wir die Mann-Frau-Daten aus Beispiel 6.1.3. Wir erstellen eine Scatterplotmatrix und erhalten eine Grafik wie in Abbildung 6.11. Diese Grafik kann man als eine Art Visualisierung der Korrelationsmatrix begreifen, vgl. Beispiel 6.1.3. Man sieht deutlich die hohe positive Korrelation zwischen den Alterswerten der Ehepartner, einen analogen, aber deutlich schwächeren Zusammenhang erkennt man bei den Körpergrößen. Außerdem zeigt die Grafik die glockenförmige Verteilung der Körpergrößen. □

Zu guter Letzt bietet STATISTICA eine Reihe von *Symbolgrafiken* bzw. *Iconplots* an, allesamt zu finden unter *Grafik* → *Iconplots.* Die Idee dieser Grafiken ist es, ein jedes Datum durch ein eigenes Symbol und eine jede Dimension des Datums durch ein Merkmal des Symbols zu repräsentieren. Somit sind diese Grafiken eigentlich nur für Datensätze des Umfangs ≤ 100 geeignet. Symbolgrafiken können sowohl auf kategoriale wie auch numerische Daten angewendet werden. Zur Verfügung stehen

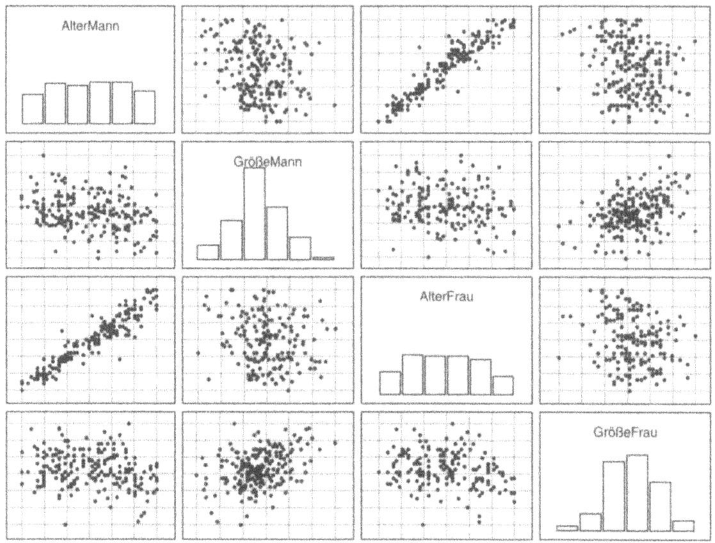

Abb. 6.11: *Scatterplotmatrix der Mann-Frau-Daten aus Beispiel 6.4.3.*

Chernoff-Gesichter, welche die unterschiedlichen Dimensionen der Daten durch unterschiedliche Gesichtspartien repräsentieren. Die Idee ist dabei, dass das menschliche Wahrnehmungsvermögen besonders auf Gesichtszüge spezialisiert ist und deshalb in der Lage sein sollte, unterschiedliche Werte der Dimensionen, repräsentiert durch veränderte Gesichtszüge, leicht wahrzunehmen. Der Autor dieses Buches zweifelt allerdings an der praktischen Verwendbarkeit dieser Grafiken.

Kreisgrafiken, bei denen einer jeden Dimension ein andersfarbiges Kreisegment zugeordnet wird, und unterschiedliche Werte durch unterschiedliche Größen der Segmente repräsentiert werden.

Stern-, Strahl- oder Polygongrafiken, die jeder der Dimensionen einen Strahl zuordnen, dessen Länge unterschiedliche Werte repräsentiert. Bei Stern- und Strahlgrafiken werden Strahlen und Verbindungslinien angezeigt, und bei Polygongrafiken nur die Verbindungslinie mit eingefärbter Fläche, siehe Abbildung 6.12 oben.

Säulen-, Linien oder Profilgrafiken, bei denen die verschiedenen Dimensionen nebeneinander auf der X-Achse angeordnet sind, und der jeweilige Wert der Komponente auf der Y-Achse repräsentiert wird. Diese Y-Werte werden dann entweder durch Säulen visualisiert, oder durch Linien verbunden. Hierbei wird entweder nur die Linie angezeigt, oder zusätzlich die Fläche unterhalb der Linie eingefärbt, siehe Abbildung 6.12 unten.

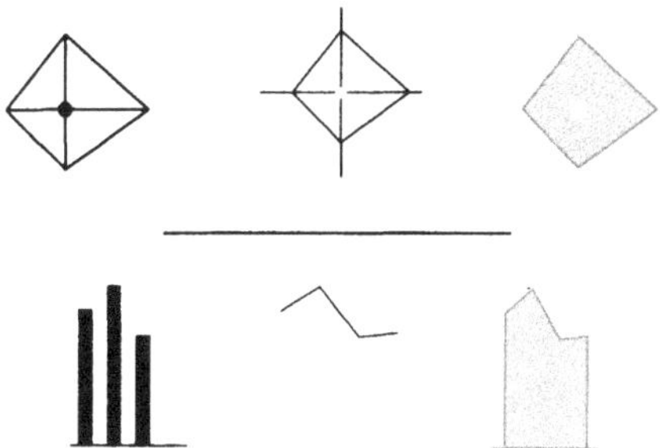

Abb. 6.12: *Stern-, Strahl- oder Polygongrafiken, bzw. Säulen-, Linien oder Profilgrafiken.*

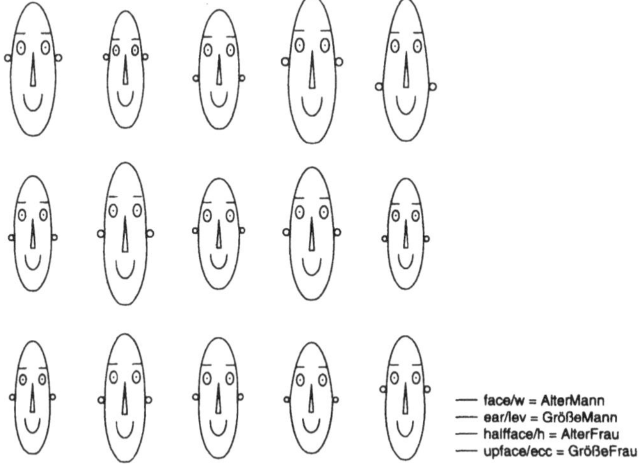

Abb. 6.13: *Chernoff-Gesichter der Mann-Frau-Daten aus Beispiel 6.4.4.*

Beispiel 6.4.4

Zu den ersten fünfzehn Daten der Mann-Frau-Daten aus Beispiel 6.1.3 wurden Symbolgrafiken erstellt, welche die Dimensionen *AlterMann*, *GrößeMann*, *AlterFrau* und *GrößeFrau* ausdrücken sollen. Das Resultat ist in den Abbildungen 6.13 bis 6.17 zu sehen. Nach Meinung des Autors dieses Buches scheinen die Sterngrafiken am besten geeignet, unterschiedliche Werte unterschiedlicher Komponenten zu repräsentieren. □

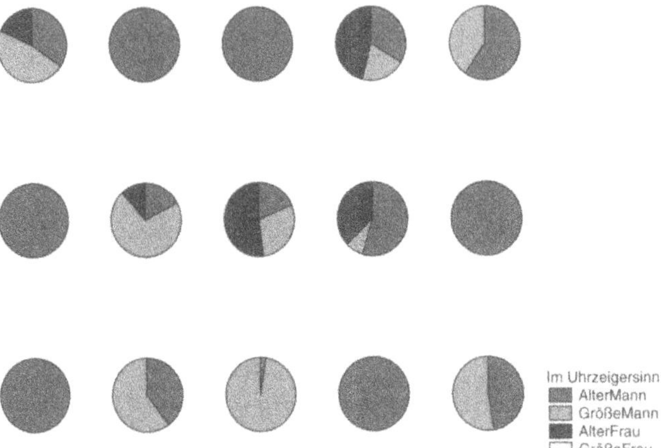

Abb. 6.14: *Kreisgrafik der Mann-Frau-Daten aus Beispiel 6.4.4.*

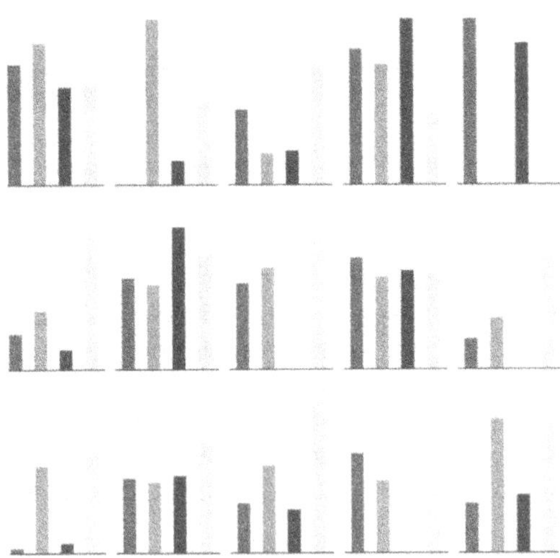

Abb. 6.15: *Säulengrafik der Mann-Frau-Daten aus Beispiel 6.4.4.*

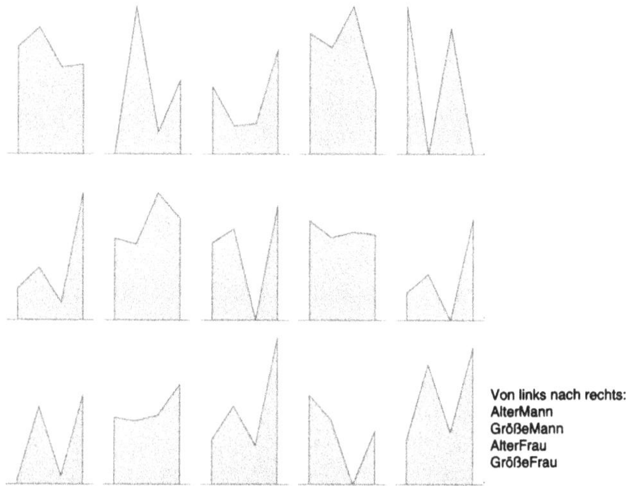

Abb. 6.16: *Profilgrafik der Mann-Frau-Daten aus Beispiel 6.4.4.*

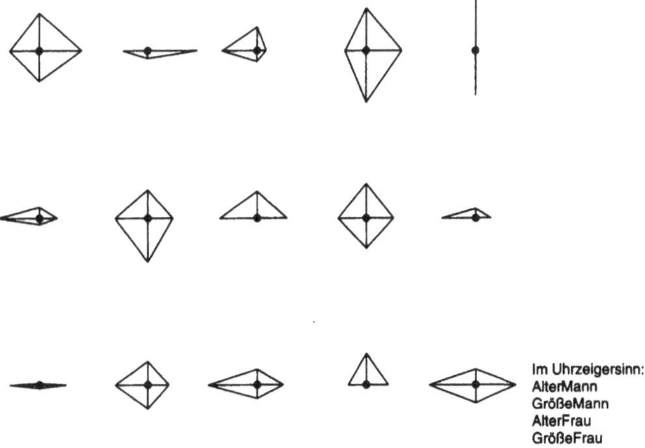

Abb. 6.17: *Sterngrafik der Mann-Frau-Daten aus Beispiel 6.4.4.*

6.5 Aufgaben

Es wird empfohlen, für jede Aufgabe einen eigenen STATISTICA-Bericht (Endung `.str`) anzulegen.

Aufgabe 6.5.1

Betrachten Sie den Datensatz **`Einkauf.sta`** aus Beispiel 7.1.3.4. Dieser enthält den Betrag in €, den 25 Kunden in einem Geschäft jeweils innerhalb eines Monats für Produkte dreier Warengruppen ausgegeben haben. Berechnen Sie Mittelwertvektor und Korrelationsmatrix, und interpretieren Sie das Ergebnis!

Aufgabe 6.5.2

Die Datei **`Lackierer.sta`** aus Beispiel 5.4.3 enthält Angaben zu den folgenden Blutwerten von 103 Autolackierern: *haemo* (Hämoglobinwert), *zv* (Zellvolumen), *wbc* (weiße Blutkörperchen), *lymph* (Zahl der Lymphociten), *neutro* (Neutrophile) und *blei* (Bleiwerte).

(a) Erstellen Sie eine Korrelationsmatrix für alle Variablen der Datei **`Lackierer.sta`**. Gibt es Variablenpärchen mit auffallend hoher Korrelation?

(b) Erstellen Sie eine Scatterplotmatrix der Daten und interpretieren Sie das Resultat, insbesondere in Hinblick auf Teilaufgabe (a).

(c) Erstellen Sie für alle Paare hoher Korrelation zudem ein bivariates Histogramm und beurteilen Sie das Ergebnis.

Aufgabe 6.5.3

Wiederholen Sie Aufgabe 6.5.5, jedoch mit einem bivariaten Histogramm an Stelle eines Scatterplots.

Aufgabe 6.5.4

Untersuchen Sie die Datei **`Mitarbeiter.sta`** aus Beispiel 7.1.2.3 mit Hilfe von Symbolgrafiken. Erstellen Sie je eine Stern- und eine Profilgrafik aller Variablen des Datensatzes. Gibt es auffällige Mitarbeiter? Warum?

Aufgabe 6.5.5

Die Datei **`Selbsttoetung.sta`** enthält Daten zu Selbsttötungen des Jahres 1979, wiedergegeben bei Falk et al. (2002). Dabei ist einerseits das Geschlecht der betroffenen Person und andererseits die von ihr gewählte Todesart verzeichnet. Untersuchen Sie den Datensatz mit Hilfe eines Häufigkeits-Scatterplots. Ist das Selbsttötungsverhalten von Männern und Frauen ähnlich?

7 Multivariate explorative Statistik

Wie bereits zu Beginn von Kapitel 5 umrissen, wollen wir uns in diesem Kapitel mit explorativer Datenanalyse beschäftigen, also mit Verfahren, die ganz im Sinne von Tukey (1977) in einem gegebenen Datensatz nach Zusammenhängen, Besonderheiten, Strukturen und Mustern suchen, um Daten erklären und verstehen zu können. Insbesondere wollen wir dabei *multivariate Methoden* betrachten, die auch in der Lage sind, mit u. U. sehr hochdimensionalen Daten umzugehen. Als vertiefende Begleitlektüre zu diesem Kapitel sei dabei insbesondere Fahrmeir et al. (1996) empfohlen.

Verfahren der multivariaten explorativen Statistik finden ihre Anwendung beispielsweise im Dienstleistungsbereich, bei der Überwachung von Qualität, im medizinischen Bereich. Sie werden aber auch im Marketingbereich eingesetzt, z. B. im Rahmen des *Data Mining*. Überhaupt sind explorative Statistik und Data Mining eng verwandte Gebiete. Als Statistiker ist man geneigt sein zu sagen, Data Mining ist jener Teil der explorativen Statistik, dessen Verfahren zur Analyse riesiger Datensätze geeignet sind. Dazu zählen in diesem Kapitel insbesondere die *Clusteranalyse* in Abschnitt 7.1 und die *Klassifikationsbäume*, auch Entscheidungsbäume genannt, in Abschnitt 7.4.3.

STATISTICA bietet eine ganze Reihe von Verfahren der multivariaten, explorativen Datenanalyse an. Diese sind zumeist im Menü *Statistik* unter *Multivariate explorative Techniken* zu finden, welches jedoch nur zur Verfügung steht, wenn das Modul 'STATISTICA Explorative Verfahren' installiert ist, siehe Anhang E. Eine Auswahl der zahlreichen dort befindlichen Verfahren soll im Laufe des Kapitels beschrieben werden. Den Anfang macht, wie bereits erwähnt, die *Clusteranalyse* in Abschnitt 7.1, welche Datensätze auf eine inhärente Häufungsstruktur hin untersucht. Es folgt die *mehrdimensionale Skalierung* in Abschnitt 7.2, die zu ähnlichen Zwecken eingesetzt werden kann, und die *Hauptkomponenten- und Faktorenanalyse* in Abschnitt 7.3, welche eine Dimensionsreduktion erlaubt. Zu guter Letzt werden wir uns in Abschnitt 7.4 dem Problem der *Diskriminanzanalyse und Klassifikation* zuwenden, bei dem versucht wird, bereits gruppierte Daten durch Merkmalsvektoren zu charakterisieren.

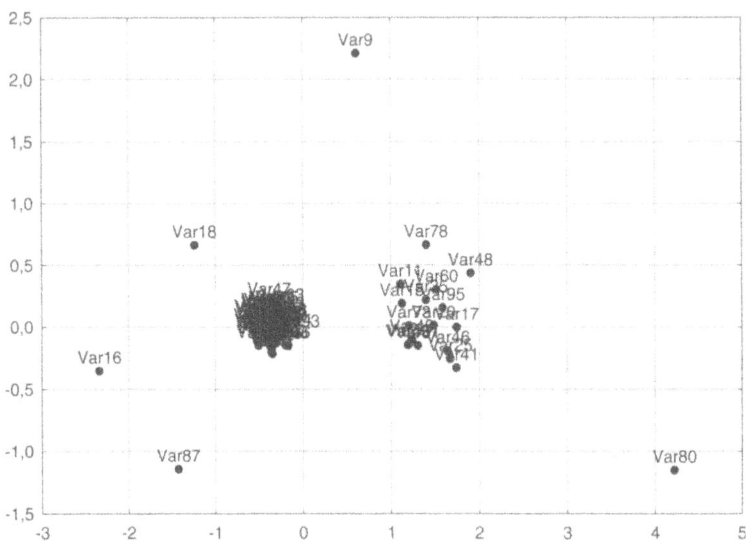

Abb. 7.1: *Ein Datensatz mit zwei deutlichen Häufungen und fünf Ausreißern.*

7.1 Clusteranalyse

Der Begriff 'cluster', zu deutsch 'Haufen' oder 'Häufung', deutet bereits die Zielsetzung der *Clusteranalyse* an: Der vorliegende Datensatz soll auf Häufungen hin untersucht werden, d. h. es sollen Gruppen 'ähnlicher' Daten bestimmt werden. Ebenso sollen Ausreißer, also zur Mehrheit der Daten hochgradig 'unähnliche' Datenpunkte, erkannt werden. Einen optischen Eindruck der Problemstellung vermittelt Abbildung 7.1.

Motivation. Eine Firma versendet an eine Reihe von Haushalten einen Gesamtkatalog ihres Angebots und wartet eingehende Bestellungen ab. Der Katalog umfasse beispielsweise 500 Seiten, und einer jeden Person, der ein solcher Katalog zugesandt wurde, wird ein Vektor mit 500 Komponenten zugeordnet. Wenn einer der Angeschriebenen auf der Seite n des Katalogs etwas bestellt, so wird in der n-ten Komponente eine Eins eingetragen, ansonsten eine Null. All jene Kunden, die gar nichts bestellen, bekommen somit einen Vektor zugeordnet, der nur aus Nullen besteht.

Die Firma ist nun daran interessiert festzustellen, welche Kunden ein ähnliches Bestellverhalten besitzen, um diesen zukünftig die wesentlich preiswerteren Spezialkataloge, die nur einen Ausschnitt des Hauptkatalogs umfassen, zuzusenden. Und da es natürlich nahezu unmöglich ist, in einer Menge von mehreren tausend Vektoren mit je 500 Komponenten ähnliche Vektoren ohne weitere Hilfsmittel festzustellen, sind hier Methoden gefragt, welche die Daten geschickt komprimieren und

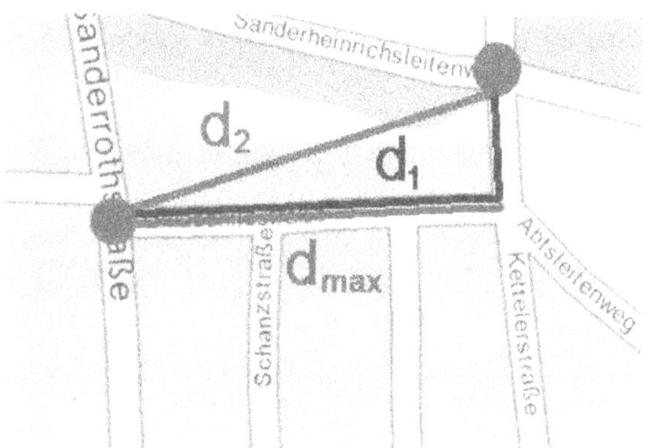

Abb. 7.2: *Minkowski-Abstände auf Ausschnitt des Stadtplans von Würzburg.*

präsentieren, so dass eine Einteilung getroffen werden kann. Kunden mit ähnlichem Bestellverhalten bilden in unserer Nomenklatur ein Cluster. □

Motivation. Eine Firma ist daran interessiert festzustellen, wie effektiv und zuverlässig ihre Mitarbeiter sind, ob sie schonend mit Firmeneigentum umgehen, u.ä. Dazu sammelt die Firma in gewissen zeitlichen Abständen, beispielsweise täglich oder wöchentlich, Daten ihrer Angestellten und fasst diese in je einem Vektor pro Arbeiter zusammen. Interessierende Größen könnten z. B. der Papierverbrauch und die 'Surfzeiten' im Internet sein, oder die effektive Maschinenbedienzeit, die ein Arbeiter erreicht.

Die so gesammelten Daten sollen nun insbesondere auf Ausreißer hin untersucht werden: Gibt es Mitarbeiter, die übermäßig viel Papier verbrauchen, die auffällig inaktiv oder besonders fleißig sind? □

7.1.1 Abstandsmessung

Wie die einführende Diskussion verdeutlicht hat, geht es bei der Clusteranalyse um das Feststellen von Ähnlichkeiten oder Unähnlichkeiten. Doch wann sind Daten eigentlich 'ähnlich'? Betrachten wir nochmals die Daten aus Abbildung 7.1. Dort erkennt man *Cluster*, also ähnliche Daten, wenn die Daten dicht beisammen liegen. Umgekehrt würde man jene Punkte als *Ausreißer* bezeichnen, also als hochgradig unähnlich zu den übrigen Daten, wenn sie weit von diesen entfernt sind. Allgemein kann man Ähnlichkeit also als 'geringen Abstand' beschreiben. Wie misst man den Abstand von Daten?

Wir betrachten dazu einige Beispiele von Abstandsmaßen:

Minkowski-Metriken: Seien $\boldsymbol{x}_i, \boldsymbol{x}_j \in \mathbb{R}^m$ und sei $q \in \mathbb{N}$ eine natürliche Zahl, so ist durch

$$d_q(\boldsymbol{x}_i, \boldsymbol{x}_j) := \left(\sum_{k=1}^{m} |x_{ik} - x_{jk}|^q\right)^{\frac{1}{q}} \tag{7.1}$$

ein Abstandsmaß gegeben, eine sog. *Minkowski-Metrik.*

Im Spezialfall $q = 1$ spricht man von der *Manhattan-* oder *City-Block-Metrik*

$$d_1(\boldsymbol{x}_i, \boldsymbol{x}_j) := \sum_{k=1}^{m} |x_{ik} - x_{jk}|, \tag{7.2}$$

die Wahl $q = 2$ ergibt die *euklidische Metrik*

$$d_2(\boldsymbol{x}_i, \boldsymbol{x}_j) := \left(\sum_{k=1}^{m} (x_{ik} - x_{jk})^2\right)^{\frac{1}{2}}. \tag{7.3}$$

Als Grenzfall $q \to \infty$ erhält man die

Maximumsmetrik: Sind $\boldsymbol{x}_i, \boldsymbol{x}_j \in \mathbb{R}^m$, so ist durch

$$d_\infty(\boldsymbol{x}_i, \boldsymbol{x}_j) := \max_{1 \le k \le m} |x_{ik} - x_{jk}| \tag{7.4}$$

eine Metrik gegeben, die sog. *Maximums-* oder *Tschebyscheff-Metrik.*

Die genannten Abstandsmaße sind in Abbildung 7.2 veranschaulicht. Damit haben wir die wichtigsten in STATISTICA implementierten Abstandsmaße für metrische Daten kennengelernt. Der in der Praxis ebenfalls sehr beliebte *Mahalanobisabstand* wird im Rahmen der Clusteranalyse leider nicht von STATISTICA angeboten.

Für kategoriale Daten, wie das obige Katalogbeispiel, bietet STATISTICA noch ein Abstandsmaß an, welches es als 'Prozent Nichtübereinstimmung' bezeichnet, welches jedoch üblicherweise *Hammingabstand* heißt. Der Hammingabstand ist definiert als

$$d(\boldsymbol{x}_i, \boldsymbol{x}_j) := \frac{|\{x_{ik} \neq x_{jk} \mid k = 1, \ldots, m\}|}{m}, \tag{7.5}$$

misst also die Zahl der *nicht* übereinstimmenden Komponenten von $\boldsymbol{x}_i$ und $\boldsymbol{x}_j$.

Seien $\boldsymbol{x}_1, \ldots, \boldsymbol{x}_n \in \mathbb{R}^m$ die vorliegenden m-dimensionalen Daten und $d(\cdot, \cdot)$ eines der obigen Abstandsmaße (7.2) bis (7.5). Dann fasst man die paarweisen Abstände übersichtlich in einer *Abstandsmatrix* zusammen:

$$\mathbf{D} = (d(\boldsymbol{x}_i, \boldsymbol{x}_j))_{i,j=1,\ldots,n} = \begin{pmatrix} d(\boldsymbol{x}_1, \boldsymbol{x}_1) & \cdots & d(\boldsymbol{x}_1, \boldsymbol{x}_n) \\ \vdots & & \vdots \\ d(\boldsymbol{x}_n, \boldsymbol{x}_1) & \cdots & d(\boldsymbol{x}_n, \boldsymbol{x}_n) \end{pmatrix}.$$

Mit STATISTICA erstellt man eine solche Abstandsmatrix wie folgt:

Durchführung 7.1.1.1

Abstandsmatrizen kann man im Menü *Statistik* → *Multivariate explorative Techniken* → *Clusteranalyse* → *Agglomerativ* erstellen. Dabei muss man auf der Karte *Details* folgende Einstellungen machen:

- Enthält das Tabellenblatt als Variablen die untersuchten Merkmale, so wählt man diese Variablen unter *Variablen* aus.
- Die Fälle sollen dabei die jeweiligen Werte der einzelnen Objekte enthalten; man wählt deshalb *Datei: Einzeldaten* und *Cluster für: Fälle (Zeilen)*.
- Unter *Distanzmaß* wählt man den gewünschten Abstand, die Einstellung für *Fusionsregel* ist für den Moment ohne Belang.

Im anschließenden Menü klickt man auf *Matrix* und erhält die Abstandsmatrix als neues Tabellenblatt. Dieses speichert man wie gewohnt ab, die entsprechende Datei wird mit der Endung *.smx* versehen. •

7.1.2 Hierarchisch-Agglomerative Verfahren

In diesem Abschnitt wollen wir eine erste Familie von Clusterverfahren kennenlernen, die *hierarchisch-agglomerativen Verfahren. Hierarchisch* bedeutet dabei, dass ein jedes Datum des vorliegenden Datensatzes genau einem Cluster zugeordnet wird, die einzelnen Cluster sich also nicht überlappen dürfen. *Agglomerativ* erklärt sich am besten durch Kontrastierung mit anderen Verfahren:

Hierarchisch-agglomerative Verfahren: Zu Beginn des Clusterprozesses bildet ein jedes Datum des Datensatzes ein eigenes Cluster. Der Algorithmus reduziert von Schritt zu Schritt die Clusterzahl, und bricht optimalerweise gerade dann ab, wenn eine 'zutreffende' Clusterung gefunden ist.

Hierarchisch-divisive Verfahren: Diese funktionieren in genau der umgekehrten Richtung: Am Anfang haben wir ein riesiges Cluster vorliegen, dass alle Datenpunkte umfasst. Dieser Haufen wird schrittweise immer weiter unterteilt, bis eine passende Clusterung erreicht ist.

Hierarchisch-partionierende Verfahren: Diese unterscheiden sich von den vorigen Verfahren grundlegend, und können insbesondere auch im Anschluß an eines der obigen Verfahren durchgeführt werden. Hier muss man zuerst eine konkrete Anzahl von Clustern vorgeben, die während des gesamten Prozesses unverändert bleibt. Ziel des Clusteralgorithmus ist es, eine zu dieser Ausgangssituation optimale Clusterung zu finden, d. h. die Cluster werden so lange verschoben, in ihrer Größe geändert, usw., bis eine für die vorgegebene Clusterzahl bestmögliche Clusterung gefunden ist.

In der Praxis haben sich nur zwei dieser drei Zugänge durchgesetzt, die hierarchisch-divisiven Verfahren haben sich als zu rechenaufwendig erwiesen. Ein hierarchisch-partionierendes Verfahren, das *K-Means-Verfahren*, werden wir im nächsten Abschnitt 7.1.3 kennenlernen.

Sei erneut $\boldsymbol{x}_1, \ldots, \boldsymbol{x}_n \in \mathbb{R}^m$ der gegebene Datensatz. Mit einem der obigen Distanzmaße kann man einen Abstand $d(\boldsymbol{x}_i, \boldsymbol{x}_j)$ zwischen je zwei Daten feststellen. Ein Cluster C ist nun einfach eine Menge von Datenpunkten, und es sei $D(\cdot, \cdot)$ ein noch zu bestimmendes Abstandsmaß für *Cluster*. Dieses ist nicht mit dem für Punkte zu verwechseln, dieses ist $d(\cdot, \cdot)$. Dann läuft das Verfahren wie folgt ab:

Algorithmus 7.1.2.1

(Schritt 0) `Die Anfangscluster seien die einzelnen Daten:` $C_i^{(0)} := \{i\}$ `für alle` $i = 1, \ldots, n$.

(Schritt k) `Bezeichnet` $D(C_i^{(k-1)}, C_j^{(k-1)})$ `jeweils den Abstand des` i`-ten zum` j`-ten Cluster, so werden jene Clusterpaare vereinigt, deren Abstand minimal unter allen vorkommenden Abständen ist.`

`Der Algorithmus endet, wenn nur noch ein Cluster vorhanden ist.` •

Letzteres erscheint unsinnig, da ein einzelnes Riesencluster keinerlei Aussage mehr beinhaltet. Tatsächlich wird aber ein jeder Schritt des Algorithmus in einer einzigen Grafik, dem *Dendrogramm*[1], festgehalten, welches es dem Betrachter erlaubt, nachträglich selbst zu entscheiden, an welcher Stelle der Algorithmus hätte gestoppt werden sollen, und welches somit die scheinbare Häufungsstruktur ist.

Bevor wir aber näher darauf eingehen, müssen wir uns erst noch Gedanken darüber machen, wie man denn den Abstand von Clustern bestimmen kann. Elementare, aber weit verbreitete Verfahren sind dabei:

[1]Von griech. *δέντρο* = Baum, also *Baumdiagramm*.

Single-Linkage-Verfahren: Bei dieser Methode ist der Abstand zweier Cluster C_1 und C_2 definiert als der kleinste vorkommende Einzelpunktabstand, d. h.

$$D(C_1, C_2) := \min_{i \in C_1, j \in C_2} d(\boldsymbol{x}_i, \boldsymbol{x}_j). \tag{7.6}$$

Dieses Verfahren führt häufig zu Kettenbildungen, ist aber deshalb für die Ausreißeranalyse von Interesse.

Complete-Linkage-Verfahren: Diese Methode zur Berechnung des Abstandes zweier Cluster C_1 und C_2 mag auf den ersten Blick absurd wirken:

$$D(C_1, C_2) := \max_{i \in C_1, j \in C_2} d(\boldsymbol{x}_i, \boldsymbol{x}_j). \tag{7.7}$$

Da aber immer jene zwei Cluster vereinigt werden, die den kleinsten Abstand aufweisen, führt dieses Verfahren dazu, dass zwei Haufen dann zusammengefasst werden, wenn der anschließende Cluster minimalen *Durchmesser* hat. Dieses Verfahren achtet also darauf, dass Cluster nicht zu groß werden und gibt deshalb einen besseren Überblick über die tatsächliche Häufungsstruktur als etwa Single-Linkage.

Daneben gibt es eine große Klasse sogenannter *Mittelwertverfahren*, von denen die folgenden zwei in STATISTICA implementiert sind:

Weighted-Average-Linkage-Verfahren: Dieses Verfahren ist sozusagen ein Kompromiss der beiden vorherigen: Der Abstand zweier Haufen C_1 und C_2 ist gleich dem arithmetischen Mittel der gegenpaarigen Einzelabstände, d. h. besteht C_1 aus n_1 Elementen und C_2 aus n_2 Elementen, so ist der Abstand der beiden Cluster gegeben durch

$$D(C_1, C_2) := \frac{1}{n_1 n_2} \sum_{i \in C_1, j \in C_2} d(\boldsymbol{x}_i, \boldsymbol{x}_j). \tag{7.8}$$

Dieses Verfahren kann sinnvoll eingesetzt werden, wenn die Daten, ähnlich wie in Abbildung 7.1, Klumpen bilden, ist dagegen wenig geeignet, wenn die Daten in Ketten angeordnet sind.

Der Name dieses Verfahrens wird klar, wenn man sich die Rekursionsformel ansieht: Werden die Cluster C_k und C_l vereinigt zum Cluster $C_{\{k,l\}}$, so berechnet man die Abstände dieses neuen Clusters zu den verbleibenden durch

$$D(C_{\{k,l\}}, C_j) := \frac{n_k \cdot D(C_k, C_j) + n_l \cdot D(C_l, C_j)}{n_k + n_l}, \tag{7.9}$$

worin die Gewichtung deutlich sichtbar wird. Lässt man die Gewichtung weg, so erhält man das

Unweighted-Average-Linkage-Verfahren: Werden die Cluster C_k und C_l vereinigt zum Cluster $C_{\{k,l\}}$, so berechnet man die Abstände dieses neuen Clusters zu den verbleibenden rekursiv durch

$$D(C_{\{k,l\}}, C_j) := \frac{D(C_k, C_j) + D(C_l, C_j)}{2}. \tag{7.10}$$

Schließlich gibt es noch eine Reihe von sog. *Repräsentantenverfahren*, bei denen ein jedes Cluster durch einen einzelnen Vektor repräsentiert wird. Der offensichtliche Vorteil solcher Verfahren ist es, dass man somit gleich eine Art Kurzbeschreibung der Cluster erhält, in der bereits viele Informationen und Charakteristika der Cluster übersichtlich dargestellt sind.

Schwerpunktmethode Zu einem jeden Cluster bestimme man seinen Schwerpunkt, d. h. sind die Daten $\boldsymbol{x}_i$ Vektoren des $\mathbb{R}^m$, so ist der Schwerpunkt des Clusters C, welches k Elemente umfasse, gegeben durch $\boldsymbol{s}_C := \frac{1}{k}\sum_{i \in C} \boldsymbol{x}_i$. Der Abstand zweier Haufen C_1 und C_2 ist nun der Abstand ihrer Schwerpunkte:

$$D(C_1, C_2) := d(\boldsymbol{s}_{C_1}, \boldsymbol{s}_{C_2}). \tag{7.11}$$

Medianmethode Die *Medianmethode* funktioniert prinzipiell genauso wie die Schwerpunktmethode, d. h. auch hier wird ein jeder Cluster durch seinen Schwerpunkt repräsentiert, nur ist der Schwerpunkt hier anders definiert. Besitzen zwei Cluster C_1 und C_2 die Schwerpunkte $\boldsymbol{s}_1$ und $\boldsymbol{s}_2$, so wird dem neuen Cluster $C := C_1 \cup C_2$ der Schwerpunkt $\boldsymbol{s} := \frac{1}{2}(\boldsymbol{s}_1 + \boldsymbol{s}_2)$ zugeordnet. Hier geht also in die Berechnung der Schwerpunkte der Cluster *nicht* die jeweilige Clustergröße ein, so dass diese Methode der Schwerpunktmethode vorzuziehen ist, wenn sehr unterschiedlich große Haufen zu erwarten sind. Der Abstand zweier Cluster ist dann wieder der Abstand ihrer Schwerpunkte.

Wards Methode fällt etwas aus der Reihe. Hier stehen varianzanalytische Gesichtspunkte im Vordergrund. Man berechnet zuerst zu je zwei Clustern C_1 und C_2 ihre Schwerpunkte $\boldsymbol{s}_1$ und $\boldsymbol{s}_2$ wie bei der Schwerpunktmethode, und anschließend den Schwerpunkt $\boldsymbol{s}_{1,2}$, welchen $C_{1,2} := C_1 \cup C_2$ hätte, wenn man die Cluster vereinigen würde. Daraufhin summiert man alle quadratischen Abweichungen auf, welche die einzelnen Daten bzgl. ihres neuen und alten Schwerpunktes hätten und bildet die Differenz dieser Werte – dies ist der Abstand der Cluster gemäß Ward, d. h. es werden jene zwei Cluster vereinigt, bei denen sich die Abweichungen vom Schwerpunkt minimal ändern.

Wards Methode gilt als sehr zuverlässig, neigt aber gelegentlich dazu, recht kleine Cluster zu bilden.

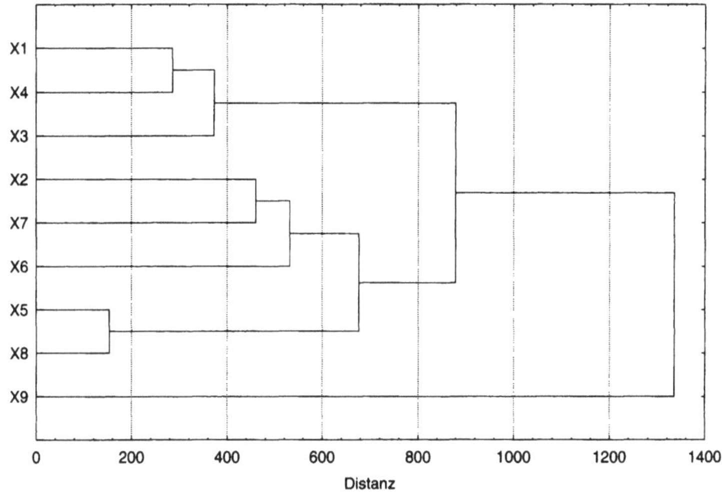

Abb. 7.3: *Ein Dendrogramm für neun Datenpunkte.*

Für detaillierte Informationen und Hintergründe sei etwa auf Falk et al. (2002) oder Eckey et al. (2002) verwiesen.

Durchführung 7.1.2.2

Dendrogramme kann man im Menü *Statistik* → *Multivariate explorative Techniken* → *Clusteranalyse* → *Agglomerativ* erstellen. Dabei kann man auf der Karte *Details* folgende Einstellungen treffen:

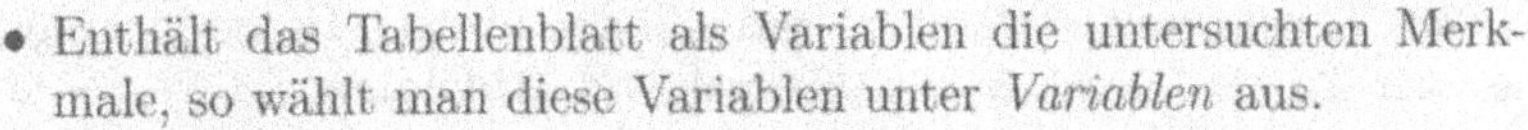

- Enthält das Tabellenblatt als Variablen die untersuchten Merkmale, so wählt man diese Variablen unter *Variablen* aus.
- Die Fälle sollen dabei die jeweiligen Werte der einzelnen Objekte enthalten; man wählt deshalb *Datei: Einzeldaten* und *Cluster für: Fälle (Zeilen)*.
- Unter *Fusionsregel* wählt man die gewünschte Methode, unter *Distanzmaß* den gewünschten Abstand.

Im anschließenden Menü klickt man auf *Zusammenfassung* und erhält das gewünschte Dendrogramm. •

Ein solches *Dendrogramm* kann man in Abbildung 7.3 sehen. Im vorliegenden Fall hat man neun verschiedene Daten $X_1, \ldots, X_9$, welche nun Schritt für Schritt zu immer größeren Clustern vereinigt werden. Auf

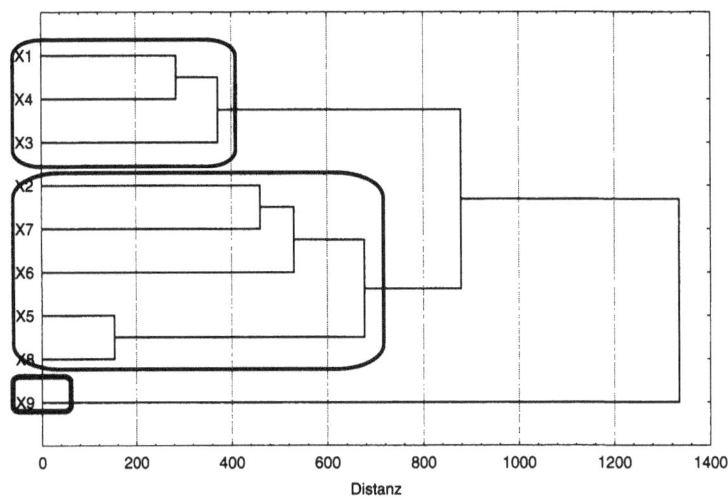

Abb. 7.4: *Zwei Cluster und ein Ausreißer.*

der Querachse ist dabei der Abstand aufgetragen, den die zwei soeben vereinigten Cluster voneinander hatten. Im betrachteten Beispiel werden zuerst die Cluster $C_5^{(0)} := \{X_5\}$ und $C_8^{(0)} := \{X_8\}$ zu $C_{5,8}^{(1)} := \{X_5, X_8\}$ vereinigt. Sie haben einen Abstand von nur ca. 160. Anschließend werden die Cluster aus X_1 und X_4 vereinigt (Abstand ca. 280). Dann wird das Cluster aus X_3 hinzugefügt, bei Abstand ca. 380, usw. Bei einem Abstand von ca. 700 haben wir noch drei Cluster übrig: $C_{1,3,4}^{(6)} := \{X_1, X_3, X_4\}$, $C_{2,5,6,7,8}^{(6)} := \{X_2, X_5, X_6, X_7, X_8\}$ und $C_9^{(6)} := \{X_9\}$. Diese Cluster haben nun recht große Abstände voneinander, insbesondere scheint X_9 sehr weit entfernt zu sein von den übrigen Datenpunkten, so dass wir X_9 als Ausreißer identifizieren, vgl. Abbildung 7.4.

Beispiel 7.1.2.3

Eine Firma nimmt von ihren 60 Mitarbeitern über die Woche hinweg die folgenden Daten auf, abgelegt in der Datei `Mitarbeiter.sta`:

- Zahl der ausgedruckten Seiten;
- Zahl der kopierten Seiten;
- Datenmenge (MB), die aus dem Internet übertragen wird;
- Anzahl der Seiten, die im Internet geöffnet werden;
- Gesamtdauer aller geführten Telefongespräche (s).

Gibt es Mitarbeiter, die besonders viel Zeit am Telefon verbringen, auffällig ausgiebig im Internet surfen, nicht gerade sparsam mit dem firmeneigenen Kopierer umgehen? Alle fünf Kenngrößen werden in je einem Vektor pro Mitarbeiter gesammelt und sollen nun analysiert werden.

Erstellen wir zuerst ein Dendrogramm mit *Single Linkage* und euklidischem Abstand, wie es in Abbildung 7.5 zu sehen ist. Man erkennt ein sehr großes und ein kleines Cluster, sowie die drei Ausreißer F_35, F_7 und F_25. Ein sehr ähnliches Resultat hätten wir auch erhalten, wenn wir *Single Linkage*, aber ein anderes Abstandsmaß verwendet hätten, was dem Leser zum Selbstversuch überlassen sei. Der Einfluss des Abstandsmaßes ist oft relativ gering. Allerdings kommt der Maximumsmetrik schon eine gewisse Sonderrolle zu, da diese lediglich die Abweichung einer Komponente berücksichtigt. Die anderen diskutierten Einzelpunktabstände dagegen mitteln über alle komponentenweisen Abweichungen. Sind sich zwei Vektoren, abgesehen von einer Komponente, sehr ähnlich, wird die Maximumsmetrik einen großen Abstand anzeigen, bei den übrigen Metriken dagegen wird diese einzelne Komponente kaum ins Gewicht fallen. Sind also bereits Abweichungen in einer einzelnen Komponente kritisch, sollte die Maximumsmetrik gewählt werden.

Betrachten wir nun das Bild für unterschiedliche Methoden, aber bei jeweils euklidischem Abstand. Nun ergeben sich schon deutlichere Unterschiede. Bei Single-Linkage, siehe Abbildung 7.5, werden tatsächlich Ketten gebildet, während bei Complete-Linkage erst eine Reihe kleinerer Cluster entstehen und diese abschließend zusammengefügt werden, vgl. Abbildung 7.6.

Ein recht ähnliches Resultat erzielt man mit Average-Linkage, vgl. Abbildung 7.7. Bei Wards Methode, siehe Abbildung 7.8, dagegen wird deutlich, dass eine Reihe von mittelgroßen Clustern erkannt werden, im betrachteten Beispiel wohl etwa vier Stück, die untereinander recht große Distanzen aufweisen.

Alle Methoden erkennen F_7 und F_25 als Ausreißer, die drei ersten zusätzlich noch F_35. Sieht man nun bei diesen drei Kandidaten im Datensatz nach, so stellt man fest, dass bei F_7 überall eine Null steht, was darauf hindeutet, dass der betreffende Mitarbeiter vielleicht krank oder im Urlaub war, und auch F_25 hat auffallend niedrige Werte, was sich wohl auf ähnliche Gründe zurückführen lässt. Bei F_35 dagegen fällt ein extrem hoher Wert beim Telefonieren auf, so dass hier nachgeforscht werden muss, ob sich ein solcher Wert mit beruflichen Argumenten rechtfertigen lässt. □

Bemerkung zu Beispiel 7.1.2.3.

Blickt man beispielweise in Fall 57 des Tabellenblattes, so stellt man fest, dass eigentlich auch Mitarbeiter 57 auffällig ist, mit einem sehr hohen Wert bei *Internet (MB)*. Trotzdem zeigt keines der Verfahren ihn als kritisch an. Grund: Die Einzelpunktabstände werden auf Basis der Originaldaten berechnet, und hier überwiegt die Variable *Telefon* mit Zahlenwerten in der Größenordnung von Tausenden. Um hier die anderen Variablen angemessen berücksichtigen zu lassen, müssen vor Berechnung der Abstände die Daten standardisiert werden, etwa indem man die Komponente X_{ij}, $i = 1, \ldots, 60$, $j = 1, \ldots, 5$ ersetzt durch $(X_{ij} - \bar{X}_{\bullet j})/S_j$, wobei $\bar{X}_{\bullet j}$ das arithmetische Mittel der Daten in Variable j ist und S_j die zug. empirische Standardabweichung.

Bei STATISTICA kann man eine oder mehrere Variablen auf diese Weise standardisieren, indem man im Menü *Daten* den Befehl *Standardisieren* wählt. Über den *Variablen*knopf wählt man die zu standardisierenden Variablen aus und bestätigt, wodurch die Originalvariablen durch die Standardisierungen ersetzt werden.

Will man sich, was gewöhnlich empfehlenswert ist, die Originaldaten bewahren, so muss man zuvor die betreffenden Variablen markieren, mit der rechten Maustaste in den Kopfbereich klicken und im sich öffnenden Variablendialog *Variablen kopieren* wählen. Der erscheinende Dialog zeigt in den ersten zwei Feldern die Grenzen des zusammenhängenden Bereichs an, der kopiert werden soll, Feld *Nach Variable* dagegen enthält Namen oder Nummer jener Variablen, hinter der die Kopien eingefügt werden sollen. Im konkreten Beispiel etwa wäre der Bereich von *Druck* bis *Telefon* hinter *Telefon* in Kopie einzufügen.

Diese Kopien kann man anschließend standardisieren und mit ihnen die gleichen Analysen durchführen, wie in Beispiel 7.1.2.3 beschrieben. Dies sei dem Leser zur Übung anempfohlen. Man stellt fest, dass auch die Mitarbeiter 48 und 49 als ausreißerverdächtig genannt werden. Generell ist eine Standardisierung immer dann sinnvoll, wenn die Einheiten der einzelnen Komponenten stark voneinander abweichen. □

In Abschnitt 7.2 werden wir im Rahmen der mehrdimensionalen Skalierung die Daten aus Beispiel 7.1.2.3 nochmals betrachten, vgl. Beispiel 7.2.2.

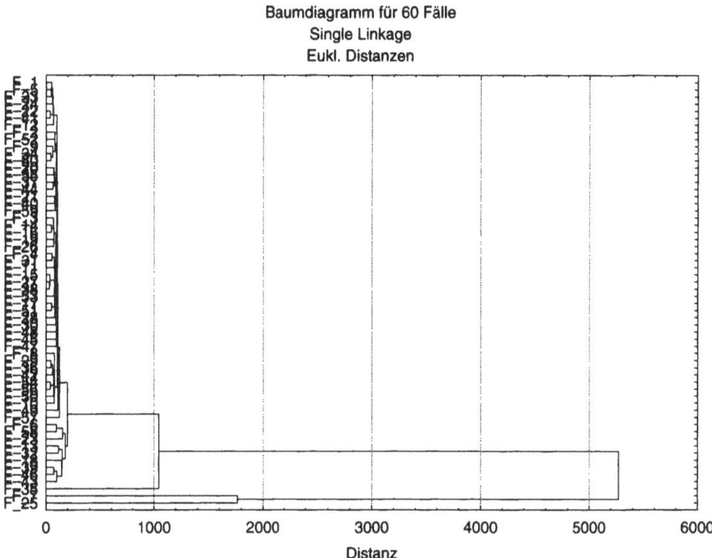

Abb. 7.5: *Ein Dendrogramm der Mitarbeiterdaten mit Single-Linkage.*

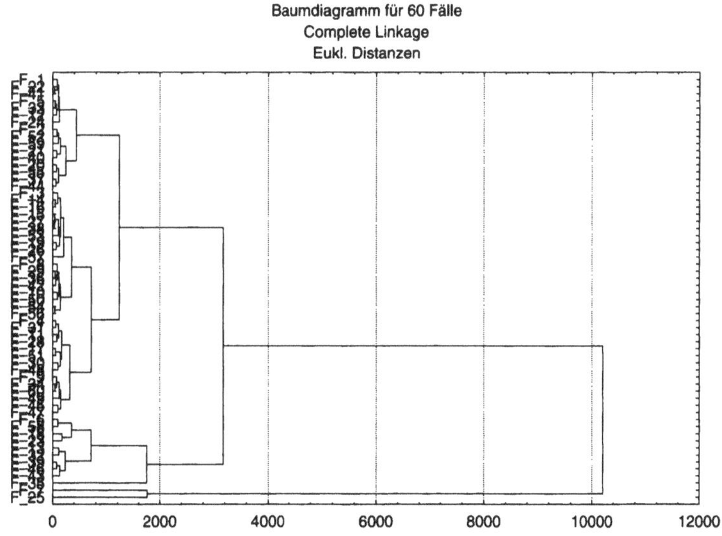

Abb. 7.6: *Ein Dendrogramm der Mitarbeiterdaten mit Complete-Linkage.*

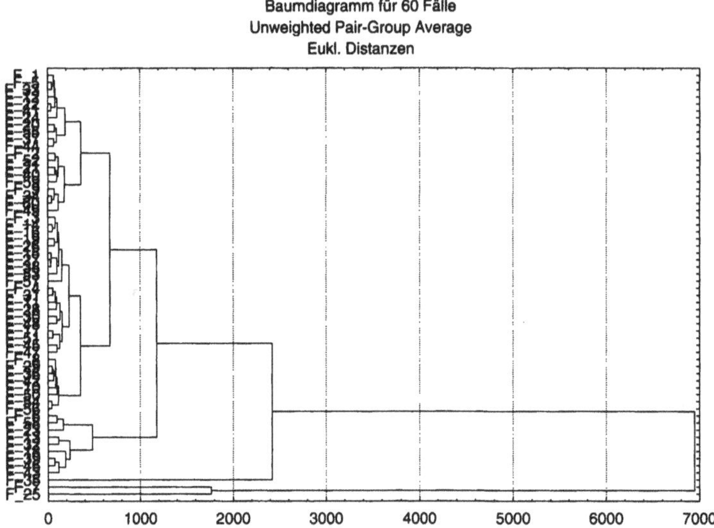

Abb. 7.7: *Ein Dendrogramm der Mitarbeiterdaten mit Weighted-Average-Linkage.*

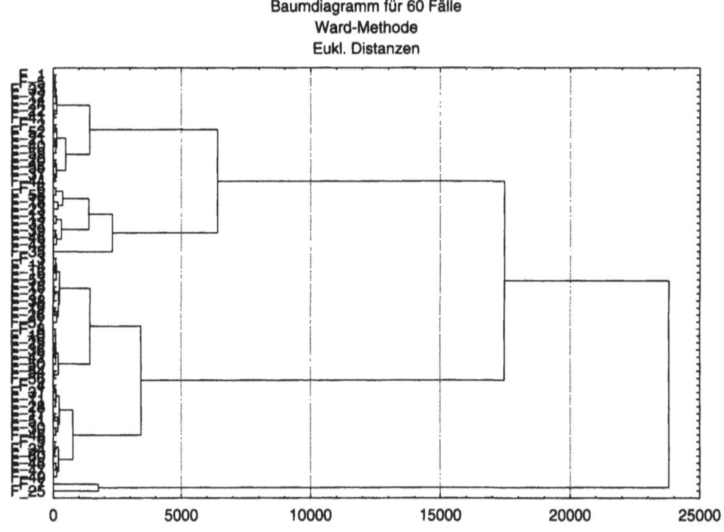

Abb. 7.8: *Ein Dendrogramm der Mitarbeiterdaten mit Wards Methode.*

7.1.3 Das K-Means-Verfahren

Wie schon erwähnt, gehört das *K-Means-Verfahren* zu den partitionierenden Verfahren, zu den 'eine Ausgangsposition verbessernden' Verfahren. Gleichzeitig ist es ein Vertreter der Repräsentantenverfahren, d. h. ein jeder Haufen wird durch einen einzelnen Vektor, dem Mittelwertvektor, vertreten. Die Daten sind jeweils genau einem dieser Vertreter zugeordnet. Wie bei einem jeden Repräsentantenverfahren kann man an diesem Vertreter des Clusters einige Eigenschaften und Charakteristika des Clusters ablesen.

Die Grundidee ist dabei die folgende: Gegeben seien n Daten. Zu einer vorgegebenen Zahl K von Clustern und einer gewissen Ausgangskonfiguration optimiert man die Cluster in Hinblick auf ihre innere Streuung. Im Vergleich zur gesamten vorkommenden Streuung wird man also, völlig analog zur *Ward-Methode*, versuchen, die Streuung innerhalb der Cluster klein zu halten.

Hintergrund 7.1.3.1

Um dies überprüfen zu können, definiert man für K Cluster $C_1, \ldots, C_K$ der Größen $n_1, \ldots, n_K$ mit den Zentren $\bar{\boldsymbol{x}}_1 := \frac{1}{n_1}\sum_{j\in C_1} \boldsymbol{x}_j, \ldots, \bar{\boldsymbol{x}}_K := \frac{1}{n_K}\sum_{j\in C_K} \boldsymbol{x}_j$ und dem Gesamtzentrum $\bar{\boldsymbol{x}} := \frac{1}{n}\sum_{k=1}^{K}\sum_{j\in C_k} \boldsymbol{x}_j$ folgende Quadratsummen:

$$SS_I^{(K)} := \sum_{k=1}^{K}\sum_{j\in C_k} \|\boldsymbol{x}_j - \bar{\boldsymbol{x}}_k\|^2, \tag{7.12}$$

$$SS_G := \sum_{k=1}^{K}\sum_{j\in C_k} \|\boldsymbol{x}_j - \bar{\boldsymbol{x}}\|^2, \tag{7.13}$$

und

$$SS_Z^{(K)} := \sum_{k=1}^{K}\sum_{j\in C_k} \|\bar{\boldsymbol{x}}_k - \bar{\boldsymbol{x}}\|^2 = SS_G - SS_I^{(K)}. \tag{7.14}$$

$SS_I^{(K)}$ aus Formel (7.12) misst die *innere Streuungsquadratsumme*, d. h. die Summe über alle Streuungen innerhalb der einzelnen Cluster bzgl. ihres jeweiligen Zentrums. SS_G aus Formel (7.13) misst dagegen die *gesamte Streuungsquadratsumme* bzgl. des absoluten Zentrums. Offenbar ist also $SS_G \equiv SS_I^{(1)}$. Die Quadratsumme $SS_Z^{(K)}$ aus Formel (7.14) hingegen ist ein Maß für die Verschiedenheit der Cluster.

Ziel muss es nun sein, die innere Streuung $SS_I^{(K)}$ relativ zur Gesamtstreuung zu reduzieren, d. h. man versucht, die *erklärte Streuung*

$$E^2_{(K)} := \frac{SS_Z^{(K)}}{SS_G} = 1 - \frac{SS_I^{(K)}}{SS_G} \tag{7.15}$$

zu maximieren. Dabei ist Vorsicht geboten: Maximal wird diese erklärte Streuung sicherlich, wenn man einfach einen jeden Datenpunkt als eigenes Cluster definiert – nur ist dann jegliche Aussagekraft verloren, man hat den Datensatz gewissermaßen *überglättet*. Sinnvoller kann es deshalb sein, den *F-Wert*

$$F_{(K)} := \frac{\frac{SS_Z^{(K)}}{K-1}}{\frac{SS_I^{(K)}}{n-K}} \tag{7.16}$$

zu betrachten, der die Zahl K der Cluster relativ zur Größe n des Datensatzes berücksichtigt. ◇

Der konkrete Ablauf des K-Means-Verfahren ist nun vergleichsweise leicht nachvollziehbar:

Algorithmus 7.1.3.2

1. **Bestimmung der Startwerte:** `Wähle Ausgangskonfiguration` $\bar{x}_1^{(0)}$, ..., $\bar{x}_K^{(0)}$, `siehe unten.`
2. **Zuordnung der Daten:** `Ein jedes Datum` x_j `wird nun genau jenem Zentrum (=Cluster) zugeordnet, zu dem es minimalen Abstand hat.`
3. **Neuberechnung der Clusterzentren:** `Berechne für jedes Cluster` $C_k^{(r-1)}$ `als neues Zentrum` $\bar{x}_k^{(r)} := \frac{1}{n_k^{(r-1)}} \sum_{j \in C_k^{(r-1)}} x_j$.
4. **Iteration:** `Wiederhole nun die Schritte 2 und 3 so lange, bis entweder keine Veränderung der Clusterung mehr eintritt oder eine vorgegebene Höchstzahl von Iterationen erreicht wurde.` •

Bemerkung zu Algorithmus 7.1.3.2.

Zur Bestimmung der Ausgangskonfiguration bietet STATISTICA die drei folgenden Möglichkeiten an:

Maximierung der Zwischen-Cluster-Distanzen: Sollen K Cluster bestimmt werden, so versucht dieser Ansatz, K Datenpunkte als Ausgangskonfiguration algorithmisch so zu wählen, dass ihre Abstände untereinander maximal sind. Problematisch kann dieses Verfahren werden, wenn der Datensatz Ausreißer enthält, diese werden dann wohl häufig eigene Cluster bilden.

Objekte in konstanten Intervallen...: Zu Beginn wird eine Abstandsmatrix erstellt und die Abstände der Größe nach sortiert, dann werden K Daten mit möglichst gleichmäßigem Abstand als Ausgangskonfiguration gewählt.

Die ersten K Objekte: Diese Option bietet dem Benutzer die Möglichkeit an, selbst die Ausgangskonfiguration zu wählen, indem er jene K Daten an den Beginn des Datensatzes stellt, die dann die Ausgangskonfiguration bilden.

□

Durchführung 7.1.3.3

Das *K-Means-Verfahren* kann man im Menü *Statistik → Multivariate explorative Techniken → Clusteranalyse → K-Means-Verfahren* finden. Dabei kann man auf der Karte *Details* folgende Einstellungen machen:

- Enthält das Tabellenblatt als Variablen die untersuchten Merkmale, so wählt man diese Variablen unter *Variablen* aus.
- Die Fälle sollen dabei die jeweiligen Werte der einzelnen Objekte enthalten; man wählt deshalb *Cluster für: Fälle (Zeilen)*.
- Unter *Auswahl der Clusterzentren* wählt man die gewünschte Methode für die Wahl der Startkonfiguration.

Im anschließenden Menü findet man auf der Karte *Details* alle erwünschten Grafiken und Berechnungen. •

Wie sieht nun das Resultat eines solchen Clusterprozesses aus? In erster Linie besteht er aus den Mittelwertsvektoren der Cluster der Endkonfiguration, welche man auch grafisch, vgl. etwa Abbildung 7.12, darstellen kann. Also beschränkt sich das Resultat unabhängig von der vorliegenden Datenmenge auf eine vorgebbare Zahl von Vektoren, so dass das Verfahren offenbar auch im Rahmen des *Data Mining* eingesetzt werden kann. Die Dendrogramme der Verfahren des vorigen Abschnittes dagegen beinhalten einen Zweig für einen jeden einzelnen Datenpunkt, was schon bei Datensätzen in der Größenordnung von einigen Hundert unübersichtlich wird, bei Millionen von Daten absolut unbrauchbar ist. Hier kann nur ein Repräsentantenverfahren vernünftige Ergebnisse liefern. Da im Gegensatz zu den agglomerativen Verfahren beim K-Means-Verfahren eine klare Abbruchbedingung vorliegt, kann dieses sinnvoll und ökonomisch auch bei beliebig großen Datensätzen verwendet werden. Allerdings wird man bei solchen Datensätzen nur selten Vorinformationen über die zu erwartende Zahl von Clustern haben, man wird also 'raten' müssen und anschließend versuchen zu beurteilen, wie gut das gefundene Resultat die tatsächliche Clusterung widerspiegelt. Dazu kann einem beispielsweise der F-Wert aus Formel (7.16) behilflich sein, dieser sollte idealerweise 'groß' sein, wobei dies im Allgemeinen nur relativ quantifiziert werden kann. Man vergleicht also zu unterschiedlichen Clusterzahlen die korrespondierenden F-Werte, und wenn der F-Wert bei K Clustern maximal ist, könnte die Wahl von K Clustern die richtige sein. Leider gibt einem STATISTICA im Rahmen der ANOVA-Tafel, vgl. etwa Abbildung 7.13, nicht den F-Wert selbst aus, sondern nur die komponentenweisen Summanden von ${SS_Z}^{(K)}$ in der Spalte *zwisch. SQ*, und die von ${SS_I}^{(K)}$ in *innerh. SQ*. Aus diesen und den zug. Freiheitsgraden kann man dann den F-Wert ausrechnen. Ebenfalls per Hand nachrechnen muss man auch die sog. *Verbesserung*, die man beim Übergang von $K-1$ zu K Clustern erhält:

$$P^2_{K-1\to K} := 1 - \frac{SS_I^{(K)}}{SS_I^{(K-1)}}. \tag{7.17}$$

Ist keine 'merkliche' Verbesserung mehr festzustellen, hat man die optimale Zahl von Clustern wohl schon überschritten.

Warum diese Diskussion? Sie zeigt mal wieder Licht und Schatten auf. So vorzüglich das K-Means-Verfahren zur Analyse beliebig großer Datensätze geeignet ist, und so gut auch das jeweils konkrete Ergebnis interpretierbar ist, so hat dieses Verfahren leider den Nachteil, dass man nur schwer beurteilen kann, wie gut es die tatsächliche Clusterung nun wirklich beschreibt. Man muss sich dabei auf eher vage Kennzahlen und wohl am besten auf einen reichen Erfahrungsschatz verlassen. Es sei bemerkt, dass das Modul *STATISTICA Data Miner*, siehe Anhang E, neben dem EM-Clustering (**E**xpectation **M**aximization) und erweiterten Funktionalitäten des K-Means-Verfahrens auch visuelle Entscheidungshilfen zur Clusterzahl anbietet.

Im nun folgenden und abschließenden Beispiel dagegen haben wir einen sehr überschaubaren Datensatz vorliegen, der es uns ermöglicht, die Qualität der Clusterung nachzuprüfen.

Beispiel 7.1.3.4

Der folgende (fiktive) Datensatz `Einkauf.sta` enthält die Daten von $n = 25$ Kunden eines Geschäftes. Über einen Monat hinweg wurde festgehalten, wieviel Euro die Kunden in drei unterschiedlichen Warengruppen ausgegeben haben. Die Fragestellung des Händlers ist nun, ob man anhand dieser Daten typische Kundengruppen erkennen und charakterisieren kann.

Da es sich um relativ wenige und nur dreidimensionale Daten handelt, macht es Sinn, zuerst einmal einen Scatterplot der Daten zu erstellen, vgl. Abbildung 7.9. Schon mit bloßem Auge erkennt man, dass es wohl drei Kundencluster gibt. Da in der Realität die Erstellung eines solchen Scatterplots, bei z.B. 100.000 50-dimensionalen Kundendaten, nicht mehr möglich ist, soll uns dieser Plot im Folgenden bloß als Vergleich zur Verfügung stehen für die im Anschluß durchgeführten Verfahren.

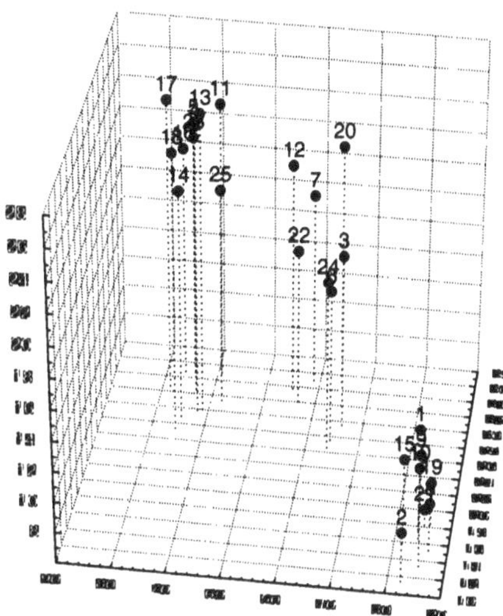

Abb. 7.9: *Ein Scatterplot der Kundendaten.*

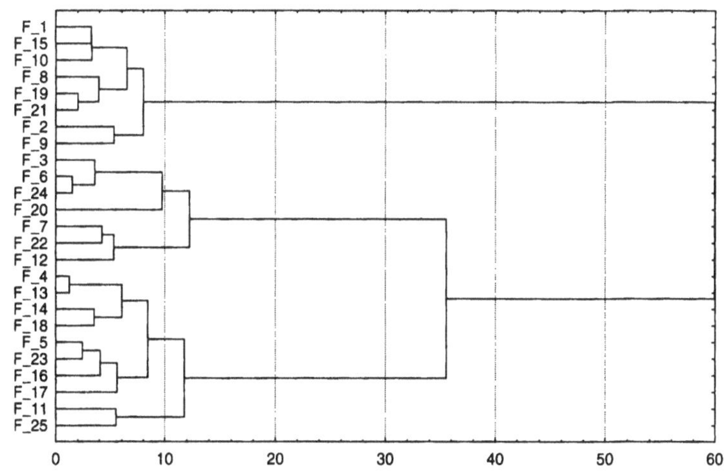

Abb. 7.10: *Ein Dendrogramm der Kundendaten nach Complete-Linkage.*

Variable	Mittelwerte (Einkauf.sta) Cluster Nr. 1	Cluster Nr. 2	Cluster Nr. 3
Gruppe 1	31,72200	15,84375	31,36286
Gruppe 2	73,36100	25,63125	48,73857
Gruppe 3	23,10700	10,30000	18,24429

Abb. 7.11: *Mittelwerte der drei Cluster der Kundendaten.*

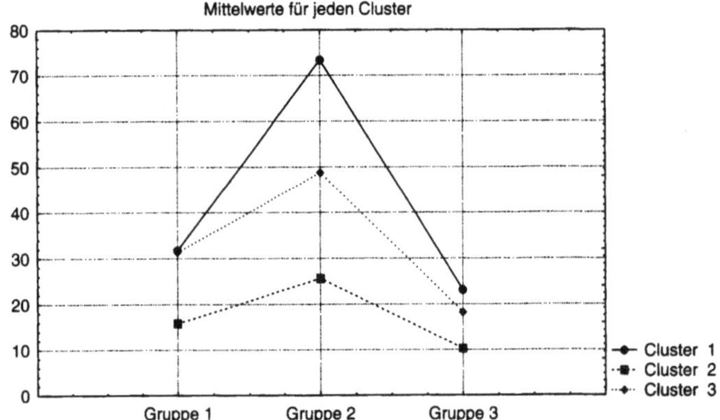

Abb. 7.12: *Grafik der Mittelwerte der drei Cluster der Kundendaten.*

Erstellen wir also ganz unvoreingenommen ein Dendrogramm der Daten mit der Methode Complete-Linkage, wir erhalten das Resultat in Abbildung 7.10. Ohne auf genaue Details zu achten, entnehmen wir der Grafik, dass es wohl sinnvoll sein könnte, im nun durchzuführenden K-Means-Verfahren als Zahl der Cluster den Wert 3 vorzugeben. Wir führen mit dieser Vorgabe das K-Means-Verfahren durch, mit der Option, dass die Zwischenclusterdistanzen maximiert werden sollen.

Der Abbildung 7.11 können wir die Mittelwerte der drei Cluster in den einzelnen Warengruppen entnehmen. Beispielsweise weist Cluster 2 in der Variablen Gruppe 1 mit 15,84375 einen spürbar niedrigeren Wert auf als die beiden anderen Cluster mit etwa 31. Dies kann man noch bequemer der Abbildung 7.12 entnehmen, welche die kleine Tabelle zuvor grafisch veranschaulicht. Demnach ist Cluster 2 völlig losgelöst von den übrigen Clustern, weist in allen drei Warengruppen spürbar niedrigere Werte auf. Cluster 2 beinhaltet also jene Kunden, die nicht allzu viel, vielleicht also nur gelegentlich, beim Händler einkaufen. Etwas schwieriger ist es bei den Clustern 1 und 3. Bezüglich den Warengruppen 1 und 3 weisen diese beiden ein sehr ähnliches Verhalten auf, aber die Kunden von Cluster 1 kaufen spürbar mehr Waren in Gruppe 2 ein. Die Cluster 1 und 3 beinhalten

Variable	Varianzanalyse (Einkauf.sta) zwisch. SQ	FG	innerh. SQ	FG	F	signif. p
Gruppe 1	1346,63	2	180,2920	22	82,1607	0,000000
Gruppe 2	10183,60	2	230,3073	22	486,3918	0,000000
Gruppe 3	732,44	2	99,4737	22	80,9947	0,000000

Abb. 7.13: *ANOVA-Tafel bei drei Clustern der Kundendaten.*

	Elemente von Cluster Nr. 1 (Einkauf.sta) und Distanzen vom Clusterzentrum Cluster enthält 10 Fälle									
	Fall-Nr. F_4	Fall-Nr. F_5	Fall-Nr. F_11	Fall-Nr. F_13	Fall-Nr. F_14	Fall-Nr. F_16	Fall-Nr. F_17	Fall-Nr. F_18	Fall-Nr. F_23	Fall-Nr. F_25
Distanz	1,618863	1,878762	3,034616	2,150272	2,217561	2,753355	3,248835	2,836931	0,519825	3,582279

	Elemente von Cluster Nr. 2 (Einkauf.sta) und Distanzen vom Clusterzentrum Cluster enthält 8 Fälle							
	Fall-Nr. F_1	Fall-Nr. F_2	Fall-Nr. F_8	Fall-Nr. F_9	Fall-Nr. F_10	Fall-Nr. F_15	Fall-Nr. F_19	Fall-Nr. F_21
Distanz	1,744412	2,833918	1,469630	2,337081	1,033758	1,778327	1,984760	2,353203

	Elemente von Cluster Nr. 3 (Einkauf.sta) und Distanzen vom Clusterzentrum Cluster enthält 7 Fälle						
	Fall-Nr. F_3	Fall-Nr. F_6	Fall-Nr. F_7	Fall-Nr. F_12	Fall-Nr. F_20	Fall-Nr. F_22	Fall-Nr. F_24
Distanz	2,963542	3,131414	2,560950	4,146282	3,400795	2,971591	3,270911

Abb. 7.14: *Elemente der drei Cluster der Kundendaten.*

also beide gewissermaßen 'treue Kunden', die sich aber bzgl. ihres Kaufverhaltens von Artikeln der Gruppe 2 unterscheiden.

Betrachten wir als Nächstes die ANOVA-Tafel in Abbildung 7.13. Summiert man die Werte der Spalten 1 und 3, so erhält man die Quadratsummen ${SS_Z}^{(3)} \approx 12.262{,}67$ bzw. ${SS_I}^{(3)} \approx 510{,}073$ und somit den F-Wert 264,451, was isoliert betrachtet noch wenig hilfreich ist. Wir werden aber gleich nochmal darauf zurückkommen.

Schließlich kann man sich von STATISTICA noch die konkreten Mitglieder der einzelnen Cluster ausgeben lassen mit ihrer jeweiligen Distanz zum Clusterzentrum. Dies ist ein sehr hilfreiches Werkzeug, wenn man beispielsweise an die Aufgabenstellung von Beispiel 7.1.2.3 denkt, wo man ja konkrete Ausreißer auch identifizieren will. Im betrachteten Beispiel kann man nun auch mit dem Scatterplot 7.9 vergleichen und erkennt, dass das K-Means-Verfahren exakt die von uns eingangs vermutete Clusterung getroffen hat.

Nun vollführen wir das gleiche Verfahren nochmals, jedoch mit der Vorgabe $K = 4$ Cluster. Betrachten wir das Resultat in Abbildung 7.15. Offenbar ist das frühere Cluster 3 zerlegt worden in zwei

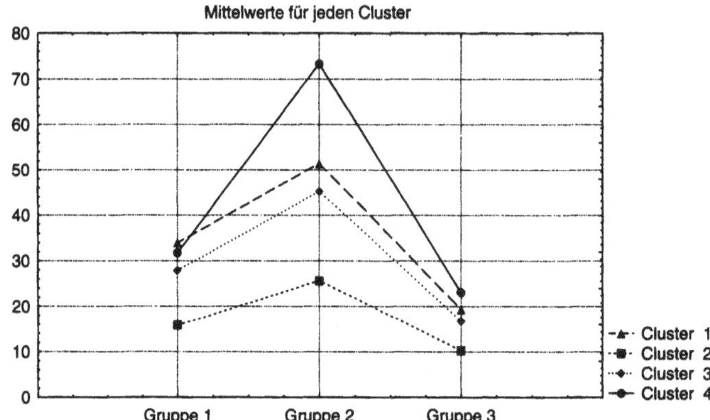

Abb. 7.15: *Mittelwerte der vier Cluster der Kundendaten.*

	Elemente von Cluster Nr. 1 (Einkauf.sta) und Distanzen vom Clusterzentrum Cluster enthält 4 Fälle			
	Fall-Nr. F_7	Fall-Nr. F_12	Fall-Nr. F_20	Fall-Nr. F_22
Distanz	0,768003	2,281278	3,534689	2,419131

	Elemente von Cluster Nr. 3 (Einkauf.sta) und Distanzen vom Clusterzentrum Cluster enthält 3 Fälle		
	Fall-Nr. F_3	Fall-Nr. F_6	Fall-Nr. F_24
Distanz	1,221838	0,569581	0,892051

Abb. 7.16: *Aufspaltung eines der Cluster der Kundendaten.*

neue Cluster, jetzt Cluster 1 und 3, während die beiden anderen Cluster unverändert scheinen. Betrachtet man die Mitglieder der einzelnen Cluster, siehe Abbildung 7.16 bzw. zuvor Abbildung 7.14, so bestätigt sich die Beobachtung. Das 'mittlere Cluster' des Scatterplots 7.9 wurde zerteilt, indem die drei unteren Werte rechts von den vier verbleibenden abgetrennt wurden. Der Mittelwertplot 7.15 zeigt jedoch, wie ähnlich die Cluster 1 und 3 bzgl. ihrer Eigenschaften sind.

Auch eine Analyse der Varianzen zeigt, dass die Wahl von drei Clustern wohl die richtige ist. In der Tabelle 7.1 sind die Resultate der Varianzanalysen für verschiedene Zahlen K von Clustern zusammengefasst. Wie zu erwarten, nimmt der Wert der Zwischenquadratsumme ${SS_Z}^{(K)}$ mit wachsendem K zu, während der von ${SS_I}^{(K)}$ abnimmt. Die erklärte Streuung macht von $K = 2$ auf $K = 3$ Cluster einen deutlichen Sprung und wächst danach nur noch marginal. Dies deutet darauf hin, dass die Daten durch mehr als drei Cluster nicht merklich besser beschrieben werden als mit drei Clustern. Darauf weist auch der F-Wert hin, der bei $K = 3$ sein Maximum annimmt. Schließlich ist die Verbesserung bei Betrachtung von mehr als drei Clustern nur noch gering, so dass sich alle Kenngrößen klar für drei Cluster aussprechen. □

K	$SS_Z{}^{(K)}$	$K-1$	$SS_I{}^{(K)}$	$n-K$	$E^2_{(K)}$	$F_{(K)}$	$P^2_{K-1\to K}$
1	0,0	0	12772,7	24	—	—	—
2	9721,9	1	3050,9	23	0,76	73,3	0,76
3	12262,7	2	510,1	22	0,96	264,5	0,83
4	12402,7	3	370,0	21	0,97	234,6	0,27
5	12448,7	4	324,1	20	0,97	192,1	0,12
6	12520,0	5	252,7	19	0,98	188,2	0,22

Tabelle 7.1: *Statistiken zum K-Menas-Verfahren für verschiedene K.*

7.2 Mehrdimensionale Skalierung

Die *mehrdimensionale Skalierung (MDS)* ist kein klassisch clusteranalytisches Verfahren, kann aber auch zu diesem Zwecke eingesetzt werden. Ähnlich wie für die besprochenen agglomerativen Verfahren gilt dabei die Einschränkung, dass die Datensätze nicht allzu groß sein dürfen. Im Gegensatz zum K-Means-Verfahren ist dieses Verfahren somit im Rahmen eines Data-Mining-Projektes ungeeignet, kann aber für die Häufungsanalyse kleiner Datensätze äußerst hilfreich sein und liefert insbesondere leicht interpretierbare Resultate.

Gegeben seien erneut die Daten $\boldsymbol{x}_1, \ldots, \boldsymbol{x}_n \in \mathbb{R}^m$, von denen wir eine *Abstandsmatrix* $(d(\boldsymbol{x}_i, \boldsymbol{x}_j))_{i,j=1,\ldots,n}$ bestimmen mittels eines der in Abschnitt 7.1.1 diskutierten Abstandsmaße. Ziel der *(metrischen) mehrdimensionalen Skalierung (MDS)* ist es nun, n neue Vektoren $\boldsymbol{y}_1, \ldots, \boldsymbol{y}_n \in \mathbb{R}^p$ zu finden der Art, dass die euklidischen Abstände dieser Vektoren gerade die tatsächlichen Abstände der entsprechenden Datenpunkte sind. Es soll also $d_2(\boldsymbol{y}_i, \boldsymbol{y}_j) = d(\boldsymbol{x}_i, \boldsymbol{x}_j)$ sein. Dabei ist es wünschenswert, dass die Dimension p dieser Vektoren möglichst gering ist, idealerweise $p \leq 3$, damit es möglich ist, die so gewonnenen Punkte auch grafisch darstellen zu können.

Durchführung 7.2.1

Die *mehrdimensionale Skalierung* kann man über das Menü *Statistik* → *Multivariate explorative Techniken* → *Multidimensionale Skalierung* aufrufen. Bedingung ist dabei, dass eine Distanzmatrix erstellt wurde und geöffnet ist, vgl. Durchführung 7.1.1.1. Es sind folgende Einstellungen zu treffen:

- Unter *Variablen* klickt man auf *Alle auswählen*.
- Auf der Karte *Standard* wählt man *Anzahl Dimensionen: 3* und startet die Berechnung.
- Nun drückt man den Knopf *2D-* bzw. *3D-Endkonfiguration* und erhält die entsprechende Grafik. •

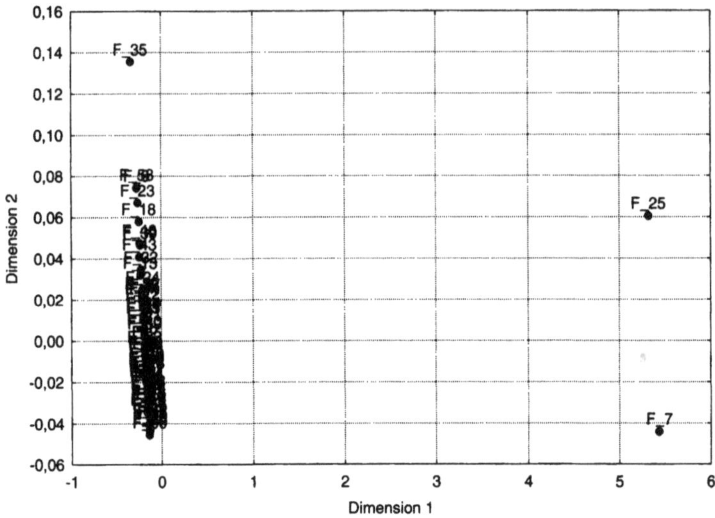

Abb. 7.17: *MDS-Plot der Mitarbeiterdaten in zwei Dimensionen.*

Da die Ergebnisdimension p jedoch häufig größer als 3 ist, ist eine exakte grafische Darstellung nicht möglich. Man wählt daher aus jedem Ergebnisvektor nur die zwei oder drei ersten Koordinaten aus und stellt diese reduzierten Vektoren grafisch dar. Das Resultat ist meist sehr brauchbar.

Beispiel 7.2.2

Betrachten wir erneut die Mitarbeiterdaten aus Beispiel 7.1.2.3. Wir erstellen zuerst eine Abstandsmatrix der Originaldaten mit euklidischen Abständen, wie in Durchführung 7.1.1.1 beschrieben, und wenden darauf die mehrdimensionale Skalierung an. Das Ergebnis lassen wir uns in zwei und drei Dimensionen darstellen. Im Falle der unstandardisierten Daten erhält man das Resultat aus den Abbildungen 7.17 und 7.18. In beiden Grafiken erkennt man ein sehr langes Cluster und drei Ausreißer, wieder F_7, F_25 und F_35. Das Resultat entspricht also dem aus Beispiel 7.1.2.3.

Eine Analyse der standardisierten Daten sei dem Leser zur Übung überlassen. Dazu muss zuerst eine Abstandsmatrix der standardisierten Variablen erstellt werden, vgl. auch die Bemerkung in Anschluss an Beispiel 7.1.2.3. □

Fassen wir nochmals kurz zusammen: Die MDS versucht gegebene hochdimensionale Daten möglichst *abstandstreu* durch niedrigdimensionalere

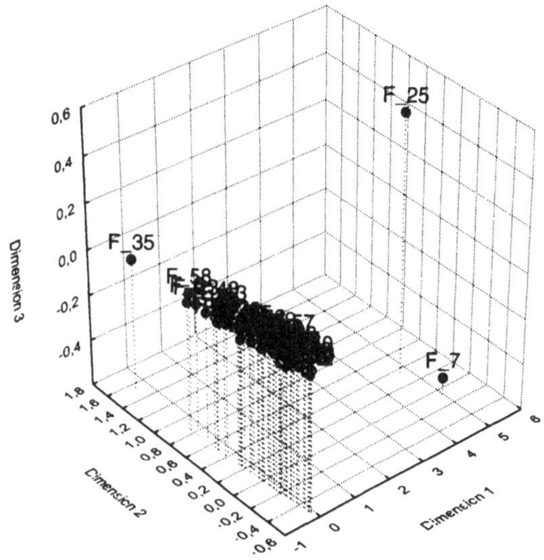

Abb. 7.18: *MDS-Plot der Mitarbeiterdaten in drei Dimensionen.*

Daten zu repräsentieren, so dass z. B. eine grafische Analyse der Daten, etwa mit dem Ziel des Auffindens von Häufungen, möglich wird. Im folgenden Abschnitt 7.3 werden wir ein anderes Verfahren, die *Hauptkomponentenanalyse*, kennenlernen, welches ebenfalls auf eine Dimensionsreduktion der gegebenen Daten abzielt. Allerdings versucht dieses Verfahren eine andere Art von Information zu bewahren: Während die MDS die Abstände zwischen den einzelnen Datenpunkten bewahren will, orientiert sich die Hauptkomponentenanalyse an der Streuung der Daten.

7.3 Hauptkomponenten- und Faktorenanalyse

Hauptkomponenten- und Faktorenanalyse, welche hier ausschließlich im Rahmen der explorativen Datenanalyse beschrieben werden, verfolgen primär unterschiedliche Ziele: Während es Aufgabe der *Hauptkomponentenanalyse* ist, Daten des $\mathbb{R}^p$ in ihrer Dimension zu reduzieren, vgl. auch Abschnitt 7.2, und dies auf eine Weise, bei der möglichst wenig 'Information' verloren geht, ist es primäres Ziel der *Faktorenanalyse* bzw. *Faktorrotation*, Daten besser interpretierbar, besser erklärbar zu machen. Warum dann beide Methoden gewöhnlich gemeinsam behandelt werden, und auch bei STATISTICA gemeinsam implementiert sind, hat einen einfachen Grund: Die Faktorenanalyse

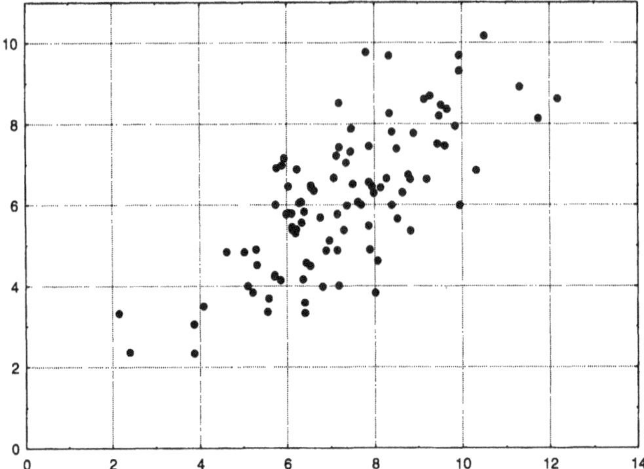

Abb. 7.19: *Daten im* $\mathbb{R}^2$.

benötigt eine gewisse Art der Darstellung der Daten, und nach Durchführung einer Hauptkomponentenanalyse erhält man eine ebensolche Darstellung quasi als Nebenprodukt mitgeliefert. Davon ausgehend versucht die Faktorenanalyse, die gegebenen Daten durch ebenfalls niedrigdimensionalere Faktoren zu erklären. Der natürliche Weg ist demnach, im Anschluß an eine Hauptkomponentenanalyse eine Faktorenanalyse durchzuführen, was niedrigere Dimension und leichtere Interpretierbarkeit der Daten vereint.

Genau dieser Weg soll auch hier beschritten werden: Zuerst wollen wir auf die Hauptkomponentenanalyse eingehen und anschließend die Ideen der Faktorenanalyse erläutern, welche ja auf dem Ergebnis der Hauptkomponentenanalyse aufsetzt.

7.3.1 Hauptkomponentenanalyse

Die *Hauptkomponentenanalyse* versucht Daten in ihrer Dimension zu reduzieren, so dass die Daten anschließend leichter weiteren Analysen unterzogen werden können. Erstrebenswert ist es dabei sicherlich, eine derartige Reduktion möglichst verlustfrei durchzuführen. Würde man dagegen einfach die ersten m Komponenten der Daten wegstreichen, wären womöglich wichtige Charakteristika der Selbigen verloren. Die Idee der Hauptkomponentenanalyse soll im Folgenden am einfachen Beispiel zweidimensionaler Daten illustriert werden. Gegeben seien 100 fiktive Datenpunkte wie in Abbildung 7.19. Man erkennt, dass die Daten in einer Richtung recht stark streuen und insbesondere in gewisser Weise 'deplatziert' wirken. Wünschenswert wäre es hingegen, wenn die Daten-

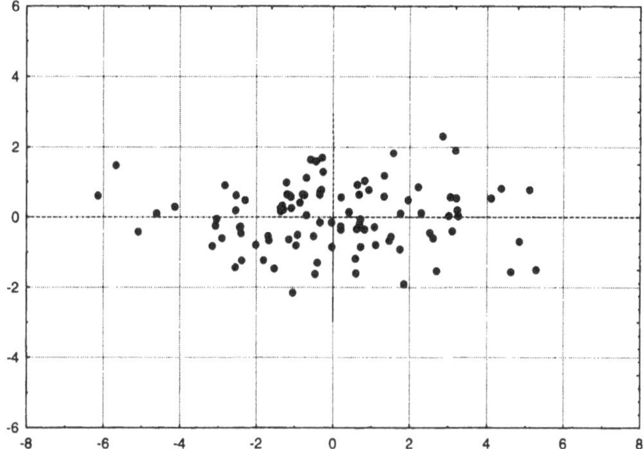

Abb. 7.20: *Daten aus Abbildung 7.19 nach Hauptachsentransformation.*

wolke erstens im Ursprung des Koordinatensystems zentriert wäre, und zweitens so gedreht wäre, dass eine der Koordinatenachsen entlang der Richtung zeigen würde, in der die Daten so stark streuen. Das Resultat würde dann aussehen wie in Abbildung 7.20. Dort erkennt man recht deutlich, dass die Daten in der zweiten Richtung vergleichsweise wenig streuen, d. h. im Vergleich zur ersten Komponente kaum von der 0 abweichen. Ergo könnte man diese umtransformierten Daten approximieren, indem man die zweite Komponente pauschal gleich 0 setzt, letztlich also die Daten durch jene eindimensionalen Daten ersetzt, die durch Weglassen der zweiten Komponente entstehen. Unter Umständen ist der dabei stattfindende Informationsverlust nicht allzu groß.

Genau dies ist die Idee der Hauptkomponentenanalyse. Hat man p-dimensionale Daten vorliegen, so sucht man in $p-1$ Schritten der Reihe nach zuerst die Richtung größter Streuung, anschließend unter den verbleibenden Richtungen, senkrecht zur ersten Richtung, die Richtung nächstgrößter Streuung, anschließend unter den verbleibenden Richtungen, senkrecht zur ersten und zweiten, die Richtung nächstgrößter Streuung, etc. Man spricht von den sog. *Hauptrichtungen.* Stellt man dann fest, dass die Daten beispielsweise ab der $(k+1)$-ten Richtung kaum noch streuen, so könnte man die Daten nach Abschluß der Transformation durch jene k-dimensionalen Daten ersetzen, welche nur noch aus den ersten k Komponenten der transformierten Daten bestehen. Und solche niedrigdimensionalen Daten würden einem natürlich auch die Anwendung weiterer explorativer Verfahren wie etwa der *Clusteranalyse*, siehe Abschnitt 7.1, oder der *Diskriminanzanalyse*, vgl. hierzu Abschnitt 7.4, erleichtern.

Hintergrund 7.3.1.1

Rein formal läuft dieser Transformationsprozess folgendermaßen ab: Zuerst betrachtet man die *empirische Kovarianzmatrix* der Daten, vgl. Formel (6.2), oder besser noch die *empirische Korrelationsmatrix*, vgl. Formel (6.3), welche rein formal der Kovarianzmatrix der standardisierten Daten entspricht. Aus diesem Grund hat die Betrachtung der Letzteren den Vorteil, dass das Resultat der Hauptkomponentenanalyse unabhängig von der Skalierung der Daten sein wird, d. h. es wird keinen Unterschied machen, ob beispielsweise die siebte Komponente der Daten in Zentimeter oder Inch gegeben ist. Sprechen wir im Folgenden allgemein von Kovarianzmatrix.

Auf die Kovarianzmatrix $\hat{\mathbf{\Sigma}}_{\boldsymbol{x}}$ wendet man nun die sog. *Hauptachsentransformation* der linearen Algebra an. Bei diesem Verfahren werden die sog. *Eigenwerte* $\lambda_1 \geq \ldots \geq \lambda_n \geq 0$ der Matrix $\hat{\mathbf{\Sigma}}_{\boldsymbol{x}}$ berechnet. Bezeichnen $\boldsymbol{s}_1, \ldots, \boldsymbol{s}_n \in \mathbb{R}^p$ die zug. orthonormierten *Eigenvektoren*, so ist die Transformationsmatrix gegeben durch $\mathbf{S} := (\boldsymbol{s}_1, \ldots, \boldsymbol{s}_n)$. Ist $\mathbf{\Lambda} \in \mathbb{R}^{p \times p}$ die Diagonalmatrix mit den $\lambda_1 \geq \ldots \geq \lambda_n$ als Diagonaleinträgen, so gilt die Beziehung $\hat{\mathbf{\Sigma}}_{\boldsymbol{x}} = \mathbf{S}\mathbf{\Lambda}\mathbf{S}^T$.

Aus den ursprünglichen Daten $\boldsymbol{x}_1, \ldots, \boldsymbol{x}_n \in \mathbb{R}^p$ erhält man nun die transformierten Daten $\boldsymbol{z}_1, \ldots, \boldsymbol{z}_n \in \mathbb{R}^p$ durch

$$\boldsymbol{z}_i := \mathbf{S}^T(\boldsymbol{x}_i - \bar{\boldsymbol{x}}_n) \tag{7.18}$$

bzw. umgekehrt

$$\boldsymbol{x}_i := \bar{\boldsymbol{x}}_n + \mathbf{S}\boldsymbol{z}_i \qquad \text{für } i = 1, \ldots, n. \tag{7.19}$$

Es gilt hierbei insbesondere, dass die Eigenwerte $\lambda_1 \geq \ldots \geq \lambda_n \geq 0$ die *komponentenweisen Streuungen* der transformierten Daten $\boldsymbol{z}_1, \ldots, \boldsymbol{z}_n \in \mathbb{R}^p$ beschreiben, d. h. die Streuung entlang der Hauptrichtungen der Originaldaten. Ist nun ein Eigenwert λ_{k+1} 'klein' (zur Quantifizierung des Begriffs 'klein' siehe unten), so sind erst recht die folgenden Eigenwerte $\lambda_{k+2}, \ldots, \lambda_n$ klein im entsprechenden Sinne, da die Eigenwerte ja der Größe nach geordnet sind. Somit können wir folgende Approximation für $i = 1, \ldots, n$ wählen:

$$\boldsymbol{z}_i := \begin{pmatrix} z_1 \\ \vdots \\ z_k \\ z_{k+1} \\ \vdots \\ z_n \end{pmatrix} \quad \mapsto \quad \boldsymbol{f}_i^* := \begin{pmatrix} z_1 \\ \vdots \\ z_k \end{pmatrix}. \tag{7.20}$$

Bezeichnen wir ferner mit $\mathbf{L}^* := (\boldsymbol{s}_1, \ldots, \boldsymbol{s}_k) \in \mathbb{R}^{p \times k}$ die Matrix, die nur aus den ersten k Spalten von $\mathbf{S}$ besteht, so lassen sich unsere Approximationen in den ursprünglichen Koordinaten schreiben als

$$\boldsymbol{x}_i \approx \tilde{\boldsymbol{x}}_i := \bar{\boldsymbol{x}}_n + \mathbf{L}^* \cdot \boldsymbol{f}_i^* \qquad \text{für } i = 1, \ldots, n. \tag{7.21}$$

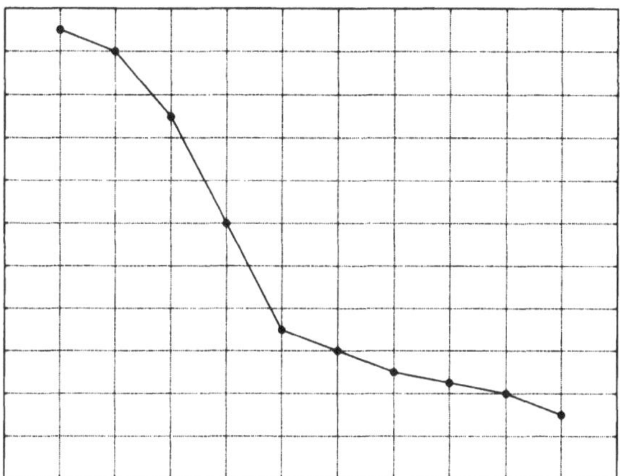

Abb. 7.21: *Fiktiver Screeplot mit zehn Eigenwerten.*

Dabei bezeichnet man die $\boldsymbol{f}_i^*$ als *Faktorvektoren*, ihre Komponenten als *Faktoren*, und die Matrix $\mathbf{L}^*$ als *Faktorladungsmatrix*, ihre Komponenten als *Faktorladungen*. Diese Bezeichnungsweise rührt daher, dass die r-te Komponente von $\tilde{\boldsymbol{x}}_i$ gebildet wird, indem zur r-ten Komponente des Mittelwertvektors $\bar{\boldsymbol{x}}_n$ Werte addiert werden, die entstehen, indem der j-te Faktor $f_{i,j}^*$ des Faktorvektors $\boldsymbol{f}_i^*$ durch die Faktorladung $l_{r,j}^*$ von $\mathbf{L}^*$ in die r-te Komponente 'hochgeladen' wird. ◇

Bevor wir gleich ein Beispiel betrachten, soll noch erläutert werden, wie man die Dimension k der reduzierten Daten bestimmen kann:

- Da die einzelnen Eigenwerte die komponentenweisen Varianzen beschreiben, ist die *erklärte Varianz* ein beliebtes Kriterium. Der Quotient

$$\frac{\lambda_1 + \ldots + \lambda_k}{\lambda_1 + \ldots + \lambda_p} \cdot 100\% \tag{7.22}$$

  gibt an, welcher Anteil der Streuung bereits durch die entsprechende Approximation *erklärt* wird. Man wählt also diesem Kriterium zu Folge die Dimension k so, dass ein gewisser vorgegebener Anteil, z. B. mindestens 90 %, erklärt wird.

- Ein anderes Kriterium empfiehlt, die Dimension k so zu wählen, dass die zug. Eigenwerte genau jene sind, die größer als das arithmetische Mittel aller Eigenwerte sind, also $\lambda_1 \geq \ldots \geq \lambda_k > \bar{\lambda}_p \geq \lambda_{k+1} \geq \ldots \geq \lambda_p \geq 0$. Hat man mit der Korrelationsmatrix gearbeitet bzw. die standardisierten Daten verwendet, so ist diese Forderung gleichwertig dazu, alle Eigenwerte größer 1 zu berücksichtigen.

	5 Aschersleben	6 Aue	7 Auerbach/Vogtl.
Land- und Forstwirtschaft	0,772698004	4,9705742	0,27068178
Energiewirtschaft/Bergbau	1,15904701	4,66041037	0,456775503
Verarbeitendes Gewerbe	19,0384203	19,0233816	17,0698697
Baugewerbe	7,96308221	7,65866073	14,0585349
Handel	14,4773557	7,0940035	13,5510066
Verkehr- u. Nachrichtenüberm.	3,82056235	7,75409575	3,33276941
Kreditinst. u. Versicherungen	2,18931101	5,79767775	4,78768398
Sonst. Dienstleistungen	29,0191028	25,6481629	33,5814583
Org. o. E. und Priv. Haushalte	2,23223868	3,1016383	6,86855016
Gebietskörpersch. u. Sozialv.	19,2530586	14,2913949	6,0226696

etc.

Abb. 7.22: *Auszug aus den Arbeitsmarktdaten, transponiert.*

- Ein drittes Kriterium stellt der *Screeplot* ('Geröllplot') dar. Dazu trägt man die Eigenwerte der Reihe nach in einem Koordinatensystem auf und verbindet sie durch einen Polygonzug. Als Resultat erhält man häufig ein Bild wie in Abbildung 7.21, welches man als Hügel mit anschließender Geröllhalde interpretieren kann. Die Regel besagt nun, alle Eigenwerte der Geröllhalde unberücksichtigt zu lassen. In der Grafik würde man sich somit für die ersten fünf 'Hügel-Eigenwerte' entscheiden, also eine fünfdimensionale Approximation wählen.

Durchführung 7.3.1.2

Die *Hauptkomponentenanalyse* ist bei STATISTICA unter *Statistik* → *Multivariate explorative Techniken* → *Hauptkomponenten und Klassifikationsanalyse* implementiert.

Im ersten sich öffnenden Fenster muss man die Variablen für die Analyse wählen, wobei zu beachten ist, dass die i-te Variable gerade die i-ten Komponenten der Originaldaten repräsentiert. Am unteren Ende des Fensters kann man zudem einstellen, ob man mit der Korrelations- oder der Kovarianzmatrix arbeiten will; Ersteres wird empfohlen. Anschließend bestätigt man und kann über die Karte *Standard* alle wichtigen Ergebnisse ausgeben lassen. •

Beispiel 7.3.1.3

Die in der Datei `OstdeutAnteil98.sta` vorliegenden Daten (Quelle: diw, 2002) geben den Anteil der Beschäftigten (in %) in den einzelnen Wirtschaftssektoren *Land- und Forstwirtschaft*, *Energiewirtschaft/Bergbau*, *Verarbeitendes Gewerbe*, *Baugewerbe*, *Handel*,

	Eigenwerte der Korrelationsmatrix und Statistiken (OstdeutAnteil98.sta) nur aktive Variablen			
Wert-Nummer	Eigenwert	% Gesamt Varianz	Kumul. Eigenwert	Kumul. %
1	2,048868	20,48868	2,04887	20,4887
2	1,573034	15,73034	3,62190	36,2190
3	1,308503	13,08503	4,93040	49,3040
4	1,221747	12,21747	6,15215	61,5215
5	0,978119	9,78119	7,13027	71,3027
6	0,908290	9,08290	8,03856	80,3856
7	0,760449	7,60449	8,79901	87,9901
8	0,626934	6,26934	9,42594	94,2594
9	0,574020	5,74020	9,99996	99,9996
10	0,000037	0,00037	10,00000	100,0000

Abb. 7.23: *Eigenwerte der Korrelationsmatrix der Arbeitsmarktdaten.*

Verkehr- u. Nachrichtenüberm., *Kreditinst. u. Versicherungen*, *Sonst. Dienstleistungen*, *Org. o. E. und Priv. Haushalte*, sowie *Gebietskörpersch. u. Sozialv.*, in allen ostdeutschen Landkreisen im Jahr 1998 an. Bezogen sind diese Werte auf die dortige Gesamtzahl der Beschäftigten. Einem jeden Landkreis i ist also ein 10-dimensionaler Vektor $\boldsymbol{x}_i$ zugeordnet, vgl. Abbildung 7.22.

Wir wenden die Hauptkomponentenanalyse auf die Korrelationsmatrix an, d. h. wir betrachten die standardisierten Daten. Als erstes Resultat erhalten wir die Eigenwerte der Abbildung 7.23.

Nun ist zu überlegen, wieviele Komponenten für die Approximation ausgewählt werden sollen. Nach unserer ersten Regel, der erklärten Varianz, könnten wir z. B. die ersten sechs Eigenwerte auswählen, wenn wir fordern, dass zumindest 80 % der Varianz erklärt werden sollen. Die zweite Regel würde dagegen fordern, dass wir nur Eigenwerte größer 1 berücksichtigen, da wir mit der Korrelationsmatrix arbeiten. Demnach sollten wir vier Komponenten auswählen. Betrachten wir schließlich den Screeplot der Eigenwerte, siehe Abbildung 7.24, so könnte man aus diesem ablesen, fünf Komponenten zu berücksichtigen. Also könnte man zusammenfassend sagen, dass eine Wahl zwischen vier und sechs Komponenten sinnvoll wäre, entsprechend würde man dann zwischen 61,5215 % und 80,3856 % der Streuung erklären.

Die Transformationsmatrix **S** ergibt sich wie in Abbildung 7.25, und für die Faktorladungsmatrix müsste man von dieser also die ersten vier bis sechs Spalten nehmen. Die Faktorvektoren $\boldsymbol{z}_i$ selbst sind in Abbildung 7.26 angegeben.

Würde man beispielsweise diese 10-dimensionalen Faktorvektoren durch jene 3-dimensionalen approximieren, welche aus den drei ersten

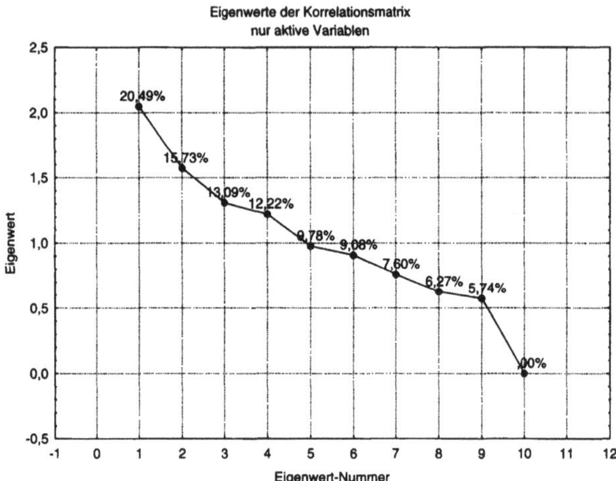

Abb. 7.24: *Screeplot zur Korrelationsmatrix der Arbeitsmarktdaten.*

	Faktorkoordinaten der Variablen, basierend auf Korrelationen (Ostdeu					
Variable	Faktor 1	Faktor 2	Faktor 3	Faktor 4	Faktor 5	Faktor 6
Land- und Forstwirtschaft	0,361599	0,096434	0,012353	-0,429523	0,604070	-0,423863
Energiewirtschaft/Bergbau	0,118096	0,328931	0,745550	-0,092087	-0,321450	0,028135
Verarbeitendes Gewerbe	0,706931	-0,497308	-0,283067	-0,135794	-0,158152	0,339877
Baugewerbe	0,475781	0,541621	0,377487	0,136039	-0,032001	-0,083725
Handel	0,185548	0,391693	-0,488129	0,396380	0,014535	-0,363493
Verkehr- u. Nachrichtenüberm.	-0,496965	-0,225973	-0,110483	-0,025074	-0,524428	-0,517833
Kreditinst. u. Versicherungen	-0,607708	0,034058	0,066566	-0,423770	0,167872	0,222370
Sonst. Dienstleistungen	-0,415748	-0,553713	0,416807	0,308454	0,355687	-0,170755
Org. o. E. und Priv. Haushalte	-0,310863	0,255183	-0,060325	0,652997	0,231984	0,322559
Gebietskörpersch. u. Sozialv.	-0,507794	0,580954	-0,312423	-0,364631	-0,010334	0,149612

...

Abb. 7.25: *Auszug aus der Transformationsmatrix der Arbeitsmarktdaten.*

Fall	8 Bad Langensalza	9 Bautzen	10 Bemau
Faktor 1	2,35492818	-0,786673029	0,346755594
Faktor 2	0,387311191	0,216495624	-0,596919544
Faktor 3	-0,670434607	0,201027202	0,111426786
Faktor 4	2,60166105	-0,405709173	1,69434993
Faktor 5	0,955500884	0,184628927	0,991877882
Faktor 6	0,364130979	0,19511597	-0,322694504
Faktor 7	1,37004352	-0,054068589	-1,82448506
Faktor 8	-0,0501832896	-1,20233301	0,194237969
Faktor 9	-0,913277343	-0,0706673218	-0,166641784
Fakt.10	0,00178497511	-0,00116202099	-0,00166084935

etc.

Abb. 7.26: *Auszug aus den Faktorvektoren der Arbeitsmarktdaten.*

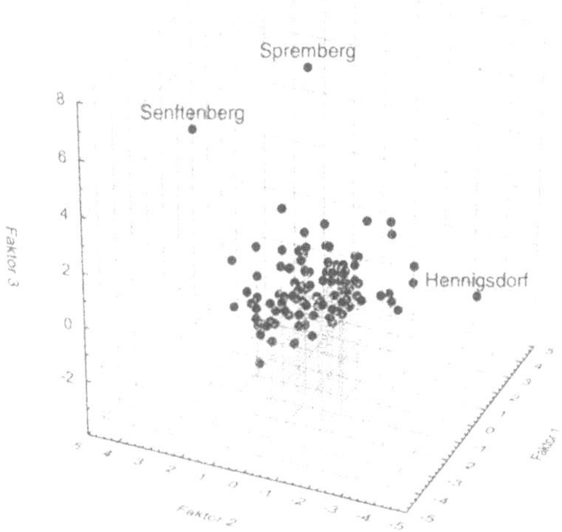

Abb. 7.27: *Scatterplot der ersten drei Komponenten der Faktorvektoren.*

Komponenten bestehen, so könnte man einen Scatterplot dieser Approximationen erstellen, wie dies in Abbildung 7.27 geschehen ist. Diesem Scatterplot ist beispielsweise zu entnehmen, dass die Kreise Spremberg, Senftenberg und Henningsdorf spürbar von den übrigen Orten abweichen, also Ausreißer sind.

Auch im Boxplot der einzelnen Faktoren, vgl. Abbildung 7.28, sind einige abweichende Punkte zu sehen. Insbesondere bezüglich der dritten Komponente muss man wohl von zwei Ausreißern ausgehen. Ein Blick in die Daten oder die Verwendung des Brushing-Werkzeuges, siehe Seite 105, zeigt, dass es sich dabei gerade um Senftenberg und Spremberg handelt. Gut zu erkennen ist ferner, dass die letzte Komponente praktisch nicht mehr streut, was mit dem extrem kleinen zehnten Eigenwert von 0,000037 einhergeht. Lässt man die zehnte Komponente bei allen Faktorvektoren weg, so erklärt man noch immer 99,9996 % der Streuung. Dies ist nicht weiter verwunderlich, da sich die zehn Komponenten der Originaldaten zu 100 addieren, d. h. $x_{i,10} = 100 - x_{i,1} - \ldots - x_{i,9}$ für alle $i = 1, \ldots, 108$. □

7.3.2 Faktorenanalyse

Wie eingangs bereits erwähnt, zielt die Faktorenanalyse insbesondere darauf ab, Daten erklärbar zu machen. Ausgangspunkt ist dabei, dass die Daten $\boldsymbol{x}_1, \ldots, \boldsymbol{x}_n \in \mathbb{R}^p$ in der folgenden Form gegeben sind:

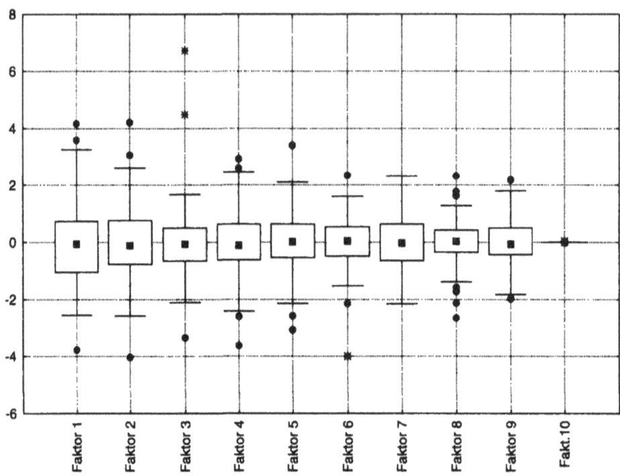

Abb. 7.28: *Boxplot der zehn Faktoren der Arbeitsmarktdaten.*

Voraussetzung 7.3.2.1

Modell der Faktorenanalyse: Die Daten $\boldsymbol{x}_1, \ldots, \boldsymbol{x}_n \in \mathbb{R}^p$ seien gegeben in der Form

$$\boldsymbol{x}_i = \underbrace{\boldsymbol{\mu} + \mathbf{L}\, \boldsymbol{f}_i}_{=: \tilde{\boldsymbol{x}}_i} + \boldsymbol{\epsilon}_i \qquad \text{für alle } i = 1, \ldots, n, \tag{7.23}$$

wobei $\boldsymbol{\mu} \in \mathbb{R}^p$ ist und die Matrix $\mathbf{L} \in \mathbb{R}^{p \times k}$ *Faktorladungsmatrix* heißt. Dabei gelte $k \leq p$, die $\boldsymbol{f}_i \in \mathbb{R}^k$ seien die Vektoren der *(gemeinsamen) Faktoren*, und die $\boldsymbol{\epsilon}_i \in \mathbb{R}^p$ die *spezifischen Faktoren* oder schlicht *Fehlerterme*. Letztere Bezeichnung rührt daher, dass man $\tilde{\boldsymbol{x}}_i$ als Approximation von $\boldsymbol{x}_i$ verstehen kann, so dass $\boldsymbol{\epsilon}_i = \boldsymbol{x}_i - \tilde{\boldsymbol{x}}_i$ gerade den Fehler darstellt, den man bei dieser Approximation macht. Zudem müssen die folgenden Voraussetzungen erfüllt sein:

- Für die Mittelwerte gelten $\bar{\boldsymbol{x}}_n = \boldsymbol{\mu}$, $\bar{\boldsymbol{f}}_n = \mathbf{0}$ und $\bar{\boldsymbol{\epsilon}}_n = \mathbf{0}$.
- Die Faktoren $\boldsymbol{f}_i$ sind unkorreliert und standardisiert, d. h. ihre empirische Kovarianzmatrix ist gegeben durch $\boldsymbol{\Sigma}_{\boldsymbol{f}} = \mathbf{I}_k$, wobei $\mathbf{I}_k$ die $k \times k$-Einheitsmatrix darstellt.
- Die Faktoren $\boldsymbol{f}_i$ sind bzgl. der spezifischen Faktoren $\boldsymbol{\epsilon}_i$ unkorreliert, d. h. ihre *Kreuzkovarianzmatrix*

$$\boldsymbol{\Sigma}_{\boldsymbol{f},\boldsymbol{\epsilon}} := \frac{1}{n-1} \sum_{i=1}^{n} \boldsymbol{f}_i \boldsymbol{\epsilon}_i^T \equiv \mathbf{0}.$$

- Gelegentlich fordert man auch zusätzlich, dass die ϵ_i unkorreliert sind, d. h. ihre Kovarianzmatrix $\mathbf{\Sigma}_\epsilon$ gleich einer Diagonalmatrix ist mit den Einträgen $v_1^2, \ldots, v_p^2$. •

Ein Vergleich der Darstellungen (7.21) und (7.23) deutet bereits an, warum eine Faktorenanalyse im Anschluss an eine Hauptkomponentenanalyse durchgeführt werden kann.

Hintergrund 7.3.2.2

Unter den genannten Voraussetzungen gilt dann für die Kovarianzmatrizen eine Zerlegung, die man oft als den *Fundamentalsatz der Faktorenanalyse* bezeichnet: Mit obigen Bezeichnungen folgt, dass die Kovarianzmatrix der Approximationen $\tilde{\boldsymbol{x}}_i$ gegeben ist durch $\mathbf{\Sigma}_{\tilde{\boldsymbol{x}}} = \mathbf{L}\,\mathbf{L}^T$ und die Zerlegung

$$\mathbf{\Sigma}_{\boldsymbol{x}} = \mathbf{L}\,\mathbf{L}^T + \mathbf{\Sigma}_\epsilon \tag{7.24}$$

gilt. Somit berechnen sich insbesondere die komponentenweisen Varianzen der $\tilde{\boldsymbol{x}}_i$, die *Kommunalitäten*, zu $d_j^2 = \sum_{m=1}^k l_{jm}^2$. Die einzelnen Kommunalitäten geben an, welcher Teil der tatsächlichen Streuung σ_j^2 der j-ten Komponenten bereits durch die Approximation erklärt wird. ◇

Inwiefern kann die Faktorenanalyse nun helfen, Daten besser interpretieren zu können? Dazu stelle man sich beispielsweise vor, in der j-ten Spalte der Faktorladungsmatrix $\mathbf{L}$ gäbe es nur sehr wenige Komponenten, die spürbar von Null abweichen. Dies würde bedeuten, dass der j-te Faktor nur in sehr wenige Komponenten der Originaldaten 'hochgeladen' würde, also nur an der Erklärung sehr weniger Komponenten beteiligt wäre. Dies würde die Möglichkeit eröffnen, den Faktor zu identifizieren. Bei den Arbeitsmarktdaten aus Beispiel 7.3.1.3 könnte es z. B. einen Faktor geben, der nur in die Komponenten *Kreditinst. u. Versicherungen* und *Gebietskörpersch. u. Sozialv.* hochlädt. Dann könnte man diesen Faktor als den Finanzdienstleistungsfaktor interpretieren.

Umgekehrt könnte es sein, dass in der m-ten Zeile nur sehr wenige Faktoren deutlich von der Null abweichen. Dann würde dies bedeuten, dass die m-te Komponente unserer Daten sich auf sehr wenige Faktoren zurückführen lässt, insbesondere von den übrigen Faktoren unbeeinflusst scheint. Man könnte also die m-te Komponente durch wenige Faktoren erklären. Mit Hilfe der *Faktorrotation* kann man eine der obigen Situationen annähernd erzeugen.

Hintergrund 7.3.2.3

Das Modell der Faktorenanalyse 7.3.2.1 und die Aussagen des Fundamentalsatzes 7.3.2.2 bleiben unbeeinflusst, wenn man für eine orthogonale Matrix $\mathbf{A} \in \mathbb{R}^{p \times k}$ die Faktorladungsmatrix $\mathbf{L}$ durch $\tilde{\mathbf{L}} := \mathbf{LA}$

und die Faktoren $\boldsymbol{f}_i$ durch $\tilde{\boldsymbol{f}}_i := \mathbf{A}^T \boldsymbol{f}_i$ ersetzt. Somit kann man solche Rotationen zielgerichtet einsetzen, um entweder

- eine Matrix $\tilde{\mathbf{L}}$ zu erzeugen der Art, so dass in möglichst jeder Spalte nur sehr wenige Komponenten deutlich von der Null abweichen, dies leistet die *Varimax-Rotation*, oder
- eine Matrix $\tilde{\mathbf{L}}$ zu erzeugen der Art, so dass in möglichst jeder Zeile nur sehr wenige Komponenten deutlich von der Null abweichen, dies leistet die *Quartimax-Rotation*. ◇

Durchführung 7.3.2.4

Die *Faktorenanalyse* ist bei STATISTICA unter *Statistik* → *Multivariate explorative Techniken* → *Faktorenanalyse* implementiert.

Im ersten sich öffnenden Fenster muss man die Variablen für die Analyse wählen, wobei zu beachten ist, dass die i-te Variable gerade die i-ten Komponenten der Originaldaten ausdrückt. Anschließend bestätigt man und muss auf der Karte *Details* des nächsten Menüs weitere Einstellungen treffen.

Als *Extraktionsmethode* wählt man *Hauptkomponenten*. Da diese automatisch auf der Korrelationsmatrix beruht, kann man z. B. gemäß dem Eigenwertkriterium als *Min. Eigenwert* gerade 1 wählen, und die *Max. Faktorenzahl* gleich der Dimension der Daten (= Zahl der Variablen) setzen. Will man dagegen umgekehrt eine bestimmte Zahl von Faktoren vorgeben, etwa basierend auf dem Resultat einer vorherigen Hauptkomponentenanalyse, so setzt man den *Min. Eigenwert* gleich 0 und die *Max. Faktorenzahl* gleich der gewünschten Anzahl.

Nach Bestätigung öffnet sich ein weiteres Fenster, bei dem man auf der Karte *Standard* die Rotationsart einstellen, auf der Karte *Erklärte Varianz* die Kommunalitäten berechnen, auf der Karte *Ladungen* einen *Ladungsplots* erstellen und schließlich auf der Karte *Werte* die konkreten Faktorvektoren, genannt *Faktorwerte*, ausgeben lassen kann. •

Beispiel 7.3.2.5

Betrachten wir erneut die Arbeitsmarktdaten aus Beispiel 7.3.1.3, und wählen wir vier Faktoren. Anhand der Faktorladungsmatrix aus Abbildung 7.29, wie man sie nach Durchführung einer Varimaxrotation erhält, sieht man, dass der erste Faktor insbesondere an der Erklärung der Komponente *Gebietskörpersch. u. Sozialv.* beteiligt ist, aber auch bei *Kreditinst. u. Versicherungen* und

Variable	Faktor 1	Faktor 2	Faktor 3	Faktor 4
Land- und Forstwirtschaft	-0,007244	0,103597	-0,170634	0,533662
Energiewirtschaft/Bergbau	0,109380	-0,290252	*-0,767055*	0,043403
Verarbeitendes Gewerbe	-0,691266	0,118660	0,250300	0,539495
Baugewerbe	-0,134507	0,258085	*-0,771744*	0,020813
Handel	-0,104373	*0,708460*	0,027598	-0,263948
Verkehr- u. Nachrichtenüberm.	0,253522	-0,239543	0,394175	-0,183968
Kreditinst. u. Versicherungen	0,649886	-0,311025	0,177305	0,062889
Sonst. Dienstleistungen	-0,144182	*-0,717967*	0,160048	-0,431782
Org. o. E. und Priv. Haushalte	0,048588	0,199161	-0,034883	*-0,740645*
Gebietskörpersch. u. Sozialv.	*0,842658*	0,328561	0,086039	0,022319

Abb. 7.29: *Faktorladungsmatrix nach Varimaxrotation.*

Variable	Faktor 1	Faktor 2	Faktor 3	Faktor 4
Land- und Forstwirtschaft	0,119469	-0,349190	-0,156773	0,404860
Energiewirtschaft/Bergbau	-0,124538	0,148036	*-0,788927*	0,163205
Verarbeitendes Gewerbe	*0,799101*	-0,240454	0,243894	0,299616
Baugewerbe	0,125025	-0,292635	*-0,744937*	-0,156606
Handel	0,067600	-0,485267	0,095165	-0,578039
Verkehr- u. Nachrichtenüberm.	-0,284359	0,299997	0,373960	0,013006
Kreditinst. u. Versicherungen	-0,626237	0,180618	0,163521	0,320852
Sonst. Dienstleistungen	0,031474	*0,858999*	0,080016	-0,055160
Org. o. E. und Priv. Haushalte	-0,199700	0,153377	-0,016664	*-0,726716*
Gebietskörpersch. u. Sozialv.	*-0,806206*	-0,394027	0,143032	0,015595

Abb. 7.30: *Faktorladungsmatrix nach Quartimaxrotation.*

Verarbeitendes Gewerbe. Mit einem bisschen guten Willen kann man diesen also als Finanzfaktor interpretieren. Der zweite Faktor dagegen lädt bei *Handel* und *Sonst. Dienstleistungen*, ist also der Dienstleistungsfaktor. Der dritte Faktor lädt bei *Energiewirtschaft/Bergbau* und *Baugewerbe*, wir interpretieren ihn somit als Baufaktor. Der vierte Faktor hingegen ist etwas diffus und somit schwer interpretierbar. Er stellt wohl eine Art Generalfaktor dar, der in viele Bereiche hineinspielt. Interessant ist ferner, dass bei Faktor 1 die Vorzeichen bei *Kreditinst. u. Versicherungen* und *Gebietskörpersch. u. Sozialv.* gleich, jedoch verschieden zu dem von *Verarbeitendes Gewerbe* sind. Scheinbar ist Letzteres gerade gegenläufig zu den Erstgenannten, d. h. arbeiten viele Menschen im verarbeitenden Gewerbe, so sind meist wenig Menschen im Versicherungsgewerbe tätig.

Führen wir dagegen eine Quartimaxrotation durch, so ändert sich das Bild beim vorliegenden Beispiel nur wenig, vgl. Abbildung 7.30. Bemerkenswert ist beispielsweise, dass *Verkehr- u. Nachrichtenüberm.* in etwa gleichem Maße von den drei ersten Faktoren bestimmt wird, vom vierten Faktor dagegen weitgehend unbeeinflusst scheint. Die *Sonst.*

Fall	9 Bautzen	10 Bernau	11 Bernburg (Saale)	12 Borna	Br
Faktor	0,642211268	-0,901799612	-0,146832457	0,354211317	-0
Faktor	-0,161653803	-0,651381385	0,594741589	-0,2563888	-0
Faktor	-0,0181118151	-0,002920169	-0,169428826	-1,20133061	-0
Faktor	0,241985567	-1,18613067	0,967585746	-0,582661219	-0

etc.

Abb. 7.31: *Auszug aus den Faktorvektoren nach Varimaxrotation.*

Variable	Von 1 Faktor	Von 2 Faktoren	Von 3 Faktoren	Von 4 Faktoren
Land- und Forstwirtschaft	0,011509	0,130544	0,155444	0,324696
Energiewirtschaft/Bergbau	0,015399	0,038724	0,661782	0,686467
Verarbeitendes Gewerbe	0,623212	0,684324	0,744095	0,845634
Baugewerbe	0,015733	0,103118	0,657680	0,680723
Handel	0,005159	0,249279	0,258493	0,583239
Verkehr- u. Nachrichtenüberm.	0,079058	0,171180	0,310855	0,310873
Kreditinst. u. Versicherungen	0,396951	0,434256	0,460457	0,554480
Sonst. Dienstleistungen	0,001938	0,737390	0,743973	0,748316
Org. o. E. und Priv. Haushalte	0,033738	0,055079	0,055314	0,591798
Gebietskörpersch. u. Sozialv.	0,659189	0,805995	0,825894	0,825926

Abb. 7.32: *Kommunalitäten bei bis zu vier Faktoren nach Varimaxrotation.*

Dienstleistungen lassen sich tatsächlich auf einen einzigen Faktor zurückführen. Insgesamt werden *Land- und Forstwirtschaft* sowie *Verkehr- u. Nachrichtenüberm.* von keinem der Faktoren überzeugend erklärt, was darauf hindeuten kann, dass wir unser Modell mit nur vier Faktoren vielleicht etwas zu knapp gewählt haben.

Betrachten wir im Folgenden nur das Resultat der Varimaxrotation weiter. Die ersten Faktorvektoren sind in Abbildung 7.31 wiedergegeben. In Abbildung 7.32 sind die Kommunalitäten aufgeschlüsselt. In den einzelnen Spalten sind die Kommunalitäten aufgetragen, die wir hätten, wenn unser Modell nur aus den ersten ein, zwei, drei oder vier Faktoren, unsere Matrix **L** also entsprechend nur aus den ersten ein, zwei, drei oder vier Spalten bestände. Sinnigerweise nehmen die einzelnen Kommunalitäten von links nach rechts zu, da natürlich mit der Hinzunahme eines jeden weiteren Faktors das Modell die tatsächlichen Daten immer besser erklärt. Wir erkennen etwa, dass *Land- und Forstwirtschaft* sowie *Verkehr- u. Nachrichtenüberm.* auch mit vier Faktoren noch immer schlecht erklärt werden, da die beiden standardisierten Kommunalitäten noch immer bei nur knapp über 30 % liegen. Dagegen wird die Komponente *Gebietskörpersch. u. Sozialv.* bereits von den zwei ersten Faktoren in ausreichendem Maße beschrieben, die Kommunalität liegt bei über 80 %.

Betrachten wir abschließend den dreidimensionalen Faktorplot aus Abbildung 7.33, also eine Grafik der jeweils drei ersten Komponenten der Zeilen der Faktorladungsmatrix aus Abbildung 7.29. Diesem kann

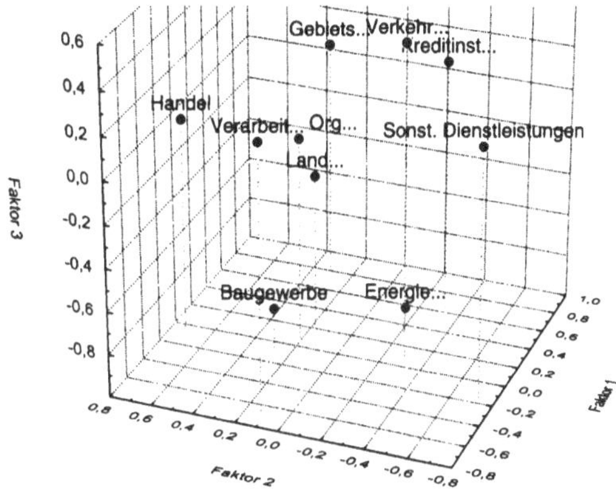

Abb. 7.33: *Faktorplot für drei Faktoren nach Varimaxrotation.*

z. B. entnommen werden, dass *Gebietskörpersch. u. Sozialv.*, *Verkehr- u. Nachrichtenüberm.* und *Kreditinst. u. Versicherungen* auf ähnliche Weise die drei ersten Faktoren laden, in diesem Sinne also ähnlichen Einflüssen unterliegen, und sich dabei deutlich von den Zweigen *Energiewirtschaft/Bergbau* und *Baugewerbe* unterscheiden. □

7.4 Diskriminanzanalyse und Klassifikation

An important criterion for a good classification procedure is that it not only produces accurate classifiers (...) but that it also provides insight and understanding into the predictive structure of the data. (Breiman et al., 1984, S. 7)

Die Diskriminanzanalyse weist sowohl Ähnlichkeiten mit der Clusteranalyse aus Abschnitt 7.1 als auch mit der Regressionsanalyse aus den Abschnitten 11.1 bis 11.3 auf. Die Situation ist dabei die folgende: n Individuen sind durch ein Gruppenmerkmal jeweils genau einer von G möglichen Gruppen zugeordnet, z. B. politische Partei, Kreditwürdigkeit (ja/nein), Automarke, Unterart einer Tier-/Pflanzenart, etc. Ferner ist zu jedem Individuum ein Merkmalsvektor $\boldsymbol{x}_i \in \mathbb{R}^m$ gegeben. Im Falle der Kreditwürdigkeit könnte dieser etwa das Alter, Einkommen, etc. enthalten, im Falle der Pflanzenart Abmessungen von (Blüten-)Blättern usw.

Die *Diskriminanzanalyse* versucht nun die Frage zu beantworten, ob es möglich ist, diese Gruppenzugehörigkeit durch die Merkmalsvektoren zu erklären. Dies hätte dann zur Folge, dass man bereits mit Hilfe der Merkmalsvektoren allein die Gruppenzugehörigkeit erkennen könnte. In diesem Zusammenhang wird man interessiert sein zu klären, welche Merkmale der Merkmalsvektoren überhaupt zu dieser *Trennung (Diskrimination)* beitragen und welche überflüssig sind. Gefragt wird also auch nach der 'Trennkraft' der einzelnen Komponenten.

Abstrakter formuliert versucht man voneinander getrennte *Cluster* von Merkmalsvektoren zu finden der Art, dass diese Haufen zugleich die Gruppen repräsentieren. In diesem Sinne ist die Diskriminanzanalyse eng verwandt zur Clusteranalyse, mit dem Unterschied, dass bei der Clusteranalyse noch gar keine Gruppen/Klassen bekannt sind. Entsprechend ordnet man im englischen Sprachraum die Clusteranalyse dem Gebiet des *unsupervised learning* zu, die Diskriminanzanalyse dem *supervised learning.*

Eine verwandte Fragestellung ergibt sich, wenn ein neues Untersuchungsobjekt hinzukommt, von dem nur der Merkmalsvektor bekannt ist, nicht aber die Gruppierung – welcher Gruppe soll dieses Individuum zugeordnet werden? Hierbei handelt es sich um eine Frage der *Klassifikation* des neuen Objektes. Praktisch könnte dies interessant sein etwa bei einem neuen Bankkunden: Kann dieser auf Grund seiner Merkmale als kreditwürdig eingestuft werden? Deshalb wird man nun auf Basis der unabhängigen Merkmale Entscheidungskriterien konstruieren, anhand derer die Gruppenzuordnung erfolgt.

Hier wird auch die Analogie zur kategorialen Regression aus Abschnitt 11.3 deutlich: Mit Hilfe von numerischen *unabhängigen Variablen* versucht man eine *abhängige Variable* zu erklären. Während im Falle der gewöhnlichen Regression die abhängige Variable ebenfalls numerisch ist und somit direkt modelliert werden kann, ist hier die abhängige Variable kategorial. Im Rahmen der kategorialen Regression versucht man deshalb die Verteilung der kategorialen Zielgröße zu modellieren, während wir in diesem Abschnitt direkt eine Partitionierung des Merkmalsraumes anstreben, wobei eine jede der nichtüberlappenden Teilmengen mit einem Gruppenetikett versehen wird. Fällt das Merkmal des neuen Objektes in die Teilmenge mit dem Etikett g, so wird man vermuten, dass das Objekt der Gruppe g angehört.

In diesem Abschnitt wollen wir uns mit der klassischen *Diskriminanzanalyse* (Abschnitt 7.4.1) und *Klassifikation* (Abschnitt 7.4.2) auseinandersetzen und klären, welche Möglichkeiten hier von STATISTICA geboten werden. Anschließend werden wir uns in Abschnitt 7.4.3 mit Klassifikationsbäumen beschäftigen, welche letztlich je nach Interpretation beiden Gebieten zuzuordnen sind. Als vertiefende Literatur zu diesem Abschnitt seien insbesondere Eckey et al. (2002), Fahrmeir et al. (1996) und Falk et al. (2002) empfohlen.

7.4.1 Diskriminanzanalyse

Voraussetzung 7.4.1.1

Gegeben seien n Merkmalsvektoren $\boldsymbol{x}_{gi} \in \mathbb{R}^m$ und G Gruppen, codiert mit $g = 1, \ldots, G$. Von diesen n Merkmalsvektoren gehören die n_g Vektoren $\boldsymbol{x}_{g1}, \ldots, \boldsymbol{x}_{gn_g}$ der g-ten Gruppe an; es ist $n = n_1 + \ldots + n_g$. •

Ziel ist es nun, $p \leq \min(m, G-1)$ *lineare Diskriminanzfunktionen*

$$d_r(\boldsymbol{x}) := a_{r0} + a_{r1}x_1 + \ldots + a_{rm}x_m, \quad r = 1, \ldots, p, \tag{7.25}$$

zu finden, mit deren Hilfe man die Merkmalsvektoren trennen kann.

Hintergrund 7.4.1.2

Im Falle $G = 2$ sucht man gemäß Formel (7.25) eine lineare Funktion $d(\boldsymbol{x}) := d_1(\boldsymbol{x})$, mit deren Hilfe eine Trennung möglich ist. Dazu berechnet man den Wert $d_{gi} := d(\boldsymbol{x}_{gi})$ und vergleicht diesen mit einem kritischen Wert d_c; ist $d_{gi} < d_c$, so wird $\boldsymbol{x}_{gi}$ der Gruppe 1, andernfalls der Gruppe 2 zugeordnet.

Es bezeichne $\bar{d}_{g\bullet} := \frac{1}{n_g}\sum_{i=1}^{n_g} d_{gi}$ das g-te *Gruppenmittel* und $\bar{d}_{\bullet\bullet} := \frac{1}{n}\sum_{g=1}^{2}\sum_{i=1}^{n_g} d_{gi}$ das *Gesamtmittel*. Ferner sei $SS_G := \sum_{g=1}^{2}\sum_{i=1}^{n_g}(\bar{d}_{g\bullet} - \bar{d}_{\bullet\bullet})^2$ die *Zwischengruppenstreuung* und $SS_R := \sum_{g=1}^{2}\sum_{i=1}^{n_g}(\bar{d}_{gi} - \bar{d}_{g\bullet})^2$ die *Innergruppenstreuung*. Von der Anschauung her ist klar, dass wir dann von guter Trennung sprechen, wenn sich die Merkmale einer Gruppe dicht ballen, also SS_R klein ist, und sich Haufen unterschiedlicher Gruppen möglichst weit entfernt voneinander befinden, also SS_G groß ist. Dies beschreibt das Kriterium

$$\lambda := \lambda(\boldsymbol{a}) := \frac{SS_G}{SS_R} \to \text{Max.}, \tag{7.26}$$

aus welchem man die Koeffizienten $\boldsymbol{a} = (a_1, \ldots, a_m)^T$ der linearen Diskriminanzfunktion gewinnt.

Dieses Maximierungsproblem kann in ein sog. Eigenwertproblem überführt werden der Art, dass λ der einzige *Eigenwert* $\neq 0$ ist und $\boldsymbol{a}$ ein zug. Eigenvektor. Der Eindeutigkeit wegen wählt man $\boldsymbol{a}$ dabei so, dass die Normierungsbedingung $\frac{1}{n-2} \cdot SS_R \stackrel{!}{=} 1$ erfüllt ist; a_0 folgt aus der Forderung $\bar{d}_{\bullet\bullet} \stackrel{!}{=} 0$. Der kritische Wert d_c ergibt sich dann zu 0.

Analoge Aussagen gelten für $G > 2$, nur erhält man hier im Allgemeinen mehr als eine lineare Diskriminanzfunktion. Die Trennungsregel lautet hier, dass $\boldsymbol{x}_{gi}$ mit Trennungsvektor $\boldsymbol{d}_{gi} = (d_1(\boldsymbol{x}_{gi}), \ldots, d_p(\boldsymbol{x}_{gi}))^T$ jener Gruppe g' zugeordnet würde, zu deren Zentrum $\bar{\boldsymbol{d}}_{g'\bullet}$ der Trennvektor $\boldsymbol{d}_{gi}$ minimalen euklidischen Abstand hätte. ◇

- *Zusammenfassung*, wodurch eine Tabelle erzeugt wird mit den *Eigenwerten* in der ersten Spalte, den *kanonischen Korrelationen* in der zweiten Spalte, den *residuellen Wilks* Λs *(Lambda)* in der dritten Spalte, dem zug. χ^2-Wert und dessen p-Wert in der vierten und sechsten Spalte, vgl. Hintergrund 7.4.1.8.
- *Koeff. für kanonische Var.*, wodurch zwei Tabellen erzeugt werden, in deren Spalten die *Koeffizienten* bzw. die *standardisierten Koeffizienten*, vgl. Hintergrund 7.4.1.5, der linearen Diskriminanzfunktionen aufgeführt sind. Diese Diskriminanzfunktionen werden von STATISTICA durchgehend mit `Root 1, 2,...` bezeichnet.
- *Mittelwerte der kanonischen Variablen*, wodurch eine Tabelle erzeugt wird, in deren Zeilen die Gruppenmittelwerte $\boldsymbol{d}_{g\bullet}$ stehen.

Tabelle 7.2: *Menü der Diskriminanzanalyse, siehe Durchführung 7.4.1.3*

Durchführung 7.4.1.3

Um eine *Diskriminanzanalyse* durchzuführen, wählt man das Menü *Statistik* → *Multivariate Explorative Techniken* → *Diskriminanzanalyse*. Im ersten Dialog wählt man im *Variablen*feld die *Gruppierungs*variable und die Merkmalsvariablen als *Unabhängige*. Nach Klick auf *OK* wechselt man zur Karte *Details* und drückt dort auf den Knopf *Kanonische Analyse*. Wiederum auf der Karte *Details* kann man dann zwischen den Resultaten der Tabelle 7.2 wählen.

Ferner kann man auf der Karte *Kanonische Werte* den Knopf *Kanonische Werte für jeden Fall* wählen, dann werden zeilenweise in einer Tabelle die einzelnen Diskriminanzvektoren $\boldsymbol{d}_{gi}$ ausgegeben. Zudem kann man, falls möglich, mit *Scatterplot* einen/mehrere Scatterplot(s) von je zwei Komponenten der $\boldsymbol{d}_{gi}$ erstellen lassen. Dabei sind die Gruppenzugehörigkeiten automatisch markiert, so dass man sich die Trennkraft der einzelnen Diskriminanzfunktionen verdeutlichen kann. •

Roots Entfernt	Chi ²-Tests mit sukzessiv entfernten Roots (Iris.sta) Eigen-wert	Kanon. R	Wilks' Lambda	Chi ²	FG	p-Wert
0	32,19193	0,984821	0,023439	546,1153	8	0,000000
1	0,28539	0,471197	0,777973	36,5297	3	0,000000

Gr.	Mittelwerte der kanon. Var. (Iris.sta) Root 1	Root 2
SETOSA	7,60760	0,215133
VERSICOL	-1,82505	-0,727900
VIRGINIC	-5,78255	0,512767

Variable	Koeffizienten (Iris.sta) für kanon. Variablen Root 1	Root 2
KelchLänge	0,82938	0,02410
KelchBreite	1,53447	2,16452
BlüteLänge	-2,20121	-0,93192
BlüteBreite	-2,81046	2,83919
Konstant	2,10511	-6,66147
Eigenw.	32,19193	0,28539
Kum. %	0,99121	1,00000

Abb. 7.34: *Eigenwerte, Gruppenmittel und Koeffizienten der Diskriminanzfunktionen.*

Beispiel 7.4.1.4

Die Datei `Iris.sta` enthält Daten[2] zu drei verschiedenen Lilienarten: *Iris setosa, Iris versicolor, Iris virginica.* Zu diesen sind vier Merkmale gegeben, jeweils Länge und Breite der Kelch- und Blütenblätter. Ist es möglich, anhand dieser Merkmale die drei Arten voneinander zu trennen?

Wie in Durchführung 7.4.1.3 beschrieben, können wir die Eigenwerte, Gruppenmittel $\bar{\boldsymbol{d}}_{g\bullet}$ und Koeffizienten der Diskriminanzfunktionen berechnen lassen. Aus Abbildung 7.34 sieht man, dass sich beide Eigenwerte drastisch unterscheiden, der zweite Eigenwert fast 0 ist. Wie wir in Hintergrund 7.4.1.8 erfahren werden, bedeutet dies, dass die zweite Diskriminanzfunktion fast keine Trennkraft besitzt und deshalb überflüssig ist.

Anhand der Gruppenmittel $\bar{\boldsymbol{d}}_{g\bullet}$ erkennt man, dass sich *Iris setosa* vor allem in der ersten Komponente deutlich von den anderen Arten unterscheidet. Die zug. erste Diskriminanzfunktion ist laut Abbildung 7.34 gegeben durch $d_1(\boldsymbol{x}) = 2{,}10511 + 0{,}82938 \cdot x_1 + 1{,}53447 \cdot x_2 - 2{,}20121 \cdot x_3 - 2{,}81046 \cdot x_4$.

In Abbildung 7.35 ist ein Scatterplot der Diskriminanzvektoren $\boldsymbol{d}_{gi}$ zu sehen. Anhand der Rechtsachse ist deutlich erkennbar, dass sich *Iris setosa* ganz klar von den beiden anderen trennen lässt, diese wiederum dagegen zwar eigene Haufen, aber mit leichter Überlappung bilden. Eine Trennung wird hier nicht fehlerfrei verlaufen, noch dazu, wo die zweite Diskriminanzkomponente der Hochachse praktisch wertlos ist. □

[2]Ursprüngliche Quelle: FISHER, R.A.: *The use of multiple measurements in taxanomic problems.* Annals of Eugenics 7, S. 179-188, 1936. Der vorliegende Datensatz wird mit STATISTICA ausgeliefert und befindet sich, wie viele andere Beispieldatensätze auch, im Ordner `...\STATISTICA\Examples\Datasets`.

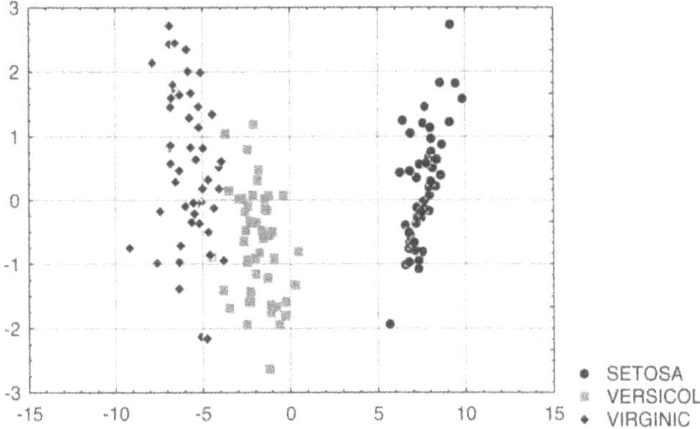

Abb. 7.35: *Scatterplot der beiden Diskriminanzkomponenten.*

Nachdem nun die Diskriminanzfunktionen berechnet wurden, stellt sich die Frage, wieviel die einzelnen Komponenten von $\boldsymbol{x}$ eigentlich zur Trennkraft beitragen.

Hintergrund 7.4.1.5

Die Koeffizienten $\boldsymbol{a}_r$ der Diskriminanzfunktionen $d_r(\boldsymbol{x})$, $r = 1, \ldots, p$, werden von der Dimension der Merkmale beeinflusst, beispielsweise macht es einen deutlichen Unterschied, ob die Komponente x_i in Metern oder Millimetern gemessen wird. Um diesen Einfluss zu mindern und die Koeffizienten untereinander besser vergleichbar zu machen, kann man sie standardisieren; im Fall $G = 2$ einfach mit Hilfe der gepoolten Varianz der j-ten Komponenten: $a_j^* = a_j \cdot s_j^{pool}$. Die Absolutwerte der *standardisierten Koeffizienten* geben Auskunft über die Trennkraft der einzelnen Komponenten, $|a_i^*| \gg |a_j^*|$ würde darauf hinweisen, dass die Trennkraft der Komponente x_i höher ist als die von x_j.

Allerdings sind hier nicht mögliche Korrelationen zwischen den Komponenten von $\boldsymbol{x}$ berücksichtigt. Deshalb sind die *Strukturkoeffizienten* $\boldsymbol{r} := R^{pool}\boldsymbol{a}^*$, wobei R^{pool} die gepoolte Korrelationsmatrix ist, oft aussagekräftiger, auch deren Absolutwert spiegelt die Trennkraft wider. ◇

Durchführung 7.4.1.6

Die *standardisierten Koeffizienten* erstellt man wie bereits in Durchführung 7.4.1.3 beschrieben. Die *Strukturkoeffizienten* kann man im gleichen Menü, der *Kanonischen Analyse*, auf der Karte *Details* erstellen. Dazu wähle man den Knopf *Faktorenstruktur*, es wird dann eine Tabelle der Strukturkoeffizienten ausgegeben. •

	Standardisierte Koeff. (Iris.sta) für kanon. Variablen	
Variable	Root 1	Root 2
KelchLänge	0,42695	0,012408
KelchBreite	0,52124	0,735261
BlüteLänge	-0,94726	-0,401038
BlüteBreite	-0,57516	0,581040
Eigenw.	32,19193	0,285391
Kum. %	0,99121	1,000000

	Faktorenstruktur-Matrix (Iris.sta) Korrelationen:Variablen - kanon. Roots (gepoolte Inner-Gruppen-Korr.)	
Variable	Root 1	Root 2
KelchLänge	-0,222596	0,310812
KelchBreite	0,119012	0,863681
BlüteLänge	-0,706065	0,167701
BlüteBreite	-0,633178	0,737242

Abb. 7.36: *Standardisierte und Strukturkoeffizienten beider Diskriminanzkomponenten.*

Beispiel 7.4.1.7

Setzen wir Beispiel 7.4.1.4 fort, wobei wir uns in unserer Analyse auf die erste Diskriminanzfunktion beschränken. Den standardisierten Koeffizienten aus Abbildung 7.36 zu Folge kommt dem Merkmal 'Länge der Blütenblätter' die größte Trennkraft zu, die anderen Komponenten bewegen sich dann auf ähnlichem Niveau. Ein deutlich anderes Bild bei den Strukturkoeffizienten: Diesen zu Folge geht der größte Teil der Trennkraft von den Blütenmerkmalen aus, die Kelchblätter haben nur kleinen Einfluss. Dieser Unterschied deutet auf starke Korrelationen zwischen den einzelnen Merkmalen hin. □

Wir wissen nun, wie wir den Beitrag zur Trennkraft der einzelnen Komponenten von $\boldsymbol{x}$ bestimmen können, doch wie können wir generell die Trennkraft der Diskriminanzfunktionen beurteilen?

Hintergrund 7.4.1.8

Die Trennkraft der r-ten Diskriminanzfunktion $d_r(\boldsymbol{x})$ wird durch den r-ten Eigenwert λ_r beschrieben, wobei $\lambda_1 \geq \ldots \geq \lambda_p > 0$ sei. Leider sind die Eigenwerte nicht normiert und deshalb schwer beurteilbar. Es gilt aber zumindest die Faustregel, dass man nur jene Diskriminanzfunktionen berücksichtigen sollte, deren Eigenwert größer 1 ist.

Aus den Eigenwerten abgeleitet sind die verschiedenen Versionen von *Wilks* Λ. *Wilks* Λ *für residuelle Diskriminanz* ist definiert durch

$$\Lambda_k := \prod_{r=k}^{p} \frac{1}{1+\lambda_r}$$

und drückt die Trennkraft der verbleibenden $p-k+1$ Komponenten aus. Λ_1 heißt auch *multivariates Wilks* Λ, und für $G = 2$ Gruppen gibt es ohnehin nur ein solches Lambda. Es gilt dabei, dass $\Lambda_i \in [0; 1]$ ist und Werte nahe 0 für hohe Trennkraft sprechen. Gibt es somit ein k so, dass $\Lambda_k \ll \Lambda_{k+1}$, so genügt es möglicherweise, nur die ersten k Diskriminanzfunktionen zu betrachten.

Ein zweites Gütemaß ist die *kanonische Korrelation*

$$r_k := \sqrt{\frac{\lambda_k}{1+\lambda_k}}, \quad 1 \leq k \leq p,$$

ebenfalls in [0; 1] gelegen, wobei nun große Werte von r_k für große Trennkraft von $d_k(\boldsymbol{x})$ sprechen.

Aus Λ_k lässt sich der χ^2-Wert ableiten, der allerdings, ebenso wie das im Anschluss beschriebene Raos **F**, mit Vorsicht zu genießen ist, da Normalverteilungsannahmen nötig sind. Man definiert

$$\chi_k^2 := -\left(n - \frac{m+G}{2} - 1\right) \cdot \ln \Lambda_k,$$

welches bei fehlender Trennkraft der verbleibenden $p-k+1$ Komponenten unter gewissen Voraussetzungen approximativ χ^2-verteilt ist mit $(m-k+1)(G-k)$ Freiheitsgraden.

Raos **F** ist durch einen recht komplizierten Ausdruck definiert, und lediglich unter gewissen Normalverteilungsannahmen und der Hypothese von keinerlei Trennkraft approximativ F-verteilt, wobei die Formeln für die Freiheitsgrade ebenfalls sehr komplex sind. Ein niedriger p-Wert würde dann also eine gute Trennung implizieren.

Zu guter Letzt kann man die Trennbarkeit der einzelnen Gruppen noch durch den quadrierten *Mahalanobisabstand* beurteilen, berechnet zwischen den Zentren $\bar{\boldsymbol{x}}_{g\bullet}$. Dicht beieinander liegende Gruppen dürften nur schwer trennbar sein. ◇

Durchführung 7.4.1.9

Die Berechnung des residuellen Wilks Λ, der kanonischen Korrelationen sowie der χ^2-Werte wurde bereits in Durchführung 7.4.1.3 beschrieben. Im Hauptmenü der Diskriminanzanalyse findet man auf der Karte *Details* ferner den Knopf *Zusammenfassung*, es resultiert eine Tabelle. In der Kopfzeile sieht man den Wert für das multivariate Wilks Λ sowie für Raos **F** mit zug. p-Wert. In der Tabelle selbst repräsentiert jede Zeile ein Merkmal und wie sich die genannten Werte verändern würden, wenn man dieses Merkmal nicht berücksichtigen würde.

Schließlich kann man auf der Karte *Details* noch den Punkt *Distanzen zwischen Gruppen* wählen, bei dem u. a. eine Matrix der Mahalanobisabstände der Gruppenzentren ausgegeben wird. •

	Diskriminanzanalyse - Zusammenfassung (Iris.sta) Variablen im Modell: 4; Gruppen: Irisart (3 Gr.) Wilks' Lambda: ,02344 approx. F (8,288)=199,15 p<0,0000					
N=150	Wilks' Lambda	Part. Lambda	F-entf. (2,144)	p-Wert	Toler.	1-Toler. (R ²)
KelchLänge	0,024976	0,938464	4,72115	0,010329	0,347993	0,652007
KelchBreite	0,030580	0,766480	21,93593	0,000000	0,608859	0,391141
BlüteLänge	0,035025	0,669206	35,59018	0,000000	0,365126	0,634874
BlüteBreite	0,031546	0,743001	24,90433	0,000000	0,649314	0,350686

Abb. 7.37: *Wilks Λ, Raos $\boldsymbol{F}$ und zug. p-Wert.*

	Quadr. Mahalanobisdistanzen (Iris.sta)		
Irisart	SETOSA	VERSICOL	VIRGINIC
SETOSA	0,0000	89,86419	179,3847
VERSICOL	89,8642	0,00000	17,2011
VIRGINIC	179,3847	17,20107	0,0000

Abb. 7.38: *Mahalanobisabstand der Gruppenzentren.*

Beispiel 7.4.1.10

Betrachten wir erneut Beispiel 7.4.1.4. Wie in Abbildung 7.34 zu sehen, zeigt bereits ein Vergleich der Eigenwerte, dass Trennkraft nur von der ersten Diskriminanzfunktion ausgeht. Dies wird bestätigt durch eine kanonische Korrelation von 0,984821 nahe 1 bei der ersten Diskriminanzfunktion, dagegen nur 0,471197 bei der zweiten. Wilks Lambda von beiden Diskriminanzfunktionen ist 0,023439 nahe 0, dagegen von der zweiten alleine schon 0,777973, also sollte auf die zweite Diskriminanzfunktion verzichtet werden. Der p-Wert dagegen würde beiden Komponenten gleiche Trennkraft zusprechen, was zeigt, dass er bei diesen Daten unbrauchbar ist.

Abbildung 7.37 zeigt zusätzlich Raos $\mathbf{F}$ an mit p-Wert 0,0000, was auf hohe Trennkraft schließen lassen würde – allerdings ist auch Raos $\mathbf{F}$ mit Vorsicht zu genießen. Wilks Λ würde nur wenig schlechter werden, wenn man die 'Länge der Blütenblätter' nicht berücksichtigen würde, evtl. könnte man also ohne großen Verlust an Trennkraft die Dimension der Merkmalsvektoren etwas reduzieren.

Die quadratischen Mahalanobisabstände aus Abbildung 7.38 zeigen, dass die Gruppe *Iris setosa* weit von den beiden anderen entfernt ist, Letztere jedoch recht nahe beisammen liegen. Dies bestätigt unseren Eindruck aus Beispiel 7.4.1.4, wonach sich *Iris versicolor* und *Iris virginica* schwer trennen lassen. □

7.4.2 Klassifikation

Zu dem bisherigen Datensatz $\boldsymbol{x}_{11}, \ldots, \boldsymbol{x}_{Gn_G} \in \mathbb{R}^m$, bei dem die Gruppenzugehörigkeit bekannt war, komme nun ein neues Datum $\boldsymbol{x} \in \mathbb{R}^m$ hinzu, von dem die Gruppenzugehörigkeit *nicht* bekannt sei – welcher Gruppe soll es nun zugeordnet werden? Die Antwort auf diese Frage zu finden ist die Aufgabe der *Klassifikation*. Dabei sind in STATISTICA drei Ansätze implementiert, mit denen man $\boldsymbol{x}$ klassifizieren könnte:

- Klassifikation mit Hilfe *linearer Klassifikationsfunktionen*;
- Klassifikation mit Hilfe des *Mahalanobisabstandes* von den Gruppenzentren;
- Klassifikation mit Hilfe der *A-posteriori-Wahrscheinlichkeit.*

Hintergrund 7.4.2.1

Bei der ersten Möglichkeit erstellt man für eine jede Gruppe $g = 1, \ldots, G$ eine eigene *lineare Klassifikationsfunktion*

$$K_g(\boldsymbol{x}) \;:=\; c_{g0} + c_{g1}x_1 + \ldots + c_{gm}x_m. \tag{7.27}$$

Diese sind *nicht* zu verwechseln mit den linearen Diskriminanzfunktionen gemäß Formel (7.25)! Für ein neues Datum $\boldsymbol{x}$ berechnet man nun die Klassifikationswerte $K_1(\boldsymbol{x}), \ldots, K_G(\boldsymbol{x})$ und ordnet $\boldsymbol{x}$ jener Gruppe zu, für die der Klassifikationswert am höchsten ist.

Ein zweiter Ansatz berechnet den *Mahalanobisabstand* von $\boldsymbol{x}$ zu allen Gruppenzentren $\boldsymbol{x}_{g\bullet}$; $\boldsymbol{x}$ wird dann jener Gruppe zugeordnet, zu der $\boldsymbol{x}$ den geringsten Abstand hat.

Der dritte Ansatz ist wahrscheinlichkeitstheoretischer Natur und betrachtet $\boldsymbol{x}$ als Realisation einer Zufallsvariablen $\boldsymbol{X}$. Er verwendet die *Bayessche Regel*

$$\begin{aligned} &P(Gr(\boldsymbol{X}) = g \mid \boldsymbol{X} = \boldsymbol{x}) \\ &= \frac{P(\boldsymbol{X} = \boldsymbol{x} \mid Gr(\boldsymbol{X}) = g) \cdot P(Gr(\boldsymbol{X}) = g)}{P(\boldsymbol{X} = \boldsymbol{x})}. \end{aligned} \tag{7.28}$$

Dabei heißt $P(Gr(\boldsymbol{X}) = g \mid \boldsymbol{X} = \boldsymbol{x})$ die *A-posteriori-Wahrscheinlichkeit* dafür, dass $\boldsymbol{X}$ der Gruppe g zuzuordnen ist, nachdem der Wert von $\boldsymbol{X}$, nämlich $\boldsymbol{x}$, bekannt ist. Hingegen ist $P(Gr(\boldsymbol{X}) = g)$ die *A-priori-Wahrscheinlichkeit* für diese Zuordnung, nämlich ohne Vorwissen bzgl. des Wertes $\boldsymbol{x}$ von $\boldsymbol{X}$. Ferner beschreibt $P(\boldsymbol{X} = \boldsymbol{x} \mid Gr(\boldsymbol{X}) = g)$ die Wahrscheinlichkeit dafür, dass der Wert von $\boldsymbol{X}$ gleich $\boldsymbol{x}$ sein wird, wenn denn $\boldsymbol{X}$ der Gruppe g angehört.

Variable	Klassifikationsfunktion; Gruppen: (Iris.sta) SETOSA p=,33333	VERSICOL p=,33333	VIRGINIC p=,33333
KelchLänge	23,5442	15,6982	12,446
KelchBreite	23,5879	7,0725	3,685
BlüteLänge	-16,4306	5,2115	12,767
BlüteBreite	-17,3984	6,4342	21,079
Konst.	-86,3085	-72,8526	-104,368

Gr.	Klassifikationsmatrix (Iris.sta) Zeilen: beob. Klassifikationen Spalten: progn. Klassifikationen Prozent korrekt	SETOSA p=,33333	VERSICOL p=,33333	VIRGINIC p=,33333
SETOSA	100,0000	50	0	0
VERSICOL	96,0000	0	48	2
VIRGINIC	98,0000	0	1	49
Gesamt	98,0000	50	49	51

Abb. 7.39: *Klassifikationsfunktionen und -matrix aus Beispiel 7.4.2.3.*

Die Entscheidungsregel lautet nun, dass man $\boldsymbol{x}$ jener Gruppe zuordnet, für welche die A-posteriori-Wahrscheinlichkeit gemäß (7.28) maximal ist, d. h. jener Gruppe, für welche der Zähler von (7.28) maximal wird:

$$\begin{aligned} &\text{Zugeordnete Gruppe von } \boldsymbol{x} \\ &= \underset{g=1,\ldots,G}{\arg\max}\; P(\boldsymbol{X} = \boldsymbol{x} \mid Gr(\boldsymbol{X}) = g) \cdot P(Gr(\boldsymbol{X}) = g). \end{aligned} \tag{7.29}$$

Um jetzt dieses Maximum berechnen zu können, benötigt man die beiden Wahrscheinlichkeiten $P(\boldsymbol{X} = \boldsymbol{x} \mid Gr(\boldsymbol{X}) = g)$ und $P(Gr(\boldsymbol{X}) = g)$. Die A-priori-Wahrscheinlichkeit $P(Gr(\boldsymbol{X}) = g)$ kann dabei wie folgt gewählt werden:

- Sind die Gruppengrößen $n_1, \ldots, n_G$ repräsentativ für die Grundgesamtheit, d. h. beispielsweise, dass der wahre Anteil kreditwürdiger Menschen im Einzugsgebiet der Bank dem Anteil derer in der Stichprobe entspricht, so kann man $P(Gr(\boldsymbol{X}) = g) = \frac{n_g}{n}$ wählen.
- Ist diese Aussage nicht zutreffend, aber sind die Anteilswerte der Grundgesamtheit bekannt, so wählt man $P(Gr(\boldsymbol{X}) = g)$ entsprechend seinem Vorwissen, z. B. könnte man wissen, dass 70 % aller Bankkunden kreditwürdig sind.
- Ist jedoch keinerlei Vorwissen vorhanden, so wählt man *Gleichverteilung*, d. h. man wählt $P(Gr(\boldsymbol{X}) = g) = \frac{1}{G}$ für alle $g = 1, \ldots, G$.

Bezüglich der Wahrscheinlichkeiten $P(\boldsymbol{X} = \boldsymbol{x} \mid Gr(\boldsymbol{X}) = g)$ wird in STATISTICA angenommen, dass sich diese mit Hilfe einer *multivariaten Normalverteilung* um die Gruppenzentren herum beschreiben lässt, mit einer für alle Gruppen gleichen Kovarianzmatrix. Die nötigen Verteilungsparameter werden auf Basis der Stichprobe $\boldsymbol{x}_{11}, \ldots, \boldsymbol{x}_{Gn_G} \in \mathbb{R}^m$ geschätzt. Wie man z. B. in Falk et al. (2002) nachlesen kann, besteht ein enger Zusammenhang zwischen dieser Verteilung und den Mahalanobisabständen. ◇

Fall	Quadr. Mahalanobisdistanzen zu Gruppen-Zentroi(Falsche Klassifikationen mit * markiert			
	Beob. Klassif.	SETOSA p=,33333	VERSICOL p=,33333	VIRGINIC p=,33333
1	SETOSA	0,2419	90,6602	181,5587
2	VIRGINIC	208,5713	27,3188	1,8944
3	VERSICOL	105,2663	2,2329	13,0720

⋮

Fall	Posteriori-Wahrsch. (Iris.sta) Falsche Klassifikationen mit * markiert			
	Beob. Klassif.	SETOSA p=,33333	VERSICOL p=,33333	VIRGINIC p=,33333
1	SETOSA	1,000000	0,000000	0,000000
2	VIRGINIC	0,000000	0,000003	0,999997
3	VERSICOL	0,000000	0,995590	0,004410

⋮

Abb. 7.40: *Mahalanobisabstände und A-posteriori-Wahrscheinlichkeiten.*

Durchführung 7.4.2.2

In STATISTICA ist die *Klassifikation* folgendermaßen implementiert: Man wählt das Menü *Statistik* → *Multivariate Explorative Techniken* → *Diskriminanzanalyse*, wählt die gegebenen Variablen wie in Durchführung 7.4.1.3 beschrieben und klickt *OK*. Dann wechselt man auf die Karte *Klassifikation*.

Nach Betätigen der Schaltfläche *Klassifikationsfunktionen* werden tabellarisch die Koeffizienten der linearen Klassifikationsfunktionen gemäß (7.27) ausgegeben. Die *Klassifikationsmatrix* gibt für alle Gruppen die Zahl erfolgreicher und nichterfolgreicher Klassifikationen des bestehenden(!) Datensatzes an, die Tabelle der *Klassifikation der Fälle* enthält die zug. fallweisen Klassifikationen und markiert mit einem * falsche Klassifikationen. Dabei wird der posterior-Ansatz zu Grunde gelegt, vgl. auch das Beispiel 7.4.2.3.

Mit *Quadrierte Mahalanobisabstände* wird eine Tabelle der Mahalanobisabstände aller Fälle zu den Gruppenzentren erstellt, mit *Posteriori-Wahrsch.* eine entsprechende Tabelle der A-posteriori-Wahrscheinlichkeiten für die Gruppenzuordnungen. Letztere, und somit auch die *Klassifikationsmatrix* und die *Klassifikation der Fälle* hängen spürbar von der gewählten A-priori-Wahrscheinlichkeit ab, vgl. Hintergrund 7.4.2.1. Diese kann im Feld *A priori-Klassifikationswahrscheinlichk.* bestimmt werden. •

Beispiel 7.4.2.3

Betrachten wir die Irisdaten aus Beispiel 7.4.1.4. Wie in Abbildung 7.39 zu sehen, ist beispielsweise die zu *Iris setosa* gehörige Klassifikationsfunktion gegeben durch $K_1(\boldsymbol{x}) = -86{,}3085 + 23{,}5442 \cdot x_1 + 23{,}5879 \cdot x_2 - 16{,}4306 \cdot x_3 - 17{,}3984 \cdot x_4$. Der quadrierte Mahalanobisabstand des ersten Falles zu *Iris setosa* beträgt gerade mal 0,2419, vgl. Abbildung 7.40, weshalb man auf Grund des Mahalanobisabstandes den ersten Fall korrekterweise als *Iris setosa* identifizieren würde.

Fall	Klassifikation der Fälle (Iris.sta) Falsche Klassifikationen mit * markiert			
	Beob. Klassif.	1 p=,33333	2 p=,33333	3 p=,33333
1	SETOSA	SETOSA	VERSICOL	VIRGINIC
2	VIRGINIC	VIRGINIC	VERSICOL	SETOSA
3	VERSICOL	VERSICOL	VIRGINIC	SETOSA
4	VIRGINIC	VIRGINIC	VERSICOL	SETOSA
* 5	VIRGINIC	VERSICOL	VIRGINIC	SETOSA
6	SETOSA	SETOSA	VERSICOL	VIRGINIC
7	VIRGINIC	VIRGINIC	VERSICOL	SETOSA
8	VERSICOL	VERSICOL	VIRGINIC	SETOSA
* 9	VERSICOL	VIRGINIC	VERSICOL	SETOSA
10	SETOSA	SETOSA	VERSICOL	VIRGINIC
11	VERSICOL	VERSICOL	VIRGINIC	SETOSA
* 12	VERSICOL	VIRGINIC	VERSICOL	SETOSA
13	VIRGINIC	VIRGINIC	VERSICOL	SETOSA

Abb. 7.41: *Klassifikation der Fälle aus Beispiel 7.4.2.3.*

Für alle weiteren Resultate ist die gewählte A-priori-Verteilung wichtig, wir wählen Gleichverteilung. Der Klassifikationsmatrix aus Abbildung 7.39 entnimmt man, dass alle *Iris setosa* korrekt identifiziert, dagegen zwei *Iris versicolor* irrtümlicherweise als *Iris virginica* klassifiziert wurden und umgekehrt eine *Iris virginica* als *Iris versicolor*. Bei den drei Fehlklassifikationen handelt es sich um die Fälle 5, 9 und 12, siehe Abbildung 7.41. Dabei stehen in der Tabelle in Spalte 1 jene Gruppen mit höchster A-posteriori-Wahrscheinlichkeit, in Spalte 2 die mit zweithöchster, usw. Die nötigen A-posteriori-Wahrscheinlichkeiten sind in Abbildung 7.40 zu sehen, für Fall 2 etwa wird die Wahrscheinlichkeit 99,9997 % berechnet, eine *Iris virginica* zu sein. □

7.4.3 Klassifikationsbäume

Spätestens seit dem Erscheinen des Buches ***Classification and regression trees*** von Breiman et al. (1984), aus dem sich zugleich der CART-Ansatz zur Erzeugung von Klassifikationsbäumen ableitet, erfreuen sich Selbige wachsender Beliebtheit. Gründe dafür sind ihre Anwendbarkeit auch auf kategoriale Merkmale, die Möglichkeit, sie auch basierend auf sehr großen Datenmengen zu erzeugen, und ihre, zumindest prinzipiell, leichte Interpretierbarkeit. Letzteres hängt allerdings entscheidend von der Größe des erzeugten Baumes ab. Positiv bemerkenswert ist zudem, dass sich, wie wir gleich sehen werden, aus ihnen leicht Regeln einfacher Struktur ableiten lassen, die auch problemlos z. B. mit SQL, siehe Anhang B, umgesetzt werden können.

Beginnen wir mit einem kleinen Beispiel. In Abbildung 7.42 ist ein Klassifikationsbaum zu den Irisdaten aus Beispiel 7.4.1.4 zu sehen. Das oberste Element, also der oberste sog. *Knoten*, dieses Baumes ist die *Wurzel*, die den gesamten Datensatz repräsentiert, was auch am

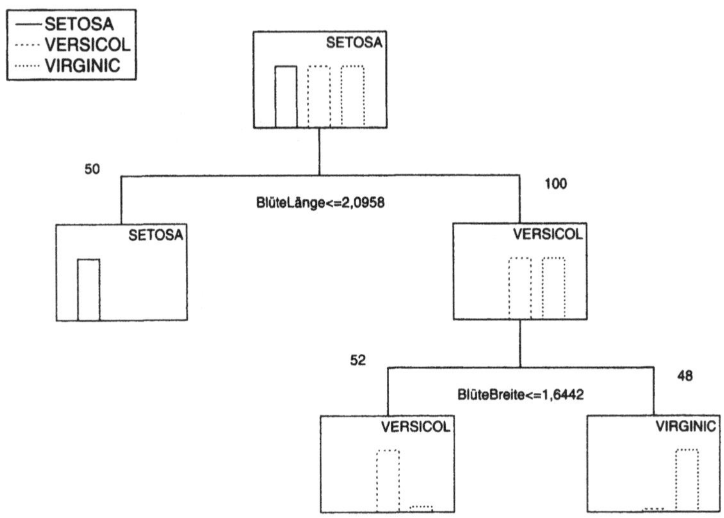

Abb. 7.42: *Klassifikationsbaum zu den Irisdaten aus Beispiel 7.4.1.4.*

Histogramm im Inneren dieses Knotens zu sehen ist. Anschließend erfolgt die erste Aufspaltung in zwei *Kindknoten*, wobei 50 Daten durch den linken Knoten repräsentiert werden, die übrigen 100 durch den rechten Knoten. Das Aufspaltungskriterium ist dabei unterhalb der Aufzweigung angegeben: `BlüteLänge<=2,0958`. Der linke Knoten repräsentiert also all jene Daten, die dieses Kriterium erfüllen, beim vorliegenden Datensatz sind dies gerade 50, der rechte Knoten repräsentiert die übrigen Daten. Während dabei der linke Knoten ein *Endknoten* ist, ein sog. *Blatt*, verzweigt sich der rechte Knoten ein weiteres Mal gemäß dem Kriterium `BlüteBreite<=1,6442`. Es resultieren zwei Blätter, wobei das linke Blatt jene 52 Daten des Datensatzes repräsentiert, deren Blütenbreite $\leq$ 1,6442 und Blütenlänge $>$ 2,0958 ist, und das rechte Blatt jene 48 Daten, für die Blütenbreite $>$ 1,6442 und Blütenlänge $>$ 2,0958 gilt.

Betrachten wir nun die drei Blätter des Baumes. Diese bilden zusammen eine *Partition* des Merkmalsraumes, also eine Aufteilung des Merkmalsraumes in *disjunkte* (nicht überlappende) Teilmengen. Im gegebenen Beispiel wird der vierdimensionale Merkmalsraum ja gerade durch die vier Abmessungen der Pflanzen aufgespannt. Ferner ist jede dieser Teilmengen mit einem Etikett versehen, welches jeweils die Bezeichnung einer der Gruppen enthält. Fällt nun der Merkmalsvektor einer Pflanze in eine der Teilmengen, und da die Teilmengen disjunkt gewählt wurden, fällt er tatsächlich in *genau* eine der Teilmengen, so wird man die Pflanze jener Gruppe zuordnen, die im Etikett der Teilmenge verzeichnet ist.[3]

[3]Kurz formuliert: Ein Klassifikationsbaum beschreibt eine Partitionierung des Merkmalsraumes, anhand derer man auf eine kategoriale Zielgröße schließen kann.

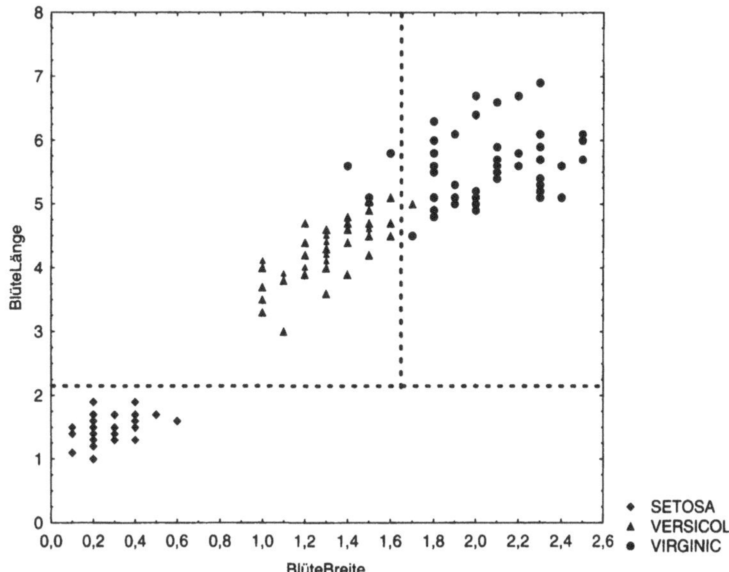

Abb. 7.43: *Scatterplot zu den Irisdaten aus Beispiel 7.4.1.4.*

Nehmen wir etwa an, wir vermessen eine Pflanze und stellen fest, dass diese über Blütenlänge 2,5 und Blütenbreite 1,5 verfügt. Dann gehört die Pflanze jener Teilmenge an, die durch das mittlere Blatt beschrieben wird. Dieses Blatt hat das Etikett `VERSICOL`, also identifizieren wir die Pflanze als *Iris versicolor.*

Anhand der Histogramme in den Knoten können wir erkennen, wie gut die durch den Baum beschriebenen Regeln den vorliegenden Datensatz *diskriminieren.* Wir stellen fest, dass die Irisart *Iris setosa* durch die einfache Regel `BlüteLänge<=2,0958` perfekt von den anderen Arten getrennt wird, bei der Trennung der zwei übrigen Arten unterlaufen jedoch insgesamt 6 Fehlklassifikationen. Dies kann man auch Abbildung 7.43 entnehmen, in welcher die zwei Trennlinien eingezeichnet sind.

Bereits eingangs wurde erwähnt, dass sich aus einem Klassifikationsbaum, gelegentlich auch *Entscheidungsbaum* genannt, ohne große Schwierigkeiten Regeln ableiten lassen, welche leicht in SQL umgesetzt werden können. Dazu geht man einfach jeden *Pfad* von der Wurzel zu einem Blatt des Baumes entlang und verknüpft die Verzweigungsbedingungen, auf die man dabei trifft, mit einem „und“. Dies stellt die Bedingung der Regel dar. Den Kopf der Regel bildet dann das jeweilige Etikett des Blattes. In unserem Fall erhalten wir, wenn wir die Blätter von links nach rechts ansteuern, die Klassifikationsregeln

Ist die Zielgröße dagegen metrisch, so spricht man von einem *Regressionsbaum.*

- Blütenlänge $\leq$ 2,0958 $\Rightarrow$ Iris setosa,
- Blütenlänge $>$ 2,0958 und Blütenbreite $\leq$ 1,6442 $\Rightarrow$ Iris versicolor, und
- Blütenlänge $>$ 2,0958 und Blütenbreite $>$ 1,6442 $\Rightarrow$ Iris virginica.

Arbeiten wir uns nun Schritt für Schritt an die in STATISTICA implementierten Verfahren zur Erzeugung von Klassifikationsbäumen heran. Zu erst einmal erwähnenswert ist, dass bei STATISTICA stets *univariate binäre Bäume*[4] erstellt werden. Das bedeutet, dass bei jeder Aufspaltung stets nur *ein* Merkmal zur Bildung der Aufspaltungsregel herangezogen wird, und ein jeder Knoten in genau *zwei* Kindknoten aufgespalten werden kann. Han/Kamber (2001) beschreiben dagegen einen etwas allgemeineren Ansatz.

Zur Konstruktion eines Klassifikationsbaumes bietet einem STATISTICA ein Sammelsurium von Teilverfahren an, die aus den Verfahren CART, QUEST[5] und FACT[6], dem Vorgänger von QUEST, entnommen sind. Je nach Bedarf kann sich der Benutzer dann eine geeignete Kombination von Verfahren zusammenstellen. Der generelle Ablauf ist dabei der folgende:

Algorithmus 7.4.3.1

Gegeben sei ein Datensatz von Trainingsdaten $(\boldsymbol{X}_1, g_1)$, ..., $(\boldsymbol{X}_n, g_n)$, wobei $\boldsymbol{X}$ den Merkmalsvektor darstellt, $g \in \{1, \ldots, G\}$ das Gruppenkennzeichen.

1. Lege die Wurzel des Baumes an, diese repräsentiert den gesamten Datensatz.
2. Konstruiere Baum, bis Abbruchkriterium erreicht. Wiederhole dabei folgende Schritte:
   (a) Wähle Blatt aus, welches aufgespaltet werden soll, und Merkmal, mit welchem die Aufspaltungsbedingung formuliert werden soll.
   (b) Formuliere Aufspaltungsbedingung und erzeuge zwei neue Blätter.
3. Optional: Pruning des Baumes, d. h. Stutzen des Baumes, bis dieser von geeigneter Größe. •

[4]Es sei bemerkt, dass das Modul *STATISTICA Data Miner*, siehe Anhang E, u. a. auch CHAID-Bäume (**Ch**i-square **A**utomatic **I**nteraction **D**etector) anbietet, welche Mehrfachaufspaltungen erlauben.

[5]**Q**uick, **U**nbiased and **E**fficient **S**tatistical **T**ree.

[6]**F**ast **A**lgorithm for **C**lassification **T**ree.

Bemerkung zu Algorithmus 7.4.3.1.

Der letzte Schritt des Algorithmus 7.4.3.1, das *Pruning* des Baumes, ist optional im folgenden Sinne: Ein gefundener Klassifikationsbaum ist nur dann von praktischem Nutzen, wenn er kompakt ist und den Trainingsdaten, auf denen er basiert, nicht *überangepasst* ist. Er soll also keine Regeln beinhalten, die nur auf zufälligen Störungen oder Ausreißern des Trainingsmaterials beruhen, sondern nur jene Zusammenhänge widerspiegeln, die allgemein für Objekte der untersuchten Art gelten. Deshalb muss der Baum an irgendeiner Stelle des Verfahrens gestutzt werden. Entweder kann dies bereits während des Aufbaus des Baumes geschehen (*prepruning*), so wie dies beim Verfahren FACT der Fall ist, was sich u. a. in einem strengeren Abbruchkriterium äußert. Oder man konstruiert erst einen nahezu maximalen Baum bei entsprechend schwachem Abbruchkriterium, und schneidet diesen anschließend zurück (*postpruning*). In ersterem Falle ist der letzte Schritt überflüssig.

Die praktische Erfahrung zeigt, dass Verfahren mit nachträglichem Pruning oft zufriedenstellendere Ergebnisse liefern als solche mit verschärften Abbruchkriterien. □

Ist der vorliegende Datensatz mit Gruppenkennzeichnung groß genug, ist es meist sinnvoll, den Baum nicht basierend auf dem gesamten Datenmaterial entwickeln zu lassen, sondern nur einen Teil der Daten als Trainingsmaterial zu verwenden. Die übrigen Daten können als Teststichprobe dienen, anhand derer man die Güte des gefundenen Baumes prüfen lassen kann, schließlich ist auch hier die wahre Gruppenzugehörigkeit bekannt.

Durchführung 7.4.3.2

Klassifikationsbäume sind bei STATISTICA unter *Statistik → Multivariate Explorative Techniken → Klassifikationsbäume* implementiert. Dort wechselt man zu Beginn am besten gleich auf die Karte *Details*. Hier kann man unter *Variablen* die *Abhängige Variable* auswählen, welche für die einzelnen Daten das Gruppen-/Klassenkennzeichen enthält, und ferner zwei Arten von Merkmalstypen: Entweder *Kategoriale Prädiktoren* oder *Ordinale Prädiktoren*. Sowohl für die abhängige Variable als auch die kategorialen Prädiktoren kann man bei Bedarf den Wertebereich einschränken, unter *Codes für Variablen*.

Befindet sich in der Datei zusätzlich noch eine binäre Variable, die ein Kennzeichen dafür enthält, welcher Teil der Fälle als Trainingsstichprobe verwendet werden soll, und welcher Teil als Teststichprobe, so kann man diese als *Stichprobenvariable* auswählen und unter *Codes für Stichproben* festlegen, welches Kennzeichen wie zu interpretieren ist. •

Bemerkung zu Durchführung 7.4.3.2.

Wie Durchführung 7.4.3.2 zeigt, ist bei der Auswahl der Merkmalsvariablen darauf zu achten, zwischen *kategorialen Variablen* (auch *nominal* genannt), welche also Werte aus einem endlichen Zeichenvorrat annehmen können (z. B. Geschlecht, Automarke, etc.), und *ordinalen Variablen*, deren Werte einer natürlichen Ordnung unterliegen (z. B. Noten, Rangfolgen, metrische Merkmale), zu unterscheiden. Grund dafür ist die unterschiedliche Behandlung dieser Merkmalstypen während des Aufspaltungsprozesses.

Bei einer *ordinalen* Variablen X ist es einfach, ein binäres Trennkriterium zu formulieren. Wie im einführenden Beispiel der Irisdaten gibt man einfach eine Grenze c an, und teilt die Daten auf in die beiden Gruppen $X \leq c$ und $X > c$.

Bei einer kategorialen Variablen Y mit endlichem Wertebereich $\mathcal{V}$ der Größe r sieht dies mangels natürlicher Ordnung schwieriger aus. Deshalb transformieren die beiden implementierten QUEST-Ansätze, vgl. Durchführung 7.4.3.3, ein kategoriales Merkmal in einem CRIMCOORD genannten Verfahren (Loh & Shih, 1997, S. 822ff.) in eine ordinale Größe und trennen anschließend analog oben. Beim CART-Ansatz dagegen, siehe Breiman et al. (1984), werden tatsächlich alle möglichen Paare von Teilmengen $A \subseteq \mathcal{V}$ und $\mathcal{V} \setminus A$ des Wertebereiches auf ihre Trennkraft hin überprüft und dann entsprechend die Aufspaltungsbedingung formuliert $Y \in A$ oder $Y \notin A$. Da dabei $2^{r-1} - 1$ Möglichkeiten durchprobiert werden müssen, wird dieses Verfahren von STATISTICA zu Recht als *umfassende Suche nach univariaten Splits* bezeichnet. □

Nachdem in Durchführung 7.4.3.2 beschrieben wurde, wie die Variablen auszuwählen sind, wenden wir uns nun der Auswahl des Aufspaltungsverfahrens zu. Dabei sind sowohl beim QUEST-, wie auch beim CART-Ansatz Angaben über *Priorwahrscheinlichkeiten* und *Fehlklassifikationskosten* zu machen. Mit dem Thema der *A-priori-Wahrscheinlichkeit* und der *A-posteriori-Wahrscheinlichkeit* der Gruppenzuordnung haben wir uns bereits in Hintergrund 7.4.2.1, speziell Formel (7.28), beschäftigt. Insbesondere sei auf die drei dort diskutierten Ansätze zur Bestimmung der A-priori-Wahrscheinlichkeit verwiesen.

Zum Zurechtstutzen des Baumes wird das Verfahren des *minimal cost-complexity pruning* verwendet, siehe Breiman et al. (1984). Die anzugebenden Fehlklassifikationskosten kommen jedoch nicht nur hierbei, sondern auch während des Aufspaltens zum Tragen, da STATISTICA die gewählten Priorwahrscheinlichkeiten kostenkorrigiert, siehe Hintergrund 7.4.3.4.

Durchführung 7.4.3.3

Nachdem wir gemäß Durchführung 7.4.3.2 alle Variablen ausgewählt haben, wechseln wir nun auf die Karte *Methoden*. Zu allererst muss man sich für ein *Verfahren zur Wahl der Splits* entscheiden, wobei hier zwei QUEST-Ansätze (*Diskriminanz-basierte ...*) und der CART-Ansatz (*Umfassende Suche ...*) zur Auswahl stehen. Der zweite QUEST-Ansatz kann jedoch nur gewählt werden, wenn es keine kategorialen Merkmalsvariablen gibt. Hier kann man nun die *Priorwahrsch.keiten* und *Fehlklass.kosten* bestimmen, ferner ist im Falle des CART-Ansatzes noch das Feld *Anpassungsgüte* aktiv, in welchem man sich für eines der dort angebotenen *Unreinheitsmaße*, siehe Hintergrund 7.4.3.4, entscheiden muss.

Beim ersten QUEST-Ansatz kann man zudem noch auf der Karte *Stichproben* einen *p-Wert für Auswahl Split-Variable* festlegen, siehe Hintergrund 7.4.3.4. Vorgabe ist hier 0,05. •

Hintergrund 7.4.3.4

Beginnen wir mit den Fehlklassifikationskosten. Idee ist hier, dass jede Fehlklassifikation, also falsche Identifizierung der Gruppenzugehörigkeit, 'Schaden' anrichtet, die eine mehr, die andere weniger. Das Ausmaß des Schadens kann man durch fiktive Kosten quantifizieren, wobei eine richtige Klassifizierung sicherlich die Kosten 0 aufwirft. Ansonsten vergibt man je nach Schwere des Schadens einen Kostenwert, z. B. die Kosten 1 für eine gewöhnliche Fehlklassifikation, die Kosten 3 für eine schwere Fehlklassifikation, oder man wählt *identische Kosten*, falls sich keine Abstufung des Schadensausmaßes absehen lässt. In diesem Fall wäre die Kostenmatrix gegeben durch

$$\begin{array}{r} \text{Gruppen} \\ \text{Gruppe 1} \\ \text{Gruppe 2} \\ \text{Gruppe 3} \\ \vdots \end{array} \begin{array}{c} 1 \quad 2 \quad 3 \quad \ldots \\ \begin{pmatrix} 0 & 1 & 1 & \cdots \\ 1 & 0 & 1 & \ddots \\ 1 & 1 & 0 & \\ \vdots & \ddots & & \ddots \end{pmatrix} \end{array}.$$

Wie wird nun in Algorithmus 7.4.3.1 entschieden, welches Blatt wie aufgespalten wird? Der CART-Ansatz arbeitet hier mit *Unreinheitsmaßen*. Wann ist es nicht mehr nötig, ein Blatt weiter aufzuspalten? Sicherlich dann, wenn man bei der Teilmenge B von Merkmalswerten, die dieses Blatt repräsentiert, eine eindeutige Entscheidung treffen kann, die, zumindest bei den Trainingsdaten, zu keiner Fehlklassifikation führt. Und das ist gerade dann der Fall, wenn alle Objekte, deren Merkmalsvektor dem Blatt B zugeordnet ist, ein und dasselbe Gruppenmerkmal g besitzen. Betrachtet man die zug. Wahrscheinlichkeitsverteilung[7] $p(g' \mid B)$, so gilt für diese also

$$p(g' \mid B) \;=\; 1 \text{ für } g' = g, \text{ und } 0 \text{ sonst.} \qquad \text{(Einpunktverteilung)}$$

In diesem Fall wäre das Blatt also *rein* bzw. sein Unreinheitswert sollte 0 betragen.

Der gegenteilige Fall, also der Fall größter Unreinheit, liegt vor, wenn ein Objekt, dessen Merkmalsvektor dem Blatt B zugeordnet ist, einer jeden der G Gruppen mit gleicher Wahrscheinlichkeit angehören könnte, denn dann kann man überhaupt keine Prognose treffen. Formal hieße dies:

$$p(g' \mid B) \;=\; \frac{1}{G} \text{ für alle } g' = 1, \ldots, G. \qquad \text{(Gleichverteilung)}$$

Die Idee des Algorithmus ist es nun, in einem jeden Schritt jenes Blatt anhand eines bestimmten Merkmales aufzuspalten, bei dem sich der größte Zugewinn an Reinheit erzielen lässt. Ein mögliches Unreinheitsmaß ist dabei der *Gini-Index*, definiert als

$$I_{\text{Gini}}(B) \;:=\; 1 \;-\; \sum_{g=1}^{G} p^2(g \mid B) \;=\; \sum_{g=1}^{G} \sum_{g' \neq g} p(g \mid B) \cdot p(g' \mid B),$$

welcher Werte nur im Intervall $[0; 1 - \frac{1}{G}]$ annehmen kann, den Wert 0 bei perfekter Reinheit (=Einpunktverteilung), den Wert $1 - \frac{1}{G}$ bei perfekter Unreinheit (=Gleichverteilung). STATISTICA berücksichtigt hier die Fehlklassifikationskosten insofern, als es einen korrigierten Gini-Index verwendet, definiert als

$$I_{\text{Gini}}^{\text{korr.}}(B) \;:=\; \sum_{g=1}^{G} \sum_{g' \neq g} K(g \mid g') \cdot p(g \mid B) \cdot p(g' \mid B),$$

wobei $K(g \mid g')$ die Kosten bezeichnet, die eine Fehlklassifikation eines Objektes der Gruppe g' als ein g-Objekt aufwirft.

Andere Möglichkeiten, eine Unreinheit im obigen Sinne zu messen, sind alternative *Konzentrationsmaße* wie etwa die Entropie, die jedoch nicht in STATISTICA implementiert ist, und *Abhängigkeitsmaße*. Idee ist hier, dass ein Blatt mit bestimmtem Merkmal als rein interpretiert wird, wenn es hochgradige Abhängigkeit zur klassifizierenden Variable aufweist. Solche Abhängigkeitsmaße werden in Hintergrund 10.1.3.2 diskutiert, wobei hohe Werte des Maßes bzw. geringe Werte des zug. p-Wertes hohe Abhängigkeit ausdrücken. Eng verwandt zu der in Hintergrund 10.1.3.2 diskutierten χ^2-Statistik von Pearson sind das χ^2- und G^2-Maß, welche von STATISTICA im Feld *Anpassungsgüte* angeboten werden.

[7] $p(g' \mid B) \;:=\; P(Gr(\boldsymbol{X}) = g' \mid \boldsymbol{X} \in B)$ ist die A-posteriori-Wahrscheinlichkeit dafür, dass das Objekt der Gruppe g' angehört, wenn sein Merkmalsvektor in B liegt. Da man die tatsächliche Wahrscheinlichkeit natürlich nicht kennt, muss man sie aus den Trainingsdaten heraus schätzen, mit Hilfe geeigneter relativer Häufigkeiten und der Bayesschen Regel gemäß Formel (7.28).

Bei den QUEST-Verfahren, siehe Loh & Shih (1997), wird in einem jeden Schritt des Algorithmus zuerst eine Merkmalsvariable ausgewählt. Im Falle ordinaler Variablen geschieht dies mit Hilfe einer ANOVA, siehe Abschnitt 9.6, bei kategorialen Variablen mit dem bereits genannten Pearson χ^2-Test, siehe Hintergrund 10.1.3.2. An dieser Stelle wird die vorgegebene Schranke des p-Wertes aus Durchführung 7.4.3.3 verwendet. Anschließend wird anhand des gewählten Merkmales, nach eventueller Transformation, mittels *quadratischer Diskriminanzanalyse* eine geeignete Aufspaltung gesucht. ◇

Zum Schluss müssen wir noch Abbruchkriterien für den oben angeführten Algorithmus 7.4.3.1 formulieren. Wie in der Bemerkung zu Algorithmus 7.4.3.1 diskutiert, ist dabei zu berücksichtigen, ob abschließend ein Pruning durchgeführt werden soll.

Durchführung 7.4.3.5

Knüpfen wir an Durchführung 7.4.3.3 an. Auf der Karte *Stop-Regeln* müssen wir uns für ein Abbruchkriterium entscheiden. Wählen wir *Direkter Abbruch (FACT)*, so wird der Algorithmus (theoretisch) so frühzeitig abgebrochen, dass der Baum gleich von richtiger Größe und kein Pruning mehr nötig ist. Dazu müssen wir unter *Parameter für Stop* den *Anteil Objekte* festlegen, siehe Hintergrund 7.4.3.6.

Oder wir entscheiden uns für eine der beiden *Pruning*-Strategien, dann müssen wir im Feld *Parameter für Stop* festlegen, wann der maximale Baum erreicht ist und der Pruning-Schritt beginnen kann. Es werden hierbei Vorgaben für *Minimum n* und *SE-Regel* verlangt. •

Hintergrund 7.4.3.6

Sicherlich ist es stets sinnvoll, den Aufspaltprozess abzubrechen, wenn alle Blätter rein sind. Da dies entweder nicht erreichbar ist, oder dann im schlimmsten Fall die Blätter nur noch ein einzelnes Objekt der Trainingsdaten repräsentieren (Überanpassung!), kann man zusätzlich noch eine Mindestanzahl an Trainingsobjekten festlegen, die durch ein Blatt repräsentiert werden müssen. Im Falle abschließenden Pruning legt man hier bei *Minimum n* eine konkrete, im allgemeinen recht kleine Zahl fest, beim FACT-Ansatz wählt man einen Anteil. Vorgabe ist hier 0,05, d. h. wenn ein Blatt höchstens 5 % der Trainingsdaten repräsentiert, wird es nicht mehr weiter gespalten.

Die Bestimmung der *SE-Regel* (**S**tandard **E**rror) wiederum bezieht sich auf den Pruning-Prozess, für eine detaillierte Beschreibung sei auf Abschnitt 3.4 bei Breiman et al. (1984) verwiesen. Diese Regel spiegelt den Konflikt zwischen zwei gegenläufigen Wunschvorstellungen wider: Einerseits soll ein Baum möglichst klein sein, da dann leicht interpretierbar, andererseits soll er möglichst wenige Fehlklassifikationen verursachen, also die Fehlklassifikationskosten gering halten. Das Pruning-Verfahren ermittelt nun durch *Kreuzvalidierung*[8], welche Kosten minimal erreichbar sind. Der SE-Wert gibt eine Toleranz zur Erreichung dieses Wertes an, in Vielfachen des via Kreuzvalidierung geschätzten Standardfehlers der Minimalkosten. Diese Toleranz wird auf die minimalen Kosten aufaddiert. Das Verfahren wählt nun den kleinsten Baum aus, dessen Fehlklassifikationskosten im spezifizierten Bereich liegt. Konsequenz: Bei kleinem SE-Wert gibt es wenig Fehlklassifikationen, u. U. ist der Baum aber recht groß, bei großem SE-Wert erreicht man einen kompakten Baum auf Kosten der Fehlklassifikationen. ◇

Durchführung 7.4.3.7

Nachdem wir nun gemäß der Durchführungen 7.4.3.2 bis 7.4.3.5 alle Einstellungen getroffen haben, klicken wir auf *OK* und wechseln im sich öffnenden Dialog auf die Karte *Baumgrafik*. Dort wählt man bei *Knotenplot* die Einstellung *Histogramme*, oder bei einem sehr komplexen Baum aus Gründen der Übersicht *Kein Knotenplot*. Ferner kann man bei den übrigen Optionen je nach Geschmack Häkchen setzen oder entfernen. Im Falle der Abbildung 7.42 etwa wurden die Häkchen bei *Schiefe Zweige* und *Knoten-Nummern* entfernt. Schließlich klickt man auf *Baumgrafik*. •

Betrachten wir nun endlich ein Beispiel:

Beispiel 7.4.3.8

In einer Umfrage unter seinen 75 Mitarbeitern hat ein mittelständischer Bauwarenhändler diese u. a. nach der Zufriedenheit mit ihrem Arbeitsplatz gefragt. Im fiktiven Datensatz **`Zufriedenheit.sta`** sind die Antworten der Mitarbeiter verzeichnet, zudem ist der Datensatz durch drei Merkmale ergänzt:

- *Arbeitsort* beschreibt das Einsatzgebiet der Mitarbeiter: Diese sind entweder im Lager (L) oder der Verwaltung (V) tätig, also ohne größeren Kundenkontakt, oder sie sind im Geschäft (G) bzw. im Außendienst (A) tätig, dann jeweils in direktem Kontakt zu Kunden.

[8] V-fache Kreuzvalidierung, wobei man den Wert für V auf der Karte *Stichproben* festlegt, bedeutet, dass die Trainingsdaten in V etwa gleichgroße Teilmengen partitioniert werden. Anschließend werden jeweils $V-1$ von ihnen als Trainingsdaten verwendet, die verbleibende Teilmenge als Teststichprobe. Dadurch wird V-mal ein Anpassungsprozess durchgeführt und die sich ergebenden Messwerte können für Abschätzungen verwendet werden.

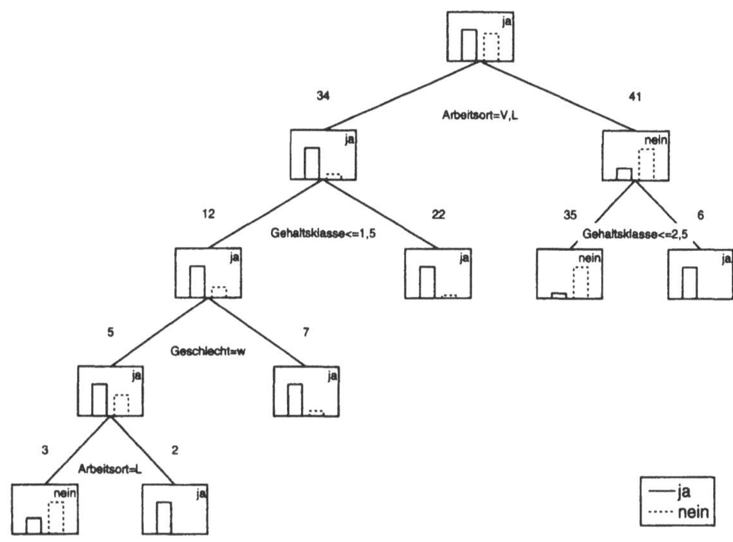

Abb. 7.44: *Klassifikationsbaum zu Beispiel 7.4.3.8.*

- *Gehaltsklasse* kann die Werte 1 bis 4 annehmen, wobei 1 den geringsten Verdienst und 4 den höchsten Verdienst beschreibt.

- *Geschlecht* des Mitarbeiters kann die Werte weiblich (w) und männlich (m) annehmen.

Ist es möglich, mit den angeführten drei Merkmalen die Zufriedenheit mit dem Arbeitsplatz zu erklären?

Abhängige Variable ist hier *Zufrieden* (ja/nein), kategoriale Prädiktoren sind *Arbeitsort* und *Geschlecht*, ordinaler Prädiktor ist *Gehaltsklasse*. Da die Daten offenbar repräsentativ sind, wählen wir *Priorwahrsch.keiten Geschätzt* und *identische Kosten*. Als Methode wählen wir CART, als Stopregel FACT. Bei *Parameter für Stop: Anteil Objekte* wählen wir zuerst 0,05.

Anschließend klicken wir auf *OK*, entfernen auf der Karte *Baumgrafik* ein Häkchen nur bei *Knoten-Nummern*, und wählen als *Knotenplot: Histogramme*. Der somit erzeugte Baum ist in Abbildung 7.44 wiedergegeben.

Offenbar ist dieser Baum viel zu komplex, gerade die Aufspaltungen in der linken Hälfte des Baumes scheinen kaum Gewinn zu bringen. Ferner sind die untersten Blätter sehr schlecht besetzt, so wird beispielsweise die Regel

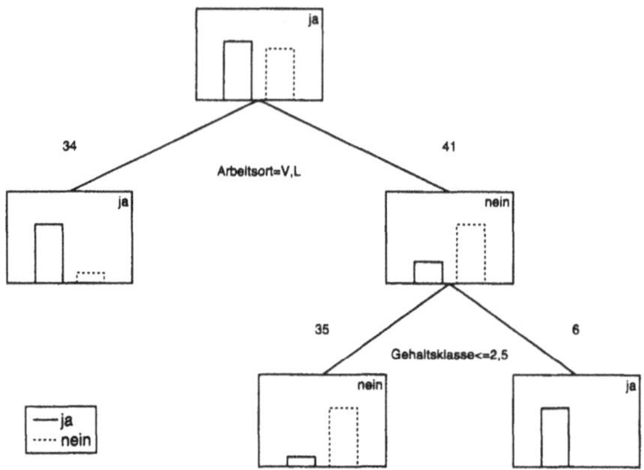

Abb. 7.45: *Klassifikationsbaum zu Beispiel 7.4.3.8.*

$$\text{Arbeitsort} \in \{\text{V}, \text{L}\} \text{ und Gehaltsklasse} \leq 1{,}5 \text{ und Geschlecht} = \text{w} \text{ und Arbeitsort} \neq \text{L}$$
$$\Rightarrow \text{Zufrieden} = \text{ja}$$

bzw. etwas kürzer

$$\text{Arbeitsort} = \text{V} \text{ und Gehaltsklasse} = 1 \text{ und Geschlecht} = \text{w} \Rightarrow \text{Zufrieden} = \text{ja}$$

gerade einmal durch 2 Fälle der Trainingsdaten bestätigt. Grund: Der von uns gewählte Anteil von 0,05, das sind bei 75 Daten gerade mal 3,75 Werte, ist zu klein.

Wählt man stattdessen den Anteil 0,1, bei sonst unveränderten Einstellungen, erhält man den Baum aus Abbildung 7.45. Dieser impliziert

- Arbeitsort $\in \{\text{V}, \text{L}\}$ $\Rightarrow$ Zufrieden = ja,
- Arbeitsort $\in \{\text{G}, \text{A}\}$ und Gehaltsklasse ≤ 2 $\Rightarrow$ Zufrieden = nein,
- Arbeitsort $\in \{\text{G}, \text{A}\}$ und Gehaltsklasse ≥ 3 $\Rightarrow$ Zufrieden = ja.

Demnach scheint also der Kontakt mit Kunden die Freude an der Arbeit zu trüben, welche allenfalls durch ein höheres Gehalt wieder erweckt werden kann. Allerdings beruht Letzteres gerade mal auf 6 Daten. □

7.5 Aufgaben

Es wird empfohlen, für jede Aufgabe einen eigenen STATISTICA-Bericht (Endung `.str`) anzulegen.

Aufgabe 7.5.1

Der Datensatz **`Wirtschaftsdaten.sta`**, entnommen aus Falk et al. (2002), enthält neun Wirtschaftsindikatoren von insgesamt zwanzig verschiedenen Ländern aus dem Jahr 1993: Investitionsquote, Inflationsrate, Zuwachsrate des Bruttoinlandsprodukts, Steuerquote, Zahl der Kernkraftwerke, Arbeitslosenquote, durchschnittlicher Stundenlohn, Zahl der Einwohner (Mio.), Streiktage pro 1.000 Arbeiter.

Analysieren Sie diesen Datensatz auf Häufungen und Ausreißer hin – lassen sich Gruppen von Ländern feststellen, die auf Grund dieser Daten als 'ähnlich' einzustufen sind, Länder, die zu keinem anderen Land dazupassen? Überlegen Sie vor Beginn Ihrer Analysen, ob eine Standardisierung sinnvoll sein könnte.

(a) Verwenden Sie dazu zuerst agglomerative Verfahren mit euklidischem Abstand (für Fälle!), etwa Single Linkage und Wards Methode. Versuchen Sie die sich ergebenden Cluster zu beschreiben.

(b) Führen Sie, basierend auf einer Distanzmatrix mit euklidischen Abständen, eine MDS durch. Vergleichen Sie die erkennbare Häufungsstruktur mit den Resultaten der Teilaufgabe (a).

(c) Wenden Sie nun das K-Means-Verfahren an, mit den Vorgaben $K = 2, \ldots, 6$ Cluster und *Maximimierung der Zwischen-Cluster-Distanzen.* Erstellen Sie jeweils zumindest eine Mittelwertgrafik, und lassen Sie die Zuordnung der Länder zu den Clustern ausgeben. Anhand welcher Merkmale erfolgt die Trennung? Vergleichen Sie die sich ergebenden Clusterungen mit denen aus Teilaufgabe (a) und (b).

Aufgabe 7.5.2

Betrachten Sie erneut den Datensatz aus Aufgabe 7.5.1.

(a) Führen Sie eine Hauptkomponentenanalyse basierend auf den Korrelationen durch. Lassen sich die Daten in ihrer Dimension reduzieren, warum?

(b) Nun soll eine Faktorenanalyse durchgeführt werden, einmal mit Varimax-, einmal mit Quartimaxrotation. Versuchen Sie die sich ergebenden Faktoren zu charakterisieren. Beurteilen Sie die Güte der Approximationen durch Betrachtung der Kommunalitäten.

Aufgabe 7.5.3

Die Datei `Umfrage.sta` enthält Auszüge von Resultaten einer Umfrage unter Teilnehmern eines Kurses im Rahmen eines MBA-Studiengangs. Der Fragebogen war dabei nach dem *Servqual-Modell* gestaltet, d. h. die insgesamt 22 Fragen waren in 5 Kategorien angeordnet, und die Teilnehmer sollten jeweils ihre Erwartungen mit den tatsächlichen Erfahrungen auf einer 7-stufigen *Likertskala* bewerten, vgl. auch die einleitenden Worte zu Abschnitt 11.3.5. Die fünf Kategorien sind dabei *Ort* und räumliche Gegebenheiten, *Inhalt* des Kurses, *Auftreten* der Dozenten, *Kompetenz* der Dozenten, *Gestaltung* des Kurses. Positive Werte besagen, dass die Erwartungen über-, und negative, dass sie untererfüllt wurden.

(a) Führen Sie analog zu Aufgabe 7.5.1 (a) eine Clusteranalyse durch, insbesondere mit Wards Methode. Interpretieren Sie das Resultat, indem Sie versuchen, die sich ergebenden Cluster zu beschreiben (Cluster der Zufriedenen, etc.).

(b) Begutachten Sie entsprechend das Resultat einer MDS.

(c) Führen Sie nun, ähnlich zu Aufgabe 7.5.1 (c), das K-Means-Verfahren für versch. Clusterzahlen durch und versuchen Sie folgende Fragen begründet zu beantworten:

  - Wieviele Cluster gibt es?
  - Wodurch sind diese Häufungen charakterisiert, bzw. wodurch unterscheiden Sie sich voneinander?

Aufgabe 7.5.4

Die Datei `Bruttowertschoepfung.sta`[9] enthält Angaben zur relativen Verteilung der gesamten Bruttowertschöpfung einzelner Länder auf unterschiedliche Wirtschaftszweige. Diese sind

- *Landwirtschaft*: Land- und Forstwirtschaft, Fischerei,
- *Prod. Gewerbe*: Produzierendes Gewerbe,
- *Baugewerbe*: Baugewerbe,
- *Handel*: Handel, Gastgewerbe und Verkehr,
- *Finanzsektor*: Finanzierung, Vermietung und Unternehmensdienstleister,
- *Öff. Dienst*: Öffentliche und private Dienstleister.

Analysieren Sie die Daten in Analogie zu den Aufgaben 7.5.1 und 7.5.3 auf Häufungstruktur und Ausreißer hin. Interpretieren und vergleichen Sie jeweils die Resultate.

[9] Quelle: Statistische Ämter des Bundes und der Länder, Arbeitskreis Volkswirtschaftliche Gesamtrechnungen der Länder, 2004.

Aufgabe 7.5.5

Betrachten Sie erneut die Daten aus Aufgabe 7.5.4. Untersuchen Sie diese unter den gleichen Fragestellungen wie in Aufgabe 7.5.2 mit Hilfe der Hauptkomponenten- und Faktorenanalyse.

Aufgabe 7.5.6

Die Datei `EM2004Viertelfinale.sta` enthält Spielstatistiken[10] zur Fußballeuropameisterschaft 2004 (gemittelt pro Spiel) zu allen Mannschaften, die damals zumindest das Viertelfinale erreicht haben.

(a) Standardisieren Sie die Daten und führen Sie eine agglomerative Clusteranalyse durch, etwa mit *Single Linkage* und *Complete Linkage*. Gibt es Häufungen, gibt es Ausreißer?

(b) Wiederholen Sie Teilaufgabe (a), jedoch mit Hilfe einer MDS. Vergleichen Sie die Resultate mit denen aus (a).

Aufgabe 7.5.7

Die Daten aus Aufgabe 7.5.6 sollen nun unter den gleichen Fragestellungen wie in Aufgabe 7.5.2 mit Hilfe der Hauptkomponenten- und Faktorenanalyse untersucht werden. Achten Sie dabei nach Durchführung einer Faktorrotation insbesondere auch auf die Vorzeichen innerhalb der einzelnen Faktorvektoren.

Aufgabe 7.5.8

Die Datei `Zns.sta`, entnommen aus Falk et al. (2002), enthält Daten zu Personen, deren Zentrales Nervensystem (ZNS) erkrankt ist (Gruppen 1 bis 3), sowie Vergleichsdaten von gesunden Personen (Gruppen 4 und 5). Ferner enthält sie Verhältniswerte der Anzahl bestimmter Zelltypen.

(a) Führen Sie eine Diskriminanzanalyse zur Variablen *Gruppe* mit den Variablen A/N, O/N und M/N durch. Welche der Merkmalsvariablen tragen zur Trennung bei?

(b) Erstellen Sie eine Scatterplot mit den fünf sich ergebenden Teilmengen, wobei Sie als Variablen A/N und O/N verwenden. Vergleichen Sie das Resultat mit dem aus Teilaufgabe (a).

(c) Erstellen Sie nun einen Klassifikationsbaum zu den Merkmalsvariablen der Teilaufgabe (a) – ergibt sich eine klare Trennung? Wiederholen Sie diese Teilaufgabe, indem Sie noch die Variable A/O hinzunehmen.

---

[10] Quelle: `http://de.wikipedia.org/wiki/Fu%C3%9Fball-Europameisterschaft_2004/Statistik#Insgesamte_Mannschaftsstatistiken`

Aufgabe 7.5.9

Analysieren Sie die Irisdaten aus Beispiel 7.4.1.4 mit Hilfe von Klassifikationsbäumen.

(a) Wählen Sie als Methode *Diskriminanz-basierte univariate Splits ...*, identische Kosten und Priorwahrscheinlichkeiten, als *Stop-Regel Pruning Fehlklassifikationsfehler.* Wählen Sie *Minimum n* zu 5, und schließlich bei *SE-Regel* einmal den Wert 0,1, einmal den Wert 0,5. Welcher der resultierenden Bäume erscheint Ihnen sinnvoller?

(b) Wiederholen Sie Teilaufgabe (a), jedoch mit der *Stop-Regel Direkter Abbruch (FACT)*, und belassen Sie den *Anteil Objekte* einmal beim Vorgabewert 0,05. Wählen Sie beim zweiten Mal 0,1.

Aufgabe 7.5.10

Die Datei `Scheidung.sta`, entnommen aus Falk et al. (2002), enthält Resultate einer Studie des Jahres 1979. Jeweils ca. 500 Personen, die entweder noch in einer Ehe lebten oder bereits geschieden waren, wurden befragt, ob sie mit einer anderen Person als dem (ehemaligen) Partner vorehelichen oder außerehelichen Sex hatten.

Untersuchen Sie die Daten mit Klassifikationsbäumen. Gibt es Merkmale im Datensatz, mit denen man das Scheidungsverhalten erklären kann?

Aufgabe 7.5.11

Betrachten Sie die Datei `Urin.sta` aus Beispiel 9.3.6. Wir wollen untersuchen, ob die beiden Merkmale Kalziumwert und pH-Wert einen Einfluss auf die Kristallbildung im Urin haben.

(a) Erstellen Sie zuerst einen Scatterplot der Daten und markieren Sie dabei die beiden durch Kristallbildung bestimmten Gruppen, genau wie im Tipp auf Seite 104 beschrieben. Erkennen Sie eine Möglichkeit, die beiden Teilmengen zu trennen?

(b) Führen Sie nun eine Diskriminanzanalyse durch. Berechnen Sie dabei insbesondere die standardisierten Koeffizienten und Strukturkoeffizienten der Diskriminanzfunktion sowie geeignete Kenngrößen, die Auskunft über die Güte der Trennung geben. Interpretieren Sie das Resultat!

(c) Führen Sie eine Klassifikation durch, wobei Sie als A-priori-Verteilung die Gleichverteilung wählen. Wie beurteilen Sie die Güte der Klassifikation?

(d) Wiederholen Sie Aufgabe (c), jedoch mit Hilfe von Klassifikationsbäumen. Beschreiben Sie die vom Baum implizierten Regeln.

Teil III

Induktive Statistik

8 Verteilungsanalyse

Motivation. Die meisten statistischen Testverfahren, vgl. Kapitel 9 und auch 11.1, welche auf Zufallsstichproben $X_1, \ldots, X_n$ angewendet werden, um eine bestimmte Hypothese überprüfen zu können, erfordern Verteilungsannahmen. Nur wenn die X_i einer gewissen Verteilung unterliegen, zumeist der Normalverteilung, liefern diese Testverfahren vertrauenswürdige Resultate. Deshalb ist es äußerst wichtig, vor einem jeden solchen Test zuerst einmal zu überprüfen, ob die geforderten Verteilungsannahmen überhaupt erfüllt sind. Andernfalls ist die Durchführung des Testverfahrens schlicht überflüssig, da sich ergebende Resultate dann jeglicher Grundlage entbehren und nicht verlässlich sind.

Ferner ist die Verteilungsanalyse auch für Modellierungszwecke bedeutsam, was an einem kleinen Beispiel erläutert werden soll: Stellen wir uns vor, wir vertreiben ein bestimmtes Produkt, auf das wir eine möglichst lange Garantie geben wollen. Kennen wir die Lebensdauerverteilung dieses Produktes, so können wir leicht jenen Zeitpunkt (Quantil) berechnen, ab welchem die Ausfallwahrscheinlichkeit ein bestimmtes Maß übersteigt. Durch diesen Zeitpunkt sollte dann die Garantie befristet werden, damit das Risiko hoher Garantiekosten in Grenzen gehalten wird. □

Im Folgenden sollen deshalb Verfahren besprochen werden, mit denen Verteilungshypothesen überprüft werden können. Eine Zusammenfassung wichtiger Verteilungen, wie sie dabei auftreten können, findet sich in Anhang A.2. Insgesamt werden wir drei verschiedene Verfahren kennenlernen, die man am besten auch stets allesamt zugleich anwenden sollte – wenn dies möglich wäre. Leider bietet STATISTICA ein jedes der genannten Verfahren immer nur für eine bestimmte Auswahl an Verteilungen an. Der Benutzer muss also gelegentlich auf manche der Verfahren verzichten.

Zu Beginn jedoch wollen wir uns mit einer verwandten Fragestellung beschäftigen. Alle in Anhang A.2 genannten Verteilungen sind parametrisch, d. h. die exakte Verteilung ist durch zwei Bausteine bestimmt: die *Verteilungsfamilie* und die *Verteilungsparameter*. Genau genommen sind die weiter unten beschriebenen Tests, zumindest wie STATISTICA sie uns präsentiert, auch keine Tests auf eine genaue Verteilung, sondern auf eine Verteilungsfamilie. Wir als Benutzer legen lediglich die hypothetische Verteilungsfamilie fest, z. B. Normalverteilung. STATISTICA schätzt dann, basierend auf dem Datensatz, die nötigen Parameter. STATISTICA sucht also eine Verteilung der hypothetischen Verteilungsfamilie, welche die gegebenen Daten möglichst gut beschreibt. Anschließend überprüft es anhand dieser Verteilung die Hypothese.

8.1 Schätzen von Verteilungsparametern

Nehmen wir also an, wir vermuten, die Stichprobe $X_1, \ldots, X_n$ gehöre einer gewissen Verteilungsfamilie an, z. B. der Normalverteilung. Wie gelangen wir an Schätzer der zug. Verteilungsparameter, im Falle der Normalverteilung also an die Parameter μ und σ^2? Verteilungsparameter werden von STATISTICA an mehreren Stellen geschätzt und angegeben. Es ist deshalb folgendes Vorgehen empfohlen:

Die Stichprobe befinde sich in der Variablen *Stichprobe*, und der vermutete Verteilungstyp sei XYZ. Dann können wir, wenn die Verteilungsfamilie XYZ im entsprechenden Menü angeboten wird, wie folgt verfahren:

- Wir wählen das Menü *Statistik* → *Verteilungsanpassung* und im erscheinenden Dialog die Verteilungsfamilie XYZ. Anschließend bestätigen wir mit *OK* und entscheiden uns für die *Variable* 'Stichprobe'. Auf der Karte *Parameter* kann dann die Schätzung der Parameter abgelesen werden.
- Wir erstellen ein Histogramm mit *Anpassungstyp* XYZ, vgl. Abschnitt 5.4. In der Kopfzeile des ausgegebenen Histogramms sind die Schätzwerte angegeben.

Ist das Modul *Prozessanalyse* verfügbar, siehe Anhang E, so kann man ferner das Menü *Statistik* → *Industrielle Statistiken & Six Sigma* → *Prozessanalyse* → *Prozessfähigkeitsanalyse und Toleranzintervalle, Einzeldaten* wählen. Nach Auswahl der Variablen wechselt man auf die Karte *Verteilung* und klickt dort auf *Alle Verteilungen ...*, ohne dass man sich hier für einen konkreten Verteilungstyp entscheiden müsste. Einzig mögliche Lageparameter müsste man per Hand vorgeben. Es werden dann Parameterschätzungen für eine Reihe von Verteilungen aufgelistet. Eine jede Zeile ABC der Tabelle ist also so zu lesen: Wenn tatsächlich die Verteilungsfamilie ABC vorliegt, wären die Werte der Felder *Param.1* und *Param.2* zugehörige Schätzwerte der Parameter.

8.2 Grafische Methoden der Verteilungsanalyse

Sei $X_1, \ldots, X_n$ eine unabhängige und identisch verteilte Zufallsstichprobe mit (unbekannter) Verteilungsfunktion F. Wir haben jedoch die Vermutung/Hypothese[1], es könnte sich bei F um die Funktion F_0 handeln. Wie können wir prüfen, ob unsere Hypothese zutreffend ist, d. h. ob unsere Stichprobe tatsächlich der hypothetischen Verteilung F_0 unterliegt? Dies ist die zentrale Fragestellung der Verteilungsanalyse.

In diesem Abschnitt[2] wollen wir uns mit grafischen Methoden beschäftigen, die obige Hypothese zu überprüfen. Die naheliegendste Idee ist es dabei wohl, ein geeignetes *Histogramm* zu erstellen, vgl. Abschnitt 5.4, und in dieses eine *Anpassung* einzeichnen zu lassen, nämlich die zur hypothetischen Verteilung F_0 gehörende Dichte. Nun vergleicht man Histogramm und Anpassung und entscheidet dann, ob die Hypothese zutreffend sein könnte oder nicht.

Allerdings ist diese Methode mit Vorsicht zu genießen. Erstens sind natürlich optische Eindrücke sehr subjektiv, und zweitens wurde ja bereits in Abschnitt 5.4 darauf hingewiesen, dass das Erscheinungsbild sehr leicht durch eine entsprechende Wahl der Kategorien manipulierbar ist. Deshalb sollten stets weitere Methoden zu Rate gezogen und eine Entscheidung basierend auf dem Gesamteindruck getroffen werden.

Eine zweite, als sehr zuverlässig eingestufte, grafische Methode zur Überprüfung einer Verteilungshypothese ist der *Quantilplot*, der jedoch nur bei Verteilungen vom stetigen Typ anwendbar ist. Sei also F_0 die hypothetische stetige Verteilung, dann berechnet man deren Quantile und vergleicht sie mit den zug. empirischen Quantilen der Stichprobe, indem man sie in einem Scatterplot gegeneinander aufträgt. Ist die gemachte Verteilungshypothese zutreffend, so müssten die sich ergebenden Punkte auf einer Geraden liegen.

Hintergrund 8.2.1

Zwei Zusammenhänge sind von zentraler Bedeutung:

Ist F eine stetige Verteilungsfunktion und X eine gemäß F verteilte Zufallsvariable, so ist $U := F(X)$ eine auf $(0;1)$ gleichverteilte Zufallsvariable.

Ist umgekehrt U eine auf $(0;1)$ gleichverteilte Zufallsvariable und F^{-1} die Quantilfunktion (verallgemeinerte Inverse) der Verteilungsfunktion F, so ist $X := F^{-1}(U)$ eine Zufallsvariable, welche gemäß F verteilt ist.

[1]Wie eingangs erwähnt, können wir bei STATISTICA sogar nur eine hypothetische Verteilungs*familie* angeben.

[2]Beispiele finden sich diesmal gesammelt in Abschnitt 8.4.

Seien $X_1, \ldots, X_n$ unabhängige Zufallsvariablen mit Verteilungsfunktion F und $U_1, \ldots, U_n$ ebenfalls unabhängige, aber auf $(0;1)$ gleichverteilte Zufallsvariablen. Dann müssen nach eben Gesagtem die Zufallsvariablen $F^{-1}(U_1), \ldots, F^{-1}(U_n)$ unabhängig sein mit Verteilungsfunktion F. Ist $X_{(i,n)}$ die i-te Ordnungsstatistik der Zufallsvariablen $X_1, \ldots, X_n$, vgl. Anhang A.1.1, und $U_{(i,n)}$ die i-te Ordnungsstatistik von $U_1, \ldots, U_n$, so müsste man also $X_{(i,n)}$ durch $F^{-1}(U_{(i,n)})$ approximieren können, und genau dies ist die Grundidee des *Quantilplots.*

Man schätzt also die zu erwartende Realisation von $U_{(i,n)}$, deren Erwartungswert gegeben ist durch $\frac{i}{n+1}$, durch einen Wert der Form $\frac{i-i_{korr}}{n+n_{korr}}$ ab, STATISTICA wählt für die Korrekturterme $i_{korr} = n_{korr} = \frac{1}{3}$. Ergo sollte $F^{-1}\left(\frac{i-i_{korr}}{n+n_{korr}}\right)$ ein geeigneter Schätzwert für die Realisation von $X_{(i,n)}$ sein, falls unsere Hypothese, dass den $X_1, \ldots, X_n$ die Verteilung F zu Grunde liegt, zutreffend ist.

Um dies zu prüfen, trägt man nun auf der Querachse diese sog. *theoretischen Quantile* auf, auf der Hochachse die tatsächlich beobachteten Realisationen und zeichnet jeweils für das Paar ($F^{-1}\left(\frac{i-i_{korr}}{n+n_{korr}}\right)$, $X_{(i,n)}$) einen Punkt in das Koordinatensystem ein. Ist die Hypothese zutreffend, so müssten die erhaltenen Punkte in etwa auf einer Geraden liegen. Für weitere Details zum Quantilplot siehe Abschnitt 1.6 in Falk et al. (2002). ◇

Durchführung 8.2.2

Quantilplots kann man im Menü *Grafik* → *2D-Grafiken* → *Quantil-Quantil-Plots* erstellen. Dabei kann man auf der Karte *Details* einen Verteilungstyp auswählen; per Voreinstellung wird stets die Dichte der Normalverteilung markiert. •

Völlig analog ist der *Probabilityplot* definiert, wobei man diesmal den ersten Zusammenhang von Hintergrund 8.2.1 verwendet. Hier trägt man auf einer Achse die Werte $F(X_{(i,n)})$, auf der anderen die Schätzer $\frac{i}{n+1}$ auf. Auch hier müssten die Punktepaare ($F(X_{(i,n)})$, $\frac{i}{n+1}$) in etwa auf einer Geraden liegen, wenn die Hypothese zutreffend ist, dass die $X_1, \ldots, X_n$ tatsächlich gemäß F stetig verteilt sind.

Durchführung 8.2.3

Probabilityplots kann man im Menü *Grafik* → *2D-Grafiken* → *Probability-Probability-Plots* erstellen. Dabei kann man auf der Karte *Details* einen Verteilungstyp auswählen; per Voreinstellung wird stets die Dichte der Normalverteilung markiert. •

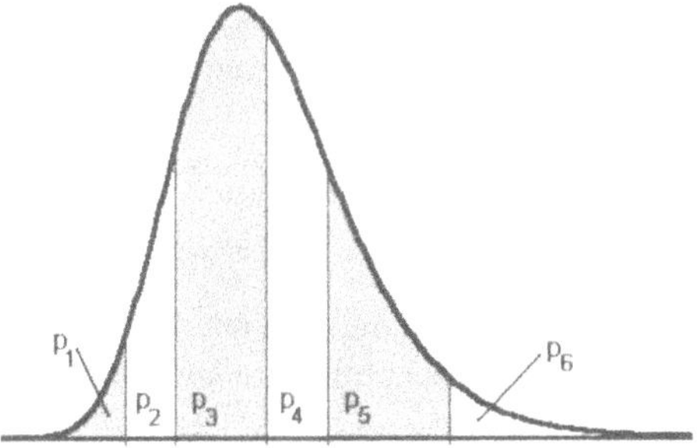

Abb. 8.1: *Theoretische Häufigkeiten in sechs Kategorien.*

8.3 Der χ^2-Test auf Verteilungsanpassung

Eine nichtgrafische Möglichkeit, um einen Datensatz auf einen bestimmten Verteilungstyp hin zu untersuchen, ist *Pearsons* χ^2*-Test auf Verteilungsanpassung.* Die Idee ist aber ähnlich wie beim Histogramm mit Anpassung: Der mögliche Wertebereich wird in eine endliche Zahl k von Intervallen unterteilt und die Häufigkeiten bestimmt, mit denen Datenwerte in den einzelnen Intervallen liegen. Diese tatsächlich beobachteten Häufigkeiten werden nun mit jenen verglichen, die zu erwarten wären, wenn denn ein bestimmter Verteilungstyp vorläge.

Hintergrund 8.3.1

Sei $X_1, \ldots, X_n$ eine unabhängige und identisch verteilte Zufallsstichprobe mit (unbekannter) Verteilungsfunktion F. Es bestehe die Hypothese, dass die Zufallsvariablen gemäß der Verteilungsfunktion F_0 verteilt seien.

Der Wertebereich der Zufallsvariablen werde nun unterteilt in k Bereiche bzw. Intervalle $I_1, \ldots, I_k$. Dann kann man die theoretischen 'Trefferwahrscheinlichkeiten' $p_1, \ldots, p_k$ mit $p_j := P(X_i \in I_j)$ mit Hilfe der Verteilung F ausdrücken, vgl. das Beispiel in Abbildung 8.1. Bei einer Stichprobe vom Umfang n wäre somit die erwartete Zahl von 'Treffern' im Bereich I_j gerade np_j.

Tatsächlich kennen wir F aber nicht, vermuten jedoch, dass $F = F_0$ gilt. Wir können nun die hypothetisch zu erwartenden Trefferzahlen np_j^0 mit Hilfe von F_0 berechnen. Diese hypothetischen Trefferzahlen vergleichen wir dann mit den tatsächlich beobachteten Trefferzahlen

$$N_j := \text{Anzahl jener } X_i,\ i = 1, \ldots, n, \text{ die in Bereich } I_j \text{ fallen,}$$

und zwar mit Hilfe der Statistik

$$T := \sum_{j=1}^{k} \frac{(N_j - np_j^0)^2}{np_j^0}.$$

Wenn tatsächlich unsere Hypothese $F = F_0$, und somit $p_j^0 = p_j$, $j = 1, \ldots, k$, stimmt, *dann* müsste T approximativ χ^2-verteilt sein mit $k-1$ Freiheitsgraden. ◇

Bemerkung zu Hintergrund 8.3.1.

Diese Approximation ist i. A. jedoch nur gut, wenn $np_j \geq 5$ für alle $j = 1, \ldots, k$ gilt. Dies ist bei der Wahl des Stichprobenumfangs und der Zahl und Art der Bereiche zu berücksichtigen. Etwas schwächere Anforderungen stellt *Cochrans Regel.* Laut dieser würde es bereits genügen, wenn zumindest 80 % aller theoretischen Besetzungszahlen $np_j \geq 5$ sind, und die übrigen zumindest ≥ 1. Vertiefende Informationen zum χ^2-Test findet der interessierte Leser z. B. in Abschnitt 4.1 in Falk et al. (2002). □

Basierend auf dem tatsächlich beobachteten Wert der Statistik T aus Hintergrund 8.3.1 und der gemachten Hypothese wird nun der *p-Wert* berechnet, vgl. auch Seite 200. Der p-Wert gibt, anschaulich gesprochen, jene Wahrscheinlichkeit an, mit der, unter der gemachten Hypothese, ein solches Ergebnis wie beobachtet oder gar ein noch extremeres auftreten kann. Ist der p-Wert sehr klein, d. h. üblicherweise kleiner 0,05 oder 0,01, dann scheint die Hypothese nicht zutreffend zu sein, sollte also abgelehnt werden.

Ist der p-Wert dagegen größer als etwa 0,05, kann man erst einmal keine Aussage treffen, man kann lediglich nicht guten Gewissens ablehnen. Eine derartige Nichtablehnung ist aber nicht mit einer Annahme der Hypothese gleichzusetzen, sondern muss als *Stimmenthaltung*[3] (Basler, 1994, S. 168) verstanden werden. Ist der p-Wert jedoch deutlich größer als 0,05, so wird man dies in der Praxis als Indiz dafür werten, dass die Daten tatsächlich der hypothetischen Verteilung unterliegen könnten.

Durchführung 8.3.2

Der χ^2-*Anpassungstest* ist im Menü *Statistik* → *Verteilungsanpassung* enthalten. Dort wählt man zuerst die vermutete Verteilung aus und betrachtet anschließend die Karte *Parameter.* Unten findet man bereits die Schätzungen für Mittelwert und Varianz der untersuchten Daten, oben kann man unter *Anzahl Kategorien*, völlig analog zum entsprechenden Punkt bei den Histogrammen, die Zahl der betrachteten Intervalle angeben. •

Bemerkung zu Durchführung 8.3.2.

Wie oben bereits bemerkt, ist die Güte der Approximation nur gewährleistet, wenn die erwarteten Besetzungszahlen der einzelnen Kategorien genügend groß

[3]Positiv formuliert: Es ergab sich kein Widerspruch zur Hypothese.

sind. Ist dies nicht der Fall, so führt STATISTICA intern eine Zusammenlegung von Klassen durch, was für den Benutzer nur in der Zahl der Freiheitsgrade sichtbar wird: Diese sind dann kleiner als erwartet und STATISTICA gibt in Klammern den Hinweis *korrig.* aus. Will man diesen Automatismus unterdrücken, so muss man auf der Karte *Optionen* im Feld *Chi-Quadrat Test* den Haken bei *Kategorien kombinieren* entfernen. Wichtig ist zudem, dass STATISTICA die Randkategorien jeweils nicht in die Berechnung miteinbezieht. Sind also l Kategorien gewählt, werden tatsächlich nur $k = l - 2$ Kategorien berücksichtigt, entsprechend ergeben sich $l - 3$ Freiheitsgrade. □

Ferner sei darauf hingewiesen, dass gemäß Hintergrund 8.3.1 bereits vor Durchführung des Testverfahrens die hypothetische Verteilung vollständig festgelegt sein müsste. Tatsächlich aber bestimmen wir oft nur die Verteilungs*familie*. STATISTICA schätzt dann auf Basis desselben Datenmaterials, mit dem anschließend die Verteilungshypothese getestet wird, auch die Parameter. Deshalb sind die resultierenden p-Werte mit Vorsicht zu interpretieren. Allerdings würde es das Menü der Verteilungsanpassung, Karte *Parameter*, auch erlauben, hypothetische Verteilungsparameter anzugeben, falls bekannt. In diesem Fall würde dann das Testverfahren genau wie in Hintergrund 8.3.1 beschrieben durchgeführt.

Neben Pearsons χ^2-Test bietet STATISTICA auch den *Kolmogorov-Smirnov-Test* an, für dessen Beschreibung auf die Literatur verwiesen sei. Dieser baut auf der empirischen Verteilungsfunktion der Daten auf und vergleicht diese mit einer hypothetischen Verteilung. Die Daten können dabei als Einzeldaten vorliegen oder auch kategorisiert. Um den Kolmogorov-Smirnov-Test anzuwenden, muss auf der Karte *Optionen* im Feld *Kolmogorov-Smirnov-Test* entweder *Ja (stetig)* gewählt werden, falls Einzeldaten vorliegen, oder *Ja (in Kategorien)*, falls die Daten kategorisiert sind. Anschließend werden dann bei einem Vorgehen gemäß Durchführung 8.3.2 auch dessen realisierte Teststatistik sowie eine obere Schranke für den p-Wert ausgegeben.

Den Kolmogorov-Smirnov-Test führt STATISTICA übrigens auch aus, falls man eine Verteilungsanpassung über das Modul *Prozessanalyse* durchführt, vgl. Abschnitt 8.1. Dann werden die einzelnen Verteilungstypen gemäß dessen Teststatistiken in der Tabelle angeordnet, so dass der Verteilungstyp der ersten Zeile demzufolge am Besten zu den Daten passt. Es sei allerdings nochmals daran erinnert, dass dabei Parameterschätzungen und Testverfahren auf ein und demselben Datenmaterial beruhen, so dass die resultierenden p-Werte mit Vorsicht zu beurteilen sind.

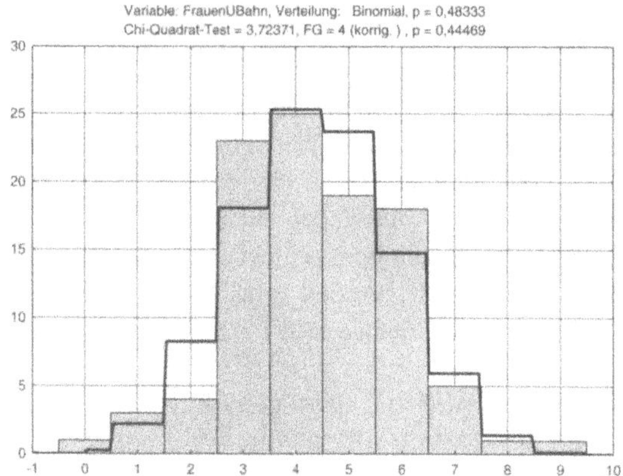

Abb. 8.2: *Histogramm der U-Bahn-Daten.*

Kateg.	Variable: FrauenUBahn, Verteilung: Binomial, p = 0,48333 (Binomial) Chi-Quadrat = 3,72371, FG = 4 (korrig.) , p = 0,44469								
	beob. Häufigkeit	kumulative beob.	Prozent beob.	kumul. % beob.	erwartet Häufigkeit	kumulative erwartet	Prozent erwartet	kumul. % erwartet	beob. - erwartet
<= 0,00000	1	1	1,00000	1,0000	0,26236	0,2624	0,26236	0,2624	0,73764
1,00000	3	4	3,00000	4,0000	2,20888	2,4712	2,20888	2,4712	0,79112
2,00000	4	8	4,00000	8,0000	8,26550	10,7367	8,26550	10,7367	-4,26550
3,00000	23	31	23,00000	31,0000	18,04190	28,7786	18,04190	28,7786	4,95810
4,00000	25	56	25,00000	56,0000	25,31685	54,0955	25,31685	54,0955	-0,31685
5,00000	19	75	19,00000	75,0000	23,68351	77,7790	23,68351	77,7790	-4,68351
6,00000	18	93	18,00000	93,0000	14,77036	92,5494	14,77036	92,5494	3,22964
7,00000	5	98	5,00000	98,0000	5,92176	98,4711	5,92176	98,4711	-0,92176
8,00000	1	99	1,00000	99,0000	1,38493	99,8560	1,38493	99,8560	-0,38493
< Unendlich	1	100	1,00000	100,0000	0,14395	100,0000	0,14395	100,0000	0,85605

Abb. 8.3: *χ^2-Anpassungstest der U-Bahn-Daten.*

8.4 Beispiele der Verteilungsanalyse

8.4.1 Binomialverteilung

In U-Bahn-Warteschlangen der Länge 10 wurde die Zahl der Frauen bestimmt. Die Daten, wiedergegeben in Hand et al. (1994), sind in der Datei `UBahn.sta` zusammengefasst. Wenn man davon ausgeht, dass ein gewisser Anteil π der Fahrgäste weiblichen Geschlechtes ist, ferner die in einer Warteschlange stehenden Personen unabhängig voneinander sind, so steht zu vermuten, dass sich diese Daten durch eine $B(10, \pi)$-Verteilung beschreiben lassen.

Um diese Vermutung zu testen, stellt uns STATISTICA im Falle der Binomialverteilung, welche ja vom diskreten Typ ist, nur die Werkzeuge Histogramm, siehe Abbildung 8.2, und Verteilungsanpassung, siehe Abbildung 8.3, zur Verfügung.

Das Histogramm zeigt glockenförmige Gestalt und leidliche Übereinstimmung mit der hypothetischen Dichte. Auch der χ^2-Anpassungstest rechtfertigt keine Ablehnung der Nullhypothese auf Binomialverteilung, da der p-Wert von ca. 0,44 sehr hoch ist. Man beachte hierbei, dass es sich bei 'Binomial $p = 0{,}48333$' im Titel des Histogramms aus Abbildung 8.2 *nicht* um den p-Wert handelt, der ist eine Zeile weiter unten aufgeführt, sondern um den Schätzwert für π. Gut 48 % der Personen in den Warteschlangen sind also weiblich. Der Aufbau der Tabelle aus Abbildung 8.3 wird exemplarisch in Abschnitt 8.4.3 weiter unten erläutert.

8.4.2 Gleichverteilung

Nahezu alle Mathematik- und Tabellenkalkulationsprogramme haben heutzutage Algorithmen zur Erzeugung von (Pseudo-)Zufallszahlen implementiert. Es sollte die Güte solcher Zufallszahlen getestet werden. Deshalb wurden stellvertretend für eine jede der genannten Programmklassen die Programme mathematica 4.0 und EXCEL 97 ausgewählt und Pseudozufallszahlen erzeugt. Das Resultat findet sich in der Datei `Zufallszahlen.sta`.

Laut Herstellerangaben sollten diese Zufallszahlen gleichverteilt sein, doch die Resultate überzeugen nur teilweise: Während mathematica scheinbar recht gut gleichverteilte Zufallszahlen erzeugt, vgl. Abbildung 8.6 und 8.7, hat EXCEL dieses Ziel klar verfehlt. Nicht nur das Histogramm in Abbildung 8.4 widerspricht dem augenscheinlich, auf Grund des miserablen p-Wertes von nur 0,00160, siehe Abbildung 8.5, müssen wir die Hypothese auf Gleichverteilung ablehnen.

Tipp!!

Gleichverteilte Zufallszahlen lassen sich mit STATISTICA wie folgt erzeugen: Zuerst erstellt man die Variablen, die es zu füllen gilt, und markiert den zu füllenden Bereich mit der Maustaste. Dann klickt man mit der rechten Maustaste in die Markierung und wählt im sich öffnenden PopUp-Menü den Punkt *Block füllen/standardisieren → Füllen mit zufälligen Werten.*

Will man anderweitig verteilte Zufallsvariablen erzeugen, beispielsweise $N(2,5)$-verteilte Zufallszahlen, kann man dies wie folgt tun, vgl. Abschnitt 3.2 und Hintergrund 8.2.1: Nehmen wir an, es stehen die Variablen '1' und '2' zur Verfügung, und Variable '1' wurde bereits mit gleichverteilten Zufallsvariablen gefüllt. Dann gibt man bei Variable '2' folgende Formel ein:

```
=VNormal(v1;2;5)
```

Hierbei ist 'VNormal(...)' die Quantilfunktion der Normalverteilung. Bei STATISTICA beginnen alle Quantilfunktionen mit einem 'V', vgl. hierzu auch Abschnitt 3.2.

Dem Leser sei empfohlen, anhand einer kleinen Simulationsstudie die Qualität der von STATISTICA generierten Zufallszahlen zu prüfen.

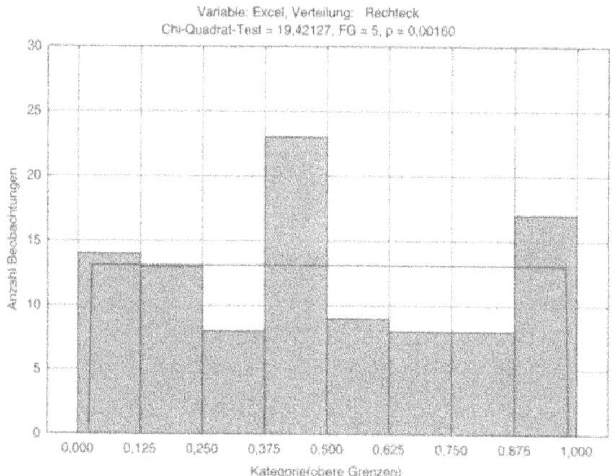

Abb. 8.4: *Histogramm der von EXCEL erzeugten Pseudozufallszahlen.*

	Variable: Excel, Verteilung: Rechteck (Gleichvert.sta) Chi-Quadrat = 19,42127, FG = 5, p = 0,00160								
Obere Grenze	beob. Häufigkeit	kumulative beob.	Prozent beob.	kumul. % beob.	erwartet Häufigkeit	kumulative erwartet	Prozent erwartet	kumul. % erwartet	beob. - erwartet
<= 0,12500	14	14	14,00000	14,0000	10,42350	10,4235	10,42350	10,4235	3,57650
0,25000	13	27	13,00000	27,0000	13,11873	23,5422	13,11873	23,5422	-0,11873
0,37500	8	35	8,00000	35,0000	13,11873	36,6610	13,11873	36,6610	-5,11873
0,50000	23	58	23,00000	58,0000	13,11873	49,7797	13,11873	49,7797	9,88127
0,62500	9	67	9,00000	67,0000	13,11873	62,8984	13,11873	62,8984	-4,11873
0,75000	8	75	8,00000	75,0000	13,11873	76,0171	13,11873	76,0171	-5,11873
0,87500	8	83	8,00000	83,0000	13,11873	89,1359	13,11873	89,1359	-5,11873
< Unendlich	17	100	17,00000	100,0000	10,86414	100,0000	10,86414	100,0000	6,13586

Abb. 8.5: *χ^2-Anpassungstest der von EXCEL erzeugten Pseudozufallszahlen.*

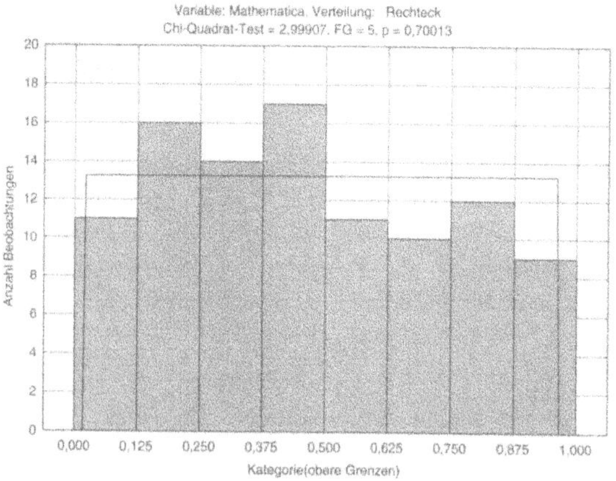

Abb. 8.6: *Histogramm der von **mathematica** erzeugten Pseudozufallszahlen.*

	Variable: Mathematica, Verteilung: Rechteck (Gleichvert.sta) Chi-Quadrat = 2,99907, FG = 5, p = 0,70013								
Obere Grenze	beob. Häufigkeit	kumulative beob.	Prozent beob.	kumul. % beob.	erwartet Häufigkeit	kumulative erwartet	Prozent erwartet	kumul. % erwartet	beob. - erwartet
<= 0,12500	11	11	11,00000	11,0000	10,94022	10,9402	10,94022	10,9402	0,05978
0,25000	16	27	16,00000	27,0000	13,25597	24,1962	13,25597	24,1962	2,74403
0,37500	14	41	14,00000	41,0000	13,25597	37,4522	13,25597	37,4522	0,74403
0,50000	17	58	17,00000	58,0000	13,25597	50,7081	13,25597	50,7081	3,74403
0,62500	11	69	11,00000	69,0000	13,25597	63,9641	13,25597	63,9641	-2,25597
0,75000	10	79	10,00000	79,0000	13,25597	77,2201	13,25597	77,2201	-3,25597
0,87500	12	91	12,00000	91,0000	13,25597	90,4761	13,25597	90,4761	-1,25597
< Unendlich	9	100	9,00000	100,0000	9,52394	100,0000	9,52394	100,0000	-0,52394

Abb. 8.7: *χ^2-Anpassungstest der von* **mathematica** *erzeugten Pseudozufallsz.*

8.4.3 Normalverteilung

Betrachten wir erneut die Körpergrößen von Frauen aus Beispiel 6.1.3. Zur Prüfung auf Normalverteilung steht das volle Repertoire an Verfahren zur Verfügung.

Die Ergebnisse aller drei betrachteten Instrumente deuten darauf hin, dass die Daten tatsächlich normalverteilt sein könnten. Der p-Wert des χ^2-Anpassungstestes der Frauen-Daten ist mit 0,83787 weit größer als 0,05, siehe Abbildung 8.10. Auch Histogramm und Quantilplot, siehe Abbildungen 8.8 und 8.9, widersprechen der Normalverteilungsannahme nicht. Die kleinen Abweichungen am Rand beim Quantilplot sind nicht ungewöhnlich.

Wie bereits oben in Abschnitt 8.4.1 angekündigt, soll am gegebenen Beispiel die Tabelle aus Abbildung 8.10, wie sie beim Anpassungstest in analoger Form immer ausgegeben wird, etwas genauer analysiert werden. Am linken Rand werden die Klassen beschrieben, indem jeweils die obere Grenze angegeben wird. Die Zeile *1526,66667* etwa gibt Statistiken für das Intervall (1487,77778 ; 1526,66667] an. In der dritten Spalte sind dann die entsprechenden beobachteten relativen Besetzungszahlen (in %) angegeben, in Spalte 7 dagegen die theoretisch zu erwartenden, unter der gemachten Verteilungshypothese. Diese Werte ergeben dann, multipliziert mit dem Stichprobenumfang n, die Werte der Spalten 1 bzw. 5. In den Spalten 2, 4, 6 und 8 dagegen sind jeweils kumulierte, also aufsummierte Werte aufgetragen. In Zeile *1526,66667* etwa bedeutet die Zahl 19 in Spalte 2, dass 19 Frauen $\leq$ 1526,66667 mm groß waren, was 9,5477 % aller vermessenen Frauen entspricht, siehe Spalte 4. Die Zahl 11,3951 in Spalte 8 dagegen besagt, dass eine $N(1601{,}9497,\ 62{,}435^2)$-verteilte Zufallsvariable X mit 11,3951 % Wahrscheinlichkeit $\leq$ 1526,66667 sein sollte, was man leicht mit dem Wahrscheinlichkeitsrechner nachrechnet, siehe Abschnitt A.3. Multipliziert mit $n = 199$ ergibt sich der Wert 22,6762 aus Spalte 6. Die genannten Parameterschätzwerte für die Normalverteilung können dabei dem Histogramm aus Abbildung 8.8 entnommen werden.

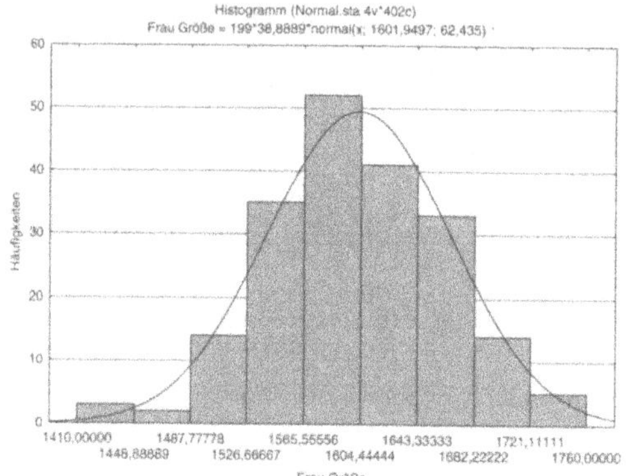

Abb. 8.8: *Histogramm der Frauen-Daten.*

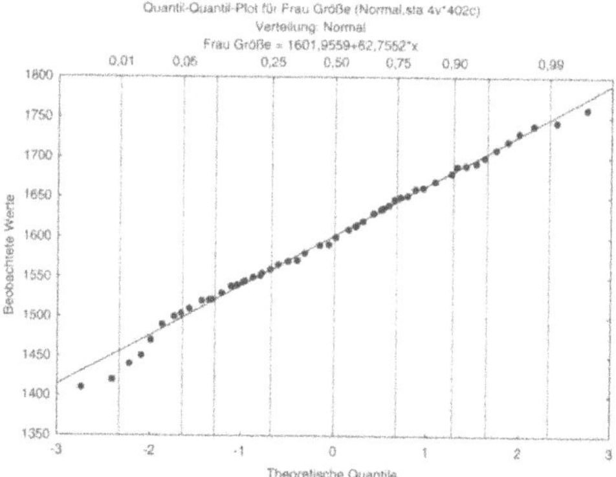

Abb. 8.9: *Quantil-Quantil-Plot der Frauen-Daten.*

	Variable: Frau Größe, Verteilung: Normal (Normal.sta) Chi-Quadrat = 2,08069, FG = 5 (korrig.) , p = 0,83787								
Obere Grenze	beob. Häufigkeit	kumulative beob.	Prozent beob.	kumul. % beob.	erwartet Häufigkeit	kumulative erwartet	Prozent erwartet	kumul. % erwartet	beob. - erwartet
<= 1448,88889	3	3	1,50754	1,5075	1,41542	1,4154	0,71126	0,7113	1,58458
1487,77778	2	5	1,00503	2,5126	5,29601	6,7114	2,66131	3,3726	-3,29601
1526,66667	14	19	7,03518	9,5477	15,96472	22,6762	8,02247	11,3951	-1,96472
1565,55556	35	54	17,58794	27,1357	33,03904	55,7152	16,60253	27,9976	1,96096
1604,44444	52	106	26,13065	53,2663	46,95611	102,6713	23,59604	51,5936	5,04389
1643,33333	41	147	20,60302	73,8693	45,83827	148,5096	23,03431	74,6279	-4,83827
1682,22222	33	180	16,58291	90,4523	30,73482	179,2444	15,44463	90,0726	2,26518
1721,11111	14	194	7,03518	97,4874	14,15198	193,3964	7,11155	97,1841	-0,15198
< Unendlich	5	199	2,51256	100,0000	5,60364	199,0000	2,81590	100,0000	-0,60364

Abb. 8.10: χ^2*-Anpassungstest der Frauen-Daten.*

8.5 Aufgaben

Es wird empfohlen, für jede Aufgabe einen eigenen STATISTICA-Bericht (Endung `.str`) anzulegen.

Aufgabe 8.5.1

Die Datei `MinTemp.sta` enthält zwanzig jährliche Minimaltemperaturen in Plymouth zwischen 1945 und 1964, welche als 'extreme Ereignisse' einer Extremwertverteilung unterliegen könnten. Die Daten sind wiedergegeben in Hand et al. (1994).

Untersuchen Sie diese Hypothese mit allen zur Verfügung stehenden Mitteln.

Aufgabe 8.5.2

Betrachten wir nochmals die Lackierer-Daten aus Beispiel 5.4.3. Wir wollen dabei im Folgenden erneut die Zahl der weißen Blutkörperchen im Blut untersuchen. Von deren Verteilung wird vermutet, dass sie sich durch eine Lognormalverteilung approximieren lässt. Zur Untersuchung dieser Hypothese stehen alle drei diskutierten Analysewerkzeuge zur Verfügung. Ergibt sich eine eindeutige Aussage für oder gegen die gemachte Verteilungshypothese?

Aufgabe 8.5.3

Die Daten der Datei `Nulleffekt.sta` wurden vom Autor im Rahmen des physikalischen Fortgeschrittenenpraktikums an der Universität Würzburg aufgenommen. Dabei handelt es sich um den sog. Nulleffekt, also die natürliche Radioaktivität. Dieser wurde 353 mal gemessen, indem die registrierten Signale pro Sekunde gezählt wurden.

Da dabei pro Sekunde meist nur 0 bis 2 Impulse gemessen werden, lässt sich durchaus von einem 'seltenen Ereignis' sprechen, so dass man Poissonverteilung vermuten könnte. Überprüfen Sie diese Hypothese mit allen verfügbaren Mitteln.

Aufgabe 8.5.4

Erneut aus Hand et al. (1994) entnommen ist der folgende Datensatz `Kugellager.sta`. Dabei wurden 22 Kugellager auf Ermüdungserscheinungen hin untersucht und als Datum jeweils die betreffende Drehzahl angegeben. Solche Lebensdauerdaten sind häufig Weibull-verteilt.

STATISTICA bietet hier wieder nur grafische Methoden an, um die gemachte Hypothese zu untersuchen. Nutzen Sie diese und bewerten Sie das Resultat.

9 Konfidenzintervalle und statistische Testverfahren

In den Kapiteln 5 und 7 hatten wir bereits Verfahren besprochen, mit denen man vorliegende Datensätze, die sich mehr oder minder unkontrolliert angesammelt hatten (z. B. Kundendatenbank), untersuchen kann und sich dadurch zusammenfassende und charakterisierende Informationen erhofft. Dabei wurden allenfalls minimale Voraussetzungen an das Datenmaterial gestellt, z. B. dass numerische Daten vorliegen sollen.

Häufig jedoch ist man daran interessiert, ganz gezielt Informationen über eine sog. *Grundgesamtheit* zu erlangen, ohne dass man dabei die vollständige Grundgesamtheit analysieren könnte. Als Beispiele sind die Wahlforschung oder medizinische Studien zu nennen, bei denen die Grundgesamtheit alle wahlberechtigten Bürger bzw. alle Menschen eines bestimmten Krankheitsbildes sind. Um aber trotzdem Informationen zu erlangen, die für die Grundgesamtheit gültig sind, wird man gezielt repräsentative Stichproben erheben und analysieren, um anschließend anhand der Resultate Schlüsse über die Grundgesamtheit zu ziehen. Man bezeichnet dieses Vorgehen als *induktive Statistik*, siehe auch die einleitenden Worte zu Kapitel 5.

In der induktiven Statistik unterscheidet man zwischen Methoden des *Schätzens* und des *Testens*. Beim Schätzen versucht man im Allgemeinen numerische Informationen zu erlangen und die Unsicherheit, mit der das Schätzresultat behaftet ist, etwa mit Hilfe von Konfidenzintervallen zu quantifizieren. Darauf soll in den Abschnitten 9.3, 9.4 und 9.6 eingegangen werden. Beim Testen dagegen bestehen zwei sich widersprechende Hypothesen und man versucht idealerweise eine Entscheidung zwischen beiden zu finden. Meist liegt aber eine stärker eingeschränkte Situation vor:

Man legt eine sog. *Nullhypothese* fest. Bei dieser lässt sich nur eine irrtümliche Ablehnung kontrollieren. Deshalb ist letztlich nur eine Ablehnung der Nullhypothese eine verlässliche Entscheidung, nicht aber deren Nichtablehnung. Entsprechend versucht man häufig, diese so festzulegen, dass ihre Ablehnung eigentlich wünschenswert ist (Beispiel: Das neue Medikament ist schlechter als das alte). Als *Alternativhypothese* formuliert man dann das Gegenteil der Nullhypothese (Beispiel: Das Medikament ist zumindest genauso gut). Ferner definiert man eine geeignete *Teststatistik*, deren später beobachteter Wert bei der Entscheidungsfindung helfen soll. Lehnt man die Nullhypothese *irrtümlich* ab, begeht man den *Fehler 1. Art*, den es tunlichst zu vermeiden gilt (Beispiel: Das neue Medikament ersetzt das alte, obwohl es tatsächlich schlechter ist!). Also quantifiziert man die Wahrscheinlichkeit, beim Ablehnen eben diesen Fehler 1. Art zu begehen und konstruiert das Testverfahren so, dass sie von vornherein beschränkt ist, z. B. kleiner als 5 % oder gar 1 %. In diesem Sinne ist also die Entscheidung 'Ablehung der Nullhypothese' verlässlich. Eine Nichtablehnung dagegen kann mit großer Unsicherheit behaftet sein. Mehr dazu in Abschnitt 9.9.

Ein populäres Entscheidungskriterium in dieser Hinsicht ist der *p-Wert*, wie er bereits auf Seite 190 erwähnt wurde. Dieser ist definiert als die Wahrscheinlichkeit dafür, dass die Teststatistik unter Annahme der Nullhypothese den tatsächlich beobachteten oder gar einen, im Sinne der Alternativhypothese, noch extremeren Wert annehmen kann. Ist der realisierte p-Wert klein genug, so kann man die Nullhypothese ablehnen.

In diesem Kapitel sollen Tests und ihre Durchführung mit STATISTICA beschrieben werden, zur Klärung folgender Fragestellungen:

- Hat eine Zufallsvariable einen bestimmten Erwartungswert μ_0? Siehe Einstichproben-t-Test in Abschnitt 9.1.
- Hat eine Zufallsvariable einen bestimmten Median? Siehe Vorzeichentest in Abschnitt 9.2.
- Weist eine Zufallsvariable mit gewisser Wahrscheinlichkeit p_0 eine bestimmte Eigenschaft auf? Siehe Binomialtest in Abschnitt 9.4.
- Haben zwei Zufallsvariablen gleiche Varianz? Siehe F-Test in Abschnitt 9.5.
- Besitzen zwei Zufallsvariablen den gleichen Erwartungswert? Siehe Zweistichproben-t-Test in Abschnitt 9.5.
- Besitzen zwei oder mehr Zufallsvariablen den gleichen Erwartungswert? Siehe ANOVA in den Abschnitten 9.6 und 9.8, sowie den Kruskal-Wallis-Test in Abschnitt 9.7.

Als vertiefende und ergänzende Literatur seien die Bücher von Falk et al. (2002) und Genschel & Becker (2005) empfohlen.

9.1 Der Einstichproben-t-Test

Der Einstichproben-t-Test ist geeignet zu überprüfen, ob die einer Stichprobe zu Grunde liegende Zufallsgröße einen bestimmten hypothetischen Erwartungswert μ_0 aufweist. Ergibt sich auf Grund der Durchführung des Tests ein p-Wert, der ein gewisses Niveau α, etwa $\alpha = 0{,}01$ oder $\alpha = 0{,}05$, unterschreitet, wird man diese Hypothese ablehnen.

Voraussetzung 9.1.1

Gegeben ist eine Stichprobe von unabhängigen Zufallsvariablen $X_1, \ldots, X_n$, die allesamt der gleichen Normalverteilung $N(\mu, \sigma^2)$ mit unbekanntem μ und σ^2 unterliegen. •

Bemerkung zu Voraussetzung 9.1.1.

Laut Genschel & Becker (2005) kann man auf Grund des zentralen Grenzwertsatzes bei einem Stichprobenumfang von $n \geq 30$ auf die Forderung nach exakter Normalverteilung verzichten. □

Die zu untersuchende Nullhypothese ist nun

$$H_\mu: \quad \mu = \mu_0$$

zu einem hypothetischen $\mu_0 \in \mathbb{R}$.

Hintergrund 9.1.2

Ist Voraussetzung 9.1.1 erfüllt, so ist sind das Stichprobenmittel und die Stichprobenvarianz,

$$\bar{X}_n := \frac{1}{n}\sum_{i=1}^{n} X_i \quad \text{und} \quad S_n^2 := \frac{1}{n-1}\sum_{i=1}^{n}(X_i - \bar{X}_n)^2, \tag{9.1}$$

unabhängig voneinander. Ferner ist Ersteres normalverteilt gemäß $N(\mu, \frac{\sigma^2}{n})$, und für die Stichprobenvarianz gilt, dass $\frac{n-1}{\sigma^2} \cdot S_n^2$ χ^2-verteilt ist mit $n-1$ Freiheitsgraden. Somit ist der Quotient $\sqrt{n} \cdot \frac{\bar{X}_n - \mu}{S_n}$ t-verteilt mit $n-1$ Freiheitsgraden. Deshalb folgt:

Einstichproben-*t*-Test: Es gelte Voraussetzung 9.1.1. Ist die Hypothese $H_\mu: \mu = \mu_0$ erfüllt, so ist die Statistik

$$\mathbf{T} := \sqrt{n} \cdot \frac{\bar{X}_n - \mu_0}{S_n} \tag{9.2}$$

t-verteilt mit $n-1$ Freiheitsgraden. ◇

Durchführung 9.1.3

Der *Einstichproben-t-Test* ist bei STATISTICA unter *Statistik → Elementare Statistik → t-Test, einzelne Stichprobe* implementiert. Dabei wählt man unter *Referenzwert → Mittelwerte testen gegen:* aus, gegen welchen Erwartungswert getestet werden soll. •

Bemerkung zu Durchführung 9.1.3.

Der Einstichproben-t-Test wird auch beim Vergleich *gepaarter Stichproben* (*matched pairs*) verwendet, vgl. Beispiel 9.1.4. Dabei liegen zwei gleich große, normalverteilte Stichproben $X_1, \ldots, X_n \sim N(\mu_X, \sigma^2)$ und $Y_1, \ldots, Y_n \sim N(\mu_Y, \sigma^2)$ vor, so dass die Pärchen (X_i, Y_i) voneinander unabhängig sind, nicht aber die beiden Partner X_i und Y_i selbst, diese bilden ein *zusammengehöriges Paar*. Die zu untersuchende Hypothese lautet hier $\mu_X = \mu_Y$ bzw. $\mu_X - \mu_Y = 0$.

Somit kann man diese Hypothese untersuchen, indem man die Differenzwerte bildet und diese mit dem Einstichproben-t-Test auf Erwartungswert 0 hin untersucht, oder man wendet auf die ursprünglichen Daten das Menü *Statistik → Elementare Statistik → t-Test, gepaarte Stichprobe* an. In diesem Menü wählt man auf der Karte *Details* den Punkt *Anzeige → Detaillierte Ergebnisse* und klickt dann auf *Zusammenfassung.* □

Beispiel 9.1.4

Die Datei `Blei.sta`, entnommen aus Falk et al. (2002), enthält Daten einer Untersuchung über Bleiabsorption bei Kindern. Untersucht wurden 33 Kinder, deren Eltern in einer Blei verarbeitenden Batteriefabrik beschäftigt waren. Die zu klärende Frage war: Werden die Kinder über ihre Eltern mit Blei belastet?

Dazu wurde der Bleigehalt im Blut der Kindern von Fabrikarbeitern festgestellt. Als Vergleichswert wurde der entsprechende Blutwert eines weiteren in der gleichen Gegend wohnenden Kindes bestimmt, dessen Eltern nicht in einem Blei verarbeitenden Betrieb tätig waren.

Die zu testende Hypothese ist nun: Die Kinder, deren Eltern mit Blei in Kontakt kommen, haben im Mittel die gleichen Blutwerte wie andere Kinder auch. Ergo müsste die jeweilige Differenz dieses Blutwertes mit dem Blutwert des Kontrollkindes im Mittel bei Null liegen. Darum soll auf die Differenzwerte der Einstichproben-t-Test gegen die Referenzkonstante 0 angewendet werden. Zumindest ein Quantilplot der Differenzwerte, vgl. Abschnitt 8.2, bestätigt, dass die Forderung nach Normalverteiltheit näherungsweise erfüllt ist, zudem ist der Stichprobenumfang ≥ 30. Deshalb scheint die Anwendung des Einstichproben-t-Tests gerechtfertigt.

Das Resultat ist in Abbildung 9.1 zu finden: Die Hypothese muss auf Grund des nahezu verschwindenden p-Wertes von nur 0,000002 abgelehnt werden. Der Tabelle ist zudem zu entnehmen, dass der Mittelwert der hier beobachteten Differenzen sogar bei 15,96970 liegt. Demnach scheint die Bleibelastung von Kindern, deren Eltern in der Batteriefabrik arbeiten, spürbar höher zu sein. Mehr dazu in Abschnitt 9.3. □

Variable	Test des Mittelwertes gegen Referenz-Konstante (t-Test.sta) Mittelw.	Stdabw.	N	Stdf.	Referenz Wert	t-Wert	FG	p
Differenz	15,96970	15,86365	33	2,761507	0,00	5,782966	32	0,000002

Abb. 9.1: *Einstichproben-t-Test der Bleidaten gegen 0.*

9.2 Der Vorzeichentest

Eine ganz ähnliche Fragestellung wie der Einstichproben-t-Test aus Abschnitt 9.1 behandelt der *Vorzeichentest.* Hier wird jedoch an Stelle des Erwartungswertes der *Median,* also das 50 %-Quantil, vgl. Anhang A.1, auf einen hypothetischen Wert hin überprüft. Die dazu notwendigen Voraussetzungen sind minimal:

Voraussetzung 9.2.1

Es liege eine identisch verteilte und unabhängige Stichprobe $X_1, \ldots, X_n$ mit unbekanntem Median m vor. •

Insbesondere werden keine Verteilungsannahmen gemacht. Die zu untersuchende Hypothese ist

$$H_0: \quad m = m_0$$

zu einem hypothetischen $m_0 \in \mathbb{R}$. Es sei nun $Y_1, \ldots, Y_n$ jene binäre Stichprobe, für die gilt, dass $Y_i = 1$ ist, wenn $X_i \leq m_0$ ist, und andernfalls $Y_i = 0$ gesetzt wird. Gewissermaßen prüft man also das *Vorzeichen* von $X_i - m_0$, daher der Name *Vorzeichentest.* Wenn die Hypothese H_0 zutreffend ist, so müsste jedes einzelne Y_i binomialverteilt sein gemäß $B(1, \frac{1}{2})$, vgl. Anhang A.2.1. Deren Summe $Y_\bullet := \sum_{i=1}^{n} Y_i$ sollte somit verteilt sein gemäß $B(n, \frac{1}{2})$. Ergo kann man unter der Hypothese H_0 den zum beobachteten Wert von $Y_\bullet$ gehörigen p-Wert berechnen und über die Hypothese entscheiden.

Leider ist diese Version des Vorzeichentests nicht in STATISTICA implementiert, man kann sich aber mit einem Trick behelfen, siehe unten stehenden Tipp. Dagegen ist eine Version für gepaarte Stichproben (*matched pairs*, vgl. Abschnitt 9.1) vorhanden. Dabei geht es um folgende Situation: Seien (X_i, Y_i), $i = 1, \ldots, n$, unabhängige Wiederholungen eines Zufallspaares, wobei die jeweiligen Partner X_i und Y_i im Allgemeinen abhängig sind. Unterscheiden sich die beiden Partner 'im Mittel' nicht, d. h. ist

$$H_0: \quad X_i - Y_i \text{ hat Median } 0$$

zutreffend? Auf die auftretenden Differenzen wird also der Vorzeichentest angewendet.

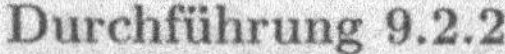

Durchführung 9.2.2

Im Menü *Statistik* → *Nichtparametrische Verfahren* → *Vergleich für zwei abhängige Stichproben (Variablen)* wähle man im *Variablen*feld die beiden zu vergleichenden Variablen aus und drücke anschließend auf *Vorzeichentest*. •

Beispiel 9.2.3

Wenden wir den Vorzeichentest auf die Bleidaten aus Beispiel 9.1.4 an, so ergibt sich ein p-Wert von 0,000048, so dass die Hypothese, dass Kinder, deren Eltern beruflich mit Blei in Kontakt kommen, davon unbeeinflusst bleiben, klar abzulehnen ist. □

Will man den Vorzeichentest auf eine einzelne Variable anwenden, um diese auf den hypothetischen Median m_0 hin zu untersuchen, so lege man eine 'Dummy-Variable' an, die in jedem Fall den Wert m_0 enthält, z. B. über die Formel: $=m_0$. Anschließend wende man den Vorzeichentest auf diese beiden Variablen an.

9.3 Konfidenzintervalle

Im besten Fall ergeben statistische Tests wie der oben in Abschnitt 9.1 beschriebene Einstichproben-t-Test, dass die formulierte Hypothese abgelehnt werden kann; andernfalls ist überhaupt keine Aussage möglich. In Beispiel 9.1.4 etwa konnte nachgewiesen werden, dass sich die Blutwerte von Kindern, deren Eltern mit Blei in Kontakt sind, von denen anderer Kinder unterscheiden – aber wie sehr? Und in welche Richtung eigentlich?

Deshalb ist es stets sinnvoller, einen *Konfidenzbereich* I_α zu schätzen, in dem eine gewisse Größe mit Vertrauenswahrscheinlichkeit $1-\alpha$ liegt. Besonders einfach ist dies erneut bei normalverteilten Stichproben:

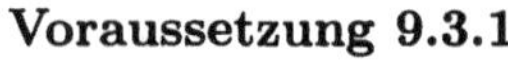

Voraussetzung 9.3.1

Es sei $X_1, \ldots, X_n$ eine unabhängige und normalverteilte Stichprobe gemäß $N(\mu, \sigma^2)$ mit unbekanntem μ und σ^2. •

Analog zum t-Test aus Abschnitt 9.1 kann auch hier auf die Forderung nach Normalverteiltheit verzichtet werden, wenn der Stichprobenumfang groß genug ist. Geschätzt wird ein (zweiseitiges) Konfidenzintervall $I_\alpha \subset \mathbb{R}$ auf Basis der Stichprobe, so dass gilt:

Mit Wahrscheinlichkeit $1-\alpha$ liegt der wahre, aber unbekannte Erwartungswert μ im geschätzten Intervall I_α.[1]

Wir können also darauf *vertrauen*, dass μ mit Wahrscheinlichkeit $1-\alpha$ im Bereich I_α liegen wird.

Hintergrund 9.3.2

In Hintergrund 9.1.2 hatten wir bereits gesehen, dass unter Voraussetzung 9.3.1 $\sqrt{n}\cdot\frac{\bar{X}_n-\mu}{S_n}$ t-verteilt ist mit $n-1$ Freiheitsgraden. Bezeichnet nun $t_{n-1,1-\frac{\alpha}{2}}$ das $(1-\frac{\alpha}{2})$-Quantil der t_{n-1}-Verteilung, vergleiche hierzu Anhang A.1, so ist

$$I_\alpha := \left[\bar{X}_n - t_{n-1,1-\frac{\alpha}{2}}\cdot\frac{S_n}{\sqrt{n}}\ ;\ \bar{X}_n + t_{n-1,1-\frac{\alpha}{2}}\cdot\frac{S_n}{\sqrt{n}}\right] \qquad (9.3)$$

ein exaktes Konfidenzintervall zum Vertrauensniveau $1-\alpha$. ◇

Durchführung 9.3.3

Um ein Konfidenzintervall für den Erwartungswert einer normalverteilten Stichprobe zu berechnen, wechselt man ins Menü *Statistik* → *Elementare Statistik* → *Deskriptive Statistik*, und dort auf die Karte *Details*. Hier wählt man den Punkt *Konfidenzgr. für Mw.* und gibt bei *Intervall* die gewünschte Vertrauenswahrscheinlichkeit ein. Danach drückt man auf *Zusammenfassung*. •

Beispiel 9.3.4

Setzen wir Beispiel 9.1.4 fort und berechnen ein Konfidenzintervall für den Erwartungswert der Differenzwerte zum Niveau $1-\alpha = 0{,}95$, welches in Abbildung 9.2 zu sehen ist. Explizit sei darauf verwiesen, dass dieses Intervall *nicht* die 0 enthält, d. h. mit 95%iger Sicherheit kann ausgeschlossen werden, dass die Blutwerte beider Gruppen im Mittel gleich sind. Das Konfidenzintervall beinhaltet also eine Aussage gleichwertig zu der des t-Tests. Zudem ergibt es aber auch, dass wir mit 95 % Sicherheit darauf vertrauen können, dass der wahre Erwartungswert der Differenzwerte im Intervall [10,34469 ; 21,59470] liegt, also *deutlich* größer als 0 ist. □

[1] Zur Verdeutlichung: Das geschätzte Intervall I_α ist vor der Realisation der Stichprobe selbst noch zufällig, wird später aber mit Wahrscheinlichkeit $1-\alpha$ den tatsächlichen Wert μ beinhalten. In diesem Sinne können wir nach der Realisation des Intervalls I_α mit 'Sicherheit $1-\alpha$' davon ausgehen, dass der wahre Wert μ sich in diesem befindet.

	Deskriptive Statistik (Blei.sta)		
Variable	Mittelw.	Konfidenz -95,000%	Konfidenz +95,000%
Differenz(1-2)	15,96970	10,34469	21,59470

Abb. 9.2: *Konfidenzintervall der Differenz der Blutwerte.*

Die eben vorgestellte Berechnung des Konfidenzintervalles für den Erwartungswert einer normalverteilten Stichprobe lässt sich auch ausdehnen auf den Mittelwertvergleich mehrerer unabhängiger normalverteilter Stichproben. Dazu muss sich die Gesamtstichprobe in einer Variablen befinden. In einer oder mehreren anderen Variablen müssen die Gruppierungsmerkmale enthalten sein, anhand derer die Teilstichproben identifiziert werden können. Die Berechnung der Konfidenzintervalle für die einzelnen Mittelwerte zu einem vorgegebenen *Einzel*niveau erfolgt dann gruppenweise, wie dies in Abschnitt 5.1 beschrieben wurde. Alternativ kann man sich das Resultat aber auch gleich grafisch ausgeben lassen:

Durchführung 9.3.5

Zur grafischen Ausgabe des *Mittelwertvergleichs* über Konfidenzintervalle wechselt man ins Menü *Grafik* → *Mittelwerte u. Fehlerplots....* Dort wählt man die Karte *Standard*, gibt unter *Abhängige Variablen* die Gesamtstichprobenvariable an, und bei *Gruppierungsvariablen* die Variablen mit den Stichprobenkennzeichnungen. In der Rubrik *Whisker* wählt man *Wert: Konf. Intervall*, und gibt unter *Wahrs.keit* das gewünschte *Einzel*konfidenzniveau an. Dann drückt man *OK*. •

Stets zu berücksichtigen ist die *Unabhängigkeitsregel*, wenn es um die Abschätzung des gesamten Konfidenzniveaus geht. Berechnet man für k unabhängige Teilstichproben die Konfidenzintervalle $I_1, \ldots, I_k$ zum jeweiligen *Einzel*niveau γ, so ist die *Gesamt*vertrauenswahrscheinlichkeit, dass alle Erwartungswerte zugleich im Würfel $I_1 \times \ldots \times I_k$ liegen, gegeben durch γ^k.

Beispiel 9.3.6

Die Datei `Urin.sta`, entnommen aus Falk et al. (2002), enthält das Resultat einer Untersuchung von 79 Urinproben, gruppiert bzgl. ihres Kristallgehaltes (ja/nein). Zudem wurden in jeder Urinprobe die Kalziumkonzentration sowie der pH-Wert gemessen, mit dem Ziel festzustellen, ob diese zwei Größen Einfluß auf die Kristallbildung nehmen.

Zuerst sollen die Daten grafisch mit Hilfe von Boxplots analysiert werden. Betrachten wir die pH-Werte in Abbildung 9.3, so ist nur ein leichter Unterschied zwischen den Medianen der beiden Gruppen auszumachen, ohnehin überlappen die gesamten Boxplots deutlich. Bei den Kalziumwerten dagegen fällt auf, dass sich diese im Mittel nicht nur sehr deutlich unterscheiden, sondern auch eine sehr unterschiedliche Streuung aufweisen. Aber auch hier sind die Daten in ihrer Gesamtheit nicht klar getrennt.

Konzentrieren wir uns nun auf einen Vergleich der Mittelwerte. Dazu berechnen wir, *jeweils* auf einem Konfidenzniveau von 95 %, Konfidenzintervalle für die Mittelwerte. Somit lässt sich das Gesamtniveau durch $0{,}95^2 = 0{,}9025$ abschätzen. Die dazu notwendige Normalverteilungsannahme kann man, etwa mittels Histogramme, halbwegs bestätigen. Ohnehin ist der Stichprobenumfang groß genug. Man erhält nun für den mittleren pH-Wert das Konfidenzintervall $(5{,}887751\,;6{,}309582)$, falls keine Kristallbildung vorliegt, und $(5{,}672796\,;6{,}198381)$, falls Kristallbildung vorliegt. Die Intervalle überlappen spürbar, was man auch Abbildung 9.4 entnimmt, so dass die Mittelwerte nicht klar getrennt werden können. pH-Wert und Kristallbildung stehen offenbar in keinem direkten Zusammenhang.

Anders das Bild bei den Kalziumwerten, hier erhält man die Konfidenzintervalle $(2{,}065184\,;3{,}184594)$ bzw. $(4{,}873860\,;7{,}412022)$ ohne/mit Kristallbildung. Diese sind klar voneinander getrennt, siehe auch Abbildung 9.4, d. h. ein Effekt des Kalziumwertes auf die Kristallbildung ist deutlich, Letztere wird durch hohe Kalziumwerte begünstigt.

Abschließend sei noch auf den Unterschied zwischen den Boxplots und den Mittelwertgrafiken hingewiesen: Auf Grund der Boxplots wird klar, dass die *Gesamtheit* der Daten in keinem der betrachteten Fälle voneinander getrennt ist. In puncto Kalzium jedoch sind zumindest die *Mittelwerte* klar getrennt, da ihre Konfidenzintervalle nicht überlappen. □

Auf das Thema Konfidenzintervalle im Rahmen von Mittelwertvergleichen werden wir nochmals in Abschnitt 9.6 zu sprechen kommen.

Das Modul *Poweranalyse* bietet die Möglichkeit, auf Basis bereits ausgewerteter Daten weitere Konfidenzintervalle zu berechnen, insbesondere solche für die verschiedenen Statistiken der t-Tests, vgl. Abschnitt 9.1 und 9.5. Dazu wechselt man ins Menü *Statistik* → *Power Analysis* und wählt im sich öffnenden Dialog *Intervallschätzung.* Dort muss man dann z. B. im Falle des Einstichproben-t-Test den beobachteten Wert der Statistik des t-Tests, den Stichprobenumfang sowie das gewünschte Konfidenzniveau eingeben. Anschließend klickt man auf *Berechnen.*

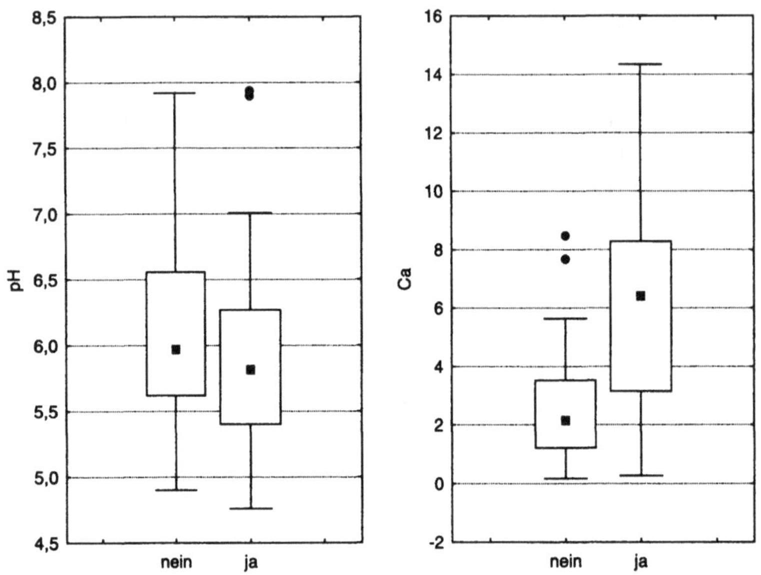

Abb. 9.3: *Boxplot des pH-Wertes und des Kalziumwertes der Urindaten, gruppiert nach Kristallbildung.*

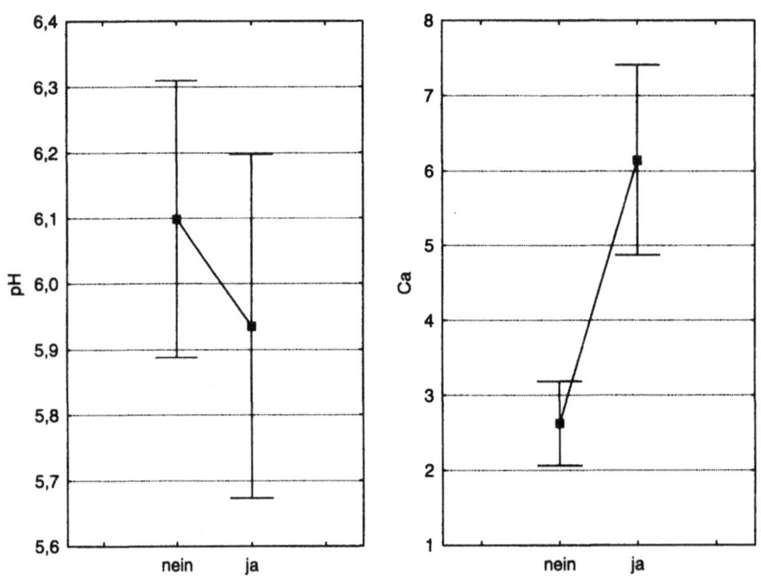

Abb. 9.4: *Mittelwertvergleich der Urindaten aus Beispiel 9.3.6.*

Ferner besteht mit dem genannten Modul die Möglichkeit, ein Konfidenzintervall für den Parameter π einer Binomialverteilung zu berechnen; vgl. dazu den anschließenden Abschnitt 9.4.

9.4 Der Binomialtest

Häufig ist man in der Praxis mit binären Zufallsexperimenten konfrontiert, d. h. mit Experimenten, die nur zwei mögliche Ausgänge zulassen (Erfolg/Misserfolg, männlich/weiblich, ...), welche man mit '0' und '1' codieren kann. Häufig wählt man dabei die '1' so, dass sie den 'Treffer' repräsentiert. Wie im Anhang A.2.1 nachzulesen, lassen sich n unabhängige Wiederholungen eines binären Zufallsexperimentes (Bernoulli-Experiment) mit 'Trefferwahrscheinlichkeit' π mit Hilfe der Binomialverteilung $B(n, \pi)$ beschreiben.

Während man den Stichprobenumfang n i. A. selbst bestimmt, ist die 'Trefferwahrscheinlichkeit' unbekannt. Falls es eine Hypothese bzgl. dieses Wertes von π gibt, die es zu testen gilt, führt dies zum *Binomialtest.* Andernfalls wird man zu gegebener Vertrauenswahrscheinlichkeit ein *Konfidenzintervall* berechnen wollen, in dem der wahre Parameter π mit der gewählten Wahrscheinlichkeit liegen wird. Dies ist auf direktem Wege in STATISTICA nur möglich, wenn das Modul *Power Analysis* installiert ist.

Voraussetzung 9.4.1

Die Stichprobe $X_1, \ldots, X_n$ bestehe aus unabhängigen und identischen Wiederholungen eines binären Zufallsexperimentes der Verteilung $B(1, \pi)$. Insbesondere ist also die Gesamttrefferzahl $X_\bullet := \sum_{i=1}^n X_i$ binomialverteilt gemäß $B(n, \pi)$. •

Während π unbekannt ist, legt man n fest und beobachtet den Wert von $X_\bullet$. Beim *Binomialtest* untersucht man nun die Hypothese

$$H_\pi : \quad \pi = \pi_0$$

zu einem hypothetischen Wert $\pi_0 \in (0; 1)$. Da unter dieser Hypothese die Verteilung von $X_\bullet$ exakt bekannt wäre, nämlich $B(n, \pi_0)$, kann man leicht den zur Beobachtung gehörigen zweiseitigen p-Wert berechnen.

Durchführung 9.4.2

Im Menü *Statistik* → *Power Analysis* wähle man den Punkt *Wahrscheinlichkeitsverteilungen* und dort die *Binomialverteilung*. Im sich öffnenden Dialog gibt man den Stichprobenumfang N (= n in unserer Bezeichnungsweise), den hypothetischen Wert π_0 im Feld *Pi* und den beobachteten Wert von $X_\bullet$ im Feld X ein. Nach Drücken von *Berechnen* wird $F_0(X_\bullet)$ bzw. $1 - F_0(X_\bullet)$ ausgegeben, wobei F_0 die Verteilungsfunktion der Verteilung $B(n, \pi_0)$ ist. •

Beispiel 9.4.3

Ein Kaffeehersteller bezieht Einmalzuckerpackungen mit seinem Reklameaufdruck von einem Zuckerproduzenten. Der Kaffeehersteller ist gesetzlich dazu verpflichtet, ein Mindest- und Höchstgewicht der Packungen anzugeben und einzuhalten. Der Kaffeehersteller verspricht dabei, dass sich das Gewicht der Zuckerpackungen stets im Bereich von 7,0 Gramm bis 9,0 Gramm befinden und höchstens 2,5 % der Päckchen diese Spezifikationsgrenzen verletzen.

Das Resultat einer Stichprobe vom Umfang $n = 540$ befindet sich in der Datei `Zuckerpackung.sta`, ergänzt durch eine binäre Variable, welche genau dann den Wert '1' annimmt, wenn die genannten Grenzen verletzt sind. Mit Hilfe des Menüs der *Deskriptiven Statistik* berechnet man, dass exakt 19 Päckchen die Anforderungen verletzen, was einem Anteil von ca. 0,03519 entspricht, also deutlich größer als die versprochenen $\pi_0 = 0{,}025$ ist. Um Klarheit zu erhalten, führt man den eben beschriebenen Binomialtest durch, man erhält dabei den einseitigen p-Wert 0,055536. Somit kann man die Hypothese auf dem 5 %-Niveau *nicht* ablehnen, d. h. dem Kaffeehersteller ist keine Verletzung seiner Vorgaben nachzuweisen. □

Alternativ kann man auch ein Konfidenzintervall für den unbekannten Parameter π zu gegebenem Niveau $1 - \alpha$ berechnen:

Durchführung 9.4.4

Im Menü *Statistik* → *Power Analysis* wähle man den Punkt *Intervallschätzung* und dort *Ein Anteil, Z, Chi-quadrat-Test*. Im sich öffnenden Dialog gibt man den Stichprobenumfang N (= n in unserer Bezeichnungsweise), den gemessenenen Anteil $\frac{1}{n}X_\bullet$ und das gewünschte Konfidenzniveau $1 - \alpha$ ein. Nach Drücken von *Berechnen* werden drei verschiedene Intervalle ausgegeben. •

Beispiel 9.4.5

Setzen wir Beipsiel 9.4.3 fort. Gibt man den Umfang $n = 540$, den Anteil $\frac{1}{n}X_\bullet \approx 0{,}03519$ sowie $1-\alpha = 0{,}95$ ein, so erhält man das exakte Intervall $[0{,}0219\,;\,0{,}0554]$, in welchem sich der wahre Wert von π mit 95 %iger Sicherheit befindet; darin auch der versprochene Wert von 0,025. □

9.5 Zweistichproben-t-Test und F-Test

In diesem Abschnitt wollen wir uns mit dem Vergleich des Erwartungswertes zweier Stichproben beschäftigen, wobei wir zusätzlich Normalverteilungsannahmen machen müssen. Lassen sich diese auf Grund des vorliegenden Datenmaterials nicht rechtfertigen, so ist die nichtparametrische Alternative des Kruskal-Wallis-Tests zu verwenden, vgl. Abschnitt 9.7. Analoge Untersuchungen haben wir bereits in Abschnitt 9.3 angestellt.

Motivation. Das klassische Beispiel, mit dem man die Notwendigkeit eines Verfahrens zum Vergleich zweier Stichproben rechtfertigt, ist wohl das Medikamentenbeispiel. Firma X hat das Medikament A auf dem Markt, dass zwar über nur gemäßigte Nebenwirkungen verfügt, aber eben auch nur über eine mäßige Wirkung. Darum hat Firma X das Medikament B entwickelt, von dem es sich deutlich höhere Einnahmen verspricht, welches aber nur dann (guten Gewissens) auf den Markt gebracht werden kann, wenn tatsächlich stärkere positive Wirkung festzustellen ist. Darum werden beide Medikamente an Versuchspersonen getestet und die Hypothese 'Medikament B hat keine bessere Wirkung als Medikament A' untersucht; wenn sich nun mittels eines geeigneten Verfahrens diese Hypothese mit nur geringer Irrtumswahrscheinlichkeit verwerfen lässt, so kann Medikament B auf dem Markt eingeführt werden. □

Voraussetzung 9.5.1

Gegeben seien zwei Stichproben $X_1, \ldots, X_m$ und $Y_1, \ldots, Y_n$, wobei die Elemente der ersten Stichprobe verteilt seien gemäß der Normalverteilung $N(\mu_X, \sigma_X^2)$, die der zweiten gemäß $N(\mu_Y, \sigma_Y^2)$, und alle Zufallsvariablen $X_1, \ldots, Y_n$ seien unabhängig voneinander. •

Unsere erste zu untersuchende Fragestellung bezieht sich auf die Varianzen beider Verteilungen, die zu behandelnde Hypothese ist

$$H_\sigma : \quad \sigma_X = \sigma_Y,$$

welche mit Hilfe des *F-Tests* geprüft werden kann.

Hintergrund 9.5.2

Es ist plausibel zur Untersuchung der Hypothese H_σ aus dem vorliegenden Stichprobenmaterial erst einmal die jeweiligen Varianzen zu schätzen durch die *empirischen Varianzen*

$$S^2_{X,m} := \frac{1}{m-1}\sum_{i=1}^{m}(X_i - \bar{X}_m)^2, \quad S^2_{Y,n} := \frac{1}{n-1}\sum_{i=1}^{n}(Y_i - \bar{Y}_n)^2. \tag{9.4}$$

Für diese gilt bekanntlich unter obigen Voraussetzungen:

$$\frac{(m-1)\, S^2_{X,m}}{\sigma^2_X} \sim \chi^2_{m-1} \quad \text{und} \quad \frac{(n-1)\, S^2_{Y,n}}{\sigma^2_Y} \sim \chi^2_{n-1}. \tag{9.5}$$

Sind nun tatsächlich beide Varianzen gleich, so wäre zu erwarten, dass der Quotient

$$\mathrm{F} := \frac{S^2_{X,m}}{S^2_{Y,n}} \tag{9.6}$$

einen Wert nahe 1 annimmt. Tatsächlich müsste unter diesen Voraussetzungen nach Definition der F-Verteilung gelten, dass die Teststatistik F verteilt ist gemäß einer F-Verteilung mit $m-1$ und $n-1$ Freiheitsgraden.

F**-Test:** Es gelte Voraussetzung 9.5.1. Ist die Hypothese $H_\sigma: \quad \sigma_X = \sigma_Y$ erfüllt, so besitzt die Statistik

$$\mathbf{F} := \frac{\max\{S^2_{X,m}, S^2_{Y,n}\}}{\min\{S^2_{X,m}, S^2_{Y,n}\}} \tag{9.7}$$

die Verteilungsfunktion $F_{m-1,n-1}(t) - F_{m-1,n-1}(\frac{1}{t})$. ◇

Somit verfügen wir über eine Möglichkeit zu testen, ob zwei Stichproben, welche den in Voraussetzung 9.5.1 gemachten Annahmen unterliegen, über gleiche Varianzen verfügen. Diese Voraussetzung ist erforderlich für den *Zweistichproben-t-Test,* der nun die Erwartungswerte beider Normalverteilungen auf Gleichheit prüft. Diese ist deshalb vor dessen Ausführung stets zu prüfen.

Voraussetzung 9.5.3

Seien $X_1, \ldots, X_m$ und $Y_1, \ldots, Y_n$ paarweise unabhängige Stichproben mit $X_1, \ldots, X_m \sim N(\mu_X, \sigma^2)$ und $Y_1, \ldots, Y_n \sim N(\mu_Y, \sigma^2)$, d. h. zusätzlich zu den Forderungen aus Voraussetzung 9.5.1 werden identische Varianzen verlangt. •

Hintergrund 9.5.4

Unter Voraussetzung 9.5.3 ist die Statistik

$$T := \frac{(\bar{X}_m - \bar{Y}_n) - (\mu_X - \mu_Y)}{\sqrt{\frac{1}{m} + \frac{1}{n}}\,\sigma} \tag{9.8}$$

standardnormalverteilt. Ist weiterhin die Hypothese

$$H_\mu : \quad \mu_X = \mu_Y$$

zutreffend, so verschwindet in Formel 9.8 der Term $(\mu_X - \mu_Y)$. Folglich müsste auch

$$\tilde{T} := \frac{\bar{X}_m - \bar{Y}_n}{\sqrt{\frac{1}{m} + \frac{1}{n}}\,\sigma} \tag{9.9}$$

standardnormalverteilt sein. Dies ist der *Zweistichproben-Gaußtest*, der jedoch den Nachteil hat, dass die vorliegende Varianz σ^2 explizit bekannt sein muss. In der Praxis dürfte dies nur selten der Fall sein. Stattdessen schätzt man die Varianz durch die (erwartungstreue) *gebündelte Stichprobenvarianz*

$$S^2_{X,m;Y,n} := \frac{(m-1)\,S^2_{X,m} + (n-1)\,S^2_{Y,n}}{m+n-2} \tag{9.10}$$

und setzt diesen Ausdruck anschließend in Formel (9.9) ein. Es resultiert der

Zweistichproben-*t*-Test: Es gelte Voraussetzung 9.5.3. Ist die Hypothese $H_\mu : \mu_X = \mu_Y$ erfüllt, so ist die Statistik

$$\mathbf{T} := \frac{\bar{X}_m - \bar{Y}_n}{\sqrt{\frac{1}{m} + \frac{1}{n}}\, S_{X,m;Y,n}} \tag{9.11}$$

verteilt nach der t-Verteilung t_{m+n-2} mit $m+n-2$ Freiheitsgraden. ◇

Bemerkung zu Voraussetzung 9.5.1 und 9.5.3.

F-Test und Zweistichproben-t-Test bauen auf der Normalverteilungsvoraussetzung 9.5.1 bzw. 9.5.3 auf. Trotzdem gelten beide als relativ robust gegen Verletzungen dieser Voraussetzung, was auf dem zentralen Grenzwertsatz beruht. Allerdings sollten dann zumindest die vorliegenden Datensätze 'groß' sein; laut Genschel & Becker (2005) soll $m, n \geq 30$ genügen. Ist auch diese Voraussetzung nicht erfüllt, so empfiehlt sich z. B. der Kruskal-Wallis-Test aus Abschnitt 9.7 als Alternative zum Zweistichproben-t-Test. □

Durchführung 9.5.5

Den *Zweistichproben-t-Test* und den *F-Test* findet man im Menü *Statistik → Elementare Statistik*. Je nach dem Design der vorliegenden Daten muss man sich für einen der Punkte *t-Test, unabhängige Stichproben, Gruppen* oder *t-Test, unabhängige Stichproben, Variablen* entscheiden.
Ersteres wählt man, wenn sich in einer Variable alle Daten befinden und in einer anderen die jeweiligen Gruppenzugehörigkeiten. Die erste Variable ist dann als *Abhängige Variable* zu wählen, die zweite als *Gruppen*. Zweiteres wählt man, wenn sich die beiden Stichproben in getrennten Variablen befinden. Man gibt dann eine der Variablen bei *Erste Liste*, die andere bei *Zweite Liste* an. In beiden Fällen drückt man auf *Zusammenfassung*. •

Beispiel 9.5.6

Betrachten wir nochmals die Urindaten aus Beispiel 9.3.6. Dort hatten wir anhand der Konfidenzintervalle für die gruppenweisen Mittelwerte bereits festgestellt, dass pH-Wert und Kristallbildung in keinem signifikanten Zusammenhang stehen. Ganz anders das Resultat bei den Kalziumwerten: Hier war der Mittelwert bei Kristallbildung massiv größer als der ohne Kristallbildung. Nun wollen wir die Untersuchung mit Hilfe des Zweistichproben-t-Tests wiederholen.

Betrachten wir nochmals die Boxplots der pH-Werte in Abbildung 9.3. Dort sieht man, dass die Streuung der Daten in beiden Gruppen ähnlich ist. Somit dürfte der t-Test tatsächlich geeignet sein, die Hypothese gleicher Mittelwerte zu untersuchen. Bei den Kalziumwerten dagegen fällt auf, dass sich diese im Mittel nicht nur sehr deutlich unterscheiden, sondern auch eine sehr unterschiedliche Streuung aufweisen, so dass wir zweifeln müssen, ob der t-Test in diesem Fall überhaupt ein probates Mittel ist.

In Abbildung 9.5 sind die Ergebnisse von t-Test und F-Test zusammengestellt. Dabei nimmt der p-Wert des F-Tests der pH-Werte den sehr hohen Wert von 0,655785 an. Somit ergibt sich kein Widerspruch zur Hypothese gleicher Varianzen, so dass die Verwendung des t-Tests gerechtfertigt scheint. Dieser resultiert in einem p-Wert von 0,324921, so dass wir die Hypothese, pH-Wert und Kristallbildung stehen in keinem Zusammenhang, nicht ablehnen können.

Anders das Bild bei den Kalziumdaten: Hier müssen wir schon auf Grund des F-Tests die Hypothese gleicher Varianzen fallen lassen, so dass der t-Test, der übrigens zu einer Ablehnung der Nullhypothese

	t-Tests; Gruppen: (t-Test.sta) Gruppe1: 1 Gruppe2: 2										
Variable	Mittelw. 1	Mittelw. 2	t-Wert	FG	p	Gült. N 1	Gült. N 2	Stdabw. 1	Stdabw. 2	F-Quot. Varianzen	p Varianzen
pH-Wert	6,098667	5,935588	0,99073	77	0,324921	45	34	0,702038	0,753168	1,150966	0,655785
Ca-Wert	*2,624889*	*6,142941*	*-5,59654*	*77*	*0,000000*	*45*	*34*	*1,862992*	*3,637206*	*3,811658*	*0,000045*

Abb. 9.5: *t-Test und F-Test der Urindaten.*

„Kalziumwerte und Kristallbildung stehen in keinem Zusammenhang" führen würde, gar nicht erst angewendet werden darf. Unter dem Strich ist zu erkennen, dass sehr wohl ein Zusammenhang zwischen Kalziumwerten und Kristallbildung besteht. Welcher Art dieser Zusammenhang jedoch ist, verrät der Test nicht. Deshalb sind nach Meinung des Autors Konfidenzintervalle stets zu bevorzugen. □

9.6 Die einfaktorielle Varianzanalyse (ANOVA)

In Abschnitt 9.5 hatten wir ein Verfahren, den Zweistichproben-t-Test, kennengelernt, mit dem man zwei normalverteilte Stichproben gleicher Varianz auf gleiche Erwartungswerte hin untersuchen kann. Doch wie vergleicht man mehr als zwei derartige Stichproben miteinander? Einerseits kann man wieder auf Konfidenzintervalle zurückgreifen, wie dies bereits in Abschnitt 9.3 beschrieben wurde. Auch in diesem Abschnitt wollen wir dieses Thema nochmals vertiefen. Ferner kann man sich der *einfaktoriellen Varianzanalyse (ANOVA*[2]*)* bedienen.

Voraussetzung 9.6.1

Gegeben sind $I \geq 2$ Stichproben $X_{i,1}, \ldots, X_{i,n_i}$, $i = 1, \ldots, I$, wobei alle auftretenden Zufallsvariablen unabhängig voneinander sind. Ferner ist die i-te Stichprobe $X_{i,1}, \ldots, X_{i,n_i}$ normalverteilt gemäß $N(\mu_i, \sigma^2)$, $i = 1, \ldots, I$. Es sei $N := n_1 + \ldots + n_I$ der Umfang der Gesamtstichprobe. •

Bemerkung zu Voraussetzung 9.6.1.

Auch hier gilt wieder laut Genschel & Becker (2005), dass bei Stichprobenumfängen $n_1, \ldots, n_I \geq 30$ auf die Forderung nach exakter Normalverteilung verzichtet werden kann. □

[2] Analysis of Variance.

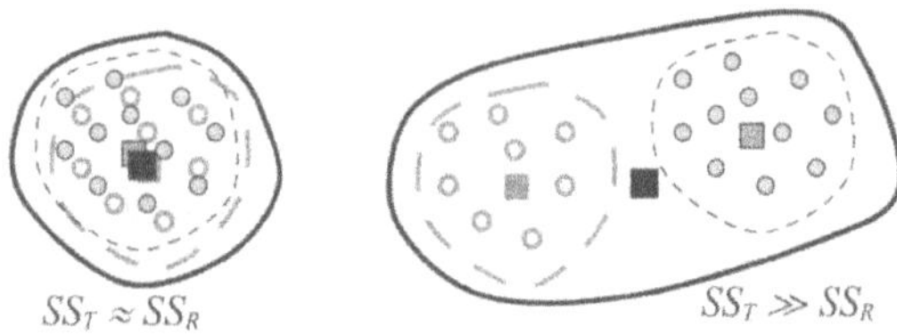

Abb. 9.6: *Streuungsvergleich bei gleichen und verschiedenen Gruppenmitteln.*

Die zu untersuchende Hypothese lautet

$$H_\mu : \quad \mu_1 = \ldots = \mu_I, \qquad \text{bzw.} \qquad H_\alpha : \quad \alpha_1 = \ldots = \alpha_I = 0,$$

wobei $\mu := \frac{1}{I}\sum_{i=1}^{I} \mu_i$ und $\alpha_i = \mu_i - \mu$ ist.

Hintergrund 9.6.2

Unter Voraussetzung 9.6.1 und den eingeführten Kürzeln kann man jedes Element $X_{i,j}$ der i-ten Stichprobe in der *Effektdarstellung* notieren als

$$X_{i,j} = \mu + \alpha_i + \epsilon_{i,j}, \quad \text{wobei gilt: } \epsilon_{i,j} \sim N(0, \sigma^2). \tag{9.12}$$

Nun kann man das Experiment auch unter einem etwas anderen Gesichtspunkt betrachten: Im Prinzip liegt ein bestimmtes Zufallsexperiment vor, dessen Resultat jedoch u. U. vom Wert eines Faktors A abhängt, der die Werte $i = 1, \ldots, I$ haben kann. Zu jedem möglichen Wert des Faktors wird eine Stichprobe aufgenommen und α_i beschreibt den *Effekt* der Stufe i dieses Faktors A auf den (eigentlichen) Erwartungswert μ, daher auch die Bezeichnung *einfaktorielle* Varianzanalyse. Die Hypothese H_α bedeutet dann, dass der Faktor A ohne Einfluss auf den Erwartungswert ist.

Die entscheidende Idee der Varianzanalyse ist nun, dass man die Hypothese H_μ bzw. H_α nicht durch direkten Vergleich der Erwartungswerte bzw. deren Schätzer untersucht, sondern durch Vergleich geeigneter Streuungen, daher der Name *Varianzanalyse.* Dies ist in Abbildung 9.6 illustriert. Bei diesen Streuungen handelt es sich um die quadratische *Zwischengruppenstreuung* bzw. *Innergruppenstreuung*

$$SS_A := \sum_{i=1}^{I}\sum_{j=1}^{n_i}(\bar{X}_{i\bullet} - \bar{X}_{\bullet\bullet})^2 \qquad \text{bzw.} \tag{9.13}$$

$$SS_R := \sum_{i=1}^{I}\sum_{j=1}^{n_i}(X_{i,j} - \bar{X}_{i\bullet})^2. \tag{9.14}$$

Hierbei ist $\bar{X}_{i\bullet} := \frac{1}{n_i}\sum_{j=1}^{n_i} X_{i,j}$ das i-te *Gruppen-* und $\bar{X}_{\bullet\bullet}$ das *Gesamtmittel.* Es gilt dann für die *totale quadratische Streuung* die Streuungszerlegung

$$SS_T := \sum_{i=1}^{I}\sum_{j=1}^{n_i}(X_{i,j} - \bar{X}_{\bullet\bullet})^2 = SS_A + SS_R. \tag{9.15}$$

	Freiheitsgr.	Quadratsummen		F-Stat.	p-Wert
Zwischengr.	$I-1$	SS_A	$\frac{1}{I-1}SS_A$	$\mathbf{F}_\alpha$	p_α
Innergr.	$N-I$	SS_R	$\frac{1}{N-I}SS_R$		
Total	$N-1$	SS_T	$\frac{1}{N-1}SS_T$		

Tabelle 9.1: *ANOVA-Tafel einer einfaktoriellen Varianzanalyse.*

Einfaktorielle ANOVA: Unter Voraussetzung 9.6.1 und der Hypothese H_μ bzw. H_α gilt, dass die Statistik

$$\mathbf{F}_\alpha := \frac{\frac{1}{I-1} \cdot SS_A}{\frac{1}{N-I} \cdot SS_R} \tag{9.16}$$

F-verteilt ist mit $I-1$ und $N-I$ Freiheitsgraden. ◇

Das Resultat einer einfaktoriellen ANOVA wird überlicherweise in Form einer ANOVA-Tafel zusammengefasst, wie sie in Tabelle 9.1 wiedergegeben ist.

Durchführung 9.6.3

Die *Einfaktorielle ANOVA* findet man im Menü *Statistik* → *ANOVA* → *Einfaktorielle ANOVA*. Dabei müssen die Daten in folgender Form vorliegen: In einer Variablen befinden sich alle Daten, in einer anderen die jeweiligen Gruppenzugehörigkeiten. Erstere Variable wählt man als *Abhängige Variable*, zweitere als *Kategorialer Faktor*. Anschließend drückt man auf *OK*.
Im anschließenden Menü muss man auf die Karte *Überblick* gehen und dort *Univar. Ergebnisse* auswählen. •

Beispiel 9.6.4

Bei der DLG-Bundesweinprämierung werden hochwertige Weine aus allen deutschen Gebieten ausgezeichnet, bewertet bzgl. Geruch, Geschmack und Harmonie. Grundlage der sensorischen Bewertung ist dabei das 5-Punkte-Schema der Deutschen Landwirtschaftsgesellschaft (DLG). Damit der Wein oder Sekt den bronzenen DLG-Preis erhalten kann, muss er im Durchschnitt von allen Prüfern mindestens 3,5 Punkte erhalten. Für den silbernen DLG-Preis sind 4,0 Punkte und für den goldenen DLG-Preis sogar 4,5 Punkte erforderlich.

Unser Ziel ist es nun, nicht Weinsorten miteinander zu vergleichen, sondern einige der Weinprüfer selbst. Dazu betrachten wir eine

Reihe von Prüfungsergebnissen von insgesamt sechs verschiedenen Prüfern (Hinweis: Namen und Daten sind rein fiktiv!), die unabhängig voneinander unterschiedliche, und auch unterschiedlich viele Weine getestet haben. Die betrachtete Zufallsvariable ist das jeweils vergebene Gesamturteil für einen Wein. Als einziger Faktor werden die Prüfer in unser Modell miteinbezogen. Dieser Faktor kann sechs verschiedene Werte annehmen, und die zu testende Nullhypothese ist es, dass die sechs möglichen Behandlungseffekte identisch Null sind.

Bei den vorliegenden Daten handelt es sich offenbar um diskrete Daten, aber eine Untersuchung mit Quantilplots zeigt, dass sich die Form dieser Verteilung halbwegs durch eine Normalverteilung approximieren lässt. Ferner sind die Teilstichprobenumfänge ziemlich groß, so dass die Durchführung einer ANOVA vertretbar scheint. Die drei unteren Zeilen der Abbildung 9.7 entsprechen der in Tabelle 9.1 dargestellten ANOVA-Tafel. Der p-Wert der letzten Spalte von 0,000000 erzwingt, dass wir gemäß der Testvorschrift (9.16) die aufgestellte Hypothese verwerfen müssen, dass die sechs betrachteten Prüfer die Weine jeweils im Mittel „gleichartig" beurteilen.

Mehr Informationen liefert uns die ANOVA jedoch nicht. Welche Prüfer sich wie verhalten wird uns vorenthalten. Dies wird wieder Motivation für uns sein, das Problem gleich im Anschluss mit Konfidenzintervallen genauer zu untersuchen. Vorerst betrachten wir den Boxplot aus Abbildung 9.8 und erkennen, dass nur einer der Prüfer die Weine spürbar anders bewertet als seine fünf anderen Kollegen: Der Prüfer Muck vergibt im Allgemeinen deutlich niedrigere Punktwerte, bewertet die Weine also schlechter, als seine Kollegen. Die übrigen Prüfer jedoch scheinen augenscheinlich ähnlich zu urteilen, und tatsächlich würde eine gesonderte ANOVA nur für diese Prüfer, siehe Abbildung 9.9, einen sehr großen p-Wert von 0,875194 ergeben. Dieser p-Wert würde eine Ablehnung von Hypothese H_α nicht gestatten. □

Blicken wir nochmal zurück zu Voraussetzung 9.6.1: Neben der Normalverteiltheit wurde hier insbesondere noch *Varianzhomogenität* gefordert, d. h. die Varianz aller Teilstichproben muss nach Voraussetzung 9.6.1 gleich sein. Auch in Beispiel 9.6.4 haben wir eine Überprüfung dieser Voraussetzung bisher geflissentlich übergangen. STATISTICA bietet uns aber, analog zum F-Test im Rahmen des Zweistichprobenfalls, siehe Abschnitt 9.5, auch hier wieder Testverfahren an, welche die Voraussetzung der Varianzhomogenität überprüfen. Bezeichnet σ_i^2 die Varianz in der i-ten Teilstichprobe, $i = 1, \ldots, I$, so wird also die Hypothese

$$H_\sigma : \quad \sigma_1^2 = \ldots = \sigma_I^2 = \sigma^2$$

getestet.

	Univariate Resultate für jede AV (Wein.sta) Sigmabeschränkte Parametrisierung Typ VI Dekomposition (Effektive Hypothese)				
ALLGEM. Effekt	Freih.-grad	Gesamturteil SQ	Gesamturteil MQ	Gesamturteil F	Gesamturteil p
Konstante	1	*2670,335*	*2670,335*	*20426,46*	*0,000000*
Prüfer	5	*7,660*	*1,532*	*11,72*	*0,000000*
Fehler	222	29,022	0,131		
Gesamt	227	36,682			

Abb. 9.7: *ANOVA-Tafel der Weinprüfer.*

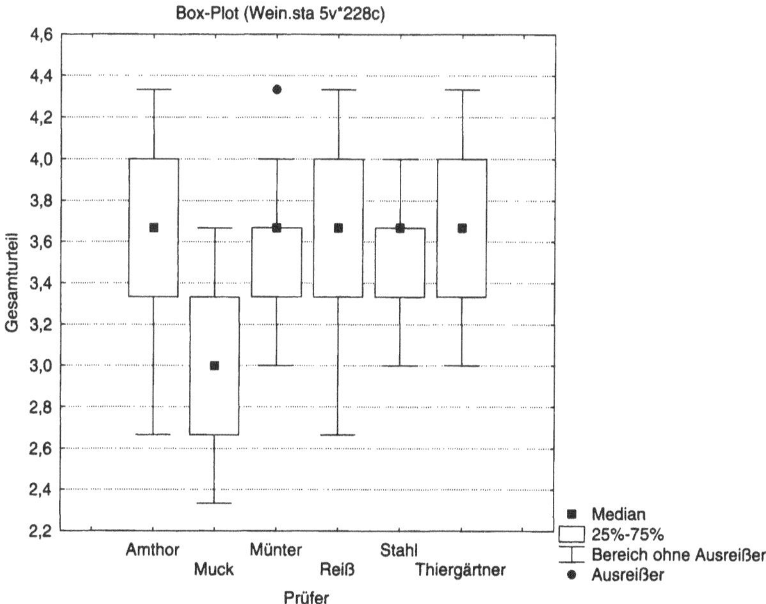

Abb. 9.8: *Boxplot der Weinprüfer.*

	Univariate Resultate für jede AV (Wein.sta) Sigmabeschränkte Parametrisierung Typ VI Dekomposition (Effektive Hypothese)				
ALLGEM. Effekt	Freih.-grad	Gesamturteil SQ	Gesamturteil MQ	Gesamturteil F	Gesamturteil p
Konstante	1	*2493,789*	*2493,789*	*18985,89*	*0,000000*
Prüfer	4	0,160	0,040	0,30	0,875194
Fehler	195	25,613	0,131		
Gesamt	199	25,773			

Abb. 9.9: *ANOVA-Tafel von nur fünf der sechs Weinprüfer.*

	Tests auf Varianzhomogenität (Wein.sta) Effekt: Prüfer				
	Hartley F-max	Cochran C	Bartlett Chi-Qua.	FG	p
Urteil	1,537543	0,196490	2,457589	5	0,782868

	Levene's Test auf Varianzhomogenität (Wein.sta) Effekt: Prüfer Freiheitsgrade für alle F's:5, 222			
	MQ Effekt	MQ Fehler	F	p
Urteil	0,012381	0,042849	0,288949	0,918793

Abb. 9.10: *Tests auf Varianzhomogenität.*

Durchführung 9.6.5

Aktivieren wir erneut den Dialog zur ANOVA, in den wir gemäß Durchführung 9.6.3 gelangt sind. Nach einem Klick auf *Weitere Ergebnisse* öffnet sich ein neuer Dialog, bei dem wir auf die Karte *Annahmen* wechseln. Unter der Rubrik *Homogenität Varianzen/Kovarianzen* findet man die Knöpfe *Cochran C*, *Hartley*, *Bartlett* und *Levene's Test (ANOVA)*, bei deren Betätigung die gleichnamigen Testverfahren zur Untersuchung der Hypothese H_σ ausgeführt werden. •

Übrigens kann man auf der Karte *Annahmen*, Rubrik *Verteilung...*, auch die Annahme gruppenweiser Normalverteiltheit komfortabel untersuchen.

Beispiel 9.6.6

Setzen wir Beispiel 9.6.4 fort. Die Resultate der implementierten Tests auf Varianzhomogenität, siehe Durchführung 9.6.5, sind in Abbildung 9.10 wiedergegeben. Die in allen Fällen sehr hohen p-Werte erlauben es nicht, H_σ zu verwerfen, so dass sich kein Hinweis darauf ergibt, Voraussetzung 9.6.1 könne im aktuellen Beispiel verletzt sein. □

Bereits in Beispiel 9.6.4 ist angeklungen, dass sich die ANOVA mit allen Testverfahren den Nachteil teilt, dass sie einem entweder erlaubt, die gemachte Hypothese zu verwerfen, oder eben nicht. Weitere Informationen bleiben einem vorenthalten. Deshalb sei dem Leser auch hier wieder das Schätzen von Konfidenzintervallen nahegelegt. Auch diese erlauben eine Untersuchung der Hypothese H_μ bzw. H_α, bieten daneben aber noch reichlich mehr Informationen.

In Abschnitt 9.3 hatten wir kennengelernt, wie man die Erwartungswerte mehrerer Stichproben, unter Berücksichtigung der *Unabhängigkeitsregel*, miteinander vergleicht. Wir werden dies auch gleich für das Beispiel der Weinprüfer ausführen. Es gibt jedoch noch eine zweite Möglichkeit, die zuvor beschrieben werden soll. Dazu werden, unter Voraussetzung 9.6.1, alle Differenzen der Mittelwerte $\mu_i - \mu_j$, $1 \leq i < j \leq I$, auf einem vorgebbaren *globalen* Konfidenzniveau untersucht. STATISTICA berücksichtigt hier automatisch die *Bonferroni-Ungleichung*, so dass vom Benutzer keine Abschätzungen gemacht werden müssen.

Durchführung 9.6.7

Aktivieren wir erneut den Dialog zur ANOVA, in den wir gemäß Durchführung 9.6.3 gelangt sind. Nach einem Klick auf *Weitere Ergebnisse* öffnet sich ein neuer Dialog, bei dem wir zuerst auf die Karte *Standard* wechseln. Dort legen wir in der Rubrik *Alpha Werte* das globale Konfidenzniveau fest.

Anschließend wechseln wir auf die Karte *Post-hoc*, wählen *Anzeigen: Konfidenzintervalle* und dann *Bonferroni Test*. Es werden Konfidenzintervalle für alle Differenzen zum gewählten Gesamtniveau ausgegeben. Alternativ kann man auch *Anzeigen: Homogene Gruppen* und dann *Bonferroni Test* wählen. Es wird dann angegeben, welche der Gruppen, zum gegebenen Niveau, einen gemeinsamen Erwartungswert besitzen könnten. •

Beispiel 9.6.8

Setzen wir die Beispiele 9.6.4 und 9.6.6 fort; beide hatten keinen Widerspruch zu Voraussetzung 9.6.1 ergeben. Erstellen wir zuerst eine Mittelwertgrafik[3] gemäß Durchführung 9.3.5, wobei wir als Einzelkonfidenzniveau 0,99 vorgeben. Somit ist das Gesamtniveau durch $0{,}99^6 \approx 0{,}9415$ gegeben. Das Resultat ist in Abbildung 9.11 (a) zu sehen. Zuerst einmal können wir, genau wie dies auch die ANOVA tat, die Hypothese H_μ auf dem berechneten Niveau klar ablehnen, da sich nicht alle Intervalle auf einem gemeinsamen Bereich überlappen. Vielmehr erkennen wir aber noch, dass nur der Prüfer Muck einen deutlich anderen Erwartungswert aufweist. Dieser ist mit etwa 2,8 bis 3,2 spürbar niedriger als der Erwartungswert der übrigen Prüfer, welcher wiederum zwischen etwa 3,4 und 3,8 anzusiedeln ist. All diese Informationen kann man dem Resultat einer ANOVA nicht entnehmen.

Führen wir nun die beiden „Bonferroni Tests" aus Durchführung 9.6.7 aus, auf dem Gesamtniveau 95 %. Abbildung 9.11 (b) zeigt, dass sich auf diesem Niveau zwei homogene Gruppen bilden lassen, diese sind die eben identifizierten. In Abbildung 9.11 (c) sind in den zwei letzten Spalten die Konfidenzintervalle zu allen Differenzen der Erwartungswerte gegeben. Farbig und kursiv hervorgehoben sind dabei jene Intervalle, die *nicht* die Null enthalten, sich somit

[3]Alternativ zu Durchführung 9.3.5 kann man den Knopf *Alle Effekte/Grafiken* des ANOVA-Menüs wählen, nachdem zuvor das Konfidenzniveau festgelegt wurde.

signifikant unterscheiden. Im betrachteten Beispiel sind dies gerade jene, an denen Prüfer 2 beteiligt ist. Zeile 1 der Tabelle besagt etwa, dass die Differenz $\mu_1 - \mu_2$ der Erwartungswerte der Prüfer 1 und 2 vermutlich zwischen 0,310912 und 0,855660 liegt, in jedem Fall also positiv ist. □

9.7 Kruskal-Wallis- und Friedman-Test

Die im vorigen Abschnitt 9.6 betrachtete ANOVA hat den Nachteil, dass sie an die vorliegenden Daten die Forderung nach Normalverteilung stellt. In vielen Fällen ist diese Forderung jedoch nicht einmal näherungsweise erfüllt. Sind dann auch noch die Stichprobenumfänge klein, so müssen wir uns in einem solchen Fall nach einer Alternative umsehen.

Eine *nichtparametrische* Alternative ist der *Kruskal-Wallis-Test.* Dieser betrachtet nicht die konkreten Realisierungen $x_{i,j}$ selbst, sondern nur ihre jeweiligen *Ränge* $r_{i,j}$.

Hintergrund 9.7.1

Seien $y_1, \ldots, y_N$ die realisierten Werte einer Stichprobe, und bezeichne $y_{(i,N)}$ die i-größte Realisation, vgl. Anhang A.1.1 zu Ordnungsstatistiken. Nehmen alle y_i verschiedene Werte an, d. h. gilt

$$y_{(1,N)} < y_{(2,N)} < \ldots < y_{(i,N)} < \ldots < y_{(N,N)},$$

so ist der *Rang* von $y_{(i,N)}$ gerade i.

Gibt es dagegen übereinstimmende Werte im Datensatz, und sind die Daten angeordnet gemäß

$$y_{(1,N)} \leq \ldots < y_{(i,N)} = \ldots = y_{(k,N)} < \ldots \leq y_{(N,N)},$$

so ordnet man einem jedem der $y_{(i,N)}, \ldots, y_{(k,N)}$ den *mittleren Rang* $\frac{i+k}{2}$ zu. ◇

Voraussetzung 9.7.2

Die Zufallsvariablen $X_{i,j}$, $j = 1, \ldots, n_i$, der i-ten Stichprobe besitzen die gleiche *stetige* Verteilung, $i = 1, \ldots, I$. Es sei $N := n_1 + \ldots + n_I$. Ferner sind alle Zufallsvariablen unabhängig voneinander. •

Es wird nun die Hypothese H_0 untersucht, dass sogar *alle* Zufallsvariablen ein und derselben Verteilung unterliegen, womit insbesondere auch ihre Erwartungswerte übereinstimmen würden.

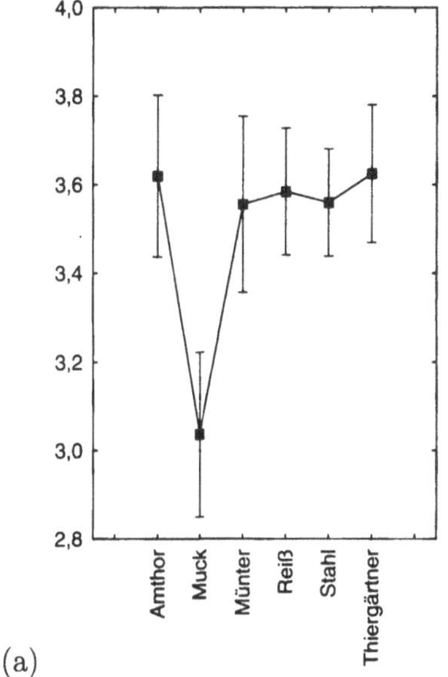

(a)

	Bonferroni Test; Variable Urteil (Wein.sta) Homogene Gruppen, Alpha = ,05000 Fehler: MQ(Zwischen) = ,13107, FG = 222,00			
Zelle Nr.	Prüfer	Urteil Mittel	1	2
2	Muck	3,036429		****
3	Münter	3,555333	****	
5	Stahl	3,559800	****	
4	Reiß	3,584667	****	
1	Amthor	3,619714	****	
6	Thiergärtner	3,625000	****	

(b)

	Bonferroni Test; Variable Urteil (Wein.sta) Simultane Konfidenzintervalle Fehler: MQ(Zwischen) = ,13107, FG = 222,00					
Zelle Nr.	versus Zelle Nr	Mittel Differ.	Standard Fehler	p	-95,00% LSD KG	+95,00% LSD KG
1	*2*	*0,583286*	*0,091792*	*0,000000*	*0,310912*	*0,855660*
	3	0,064381	0,090076	1,000000	-0,202902	0,331664
	4	0,035048	0,081593	1,000000	-0,207063	0,277158
	5	0,059914	0,079788	1,000000	-0,176841	0,296669
	6	-0,005286	0,083794	1,000000	-0,253928	0,243357
2	*3*	*-0,518905*	*0,095131*	*0,000002*	*-0,801187*	*-0,236623*
	4	*-0,548238*	*0,087141*	*0,000000*	*-0,806812*	*-0,289664*
	5	*-0,523371*	*0,085454*	*0,000000*	*-0,776938*	*-0,269805*
	6	*-0,588571*	*0,089206*	*0,000000*	*-0,853272*	*-0,323871*
3	4	-0,029333	0,085332	1,000000	-0,282538	0,223872
	5	-0,004467	0,083608	1,000000	-0,252556	0,243623
	6	-0,069667	0,087439	1,000000	-0,329125	0,189791
4	5	0,024867	0,074390	1,000000	-0,195872	0,245606
	6	-0,040333	0,078672	1,000000	-0,273777	0,193110
5	6	-0,065200	0,076799	1,000000	-0,293085	0,162685

(c)

Abb. 9.11: *Mittelwertvergleiche der Weinprüferdaten aus Beispiel 9.6.8.*

Hintergrund 9.7.3

Bezeichnet $R_{i,j}$ den zufälligen (mittleren) Rang von $X_{i,j}$ in der Gesamtstichprobe, so definieren wir in Analogie zu Hintergrund 9.6.2 das *Rang-Gesamtmittel* $\bar{R}_{\bullet\bullet} = \frac{1}{N}\sum_{i=1}^{I}\sum_{j=1}^{n_i} R_{i,j} = \frac{N+1}{2}$ und das i-te *Rang-Gruppenmittel* $\bar{R}_{i\bullet} = \frac{1}{n_i}\sum_{j=1}^{n_i} R_{i,j}$. Die Zwischengruppen-Quadratsumme SS_A aus (9.13) ersetzen wir durch

$$SRS_A = \sum_{i=1}^{I}\sum_{j=1}^{n_i}(\bar{R}_{i\bullet} - \bar{R}_{\bullet\bullet})^2, \tag{9.17}$$

und man kann zeigen:

Kruskal-Wallis-Test: Es gelte Voraussetzung 9.7.2. Ist die Hypothese H_0 erfüllt, so ist

$$\frac{12}{N(N+1)} \cdot SRS_A = \sum_{i=1}^{I}\sum_{j=1}^{n_i}\bar{R}_{i\bullet}^2 - 3\cdot(N+1)$$

approximativ χ^2-verteilt mit $I-1$ Freiheitsgraden. ◇

Bemerkung zu Hintergrund 9.7.3.

Die beim Kruskal-Wallis-Test gemachte Approximation durch die χ^2-Verteilung ist für praktische Bedürfnisse als hinreichend zu erachten, wenn gilt:

$$I=2,\quad n_1,n_2\geq 4,\ N\geq 20,\qquad \text{oder}\quad I=3,\quad n_1,n_2,n_3\geq 5,$$

$$\text{oder}\quad I\geq 4,\quad n_1,\ldots,n_I\geq 4.$$ □

Durchführung 9.7.4

Den eben besprochenen *Kruskal-Wallis-Test* findet man im Menü *Statistik → Nichtparametrische Verfahren → Vergleich für mehrere unabhängige Stichproben (Gruppen)*. Dabei müssen die Daten in folgender Form vorliegen: In einer Variablen befinden sich alle Daten, in einer anderen die jeweiligen Gruppenzugehörigkeiten. Erstere Variable wählt man als *Abhängige Variable*, zweitere als *Gruppierungsvariable*. Anschließend drückt man auf *Zusammenfassung*. •

Beispiel 9.7.5

Wenden wir dieses Verfahren nun ebenfalls auf die Weinprüferdaten aus Beispiel 9.6.4 an. Auch der Kruskal-Wallis-Test aus Abbildung 9.12 zeigt, dass die Hypothese, die Prüfer würden die Weinsorten gleichartig bewerten, abzulehnen ist. Nach unseren Überlegungen aus Beispiel 9.6.4 sollten wir auch hier erneut das Testverfahren

Abh.: Gesamturteil	Kruskal-Wallis ANOVA_; Gesamturteil (Wein.sta) Unabhängige (Grupp.) Variable: Prüfer Kruskal-Wallis-Test: H (5, N= 228) =39,87527 p =,0000		
	Code	Gültige N	Rang-summe
Amthor	101	35	4557,000
Muck	102	28	1239,000
Münter	103	30	3503,500
Reiß	104	45	5555,000
Stahl	105	50	6003,000
Thiergärtner	106	40	5248,500

Abb. 9.12: *Kruskal-Wallis ANOVA der sechs Weinprüfer.*

Abh.: Gesamturteil	Kruskal-Wallis ANOVA_; Gesamturteil (Wein.sta) Unabhängige (Grupp.) Variable: Prüfer Kruskal-Wallis-Test: H (4, N= 200) =1,701151 p =,7905		
	Code	Gültige N	Rang-summe
Amthor	101	35	3722,500
Münter	103	30	2807,500
Reiß	104	45	4478,500
Stahl	105	50	4811,000
Thiergärtner	106	40	4280,500

Abb. 9.13: *Kruskal-Wallis ANOVA von nur fünf der sechs Weinprüfer.*

auf die fünf Prüfer ohne Muck anwenden (Abbildung 9.13). Das Resultat zeigt, dass der Kruskal-Wallis-Test unserer Vermutung nicht widerspricht, dass wenigstens die fünf übrigen Prüfer die von ihnen getesteten Weine auf ähnlichem Niveau bewerten. □

In den Abschnitten 9.6 und 9.7 gingen wir bisher davon aus, dass die einzelnen Stichproben, die es zu vergleichen gilt, voneinander unabhängig sind. In den Abschnitten 9.1 und 9.2 hatten wir jedoch bereits eine Situation kennengelernt, bei der zwar zwei Stichproben vorlagen mit interner Unabhängigkeit, bei der jedoch zwischen den Stichproben eine Abhängigkeit bestand. Diese wurde durch *zusammengehörige Paare* (*matched pairs*) verursacht, und es ist naheliegend, diese Situation auf mehr als zwei Stichproben zu verallgemeinern, so dass man allgemeiner von *zusammengehörigen Tupeln* sprechen könnte. Üblicher ist es jedoch, dies als *Messwiederholungen* zu bezeichnen, da eine solche Abhängigkeit häufig durch mehrfache Messungen an jeweils denselben Objekten entsteht. Beispielsweise werden mehrere Probanden, welche jeweils unabhängig voneinander sind, wiederholt einer bestimmten Analyse unterzogen, etwa im Rahmen einer Langzeitstudie.

Voraussetzung 9.7.6

Die Zufallsvariablen $X_{i,j}$, $j = 1, \ldots, n$, der i-ten Stichprobe besitzen die gleiche *stetige* Verteilung, $i = 1, \ldots, I$. Es sei $N := I \cdot n$. Ferner sind alle Zufallsvektoren $(X_{1,j}, \ldots, X_{I,j})$ unabhängig voneinander. Die Komponenten eines Vektors untereinander dagegen dürfen Abhängigkeiten aufweisen. •

Es wird nun die Hypothese H_0 untersucht, dass sogar *alle* Zufallsvariablen ein und derselben Verteilung unterliegen.

Hintergrund 9.7.7

Bezeichnet $R_{i,j}$ den zufälligen (mittleren) Rang von $X_{i,j}$ im j-ten Tupel $(X_{1,j}, \ldots, X_{I,j})$, so definieren wir die *Rang-Gesamtsumme* $R_{\bullet\bullet} = \sum_{j=1}^{n} \sum_{i=1}^{I} R_{i,j} = \frac{nI(I+1)}{2}$ und die i-te *Rang-Gruppensumme* $R_{i\bullet} = \sum_{j=1}^{n} R_{i,j}$. Die mittlere Quadratsumme

$$MRS_A = \frac{1}{I} \sum_{i=1}^{I} (R_{i\bullet} - \tfrac{1}{I} R_{\bullet\bullet})^2 \qquad (9.18)$$

der Abweichungen zwischen den Messungen wird zur Definition einer Teststatistik verwendet:

Friedman-Test: Es gelte Voraussetzung 9.7.6. Ist die Hypothese H_0 erfüllt, so ist

$$\frac{12}{n(I+1)} \cdot MRS_A = \frac{12}{nI(I+1)} \sum_{i=1}^{I} R_{i\bullet}^2 - 3n(I+1)$$

approximativ χ^2-verteilt mit $I - 1$ Freiheitsgraden. ◇

Auch hier ist die Approximation durch die χ^2-Verteilung wieder nur dann zulässig, wenn die Teilstichprobenumfänge groß genug sind, etwa $n \geq 10$ für $I = 3$ und $n \geq 5$ für $I \geq 4$.

Durchführung 9.7.8

Der *Friedman-Test* ist analog zum Kruskal-Wallis-Test aus Durchführung 9.7.4 implementiert, nur wählt man hier *Vergleich für mehrere abhängige Stichproben (Variablen)*. Dabei müssen die einzelnen Stichproben in einzelnen Variablen vorliegen, so dass jede Zeile ein zusammengehöriges Tupel beschreibt. Man wählt dann einfach alle Variablen aus und klickt auf *Zusammenfassung*. •

(a)

	Friedmans ANOVA und Kendalls Konkordanzkoeff. ANOVA Chi² (N = 35, FG = 3) = 63,41143 p = ,00000 Konkordanz-Koeffizient = ,60392 Mittl. Rang r = ,59227			
Variable	Mittl. Rang	Rang-summe	Mittelw.	Stdabw.
Trunk1	2,057143	72,0000	2,197609	0,116506
Trunk2	2,057143	72,0000	2,189411	0,090837
Trunk3	4,000000	140,0000	2,503286	0,103429
Trunk4	1,885714	66,0000	2,187582	0,089164

(c)

	Friedmans ANOVA und Kendalls Konkordanzkoeff. ANOVA Chi² (N = 35, FG = 2) = ,6857143 p = ,70974 Konkordanz-Koeffizient = ,00980 Mittl. Rang r = -,0193			
Variable	Mittl. Rang	Rang-summe	Mittelw.	Stdabw.
Trunk1	2,057143	72,00000	2,197609	0,116506
Trunk2	2,057143	72,00000	2,189411	0,090837
Trunk4	1,885714	66,00000	2,187582	0,089164

(b)

Abb. 9.14: *Friedman-Test und Boxplots zu Beispiel 9.7.9.*

Beispiel 9.7.9

Die Datei **Erfrischung.sta** enthält (fiktive) Daten zu 35 Personen, welche jeweils vier verschiedene Erfrischungsgetränke testeten. Deren erfrischende Wirkung schlägt sich u. a. in der kurzfristigen Steigerung eines bestimmten Blutwertes nieder. Gibt es Unterschiede in der Wirksamkeit der Getränke?

Um dies zu untersuchen, wird der Friedman-Test durchgeführt, welcher die Hypothese H_0: 'Alle Getränke wirken gleich' prüft. Das Resultat aus Abbildung 9.14 (a) zeigt, dass diese Hypothese abzulehnen ist. Ein Blick auf die Boxplots aus Abbildung 9.14 (b) macht deutlich, dass dies wohl auf eine stärkere Wirkung von Getränk 3 zurückzuführen ist. Zwischen der Wirksamkeit der Getränke 1, 2 und 4 dagegen lässt sich kein signifikanter Unterschiede feststellen, siehe Abbildung 9.14 (c). □

9.8 Die mehrfaktorielle Varianzanalyse (ANOVA)

Bei der einfaktoriellen ANOVA aus Abschnitt 9.6 wurde eine normalverteilte Zufallsgröße betrachtet, welche u. U. von einem Faktor A mit I möglichen Werten beeinflusst wird. Um diesen möglichen Einfluss zu untersuchen, wurde zu einem jeden Faktorwert eine Teilstichprobe erhoben und dann durch Vergleich von Zwischen- und Innergruppenstreuung entschieden, ob der Faktor einen Einfluss auf den Erwartungswert ausübt oder nicht. Dieser Ansatz lässt sich prinzipiell auf die

Berücksichtigung von beliebig vielen Faktoren ausdehnen, wobei das STATISTICA Standardmenü zur ANOVA hier eine Grenze von fünf Faktoren setzt. Im Menü der allgemeinen linearen Modelle, siehe auch Abschnitt 11.2, sind komplexere Designs möglich.

Im Folgenden soll das Konzept der *mehrfaktoriellen Varianzanalyse* beispielhaft anhand der *zweifaktoriellen Varianzanalyse* beschrieben werden. Dazu betrachten wir zuerst die

Voraussetzung 9.8.1

Berücksichtigt werden zwei Faktoren A und B mit möglichen Stufen $i = 1, \ldots, I$ bzw. $j = 1, \ldots, J$. Zu jeder Faktorkombination gebe es eine unabhängige und identisch verteilte Teilstichprobe $X_{ij,1}, \ldots, X_{ij,K}$ vom Umfang $K \geq 2$, wobei diese verteilt sei nach $N(\mu_{ij}, \sigma^2)$. Alle $N := I \cdot J \cdot K$ auftretenden Zufallsvariablen seien unabhängig voneinander. •

Es sei $\mu := \frac{1}{IJ}\sum_{i=1}^{I}\sum_{j=1}^{J}\mu_{ij}$ das *allgemeine Mittel*, ferner seien $\alpha_i := \frac{1}{J}\sum_{j=1}^{J}\mu_{ij} - \mu$ und $\beta_j := \frac{1}{I}\sum_{i=1}^{I}\mu_{ij} - \mu$ *Haupteffekte* und $\gamma_{ij} := \mu_{ij} - \mu - \alpha_i - \beta_j$ ein *Synergie-*, *Zwischen-* oder *Interaktionseffekt*. Dann werden die folgenden Hypothesen untersucht:

$$H_\alpha : \quad \alpha_1 = \ldots = \alpha_I = 0,$$

$$H_\beta : \quad \beta_1 = \ldots = \beta_J = 0,$$

und

$$H_\gamma : \quad \gamma_{11} = \ldots = \gamma_{IJ} = 0.$$

Die mögliche Existenz von zusätzlichen Synergieeffekten ist es, welche die mehrfaktorielle ANOVA von der einfaktoriellen unterscheidet.

Hintergrund 9.8.2

Analog zum einfaktoriellen Fall kann man jedes Element $X_{ij,k}$ der (i,j)-ten Stichprobe in der Effektdarstellung ausdrücken durch

$$X_{ij,k} = \mu + \alpha_i + \beta_j + \gamma_{ij} + \epsilon_{ij,k}, \quad \text{mit } \epsilon_{ij,k} \sim N(0, \sigma^2). \quad (9.19)$$

Zu jedem der drei Effekttypen betrachtet man die zug. quadratischen *Zwischengruppenstreuungen*

$$SS_A := \sum_{i=1}^{I}\sum_{j=1}^{J}\sum_{k=1}^{K}(\bar{X}_{i\bullet\bullet} - \bar{X}_{\bullet\bullet\bullet})^2, \quad (9.20)$$

$$SS_B := \sum_{i=1}^{I}\sum_{j=1}^{J}\sum_{k=1}^{K}(\bar{X}_{\bullet j\bullet} - \bar{X}_{\bullet\bullet\bullet})^2 \quad (9.21)$$

und

$$SS_{AB} := \sum_{i=1}^{I}\sum_{j=1}^{J}\sum_{k=1}^{K}(\bar{X}_{ij\bullet} - \bar{X}_{i\bullet\bullet} - \bar{X}_{\bullet j\bullet} + \bar{X}_{\bullet\bullet\bullet})^2. \qquad (9.22)$$

Die quadratische *Innergruppenstreuung* ist gegeben durch

$$SS_R := \sum_{i=1}^{I}\sum_{j=1}^{J}\sum_{k=1}^{K}(X_{ij,k} - \bar{X}_{ij\bullet})^2, \qquad (9.23)$$

und für die *totale quadratische Streuung* gilt erneut die Streuungszerlegung

$$SS_T := \sum_{i=1}^{I}\sum_{j=1}^{J}\sum_{k=1}^{K}(X_{ij,k} - \bar{X}_{\bullet\bullet\bullet})^2 = SS_A + SS_B + SS_{AB} + SS_R. \qquad (9.24)$$

Die in den Formeln (9.20) bis (9.24) vorkommenden Mittelwerte sind dabei ganz in Analogie zu Hintergrund 9.6.2 definiert.

Zweifaktorielle ANOVA: Es gelte Voraussetzung 9.8.1. Es gilt dann unter der Hypothese

$$H_\alpha,\ \text{dass}\ \mathbf{F}_\alpha := \frac{\frac{1}{I-1}SS_A}{\frac{1}{N-IJ}SS_R}\ F_{I-1,IJ(K-1)}\text{-verteilt ist,} \qquad (9.25)$$

$$H_\beta,\ \text{dass}\ \mathbf{F}_\beta := \frac{\frac{1}{J-1}SS_B}{\frac{1}{N-IJ}SS_R}\ F_{J-1,IJ(K-1)}\text{-verteilt ist,} \qquad (9.26)$$

$$H_\gamma,\ \text{dass}\ \mathbf{F}_\gamma := \frac{\frac{1}{(I-1)(J-1)}SS_{AB}}{\frac{1}{N-IJ}SS_R}\ F_{(I-1)(J-1),IJ(K-1)}\text{-verteilt ist.} \qquad (9.27)$$

◇

Das Resultat einer zweifaktoriellen, und allgemein auch einer mehrfaktoriellen ANOVA wird erneut in Form einer ANOVA-Tafel zusammengefasst, wie sie in Tabelle 9.2 wiedergegeben ist.

Durchführung 9.8.3

Die *mehrfaktorielle ANOVA* findet man im Menü *Statistik* → *ANOVA* → *Mehrfaktorielle ANOVA*. Dabei müssen die Daten in folgender Form vorliegen: In einer Variablen befinden sich alle Daten, in zwei bis fünf anderen die jeweiligen Gruppenzugehörigkeiten. Erstere Variable wählt man als *Abhängige Variable*, die übrigen als *Kategoriale Faktoren*. Anschließend drückt man auf *OK*. Im sich öffnenden Menü muss man auf die Karte *Überblick* wechseln und dort *Univar. Ergebnisse* auswählen. •

	Freiheitsgrade	Quadratsummen		F-Stat.	p-W.
Zwischengr.	$I-1$	SS_A	$\frac{1}{I-1}SS_A$	$\mathbf{F}_\alpha$	p_α
Zwischengr.	$J-1$	SS_B	$\frac{1}{J-1}SS_B$	$\mathbf{F}_\beta$	p_β
Zwischengr.	$(I-1)(J-1)$	SS_{AB}	$\frac{SS_{AB}}{(I-1)(J-1)}$	$\mathbf{F}_\gamma$	p_γ
Innergr.	$N-IJ$	SS_R	$\frac{1}{N-IJ}SS_R$		
Total	$N-1$	SS_T	$\frac{1}{N-1}SS_T$		

Tabelle 9.2: *ANOVA-Tafel einer zweifaktoriellen Varianzanalyse.*

Beispiel 9.8.4

Die forstwirtschaftliche Fakultät der Ludwig-Maximilians-Universität München untersuchte die Wirkung von Beregnung und Kalkung auf den pH-Wert des Waldbodens. Dabei wurden drei Beregnungsarten 'keine' (=keine zusätzliche Beregnung), 'sauer' (=zusätzliche saure Beregnung) und 'normal' (=zusätzliche normale Beregnung) sowie zwei Kalkungsarten 'ja' (=zusätzliche Kalkung) und 'nein' (=keine zusätzliche Kalkung) betrachtet. Entsprechend der sechs Kombinationsmöglichkeiten wurden sechs Parzellen gebildet, auf denen je eine dieser Möglichkeiten getestet wurde. Gemessen wurden die pH-Werte der Datei `ph.sta`, entnommen aus Falk et al. (2002).

Eine Untersuchung mit Quantilplots rechtfertigt die Normalverteilungsannahme, so dass das zweifaktorielle Modell aus (9.19) geeignet scheint, um auf die vorliegende Situation angewendet zu werden. Der erste Faktor ist 'Beregnung', es gibt drei mögliche Stufen, der zweite ist 'Kalkung' mit nun zwei möglichen Stufen. Die zu untersuchenden Hypothesen wären, dass weder der eine Faktor, noch der andere, noch die Kombination beider, einen Einfluss auf den pH-Wert des Waldbodens hat.

Wenden wir auf die Daten die zweifaktorielle ANOVA an, so erhalten wir ein Resultat wie in Abbildung 9.17. Diesem entnehmen wir, dass alle drei gemachten Nullhypothesen abzulehnen sind, bei p-Werten von 0,000000 bzw. 0,000182 bzw. 0,002252. Beide Faktoren und ihre Kombination nehmen somit sehr wohl Einfluß auf den pH-Wert des Bodens. Dies demonstriert auch der Mittelwertvergleich aus Abbildung 9.15, der auf Konfidenzintervallen zum Einzelniveau 99 % beruht, vgl. Abschnitt 9.3, wie auch auch die beiden Boxplots in Abbildung 9.16. □

Ein Hinweis zum Schluss: Eine entscheidende Bedingung für Modell (9.19) aus Hintergrund 9.8.2 war die Forderung, dass eine jede sich

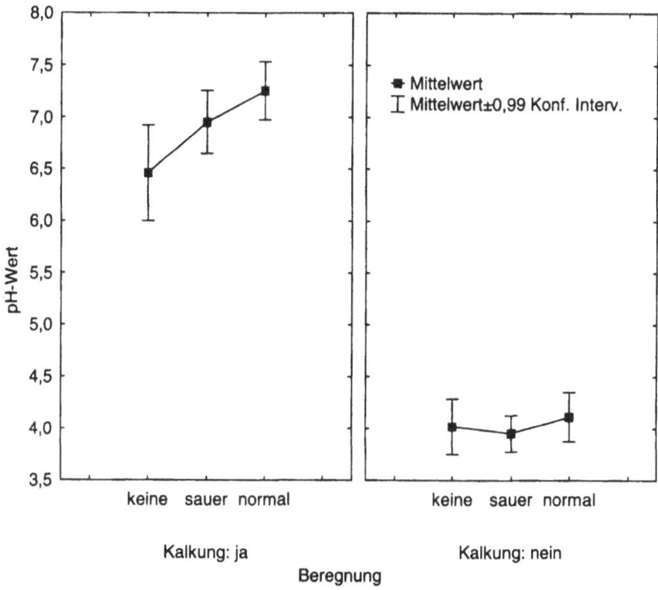

Abb. 9.15: *Mittelwertvergleich der pH-Werte aus Beispiel 9.8.4.*

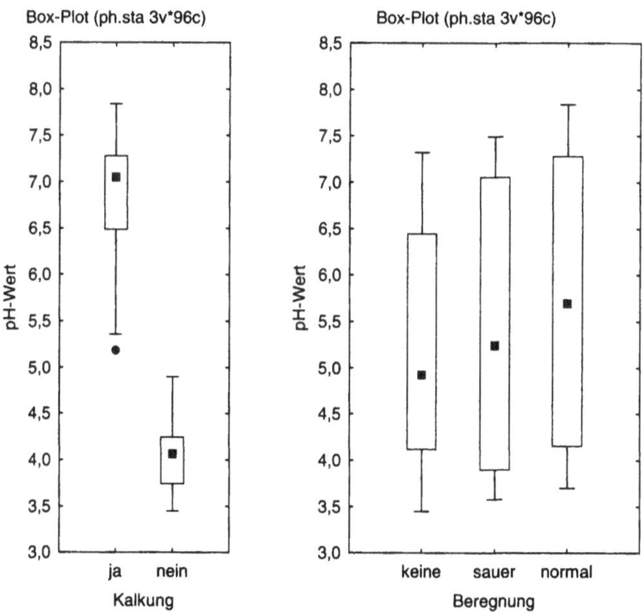

Abb. 9.16: *Boxplots der pH-Daten aus Beispiel 9.8.4.*

	Univariate Resultate für jede AV (ph.sta) Sigmabeschränkte Parametrisierung Typ VI Dekomposition (Effektive Hypothese)				
ALLGEM. Effekt	Freih.- grad	pH-Wert SQ	pH-Wert MQ	pH-Wert F	pH-Wert p
Konstante	1	*2860,931*	*2860,931*	*17102,40*	*0,000000*
Kalkung	1	*196,282*	*196,282*	*1173,36*	*0,000000*
Beregnung	2	*3,175*	*1,588*	*9,49*	*0,000182*
Kalkung*Beregnung	2	*2,184*	*1,092*	*6,53*	*0,002252*
Fehler	90	15,055	0,167		
Gesamt	95	216,697			

Abb. 9.17: *ANOVA der pH-Daten aus Beispiel 9.8.4.*

ergebende Teilstichprobe vom Umfang $K \geq 2$ ist, siehe die Voraussetzung 9.8.1. Leider trifft man in der Praxis aber immer wieder auf die Situation, dass tatsächlich nur eine Beobachtung pro Faktorkombination vorliegt. In diesem Fall muss das Modell durch Verzicht auf die Interaktionseffekte γ_{ij} reduziert werden, so dass man nur folgendes *reduziertes Modell*

$$X_{ij,k} = \mu + \alpha_i + \beta_j + \epsilon_{ij}, \quad \text{mit } \epsilon_{ij} \sim N(0, \sigma^2), \tag{9.28}$$

betrachtet. Da in diesem Fall sogar ausschließlich Haupteffekte vorliegen, spricht man vom *Haupteffektmodell.* Allgemein wird man Interaktionen nur bis zu einer selbst wählbaren Ordnung r berücksichtigen.

Die Vorgehensweise ist analog zu Durchführung 9.8.3, wobei man nach Auswahl der Variablen auf *Zwisch.-Effekte* klickt und hier *Fakt. Design ... Grad:* r wählt. Hierbei muss $r \geq 2$ sein. Für den Fall $r = 1$, einer Haupteffekte-ANOVA also, muss man dagegen das Menü *Statistik* → *ANOVA* → *Haupteffekte-ANOVA* wählen.

Beispiel 9.8.5

Als Beispiel einer solchen Haupteffekte-ANOVA sei dem Leser die Analyse der Datei `Weizen.sta`, entnommen aus Falk et al. (2002), anempfohlen. Diese enthält Angaben zum Ertrag pro Parzelle, in Abhängigkeit von den vier Düngemitteln und drei Weizensorten. Während sich ein signifikanter Effekt der Weizensorte feststellen lässt (p-Wert 0,005323), kann dagegen die Hypothese, dass die gewählten Dünger alle gleich effektiv sind, nicht abgelehnt werden (p-Wert 0,365363). □

Neu ab Version 7 ist der *Streuungsplot*, der als grafisches Werkzeug eine gute Ergänzung zur Varianzanalyse darstellt. Idee ist es, die einzelnen Teilstichproben, die sich auf Grund der Faktorkombinationen ergeben, nebeneinander in einer Grafik aufzutragen. Dadurch können die einzelnen Gruppen leicht miteinander verglichen werden, etwa in Hinblick auf verschiedene Mittelwerte und homogene Varianzen. •

Durchführung 9.8.6

Der *Streuungsplot* ist unter *Grafik* → *2D-Grafiken* → *Streuungsplots* implementiert. Auf der Karte *Standard* wählt man die betreffenden *Variablen* aus, also eine *abhängige* und alle *Gruppierungsvariablen*. Auf der Karte *Faktoren*, diese ist Teil der Karte *Standard*, kann man nun eine Reihe von Einstellungen treffen, die das Erscheinungsbild des Streuungsplots beeinflussen. Insbesondere kann man in der oberen Hälfte dieser Karte für jeden Faktor festlegen, welche seiner Werte berücksichtigt werden sollen. Ferner kann man durch Setzen von Häkchen zwischen folgenden Optionen wählen:

- *Anzeige Mw./Median für Gruppen* bzw. *für alle Daten* bewirkt, dass die Zentren der Einzelgruppen bzw. der Daten global mit in die Grafik aufgenommen werden. Je nach Wahl im Feld *Mittelwert/Median* handelt es sich dabei gerade um diesen Wert.
- Durch Wahl von *Mw./Mediane verbinden* werden die Gruppenzentren zudem noch durch einen Polygonzug verbunden.
- *Rahmen für Gruppen* heißt, dass um die konkreten Datenpunkte der Einzelgruppen ein Kasten gezeichnet wird, wogegen *Anzeige vertikale Linien ...* diese durch einen senkrechten Strich trennt.
- Schließlich führt ein Häkchen bei *Rahmen für Labels der Faktoren* dazu, dass die Gruppenbeschriftungen am Fuß der Grafik eingekästelt werden. •

Beispiel 9.8.7

Zur Illustration erstellen wir einen Streuungsplot für die pH-Daten aus Beispiel 9.8.4. Das Resultat aus Abbildung 9.18 mit eingezeichneten Mittelwerten bestätigt unsere bisherigen Beobachtungen, dass beide Faktoren, vor allem aber die Kalkung, sehr wohl einen Einfluss auf den pH-Wert ausüben. Allerdings erweckt diese Grafik, wie übrigens auch die Abbildungen 9.15 und 9.16, Zweifel an der Varianzhomogenität, die für die Anwendung einer ANOVA erforderlich ist. Und tatsächlich ergeben die Verfahren aus Durchführung 9.6.5, dass die Hypothese gleicher Varianzen in den einzelnen

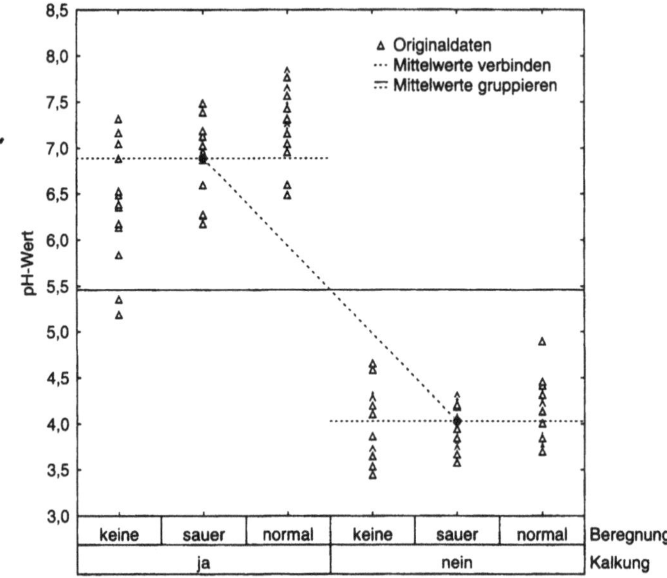

Abb. 9.18: *Streuungsplot der pH-Daten aus Beispiel 9.8.7.*

Gruppen abzulehnen ist. Somit ist das Resultat der ANOVA selbst nicht mehr zuverlässig, die grafischen Resultate dagegen bestätigen die gezogenen Schlüsse.

Bei der Erstellung von Abbildung 9.18 wurden übrigens auf der Karte *Standard* Häkchen bei *Mw./Mediane verbinden*, *Anzeige Mw./Median* ... und *Rahmen für Labels der Faktoren* gesetzt. □

9.9 Die Güte von Testverfahren

In der Einleitung zu Kapitel 9 hatten wir bereits den Begriff des *Fehlers 1. Art* erläutert, d. h. jenes Fehlers, den man begeht, wenn man irrtümlich die Nullhypothese H_0 ablehnt. Oberstes Ziel ist es, die Wahrscheinlichkeit α, diesen Fehler zu begehen, klein zu halten, etwa kleiner als 5 % oder 1 %. Deshalb konnten wir bei den beschriebenen Testverfahren die Nullhypothese H_0 nur dann ablehnen, wenn der p-Wert klein genug war.

Wie der Name *Fehler 1. Art* bereits andeutet, gibt es auch einen *Fehler 2. Art*, der immer dann eintritt, wenn man die Nullhypothese H_0 *nicht* ablehnt, obwohl die Alternativhypothese H_1 eigentlich zutreffend wäre. Während man bei seiner Entscheidung stets darauf achtet, die Wahrscheinlichkeit α, den Fehler 1. Art zu begehen, klein zu halten, ist die Wahrscheinlichkeit β, den Fehler 2. Art zu begehen, oft nicht einmal bekannt. Intuitiv ist auch klar, dass, bei festem Design des Testverfahrens, sich die Forderungen nach kleinem α und kleinem β einander widersetzen. Im Extremfall etwa beschließt man, einfach immer die Nullhypothese H_0 beizubehalten, dann ist $\alpha = 0$, jedoch $\beta = 1$.

Während also, kurz gesagt, die Entscheidungsregel eines Testverfahrens stets so wählbar ist, dass die Wahrscheinlichkeit α, den Fehler 1. Art zu begehen, kleiner als eine vorgebbare Schranke ist, zeigt sich die *Güte* eines Testverfahrens daran, wie gut dieses den Fehler 2. Art vermeiden kann, wie klein also die zug. Irrtumswahrscheinlichkeit β ist. Umgekehrt formuliert misst man die Güte in der Höhe der Wahrscheinlichkeit für eine richtige Entscheidung, d. h.

$$\text{Güte des Testverfahrens} = P(\text{lehne } H_0 \text{ ab} \mid H_1 \text{ zutreffend}).$$

Ein Testverfahren hoher Güte ist also in der Lage, mit entsprechend hoher Schärfe die beiden Hypothesen H_0 und H_1 voneinander zu trennen, weshalb man auch von der *Trennschärfe* eines Testverfahrens spricht. Ein drittes Synonym wäre die *Mächtigkeit* (engl.: *power*) eines Testverfahrens.

Beispiel 9.9.1

Von einer Zufallsvariable X sei bekannt, dass sie einer bestimmten Verteilungsfamilie mit Lageparameter θ angehört. Die Nullhypothese H_0 besage nun, dass θ gleich 0 ist, wie dies in Abbildung 9.19 durch die schwarz gezeichnete Dichtefunktion ausgedrückt wird. Um die Wahrscheinlichkeit für den Fehler 1. Art klein zu halten, wird folgende Entscheidungsregel vereinbart: Wird X später einen Wert im Intervall $(-3; 3)$ realisieren, so lehnen wir H_0 nicht ab, andernfalls schon.

Die *Gütefunktion* ist in diesem Fall gegeben durch

$$\begin{aligned} g(\tilde{\theta}) &:= P(\text{lehne } H_0 \text{ ab} \mid \theta = \tilde{\theta}) \\ &= P(X \leq -3 \text{ oder } X \geq 3 \mid \theta = \tilde{\theta}), \end{aligned} \qquad (9.29)$$

ist also eine Funktion des wahren Parameterwertes $\tilde{\theta}$ von θ. Da $\theta = 0$ der hypothetische Wert ist, ist $g(0) = \alpha$ gerade die Wahrscheinlichkeit für den Fehler 1. Art, für $\tilde{\theta} \neq 0$ ist $g(\tilde{\theta}) = 1 - \beta(\tilde{\theta})$ gerade die Wahrscheinlichkeit dafür, in der gegebenen Situation *nicht* den Fehler 2. Art zu begehen.

Der wahre Wert $\tilde{\theta}$ von θ sei nun 4, wie die graue Dichtekurve in Abbildung 9.19 ausdrückt. Dann werden wir nach Realisation von X die Nullhypothese gemäß unserer Entscheidungsregel fälschlicherweise nicht ablehnen, wenn der realisierte Wert von X im Intervall $(-3; 3)$ liegt. Die Wahrscheinlichkeit $\beta(4)$, dass diese Situation eintritt, dass

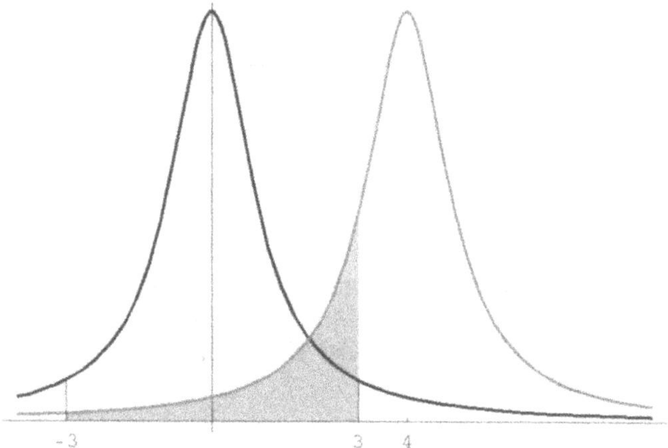

Abb. 9.19: *Hypothetische und reale Verteilung.*

wir also den Fehler 2. Art begehen, ist gleich dem Inhalt der grau schraffierten Fläche unter der wahren Dichte. Wir erkennen, dass wir beide Hypothesen desto sicherer trennen können, je weiter der wahre Wert von θ vom hypothetischen Wert entfernt liegt, ein plausibles Resultat. □

Wegen seiner Bedeutung auch für die statistische Qualitätskontrolle, siehe Kapitel 12, wollen wir, stellvertretend für andere Testverfahren, die Güte des zweiseitigen *Einstichproben-Gaußtests* genauer untersuchen.

Hintergrund 9.9.2

Seien $X_1, \ldots, X_n$ unabhängige und identisch normalverteilte Zufallsvariablen mit bekannter Varianz σ^2 und Erwartungswert μ, für den gemäß der Nullhypothese gilt:

$$H_0: \quad \mu = \mu_0.$$

Aus Hintergrund 9.1.2 ist bekannt, dass das Stichprobenmittel $\bar{X}_n$ ebenfalls normalverteilt ist, und zwar gemäß $N(\mu, \frac{\sigma^2}{n})$, so dass gilt:

$$\text{Unter } H_0 \text{ ist } T := \sqrt{n} \cdot \frac{\bar{X}_n - \mu_0}{\sigma} \text{ verteilt gemäß } N(0,1).$$

Man wird also den realisierten Wert der Teststatistik T mit der hypothetischen Verteilung vergleichen, indem man zu gegebenem α, welches möglichst klein gewählt wird, folgende Entscheidungsregel formuliert: Liegt der realisierte Wert von T außerhalb des Intervalls $(z_{\frac{\alpha}{2}}; z_{1-\frac{\alpha}{2}})$, so lehnen wir H_0 ab. Hierbei bezeichnet z_γ das γ-Quantil der Verteilung $N(0,1)$. Die Wahrscheinlichkeit für den Fehler 1. Art ist somit auf α beschränkt.

Der wahre Wert von μ sei nun um $\theta \in \mathbb{R}$ von μ_0 verschoben, d. h. es sei $\mu = \mu_0 + \theta$, und die Teststatistik T ist tatsächlich gemäß $N(\frac{\theta\sqrt{n}}{\sigma}, 1)$ verteilt. Bezeichnet Φ die Verteilungsfunktion der Standardnormalverteilung, dann berechnet sich die Gütefunktion $g(\theta)$, vgl. Formel (9.29), zu

$$g(\theta) = 1 - \left(\Phi\left(z_{1-\frac{\alpha}{2}} - \tfrac{\theta\sqrt{n}}{\sigma}\right) - \Phi\left(z_{\frac{\alpha}{2}} - \tfrac{\theta\sqrt{n}}{\sigma}\right)\right). \qquad (9.30)$$

Je größer also θ ist *oder* je größer n ist, desto größer ist auch der Wert von $g(\theta)$ für $\theta \neq 0$, d. h. desto größer die Güte des Testverfahrens. ◇

In Abschnitt 12.2 werden wir dieses Thema weiter vertiefen.

Durchführung 9.9.3

Gütefunktionen für normal-, binomial- oder Poisson-verteilte Teststatistiken kann man sich im Menü *Statistik* → *Industrielle Statistiken & Six Sigma* → *Prozessanalyse* unter *Stichprobenpläne für Mittelwerte,...* ausgeben lassen. Im sich öffnenden Dialog wechselt man auf die Karte *Details* und wählt dort *Verteilung* und *Testkriterium* aus. Ferner muss man Angaben zum *Alpha-Fehler* und zu (hypothetischen) Verteilungsparametern machen, sowie einen Orientierungswert für den *Beta-Fehler* vorgeben. Anschließend klickt man auf *OK* und wählt auf der Karte *Fester Stichprobenplan* den Knopf *Operationscharakteristik* aus. •

Bemerkung zu Durchführung 9.9.3.

Auch wenn der Knopf in Durchführung 9.9.3 fälschlicherweise mit Operationscharakteristik beschriftet ist, wird tatsächlich die Gütefunktion ausgegeben. Die *Operationscharakteristik* eines Testverfahrens, oft auch kurz *OC-Funktion* genannt, ist dagegen definiert als

$$oc(\theta) = 1 - g(\theta),$$

gibt also für $\theta \neq 0$ gerade die Wahrscheinlichkeit $\beta(\theta)$ für den Fehler 2. Art an. Mehr dazu in Abschnitt 12.1.4. □

Beispiel 9.9.4

Als Beispiel betrachten wir die Gütefunktion für die normalverteilte Teststatistik des Gaußtests aus Hintergrund 9.9.2, wobei wir folgende Vorgaben machen:

$$\alpha = 0{,}05,\ \beta = 0{,}10,\ \mu_0 = 0,\ \mu = 1,\ \text{also } \theta = 1,\ \text{und } \sigma = 1.$$

Die Wahrscheinlichkeit für den Fehler 1. Art ist also global auf 5 % beschränkt, bei einem Shift von $\theta = 1$ soll die für den Fehler 2. Art nicht mehr als 10 % betragen. Aus dem vorgegebenen α-Fehler berechnet man gemäß Hintergrund 9.9.2 folgende Entscheidungsregel:

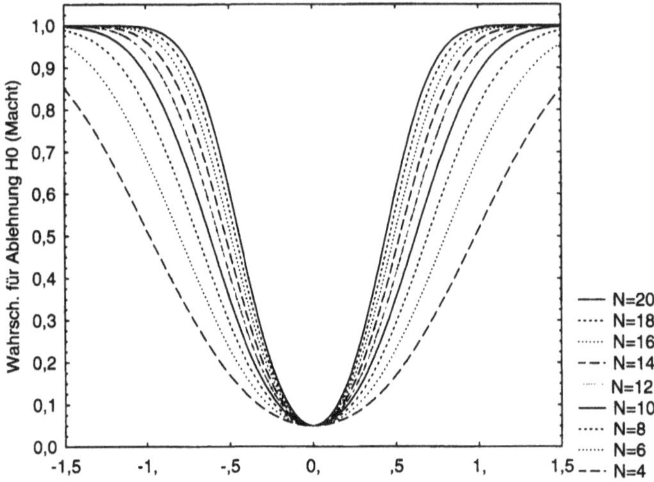

Abb. 9.20: *Die Gütefunktion des Gaußtests für versch. Stichprobenumfänge.*

Liegt der realisierte Wert von T außerhalb des Intervalls $(-1{,}96; 1{,}96)$, so lehnen wir H_0 ab.

Um die Vorgaben für α und β einhalten zu können, berechnet STATISTICA den Mindeststichprobenumfang 11, und gibt schließlich, für verschiedene Stichprobenumfänge n, die Gütefunktionen $g(\theta)$ aus Abbildung 9.20 aus. Stets ist dabei $g(0) = 0{,}05 = \alpha$, ansonsten ist zu beobachten, dass mit wachsendem Stichprobenumfang auch die Gütefunktion steiler ansteigt, die Güte also stärker zunimmt, wenn θ von 0 abweicht. Während z. B. bei $n = 12$ die Güte für $\theta = 1$ etwa 93,4 % beträgt, also die Wahrscheinlichkeit für den Fehler 2. Art schon auf unter 7 % abgesunken ist, beträgt die Güte für $n = 20$ gar 99,4 %, also wird der Fehler 2. Art mit weniger als 1 % Wahrscheinlichkeit eintreten. □

Güteberechnungen für eine Reihe weiterer Teststatistiken, wie sie in diesem Kapitel besprochen wurden, bzw. Berechnungen bzgl. des benötigten Stichprobenumfangs, um eine vorgebbare Güte zu garantieren, können mit Hilfe des Menüs *Statistik* → *Poweranalysis* durchgeführt werden.

9.10 Aufgaben

Es wird empfohlen, für jede Aufgabe einen eigenen STATISTICA-Bericht (Endung `.str`) anzulegen.

Aufgabe 9.10.1

Die Datei **GM_Aktie.sta** enthält Differenzwerte des GM-Aktienkurses vom 28.08.2000 bis 29.09.2000 zum jeweiligen Vortag.

(a) Begründen Sie mit allen verfügbaren Mitteln, dass die Daten annähernd normalverteilt sind. Achten Sie dabei beim Histogramm auf eine vernünftig gewählte Zahl an Kategorien. Es sei zudem daran erinnert, dass auch Schiefe und Exzess zur Prüfung auf Normalverteiltheit eingesetzt werden können.

(b) Untersuchen Sie sowohl mit Hilfe eines Konfidenzintervalls zum Niveau 95 % als auch mit Hilfe des Einstichproben-t-Tests die Hypothese, dass sich der Aktienkurs im Mittel nicht verändert hat, d. h. dass der hypothetische Erwartungswert $\mu_0 = 0$ ist.

Aufgabe 9.10.2

Die Datei **Frauen.sta** aus Aufgabe 5.7.2 enthält die Körpergrößen von 351 Frauen (in cm). Gemäß der Untersuchungen aus Abschnitt 8.4.3 ist bekannt, dass die Daten in etwa normalverteilt sind.

Auf Grund von Voruntersuchungen wurde die Hypothese *Eine Frau ist durchschnittlich 161 cm groß* aufgestellt. Prüfen Sie diese Hypothese mit dem Einstichproben-t-Test und einem Konfidenzintervall, und interpretieren Sie die Resultate.

Aufgabe 9.10.3

Bei den Mann-Frau-Daten der Datei **MannFrau.sta** aus Beispiel 6.1.3 lässt sich nachweisen, das die Körpergrößen jeweils normalverteilt sind und ähnliche Varianz aufweisen. Da ein jeder Fall ein Ehepaar repräsentiert, ist hier von zusammengehörigen Paaren auszugehen.

(a) Erstellen Sie eine neue Variable *Differenz*, welche die Differenz der Körpergrößen von Männern und Frauen enthält und untersuchen Sie diese Variable auf Normalverteiltheit.

(b) Sind Ehepartner im Mittel gleich groß? Führen Sie einen Einstichproben-t-Test der Variablen *Differenz* gegen Referenzkonstante 0 durch. Welche Informationen liefert einem der t-Test?

(c) Untersuchen Sie nun die Fragestellung aus Teilaufgabe (b) mit Hilfe von Konfidenzintervallen.

Aufgabe 9.10.4

Untersucht werde die Datei **`Schmelzwaerme.sta`** aus Falk et al. (2002). Gemessen wurde die notwendige Energie zum Schmelzen von Eis (von -72° bis 0°) mittels zweier Methoden x und y in Cal/g.

(a) Man prüfe mit zumindest drei verschiedenen Methoden, ob die Annahme annähernder Normalverteiltheit bei beiden Variablen gerechtfertigt ist.

(b) Man berechne, unabhängig vom Resultat aus (a), unter der Normalverteilungsannahme Konfidenzintervalle für den Erwartungswert zum Einzelniveau 99 % und gebe diese auch grafisch aus. Beschreiben und interpretieren Sie das Resultat. Gibt es Unterschiede zwischen den Schmelzmethoden?

(c) Analysieren Sie die Daten nun mit Hilfe von F-Test und Zweistichproben-t-Test, sowie mit dem Kruskal-Wallis-Test. Lässt sich die Hypothese, beide Methoden benötigen die gleiche Menge an Energie, bestätigen? Vergleichen Sie mit dem Resultat aus (b).

Aufgabe 9.10.5

Die Datei **`Football.sta`** enthält Angaben zum Gewicht (in Pfund) professioneller Football-Spieler verschiedener Vereine. Quelle: The Sports Encyclopedia Pro Football.

Untersuchen Sie die Daten mittels einfaktorieller ANOVA, Kruskal-Wallis-Test und Konfidenzintervallen für Differenzwerte zum Gesamtniveau 95 % dahingehend, ob es Gewichtsunterschiede bei den einzelnen Teams gibt. Prüfen Sie jeweils explizit nach, ob alle für die jeweiligen Verfahren notwendigen Voraussetzungen erfüllt sind.

Aufgabe 9.10.6

Die Datei **`Fruchtfliege.sta`**[4] enthält u. a. Angaben zur Lebensdauer (in Tagen) von männlichen Fruchtfliegen in Abhängigkeit von der Zahl weiblicher Partner und deren Art (0=schwanger, 1=jungfräulich). Untersuchen Sie die Daten mittels zweifaktorieller ANOVA und Konfidenzintervallen für Gruppendifferenzen auf folgende Fragestellung hin: Wird die Lebensdauer der Männchen durch Art und Zahl weiblicher Partner beeinflusst? Wenn ja, wie?

Beurteilen Sie diese Fragestellung auch mit Hilfe eines Streuungsplots. Prüfen Sie ferner nach, ob alle notwendigen Voraussetzungen erfüllt sind.

---

[4]Quelle: **`http://www.stat.nus.edu.sg/~shfan/SubPages/st5203/teach_other/Fruitfly_files.htm`**

10 Abhängigkeitsanalyse

Bei den in Kapitel 9 vorgestellten Testverfahren musste die zu untersuchende Stichprobe stets gewisse Annahmen erfüllen: Zum Einen war dies oftmals die Forderung nach einer bestimmten *Verteilung*, meist der Normalverteilung, zum Anderen war dies die Forderung nach *Unabhängigkeit*. Da die Aussage eines Testverfahrens aber natürlich nur dann gültig ist, wenn diese Annahmen tatsächlich erfüllt sind, müssen diese vor einem jeden Test zuerst überprüft werden. Methoden, wie man dies im Falle der Verteilungsannahmen machen kann, wurden bereits in Kapitel 8 diskutiert. Der sehr allgemeine und deshalb etwas vage Begriff der Unabhängigkeit, wie er in Anhang A.1 definiert ist, wurde dagegen bisher stets stillschweigend übergangen.

Oftmals ist eine explizite Untersuchung dieser Annahme auch nicht notwendig, da die untersuchten Daten normalerweise gezielt und geplant erhoben wurden. Bei einer sauberen Versuchsplanung[1] (Stichwort *Randomisierung* u. Ä.) wird man deshalb von zumindest näherungsweise unabhängigen Daten ausgehen können.

Trotzdem ist es in vielen Situationen von Interesse, Zufallsvariablen auf Abhängigkeiten hin zu untersuchen, wobei wir uns in diesem Kapitel auf zwei Situationen beschränken: Die Abhängigkeit zweier Zufallsvariablen, vgl. Abschnitt 10.1, und die serielle Abhängigkeit einer in bestimmter Reihenfolge aufgenommenen Stichprobe, vgl. Abschnitt 10.2.

10.1 Abhängigkeit zweier Merkmale

In diesem Abschnitt betrachten wir stets die folgende Situation: Zwei zufällige Merkmale X und Y sollen auf mögliche Abhängigkeit, im Sinne von Anhang A.1, überprüft werden. Dazu fassen wir X und Y zu einem Zufallspaar zusammen und wiederholen das zug. Zufallsexperiment n-mal unabhängig voneinander. Wir betrachten also die Stichprobe $(X_1, Y_1), \ldots, (X_n, Y_n)$, bei der die einzelnen Pärchen zwar unabhängig sind, u. U. aber nicht die beiden jeweiligen Partner X_i und Y_i.

[1] Gegenbeispiele wären etwa: Um die Güte produzierter Waren zu prüfen, zieht man keine Zufallsstichprobe des Umfangs n, sondern z. B. einfach die ersten n produzierten Güter – Abhängigkeit zu vermuten. Oder bei einer medizinischen Untersuchung wählt man keine repräsentative Gruppe von Versuchspersonen, sondern nur solche, die von vornherein gleichartige Merkmale (nur ein Geschlecht, nur eine Altersgruppe, ...) aufweisen. Auch hier ist dann kein Schluss auf die gesamte Menschheit erlaubt.

Anhand der Realisierung dieser Stichprobe soll dann entschieden werden, ob die beiden Komponenten X und Y unabhängig voneinander sind oder nicht. Dabei wird bewusst nichts über den Wertebereich der Zufallsvariablen gesagt – die Verfahren der Abschnitte 10.1.1 und 10.1.2 können auf reellwertige Zufallsvariablen angewendet werden, die aus Abschnitt 10.1.3 nur nach vorheriger Kategorisierung. Umgekehrt sind die Verfahren der Abschnitte 10.1.2 und 10.1.3 stets auf kategoriale Daten anwendbar.

10.1.1 Korrelierte Merkmale

Der Begriff der Korreliertheit zweier Zufallsvariablen wurde in Anhang A.1 eingeführt und bereits in Abschnitt 6.1 diskutiert. Dort wurde erläutert, dass die Korrelation den Grad linearer Abhängigkeit ausdrückt. Hierbei bestimmt das Vorzeichen der Korrelation, ob es sich um einen linearen Zusammenhang mit positiver oder negativer Steigung handelt.

Stellt man also fest, dass zwei Zufallsvariablen korreliert sind, so sind sie auf jeden Fall auch abhängig, eben linear abhängig. Umgekehrt jedoch, wenn zwei Zufallsvariablen unkorreliert sind, heißt dies noch lange *nicht*, dass sie tatsächlich unabhängig sind, schließlich gibt es auch nichtlineare Arten von Abhängigkeit. Trotzdem wird man, falls Unkorreliertheit gemessen wird, dies zumindest als *Indiz* für mögliche Unabhängigkeit werten.

Um nun X und Y mit STATISTICA auf Korreliertheit hin zu untersuchen, bestimmt man die *empirische Korrelationsmatrix* der Stichprobe $(X_1, Y_1), \ldots, (X_n, Y_n)$, wie dies in Durchführung 6.1.2 beschrieben wurde. Die beiden Nichtdiagonaleinträge dieser Matrix sind dann die empirische Korrelation zwischen X und Y, welche stets zwischen -1 und 1 liegt, genau wie die tatsächliche Korrelation auch. Weicht der gemessene Wert deutlich von 0 ab, etwa um mehr als $\pm$0,25, so sind X und Y i. A. spürbar korreliert. Liegt die gemessene Korrelation dagegen im Bereich von -0,05 bis 0,05, so ist die Korreliertheit oft vernachlässigbar.

Beispiel 10.1.1.1

In Beispiel 6.1.3 hatten wir sowohl das Alter wie auch die Größe der Ehepartner miteinander verglichen, und dabei festgestellt, dass beide jeweils positiv korreliert waren, im Falle des Alters sogar deutlich. □

10.1.2 Grafische Verfahren der Abhängigkeitsanalyse

In diesem Abschnitt wollen wir zwei grafische Verfahren besprechen, die bei der Analyse auf (Un)Abhängigkeit hilfreich sind. Es sind dies das *bivariate Histogramm*, wie es bereits in Abschnitt 6.4 besprochen wurde, und der *Scatterplot*, der bereits in Abschnitt 6.3 eingeführt wurde.

Beim bivariaten Histogramm ist es dabei unerheblich, ob reelle oder kategoriale Daten vorliegen, da im Falle Letzterer die Kategorisierung bereits festgelegt ist. Bezüglich der Anzahl der Kategorien sei an die $\log_2(n)$- bzw. $\sqrt{n}$-Regel aus Abschnitt 5.4 erinnert. Zur Erstellung eines solchen bivariaten Histogramms sei auf Abschnitt 6.4 verwiesen.

Beim Scatterplot ist dieser Unterschied jedoch zu berücksichtigen: Im Falle reeller Daten erstellt man einen 'gewöhnlichen' Scatterplot, im Falle kategorialer Daten dagegen einen Häufigkeitsscatterplot. Letzterer ist im Prinzip äquivalent zum bivariaten Histogramm, nur dass hier Häufigkeit nicht durch die Höhe eines Balken, sondern den Durchmesser eines Kreises repräsentiert wird. Die praktische Durchführung mit STATISTICA ist in den Durchführungen 6.3.1 bzw. 6.3.3 beschrieben.

Es gilt nun folgende *Interpretation*: Immer dann, wenn in den genannten Grafiken Strukturen wie funktionale Zusammenhänge, Trends, auffällige Lücken o. Ä. zu erkennen sind, deutet dies auf Abhängigkeit hin. Sieht der 'gewöhnliche' Scatterplot dagegen wie eine völlig diffuse Punktwolke aus, weist dies auf Unabhängigkeit hin. Haben im bivariaten Histogramm bzw. im Häufigkeitsscatterplot zu den Achsen parallele Querschnitte die gleiche Form, unterschiedliche Gesamtbesetzung ist dabei erlaubt, so spricht dies für Unabhängigkeit.

Beispiel 10.1.2.1

Als Beispiel betrachten wir erneut die Mann-Frau-Daten. Die Größe der Ehepartner wurde in Beispiel 6.3.2, Abbildung 6.3, mit Hilfe eines Scatterplots untersucht. Dabei war ein leichter Aufwärtstrend bzw. eine Nichtbesetzung von linker oberer und rechter unterer Ecke zu beobachten, was auf Abhängigkeit hinweist. Wesentlich deutlicher und unzweifelhaft war diese Abhängigkeit beim Alter der beiden Ehepartner, was wir bereits in Beispiel 6.4.1 anhand von Abbildung 6.8 bzw. Abbildung 6.11 bemerkt hatten. Diesen Eindruck festigte auch das bivariate Histogramm aus Abbildung 6.7. Hier sind parallele Querschnitte stark gegeneinander verschoben, also von unterschiedlicher Form.

Ein anderes Beispiel sind die Haar-/Augenfarbe-Daten aus Beispiel 5.2.3. In Abbildung 6.5 zu Beispiel 6.3.4 ist ein Häufigkeitsscatterplot der Daten wiedergegeben. Hier sind parallele Querschnitte

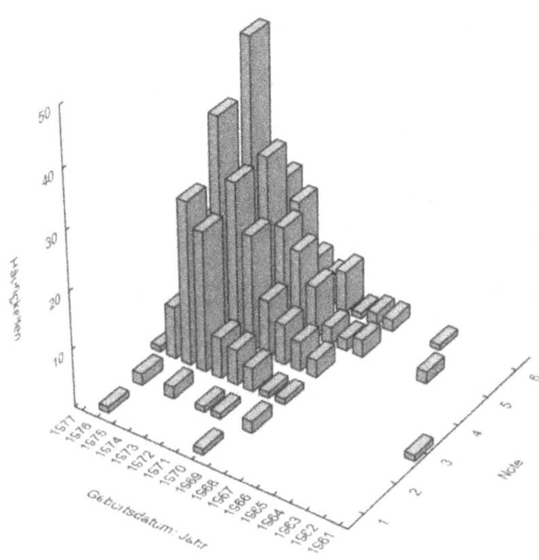

Abb. 10.1: *Bivariates Histogramm der Daten aus Beispiel 10.1.2.2.*

von deutlich unterschiedlicher Form. Betrachten wir etwa die Querschnitte bei 'schwarz' und 'blond', so liegt das Maximum im ersten Fall bei 'braun', im zweiten Fall dagegen bei 'blau'. Umgekehrt haben die zu 'blau' und 'braun' gehörigen Querschnitte Gipfel bei 'blond' und 'braun', bzw. bei 'schwarz' und 'braun', also ebenfalls unterschiedliche Form. □

Beispiel 10.1.2.2

Als Kontrast zum vorigen Beispiel betrachten wir erneut die Mathematikdaten aus Beispiel 6.2.2. Im bivariaten Histogramm der Abbildung 10.1 erkennt man, dass die Schnitthistogramme bei fester Einzelnote von gleicher Form sind, nämlich linksteil bzw. rechtsschief mit Modus im Jahre 1975. Natürlich sind dabei die Gesamtbesetzungen der einzelnen Noten unterschiedlich. Also scheint keine Abhängigkeit zwischen dem Jahr der Geburt und der erreichten Note zu bestehen. Analoges ergibt sich aus dem Häufigkeitsscatterplot der Abbildung 10.1. □

10.1.3 Abhängigkeit in Kontingenztafeln

In diesem Abschnitt wollen wir einen neuen Ansatz kennenlernen, um Daten auf Unabhängigkeit zu überprüfen. Für dieses Verfahren müssen die Daten in kategorisierter Form vorliegen. Basierend auf dem Stichprobenresultat wird dann eine *Kontingenztabelle* erstellt, die ja im

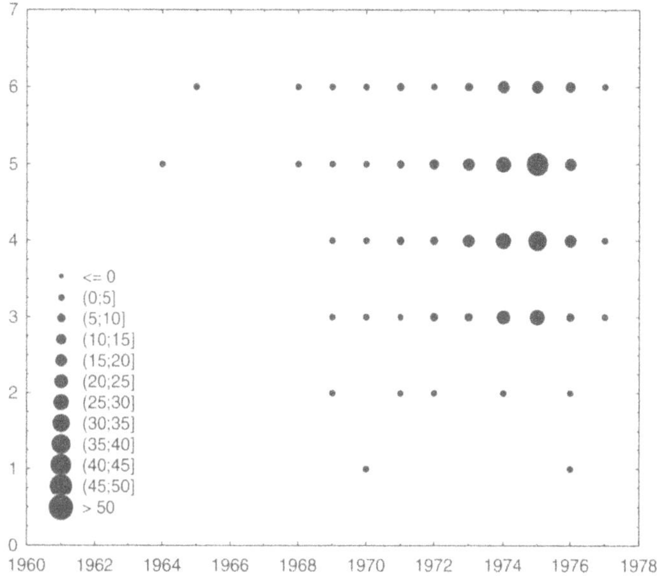

Abb. 10.2: *Häufigkeitsscatterplot der Mathematikdaten aus Beispiel 10.1.2.2.*

Prinzip auch einem bivariaten Histogramm zu Grunde liegt. Zu dieser Kontingenztafel gibt es dann geeignete Statistiken, mit deren Hilfe man Auskunft darüber gewinnt, ob die Unabhängigkeitshypothese abgelehnt werden kann.

Zur Untersuchung der Unabhängigkeit ist es notwendig, die gepaarte Zufallsvariable (X, Y) zu kategorisieren, wenn es sich bei ihr nicht ohnehin schon um eine kategoriale Zufallsvariable handelt. Wir können (X, Y) kategorisieren, indem wir den Wertebereich beider Zufallskomponenten in I bzw. J Teilbereiche $B_{X,1}, \ldots, B_{X,I}$ bzw. $B_{Y,1}, \ldots, B_{Y,J}$ unterteilen und anschließend die kategorisierten Komponenten X_{kat} und Y_{kat} definieren als

$$X_{kat} := i, \text{ falls } X \in B_{X,i}, \quad Y_{kat} := j, \text{ falls } Y \in B_{Y,j}. \tag{10.1}$$

Somit haben wir (X, Y) in die Variable (X_{kat}, Y_{kat}) transformiert, welche nur noch $I \cdot J$ verschiedene Werte annehmen kann. Die praktische Durchführung einer solchen Kategorisierung mit STATISTICA wurde bereits im Tipp in Anschluss an Durchführung 6.3.3 beschrieben.

Wenn wir nun (X, Y) und somit (X_{kat}, Y_{kat}) insgesamt n-mal unabhängig voneinander wiederholt haben, so können wir das Resultat dieser Stichprobe in einer *Kontingenztafel* zusammenfassen. Diese hat die Form, wie sie der Tabelle 10.1 zu entnehmen ist.

x_{kat}/y_{kat}	1	...	j	...	J	
1	n_{11}	...	n_{1j}	...	n_{1J}	$n_{1\bullet}$
$\vdots$	$\vdots$		$\vdots$		$\vdots$	$\vdots$
i	n_{i1}	...	n_{ij}	...	n_{iJ}	$n_{i\bullet}$
$\vdots$	$\vdots$		$\vdots$		$\vdots$	$\vdots$
I	n_{I1}	...	n_{Ij}	...	n_{IJ}	$n_{I\bullet}$
	$n_{\bullet 1}$	...	$n_{\bullet j}$	...	$n_{\bullet J}$	n

Tabelle 10.1: *Beispiel einer $I \times J$-Kontingenztafel.*

Die zu untersuchende Hypothese lautet nun:

$$H_u : \quad X \text{ und } Y \text{ sind voneinander unabhängig.}$$

Um diese Hypothese zu prüfen, können wir auf eine Reihe von Statistiken zurückgreifen.

Voraussetzung 10.1.3.1

Die Stichprobe $(X_1, Y_1), \ldots, (X_n, Y_n)$ unabhängiger Wiederholungen des Paares (X, Y) liege in ausgewerteter Form einer Kontingenztabelle wie in Tabelle 10.1 vor. Ferner gelte, dass die Bedingung $\frac{n_{i\bullet} \cdot n_{\bullet j}}{n} \geq 5$ für alle[2] $i = 1, \ldots, I$ und $j = 1, \ldots, J$ erfüllt sei. •

Hintergrund 10.1.3.2

Die Teststatistik von *Pearsons χ^2-Test auf Unabhängigkeit* ist definiert als

$$\mathbf{T}_P := n \cdot \sum_{i,j} \frac{\left(\frac{N_{ij}}{n} - \frac{n_{i\bullet}}{n} \cdot \frac{n_{\bullet j}}{n}\right)^2}{\frac{n_{i\bullet}}{n} \cdot \frac{n_{\bullet j}}{n}}. \tag{10.2}$$

Ist die Hypothese H_u zutreffend, so ist unter Voraussetzung 10.1.3.1 die Teststatistik $\mathbf{T}_P$ approximativ χ^2-verteilt mit $(I-1)(J-1)$ Freiheitsgraden. ◇

Entsprechend werden wir nun den realisierten Wert der Statistik $\mathbf{T}_P$ und den korrespondierenden p-Wert unter Zugrundelegung der $\chi^2{}_{(I-1)(J-1)}$-Verteilung berechnen. Darauf basierend wird dann die Hypothese beurteilt: Ist der p-Wert zu klein, so ist die Unabhängigkeitshypothese H_u abzulehnen.

Es gibt noch eine zweite Statistik, die exakt die gleichen Eigenschaften aufweist, nämlich die *Devianzstatistik*. Bei dem zugehörigen Test handelt es sich um den *Likelihood-Ratio-Test auf Unabhängigkeit*.

[2] Laut Cochrans Regel genügt es sogar, wenn diese Forderung nur für 80 % der Zellen erfüllt ist, stets aber $n_{i\bullet} \cdot n_{\bullet j}/n \geq 1$ ist.

Hintergrund 10.1.3.3

Die Teststatistik des *Likelihood-Ratio-Tests auf Unabhängigkeit* ist definiert als

$$\mathbf{T}_L := 2 \cdot \sum_{i=1}^{I} \sum_{j=1}^{J} N_{ij} \ln \left(\frac{\frac{N_{ij}}{n}}{\frac{n_{i\bullet}}{n} \cdot \frac{n_{\bullet j}}{n}} \right). \tag{10.3}$$

Ist die Hypothese H_u zutreffend, so ist unter Voraussetzung 10.1.3.1 die Teststatistik $\mathbf{T}_L$ approximativ χ^2-verteilt mit $(I-1)(J-1)$ Freiheitsgraden. ◇

Bei beiden Statistiken liegt jedoch nur eine approximative Verteilung vor, und um die Vorgaben von Voraussetzung 10.1.3.1 erfüllen zu können, muss auch die Kategorisierung entsprechend gewählt sein. Für den Fall einer 2×2-Tafel jedoch gibt es noch ein Testverfahren, welches sogar eine exakte Bestimmung der Verteilung ihrer Statistik erlaubt, nämlich *Fishers exakter Test auf Unabhängigkeit.*

Voraussetzung 10.1.3.4

Die Stichprobe $(X_1, Y_1), \ldots, (X_n, Y_n)$ unabhängiger Wiederholungen des Paares (X, Y) liege in ausgewerteter Form einer 2×2-Kontingenztabelle wie in Tabelle 10.1 vor, also mit $I = J = 2$. •

Hintergrund 10.1.3.5

Fishers exakter Test auf Unabhängigkeit: Ist die Hypothese H_u zutreffend, so ist unter Voraussetzung 10.1.3.4 die Teststatistik $\mathbf{T}_F := N_{11}$ hypergeometrisch verteilt gemäß $H(n, n_{1\bullet}, n_{\bullet 1})$. ◇

Durchführung 10.1.3.6

Pearsons χ^2*-Test*, den *Likelihood-Ratio-Test* sowie *Fishers exakten Test* findet man allesamt mit dem Menü *Statistik* → *Elementare Statistik* → *Tabellen und gestapelte Tabellen.* Dort wählt man auf der Karte *Kontingenztabellen* den Punkt *Tabellen spezifizieren*, wählt hier in den Listen 1 und 2 die jeweils gewünschte kategoriale Variable und bestätigt. Auf der Karte *Optionen* muss man nun unter *Statistiken für zweidimensionale Tabellen* einen Haken bei *Pearson und ML-Chi-Quadrat* und bei *Fisher exakt, Yates...* machen und anschließend auf der Karte *Details* den Knopf *2 D-Tabellen und Statistiken* drücken. Es wird eine Kontingenztafel und eine Tabelle mit allen Testergebnissen erstellt, wobei Fishers exakter Test natürlich nur im Falle einer 2×2-Tafel, und dann auch nur für moderates n, erstellt wird. •

(a)

	Zweidimensionale Tabelle: Häufigkeiten (MannFrau.sta)					
Kategorien Frau	Kategorien Mann 1	Kategorien Mann 2	Kategorien Mann 3	Kategorien Mann 4	Kategorien Mann 5	Zeile Gesamt
1	3	5	2	0	0	10
2	5	13	11	5	0	34
3	6	17	26	10	3	62
4	9	14	17	9	2	51
5	3	4	13	12	10	42
Spalte Ges.	26	53	69	36	15	199

(b)

	Statistik : Kategorien Frau(5) x Kategorien Mann(5) (MannFrau.sta)		
Statistik	Chi-Quadr.	FG	p
Pearson Chi-Quadr.	39,24535	FG=16	p=,00100
M-L Chi-Quadr.	39,42270	FG=16	p=,00095

Abb. 10.3: *Vielfeldertafel und Pearsons χ^2-Test zu Beispiel 10.1.3.7.*

Beispiel 10.1.3.7

Setzen wir Beispiel 10.1.1.1 fort. Die Körpergrößen der Ehepartner werden in je fünf Kategorien unterteilt, gemäß der Formel

```
= (v2>=1550 and v2<1662)*1   + (v2>=1662 and v2<1718)*2
+ (v2>=1718 and v2<1774)*3   + (v2>=1774 and v2<1830)*4
+ (v2>=1830)*5
```

für Männer und

```
= (v4>=1410 and v4<1510)*1   + (v4>=1510 and v4<1560)*2
+ (v4>=1560 and v4<1610)*3   + (v4>=1610 and v4<1660)*4
+ (v4>=1660)*5
```

für Frauen. Die Kontingenztabelle aus Abbildung 10.3 (a) zeigt, dass zumindest Cochrans Regel erfüllt ist. Anschließend werden Pearsons χ^2-Test und der Likelihood-Ratio-Test, bei STATISTICA übrigens als *M-L Chi-Quadr.* abgekürzt, durchgeführt.

Dem Ergebnis in Abbildung 10.3 (b) entnehmen wir, dass die Hypothese H_u: *Die Körpergröße zweier Ehepartner ist unabhängig voneinander* auf Grund eines kleinen p-Wertes von nur 0,00100 bzw. 0,00095 abzulehnen ist. Die Körpergrößen von Mann und Frau innerhalb eines Ehepaares stehen also sehr wohl in Zusammenhang miteinander. □

10.2 Serielle Abhängigkeit

Werden Zufallsdaten $X_1, \ldots, X_t, \ldots$ in einer bestimmten Reihenfolge gemessen, so liegt ein *stochastischer Prozess* bzw. eine *Zeitreihe* vor, die man kurz auch als $(X_t)_\mathcal{T}$ notiert. Der Begriff Zeitreihe beschreibt dabei eigentlich nur die bereits realisierten Daten. Es ist aber nicht unüblich, diesen Begriff auch als Synonym für Prozess zu verwenden. Hierbei ist $\mathcal{T}$ die Menge der Zeitpunkte, z. B. $\mathcal{T} = \{1, \ldots, T\}$ oder $\mathcal{T} = \mathbb{N}$. Mit Zeitreihen werden wir uns ausführlicher in Abschnitt 11.4 beschäftigen.

Ein Beispiel einer solchen Zeitreihe waren etwa die Sonnenfleckendaten aus Beispiel 5.3.3. Ein Run Chart der Daten, der diese ja in ihrer natürlichen Reihenfolge wiedergibt, ist in Abbildung 5.15 auf Seite 91 zu sehen. Dabei erkennt man deutlich zyklische Schwankungen. Wenn wir einen Wert X_t zu einem beliebigen Zeitpunkt t betrachten, beispielsweise mitten in einem der Maxima, so wird der darauffolgende Wert X_{t+1} wohl ebenfalls sehr groß sein. Einen ähnlichen Sachverhalt würde man auch in einem der Minima prognostizieren. Es ist also offensichtlich, dass ein Wert X_t von seinem Vorgängerwert X_{t-1} abhängt, wohl auch von seinem Vorvorgänger X_{t-2}, und weiteren Vorgängerwerten. Man spricht von *serieller Abhängigkeit.* Meist ist dabei ein Verlauf abnehmender Abhängigkeit zu erwarten, d. h. je weiter Werte in der Vergangenheit zurückliegen, desto geringer wird ihr Einfluss auf das aktuelle Geschehen sein.

Um das Maß serieller Abhängigkeit zu quantifizieren, verwendet man häufig die in Abschnitt 10.1.1 besprochene Korrelation. Dabei nennt man $\rho_t(k) := Corr[X_t, X_{t-k}]$ nun *Autokorrelation* und den Zeitabstand k einen *Lag*. Der dem Griechischen entstammende Wortteil *auto-* bedeutet dabei *selbst-*, was darauf hindeutet, dass es sich bei den Daten um solche handelt, die ein und demselben Prozess entspringen. Häufig beobachtet man dabei, dass sowohl Erwartungswert $E[X_t]$, Varianz $V[X_t]$ als auch die Autokorrelationswerte $\rho_t(k)$ über die Zeit hinweg konstant bleiben, d. h. dass für alle k, unabhängig von t, gilt:

$$E[X_t] \equiv \mu, \quad V[X_t] \equiv \sigma^2 \quad \text{und} \quad \rho_t(k) \equiv \rho(k).$$

Eine solche Zeitreihe nennt man *schwach stationär*. Für eine *schwach stationäre Zeitreihe* kann man die tatsächliche Autokorrelation leicht schätzen mit Hilfe der *empirischen Autokorrelation.*

Hintergrund 10.2.1

Sei $X_1, \ldots, X_T$ der betrachtete Abschnitt der schwach stationären Zeitreihe $(X_t)_\mathcal{T}$, dann schätzt man die Autokovarianz $\gamma(k) := Cov[X_t, X_{t-k}]$ zum Lag k durch die *empirische Autokovarianz*

$$\hat{\gamma}(k) := \frac{1}{T} \sum_{t=1+k}^{T} (X_t - \bar{X}_T)(X_{t-k} - \bar{X}_T).$$

Hierbei stimmt $\hat{\gamma}(0)$ weitgehend mit der empirischen Varianz der Daten überein. Die *empirische Autokorrelation* ist gegeben durch

$$\hat{\rho}(k) := \frac{\hat{\gamma}(k)}{\hat{\gamma}(0)}.$$

◇

Durchführung 10.2.2

Die empirische Autokorrelationsfunktion findet sich bei STATISTICA unter *Statistik* → *Höhere (nicht)lineare Modelle* → *Zeitreihenanalyse/Prognose*. Man legt zunächst die betrachtete Zeitreihe als *Variable* fest, und wählt dann den Knopf *OK (Transformationen, ...)*. Im nun folgenden Dialog wechselt man auf die Karte *Autokorr.* und kann dort die *Anzahl* der *Lags* festgelegen. Dann wählt man *Autokorrelationen*. Es wird sowohl eine Tabelle als auch eine Balkengrafik der Autokorrelationen erzeugt.

Ferner kann man einen zwei- oder dreidimensionalen Scatterplot erstellen lassen, bei dem Pärchen/Tripel mit Lag gegeneinander aufgetragen werden. Dies geschieht, indem man im Feld *Scatterplots für Reihen mit Lag* den gewünschten Lag auswählt und dann *2D-/3D-Scatterplot* drückt. Im Falle eines *2D-Scatterplots* würden dann etwa die Pärchen (X_t, X_{t-lag}) aufgetragen. •

Beispiel 10.2.3

Zu den Sonnenfleckendaten aus Beispiel 5.3.3 lassen wir die Autokorrelationen bis zum Lag 15 berechnen. Das Resultat ist in Abbildung 10.4 zu sehen. Man erkennt deutlich ein sehr hohes Maß an positiver Korrelation. Diese nimmt zwar mit wachsendem Lag beständig ab, besitzt aber selbst bei Lag 15 noch einen hohen Wert von 0,647.

Diese hohe Maß an Autokorrelation, insbesondere bei Lag 1, wird auch aus dem Scatterplot der Abbildung 10.5 deutlich. Dort wurden die Pärchen (X_t, X_{t-1}) aufgetragen, und eine lineare Abhängigkeit zwischen je zwei aufeinanderfolgenden Werten ist offensichtlich. □

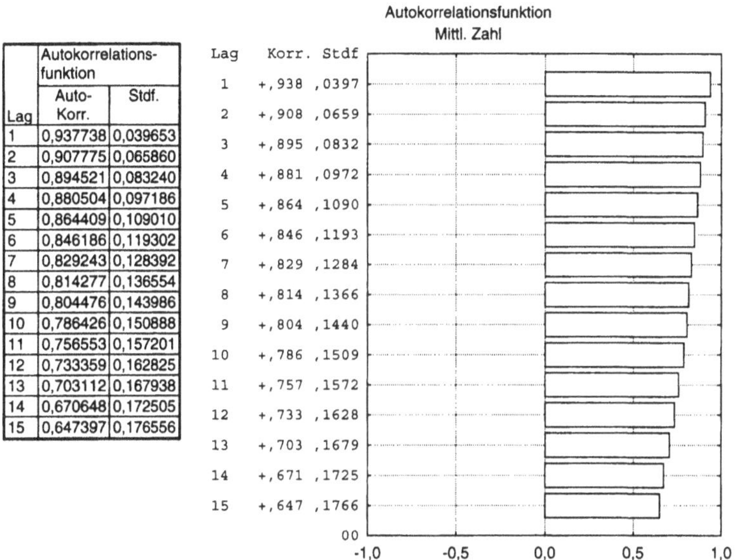

Lag	Autokorrelationsfunktion Auto-Korr.	Stdf.
1	0,937738	0,039653
2	0,907775	0,065860
3	0,894521	0,083240
4	0,880504	0,097186
5	0,864409	0,109010
6	0,846186	0,119302
7	0,829243	0,128392
8	0,814277	0,136554
9	0,804476	0,143986
10	0,786426	0,150888
11	0,756553	0,157201
12	0,733359	0,162825
13	0,703112	0,167938
14	0,670648	0,172505
15	0,647397	0,176556

Abb. 10.4: *Autokorrelation der Sonnenfleckendaten aus Beispiel 10.2.3.*

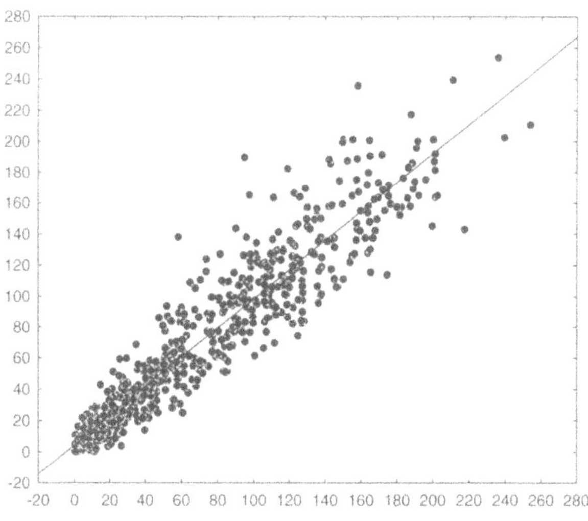

Abb. 10.5: *Scatterplot mit Lag 1 der Sonnenfleckendaten.*

10.3 Aufgaben

Es wird empfohlen, für jede Aufgabe einen eigenen STATISTICA-Bericht (Endung `.str`) anzulegen.

Aufgabe 10.3.1

Die Datei `Schwan.sta` enthält Werte zur Flügelspannweite (in cm) von 47 Paaren des Trompeter-Schwans (*Cygnus buccinator*), unterteilt in die Variablen *Männchen* und *Weibchen*.

(a) Erstellen Sie einen gemeinsamen Boxplot beider Variablen und interpretieren Sie diesen! Gibt es Unterschiede zwischen männlichen und weiblichen Schwänen? Gibt es Ausreißer?

(b) Zur weiteren, quantitativen Beschreibung der Daten sollen nun geeignete Kenngrößen berechnet werden, um Auskünfte über Lokation, Streuung, evtl. Ausreißer, Schiefe und Exzess gewinnen. Geben Sie zu jedem der genannten Punkte explizit die von Ihnen ausgewählten Kenngrößen samt berechnetem Wert an, und interpretieren Sie diese kurz.

(c) Besteht Abhängigkeit zwischen den beiden Variablen? Beschreiben Sie Möglichkeiten, die vorliegenden Daten auf Abhängigkeit zu untersuchen. Interpretieren Sie die konkreten Resultate.

(d) Die Reihenfolge der Daten entspricht der zeitlichen Reihenfolge der Messungen. Erstellen Sie deshalb einen Run Chart der Daten und interpretieren Sie diesen. Sind die Daten stark autokorreliert?

Aufgabe 10.3.2

Die in Abschnitt 11.4.1 zu analysierende Datei `Bier.sta` enthält Angaben zur monatlichen Bierproduktion in Australien.

(a) Berechnen Sie die Autokorrelationen bis Lag 10 und interpretieren Sie das Resultat. Erstellen Sie ferner zwei 2D-Scatterplots, einmal zu Lag 1, ein zweites Mal zu Lag 6. Beschreiben und erklären Sie den Unterschied.

(b) Erzeugen Sie eine neue Variable und kopieren Sie in diese die Daten, aber um 1 versetzt. Erstellen Sie nun ein bivariates Histogramm beider Variablen und interpretieren Sie dieses.

Aufgabe 10.3.3

Im Folgenden wollen wir Shakespeares „Venus and Adonis“[3] auf serielle Abhängigkeiten hin untersuchen. Dazu betrachten wir die Dateien **venusandsadonis_1.sta** und **venusandsadonis_2.sta**, welche den Text enthalten, einmal zerlegt in Wörter, ein anderes Mal zerlegt in Buchstaben, wobei die ‘0’ für ein Leerzeichen steht.

(a) Erstellen Sie eine Häufigkeitstabelle der Variablen *Venus* für jede der Dateien und interpretieren Sie das jeweilige Resultat.

(b) Die Variable *Lag1* der Datei **venusandsadonis_2.sta** enthält ebenfalls die Buchstaben des Textes, jedoch um eine Stelle verschoben. Erstellen Sie eine Häufigkeitstabelle, ein bivariates Histogramm sowie einen Häufigkeitsscatterplot der beiden Variablen *Venus* und *Lag1*.

Sind beide Variablen unabhängig? Gibt es auffällige Häufungen? Erklären Sie das Ergebnis.

(c) Wiederholen Sie die Aufgabe, nun jedoch mit den Variablen *Venus* und *Lag5*. Welchen Unterschied stellen Sie fest?

(d) Verwenden Sie die Resultate der vorigen Teilaufgaben, um den folgenden Code zu entziffern:

53 Ø Ø Å 305)) 6 * ; 4826) 4 Ø .) 4 Ø) ; 806 * 48 Å 8]/ 60)) 85 ; 1 Ø (; : Ø * 8 Å 83 (88) 5 * Å ; 46 (; 88 * 96 * ? ; 8) * Ø (; 485) ; 5 * Å 2 : * Ø (; 4956 * 2 (5 * - 4) 8]/ 8 * ; 40 69 285) ;) 6 Å 8) 4 Ø Ø; 1 (Ø 9 ; 48 0 81 ; 8 : 8 Ø 1 ; 48 Å 85 ;4) 485 Å 52 8806 * 81 (Ø 9 ; 4 8 ; (88 ; 4 (Ø ? 34 ; 48) 4 Ø ; 161 ; : 188 ; Ø ? ;

Hinweis: Die ‘Musterlösung’ zu dieser Teilaufgabe finden Sie in Edgar A. Poe’s „Der Goldkäfer“. Die Geschichte ist auch frei im Internet verfügbar, z. B. unter

`http://gutenberg.spiegel.de/autoren/poe.htm.`

[3]Quelle: `http://www.shakespeare-online.com/sonnets/venus.html.`

11 Modellierung von Zufallsphänomenen

Betrachtet man etwa die Sonnenfleckendaten aus Beispiel 5.3.3, insbesondere Abbildung 5.15 auf Seite 91, oder denkt man an das Alter der Ehepartner aus Beispiel 6.1.3, so erkennt man, dass nicht alle Zufallsphänomene 'völlig zufällig' sind, sondern sich durchaus gewisse funktionale Zusammenhänge erkennen lassen. Diese sind aber meist von zufälligen Störungen überlagert.

Motivation. Bleiben wir bei den Altersdaten der Ehepartner aus Beispiel 6.1.3. Der Scatterplot aus Abbildung 11.1 zeigt, dass sich diese Daten wohl ganz gut durch den linearen Zusammenhang

$$\textit{AlterMann} \;=\; 0{,}9667 \cdot \textit{AlterFrau} \;+\; 3{,}5901$$

beschreiben lassen, siehe die Kopfzeile des Scatterplots. Grob gesprochen ist also ein Mann im Mittel etwa 3 Jahre älter als seine Gemahlin. Wie in Abbildung 11.1 zu sehen, ist dieser Zusammenhang jedoch nicht perfekt, es müssen kleinere Schwankungen in Kauf genommen werden. Wenn nun beispielsweise bekannt ist, dass die Frau eines solchen Paares 40 Jahre alt ist, so würde man wohl das Alter des zugehörigen Gatten auf um die $0{,}9667 \cdot 40 + 3{,}5901 \approx 42{,}2581$ prognostizieren. □

Wenn ein passendes Modell für die Daten gefunden ist, so kann man dieses zum Zwecke der Vorhersage einsetzen. Ist beispielsweise, wie eben gesehen, das Alter der Frau eines Paares bekannt, so würde man gewisse Tendenzen für das Alter des Mannes angeben können, ohne das Alter natürlich exakt prognostizieren zu können. Formal betrachtet ist dies der Unterschied zwischen *substantieller Variation* und *akzidenteller Variation*. Erstere ist deterministisch erklärbar, Zweitere nicht. Konkret: Im Beispiel der Altersdaten der Ehepartner scheint ein linearer Zusammenhang zu bestehen (substantiell), der von kleineren zufälligen Abweichungen (akzidentell) überlagert ist.

Wenn man nun daran interessiert ist, den Wert eines Zufallsphänomens zu prognostizieren, so ist die Prognose als weitaus zuverlässiger einzustufen, wenn man zumindest die substantielle Komponente erklären kann. Ziel ist es also, ein Modell für ein Zufallsphänomen zu erstellen, das dieses so umfassend wie möglich beschreiben kann und das Risiko einer grob falschen Prognose minimiert. Genau dies ist der Inhalt dieses Kapitels. Während sich Abschnitt 11.1 mit einfachen *linearen*

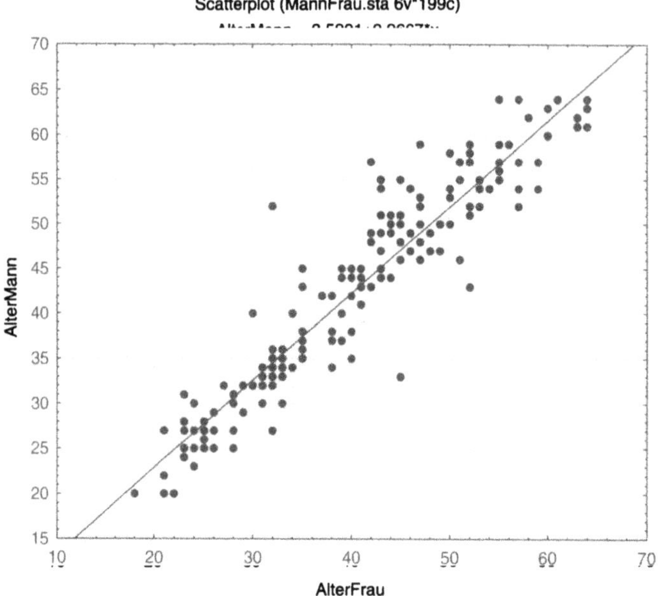

Abb. 11.1: *Altersdaten der Ehepartner aus Beispiel 6.1.3.*

Regressionsmodellen beschäftigt, die vorwiegend zur Modellierung des Zusammenhangs zweier oder mehrerer reeller Variabler eingesetzt werden, stellen die Abschnitte 11.2 und 11.3 Verallgemeinerungen dieses Konzeptes vor. Schließlich zielt Abschnitt 11.4 auf die Modellierung von Zeitreihen ab, vgl. auch Abschnitt 10.2, also auf Abhängigkeiten längs der Zeitachse.

11.1 Multilineare Regression

Beschreibt Y z. B. die Ergiebigkeit eines chemischen Prozesses oder den Profit eines Aktienfonds, so kann man den Wert von Y durch eine Reihe von Variablen $x_1, \ldots, x_k$ beeinflussen, ohne diesen natürlich völlig unter Kontrolle zu bringen. In vielen ähnlichen Situation besteht auf Grund ökonomischer, technischer, chemischer oder physikalischer Zusammenhänge ein funktionaler Zusammenhang g der Art

$$Y = g(x_1, \ldots, x_k) + \epsilon, \tag{11.1}$$

wobei $g(x_1, \ldots, x_k)$ prinzipiell berechenbar ist, und nur der Fehlerterm ϵ (Residuum) vom Zufall abhängt. Der erste Term bestimmt die *substantielle Variation*, der zweite Term die *akzidentelle Variation.*

Hintergrund 11.1.1

Das Modell (11.1) nennt man das *mechanistische Modell.* Im Allgemeinen wird man jedoch den zu Grunde liegenden Mechanismus, also die Funktion g, nicht explizit kennen. Man wird also gezwungen sein, basierend auf einer 'Trainingsstichprobe' $Y_1, \ldots, Y_n$ und Realisationen $x_{11}, \ldots, x_{1k}, \ldots, x_{n1}, \ldots, x_{nk}$, eine Funktion f zu schätzen, mit welcher man den wahren Zusammenhang g zu approximieren versucht. Dazu stellt man ein empirisches Modell

$$Y_i = f(x_{i1}, \ldots, x_{ik}) + \epsilon_i, \quad i = 1, \ldots, n, \tag{11.2}$$

auf, das sog. *Response Surface Modell.* Y_i nennt man dabei *abhängige Variable, Zielgröße* oder *Response-, Outputvariable* und die x_{ij} *erklärende Faktoren, Kovariablen, Regressoren* oder *Inputvariablen.* Der Fehlerterm ϵ_i heißt das *Modellresiduum.* ◇

Den wahren aber unbekannten Zusammenhang g modelliert man mit Hilfe einer Funktion f, wobei man sich bei der Modellfunktion f häufig mit Polynomen erster oder zweiter Ordnung begnügt. Prinzipiell lassen sich aber die betrachteten Methoden auf beliebige (stetige) Funktionen ausdehnen.

In diesem Abschnitt wollen wir sehr ausführlich auf das wohl am häufigsten gebrauchte Modell eingehen, das *multilineare Regressionsmodell.* Wie wir später sehen werden, lassen sich aber, vom linearen Modell ausgehend, leicht Verallgemeinerungen definieren, die auch andere Arten von Zusammenhängen modellieren können.

11.1.1 Modellierung

Der generelle Ansatz für das *multilineare Regressionsmodell* ist gegeben durch

$$Y = \beta_0 + \beta_1 \, x_1 + \ldots + \beta_k \, x_k + \epsilon, \tag{11.3}$$

wobei $\beta_0, \ldots, \beta_k$ die (zu schätzenden) *Regressionskoeffizienten* sind. Wiederholen wir nun die Zufallsvariable Y n-mal unter wechselnden Ausgangssituationen, d. h. die i-te Wiederholung Y_i werde realisiert unter der Bedingung gegebener $x_{i1}, \ldots, x_{ik}$, so können wir, basierend auf Ansatz (11.3), das *Modell der multilinearen Regression* wie folgt definieren:

Voraussetzung 11.1.1.1

Das *Modell der multilinearen Regression* sei

$$Y_i = \beta_0 + \beta_1\, x_{i1} + \ldots + \beta_k\, x_{ik} + \epsilon_i, \quad i = 1, \ldots, n, \tag{11.4}$$

mit voneinander *unabhängigen* Residuen $\epsilon_1, \ldots, \epsilon_n$, welche zudem normalverteilt seien mit $\epsilon_i \sim N(0, \sigma^2)$. •

Hintergrund 11.1.1.2

Abkürzend können wir Modell 11.4 auch in Matrixschreibweise notieren als

$$\boldsymbol{Y} = \mathbf{X}\boldsymbol{\beta} + \boldsymbol{\epsilon}, \quad \text{wobei} \quad \mathbf{X} := \begin{pmatrix} 1 & x_{11} & \cdots & x_{1j} & \cdots & x_{1k} \\ \vdots & \vdots & & \vdots & & \vdots \\ 1 & x_{n1} & \cdots & x_{nj} & \cdots & x_{nk} \end{pmatrix}, \tag{11.5}$$

$\boldsymbol{Y} := (Y_1, \ldots, Y_n)^T$, $\boldsymbol{\beta} := (\beta_0, \ldots, \beta_k)^T$ und $\boldsymbol{\epsilon} := (\epsilon_1, \ldots, \epsilon_n)^T$ ist. Die Regressionskoeffizienten werden nun so bestimmt, dass sie die Summe der quadratischen Residuen

$$\sum_{i=1}^{n} \epsilon_i^2 = \sum_{i=1}^{n} (Y_i - (\beta_0 + \beta_1\, x_{i1} + \ldots + \beta_k\, x_{ik}))^2 = \|\boldsymbol{Y} - \mathbf{X}\boldsymbol{\beta}\|^2 \tag{11.6}$$

minimieren. Man spricht dann von der *Methode der kleinsten Quadrate*. Hierbei bezeichne $\|\cdot\|$ die euklidische Norm. Das Resultat der Minimierung, ein *Kleinster-Quadrate-Schätzer*, ist gegeben durch

$$\hat{\boldsymbol{\beta}} := (\mathbf{X}^T\mathbf{X})^{-1}\mathbf{X}^T\, \boldsymbol{Y}. \tag{11.7}$$

Dieser ist nicht nur ein erwartungstreuer Schätzer für $\boldsymbol{\beta}$, sondern sogar ein sog. *BLUE*, also ein ***b**est **l**inear **u**nbiased **e**stimator.*

Unter Zugrundelegung dieses Schätzers würde man nun $\boldsymbol{Y}$ schätzen zu

$$\hat{\boldsymbol{Y}} := \mathbf{X}\,\hat{\boldsymbol{\beta}} = \mathbf{X}(\mathbf{X}^T\mathbf{X})^{-1}\mathbf{X}^T\, \boldsymbol{Y}, \tag{11.8}$$

und die *empirischen Residuen* erhielte man als

$$\hat{\boldsymbol{\epsilon}} := \boldsymbol{Y} - \hat{\boldsymbol{Y}} = (\mathbf{I}_n - \mathbf{X}(\mathbf{X}^T\mathbf{X})^{-1}\mathbf{X}^T)\, \boldsymbol{Y}. \tag{11.9}$$

◇

Bemerkung zu Voraussetzung 11.1.1.1.

Nach Modell 11.4 sind die Residuen ϵ_i, und somit auch die abhängigen Variablen Y_i, *homoskedastisch*, d. h. die Varianz der Residuen ist stets gleich: $V[\epsilon_1] = \ldots = V[\epsilon_n] = \sigma^2$. Gemäß Formel (11.9) gilt dies i. A. *nicht* für die geschätzten Residuen $\hat{\epsilon}_i$, diese sind *heteroskedastisch*. Bezeichnet d_{ii} das zum Residuum ϵ_i gehörige Diagonalelement der Matrix $\mathbf{I}_n - \mathbf{X}(\mathbf{X}^T\mathbf{X})^{-1}\mathbf{X}^T$, so beträgt die Varianz des i-ten geschätzten Residuums $V[\hat{\epsilon}_i] = \sigma^2 \cdot d_{ii}$. Um

	Regression Zusammenf. für abh. Variable: Groove (Reifen.sta) R= ,94781670 R²= ,89835650 korr. R²= ,89109625 F(1,14)=123,74 p<,00000 Stdf. der Schätzung: 26,208					
N=16	BETA	Stdf. von BETA	B	Stdf. von B	t(14)	p-Niveau
Konstante			13,50586	21,04761	0,64168	0,531446
Weight	0,947817	0.085207	0,79021	0,07104	11,12368	0,000000

Abb. 11.2: *Geschätzte Modellparameter zu Beispiel 11.1.1.4.*

also mittels der geschätzten Residuen die eingangs in Modell (11.4) gemachte Annahme der Homoskedastizität prüfen zu können, müssen die geschätzten Residuen standardisiert werden: $\hat{\epsilon}_i \longrightarrow \hat{\epsilon}_i/\sqrt{d_{ii}}$. Die auf diese Weise standardisierten Residuen hätten dann die konstante (aber unbekannte) Varianz σ^2.

Wählt man bei STATISTICA die Option *Standardisierte Residuen*, so wird dort noch einen Schritt weitergegangen, indem das unbekannte σ^2 abgeschätzt wird durch $\frac{SS_R}{n-k-1}$, zur Definition vgl. Formel (11.12). STATISTICA versteht unter *standardisierten Residuen* also die Ausdrücke

$$\hat{\epsilon}_{i,stand.} = \frac{\hat{\epsilon}_i}{\sqrt{d_{ii} \cdot \frac{SS_R}{n-k-1}}} \quad \text{für } i = 1, \ldots, n. \tag{11.10}$$

Diese sollten unter den Modellannahmen näherungsweise homoskedastisch mit Varianz 1 sein. □

Durchführung 11.1.1.3

Die *multilineare Regression* findet man im Menü *Statistik* → *Multiple Regression*. Dort wählt man auf der Karte *Standard* die abhängige und die unabhängige(n) Variable(n) und drückt *OK*. Auf der Karte *Details* sind unter *Zusf.: Ergebnisse Regression* alle wichtigen Ergebnisse bzgl. der Modellgüte, wie der R^2-Wert o. Ä., zu finden. Via *Varianzanalyse (Test des Modells)* man kann eine ausführliche ANOVA-Tafel des Modells erstellen lassen.

Um die an die Residuen gestellten Bedingungen zu prüfen, wählt man auf der Karte *Residuen/Voraussetzungen/Prognose* den Knopf *Residualanalyse*. Im anschließenden Menü findet man auf der Karte *Standard* eine tabellarische Zusammenfassung aller Schätzer unter *Zusf.: Residuen u. Prognosewerte* und kann zudem einen *Normalv.plot der Residuen* erstellen lassen. Um einen Scatterplot der Residuen gegen die Schätzwerte zu erstellen, wähle man auf der Karte *Scatterpl.* den Knopf *Prognosewerte – Residuen*.

Zur grafischen Darstellung der Ergebnisse muss man leider erst das Menü *Scatterplots* aufsuchen. •

	Prognosewerte - Residuen (Natr533.sta) Abhängige Variable: Groove		
Fall Nr.	Beob. Wert	Prognose Wert	Residuum
1	357,0000	376,2133	-19,2133
2	392,0000	344,6048	47,3952
3	311,0000	309,8354	1,1646
4	281,0000	277,4368	3,5632
5	240,0000	258,4716	-18,4717
6	287,0000	254,5206	32,4794

⋮

***Abb. 11.3:** Original-, Schätzwerte, empirische Residuen zu Beispiel 11.1.1.4.*

Beispiel 11.1.1.4

Im Rahmen eines Experiments wurde die Abnutzung von Reifen mit zwei unterschiedlichen Verfahren, der Methode Y ('groove method') und der Methode X ('weight method'), untersucht. Dabei wurde jeder Reifentyp beiden Methoden unterworfen, und es ist zu erwarten, dass das Resultat der Methode Y in Abhängigkeit von dem der Methode X steht. Die Daten sind in der Datei `Reifen.sta` wiedergegeben.[1]

Gemäß Modell (11.5) wären also $\boldsymbol{y}$, $\mathbf{X}$ und $\boldsymbol{\beta}$ gegeben als

$$\boldsymbol{y} = \begin{pmatrix} 357 \\ 392 \\ \vdots \\ 112 \end{pmatrix}, \quad \mathbf{X} = \begin{pmatrix} 1 & 459 \\ 1 & 419 \\ \vdots & \vdots \\ 1 & 114 \end{pmatrix} \quad \text{und} \quad \boldsymbol{\beta} = \begin{pmatrix} \beta_0 \\ \beta_1 \end{pmatrix}.$$

Eine Schätzung für die Regressionskoeffizienten erhält man gemäß Formel (11.7) zu

$$(\hat{\beta}_0, \hat{\beta}_1)^T \approx (13{,}5059\ ,\ 0{,}790212)^T,$$

siehe Spalte B in Abbildung 11.2. Auf die weiteren Kenngrößen in dieser Tabelle werden wir im Laufe dieses Abschnittes eingehen. Die realisierten Schätzungen zu $\hat{\boldsymbol{Y}}$ und $\hat{\boldsymbol{\epsilon}}$ gemäß (11.8) und (11.9) entnimmt man der Grafik 11.3. Zeichnet man die so berechnete Gerade in einen Scatterplot mit den realen Werten, so erhält man ein Bild wie in Abbildung 11.4. Dieses bestätigt, dass sich die Daten wohl tatsächlich recht gut durch ein lineares Modell beschreiben lassen.

□

[1]Quelle: NATELLA, M.G.: *Experimental Statistics.* National Bureau of Standards Handbook 91, U.S. Government Printing Office, S. 5-33 bis 5-40, 1963.

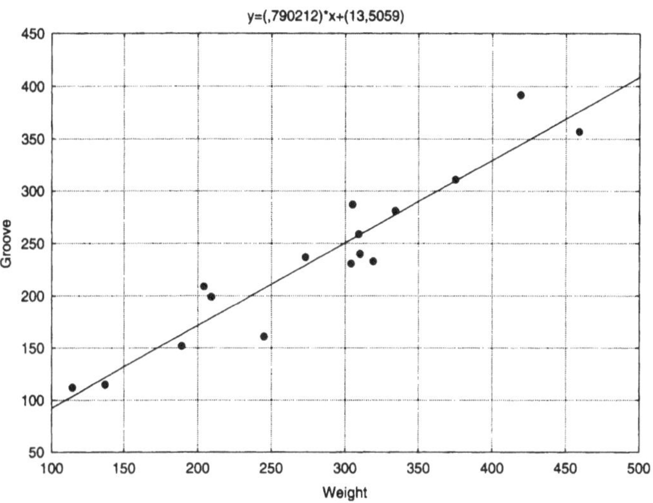

Abb. 11.4: *Scatterplot mit Schätzgerade zu Beispiel 11.1.1.4.*

Abschließend ein paar Worte zu den erklärenden Variablen: Während die abhängige Variable im multilinearen Regressionsmodell stets reellwertig ist, kann man auf Seiten der unabhängigen Variablen durchaus auch kategoriale Größen berücksichtigen. Dazu müssen diese nur entsprechend codiert werden, wobei man hier üblicherweise *Dummy-* oder *Effektcodierung* verwendet.

Hintergrund 11.1.1.5

Sei z eine kategoriale Größe mit Wertebereich $\{v_0, \ldots, v_m\}$. Dann kann man diese Größe auch repräsentieren durch einen binären Vektor $\boldsymbol{x} \in \{0,1\}^m$, wobei

$$x_i = 1, \quad \text{falls } z = v_i, \ i = 1, \ldots, m, \quad \text{und 0 sonst.}$$

Somit wird der Wert $z = v_0$ durch $\boldsymbol{x} = (0, \ldots, 0)^T$ repräsentiert. Dies ist die sog. *Dummycodierung*, vgl. Fahrmeir et al. (1996). Alternativ kann man auch die *Effektcodierung* verwenden, hierbei ist $\boldsymbol{x} \in \{-1, 0, 1\}^m$ mit

$$x_i = \begin{cases} 1, & z = v_i, \\ -1, & z = v_0, \\ 0, & \text{sonst,} \end{cases} \qquad \text{für } i = 1, \ldots, m.$$

Die Werte $z = v_1, \ldots, v_m$ werden somit repräsentiert genau wie im Fall der Dummycodierung, der Wert $z = v_0$ jedoch durch $\boldsymbol{x} = (-1, \ldots, -1)^T$.

Speziell für eine binäre Größe z mit Werten v_0 oder v_1 ergibt sich die Codierung 0 bzw. 1 im Falle der Dummycodierung, und -1 bzw. 1 im Falle der Effektcodierung. $\diamond$

Durchführung 11.1.1.6

Um eine kategoriale Variable wie in Hintergrund 11.1.1.5 zu codieren, kann man stets m neue Variablen anlegen und die Codierung mit Hilfe logischer Ausdrücke definieren, siehe Abschnitt 3.2. Unter Umständen ist dies jedoch nicht nötig.

In den Menüs der allgemeinen und verallgemeinerten linearen Modelle etwa, siehe Abschnitte 11.2 und 11.3, werden kategoriale Variablen *automatisch* neu codiert, unabhängig davon, ob sie bereits anderweitig codiert waren. Will man umgekehrt in diesen Menüs eine selbstgewählte Codierung beibehalten, muss man die Variablen als *stetig* auswählen. Bei der automatischen Codierung wird dabei die Effekt-/Dummycodierung gewählt, wenn im Anfangsmenü auf der Karte *Optionen* unter *Parametrisierung* bei *Sigmabeschränkt* ein/kein Häkchen gesetzt ist.

Ferner kann man für binäre und ordinale Variablen mit Hilfe des Textwerte-Editors selbst eine Codierung wählen, siehe Abschnitt 3.3, indem man die Textwerte beibehält und die numerischen Werte entsprechend anpasst. Anschließend wählt man die Variablen als stetig aus, bei der multilinearen Regression ist dies automatisch der Fall.

•

11.1.2 Modellgüte

Dem 'Augenmaß' nach scheinen wir in Beispiel 11.1.1.4 ein passendes Modell gefunden zu haben, um die Reifendaten zu beschreiben, doch ist dies kein stichhaltiges Argument. Man bedenke dabei auch, dass man ohnehin nur in den wenigsten Fällen die Daten wird grafisch darstellen können, da die Dimension des Modells häufig drei übersteigen dürfte. Wir müssen also Mittel und Wege finden, wie wir die Güte unseres Modells beurteilen können.

Ein erster Schritt in diese Richtung ist die in Voraussetzung 11.1.1.1 gemachten Annahmen bzgl. Unabhängigkeit und Normalverteiltheit der Residuen $\epsilon_1, \ldots, \epsilon_n$ zu überprüfen. Ersteres untersucht man meist grafisch, indem man die empirischen Residuen $\hat{\epsilon}_1, \ldots, \hat{\epsilon}_n$ gegen die Schätzwerte $\hat{Y}_1, \ldots, \hat{Y}_n$ aufträgt, vgl. Durchführung 11.1.1.3. Sind die Residuen tatsächlich unabhängig voneinander, so müsste eine diffuse Punktwolke ohne jegliche Struktur zu erkennen sein. Ist umgekehrt dagegen eine deutliche Struktur zu erkennen, so können die für Modell (11.4) gemachten Annahmen nicht zutreffend sein und man muss nach einem geeigneteren Modell Ausschau halten.

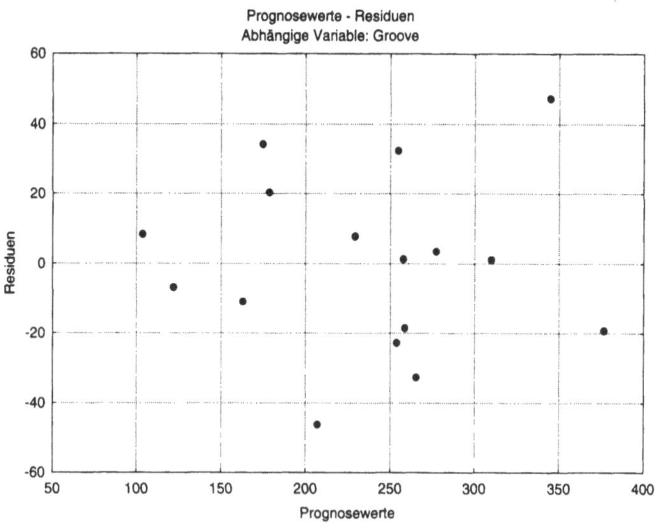

Abb. 11.5: *Standardisierte empirische Residuen zu Beispiel 11.1.2.1.*

Um die zweite Annahme, dass $\epsilon_1, \ldots, \epsilon_n$ normalverteilt sind, zu prüfen, kann man sich beispielsweise des in Abschnitt 8.2 beschriebenen Quantilplots bedienen und die geschätzten Residuen auf Normalverteiltheit hin untersuchen, vgl. Durchführung 11.1.1.3.

Beispiel 11.1.2.1

Betrachten wir erneut die Reifendaten aus Beispiel 11.1.1.4. Für die dort bestimmten standardisierten empirischen Residuen fertigen wir einen Scatterplot bzgl. der Schätzer $\hat{Y}_i$ und einen Normalverteilungsplot an. Die Punktwolke in Abbildung 11.5 weist tatsächlich keinerlei Struktur auf, so dass die Unabhängigkeitsannahme gerechtfertigt erscheint. Auch der Normalverteilungsplot in Abbildung 11.6 ergibt keinen Widerspruch zur Normalverteilungsannahme in Modell (11.4). □

Nun haben wir zwar Methoden kennengelernt, wie man die Modellannahmen aus Voraussetzung 11.1.1.1 überprüfen kann, aber wir kennen noch immer kein Kriterium zur Bestimmung der *Güte des Modells.* Um ein solches zu gewinnen, werden wir nun, ähnlich wie in Abschnitt 9.6, einen varianzanalytischen Ansatz betrachten. Unser Ziel ist dabei die Gewinnung eines Verfahrens, um die Hypothese

$$H_0: \quad \beta_1 = \ldots = \beta_k = 0 \qquad \text{in Modell (11.4),}$$

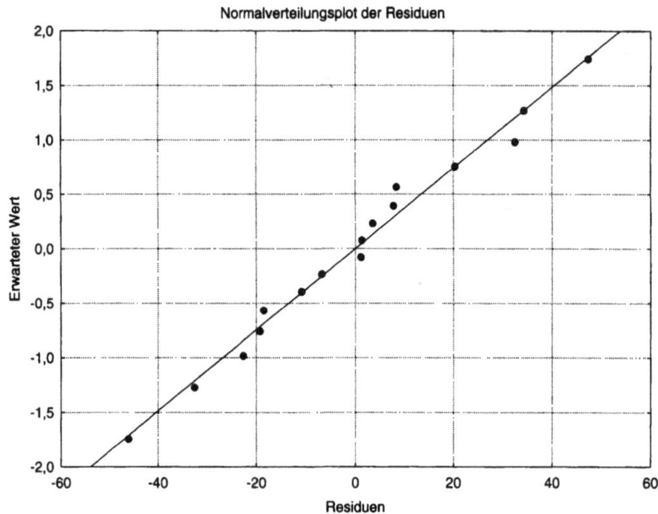

Abb. 11.6: *Normalverteilungsplot zu den Reifendaten aus Beispiel 11.1.2.1.*

also keinerlei linearer Zusammenhang zwischen den Y_i und den x_{ij}, gegen die Hypothese

$$H_1: \quad \beta_j \neq 0 \qquad \text{für wenigstens ein } 1 \leq j \leq k \text{ in Modell (11.4)},$$

dass also eine lineare Abhängigkeit der Y_i zu zumindest einem der x_{ij} besteht, testen zu können.

Hintergrund 11.1.2.2

Im Folgenden bezeichne $\bar{Y}_n := \frac{1}{n}\sum_{i=1}^{n} Y_i$ das arithmetische Mittel der $Y_1, \ldots, Y_n$ und $\bar{\boldsymbol{Y}}$ den Vektor $\bar{\boldsymbol{Y}} := (\bar{Y}_n, \ldots, \bar{Y}_n)^T$.

Mit diesen Bezeichnungsweisen zeigt man für die *totale quadratische Abweichung* SS_T, dass die Streuungszerlegung

$$SS_T := \|\boldsymbol{Y} - \bar{\boldsymbol{Y}}\|^2 = SS_M + SS_R \tag{11.11}$$

gilt, wobei

$$SS_M := \|\hat{\boldsymbol{Y}} - \bar{\boldsymbol{Y}}\|^2 \quad \text{bzw.} \quad SS_R := \|\boldsymbol{Y} - \hat{\boldsymbol{Y}}\|^2 \equiv \|\hat{\epsilon}\|^2 \tag{11.12}$$

die *quadratische Modellabweichung* bzw. die *Residuenquadratsumme* bezeichnet. Letztere ist von großer praktischer Bedeutung, da der Quotient $\frac{SS_R}{n-k-1}$ stets ein *erwartungstreuer Schätzer* für das unbekannte σ^2 ist. Ist zudem die Normalverteilungsannahme aus Voraussetzung 11.1.1.1 erfüllt, so gilt, dass $\frac{SS_R}{\sigma^2}$ einer χ^2_{n-k-1}-*Verteilung* unterliegt. Zudem sind unter dieser Voraussetzung die Schätzer $\hat{\boldsymbol{\beta}}$, $\hat{\mathbf{Y}}$ sowie SS_M jeweils *unabhängig* von SS_R.

Wäre nun H_0 zutreffend, so müsste $\frac{SS_M}{\sigma^2}$ verteilt sein gemäß der χ^2-Verteilung χ_k^2 mit k Freiheitsgraden. Ohnehin ist ja stets $\frac{SS_R}{\sigma^2}$ verteilt gemäß χ_{n-k-1}^2. Somit kann man formulieren den

F-Test der Varianzanalyse des multilinearen Regressionsmodell: Es gelte Voraussetzung 11.1.1.1. Ist die Hypothese $H_0: \beta_1 = \ldots = \beta_k = 0$ erfüllt, so ist die Statistik

$$\mathbf{F}_0 := \frac{\frac{1}{k} SS_M}{\frac{1}{n-k-1} SS_R} \tag{11.13}$$

verteilt nach der $F_{k,n-k-1}$-Verteilung. ◇

Das Resultat dieser Varianzanalyse fasst man erneut in einer ANOVA-Tafel wie in Tabelle 11.1 zusammen.

Durchführung 11.1.2.3

Beliebige Regressionsmodelle sind im Menü *Statistik* → *Höhere (nicht)lineare Modelle* → *Nichtlineare Regression* zu finden. Dort wählt man zuerst *Benutzerdefinierte Regression, kleinste Quadrate* und muss anschließend eine *Modellgleichung* eingeben. Vermuten wir z. B., dass Variable 1 linear von den Variablen 2 und 3 abhängt, so würde man hier

```
v1=a+b*v2+c*v3
```

eingeben. Nach Eingabe der Modellgleichung klickt man zweimal *OK* und kann auf der Karte *Standard* eine Tabelle der geschätzten Parameter (*Zusf.: Parameterschätzungen*), der Schätzwerte und standardisierten Residuen (*Beob./Prognose/Residuen*) sowie eine ANOVA-Tafel erstellen lassen (*Varianzanalyse*). Zudem ist auch ein zwei- oder dreidimensionaler Scatterplot der Daten mit Schätzung (*2D-* bzw. *3D-Funktion und beobachtete Werte*) möglich. Einzig den R^2-Wert, siehe Hintergrund 11.1.2.4, muss man selbst dem über den Karten befindlichen weißen Textfeld entnehmen. Es ist dies der erste Wert nach *Anteil an erklärter Varianz*.

Um nun die an die Residuen gestellten Bedingungen zu überprüfen, wechselt man auf die Karte *Residuen*. Hier ist beispielsweise ein *Normalverteilungsplot der standardisierten Residuen* zu finden, oder ein Scatterplot der standardisierten Residuen gegen die Schätzwerte, es ist dies der Punkt *Residuen - Prognosewerte*. •

Quadrats.	Freiheitsgrade	Mittl. Quadrats.	**F**-Stat.	p-Wert
SS_M	k	$\frac{1}{k}SS_M$	$\mathbf{F}_0$	p_0
SS_R	$n-k-1$	$\frac{1}{n-k-1}SS_R$		
SS_T	$n-1$			

Tabelle 11.1: *ANOVA-Tafel des multilinearen Regressionsmodells.*

Wer sich vor der Eingabe einer Modellgleichung wie in Durchführung 11.1.2.3 nicht scheut, dem ist auch im Falle linearer Regression das Menü der *Nichtlinearen Regression* zu empfehlen, da es ein reicheres Angebot sinnvoller Verfahren besitzt, insbesondere auch einen Scatterplot mit Anpassung zulässt.

Aus der Streuungszerlegung (11.11) gewinnt man auch noch ein zweites Kriterium zur Beurteilung der Güte des Modells:

Hintergrund 11.1.2.4

Beschreibt unser Modell die Realität zutreffend, so müsste die Gesamtabweichung SS_T weitgehend mit der Modellabweichung SS_M übereinstimmen. Anders formuliert: Das gemachte Modell erklärt die tatsächlich beobachtete Streuung umfassend. In diesem Fall müsste der *quadratische multiple Korrelationskoeffizient* oder kurz *R^2-Wert*

$$R^2 := \frac{SS_M}{SS_T} = 1 - \frac{SS_R}{SS_T} \qquad (11.14)$$

nahe 1 liegen. Ein Wert $R^2 \approx 1$ ist also ein Indiz für Güte des Modells, unabhängig davon, ob die Normalverteilungsannahme aus Voraussetzung 11.1.1.1 erfüllt ist.

Problematisch ist dabei, dass der R^2-Wert bei zunehmender Zahl von erklärenden Variablen automatisch gegen 1 geht, ohne dass dabei die Güte des Modells tatsächlich besser werden muss. Deswegen betrachtet man noch zusätzlich das *adjustierte Bestimmtheitsmaß* oder kurz den *korrigierten R^2-Wert*

$$R_a^2 := 1 - \frac{\frac{1}{n-k-1}\, SS_R}{\frac{1}{n-1}\, SS_T} = 1 - \frac{n-1}{n-k-1}\,(1-R^2), \qquad (11.15)$$

welcher diesen Nachteil ausgleichen soll. 

Statistik	Zusf. Statistiken ; AV: Groove (Natr533.sta) Wert
Multipl. R	0,9478
Multipl. R²	0,8984
Korr. R²	0,8911
F(1,14)	123,7363
p	0,0000
Stdf. der Schätzg.	26,2078

Effekt	Varianzanalyse; AV: Groove (Natr533.sta) Summe d. Quadr.	FG	Mittlere Quadr.	F	p-Niveau
Regress.	*84988,12*	*1*	*84988,12*	*123,7363*	*0,000000*
Residuen	9615,88	14	686,85		
Gesamt	94604,00				

Abb. 11.7: *R^2-Werte und ANOVA-Tafel zu Beispiel 11.1.1.4.*

Beispiel 11.1.2.5

Befassen wir uns erneut mit den Reifendaten der Beispiele 11.1.1.4 und 11.1.2.1. Wie wir in Abbildung 11.7 oder auch 11.2 sehen, erhalten wir einen R^2-Wert von 0,8984, was schon sehr nahe an 1 liegt und auf ein gutes Modell hindeutet. Auch der korrigierte R^2-Wert liegt mit 0,8911 nur knapp darunter.

Die F-Statistik der Varianzanalyse des multilinearen Regressionsmodells nimmt einen Wert von 123,7363 an, was einem verschwindenden p-Wert von 0,0000 entspricht. Damit ist die Hypothese, es bestehe kein linearer Zusammenhang zwischen den beiden Variablen, eindeutig abzulehnen. Eine ausführliche ANOVA-Tafel, nach obigem Schema, finden wir in Abbildung 11.7.

Somit sprechen alle Statistiken für die Güte des Modells und wir akzeptieren, dass der wahre Zusammenhang zwischen Y und x sehr gut durch $Y = 0{,}790212 \cdot x + 13{,}5059 + \epsilon$ beschrieben wird. □

Zu guter Letzt bietet STATISTICA auch die Möglichkeit, einzelne Parameter β_i auf die Hypothese

$$H_i: \quad \beta_i = 0,$$

also auf überflüssige Terme, zu untersuchen.

Hintergrund 11.1.2.6

Dabei verwendet man, dass die Schätzer $\hat{\beta}_i$ einer Normalverteilung unterliegen und somit insbesondere folgt:

$$\frac{\hat{\beta}_i - \beta_i}{\sqrt{c_{ii}}\sqrt{\frac{SS_R}{n-k-1}}} \quad \text{ist} \quad t_{n-k-1}\text{-verteilt.} \tag{11.16}$$

Dabei sei c_{ii} das zu β_i korrespondierende Diagonalelement der Matrix $(\mathbf{X}^T\mathbf{X})^{-1}$. Dies ermöglicht nun einen *t-Test* für die einzelnen Parameter. Man prüft dabei die Hypothese $\beta_i = 0$, d. h. *β_i ist ein überflüssiger Modellparameter.* Als Teststatistik verwendet man die Größe aus Formel (11.16), mit β_i ersetzt durch 0. Unter der Hypothese müsste auch diese

Größe t_{n-k-1}-verteilt sein. Die zug. p-Werte werden von STATISTICA automatisch mit den Schätzern $\hat{\beta}_i$ ausgegeben. Ein kleiner p-Wert für β_i impliziert, dass die Hypothese $\beta_i = 0$ abzulehnen ist. ◇

Beispiel 11.1.2.7

Betrachten wir etwa nochmals die Reifendaten aus Beispiel 11.1.1.4. Dort hatten wir die zwei unbekannten Parameter β_0 und β_1 geschätzt zu 13,5059 bzw. 0,790212. Gleichzeitig gibt STATISTICA als zug. p-Werte 0,5314 $\gg$ 0 sowie $2{,}4600 \cdot 10^{-8} \approx 0$ aus, siehe Abbildung 11.2. Demnach ist der Parameter β_1 unverzichtbar für unser Regressionsmodell. Dagegen liegt es nahe, auf β_0 zu verzichten, d. h. das vereinfachte Modell $Y = \beta_1 x + \epsilon$ zu betrachten. □

Informativer als ein bloßer Test der einzelnen Modellparameter $\beta_0, \ldots, \beta_k$ auf den Wert 0 ist aber auch hier wieder ein Konfidenzintervall. Die Statistik aus Formel (11.16) ist unter den Modellannahmen schließlich t-verteilt. Dies kann man nutzen, um Konfidenzintervalle für die unbekannten Modellparameter zu konstruieren.

Hintergrund 11.1.2.8

Die Größe aus Formel (11.16) unterliegt einer t-Verteilung mit $n-k-1$ Freiheitsgraden. Dies erlaubt es uns, ein einzelnes Konfidenzintervall für β_i zur Vertrauenswahrscheinlichkeit γ wie folgt zu konstruieren:

$$\beta_i \in \left[\hat{\beta}_i - t^{(\gamma)}_{n-k-1}\sqrt{\frac{c_{ii}}{n-k-1}\, SS_R}\ ;\ \hat{\beta}_i + t^{(\gamma)}_{n-k-1}\sqrt{\frac{c_{ii}}{n-k-1}\, SS_R}\right],$$

wobei $t^{(\gamma)}_{n-k-1}$ das $(1-\frac{1-\gamma}{2})$-Quantil der t_{n-k-1}-Verteilung ist. Man beachte, dass sich das Konfidenzniveau nur auf den einzelnen Parameter bezieht, bei simultanen Intervallen für alle Parameter zugleich ist die Bonferroni-Ungleichung zu berücksichtigen. ◇

Durchführung 11.1.2.9

Konfidenzintervalle im Rahmen der Regressionsanalyse sind bei STATISTICA etwas versteckt. Konfidenzintervalle für die einzelnen Parameter β_i sind im Menü *Statistik* → *Höhere (nicht)lineare Modelle* → *Nichtlineare Regression* zu finden. Dort kann man nach Festlegung des Modells und Durchführung der Berechnungen auf der Karte *Details* unter dem Punkt *Konfidenzintervall für Schätzung der Parameter* das gewünschte Konfidenzniveau γ festlegen. Die Konfidenzintervalle für die einzelnen Parameter werden dann automatisch nach Betätigen des Knopfes *Zusammenfassung* mit ausgegeben. Alternativ kann man das Menü der allgemeinen linearen Modelle verwenden, siehe Durchführung 11.2.2. •

Beispiel 11.1.2.10

Setzen wir das Beispiel 11.1.1.4 der Reifendaten fort. Das Resultat aus Beispiel 11.1.2.7 rechtfertigt es, für die Daten das vereinfachte Modell $Y = \beta x + \epsilon$ zu Grunde zu legen. Mittels STATISTICA schätzt man β gemäß Durchführung 11.1.1.3 zu $\hat{\beta} = 0{,}833532$, und alle oben ausgeführten Überprüfungsmöglichkeiten bestätigen die Güte dieses Modells. So ist z. B. $R^2 = 0{,}89537$, p-Wert $2{,}2204 \cdot 10^{-16}$, zufriedenstellender Normalverteilungsplot, etc.

Bei $n - k - 1 = 15$, $SS_R = 9898{,}6948$, sowie $c = 1 \;/\; \sum_{j=1}^{n} x_j^2 = (8{,}437863 \cdot 10^{-4})^2$ erhält man zur Vertrauenswahrscheinlichkeit $\gamma = 0{,}95$ das Quantil ${t_{15}}^{(0{,}95)} = 2{,}131450$. Somit berechnet man das Konfidenzintervall [0,787331 ; 0,8797329], in dem β mit 95 %iger Sicherheit liegt. Das Resultat stimmt mit dem von STATISTICA berechneten überein. Dieses Intervall ist mit 0,092402 relativ breit. Mögliche Prognosen sind also mit einer recht großen Ungenauigkeit behaftet, was aber nicht verwundert, da die Schätzung ja auf einem Datensatz vom Umfang lediglich 16 beruht. □

11.1.3 Vorhersage basierend auf Regressionsmodellen

Sinn und Zweck der Erstellung eines Regressionsmodells ist natürlich nicht nur eine möglichst kompakte Beschreibung der gegebenen Daten. Ziel ist es zumeist, zukünftige Werte der abhängigen Variablen Y bei gegebenen Inputwerten $x_1, \ldots, x_k$ vorherzusagen. Dies kann von Bedeutung sein, wenn es, wie etwa in Beispiel 11.2.3 unten, um die Bestimmung möglichst optimaler Randbedingungen eines chemischen Prozesses geht. Von Relevanz sind solche Prognosen insbesondere aber auch im Rahmen der *Risikoanalyse*, wenn es gilt, Gewinn- und Verlustmöglichkeiten abzuwägen, die eine betriebswirtschaftliche Entscheidung nach sich ziehen würde.

Hat man ein Modell identifiziert, so ist eine 'Punktschätzung' des zukünftigen Wertes von Y bei gegebenen $x_1, \ldots, x_k$ leicht möglich. Im Falle eines linearen Modells analog Formel (11.4) etwa würde man den zukünftigen Wert von Y schätzen zu $\hat{Y} = \hat{\beta}_0 + \hat{\beta}_1 x_1 + \ldots + \hat{\beta}_k x_k$. Nur: Dieser Wert wird sicherlich, mit Wahrscheinlichkeit 1, nicht mit dem dann später tatsächlich realisierten Wert y von Y übereinstimmen, so dass an Stelle der Punktschätzung wieder eine Bereichsschätzung wesentlich sinnvoller scheint. Ziel ist es also, genau wie in Abschnitt 9.3, Konfidenzintervalle zu konstruieren, in welchen der dann tatsächlich eintretende Wert Y (im Mittel) mit einer gegebenen Vertrauenswahrscheinlichkeit γ liegen wird. In der Sprache der Risikoanalyse würden solche Konfidenzintervalle *what-if-Szenarien* erlauben, anhand derer etwa eine Abschätzung von *worst/best cases* möglich ist.

Beschränken wir uns im Folgenden wieder auf das multilineare Regressionsmodell gemäß Formel (11.4); eine Ausdehnung auf allgemeinere Modelle ist leicht möglich.

Hintergrund 11.1.3.1

Dabei unterscheidet man die folgenden zwei Situationen: Der bedingte Erwartungswert $\mu_{Y|\boldsymbol{x}^{(0)}}$ von Y bei gegebenem $\boldsymbol{x}^{(0)} = (1, {x_1}^{(0)}, \ldots, {x_k}^{(0)})^T$ ist offensichtlich gleich $\mu_{Y|\boldsymbol{x}^{(0)}} = \boldsymbol{\beta}^T \boldsymbol{x}^{(0)}$, und ein unverzerrter Schätzer ist gegeben durch $\hat{\mu}_{Y|\boldsymbol{x}^{(0)}} = \hat{\boldsymbol{\beta}}^T \boldsymbol{x}^{(0)}$. Im betrachteten Modell (11.4) erhält man als Konfidenzintervall für $\mu_{Y|\boldsymbol{x}^{(0)}}$ zur Vertrauenswahrscheinlichkeit γ gerade das durch folgende Werte begrenzte:

$$\hat{\mu}_{Y|\boldsymbol{x}^{(0)}} \mp t_{n-k-1}^{(\gamma)} \sqrt{\frac{SS_R}{n-k-1}\, \boldsymbol{x}^{(0)T} (\mathbf{X}^T\mathbf{X})^{-1} \boldsymbol{x}^{(0)}}. \tag{11.17}$$

Dieses Intervall drückt also aus, wo sich der vorherzusagende Wert *im Mittel* aufhalten wird, bei genügender Zahl von Wiederholungen unter der Ausgangssituation $\boldsymbol{x}^{(0)}$. Sind wir jedoch an einer individuellen Prognose interessiert, ist zu erwarten, dass eine solche einmalige Aussage nur mit größerer Ungenauigkeit zu treffen ist. Für ein Konfidenzintervall zur Vertrauenswahrscheinlichkeit γ für den Wert der individuellen Vorhersage $\boldsymbol{Y}^{(0)} = \boldsymbol{\beta}^T \boldsymbol{x}^{(0)} + \epsilon$, ebenfalls geschätzt durch $\hat{\boldsymbol{Y}}^{(0)} := \hat{\boldsymbol{\beta}}^T \boldsymbol{x}^{(0)}$, erhält man als Begrenzungen

$$\hat{\boldsymbol{Y}}^{(0)} \mp t_{n-k-1}^{(\gamma)} \sqrt{\frac{SS_R}{n-k-1}\, (1 + \boldsymbol{x}^{(0)T} (\mathbf{X}^T\mathbf{X})^{-1} \boldsymbol{x}^{(0)})}. \tag{11.18}$$

Wie erwartet ist dieses Intervall breiter als das für den bedingten Erwartungswert. ◇

Durchführung 11.1.3.2

Will man Konfidenzintervalle für Prognosewerte erstellen, benötigt man das Menü *Statistik* → *Multiple Regression*. Nach Auswahl der Variablen muss man bereits im *anschließenden* Dialog auf die Karte *Residuen/Voraussetzungen/Prognose* gehen und dort das gewünschte Niveau $1-\gamma$ (!) eingeben. Anschließend gibt es zwei Möglichkeiten: *Konfidenzgrenzen berechnen* bezieht sich auf das Intervall für den Erwartungswert der abhängigen Variablen, *Prognosegrenzen berechnen* bezieht sich dagegen auf das Konfidenzintervall für die individuelle Vorhersage der abhängigen Variablen. •

Variable	Prognose-Werte für (Reifen.sta) Variable: Groove B-Koeff.	Wert	B-Koeff. * Wert
Weight	0,790212	400,0000	316,0849
Konstante			13,5059
Prognose			329,5908
-95,0%KG			306,7191
+95,0%KG			352,4624

Variable	Prognose-Werte für (Reifen.sta) Variable: Groove B-Koeff.	Wert	B-Koeff. * Wert
Weight	0,790212	400,0000	316,0849
Konstante			13,5059
Prognose			329,5908
-95,0%PG			268,9056
+95,0%PG			390,2760

Abb. 11.8: *Konfidenzintervalle zu Prognosewerten gemäß Beispiel 11.1.3.3.*

Beispiel 11.1.3.3

Befassen wir uns ein letztes Mal mit den Reifendaten aus obigem Beispiel 11.1.1.4, und gehen wir gemäß Durchführung 11.1.3.2 vor. Dabei wollen wir zum beobachteten Wert *Weight*=400 sowohl eine Prognose bzgl. des bedingten Erwartungswertes von *Groove* als auch bzgl. des individuellen Wertes treffen, jeweils zum Konfidenzniveau 95 %.

Beide Resultate sind in Abbildung 11.8 zusammengefasst. Dabei ist ein Punktschätzer für beide Werte jeweils zu 329,5908 gegeben, jedoch ist das Konfidenzintervall für den bedingten Erwartungswert mit (306,7191 ; 352,4624) spürbar kleiner als das des individuellen Prognosewertes mit (268,9056 ; 390,2760). Beobachten wir also ein einziges Mal *Weight*=400, so werden wir mit 95 %iger Sicherheit nur sagen können, dass dann der zu beobachtende Wert für *Groove* im Intervall (268,9056 ; 390,2760) liegt. Dies ist eine sehr ungenaue Aussage, die einen großen Bereich der bisherigen Beobachtungen überdeckt. Liegt dagegen öfters *Weight*=400 vor, so werden wir mit Sicherheit 95 % sagen können, dass dann der zu beobachtende Wert für *Groove im Mittel* im Intervall (306,7191 ; 352,4624) liegen wird. Auch diese Aussage ist leider noch recht ungenau, was auf den kleinen Stichprobenumfang n zurückzuführen ist, welcher ja direkt in die Formeln (11.17) und (11.18) eingeht. □

11.2 Nichtlineare Regression

Die eben geschilderten Verfahrensweisen lassen sich teilweise auch auf nichtlineare Modelle übertragen, insbesondere auf Modelle höherer Ordnung, welche also polynomiale Terme enthalten. Je nach Modell kann man dabei auf unterschiedliche Menüs zurückgreifen, besonders flexibel ist hierbei das Menü der nichtlinearen Regression, wie es bereits in Durchführung 11.1.2.3 beschrieben wurde.

Bei einem Modell mit nur zwei erklärenden Variablen gibt es zudem eine einfache Alternative, welche in Durchführung 11.2.1 beschrieben wird. Hierbei erstellt man einfach einen Flächenplot mit gewähltem Anpassungstyp. Im Hintergrund wird eine Schätzung der Modellparameter durchgeführt, deren Resultat zusammen mit der Grafik ausgegeben wird.

Durchführung 11.2.1

Um eine *dreidimensionale Anpassung* vornehmen zu lassen, ist der Menüpunkt *Flächenplots* zu wählen. Dieser erlaubt lineare und quadratische Anpassung, wobei dann auch explizit die Funktionsvorschrift mit ausgegeben wird. Zudem werden drei weitere Methoden angeboten, die eine möglichst glatte Fläche an die Daten anpassen, was aber nur zu Präsentationszwecken von Interesse sein kann. Ferner ist seit Version 7 auch die Option *Wafer* verfügbar, bei welcher die Daten durch Dreiecke verbunden werden.

Will man bei all diesen Anpassungen auch die Datenpunkte mitangezeigt bekommen, so ist ein Haken bei *Datenpunkte anzeigen* zu machen. •

Bei einem rein polynomialen Modell, einem Modell höherer Ordnung, sind neben linearen Termen auch Produkte der einzelnen erklärenden Variablen bis zu einer bestimmten Ordnung erlaubt. Im Falle eines Modells zweiter Ordnung wäre der allgemeinste Ansatz gegeben durch

$$\begin{aligned} Y_i = \beta_0 &+ \sum_{l=1}^{k} \beta_l \, x_{il} + \sum_{m=1}^{k} \beta_{mm} \, x_{im}^2 \\ &+ \sum_{r=1}^{k-1} \sum_{s=r+1}^{k} \beta_{rs} \, x_{ir} \, x_{is} + \epsilon_i, \; i = 1, \ldots, n. \end{aligned} \tag{11.19}$$

In einem solchen Fall kann man auf das Menü der *allgemeinen linearen Modelle*, bei STATISTICA mit *ALM* bzw. *GLM*[2] abgekürzt, zurückgreifen. Dort hat man die Möglichkeit, neben stetigen erklärenden Variablen auch kategoriale erklärende Variablen auszuwählen, wobei Letztere automatisch neu codiert werden, siehe Durchführung 11.1.1.6 sowie Hintergrund 11.1.1.5. Dieses Menü erlaubt es einem, vergleichsweise einfach das Design eines Modells höherer Ordnung zu bestimmen.

[2]In Lehrbüchern ist die Abkürzung GLM dagegen üblicherweise den verallgemeinerten linearen Modellen vorbehalten, siehe Abschnitt 11.3.

- *Hinzufügen* fügt alle markierten Variablen als linearen Term hinzu.
- *voll gekreuzt* fügt den Term hinzu, der dem einfachen Produkt aller ausgewählten Variablen entspricht.
- *vollfaktoriell* fügt alle Terme hinzu, die sich als einfaches gemischtes Produkt aus den ausgewählten Variablen ergeben.
- *Fakt. bis Gr.* macht im Prinzip das Gleiche, jedoch nur bis zum festgelegten *Grad.*
- *Poly. bis Gr.* dagegen erlaubt keine gemischten Terme, dafür jedoch Potenzen bis zum gewählten *Grad.*

Tabelle 11.2: *Design allg. linearer Modelle gemäß Durchführung 11.2.2.*

Durchführung 11.2.2

Allgemeine lineare Modelle finden wir unter *Statistik → Höhere (nicht)lineare Modelle → Allgemeine lineare Modelle.* Im ersten Dialog belassen wir es bei der Voreinstellung *Analysetyp: Allgemeine lineare Modelle* und *Standarddialog* und klicken *OK.* Im zweiten Dialog wählen wir zuerst alle *Variablen* aus, wobei zwischen *kategorialen* und *stetigen Prädiktoren* zu unterscheiden ist. Nach der Auswahl bestimmen wir noch im *gleichen* Dialog das Design.

Dazu klicken wir auf den Knopf *Zwischeneffekte* und wählen *Nutzer-Effekte ...*, woraufhin die untere Hälfte des Dialogs aktiviert wird. Hier wählen wir jetzt alle Prädiktorvariablen aus, die in das Design einbezogen werden sollen, wobei wir die Auswahl gemäß Tabelle 11.2 treffen können. Alle Terme, abgesehen von der Konstante β_0, die im Modell vorkommen, müssen im Feld *Effekte im zwischen-Design* aufgeführt sein, wobei wir überflüssige Terme mit *Entf.* wieder löschen können.

Schließlich bestätigt man mit *OK* und wechselt im Dialog *ALM Ergebnisse1* auf die Karte *Überblick*, wo man sich etwa die geschätzten *Koeffizienten* samt Konfidenzintervall oder den R^2-Wert via *Gesamtmodell R* ausgeben lassen kann. Zur Analyse der *Residuen* im Sinne von Abschnitt 11.1.2 wählt man die gleichnamige Karte. •

Wir wollen dies im Folgenden an einem Beispiel illustrieren, bei dem wir ein *Regressionsmodell zweiter Ordnung* einsetzen, d. h. ein Modell der Form (11.19). Dieses Modell enthält also zusätzlich zum bisherigen Modell (11.4) noch quadratische und gemischt quadratische Terme.

Beispiel 11.2.3

Ein chemischer Prozess wird unter variierenden Bedingungen durchgeführt. Dabei ist die Ergiebigkeit des Prozesses von Interesse, welche in Prozent gemessen wird. Die einstellbaren Außenbedingungen sind die Dauer der Reaktion sowie die Temperatur, bei der die Reaktion durchgeführt wird. Wie müssen diese Randbedingungen gewählt werden, um eine bestmögliche Ergiebigkeit des Prozesses zu erlangen?

Die Daten der Datei `RespSurf.sta`[3] sollen durch ein vollständiges quadratisches Modell beschrieben werden, in unserem Fall also

$$\begin{aligned} Y_i = \beta_0 &+ \beta_1\, x_{i1} + \beta_2\, x_{i2} + \beta_{12}\, x_{i1}\, x_{i2} \\ &+ \beta_{11}\, x_{i1}^2 + \beta_{22}\, x_{i2}^2 + \epsilon_i, \quad i = 1, \ldots, 13. \end{aligned} \tag{11.20}$$

Zuerst können wir mit STATISTICA eine Grafik mit quadratischer Anpassung erstellen, siehe Durchführung 11.2.1, wodurch die Parameter in Modell (11.20) wie in Abbildung 11.9 geschätzt werden. Von diesem Modell ausgehend können wir nun die optimalen äußeren Bedingungen bestimmen, unter denen der Prozess die höchste Ergiebigkeit liefern würde. Dazu entnehmen wir der Grafik 11.9 die konkrete Modellgleichung und bestimmen das Maximum dieser Funktion. Man berechnet, dass der chemische Prozess optimal läuft, wenn wir als Reaktionszeit 86,8605 Sekunden sowie als Prozesstemperatur 176,313 °F wählen; unter diesen Bedingungen würden wir eine Ergiebigkeit von 78,441 % erwarten.

Bisher haben wir uns nur auf die Grafik mit Anpassung gestützt, haben aber, abgesehen vom visuellen Eindruck, keinen Beleg für die Güte des Modells. Deshalb wiederholen wir die Modellierung mit dem Menü der nichtlinearen Regression, siehe Durchführung 11.1.2.3. Dabei geben wir die Modellgleichung

```
v3=b0+b1*v1+b2*v2+b11*v1^2+b22*v2^2+b12*v1*v2
```

ein, und erhalten dann das Resultat aus Abbildung 11.10. Die geschätzten Parameter stimmen mit denen aus der vorigen Grafik überein, zudem sind aber noch p-Werte und Konfidenzintervalle für die Parameter angegeben. Demnach könnte man einzig auf den gemischten Term, Koeffizient β_{12}, verzichten, was man auch dem

[3]Quelle: MONTGOMERY, D.C.: *Design and Analysis of Experiments.* John Wiley & Sons, Inc., New York, 1976.

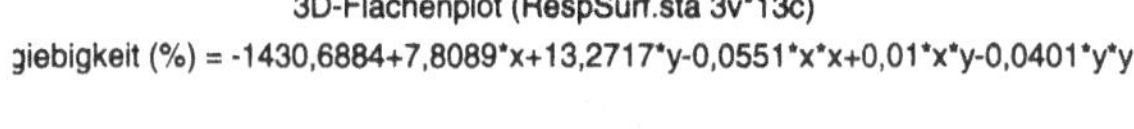

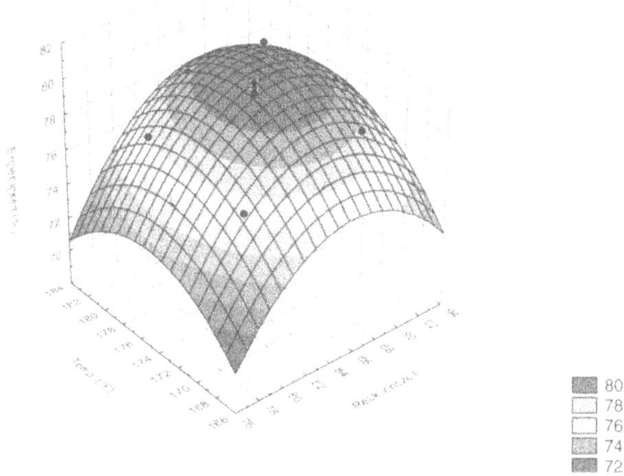

Abb. 11.9: *Quadratisches Response-Surface-Modell zu Beispiel 11.2.3.*

Konfidenzintervall ablesen kann, denn dieses beinhaltet den Wert 0. Aber auch mit diesem Term scheint das Modell recht brauchbar, der R^2-Wert etwa beträgt 0,98273068. Eine Varianzanalyse und eine Untersuchung der Residuen wie in Abschnitt 11.1.2 bestätigen ebenfalls diesen Eindruck.

Schließlich können wir zur Analyse auch das Menü der allgemeinen linearen Modelle gemäß Durchführung 11.2.2 verwenden. Beim Design des Modells wählt man die beiden *Prädiktoren* aus und klickt zuerst *Poly. bis Gr.*, wobei man zuvor *Grad 2* wählt, und anschließend noch *voll gekreuzt*, um auch den gemischten Term einzufügen. Man erhält analoge Ergebnisse wie eben. □

11.3 Verallgemeinerte lineare Modelle und kategoriale Regression

In diesem Abschnitt wollen wir uns mit *verallgemeinerten linearen Modellen* beschäftigen, welche insbesondere zur Modellierung diskreter Zielvariabler geeignet sind. Diese Modelle werden in der Literatur meist als *GLM* (**G**eneralized **L**inear **M**odels) bezeichnet, bei STATISTICA jedoch als *VLM* bzw. *GLZ* (**G**enera**LiZ**ed linear models), da dort das Kürzel GLM bereits für die allgemeinen linearen Modelle aus

	Modell: v3=b0+b1*v1+b2*v2+b12*v1*v2+b11*v1^2+b22*v2^2 (RespSurf.sta) Abh. Var. : Ergiebigkeit (%) Konfidenzniveau: 95.0% (alpha=0.050)					
	Schtzg.	Standard -fehler	t FG = 7	p-Niveau	Untere Konfgr.	Obere Konfgr.
b0	-1430,69	152,8544	-9,3598	0,000033	-1792,13	-1069,24
b1	7,81	1,1578	6,7444	0,000266	5,07	10,55
b2	13,27	1,4846	8,9394	0,000045	9,76	16,78
b12	0,01	0,0053	1,8777	0,102514	-0,00	0,02
b11	-0,06	0,0040	-13,6303	0,000003	-0,06	-0,05
b22	-0,04	0,0040	-9,9157	0,000023	-0,05	-0,03

Abb. 11.10: *Quadratisches Response-Surface-Modell zu Beispiel 11.2.3.*

Abschnitt 11.2 verwendet wird. Nach einer kompakten Beschreibung der allgemeinen Struktur dieser Modelle in Abschnitt 11.3.1 werden wir uns in den Abschnitten 11.3.2 bis 11.3.5 mit wichtigen Spezialfällen beschäftigen. Als vertiefende Literatur für diesen Abschnitt sei insbesondere das Buch von Fahrmeir et al. (1996) empfohlen.

11.3.1 Grundlagen

Einige der in Anhang A.2 aufgeführten Verteilungen lassen sich der *einfachen Exponentialfamilie* zuordnen, die im Rahmen der verallgemeinerten linearen Modelle von Bedeutung sein wird.

Hintergrund 11.3.1.1

Ein m-dimensionaler Zufallsvektor $\boldsymbol{X}$ mit positiv definiter Kovarianzmatrix $\Sigma_{\boldsymbol{X}}$ gehört einer *einfachen m-parametrigen Exponentialfamilie* an, wenn seine Dichte f von der Form

$$f(\boldsymbol{x}) \;=\; c(\boldsymbol{x}) \cdot \exp\left(\boldsymbol{\theta}^T \boldsymbol{x} \;-\; b(\boldsymbol{\theta})\right)$$

ist, wobei $\boldsymbol{\theta} \in \boldsymbol{\Theta} \subseteq \mathbb{R}^m$ der sog. *natürliche Parameter* ist, $b(\boldsymbol{\theta})$ eine genügend oft differenzierbare reellwertige Funktion, und $c(\boldsymbol{x}) \geq 0$. Insbesondere gilt für einen solchen Zufallsvektor, dass

$$\mu_i \;:=\; E[X_i] \;=\; \frac{\partial}{\partial \theta_i}\, b(\boldsymbol{\theta}) \qquad \text{und} \qquad Cov[X_i, X_j] \;=\; \frac{\partial^2}{\partial \theta_i\, \partial \theta_j}\, b(\boldsymbol{\theta})$$

ist. Beispiele von Vertretern dieser Familie sind in Tabelle 11.3 wiedergegeben. ◇

Wie im klassischen multilinearen Modell, siehe Abschnitt 11.1.1, sei nun Y eine Zufallsvariable, die von erklärenden Variablen $x_1, \ldots, x_k$ beeinflusst wird. Sei ferner $(Y_i, \boldsymbol{x}_i)$, $i = 1, \ldots, n$, eine Stichprobe unabhängiger Wiederholungen von Y mit zug. Kovariablen $\boldsymbol{x}_i = (1, x_{i1}, \ldots, x_{ik})^T$. Dabei darf dieser Vektor durchaus, genau wie bei

Binomialverteilung $B(n,p)$, n bekannt	$c(x) = \binom{n}{x}$, $\theta = \ln \frac{p}{1-p}$, $b(\theta) = n \cdot \ln\left(1 + e^{\theta}\right)$
Multinomialverteilung $MULT(n; 1-p_\bullet, p_1, \ldots, p_m)$, n bekannt	$c(\boldsymbol{x}) = \binom{n}{(n-x_\bullet)!, x_1!, \ldots, x_m!}$, wobei $\boldsymbol{x} = (x_1, \ldots, x_m)^T$ und $x_\bullet = \sum_{i=1}^m x_i$, $\theta_i = \ln \frac{p_i}{1-p_\bullet}$, $i = 1, \ldots, m$, $b(\boldsymbol{\theta}) = n \cdot \ln\left(1 + \sum_{i=1}^m e^{\theta_i}\right)$
Normalverteilung $N(\mu, \sigma^2)$ σ^2 bekannt	$c(x) = \frac{1}{\sqrt{2\pi}\sigma} \exp\left(-\frac{x^2}{2\sigma^2}\right)$, $\theta = \frac{\mu}{\sigma^2}$, $b(\theta) = \frac{1}{2}\sigma^2\theta^2$
Poissonverteilung $Po(\lambda)$	$c(x) = \frac{1}{x!}$, $\theta = \ln\lambda$, $b(\theta) = e^{\theta}$

Tabelle 11.3: *Beispiele von Verteilungen einer einfachen Exponentialfamilie.*

den höheren Regressionsmodellen aus Abschnitt 11.2, Komponenten enthalten, die sich als Produkt/Potenz anderer Komponenten ergeben. Im klassischen multilinearen Modell gemäß Formel (11.4) nimmt man nun an, dass

$$Y_i \sim N(\mu_i, \sigma^2) \qquad \text{mit } \mu_i = \boldsymbol{\beta}^T \boldsymbol{x}_i$$

ist. Hierbei ist $\boldsymbol{\beta} = (\beta_0, \ldots, \beta_k)^T$ ein (unbekannter) Parametervektor. Man nimmt also an, dass der Erwartungswert sich linear aus den Kovariablen ergibt. Diesen Ansatz verallgemeinert man nun im Rahmen der verallgemeinerten linearen Modelle.

Voraussetzung 11.3.1.2

Univariates verallgemeinertes lineares Modell: Seien $Y_1, \ldots, Y_n$ unabhängige Zufallsvariablen mit zug. Kovariablen $\boldsymbol{x}_i = (1, x_{i1}, \ldots, x_{ik})^T$, $i = 1, \ldots, n$, wobei die Y_i einer einfachen Exponentialfamilie angehören mit Dichte

$$f_i(y_i) = c_\phi(y_i) \cdot \exp\left(\frac{1}{\phi^2} \cdot (\theta_i\, y_i - b(\theta_i))\right). \qquad (11.21)$$

Hierbei ist $\phi > 0$ ein zusätzlicher *Dispersionparameter*. Der zug. Erwartungswert μ_i erfülle dabei die Beziehung

$$\mu_i = h(\boldsymbol{\beta}^T \boldsymbol{x}_i) \quad \text{bzw.} \quad g(\mu_i) = \boldsymbol{\beta}^T \boldsymbol{x}_i, \quad \boldsymbol{\beta} = (\beta_0, \ldots, \beta_k)^T.$$

Hierbei ist h eine umkehrbare und genügend oft differenzierbare Funktion, genannt *Responsefunktion*, bzw. $g = h^{-1}$ ist die sog. *Linkfunktion*. •

Bemerkung zu Voraussetzung 11.3.1.2.

Vergleicht man das verallgemeinerte lineare Modell aus Voraussetzung 11.3.1.2 mit dem gewöhnlichen multilinearen Regressionsmodell gemäß Formel (11.4), so wird Letzteres auf zweierlei Art verallgemeinert:

- Die Beschränkung auf Normalverteilung wird aufgeweicht zu Verteilungen einer einfachen Exponentialfamilie.
- Der Erwartungswert μ_i muss nicht linear von den Kovariablen abhängen, es wird noch eine zusätzliche Funktion dazwischengeschaltet.

Somit ergibt sich das gewöhnliche Regressionsmodell als Spezialfall, bei dem man als Verteilung die Normalverteilung auswählt, mit $\phi := \sigma$, und als Response- bzw. Linkfunktion die identische Abbildung. □

Es stellt sich nun die Frage nach der Wahl einer geeigneten Link- bzw. Responsefunktion. Ein mögliches Kriterium ist dabei die Forderung, dass der natürliche Parameter $\theta_i \stackrel{!}{=} \boldsymbol{\beta}^T \boldsymbol{x}_i$ erfüllt. Da der natürliche Parameter wiederum über die Beziehung $\mu_i = b'(\theta_i)$, siehe Hintergrund 11.3.1.1, mit μ_i in Beziehung steht, ergibt sich daraus ein Ausdruck für die Responsefunktion h bzw. die Linkfunktion g; man nennt h bzw. g in diesem Fall *natürliche Responsefunktion* bzw. *Linkfunktion.*

Im Folgenden wollen wir nun einige Spezialfälle verallgemeinerter linearer Modelle betrachten, und zwar ausschließlich solche mit diskreter Zielvariable. Grund dafür ist, dass die Regressionsmodelle der Abschnitte 11.1 und 11.2 i. A. nicht geeignet sind, solche Variablen zu modellieren. Diskrete Variablen können per Definition nur vereinzelte, diskrete Werte annehmen, während die früheren Modelle jeweils einen kontinuierlichen Wertebereich ausschöpfen. Umgekehrt bieten gerade die Modelle aus Abschnitt 11.2 eine genügend große Flexibilität, um kontinuierliche Zielvariablen zu modellieren, so dass man in diesen Fällen nur selten auf ein verallgemeinertes lineares Modell zurückgreifen muss.

Die Grundidee bei der Anwendung der verallgemeinerten linearen Modelle auf diskrete Zielvariable ist nun, dass man nicht die Zielvariable selbst modelliert, wie dies ja letztlich in obigen Modellen der Fall war, sondern nur einen oder mehrere Verteilungsparameter, die wiederum Werte in einem bestimmten kontinuierlichen Bereich annehmen können.

11.3.2 Binomiale Zielgröße

In diesem Abschnitt wollen wir uns auf den Spezialfall einer binären Zielvariable Y konzentrieren, die nach entsprechender Codierung die Werte 0 oder 1 annehmen kann. Bezeichnet dabei $p_i := P(Y_i = 1)$, so ist Y_i binomialverteilt gemäß $B(1, p_i)$, gehört also insbesondere einer einfachen Exponentialfamilie an, vgl. Tabelle 11.3, mit Dispersionsparameter $\phi = 1$. Für den Erwartungswert gilt $\mu_i = p_i$, so dass sich die Beziehung

$$\theta_i = \ln \frac{\mu_i}{1-\mu_i} \quad \text{bzw.} \quad \mu_i = \frac{e^{\theta_i}}{1+e^{\theta_i}}$$

ergibt. In diesem Sinne erhält man als *natürliche Link- bzw. Responsefunktion*

$$g(z) = \ln \frac{z}{1-z} \quad \text{bzw.} \quad h(z) = \frac{e^z}{1+e^z},$$

wobei Letzteres gerade der Verteilungsfunktion der logistischen Verteilung $LOGIST(0,1)$ entspricht, siehe Anhang A.2.2. Deshalb spricht man bei Wahl dieser Funktion vom *LOGIT-Modell*.

Im Kontrast zur gewöhnlichen Regression modellieren wir hier also nicht Y_i direkt, sondern den einzigen Verteilungsparameter p_i, welcher Werte in $[0;1]$ annehmen kann. Da die Responsefunktion h die Verteilungsfunktion einer logistischen Verteilung ist, also ebenfalls Wertebereich $[0;1]$ besitzt, ergeben sich für das zu schätzende $\boldsymbol{\beta}$ auch keinerlei Restriktionen. Generell bieten sich für eine solche binäre Zielvariable umkehrbare Verteilungsfunktionen als Responsefunktion an. Je nach Wahl, siehe Anhang A.2.2, unterscheidet man u. a. zwischen folgenden Modellen:

- *LOGIT-Modell:* $h(z) = \frac{e^z}{1+e^z}$, die Verteilungsfunktion der Verteilung $LOGIST(0,1)$, bzw. $g(z) = \ln \frac{z}{1-z}$;
- *PROBIT-Modell:* $h(z) = \Phi(z)$, die Verteilungsfunktion der Verteilung $N(0,1)$, bzw. $g(z) = \Phi^{-1}(z)$;
- *LOG-LOG-Modell:* $h(z) = \exp(-\exp(-z))$, die Verteilungsfunktion der Verteilung $EXT(0,1)$, bzw. $g(z) = -\ln(-\ln z)$;
- *Komplementäres LOG-LOG-Modell:* $h(z) = 1 - \exp(-\exp z)$, die Verteilungsfunktion der Verteilung Minimum-$EXT(0,1)$, bzw. $g(z) = \ln(-\ln(1-z))$.

Hintergrund 11.3.2.1

Abgesehen vom LOGIT-Modell, dem *natürlichen* Modell, scheint die Wahl anderer Ansätze auf den ersten Blick recht willkürlich. Und tatsächlich kann man die Wahl dieser Modelle allenfalls durch den *Schwellenwertansatz* motivieren:

Dabei nimmt man an, dass der beobachtbaren Zufallsvariablen Y in Wahrheit eine latente, also nicht beobachtbare, Zufallsvariable $\tilde{Y}$ mit Wertebereich $\mathbb{R}$ zu Grunde liegt der Art, dass

$$Y = 1 \text{ ist genau dann, wenn } \tilde{Y} \leq 0 \text{ ist, und 0 sonst.}$$

Für $\tilde{Y}$ wiederum nimmt man an, dass sie dem linearen Modell

$$\tilde{Y} = -\boldsymbol{\beta}^T \boldsymbol{x} + \epsilon$$

folgt, wobei ϵ die Verteilungsfunktion F_ϵ besitze. Somit ergibt sich

$$\mu = P(Y = 1) = P(-\boldsymbol{\beta}^T \boldsymbol{x} + \epsilon \le 0) = F_\epsilon(\boldsymbol{\beta}^T \boldsymbol{x}),$$

was also einem GLM-Ansatz mit Responsefunktion F_ϵ entspricht. Geht man nun davon aus, dass ϵ der Verteilung $LOGIST(0,1)$, $N(0,1)$, etc., folgt, so ergeben sich die obigen Modelle. ◇

Bemerkung zu Hintergrund 11.3.2.1.

Zumindest für die Verwendung des LOGIT-Modells spricht auch ein praktischer Grund. Lässt sich Y_i durch ein LOGIT-Modell beschreiben, so besteht der Zusammenhang

$$g(p_i) = \ln \frac{p_i}{1-p_i} \stackrel{!}{=} \boldsymbol{\beta}^T \boldsymbol{x}_i = \beta_0 + \beta_1 x_{i1} + \ldots + \beta_k x_{ik},$$

also

$$\begin{aligned} \frac{p_i}{1-p_i} &= \exp\beta_0 \cdot \exp(\beta_1 x_{i1}) \cdots \exp(\beta_k x_{ik}) \\ &= e^{\beta_0} \cdot (e^{\beta_1})^{x_{i1}} \cdots (e^{\beta_k})^{x_{ik}}. \end{aligned} \tag{11.22}$$

Die Größe links vom Gleichheitszeichen ist dabei gerade das *Chancenverhältnis* (engl.: *odds ratio*). Somit kann man die Koeffizienten β_i im LOGIT-Modell so interpretieren, dass sie einen *multiplikativen Einfluss* auf das Chancenverhältnis ausdrücken. □

Durchführung 11.3.2.2

Verallgemeinerte lineare Modelle sind bei STATISTICA unter *Statistik → Höhere (nicht)lineare Modelle → Verallgemeinerte (nicht)lineare Modelle* implementiert. Im ersten sich öffnenden Dialog wechselt man dabei am besten gleich auf die Karte *Details*, wählt unter *Analysetyp: Allgemeine Designs*, im Feld *Verteilung* die Verteilung der *Zielvariable*, im momentanen Fall also *Binomial*, und dann die gewünschte *Link-Funktion*. Anschließend stellt man Modellvariablen und -design völlig analog zu Durchführung 11.2.2 zusammen, wobei die abhängige Variable automatisch neu codiert wird. Danach klickt man *OK*. •

Bevor wir uns mit dem nun folgenden Dialog beschäftigen, sind zwei Anmerkungen angebracht. Zum einen kann man die automatische 0-1-Codierung der Zielvariablen einsehen und verändern, indem man auf *Wirkungs-Codes* und *Alle* klickt. Der erste aufgeführte Wert wird mit 1 codiert, der zweite mit 0, so dass man durch Wahl der Reihenfolge die Codierung beeinflussen kann.

Ferner wird bei binärer Zielvariable, und allgemein bei allen kategorialen Ansätzen, im Variablendialog noch das Feld *Zählvariable* angeboten. Dies ermöglicht es einem, auch mit Daten zu arbeiten, die nicht in Rohform vorliegen, sondern bereits zusammengefasst sind, in folgendem Sinne: Es gibt eine abhängige Variable, eine Reihe von kategorialen Merksmalsvariablen, und in einer weiteren Variablen, der *Zählvariablen*, ist zu allen Wertekombinationen der vorigen Variablen die Anzahl des Auftretens in der Stichprobe notiert. Die Datentabelle ist dann also eine geeignet formatierte Häufigkeitstabelle.

Durchführung 11.3.2.3

Setzen wir Durchführung 11.3.2.2 fort. Im Dialog *VLM-Ergebnisse*, Karte *Überblick*, kann man sich durch Klick auf *Schätzungen* die Schätzung für β ausgeben lassen, zusammen mit den zur *Wald-Statistik* gehörigen p-Werten der einzelnen Terme, welche deren Signifikanz ausdrücken. Durch Klick auf *Konf.-Intervalle* werden die zug. Konfidenzintervalle zum unter *Konf.-Niv.* spezifizierten Niveau berechnet. Eine Analyse der globalen Modellgüte wird nach Drücken des Knopfes *Anpass.-Güte* erstellt.

Ein Häkchen bei *Zusammenfassen* bewirkt, dass an Stelle der Rohdaten Mittelwerte modelliert werden, vgl. Hintergrund 11.3.2.4. Ferner kann man ein Häkchen bei *Überdispersion* setzen, wodurch nicht $\phi = 1$ angenommen wird, sondern dieses aus den Daten heraus geschätzt wird. •

Hintergrund 11.3.2.4

Im Falle einer binären Zielvariablen mit kategorialen Prädiktoren kann man, wie vor Durchführung 11.3.2.3 bereits besprochen, die Daten zu Gruppen $g = 1, \ldots, G$ des Teilumfangs n_g zusammenfassen, wobei jedes Gruppenmitglied $Y_{g,i}$, $i = 1, \ldots, n_g$, verteilt ist gemäß $B(1, p_g)$. An Stelle der Einzelwerte Y_i kann man deshalb auch die jeweiligen Gruppenmittel $\bar{Y}_g$ modellieren, wobei dann nach Modellannahme $n_g \cdot \bar{Y}_g$ binomialverteilt ist gemäß $B(n_g, p_g)$. $\bar{Y}_g$ ist ein Schätzer für p_g, und eine Modellierung dieser Größe ist insbesondere bei der Beurteilung der unten besprochenen globalen Gütestatistiken von Vorteil. Man bewirkt eine solche Analyse der Gruppenmittel durch ein Häkchen bei *Zusammenfassen*, siehe Durchführung 11.3.2.3.

Tatsächlich beobachtet man jedoch häufig, dass $n_g \cdot \bar{Y}_g$ nicht exakt binomialverteilt ist gemäß $B(n_g, p_g)$, sondern im Vergleich zu dieser Verteilung, etwa bedingt durch positive Korrelation der einzelnen Y_i, eine zu große Varianz vorliegt. Man spricht dann von *Überdispersion*. Um auch diesen Fall handhaben zu können, kann man den Dispersionsparameter ϕ, eigentlich ist im Standardmodell für eine binomialverteilte Zufallsvariable $\phi = 1$, auch größer 1 wählen bzw. von STATISTICA aus den Daten heraus schätzen lassen. Letzteres wird durch ein Häkchen bei *Überdispersion* bewirkt.

Zur Schätzung greift man dabei auf zwei globale Gütestatistiken zurück, *Pearsons* χ^2*-Statistik* $\mathbf{T}_P$ und die *Devianzstatistik* $\mathbf{T}_L$, siehe auch Abschnitt 10.1.3. Zumindest bei gruppierten Daten mit genügend großen Teilgruppengrößen n_g, vgl. Fahrmeir et al. (1996), sind diese unter den Modellannahmen approximativ χ^2-verteilt mit $G - k - 1$ Freiheitsgraden. Somit spricht ein zu kleiner p-Wert dieser Statistiken, zu dessen Berechnung siehe Beispiel 11.3.2.5, *gegen* das gewählte Modell. Da ferner unter der Modellannahme approximativ $E[\mathbf{T}_P] = E[\mathbf{T}_L] = G - k - 1$ gilt, bei vorliegender Überdispersion jedoch $E[\mathbf{T}_P] = E[\mathbf{T}_L] = \phi^2 \cdot (G - k - 1)$, kann man ϕ^2 schätzen durch $\mathbf{T}_P/(G - k - 1)$ bzw. $\mathbf{T}_L/(G - k - 1)$. Erstere Art der Schätzung bewirkt man durch Markierung von *Pearson Chi²*, zweitere durch *Abweichung*, im Feld *Überdispersion*. Der Schätzwert wird ausgegeben, wenn man ein weiteres Mal auf *Schätzungen* klickt.

Ferner werden zu den einzelnen zu schätzenden Parametern *Wald-Statistiken* und die zug. p-Werte ausgegeben. Analog zu den t-Statistiken der multilinearen Regression, siehe Hintergrund 11.1.2.6 und 11.1.2.8, wird dabei für einen jeden Parameter β_j die Nullhypothese H_0: $\beta_j = 0$ untersucht; ist die Hypothese zutreffend, so sind die Statistiken approximativ χ^2-verteilt mit 1 Freiheitsgrad. Basierend auf dieser Verteilungsannahme werden die p-Werte berechnet, wobei nun hier kleine p-Werte *für* das Modell sprechen. ◇

Beispiel 11.3.2.5

Betrachten wir die Datei `Zufriedenheit.sta` aus Beispiel 7.4.3.8 erneut. Bei der damals ausgeführten Analyse hatten wir festgestellt, dass die Zufriedenheit wesentlich von Kundenkontakt und Gehaltsklasse abhängt. Deshalb berücksichtigen wir für die folgende Analyse die Variablen *Gehaltsklasse* (x_{i1}), mit Werten 1 bis 4, und *Kundenkontakt* (x_{i2}), welche dummycodiert ist (1=kein Kundenkontakt).

Gemäß Durchführung 11.3.2.2 wählen wir für das Binomialmodell den LOGIT-Link, als abhängige Variable *Zufrieden*, und als *stetige* Prädiktoren *Kundenkontakt* und *Gehaltsklasse*. Hätten wir *Kundenkontakt* als kategorialen Prädiktor gewählt, würde die Variable neu codiert werden, u. U. effektcodiert. Dies sei dem Leser jedoch zum Selbstversuch überlassen.

Da wir auch mögliche Zwischeneffekte berücksichtigen wollen, klicken wir auf *Zwischen-Effekte*, markieren *Nutzer-Effekte ...* sowie im Feld *Stetig:* beide Variablen, und klicken auf *vollfaktoriell*. Im Feld *Effekte im Zwischen-Design* sollte nun erscheinen:

```
''Gehaltsklasse''
''Kundenkontakt''
''Gehaltsklasse''*''Kundenkontakt''
```

Bezeichnet p_i die Wahrscheinlichkeit für Zufriedenheit in der Ausgangssituation i, so betrachten wir folgendes Modell für das Chancenverhältnis, vgl. Formel (11.22):

$$\frac{p_i}{1-p_i} = e^{\beta_0} \cdot (e^{\beta_1})^{x_{i1}} \cdot (e^{\beta_2})^{x_{i2}} \cdot (e^{\beta_{12}})^{x_{i1} \cdot x_{i2}}, \qquad (11.23)$$

es sind also 4 Parameter zu schätzen.

Wir bestätigen zweimal mit *OK* und fahren fort gemäß Durchführung 11.3.2.3. In Abbildung 11.11 sind die geschätzten Parameter zu sehen, wobei der Dispersionparameter zu 1 angenommen wurde. Setzen wir die geschätzten Parameter in Modellgleichung (11.23) ein, so erhalten wir das geschätzte Modell

$$\frac{p_i}{1-p_i} \approx 0{,}00532 \cdot 9{,}03^{x_{i1}} \cdot 164{,}23^{x_{i2}} \cdot 0{,}356^{x_{i1} \cdot x_{i2}}. \qquad (11.24)$$

Somit würden wir etwa für keinen Kundenkontakt, also $x_{i1} = 1$, und Gehaltsklasse $x_{i2} = 2$ schätzen

$$\frac{p_i}{1-p_i} \approx 0{,}00532 \cdot 9{,}03^2 \cdot 164{,}23^1 \cdot 0{,}356^{2 \cdot 1} \approx 9{,}03.$$

Die Wahrscheinlichkeit, zufrieden zu sein, wird also neunmal höher geschätzt als die für Unzufriedenheit.

Lässt man den Parameter ϕ auf Basis der Daten schätzen, erhält man den Wert 1,33295 bzw. 1,44616, basierend auf der Pearson-Statistik bzw. Devianz. Es scheint also höchstens eine moderate Überdispersion vorzuliegen, so dass wir unsere Analysen mit $\phi = 1$ fortsetzen.

Die Tabelle aus Abbildung 11.11 zeigt, dass der zu β_{12} gehörende gemischte Term mit einem p-Wert von 0,373042 nicht signifikant ist, so dass es nahe liegt, ein vereinfachtes Modell ohne Zwischeneffekt zu erstellen. Das zeigen auch das Konfidenzintervall für β_{12} aus Abbildung 11.12 (a), welches auch $\beta_{12} = 0$ beinhaltet.

Klicken wir, nachdem wir *Zusammenfassen* markiert haben, auf *Anpass.-Güte*, so erhalten wir eine Tabelle wie in Abbildung 11.12 (b). Dort wurde lediglich die Variable *p-Wert* per Hand ergänzt, mit der Formel `=1-IChi2(v2;v1)`. Achtung: Die Variable *FG* ist aus unerfindlichen Gründen vom Typ *Text*. Bevor die Berechnung durchgeführt werden kann, muss man sie z. B. zu *Integer* umwandeln. Die p-Werte von 0,149151 für die Pearson-Statistik bzw. 0,099008 für die Devianz geben keinen Anlass für die Ablehnung des Modells. □

	Zufrieden - Parameterschätzungen Verteilung: BINOMIAL Linkfunktion: LOGIT				
Effekt	Spalte	Schätz.	Standard Fehl.	Wald Stat.	p
Konstante	1	-5,23677	1,620029	10,44914	0,001227
Gehaltsklasse	2	2,20035	0,765575	8,26053	0,004052
Kundenkontakt	3	5,10129	2,118574	5,79794	0,016045
Gehaltsklasse*Kundenkontakt	4	-1,03409	1,160874	0,79351	0,373042
Skal.		1,00000	0,000000		

Abb. 11.11: *Parameterschätzungen zu Beispiel 11.3.2.5.*

(a)

	Zufrieden - Konfidenzintervalle Verteilung: BINOMIAL Linkfunktion: LOGIT		
Effekt	Spalte	Unt. KG 95, %	Ober. KG 95, %
Konstante	1	-8,41197	-2,06157
Gehaltsklasse	2	0,69985	3,70085
Kundenkontakt	3	0,94896	9,25362
Gehaltsklasse*Kur	4	-3,30936	1,24118

(b)

	Zufrieden - Statistiken Anpassungsgüte Verteilung: BINOMIAL Linkfunktion: LOGIT			
Stat.	FG	Stat.	Stat/FG	p-Wert
Abweichung	3	6,2741	2,091380	0,099008
Skal. Abweich.	3	6,2741	2,091380	0,099008
Pearson Chi²	3	5,3303	1,776751	0,149151
Skal. P. Chi²	3	5,3303	1,776751	0,149151
Loglikelihood		-30,3104		

Abb. 11.12: *Konfidenzintervalle und Gütestatistiken zu Beispiel 11.3.2.5.*

11.3.3 Poissonverteilte Zielgröße

Das Vorgehen für eine poissonverteilte Zielgröße ist prinzipiell völlig analog zu dem bei binomialverteilter Zielgröße, siehe Abschnitt 11.3.2, so dass in diesem Abschnitt bloß auf die Unterschiede verwiesen werden soll. Ist Y_i verteilt gemäß $Po(\lambda_i)$, so ist der Erwartungswert μ_i von Y_i gleich λ_i, und aus Tabelle 11.3 errechnet man als *natürliche Link-* bzw. *Responsefunktion*

$$g(z) \;=\; \ln z \quad \text{bzw.} \quad h(z) \;=\; e^z.$$

Man spricht vom *loglinearen Poissonmodell*, bei dessen Wahl man also den Erwartungswert erneut multiplikativ bestimmt zu

$$\lambda_i \;=\; e^{\beta_0} \cdot (e^{\beta_1})^{x_{i1}} \cdots (e^{\beta_k})^{x_{ik}}. \tag{11.25}$$

Alternative *Linkfunktionen* sind Potenzfunktionen des Typs $g(z) = z^\alpha$, also $\lambda_i = (\boldsymbol{\beta}^T \boldsymbol{x}_i)^{\frac{1}{\alpha}}$, wobei bei $\alpha = 1$ die *Identität* vorliegt. Je nach Wahl von α muss dabei der Wertebereich für $\boldsymbol{\beta}$ eingeschränkt werden, da λ_i stets positiv sein muss.

Beispiel 11.3.3.1

Betrachten wir die Datei **Zellaenderung.sta**, wiedergegeben in Fahrmeir et al. (1996), welche die Anzahl von Zelländerungen in Abhängigkeit von der Dosis zweier verabreichter Wirkstoffe *TNF* (x_{i1}) und *IFN* (x_{i2}) enthält. Eine wichtige Fragestellung war dabei, ob die beiden Medikamente unabhängig voneinander wirken oder ob Synergieeffekte auftreten. Entsprechend wählen wir ein *vollfaktorielles loglineares Poissonmodell*, also

$$\lambda_i \;=\; e^{\beta_0} \cdot (e^{\beta_1})^{x_{i1}} \cdot (e^{\beta_2})^{x_{i2}} \cdot (e^{\beta_{12}})^{x_{i1} \cdot x_{i2}}. \tag{11.26}$$

Als Schätzung für die Parameter ergibt sich

$$\hat{\boldsymbol{\beta}} = (3{,}435636\,,\, 0{,}015528\,,\, 0{,}008946\,,\, -0{,}000057)^T,$$

also das Modell

$$\lambda_i \;\approx\; 31{,}05 \cdot 1{,}016^{x_{i1}} \cdot 1{,}0090^{x_{i2}} \cdot 1{,}00^{x_{i1} \cdot x_{i2}}. \tag{11.27}$$

Obwohl alle Terme als signifikant angezeigt werden, die p-Werte sind praktisch gleich 0, scheint insbesondere kaum ein Synergieeffekt feststellbar. Allerdings ergeben die Statistiken für die globale Modellgüte jeweils einen p-Wert von nahe 0, und eine Schätzung des Dispersionsparameters ergibt $\hat{\phi} \approx 3{,}425661$ bzw. $\hat{\phi} \approx 3{,}444625$, so dass hier klar von Überdispersion ausgegangen werden muss. Im Modell mit Überdispersion ergibt sich dann für den Synergieterm entsprechend auch ein sehr großer p-Wert von 0,219639 bzw. 0,222188, so dass Synergieeffekte nicht feststellbar sind. □

11.3.4 Multinomiale Zielgröße

Der Fall einer binären Zielvariablen aus Abschnitt 11.3.2 lässt sich für eine (mehr)kategoriale Zielgröße verallgemeinern. Sei Z_i eine kategoriale Zufallsvariable mit möglichen Werten $\{v_0, \ldots, v_m\}$ und zug. Wahrscheinlichkeiten $p_{i0}, \ldots, p_{im}$, wobei $p_{i0} + \ldots + p_{im} = 1$ ist. Dann kann man, siehe auch Hintergrund 11.1.1.5, Z_i binär codieren durch einen Vektor $\boldsymbol{Y}_i \in \{0,1\}^{m+1}$, definiert via

$$Y_{ij} \;=\; 1 \quad \text{genau dann, wenn } Z_i = v_j, \quad j = 0, \ldots, m.$$

Nach Definition ist $\boldsymbol{Y}_i$ gemäß $MULT(1; p_{i0}, \ldots, p_{im})$ multinomialverteilt, insbesondere ist also

$$Y_{ij} \text{ verteilt gemäß } B(1, p_{ij}),\; j = 1, \ldots, m, \text{ und } Y_{i0} \;=\; 1 - Y_{i1} - \ldots - Y_{im}.$$

Deshalb ist es naheliegend, die Komponenten $Y_{i1}, \ldots, Y_{im}$ jeweils als binomiale Zielgröße zu modellieren, die Komponente Y_{i0} ist dann festgelegt. Man modelliert also $\boldsymbol{Y}_i$, und somit letztlich Z_i, durch ein multivariates GLM.

Üblicherweise verwendet man den *LOGIT-Link*, d. h. man modelliert

$$p_{ij} \;=\; \frac{\exp(\boldsymbol{\beta}_j^T \boldsymbol{x}_i)}{1 + \sum_{l=1}^{m} \exp(\boldsymbol{\beta}_l^T \boldsymbol{x}_i)}, \quad j = 1, \ldots, m, \tag{11.28}$$

so dass gilt:

$$p_{i0} = \frac{1}{1 + \sum_{l=1}^{m} \exp\left(\boldsymbol{\beta}_l^T \boldsymbol{x}_i\right)}. \tag{11.29}$$

Insbesondere ergibt sich für das *Chancenverhältnis*

$$\frac{p_{ij}}{p_{i0}} = e^{\beta_{j0}} \cdot \left(e^{\beta_{j1}}\right)^{x_{i1}} \cdots \left(e^{\beta_{jk}}\right)^{x_{ik}}, \quad j = 1, \ldots, m. \tag{11.30}$$

Bei diesem Modell gilt es also $m \cdot (k+1)$ Parameter zu schätzen. Ansonsten ist das Vorgehen völlig analog zu dem bei binomialer Zielgröße, siehe Abschnitt 11.3.2, insbesondere werden die Parameter der m Komponenten hintereinander in einer Tabelle ausgegeben, so dass hier auf ein weiteres Beispiel verzichtet werden kann.

11.3.5 Ordinal-Multinomiale Zielgröße

Zu guter Letzt wollen wir noch den Fall einer ordinalen Zielgröße mit endlich vielen Kategorien betrachten, d. h. die endliche Anzahl r an Kategorien unterliegt einer natürlichen Ordnung. Dieser Fall tritt in der Praxis recht häufig auf, man denke etwa an Schulnoten oder an r-stufige Likertskalen. Letztere finden auf Fragebögen Verwendung, wobei der Befragte mit einer Aussage konfrontiert wird und auf einer Skala seine Zustimmung zu dieser Aussage ausdrücken muss. Dabei stehen zwischen 'Völliger Ablehnung' und 'Völliger Zustimmung' entsprechend r Abstufungen bereit.

Ohne Berücksichtigung der Ordnung würde sich ein multinomiales Modell anbieten, siehe Abschnitt 11.3.4. Jedoch führt die Berücksichtigung der Ordnung zu einer beträchtlichen Reduktion der Zahl der Parameter. Das bei STATISTICA implementierte *Ordinal-Multinomialmodell* beruht auf einem *Schwellenwertansatz*, vgl. Hintergrund 11.3.2.1.

Hintergrund 11.3.5.1

In Analogie zu Hintergrund 11.3.2.1 nimmt man wieder eine reellwertige, latente Zufallsvariable $\tilde{Y}$ an. Diesmal partitioniert man jedoch die reellen Zahlen $\mathbb{R}$ in r Teilbereiche:

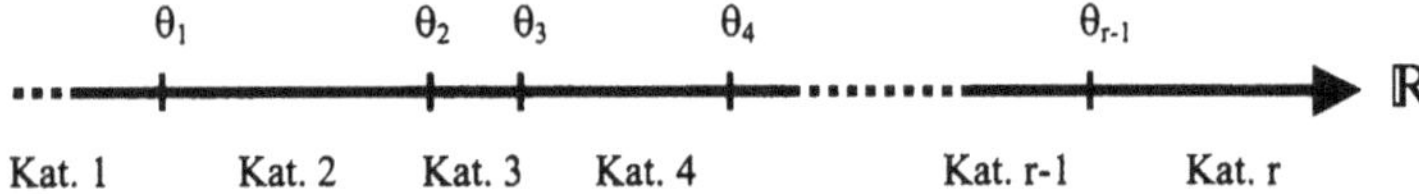

Dazu wählt man $r+1$ Schwellen $-\infty = \theta_0 < \theta_1 < \ldots < \theta_{r-1} < \theta_r = +\infty$, zwischen welchen sich die r geordneten Kategorien ergeben. Es ist also

$$Y = j, \; j = 1, \ldots, r \quad \text{genau dann, wenn } \theta_{j-1} < \tilde{Y} \leq \theta_j \text{ ist.}$$

Effekt	Absatz - Parameterschätzungen (Tankstelle.sta) Verteilung: ORDINAL MULTINOMIAL Linkfunktion: LOGIT Stufe v. Effekt	Spalte	Schätz.	Standard Fehl.	Wald Stat.	p
Konstante 1		1	0,053156	0,144197	0,13589	0,712400
Konstante 2		*2*	*1,460066*	*0,157167*	*86,30191*	*0,000000*
Ortsgröße	*Groß*	*3*	*0,202628*	*0,087806*	*5,32534*	*0,021017*
Angebotsform	*Selbstbedienung*	*4*	*-0,483399*	*0,134152*	*12,98431*	*0,000314*
Straßenart	*BAB, Bundesstr.*	*5*	*-0,575837*	*0,114315*	*25,37447*	*0,000000*
Straßenart	Landstraßen	6	0,238029	0,149094	2,54881	0,110378
Skal.			1,000000	0,000000		

Abb. 11.13: *Parameterschätzung zu Beispiel 11.3.5.2.*

Nun nimmt man wieder das Modell

$$\tilde{Y} = -\boldsymbol{\beta}^T \boldsymbol{x} + \epsilon, \quad \text{also } P(Y \leq j) = F_\epsilon(\theta_j + \boldsymbol{\beta}^T \boldsymbol{x}),$$

an. Je nach Verteilung von ϵ erhält man analog zu Hintergrund 11.3.2.1 die unterschiedlichen Modelle.

Speziell im *LOGIT-Modell* ist wieder folgende Interpretation möglich: Da sich für $j = 1, \ldots, r-1$ das *Chancenverhältnis* im Modell ergibt zu

$$\frac{P(Y_i \leq j)}{P(Y_i > j)} = e^{\theta_j} \cdot e^{\beta_0} \cdot (e^{\beta_1})^{x_{i1}} \cdots (e^{\beta_k})^{x_{ik}}, \tag{11.31}$$

beschreibt das LOGIT-Modell erneut einen multiplikativen Einfluss auf das Chancenverhältnis. ◇

Somit hat man im Ordinal-Multinomialmodell die $r-1$ Schwellenparameter $\theta_1, \ldots, \theta_{r-1}$ zu schätzen sowie die $k+1$ Komponenten von $\boldsymbol{\beta}$.

Beispiel 11.3.5.2

Die Datei `Tankstelle.sta`, entnommen aus Fahrmeir et al. (1996), enthält Resultate einer im Jahr 1978 veröffentlichen Untersuchung des Tankstellennetzes der ARAL AG. Dabei wurden als kategoriale Merkmale der einzelnen Tankstellen die Lage der Tankstellen, charakterisisert durch die Größe des Ortes und die Art der Straße, an welcher die Tankstelle liegt, sowie deren Angebotsform, also Selbstbedienung oder Bedienung, festgehalten. Die abhängige Variable ist *Absatz*, welche jeweils einen Wert in einer der drei geordneten Kategorien *niedrig*, *mittel* oder *hoch*, codiert als 1, 2, 3, annehmen muss. In der Variablen *Anzahl* sind entsprechend die gemessenen Besetzungszahlen der einzelnen sich ergebenden Kategorien vermerkt.

Wir wollen versuchen, den Daten ein Ordinal-Multinomialmodell mit LOGIT-Link anzupassen. Dabei wählen wir die drei Merkmalsvariablen als kategoriale Prädiktoren. Diese werden also automatisch effektcodiert, siehe Hintergrund 11.1.1.5. Da wir keine Zwischeneffekte berücksichtigen wollen, d. h. wir betrachten das Haupteffektmodell, müssen wir bei *Zwischen-Effekte* den Punkt *Nutzer-Effekte ...* markieren, die drei kategorialen Prädiktoren auswählen und auf *Hinzufügen* klicken.

Die geschätzten Parameter sind der Tabelle aus Abbildung 11.13 zu entnehmen, abgesehen von *Konstante 1* ($= \theta_1$) und dem Koeffizienten bei Landstraße scheinen alle Parameter signifikant zu sein. Die Spalte *Stufe v. Effekt* beschreibt dabei die gewählte Effektcodierung: So ist etwa *Ortsgröße: Groß* codiert mit 1, dagegen *Ortsgröße: Klein* codiert mit -1. *Straßenart: BAB* ist codiert als $(1,0)^T$, *Straßenart: Landstr.* als $(0,1)^T$, und *Straßenart: Haupt.* als $(-1,-1)^T$. □

11.4 Zeitreihenanalyse

Wie bereits in Abschnitt 10.2 angesprochen, handelt es sich bei einem diskreten stochastischen Prozess $(X_t)_{\mathcal{T}}$ um eine geordnete Folge von Zufallsvariablen, wobei $\mathcal{T}$ üblicherweise entweder endlich ist, z. B. $\mathcal{T} = \{1, \ldots, T\}$, oder zu $\mathbb{N}$ oder $\mathbb{Z}$ gewählt wird. Abschnitte von Realisationen dieses Prozesses nennt man dann eine Zeitreihe, wobei dieser Begriff häufig auch synonym zu Prozess verwendet wird. Zeitreihen treten in vielen Bereichen der Realität auf, streng genommen sind auch die meisten Zufallsstichproben Zeitreihen, da die Messergebnisse zwangsweise in einer gewissen zeitlichen Abfolge aufgenommen werden müssen. Zumindest sollte es sich dann dabei aber um unabhängige Wiederholungen des Zufallsexperimentes handeln, so dass die Reihenfolge letztlich ohne Belang ist.

Im Allgemeinen jedoch treten sehr wohl seriellen Abhängigkeiten auf, die sich z. B. mit Hilfe der Autokorrelation, vgl. Abschnitt 10.2, messen lassen. Solche serielle Abhängigkeiten sind etwa für zyklische Strukturen oder Trends in Zeitreihen verantwortlich, wie man sie in der Realität häufig beobachtet. Zu nennen wäre beispielsweise der Konsum von Erfrischungsgetränken, der auf lange Sicht gesehen recht regelmäßigen zwölfmonatigen Schwankungen unterliegt, oder der Energieverbrauch einer Nation, der zumeist einen deutlichen Aufwärtstrend (linear oder gar exponentiell) aufweist. Aber auch der Verlauf von Aktienkursen zeigt deutliche, wenn auch weniger regelmäßige, Abhängigkeiten auf, so etwa ein längerfristiges Ansteigen (Hausse) oder Fallen (Baisse) der Kurse.

In all den angeführten Beispielen ist eine Modellierung der Zeitreihen von großem praktischen Interesse. Einerseits würde ein Modell Prognosen für die Zukunft erlauben, andererseits könnte man mit Hilfe eines Modells auch plötzliche, zu starke Abweichungen feststellen. Und nicht zuletzt bietet ein solches Modell auch einen kompakten Überblick über wesentliche Charakteristika der Zeitreihe. Man wird ein Verständnis der hinter einem Phänomen steckenden, natürlichen Zusammenhänge erst mit Hilfe eines geeigneten Modells erlangen können.

Deshalb sollen zuerst in Abschnitt 11.4.1 Transformationen besprochen werden, mit denen man Zeitreihen beispielsweise glätten kann, um so tieferliegende Mechanismen erkennen zu können. Anschließend sollen in Abschnitt 11.4.2 einfache Trendmodelle behandelt werden, und schließlich in Abschnitt 11.4.3 der wohl populärste Vertreter stationärer Zeitreihenmodelle, die ARMA(p, q)-Modelle.

Als vertiefende Literatur zu diesem Abschnitt seien dem Leser die Bücher von Falk et al. (2006), Schlittgen & Streitberg (2001) und Brockwell & Davis (2002) anempfohlen.

11.4.1 Transformation von Zeitreihen

Durchführung 11.4.1.1

Zeitreihen werden in STATISTICA mit dem Menü *Statistik → Höhere (nicht)lineare Modelle → Zeitreihenanalyse/Prognose* analysiert. Es öffnet sich ein Dialog, in dem gewöhnlich bereits eine Variable ausgewählt ist; diese kann über den *Variablen*knopf verändert werden. Zudem ist die betrachtete Variable auch im Tabellenfeld unterhalb des *Variablen*knopfes aufgeführt. •

Motivation. Der Datensatz `Bier.sta`, wiedergegeben in Brockwell & Davis (2002), beschreibt die monatliche Bierproduktion in Australien in Megalitern, zwischen Januar 1956 und April 1990. Die Daten sind in Abbildung 11.14 dargestellt. Man erkennt deutlich die saisonalen Schwankungen. Ferner ist zuerst ein Anstieg des Konsums zu beobachten, der in der zweiten Hälfte seine Sättigung erreicht und dann etwa konstant bleibt.

Mit welcher Regelmäßigkeit wiederholen sich die Schwankungen, d. h. welche *Periode* weist die Saisonkomponente auf? Lässt sich der Trend genauer beschreiben? □

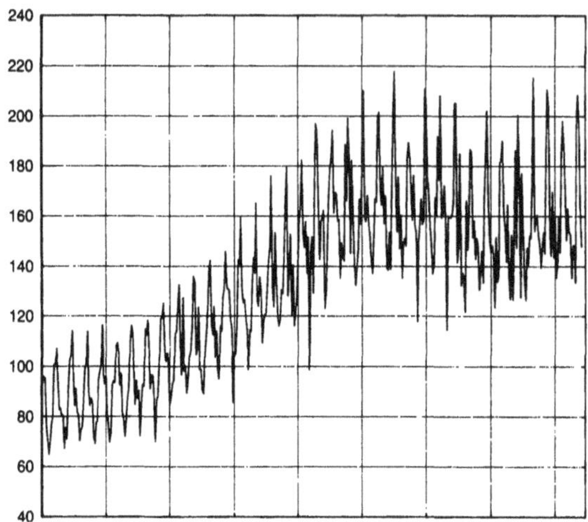

Abb. 11.14: *Linienplot der Bierdaten aus Abschnitt 11.4.1.*

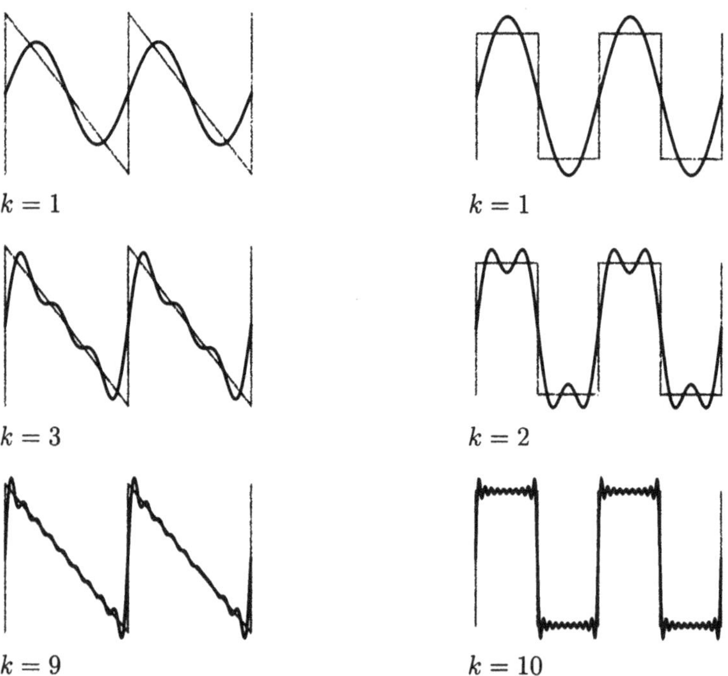

Abb. 11.15: *Überlagerung von k harmonischen Schwingungen.*

Antworten auf diese Fragen zu finden ist das Ziel des aktuellen Abschnitts. Zuallererst wollen wir uns dabei den saisonalen Schwankungen zuwenden. Da es sich um monatliche Werte handelt, ist es naheliegend, dass diese von Periode 12 sind, also jahreszeitliche Schwankungen widerspiegeln. Bei den Sonnenfleckendaten aus Abbildung 5.15 dagegen ist es schon weniger klar, welche Periode die dortigen Schwankungen aufweisen. Von daher ist ein Werkzeug wünschenswert, welches einem die Periode einer regelmäßigen Schwankung in einer Zeitreihe bestimmt. Dieses Werkzeug bietet einem die *Fourieranalyse.*

Hintergrund 11.4.1.2

Idee der *Fourieranalyse* ist es, eine regelmäßige Schwingung, unabhängig von ihrer Form, als Überlagerung von *harmonischen Schwingungen* auszudrücken, d. h. als Summe verschiedener Sinus- und Cosinusschwankungen. Beschreibt $f(x)$ eine solche regelmäßige Schwingung, so ist man an einer Zerlegung der Form

$$f(x) \;=\; \frac{A_0}{2} \;+\; \sum_{j=1}^{\infty} \left(A_j \cdot \cos(jx) \;+\; B_j \cdot \sin(jx)\right) \qquad (11.32)$$

interessiert. Dass dies auch bei 'eckigen' Schwingungen möglich ist, demonstriert Abbildung 11.15 eindrucksvoll, in der die ersten k Summanden einer geeigneten Zerlegung wie in Formel (11.32) überlagert wurden, um eine Sägezahn- bzw. Rechteckschwingung nachzuahmen.

In einer Zerlegung wie in Formel (11.32) drücken dabei die Koeffizienten A_j und B_j, welche die Amplitude der einzelnen harmonischen Schwingungen bestimmen, den Einfluss aus, den die einzelnen Schwingungen auf die Gesamtüberlagerung haben. Sehr große Werte drücken dominante Schwingungen aus, kleine Werte vernachlässigbare Schwingungen. ◇

Idee ist es nun, auch die vorliegende Zeitreihe einer solchen Fourieranalyse zu unterziehen. Es sind also harmonische Schwingungen geeigneter Frequenz und deren zug. Amplitude zu bestimmen, so dass eine Überlagerung dieser harmonischen Schwingungen die Originalreihe modelliert. Da wir momentan aber weniger an einer Überlagerung interessiert sind, sondern eher an den dominanten Teilschwingungen, ist das sich aus einer solchen Analyse ergebende *Periodogramm* von Bedeutung für uns. Vereinfacht gesprochen ist ein *Periodogramm* ein Diagramm, bei welchem auf der Rechtsachse die einzelnen Teilperioden bzw. -frequenzen einer Zerlegung wie in Formel (11.32) aufgetragen sind, und auf der Hochachse jeweils ein Wert, welcher sich aus den zug. Teilamplituden berechnet. Dieser spiegelt die Bedeutung der einzelnen Frequenzen wider.

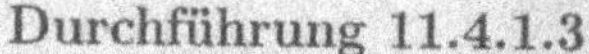

Durchführung 11.4.1.3

Um ein *Periodogramm* der betrachteten Zeitreihe zu erstellen, klickt man im Hauptmenü auf der Karte *Standard* auf den Knopf *Spektralanalyse (Fourier-Analyse)*, bestätigt den ersten sich öffnenden Dialog mit *OK* und wechselt im zweiten sich öffnenden Dialog auf die Karte *Werte & Plots*. Dort markiert man bei *Plot für: Periode* und klickt anschließend auf *Periodogramm*. •

Beispiel 11.4.1.4

Betrachten wir erneut die Bierdaten, vgl. auch Abbildung 11.14. Um die Periode der saisonalen Schwankungen zu bestimmen, erstellen wir ein Periodogramm gemäß Durchführung 11.4.1.3. Das Resultat ist in Abbildung 11.16 zu sehen. Deutlich erkennbar ist ein Gipfel im Bereich ≤ 20 sowie zwei weitere hohe Werte bei ca. 210 und 420. Um den ersten Gipfel etwas besser identifizieren zu können, verändern wir die *Skalierung* auf den Bereich 0 bis 15, vgl. Abschnitt 4.1, drücken anschließend *Schritte bearbeiten* und wählen *Schrittweite* 1. Wir erhalten das Diagramm aus Abbildung 11.17, in welchem wir erkennen, dass der Gipfel bei der Periode 12 liegt. Somit lagen wir mit unserer Vermutung richtig, dass es sich bei der saisonalen Komponente um Schwankungen der Periode 12 handelt.

Allerdings ist dies nicht der einzige Gipfel. Die zwei bereits erwähnten Gipfel aus Abbildung 11.16 spiegeln wohl den Trend wider. Bei den kleinen Gipfeln bei den Perioden 2, 3, 4 und 6 dagegen, siehe Abbildung 11.17, handelt es sich um sog. *Oberschwingungen*, die wir als 'Störung' aufzufassen haben, bedingt durch die nichtsinusförmige Gestalt der saisonalen Schwankungen. Weitere derartige Probleme, die bei der Interpretation von Periodogrammen auftreten können, sind *Leakage* (Durchsickern) und *Aliasing* (Maskierung), zu deren Beschreibung auf die Literatur, etwa Schlittgen & Streitberg (2001), verwiesen sei. □

Nachdem wir nun wissen, dass die saisonale Schwankung von Periode 12 ist, wäre es interessant, diese Schwankungen aus der Zeitreihe 'herauszuglätten', um anschließend den Trend einer genaueren Analyse unterziehen zu können. Die Idee ist dabei die folgende: Stellen wir uns vor, ein Fenster der Länge 12 gleitet über die Daten, d. h. im Fenster befinden sich stets 12 aufeinanderfolgende Werte der Zeitreihe. Berechnet man nun den Mittelwert der Daten im Fenster, so müssten sich die saisonalen Änderungen innerhalb eines Jahres gerade herausmitteln.

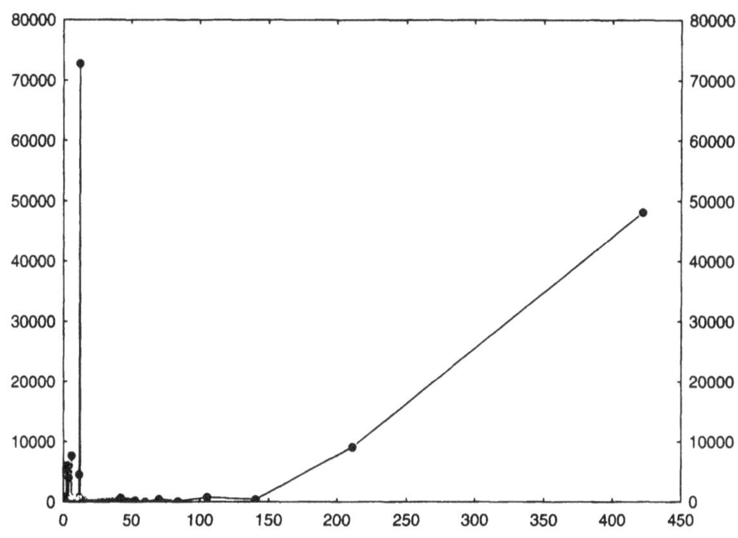

Abb. 11.16: *Periodogramm der Bierdaten aus Beispiel 11.4.1.4.*

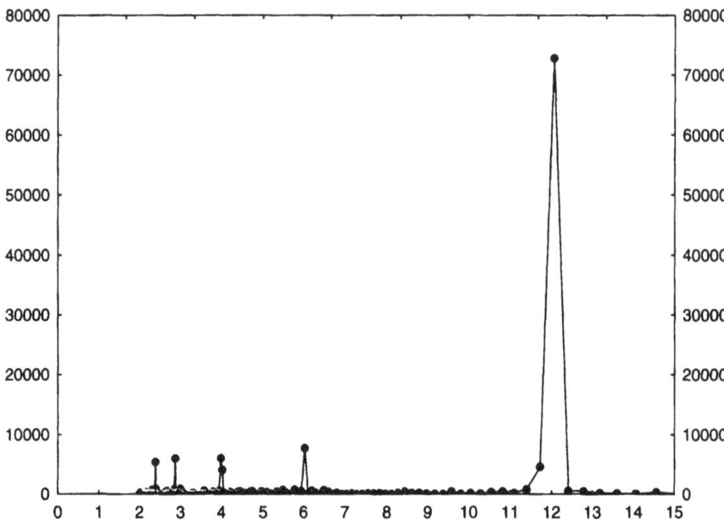

Abb. 11.17: *Ausschnitt des Periodogramms aus Abbildung 11.16.*

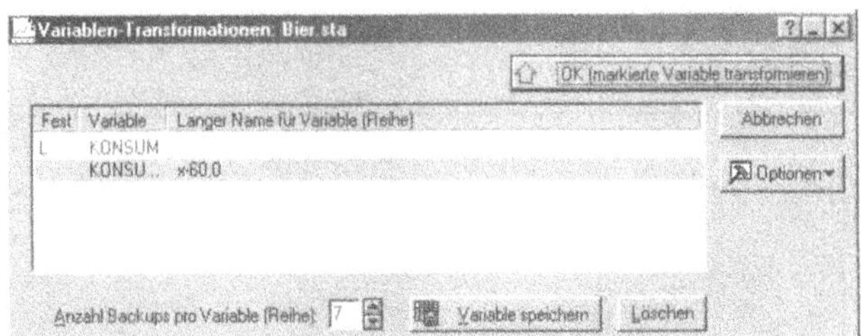

Abb. 11.18: *Tabellenfeld im Zeitreihenmenü mit den im Arbeitsspeicher befindlichen Zeitreihen.*

Hintergrund 11.4.1.5

Sei $(X_t)_T$ eine Zeitreihe, die geglättet werden soll. Ist $2n+1$ eine ungerade Zahl, so berechnet sich das einfache *gleitende Mittel* der Länge $2n+1$ zu

$$Z_t := \frac{1}{2n+1} \cdot (X_{t-n} + \ldots + X_t + \ldots + X_{t+n}),$$

d. h. X_t wird durch einen Mittelwert ersetzt, der sowohl vergangene als auch zukünftige Werte miteinbezieht. Falls man eine gerade Länge $2n$ vorgibt, so werden letztlich die beiden Randwerte nur zur Hälfte gewichtet:

$$\begin{aligned} Z_t &:= \tfrac{1}{2n} \cdot \left(\tfrac{X_{t-n}+X_{t-n+1}}{2} + \ \ldots \ + \tfrac{X_{t+n-1}+X_{t+n}}{2}\right) \\ &= \tfrac{1}{2n} \cdot \left(\tfrac{1}{2} \cdot X_{t-n} + X_{t-n+1} + \ldots + X_t + \ldots + X_{t+n-1} + \tfrac{1}{2} \cdot X_{t+n}\right). \end{aligned}$$

Ein beliebig gewichtetes Mittel der Länge $2n+1$ wäre analog zu

$$Z_t := \frac{1}{\sum_{i=-n}^{n} w_i} \cdot (w_{-n} \cdot X_{t-n} + \ldots + w_0 \cdot X_t + \ldots + w_n \cdot X_{t+n})$$

gegeben, bei gerader Länge würde man dagegen setzen:

$$Z_t := \tfrac{1}{\sum_{i=-n}^{n-1} w_i} \cdot \left(w_{-n} \cdot \tfrac{X_{t-n}+X_{t-n+1}}{2} + \ \ldots \ + w_{n-1} \cdot \tfrac{X_{t+n-1}+X_{t+n}}{2}\right).$$

Analog ist auch der *gleitende Median* definiert. ◇

Bis zu einem gewissen Grad, welcher durch das Feld *Anzahl Backups...* bestimmt werden kann, hält STATISTICA alle Variablen und deren Transformationen im Arbeitsspeicher verfügbar. Diese sind im Tabellenfeld des Zeitreihenmenüs, vgl. Abbildung 11.18, aufgeführt. Dabei ist vor Ausführung einer Transformation stets darauf zu achten, dass auch die *richtige Variable ausgewählt* ist, standardmäßig ist immer die zuletzt erstellte Transformation aktiv!

Durchführung 11.4.1.6

Um eine bestehende Zeitreihe $(X_t)_T$ zu einer Zeitreihe $(Z_t)_T$ zu transformieren, klickt man auf den Knopf *OK (Transformationen, ...)* rechts oben und gelangt in einen Dialog, auf dem eine Reihe verschiedener Karten angeboten werden. Im Einzelnen sind dies die in Tabelle 11.4 zusammengefassten Möglichkeiten.

Um eine gewünschte Transformation durchzuführen, klickt man stets auf *OK (markierte Variable transformieren)*. Anschließend erscheint die gewünschte Transformation im Tabellenfeld des Zeitreihenmenüs zusätzlich zu den bisherigen Variablen, vgl. Abbildung 11.18.

Diese Variablen kann man auch wieder aus dem Arbeitsspeicher löschen, indem man die Schaltfläche *Löschen* betätigt. Ferner kann man die im Arbeitsspeicher befindlichen Variablen auch fest in einer Tabelle abspeichern, indem man *Variable speichern* wählt.

Alternativ kann man dazu auch auf die Karte *Werte & Plots* wechseln. Dort kann man für gezielt ausgewählte Variablen des Tabellenfeldes diese in Form einer Tabelle abspeichern, indem man einen der *Werte: ... Variable(n)*-Knöpfe wählt, oder einen Linienplot erstellen lassen, indem man auf *Plot* klickt. •

Beispiel 11.4.1.7

Betrachten wir erneut die Bierdaten aus Beispiel 11.4.1.4, vgl. auch Abbildung 11.14. Um die saisonalen Schwankungen zu unterdrücken und nur den oben diskutierten Trend herauszufiltern, wird über die Karte *Glätten*, vgl. Tabelle 11.4, ein einfaches gleitendes Mittel mit Lag 12 auf die Daten angewendet, das Resultat ist in Abbildung 11.19 zu sehen. Deutlich zu erkennen ist, dass der Bierkonsum anfangs fast exponentiell anwächst, zur Mitte des betrachteten Zeitraums hin jedoch in eine Sättigungsphase übergeht.

Um nun umgekehrt die saisonalen Schwankungen zu extrahieren, wechseln wir auf die Karte *x=f(x,y)*, markieren im Tabellenfeld die Variable *Konsum* als x-Variable, unter *Zweite Variable* wählen wir die eben erstellte Glättung als y-Variable, belassen es bei *Differenzen* und *Lag* 0, und klicken auf *OK*. Das Resultat gibt Abbildung 11.20 wieder. Man beobachtet, dass die Amplitude leicht zunimmt. In Hinblick auf die in Abschnitt 11.4.2 beschriebenen Trendmodelle lässt sich deshalb nur schwer entscheiden, ob ein additives oder multiplikatives Modell vorliegt. □

x=f(x): Hier kann man einfache Funktionen f (linear, exponentiell, logarithmisch) auf die betrachtete Zeitreihe anwenden, man erhält die transformierte Zeitreihe $Z_t := f(X_t)$.

Glätten: Auf dieser Karte werden Möglichkeiten zum Glätten von Zeitreihen angeboten, insbesondere gleitendes Mittel und gleitender Median, sowie EWMA-Glättung, vgl. Hintergrund 11.4.1.8. Ein Häkchen bei *Vorwerte* bewirkt, dass das gleitende Mittel/der gleitende Median nur aus vergangenen Werten berechnet wird, d. h. die geglättete Reihe $(Z_t)_T$ würde berechnet als $Z_t = f(X_t, X_{t-1}, \ldots, X_{t-N+1})$. Ferner kann man auch eigene Gewichte definieren. Dazu macht man ein Häkchen bei *Wichten* und drückt dann *Gewichte*.

x=f(x,y): Hier kann man die transformierte Reihe $(Z_t)_T$ aus zwei Zeitreihen $(X_t)_T$ und $(Y_t)_T$ ableiten. Dabei wählt man die x-Zeitreihe im Tabellenfeld, die y-Zeitreihe über *Zweite Variable*, und kann dann *Residualisieren*:

$$Z_t \ := \ X_t - (a + b \cdot Y_{t-\text{lag}}),$$

wobei die Konstanten a und b sowie der Lag vorgegeben werden müssen. Selbstverständlich kann der Lag auch negativ sein, es wird dann auf zukünftige y-Werte zugegriffen.

Startpunkt: Intern werden die Fälle der Variablen mit $1, 2, \ldots$ indiziert. Auf dieser Karte kann man die Reihe verschieben: $Z_t := X_{t\pm\text{lag}}$.

Differenzieren, Integrieren: erlaubt die Anwendung des Differenzen-/Integraloperators, d. h. die transformierte Zeitreihe $(Z_t)_T$ berechnet sich zu $Z_t := X_t \mp X_{t-\text{lag}}$. Beispielsweise kann man eine Zeitreihe linearen Trendes durch den Differenzenoperator vom Lag 1 in eine Reihe konstanten Trendes transformieren.

Fourier: Mit der Karte *Fourier* kann man eine Fourieranalyse durchführen, für deren Erläuterung jedoch auf die Literatur verwiesen wird.

Werte & Plots: siehe Durchführung 11.4.1.6.

Autokorr.: wurde bereits in Abschnitt 11.4.1 erklärt.

Deskr.: Hier kann gewöhnliche deskriptive Statistiken berechnen, wie sie uns aus Kapitel 5 bekannt sind.

Tabelle 11.4: *Karten im Transformationsmenü, siehe Durchführung 11.4.1.6.*

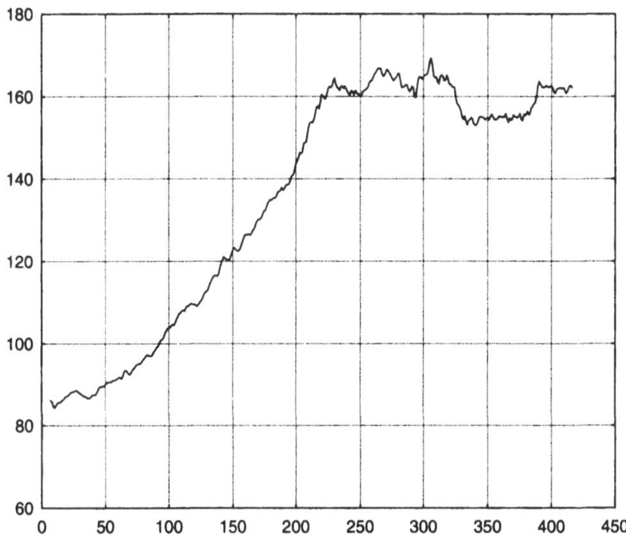

Abb. 11.19: *Gleitendes Mittel (Lag 12) der Bierdaten aus Beispiel 11.4.1.7.*

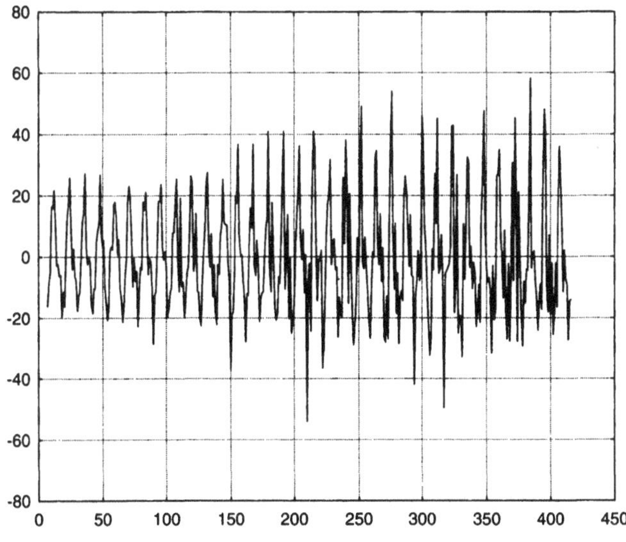

Abb. 11.20: *Saisonkomponente der Bierdaten aus Beispiel 11.4.1.7.*

Einen völlig anderen Ansatz zur Glättung von Daten verfolgt der *exponentiell gewichtete gleitende Durchschnitt (EWMA)*.

Hintergrund 11.4.1.8

Bei gegebenem Startwert Z_0 berechnet sich, für $\alpha \in (0;1)$, die geglättete Reihe beim *einfachen EWMA-Ansatz* über die Rekursion

$$Z_t \ := \ (1-\alpha)\cdot Z_{t-1} \ + \ \alpha \cdot X_t.$$

Kleine Werte von α führen zu starker Glättung, da dann die aktuelle Beobachtung kaum in Z_t eingeht. Bei α nahe 1 hingegen stimmt Z_t fast mit X_t überein, so dass praktisch keine Glättung stattfindet. Der EWMA-Ansatz ist äußerst ökonomisch, da für jede Neuberechnung lediglich zwei Werte im Arbeitspeicher sein müssen. Explizit ausformuliert erhielte man

$$Z_t \ = \ \alpha \cdot \sum_{j=0}^{t-1}(1-\alpha)^j \cdot X_{t-j} \ + \ (1-\alpha)^t \cdot Z_0,$$

was den Namenszusatz 'exponentiell gewichtet' erklärt. Je weiter die X_{t-j} in der Vergangenheit liegen, desto kleiner ihr Einfluss, mit exponentiell fallenden Gewichten. Eine zumindest anfangs spürbare Wirkung hat der gewählte Startwert Z_0. Komplexere Ansätze, wie sie in STATISTICA implementiert sind, berücksichtigen zudem auch Trend- und Saisonkomponente, die jeweils für sich einer EWMA-Glättung unterzogen werden. ◇

Durchführung 11.4.1.9

Um die Zeitreihe $(X_t)_T$ einer EWMA(α)-Glättung zu unterziehen, wählt man am besten im Menü *Statistik* → *Höhere (nicht)lineare Modelle* → *Zeitreihenanalyse/Prognose* den Knopf *Exponentielles Glätten & Prognose*. Im anschließenden Menü sind vor allem die drei Karten aus Tabelle 11.5 von Interesse. •

Beispiel 11.4.1.10

Nun sollen die Daten aus Beispiel 11.4.1.7 EWMA-geglättet werden. In Anlehnung an die bisher gemachten Beobachtungen wählen wir auf der Karte *Details* gedämpftes Wachstum, additiven Trend und Lag 12. Entsprechend diesen Vorgaben werden optimale Parameter geschätzt und die Daten mit diesen Werten geglättet.

Das Resultat ist in Abbildung 11.21 wiedergegeben. Im Vergleich zu Abbildung 11.14 erkennt man deutlich, dass die unterschiedlich starken Ausschläge der ursprünglichen Zeitreihe auf einheitliche Höhe geglättet wurden. Man sieht, dass die geglättete Reihe eindeutig einem additiven Modell folgt aus zu Grunde liegendem Trend und aufaddierten saisonalen Schwankungen. Es sei dem Leser überlassen, die gleiche Analyse mit der Vorgabe eines multiplikativen Trends zu wiederholen. □

Details: Hier kann man im Feld *Modell* Gleichnamiges festlegen. Dabei kann man die grobe Gestalt der Zeitreihe durch ein Trendmodell mit saisonaler Komponente, vgl. Abschnitt 11.4.2, beschreiben. Ferner kann man Werte für die Glättungsparameter angeben.

Gittersuche: Hier kann man von STATISTICA 'optimale' Werte für die Glättungsparameter bestimmen und dann basierend auf diesen die Reihe glätten lassen. Allerdings wird laut STATISTICA-Hilfe die Verwendung der folgenden Karte empfohlen:

Automatische Suche: Auch hier werden 'optimale' Glättungsparameter bestimmt. Dazu gibt man, nachdem man auf der Karte *Details* alle nötigen Voreinstellungen getroffen hat, Startwerte für die Glättungsparameter vor und drückt dann auf *Automatische Suche.* Es werden die entsprechenden Werte geschätzt, die Reihe geglättet und die Residuen $X_t - Z_t$ bestimmt. All dies wird tabellarisch und in einem Linienplot ausgegeben.

Tabelle 11.5: *Karten im EWMA-Menü, siehe Durchführung 11.4.1.9.*

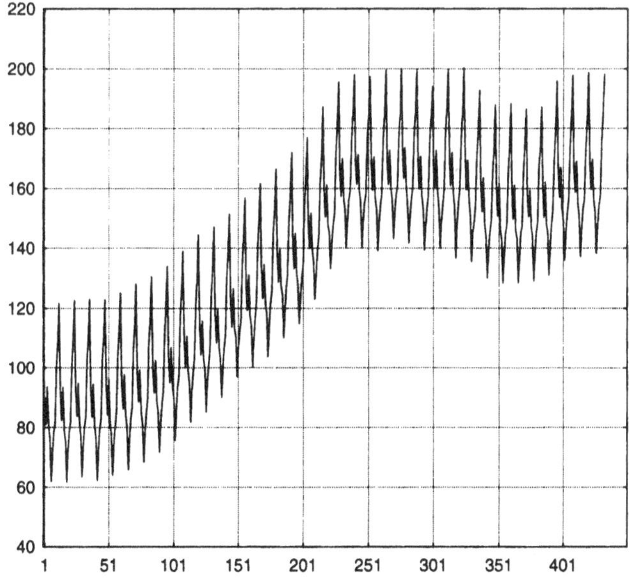

Abb. 11.21: *EWMA-Glättung der Bierdaten aus Beispiel 11.4.1.10.*

Neu ab Version 7 ist die Implementierung von einfachem gleitenden Durchschnitt und einfacher EWMA-Glättung auch in das Linienplot-Menü. Hat man einen Linienplot wie gewohnt erstellt, siehe Abschnitt 5.5, so macht man am einfachsten einen Doppelklick im Randbereich der Grafik. Es öffnet sich der *Alle Optionen*-Dialog, in welchem man auf die Karte *Plot: Anpassung* wechselt. Hier klickt man nun auf *Anp. hinzufügen* und wählt bei *Anp.-Typ* je nach Wunsch *Gleitendes Mittel* oder *Exponentielle Glättung.* Im Teil *Optionen* muss man dann je nach gewählter Glättung die *Anzahl Perioden*, also die Länge des gleitenden Fensters, oder die *Konst. Exp. Glätten* α vorgeben. Im letztgenannten Fall wird der Startwert $Z_1 := X_1$ gewählt. Nach Bestätigung mit *OK* wird die geglättete Kurve zusätzlich in die Grafik eingefügt. •

11.4.2 Trendmodelle

Wie auch gut in den Beispielen 11.4.1.7 und 11.4.1.10 zu sehen, lässt sich eine vorliegende Zeitreihe oftmals in verschiedene Komponenten wie Trend und saisonale Schwankung zerlegen. Ist eine solche Zerlegung, ein solches *Komponentenmodell*, bekannt, lässt sich die Zeitreihe wesentlich leichter interpretieren. Je nach Art der Zusammensetzung der verschiedenen Komponenten unterscheidet man im einfachsten Fall zwischen dem *additiven Modell* und dem *multiplikativen Modell*, wobei sich Letzteres durch die Logarithmustransformation $X_t \mapsto \ln X_t$ in ein additives Modell transformieren lässt. Diese Transformation kann man gemäß Durchführung 11.4.1.6 auf der Karte *x=f(x)* auswählen. Deshalb soll im Folgenden auch nur das additive Modell ausführlich erläutert werden.

Hintergrund 11.4.2.1

Beim *klassischen Komponentenmodell* zieht man vier Komponenten in Betracht: Den (langfristigen) *Trend* T_t, die (mittelfristige) *Konjunktur* K_t, die (regelmäßige) *Saison* S_t und die zufällige *Streuung* ϵ_t. Trend und Konjunktur fasst man auch gelegentlich zur *glatten Komponente* zusammen, Konjunktur und Saison zur *zyklischen Komponente.* Im Falle des hier ausschließlich betrachteten *additiven Modells* nimmt man die Zusammensetzung

$$X_t = T_t + K_t + S_t + \epsilon_t$$

an, beim multiplikativen Modell dagegen

$$X_t = T_t \cdot K_t \cdot S_t \cdot \epsilon_t.$$

Der Unterschied zwischen beiden Modellen wird klar, wenn man die zwei vereinfachten Ansätze

$$X_t = T_t + S_t \qquad \text{und} \qquad X_t = T_t \cdot S_t$$

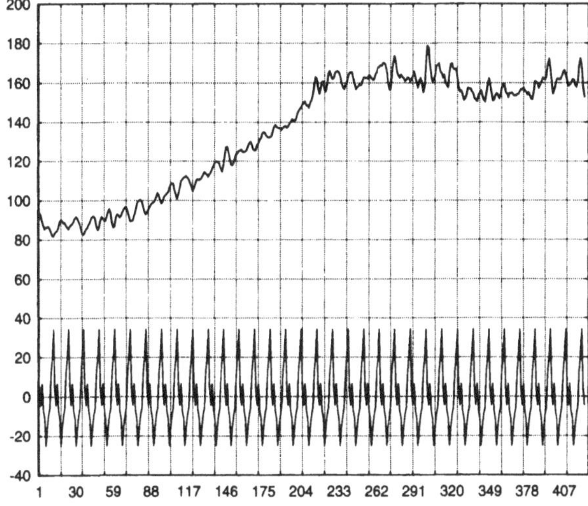

Abb. 11.22: *Saison und glatte Komponente der Bierdaten.*

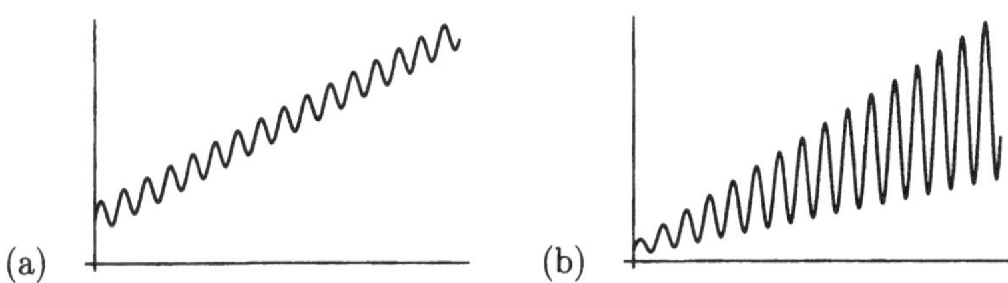

Abb. 11.23: *Additives contra multiplikatives Modell.*

gegenüberstellt. Stellen wir uns vor, die Saisonkomponente wäre jeweils eine regelmäßige sinusförmige Schwankung und der Trend z. B. linear wachsend. Im Falle eines additiven Modells wird die saisonale Schwankung einfach aufaddiert, d. h. die Amplitude der Schwankung bleibt konstant, vgl. Abbildung 11.23 (a). Beim multiplikativen Modell verändert sich dagegen die Amplitude mit dem Trend, wächst also in unserem Fall, siehe Abbildung 11.23 (b). ◇

Beispiel 11.4.2.2

Bei den Bierdaten aus Beispiel 11.4.1.7 hatten wir festgestellt, dass sich die Amplitude der saisonalen Schwankung leicht ändert, so dass evtl. ein multiplikatives Modell vorliegen könnte. In diesem Fall müsste nach Anwendung der Logarithmustransformation ein additives Modell resultieren, wie eingangs erwähnt. Insbesondere müsste dann die saisonale Schwankung von gleichbleibender Amplitude sein.

Wiederholt der Leser die Schritte aus Beispiel 11.4.1.7, jedoch mit den logarithmierten Daten, so wird er feststellen, dass nun die Amplitude der extrahierten Saisonkomponente leicht abnehmend ist. Somit scheint also weder ein perfektes additives, noch ein perfektes multiplikatives Modell vorzuliegen. □

Hintergrund 11.4.2.3

Um die saisonale Komponente plus Streuung im additiven Modell herauszuglätten, kann man einen gleitenden Durchschnitt anwenden, dessen Länge der Länge der Saison entspricht. Zieht man die beiden Reihen voneinander ab, verbleiben Saison und Streuung $D_t := \hat{S}_t + \hat{\epsilon}_t$ allein. Aus dieser Reihe kann man nun den Einfluss von ϵ_t eliminieren, indem man die Mittelwerte aus $D_1, D_{1+\text{lag}}, D_{1+2\cdot\text{lag}}, \ldots, D_2, D_{2+\text{lag}}, \ldots$ usw. betrachtet an Stelle von $(D_t)_T$. Die somit gewonnene Saison $(\hat{S}_t)_T$ kann man von der Originalreihe $(X_t)_T$ subtrahieren und erhält eine saisonal geglättete Reihe. Nun kann man aus dieser saisonal geglätteten Reihe die glatte Komponente schätzen, indem man gemäß der *Census 1-Methode* einen gleitenden Durchschnitt der Länge 5 mit den Gewichten 1, 2, 3, 2, 1 anwendet, es verbleibt $(\hat{T}_t + \hat{K}_t)_T$. ◇

Durchführung 11.4.2.4

Die in Hintergrund 11.4.2.1 beschriebene Census 1-Methode ist in STATISTICA im Menü *Statistik* → *Höhere (nicht)lineare Modelle* → *Zeitreihenanalyse/ Prognose* wie folgt implementiert: Man wähle den Punkt *Saisonzerlegung (Census 1)* und anschließend etwa auf der Karte *Details* das *additive* Modell und den gewünschten *Lag*. Anschließend drückt man auf *Zusammenfassung* und erhält eine Tabelle mit den in Hintergrund 11.4.2.1 beschriebenen Teilresultaten.

Will man von einer oder mehreren dieser Variablen einen Linienplot erstellen lassen, so markiert man einen zusammenhängenden Block der entsprechenden Variablen. Mit der rechten Maustaste klickt man auf das Kopffeld der Variablen, so dass sich ein PopUp-Menü öffnet. Hier wählt man dann *Grafiken für Blockdaten* → *Linienplot: Vollständige Spalten* und erstellt die gewünschte Grafik. •

Beispiel 11.4.2.5

Setzen wir Beispiel 11.4.1.7 fort. Wir wenden das Census 1-Verfahren mit den Einstellungen *additiv* und *Lag* 12 an und erhalten eine Tabelle der Transformationen. Nun können wir z. B. einen gemeinsamen Linienplot der 'Saisonfaktoren' (= $\hat{S}_t$) und des 'geglätt. Tr. Zykl.' (= $\hat{T}_t + \hat{K}_t$) erstellen lassen, wie dies in Abbildung 11.22 gemacht wurde. Man erkennt unten die zyklischen

Schwankungen und oben den schon beschriebenen Verlauf der glatten Komponente, welche zuerst fast parabelförmig steigt, anschließend praktisch konstant bleibt. □

11.4.3 ARMA(p,q)-Modelle

In Abschnitt 10.2 hatten wir einen wichtigen Typ von Zeitreihe $(X_t)_T$ besprochen, nämlich schwach stationäre Zeitreihen. Bei diesen bleiben der Erwartungswert und die Autokorrelationen über die Zeit hinweg unverändert. Noch strenger ist die Forderung nach (starker) *Stationarität*, was bedeutet, dass sogar die gemeinsame Verteilung von $(X_t,\ldots,X_{t-k})$ für beliebige $k \in \mathbb{Z}$ zeitlich konstant sein muss. Eine populäre Familie von Vertretern (schwach) stationärer Zeitreihen bilden die ARMA(p,q)-Modelle, die im Folgenden kurz beschrieben werden sollen:

Hintergrund 11.4.3.1

Sei $(\epsilon_t)_\mathbb{Z}$ ein sog. *White-Noise-Prozess* ('weißes Rauschen'), d. h. es seien $E[\epsilon_t] = 0$, $V[\epsilon_t] = \sigma_\epsilon^2$ und $Cov[\epsilon_i,\epsilon_j] = 0$ für $i \neq j$, seien $p,q \in \mathbb{N}_0$ gewählt.

Dann heißt der (schwach) stationäre Prozess $(X_t)_\mathbb{Z}$ ein *ARMA(p,q)-Prozess*[4], wenn die Rekursion

$$X_t = \alpha_1 X_{t-1} + \ldots + \alpha_p X_{t-p} + \epsilon_t + \beta_1\epsilon_{t-1} + \ldots + \beta_q\epsilon_{t-q} \qquad (11.33)$$

erfüllt ist, wobei $\alpha_p, \beta_q \neq 0$ sind und die Polynome $A(z) := 1 - \alpha_1 z - \ldots - \alpha_p z^p$ und $B(z) := 1 + \beta_1 z + \ldots + \beta_q z^q$ keine gemeinsamen Nullstellen haben. $(X_t)_\mathbb{Z}$ ist ein ARMA(p,q)-Prozess mit Erwartungswert μ, wenn $(X_t - \mu)_\mathbb{Z}$ ein ARMA(p,q)-Prozess ist. Die Rekursion (11.33) hat eine eindeutige schwach stationäre Lösung genau dann, wenn das Polynom $A(z) \neq 0$ ist für alle z mit $|z| = 1$. Ferner fordert man meist noch, dass generell $A(z) \neq 0$ ist für $|z| \leq 1$, was einen *kausalen* Prozess garantieren würde, und dass $B(z) \neq 0$ ist für $|z| \leq 1$, was einen *invertierbaren* Prozess garantieren würde.

Ein rein autoregressiver Prozess liegt vor, wenn $\beta_1 = \ldots = \beta_q = 0$ ist, und ein reiner Moving-Average-Prozess, falls $\alpha_1 = \ldots = \alpha_p = 0$ ist. Wichtig ist dabei, dass bei einem reinen AR(p)-Prozess die sog. *partiellen Autokorrelationen* der Ordnung $k > p$ gleich 0 sein müssen, bei einem MA(q)-Prozess dagegen die gewöhnlichen *Autokorrelationen* der Ordnung $j > q$ verschwinden. Umgekehrt wird man also diese stets schätzen lassen, und stellt man fest, dass eine der beiden ab einer gewissen Stelle abbrechen, so kann man auf das entsprechende Modell schließen. Ansonsten liegt dann ggfs. ein 'echter' ARMA(p,q)-Prozess vor mit $p,q \geq 1$.

Für vertiefende Hintergründe sei auf die Literatur verwiesen. ◇

[4] Autoregressive moving average. Definition gemäß Brockwell & Davis (2002).

Autokorrelationen: Hier kann man die gewöhnlichen und partiellen Autokorrelationen berechnen lassen, die gemäß Hintergrund 11.4.3.1 wichtig sind, um über das zu wählende Modell zu entscheiden.

Details: Hier kann man das gewünschte Modell spezifizieren, indem man zumindest p und q vorgibt. Falls $(X_t)_\mathbb{Z}$ ein Prozess mit Erwartungswert $\mu \neq 0$ ist, vgl. Hintergrund 11.4.3.1, muss man zudem noch ein Häkchen bei *Konstante schätzen* machen. Der STATISTICA-Hilfe zu Folge ist die Wahl der *Schätzmethode* i. A. ohne großen Einfluss. Zum Schluss wählt man *OK: Parameterschätzung.*

Tabelle 11.6: *Karten im ARIMA-Menü, siehe Durchführung 11.4.3.2.*

Bemerkung zu Hintergrund 11.4.3.1.

Die ARMA(p,q)-Modelle können auch auf spezielle nichtstationäre Zeitreihen ausgedehnt werden, indem man sie *integriert*, vgl. Durchführung 11.4.1.6. Anders herum formuliert ist ein Prozess $(Y_t)_\mathbb{Z}$ ein *ARIMA(p,d,q)-Prozess*, wenn der Prozess $(X_t)_\mathbb{Z}$, der durch d-fache Anwendung des *Differenzenoperators* erster Ordnung entsteht, vgl. Durchführung 11.4.1.6, ein ARMA(p,q)-Prozess ist.

Dies hat die praktische Konsequenz, dass man einen ARIMA(p,d,q)-Prozess durch d-faches Differenzieren in einen ARMA(p,q)-Prozess überführt, und diesen dann mit den nun folgenden Werkzeugen analysiert. □

Durchführung 11.4.3.2

Im Menü *Statistik* → *Höhere (nicht)lineare Modelle* → *Zeitreihenanalyse/Prognose* wählt man den Knopf *ARIMA und Autokorrelationsfunktionen.* Anschließend sind die in Tabelle 11.6 dargestellten Karten von Bedeutung.

Es öffnet sich ein zweiter Dialog, in dem man mittels *Zusammenfassung* eine Tabelle der geschätzten Parameter und der Konstante erhält. Auf der Karte *Werte & Residuen* kann man Selbige tabellarisch oder als Linienplot ausgeben lassen. Auf der Karte *Verteilung der Residuen* kann man diese überprüfen, denn oftmals fordert man sogar, dass es sich bei den $(\epsilon_t)_\mathbb{Z}$ um einen *Gaußschen White-Noise-Prozess* handelt, die Residuen also normalverteilt sind. Dazu stehen die Werkzeuge Histogramm und Quantilplot zur Verfügung, vgl. Abschnitt 8.2. •

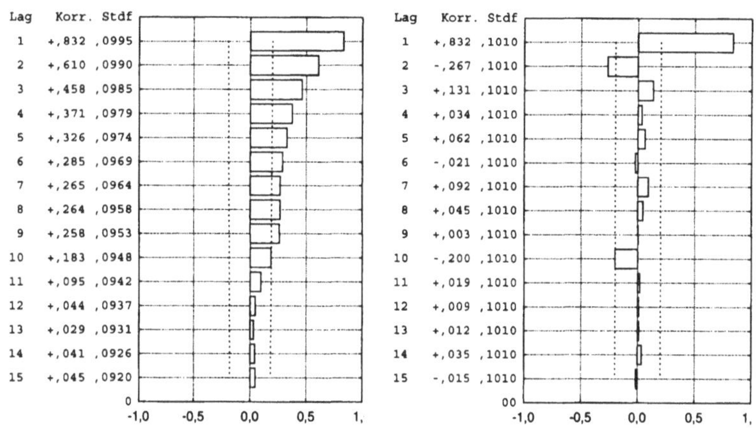

Abb. 11.24: *Gewöhnliche und partielle Autokorr. zu Beispiel 11.4.3.3.*

Beispiel 11.4.3.3

Die Datei `See.sta`, entnommen aus Brockwell & Davis (2002), enthält die mittleren jährlichen Wasserstandswerte (in Fuß, wobei 570 Fuß subtrahiert wurden) des Huronsees zwischen 1875 und 1972. An die Daten, die in Abbildung 11.25 dargestellt sind, soll ein geeignetes ARMA-Modell angepasst werden, wozu wir wie in Durchführung 11.4.3.2 beschrieben vorgehen.

Betrachtet man die gewöhnlichen Autokorrelationen in Abbildung 11.24, so scheidet ein reines MA-Modell aus, die partiellen Autokorrelationen würden dagegen ein AR(2)-Modell erlauben. Man kann zeigen, dass dieses tatsächlich die Daten recht gut beschreibt. Ein besseres Resultat erhält man jedoch, wenn man ein ARMA(1,1)-Modell wählt, was wir jetzt tun. Dann werden die Parameter geschätzt zu $\alpha_1 = 0{,}744911$ und $\beta_1 = 0{,}345394$; als Konstante wird 9,169382 berechnet.

Untersuchen wir nun die geschätzten Residuen, die in Abbildung 11.26 dargestellt sind und unkorreliert scheinen. Der Leser bestätige dies durch Schätzung entsprechender (partieller) Autokorrelationen. Aus den Abbildungen 11.27 und 11.28 wird deutlich, dass die Residuen tatsächlich normalverteilt sein könnten.

Es sei dem Leser überlassen, die eben gemachten Schritte unter Vorgabe eines AR(2)-Modells zu wiederholen und die Güte der Anpassung zu beurteilen. □

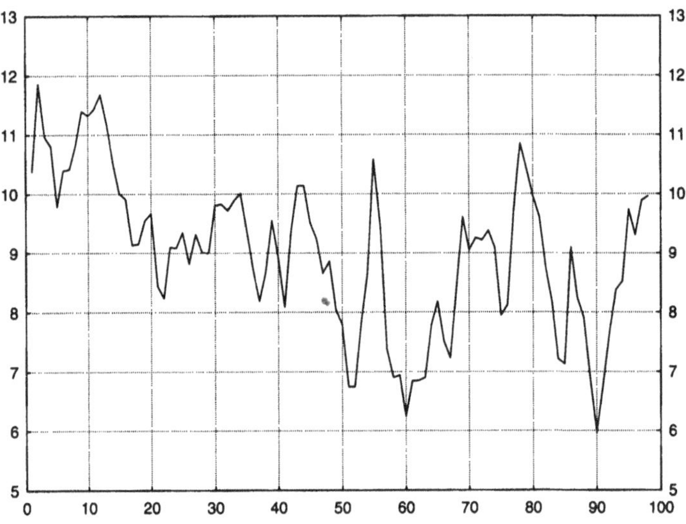

Abb. 11.25: Linienplot der Seedaten aus Beispiel 11.4.3.3.

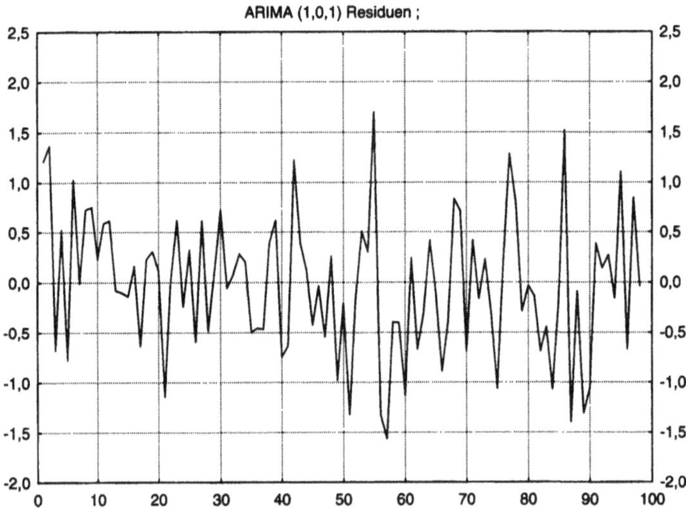

Abb. 11.26: Linienplot der Residuen aus Beispiel 11.4.3.3.

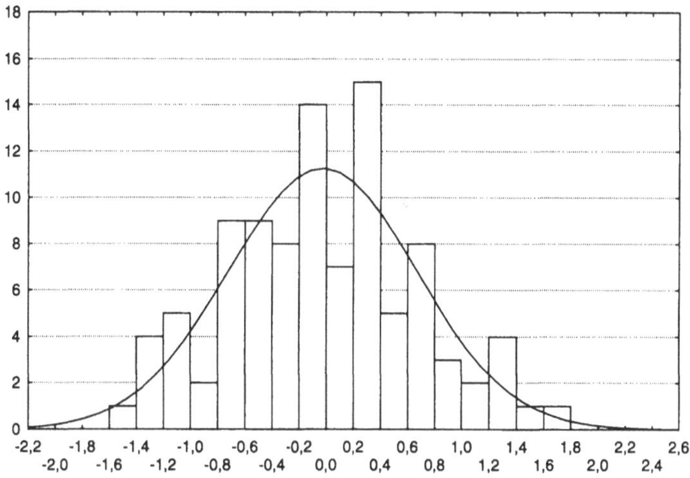

Abb. 11.27: *Histogramm der Residuen aus Beispiel 11.4.3.3.*

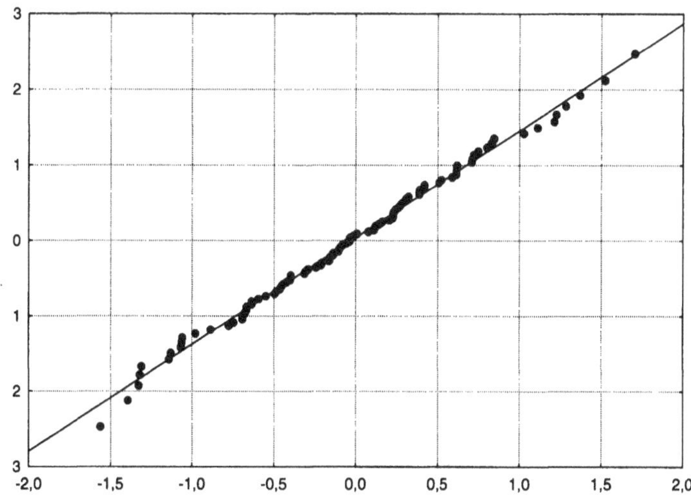

Abb. 11.28: *Quantilplot der Residuen aus Beispiel 11.4.3.3.*

11.5 Aufgaben

Es wird empfohlen, für jede Aufgabe einen eigenen STATISTICA-Bericht (Endung `.str`) anzulegen.

Aufgabe 11.5.1

Im vorliegenden Datensatz **Tank.sta** wurde das Volumen eines Tankes in Abhängigkeit vom inneren Druck gemessen (Quelle: Nuclear Safeguards Tank Calibration Analysts - Cliff Spiegelman & Jim Lechner (NIST)). Diese Abhängigkeit soll modelliert werden, es wird eine lineare Abhängigkeit erwartet.

(a) Stellen Sie ein lineares Regressionsmodell auf und beurteilen Sie dessen Güte grafisch (Scatterplot mit linearer Anpassung) und mittels geeigneter Statistiken wie dem R^2-Wert und der Varianzanalyse des Regressionsmodells.

(b) Sind die beiden beim Standardmodell an die Residuen gemachten Annahmen erfüllt? Untersuchen Sie diese mit jeweils einer grafischen Methode.

Aufgabe 11.5.2

Im *Rechenbuch für Mittelschulen (Ausgabe für höhere Mädchenschulen)* von Franz Dicknether findet sich der Datensatz **Braunbier.sta**, welcher den jährlich Pro-Kopf-Verbrauch (in Liter) an Braunbier in München in den Jahren 1897 bis 1910 enthält.

(a) Erstellen Sie einen Scatterplot der Daten und beschreiben Sie das Resultat (Art des Verlaufs etc.).

(b) Nennen Sie ein geeignetes Regressionsmodell für die Daten und prüfen Sie die Güte der Anpassung mittels geeigneter Kenngrößen.

(c) Im Jahre 1911 betrug die Einwohnerzahl Münchens ca. 600.000. Man prognostiziere den gesamten Braunbierabsatz in München im Jahre 1911 und gebe einen Konfidenzbereich für diesen Wert zum Vertrauensniveau 95 % an. Vergleichen Sie den *worst case* und *best case* mit dem Bierabsatz der vorherigen Jahre.

Aufgabe 11.5.3

Die Datei **Kupfer.sta** (Quelle: Thomas Hahn, NIST) enthält 236 Datenpaare, welche die termische Ausdehnung von Kupfer in Abhängigkeit von der Temperatur, gemessen in °K, beschreiben.

(a) Versuchen Sie mit Hilfe des Scatterplotmenüs ein geeignetes Modell für die Daten (X-Achse: Temperatur) zu finden. Verwenden Sie das Menü der *(Nicht)linearen Regression*, um die Güte des Modells zu prüfen.

(b) Passen Sie den Daten das Modell

```
v1=(a0+a1*v2+a2*v2^2+a3*v2^3)/(b0+b1*v2+b2*v2^2+b3*v2^3)
```

an, und untersuchen Sie dessen Güte.

Aufgabe 11.5.4

Die Datei `Oring.sta`, entnommen aus Falk et al. (2002), enthält Angaben zu 23 Spaceshuttleflügen, welche aus Anlass der Challenger-Katastrophe vom 28. Januar 1986 analysiert wurden. Als Ursache für die Katastrophe stellte sich letztlich ein defekter Dichtungsring ('O-Ring') heraus.

Der Katastrophenflug der Challenger war der 25. reguläre Flug. Von manchen der 23 vorherigen Flügen sind ebenfalls Probleme mit O-Ringen bekannt, ferner die Umgebungstemperatur beim Start, gemessen in °F. Beim Start der Challenger herrschte eine Temperatur von 31°F, der bis dato niedrigste Wert.

(a) Passen Sie den Daten ein GLM mit LOGIT-Link an, mit der Variablen *O-Ring* als binomialer Zielvariable, und *Temp. (°F)* als stetigem Prädiktor. Geben Sie bei *Wirkungs-Codes: 1 0* ein, damit die vorgegebene Codierung (1=Probleme) erhalten bleibt. Beurteilen Sie auch die globale Modellgüte (*Zusammenfassen* markieren).

(b) Erstellen und interpretieren Sie einen Scatterplot der Daten mit *Temp. (°F)* als X-Variable. Fügen Sie dem Scatterplot eine *nutzerdefinierte Funktion* hinzu, vgl. Abschnitt 4.1, nämlich die geschätzte Modellfunktion für $P(\text{O-Ring} = 1)$. Geben Sie dazu folgende Funktion ein:
Y=`exp(15,0429-0,23216*x)/(1+exp(15,0429-0,23216*x))`.

Aufgabe 11.5.5

Modellieren Sie die Daten der Datei `Scheidung.sta` aus Aufgabe 7.5.10 mit Hilfe eines LOGIT-Modells (verbessert die Berücksichtigung von Zwischeneffekten das Modell?) und interpretieren Sie das Resultat.

Aufgabe 11.5.6

Die Datei `Austr_Rotwein.sta`, wiedergegeben bei Brockwell & Davis (2002), beschreibt die Menge des monatlich verkauften Rotweins in Australien, gemessen in Tausend Litern, im Zeitraum von Januar 1980 bis Oktober 1991. Verschaffen Sie sich mittels eines Run Charts einen ersten Überblick über die Daten. Ist ein genereller Trend zu erkennen? Gibt es eine Saisonkomponente? Verwenden Sie Methoden aus dem Menü *Statistik → Höhere (nicht)lineare Modelle → Zeitreihenanalyse/Prognosen*, um einerseits die Saisonkomponente aus dem Verlauf herauszufiltern, andererseits ausschließlich die Saisonkomponente zu extrahieren.

Aufgabe 11.5.7

Betrachten Sie die Dateien `Austr_Bev.sta` und `Austr_Elektr.sta`, entnommen aus Brockwell & Davis (2002). Erstere Datei beinhaltet die geschätzte Bevölkerungszahl in Australien in Tausend Personen (vierteljährlich zwischen 1971 und 1993), die zweite Datei die Stromproduktion in Australien (Mio. kWh), gemessen monatlich von Januar 1956 bis April 1990.

(a) Untersuchen Sie den zeitlichen Verlauf der Daten und vergleichen Sie den Verlauf der beiden miteinander. Sollte bei den Daten der Verdacht auf saisonale Schwankungen bestehen, so versuchen Sie diese zu extrahieren und zu interpretieren.

(b) Sollte bei einer der Zeitreihen der Verdacht auf ein multiplikatives Modell bestehen, so analysieren Sie die logarithmierten Daten.

Aufgabe 11.5.8

Die Datei `Geburten.sta` enthält Angaben zur mittleren täglichen Geburtenzahl (gemittelt pro Monat) in Québec, von Januar 1977 bis Dezember 1990 (Quelle: B. Quenneville, Statistics Canada).

(a) Erstellen Sie einen Run Chart der Daten und beschreiben Sie diesen kurz hinsichtlich eines möglichen Trendes und/oder einer Saisonkomponente. Interpretieren Sie die Resultate und nennen Sie ein Werkzeug, welches bei der Bestimmung der Periode einer möglichen Saisonkomponente hilfreich sein kann.

(b) Glätten Sie die *Original*daten, einmal mit Hilfe eines gleitenden Durchschnitts der Länge 6, einmal der Länge 12. Beschreiben Sie jeweils das Resultat.

(c) Falls eine Saisonkomponente erkennbar ist, versuchen Sie, diese zu extrahieren. Deutet das Resultat auf ein multiplikatives oder additives Modell hin?

(d) Berechnen Sie die Autokorrelationen *bis Lag 40*, einmal der Originalreihe, einmal der 12er-gemittelten Reihe. Vergleichen und interpretieren Sie das Resultat!

Lösungshinweis zu Aufgabe 11.5.4

Sie werden sehen, dass bereits ab einer Temperatur von kleiner ca. 64,8°F mit einer Wahrscheinlichkeit größer 50 % davon auszugehen ist, dass Probleme mit Dichtungsringen auftreten, bei 31°F liegt diese gemäß Modell sogar bei 99,96 %. □

Teil IV

Einige Besonderheiten von STATISTICA

12 Statistische Qualitätskontrolle und Six Sigma

One thing is certain: high quality means pleasing consumers, not just protecting them from annoyances.[1]

Produkt- und Dienstleistungsqualität ist grundlegendes Interesse eines jeden Kunden. Dem DIN ISO 8402 Standard folgend ist der Begriff der *Qualität* dabei als *die Beschaffenheit einer Einheit bezüglich ihrer Eignung, festgelegte und vorausgesetzte Erfordernisse zu erfüllen*, definiert. Eine formale Definition beruht auf dem Konzept von Zielwert und Abweichung. Stellen wir uns etwa einen Produktionsprozess vor, bei dem ein gewisses Gut gefertigt wird. Es seien ein bestimmter Zielwert sowie obere und untere Spezifikationsgrenzen eines bestimmten Qualitätsmerkmales dieses Gutes gegeben. Dann ist es eine grundlegende Forderung, dass der bei einzelnen Gütern gemessene Wert des Qualitätscharakteristikums innerhalb der gegebenen Grenzen liegt, und dabei möglichst nah am Zielwert. Man wird jedoch feststellen, dass diese Messwerte zufälligen Schwankungen unterliegen. Solange diese Variation aber von kleinem Ausmaß ist, wird dies keinen negativen Einfluss auf die Gesamtqualität der gefertigten Güter haben. In diesem Sinne heißt es also die Qualität des Produktionsprozesses zu steigern, indem man die Variabilität innerhalb des Prozesses reduziert.

Quality is inversely proportional to variability.
(Montgomery, 2005, S. 4)

Aus dem Blickwinkel des Statistikers lässt sich ein Qualitätsmerkmal durch eine Zufallsvariable X beschreiben. Deren realisierter Wert x sollte zwischen den von außen vorgegebenen Spezifikationsgrenzen liegen, möglichst nahe am Zielwert. *Qualitätsverbesserung* bedeutet, die Wahrscheinlichkeitsverteilung dieses Merkmals X am gegebenen Zielwert zu zentrieren und die Variation des Prozesses zu reduzieren, so dass die Spezifikationsgrenzen möglichst selten überschritten werden.

---

[1] GARVIN, D.A.: *Competing on the eight dimensions of quality.* Harvard Business Review (Nov.-Dec. 1987), S. 101-109, 1987.

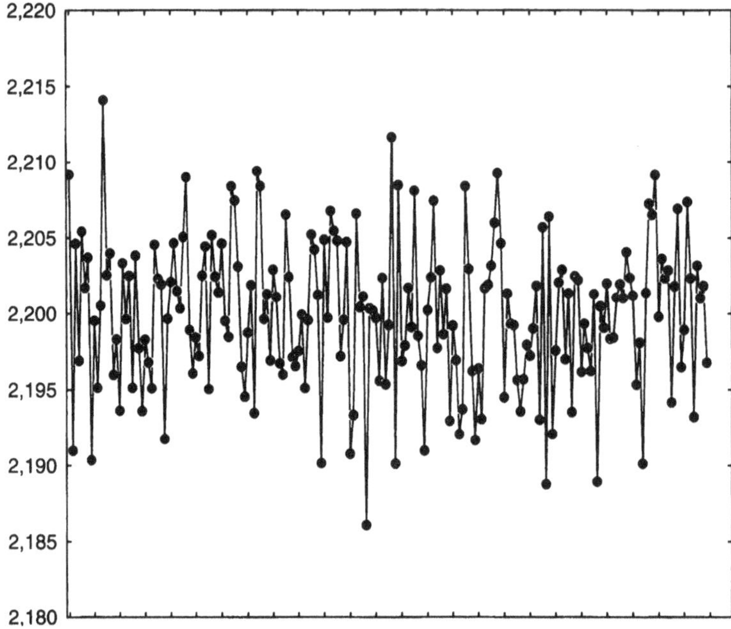

Abb. 12.1: *Fräsdaten aus Beispiel 5.1.2.*

Dabei ist jedoch zwischen zwei Arten von Variation zu unterscheiden: Auf der einen Seite wird es immer eine Form von *natürlicher* bzw. *akzidenteller Variation* geben, die 'rein zufällig' und unkontrollierbar ist. Liegt bei einem Prozess nur diese Form von Variation vor, in der englischsprachigen Literatur meist als *common* oder *chance cause variation* bezeichnet, so ist der Prozess *unter statistischer Kontrolle.* Liegen dagegen noch Formen von Variation vor, die sich deterministisch erklären lassen, etwa durch Abnutzungserscheinungen oder Defekte an den Maschinen, man spricht von *substantieller Variation* (engl.: *assignable* oder *special cause variation*), so ist der Prozess *außer Kontrolle.* Es ist ein Ziel *statistischer Qualitätskontrolle (SQC)*, Formen dieser Variation zu entdecken und zu beheben.

Erinnern wir uns etwa an Beispiel 5.1.2, bei dem Getriebeteile eines Prozesses fortlaufend vermessen wurden. Wenn die Messreihe der Frästiefen im dortigen Beispiel verläuft wie in Abbildung 12.1, so scheint der Prozess unter Kontrolle zu sein. Die Messwerte streuen regelmäßig um einen Wert von ca. 2,2 mm. Substantielle Variation würde man dagegen in Prozessen wie in den Abbildungen 12.2 und 12.3 erkennen. Im ersten Fall ist ein klarer Abwärtstrend sichtbar, verursacht etwa durch eine Abnutzung der Klinge, im zweiten Fall eine zunehmende Streuung, verursacht etwa durch Lockerung einer Maschinenkomponente.

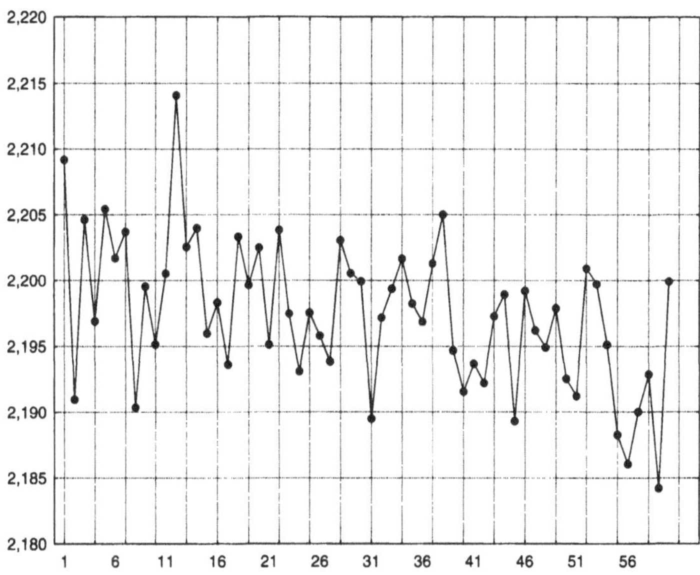

Abb. 12.2: *Fräsungen mit Abwärtstrend.*

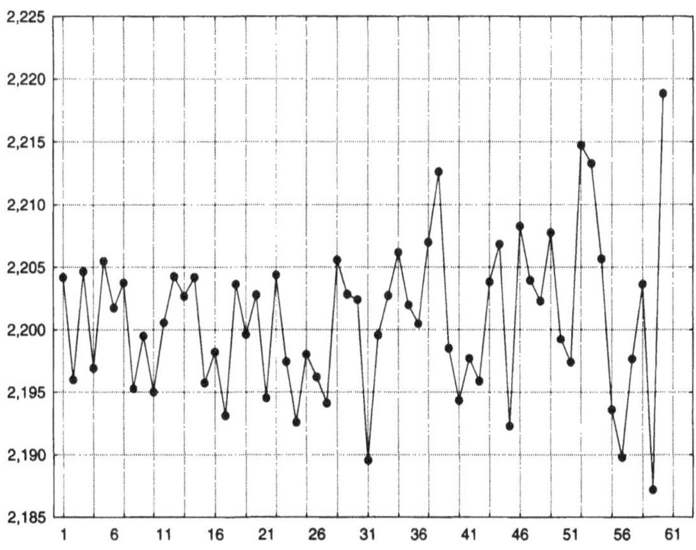

Abb. 12.3: *Fräsungen mit zunehmender Streuung.*

The Statistical Control of Quality is application of statistical principles and techniques in all stages of design, production, maintenance and service, directed towards the economic satisfaction of demand.[2]

In diesem Kapitel beschäftigen wir uns mit *statistischer Qualitätskontrolle* (engl.: statistical quality control, *SQC*), also dem Entwickeln und Einsetzen von statistischen Methoden zur Verbesserung von Qualität im Fertigungs- oder Dienstleistungsbereich. Als vertiefende und ergänzende Literatur sei dabei einerseits das Buch von Montgomery (2005) empfohlen, der das Thema von der statistischen Seite angeht, sowie das Buch von Pfeifer (2001), bei dem Managementaspekte im Vordergrund stehen.

Laut Montgomery (2005) lassen sich die statistischen Prinzipien und Methoden im Rahmen von SQC zu drei Teilgebieten zusammenfassen. Die *statistische Prozesskontrolle (SPC)*, mit der wir uns in Abschnitt 12.1 beschäftigen, zielt auf die Überwachung und Verbesserung von Produktionsprozessen ab. Die *Annahmestichprobenprüfung* ist eines der ältesten Teilgebiete der SQC und umfasst Methoden zur Inspektion eines Fertigungsloses oder einer Lieferung; wir werden auf dieses Thema in Abschnitt 12.2 zu sprechen kommen. Die *Versuchsplanung und -auswertung* schließlich, siehe Abschnitt 12.3, ist von Bedeutung vor allem im Entwicklungsprozess von Produkten. Ziel solcher geplanter Versuche ist es, die Schlüsselvariablen, welche die Qualität beeinflussen, zu identifizieren, so dass der Prozess von vornherein im Rahmen der Möglichkeiten optimiert werden kann. Zum Ende dieses Kapitels werden wir dann in Abschnitt 12.4 auf das *Six-Sigma-Konzept* eingehen, welches in jüngster Zeit stark an Popularität gewonnen hat. Es sei abschließend darauf verwiesen, dass die betrachteten Funktionalitäten nur dann verfügbar sind, wenn die drei in Anhang E beschriebenen Module *STATISTICA Versuchsplanung, Prozessanalyse* und *Regelkarten* installiert wurden.

12.1 Statistische Prozesskontrolle

Die *statistische Prozesskontrolle* (engl.: statistical process control, *SPC*) ist jenes Teilgebiet der statistischen Qualitätskontrolle (SQC), welches sich vorwiegend mit der Kontrolle und Verbesserung von Prozessen befasst. Sie umfasst Methoden, die es ermöglichen, einen stochastischen Prozess zu verstehen, zu überwachen und zu optimieren. Dabei messen wir zu bestimmten Zeitpunkten $t \in \mathcal{T}$ ein oder mehrere

[2] Deming, W. E.: *Some Statistical Logic in the Management of Quality.* Proceedings of the All India Conference on Quality Control, S. 98-119, New Delhi, 1971.

Qualitätsmerkmale des gefertigten Produktes, der angebotenen Dienstleistung, etc. Deren Werte ordnen wir in einem Vektor $\boldsymbol{X}_t$ an, so dass ein stochastischer Prozess $(\boldsymbol{X}_t)_{\mathcal{T}}$ resultiert. Wichtige Aspekte der Beschreibung und Modellierung solcher stochastischen Prozesse wurden bereits in den Abschnitten 10.2 und 11.4 besprochen.

Ein stochastischer Prozess $(\boldsymbol{X}_t)_{\mathcal{T}}$ befindet sich im *Zustand statistischer Kontrolle* (kurz: *unter Kontrolle*) bzw. wird *beherrscht*, wenn die gemeinsame Wahrscheinlichkeitsverteilung der gemessenen Qualitätsmerkmale $\boldsymbol{X}_t$ über die Zeit unverändert bleibt, d. h. wenn der Prozess *stationär* ist, vgl. Abschnitt 11.4.3. Im Rahmen der traditionellen SPC fordert man sogar stärker, dass ein kontrollierter Prozess seriell *unabhängig und identisch verteilt (i. i. d.)* sein muss. Dies bedeutet, dass die *Randverteilung* des Prozesses, also die Verteilung der *einzelnen* $\boldsymbol{X}_t$, über die Zeit unverändert bleiben muss, ferner müssen alle $\ldots, \boldsymbol{X}_{t-k}, \ldots, \boldsymbol{X}_t, \ldots$ untereinander *stochastisch unabhängig* sein, vgl. Abschnitt 10.2. Tritt dagegen plötzlich eine Veränderung im Prozess ein, etwa eine Verschiebung der Randverteilung oder eine Änderung des Abhängigkeitsverhaltens, so ist der Prozess *außer Kontrolle* geraten. Eine der Hauptaufgaben der SPC ist es, eine solche Änderung im Prozess baldmöglichst festzustellen und einen Alarm zu geben, der signalisiert, dass ein Eingriff in den Prozess nötig ist. Im Beispiel der Fräsdaten etwa, die wir zu Beginn von Kapitel 12 besprochen haben, würden wir auf einen Alarm, der uns einen Abwärtstrend der Frästiefen signalisiert, reagieren, indem wir die Fräsklinge in der Maschine auswechseln oder einzelne Bauteile neu justieren.

In diesem Abschnitt wollen wir zuerst auf die auf Kaoru Ishikawa zurückgehenden *sieben Qualitätswerkzeuge* eingehen, siehe Abschnitt 12.1.1, um uns anschließend in den Abschnitten 12.1.2 bis 12.1.7 auf das wohl populärste dieser Werkzeuge zu konzentrieren, nämlich die *Kontrollkarte* (engl.: *control chart*), auch *Qualitätsregelkarte* oder *Qualitätslenkungskarte* genannt. In Abschnitt 12.1.8 schließlich sollen Kenngrößen besprochen werden, die Auskunft über die *Prozessfähigkeit* geben sollen.

12.1.1 Die „Glorreichen Sieben"

Aus einer Vielzahl von Techniken, die im Zusammenhang mit SQC und SPC verwendet werden, haben sich insbesondere sieben statistische Werkzeuge als besonders nützlich erwiesen. Diese auf Kaoru Ishikawa zurückgehenden *sieben Qualitätswerkzeuge*, auch die „glorreichen Sieben" genannt (Montgomery, 2005, S. 148), sind

- das *Ursache-Wirkungs-Diagramm*, auch *Ishikawa-Diagramm* oder *Fischgrätdiagramm* genannt, welches wir gleich im Anschluss besprechen,

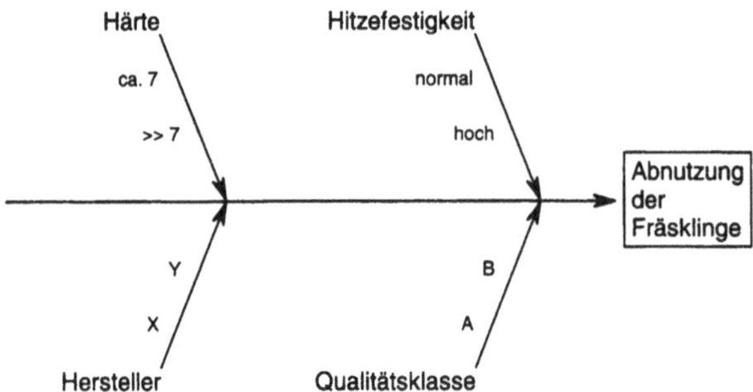

Abb. 12.4: *Beispiel eines Ursache-Wirkungs-Diagrammes.*

- das *Histogramm*, siehe Abschnitt 5.4,
- das *Paretodiagramm*, siehe Abschnitt 5.6,
- der *Scatterplot*, siehe Abschnitt 6.3,
- die *Kontrollkarte*, auch *Qualitätsregelkarte* oder *Qualitätslenkungskarte* genannt, siehe Abschnitte 12.1.2 bis 12.1.7,
- die *Strichliste*, die als Werkzeug nicht in STATISTICA implementiert ist, und
- und *grafische Werkzeuge* wie Balken-, Linien- oder Kreisdiagramm, siehe Abschnitt 5.6, oder auch Flussdiagramme.

Pfeifer (2001) nennt darüberhinaus noch *sieben Managementwerkzeuge.*

Ursache-Wirkungs-Diagramme sind bei STATISTICA unter *Statistik → Industrielle Statistik & Six Sigma → Prozessanalyse → Ursache-Wirkungs-Diagramme (Ishikawa, Fishbone)* sowie in Untermenüs von *Statistik → Industrielle Statistik & Six Sigma → Six Sigma-Shortcuts (DMAIC)* implementiert. Ein Beispiel eines solchen Diagrammes ist in Abbildung 12.4 zu sehen. Dieses ist wieder motiviert durch das eingangs von Kapitel 12 diskutierte Fräsbeispiel, siehe auch Beispiel 5.1.2. Bei dem Diagramm der Abbildung 12.4 geht es dabei um die mögliche Ursachen, welche das Abnutzungsverhalten unterschiedlicher Klingentypen beeinflussen können. Das Zentrum des Diagramms stellt dabei der horizontale Pfeil dar, der auf das prägnant formulierte Problem ('Wirkung') zeigt. Die kleineren Pfeile wiederum, die auf diesen Hauptpfeil deuten, benennen mögliche Ursachen[3] des Problems und deren Ausprägungen. Die Hitzefestigkeit der Klinge etwa wird sicherlich Einfluss auf das Abnutzungsverhalten der Klinge nehmen, wobei hier die zwei Ausprägungen 'normal' und 'hoch' genannt werden.

[3]Häufig kann man diese Ursachen gemäß der *6M*, Material, Methode, Maschine, Mitwelt, Mitarbeiter, Management, gruppieren. Gelegentlich nimmt man Messung als siebtes M hinzu.

Voraussetzung 12.1.1.1

Um ein Ursache-Wirkungs-Diagramm mit STATISTICA erstellen zu können, müssen die Ursachen und deren Ausprägungen in Form einer STATISTICA-Tabelle vorliegen. Die einzelnen Ursachen sind dabei als Variablen abgespeichert, die einzelnen Ausprägungen sind in den Fällen aufgetragen. Dabei spielt es keine Rolle, ob bei einzelnen Ursachen einzelne Fälle leerbleiben, diese werden einfach ignoriert. Die Tabelle der Ursachen zu Abbildung 12.4 beispielweise liegt in der Datei `Fraesen_Ursache_Wirkung.sta` vor. •

Durchführung 12.1.1.2

Liegt eine Tabelle mit Ursachen wie in Voraussetzung 12.1.1.1 beschrieben vor und ist aktiv, so wechseln wir z. B. ins Menü *Statistik → Industrielle Statistik & Six Sigma → Prozessanalyse → Ursache-Wirkungs-Diagramme (Ishikawa, Fishbone)*, um das zug. *Ursache-Wirkungs-Diagramm* zu erstellen. Unter *Variablen* legen wir dabei fest, welche der Ursachen über, und welche unter dem Mittelpfeil aufgetragen werden sollen. Das Format von *Pfeilen* und *Schriftgrad* können wir dabei auf den gleichnamigen Karten festlegen, anschließend klicken wir auf *OK*. Es wird ein Diagramm der Ursachen erstellt.

Um eine Box mit der Auswirkung am Ende des Mittelpfeiles einzufügen, ist Handarbeit nötig. Zuerst muss der Mittelpfeil etwa via Maus gekürzt/verschoben werden, um Platz für die Box zu schaffen. Anschließend wählen wir das Werkzeug zur Textplatzierung aus, vgl. Abbildung 4.8 in Abschnitt 4.3, und klicken an die gewünschte Stelle des Diagramms. Nach einem Doppelklick auf das erstellte Textobjekt geben wir die gewünschte Bezeichnung mit allen nötigen Zeilenumbrüchen ein. Zu guter Letzt klicken wir das Textobjekt mit der rechten Maustaste an, wählen im sich öffnenden PopUp-Menü den Punkt *Textobjekt-Eigenschaften...* und setzen einen Haken bei Rahmenmuster. Nach möglicher Modifikation der Linienart klicken wir *OK*. •

12.1.2 Kontrollkarten im Rahmen der SPC

In den Abschnitten 12.1.2 bis 12.1.7 wollen wir uns auf das populärste der sieben Qualitätswerkzeuge des vorigen Abschnitts 12.1.1 konzentrieren, nämlich die *Kontrollkarte*, auch *Qualitätsregelkarte* oder *Qualitätslenkungskarte* genannt. Die in Abschnitt 12.1 beschriebene Ausgangssituation ist dabei, dass wir einen Prozess $(\boldsymbol{X}_t)_T$ fortlaufender Werte von Qualitätsmerkmalen beobachten. Diesen Prozess wollen wir nun mit Hilfe von Kontrollkarten überwachen. Das Modul *STATISTICA Regelkarten* bietet dabei, mit einer Ausnahme, siehe Seite 345ff, nur Karten für eindimensionale Prozesse an. Verfahren speziell zur Kontrolle

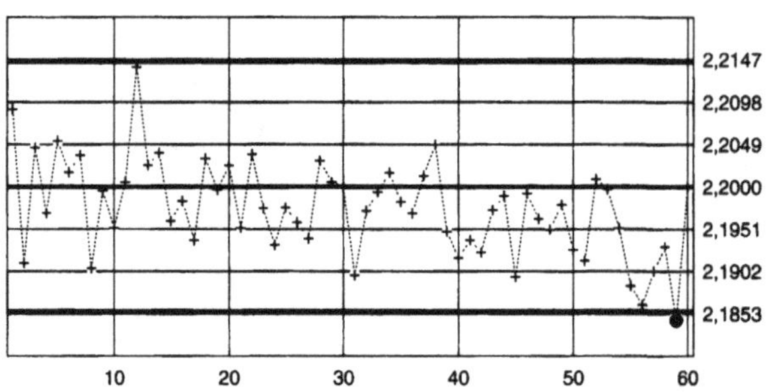

Abb. 12.5: *Kontrollkarte zu den Fräsdaten aus Abbildung 12.2.*

multivariater Prozesse bietet dagegen das Modul *MSPC*, siehe Anhang E. Ferner sind die verfügbaren Karten nicht geeignet, um Prozesse zu kontrollieren, die serielle Abhängigkeiten aufweisen. Deswegen beschränken wir uns auf folgende Situation:

Voraussetzung 12.1.2.1

Der beobachtete Prozess $(X_t)_T$ ist *univariat*, und im Zustand statistischer Kontrolle wird angenommen, dass der Prozess *unabhängig und identisch verteilt (i. i. d.)* ist. •

Die ersten Kontrollkarten zur Überwachung eines solchen Prozesses $(X_t)_T$ gehen zurück auf Walter Andrew Shewhart[4], der als Vater der statistischen Qualitätskontrolle gilt. Dementsprechend ist eine ganze Klasse von Kontrollkarten nach Shewhart benannt worden, man spricht von Kontrollkarten vom *Shewhart-Typ* oder kurz *Shewhart-Kontrollkarten.* Eine solche Kontrollkarte besteht im einfachsten Fall aus einer *Mittellinie*, welche den Prozessmittelwert $E[X_t]$ im Zustand statistischer Kontrolle repräsentiert, und geeignet gewählten *oberen* und *unteren Kontrollgrenzen*[5] UCL und LCL. Auf die entsprechend gestaltete Karte werden nun der Reihe nach etwa die realisierten Messwerte $(x_t)_T$ des Prozesses $(X_t)_T$ aufgetragen. Sobald ein Messwert jenseits einer der Kontrollgrenzen zu liegen kommt, signalisiert ein Alarm, dass der Prozess $(X_t)_T$ möglicherweise außer Kontrolle geraten ist. In Abbildung 12.5 etwa sehen wir eine Kontrollkarte zu den Fräsdaten aus Abbildung 12.2, die zum Ende hin einen deutlichen Abwärtstrend aufweisen. Punkt 59 verletzt dann die untere Kontrollgrenze und ein Alarm wird gesendet.

[4] Shewhart, W.A.: *Quality control charts.* Bell System Technical Journal, S. 593-603, 1926.

[5] Wir verwenden die gebräuchlichen Kurzbezeichnungen UCL und LCL, welche den englischsprachigen Begriffen *upper* bzw. *lower control limit* entstammen.

Dabei unterscheidet man gemeinhin zwei Phasen, in denen Kontrollkarten eingesetzt werden können, vgl. Montgomery (2005). Man setzt eine Kontrollkarte in *Phase I* ein, wenn man rückblickend historische Prozessdaten untersucht, wie wir das in den folgenden Beispielen und Aufgaben zwangsweise tun müssen. Ziel ist es dabei herauszufinden, ob der Prozess zum damaligen Zeitpunkt unter Kontrolle war, und falls nicht, mögliche Ursachen zu identifizieren, die den Prozess gestört haben. War umgekehrt der Prozess zur betrachteten Zeit unter Kontrolle, so gilt es diesen Zustand zu charakterisieren. Die Kontrollgrenzen werden dabei basierend auf dem historischen Datenmaterial berechnet, so dass der Einsatz von Kontrollkarten in Phase I als Werkzeug explorativer Datenanalyse verstanden werden kann, vgl. insbesondere die einleitende Klassifizierung zu Kapitel 5.

Zu Beginn von *Phase II* dagegen nehmen wir an, dass der Prozess erst einmal unter Kontrolle ist. Kontrollgrenzen und Mittellinie wurden auf Grund der hypothetischen Verteilung des Prozesses im Zustand statistischer Kontrolle berechnet. Der Prozess wird direkt in Echtzeit ('online') überwacht. Falls die Kontrollkarte einen Alarm meldet, muss der Prozess unterbrochen und ggfs. korrigiert werden. Auch diese Art der Prozesskontrolle wird von STATISTICA unterstützt. Eine in der Praxis häufig realisierte Möglichkeit sieht dabei wie folgt aus: Die anfallenden Prozessdaten werden von einem bestehenden Datenerfassungssystem (z. B. CAQ, ERP, LIMS, etc.[6]) in Echtzeit eingelesen und in einer Datenbank abgelegt. STATISTICA wiederum greift auf diese Datenbank zu, etwa mittels einer der in den Abschnitten 2.4 und 2.5 besprochenen dynamischen Datenbankverknüpfungen, und liest die verfügbaren Daten in eine oder mehrere Datentabellen ein. Bei Veränderung des Datenbestandes in dieser Datenbank kann man STATISTICA manuell dazu auffordern, die Datentabelle zu aktualisieren, siehe Seite 20, und somit auch die zugeordneten Kontrollkarten. Verfügt man über ein *STATISTICA Enterprise SPC-System*, so kann man diese Aktualisierungsanfragen sogar automatisieren, so dass dann letztlich STATISTICA über die zwischengeschaltete Datenbank die Prozessdaten in Echtzeit empfangen und verwerten kann.

12.1.3 Shewhart-Kontrollkarten für Messdaten

Eine erste grobe Unterteilung der betrachteten Kontrollkarten basiert auf der Art der überwachten Prozessdaten: Handelt es sich dabei um kontinuierliche 'Messdaten', also um reelle Zahlen, so sprechen wir von *Kontrollkarten für Messdaten* (engl.: *variables control charts*), bei diskreten Prozessdaten dagegen, hier betrachten wir entweder binäre Daten (z. B. funktionstüchtig/defekt) oder Zähldaten, sprechen wir von *Kontrollkarten für diskrete Merkmale* (engl.: *attributes control charts*).

[6]**C**omputer **A**ided **Q**uality assurance, **E**nterprise **R**esource **P**lanning, **Lab**or-**I**nformations-**M**anagement-**S**ystem.

In diesem und dem späteren Abschnitt 12.1.5 beschäftigen wir uns mit der ersten Art von Kontrollkarte, in Abschnitt 12.1.7 mit der zweiten. Beginnen wir unsere Diskussion mit *Shewhart-Kontrollkarten* für Messdaten. Dann ist Voraussetzung 12.1.2.1 folgendermaßen zu verschärfen:

Voraussetzung 12.1.3.1

> Der beobachtete reellwertige Prozess $(X_t)_\mathcal{T}$ ist *univariat*, und im Zustand statistischer Kontrolle gelte, dass der Prozess *unabhängig und identisch verteilt (i. i. d.)* ist mit Randverteilung $N(\mu_0, \sigma_0^2)$. •

Der Prozess ist demnach außer Kontrolle, wenn diese Anforderungen verletzt werden. Manchmal ist man jedoch nur daran interessiert, spezielle Situationen wie etwa eine Verschiebung des Erwartungswertes μ gegenüber μ_0 oder der Varianz σ^2 gegenüber σ_0^2 aufzudecken. Die in Voraussetzung 12.1.3.1 aufgelisteten Charakteristika des Zustandes statistischer Kontrolle überwacht man nun wie folgt:

- Zur Kontrolle des Erwartungswertes μ setzt man eine *$\bar{X}$-Kontrollkarte* (sprich: X-quer) oder eine *Einzelwertkarte* ein, die Varianz σ^2 dagegen kontrolliert man mittels einer *R*-, *MR*-, oder *s*-Karte; die einzelnen Kartentypen werden im Anschluss besprochen. Da die Kontrollgrenzen dieser Karten jeweils auf Normalverteilungsannahmen beruhen, wird dabei insgesamt die Randverteilung $N(\mu, \sigma^2)$, also die Verteilung der *einzelnen* X_t, überwacht.
- Zur Überwachung der Unabhängigkeitsannahme untersucht man die $\bar{X}$- oder Einzelwertkarte auf systematische 'nichtzufällige' Muster hin, die es bei einem unabhängigen Prozess eigentlich nicht geben dürfte. Diese kritischen Muster werden durch *Verlaufsregeln* (engl.: *runs rules*) beschrieben, siehe Hintergrund 12.1.3.7.

Beginnen wir mit der Kontrolle des Erwartungswertes des Prozesses $(X_t)_\mathcal{T}$. Dazu kann man eine Kontrollkarte verwenden, auf die man die beobachteten Einzelwerte direkt aufträgt, was zur *Einzelwertkarte* führt. Oder man trägt den Wert des arithmetischen Mittels nacheinander dem Prozess entnommener, nicht überlappender Teilstichproben der variablen Größe n_t auf, es resultiert die *$\bar{X}$-Karte.* Wichtig ist dabei, dass nach Voraussetzung 12.1.3.1 beide Arten von Kontrollstatistiken im Zustand statistischer Kontrolle jeweils normalverteilt mit Erwartungswert μ sind.

Hintergrund 12.1.3.2

> Sei $X_{t,1}, \ldots, X_{t,n_t}$ die zur Zeit t entnommene Teilstichprobe des Prozesses vom Umfang n_t, wobei auch $n_t = 1$ erlaubt ist, und bezeichne $\bar{X}_t$ das zugehörige arithmetische Mittel, welches im Falle $n_t = 1$ gleich X_t ist. Die realisierten Werte von $(\bar{X}_t)_\mathcal{T}$ sollen nun auf eine geeignet konstruierte

Kontrollkarte aufgetragen werden. Im Zustand statistischer Kontrolle ist $\bar{X}_t$ verteilt[7] gemäß $N(\mu_0, \frac{\sigma_0^2}{n_t})$. In Phase II, wenn die Werte für μ_0 und σ_0^2 als bekannt angenommen werden, konstruiert man die $\bar{X}$*-Karte* wie folgt:

$$\begin{aligned} UCL_t &= \mu_0 + k \cdot \tfrac{\sigma_0}{\sqrt{n_t}}, \\ \text{Mittellinie} &= \mu_0, \\ LCL_t &= \mu_0 - k \cdot \tfrac{\sigma_0}{\sqrt{n_t}}, \end{aligned} \qquad \text{oder} \qquad \begin{aligned} UCL_t &= \mu_0 + z_{1-\frac{\alpha}{2}} \cdot \tfrac{\sigma_0}{\sqrt{n_t}}, \\ \\ LCL_t &= \mu_0 + z_{\frac{\alpha}{2}} \cdot \tfrac{\sigma_0}{\sqrt{n_t}}. \end{aligned}$$

Im Fall $n_t = 1$ für alle $t \in \mathcal{T}$ liegt dabei eine *Einzelwertkarte* vor. Die hinten angegebenen Kontrollgrenzen basieren auf den oberen und unteren $\frac{\alpha}{2}$-Quantilen der Standardnormalverteilung, wobei α ein vorgegebener Wert ist, z. B. $\alpha = 0{,}001$. Dieser quantilbasierte Ansatz ist eigentlich zu bevorzugen. Da aber die k-σ-Grenzen leichter zu berechnen sind, und im Falle der Normalverteilung die beliebten 3-σ-Grenzen gerade mit den Quantilgrenzen für $\alpha = 0{,}0027$ übereinstimmen, werden diese in der Praxis häufig bevorzugt.

In Phase I dagegen müssen die Werte für μ_0 und σ_0 aus den gegebenen Daten heraus geschätzt werden, unter der Annahme, dass der Prozess zur beobachteten Zeit unter Kontrolle war. Dabei schätzt man μ_0 als Mittelwert der Teilstichprobenmittel $\bar{X}_1, \ldots, \bar{X}_T$, also durch $\bar{\bar{X}} := \frac{1}{T} \sum_{t=1}^{T} \bar{X}_t$, bei σ_0 ist die Sache etwas komplizierter.

Ist der Teilstichprobenumfang $n_t \geq 2$, so berechnet man für jede Teilstichprobe t die empirische Standardabweichung S_t, vgl. Anhang A.1.1. Während die empirische Varianz S_t^2 ein unverzerrter Schätzer für σ_0^2 ist, gilt dies leider nicht für S_t bzgl. σ_0. Deshalb werden die korrigierten Schätzer $S_t/c_4(n_t)$ betrachtet. Hierbei ist $c_4(n_t)$ ein vom Teilstichprobenumfang n_t abhängiger Korrekturterm, der in Tabelle 12.1 für $n_t \leq 25$ aufgelistet ist. Für $n_t > 25$ ist $c_4(n_t) \approx 1$. Dieser Term wird von STATISTICA automatisch berücksichtigt. Die Prozessstandardabweichung σ_0 wird schließlich geschätzt durch

$$\bar{S} := \frac{1}{T} \cdot \left(\frac{S_1}{c_4(n_1)} + \ldots + \frac{S_T}{c_4(n_T)} \right).$$

Montgomery (2005) diskutiert alternative Schätzer, die teilweise ebenfalls bei STATISTICA implementiert sind. Nun konstruiert man die $\bar{X}$*-Karte* wie folgt:

$$\begin{aligned} UCL_t &= \bar{\bar{X}} + k \cdot \tfrac{\bar{S}}{\sqrt{n_t}}, \\ \text{Mittellinie} &= \bar{\bar{X}}, \\ LCL_t &= \bar{\bar{X}} - k \cdot \tfrac{\bar{S}}{\sqrt{n_t}}, \end{aligned} \qquad \text{oder} \qquad \begin{aligned} UCL_t &= \bar{\bar{X}} + z_{1-\frac{\alpha}{2}} \cdot \tfrac{\bar{S}}{\sqrt{n_t}}, \\ \\ LCL_t &= \bar{\bar{X}} + z_{\frac{\alpha}{2}} \cdot \tfrac{\bar{S}}{\sqrt{n_t}}. \end{aligned}$$

Eine alternative Schätzung der Prozessstandardabweichung σ_0 beruht auf der Verwendung der Teilstichproben*spannweiten* (engl.: *range*), welche auf

[7]Für $n_t > 1$ kann man evtl. von der Forderung abweichen, dass der Prozess selbst normalverteilt ist. Auf Grund des zentralen Grenzwertsatzes ist nämlich ggfs. zumindest das arithmetische Mittel $\bar{X}_t$ in guter Näherung normalverteilt.

Grund ihrer leichteren Berechenbarkeit in Zeiten eingesetzt wurden, als man die Karten noch per Hand konstruierte. Zur konkreten Berechnung sei auf Montgomery (2005) verwiesen.

Kommen wir schließlich zum Fall $n_t = 1$, d. h. der Einzelwertkarte. In diesem Fall notieren wir den Prozess ohne Teilstichprobenindex als $X_1, \ldots, X_T, \ldots$ Das Schätzverfahren für die Prozessstandardabweichung σ_0 muss nun modifiziert werden, da aus Teilstichproben vom Umfang 1 keine empirische Standardabweichung berechnet werden kann. Deshalb betrachtet man die *gleitenden Spannweiten* (engl.: *moving range*)

$$MR_t := |X_t - X_{t-1}|, \quad t = 2, \ldots, T, \quad \text{und} \quad \overline{MR} := \tfrac{1}{T-1} \cdot \sum_{t=2}^{T} MR_t,$$

und schätzt σ_0 approximativ unverzerrt durch das korrigierte Mittel $\overline{MR}/1{,}128$. Die Einzelwertkarte für Phase I wird nun konstruiert als

$$\begin{aligned} UCL_t &= \bar{\bar{X}} + k \cdot \tfrac{\overline{MR}}{1{,}128}, \\ \text{Mittellinie} &= \bar{\bar{X}}, \\ LCL_t &= \bar{\bar{X}} - k \cdot \tfrac{\overline{MR}}{1{,}128}, \end{aligned} \quad \text{oder} \quad \begin{aligned} UCL_t &= \bar{\bar{X}} + z_{1-\frac{\alpha}{2}} \cdot \tfrac{\overline{MR}}{1{,}128}, \\ \\ LCL_t &= \bar{\bar{X}} + z_{\frac{\alpha}{2}} \cdot \tfrac{\overline{MR}}{1{,}128}. \end{aligned}$$

◇

Durchführung 12.1.3.3

Um eine $\bar{X}$-*Karte* gemäß Hintergrund 12.1.3.2 zu konstruieren, wählt man *Statistik* → *Industrielle Statistik & Six Sigma* → *Qualitätsregelkarten* und wechselt im erscheinenden Dialog auf die Karte *Messung*. Dort wählt man *X-quer & S-Karte* bzw. *Einzelwerte und MR* und bestätigt. Alles weitere hängt nun vom Design der Daten ab. Liegen die Daten in Rohform vor, so markieren wir *Einzeldaten* und wählen die entsprechende Variable als *Messungen* aus. Gibt es eine Variable mit Stichprobenkennzeichen, welche die einzelnen Stichproben unterscheidet, so wählen wir diese unter *Stichprobencodes* aus; nur in diesem Fall können verschiedene Teilstichprobenumfänge n_t berücksichtigt werden. Sind die Teilstichprobenumfänge dagegen allesamt gleich $n \geq 2$, und sind die einzelnen Teilstichproben hintereinander aufgelistet, so setzen wir ein Häkchen bei *Konstanter Stichprobenumfang* und geben den Wert n an. Anschließend klicken wir *OK*. Es wird nun automatisch eine Grafik erzeugt, die neben der $\bar{X}$-Karte noch eine Streuungskarte sowie zwei Histogramme enthält. Standardmäßig wird dabei die Mittellinie bei $\bar{\bar{X}}$ gezeichnet, sowie die Kontrollgrenzen als geschätzte 3-σ-Grenzen. •

Um nur eine $\bar{X}$-Karte (mit Histogramm) zu erzeugen, aktiviert man erneut den Dialog *X-quer/S: ...* und klickt auf der Karte *Standard* auf den Knopf *X*. Wichtig ist zudem, dass die in Hintergrund 12.1.3.2

n	$c_4(n)$	n	$c_4(n)$	n	$c_4(n)$	n	$c_4(n)$
2	0,797885	8	0,965030	14	0,980971	20	0,986934
3	0,886227	9	0,969311	15	0,982316	21	0,987583
4	0,921318	10	0,972659	16	0,983484	22	0,988170
5	0,939986	11	0,975350	17	0,984506	23	0,988705
6	0,951533	12	0,977559	18	0,985410	24	0,989193
7	0,959369	13	0,979406	19	0,986214	25	0,989640

Tabelle 12.1: *Korrekturterm* $c_4(n)$, *gerundet, Teilstichprobenumfang* n.

geschilderten Berechnungen sich auf den Fall beziehen, bei dem auf der Karte *X (MA..) Einst.* unter *Bei ungleichen N: getrennte Grenzen* gewählt wurde.

Wenn man andere Grenzen als die vorgegebenen 3-σ-Grenzen verwenden will, oder die Karte in Phase II einsetzt, sind die in Durchführung 12.1.3.4 genannten Schritte durchzuführen.

Durchführung 12.1.3.4

Setzen wir Durchführung 12.1.3.3 fort. Auf der Karte *X (MA..) Einst.* kann man unter *OEG* bzw. *UEG* die Kontrollgrenzen modifizieren. Nach einem Klick auf die genannten Knöpfe öffnet sich ein kleiner Dialog, in dem man wählen kann zwischen

- *Sigma* × *Z; Z=*, hier kann man Z-σ-Grenzen vorgeben, wobei σ der unter *Sigma* festgelegte Wert ist,
- *Berechne aus p; p=*, hier kann man quantilbasierte Grenzen vorgeben, wobei das Niveau $1 - \alpha$ zu spezifizieren ist, und
- *Bestimmter Wert*, hier muss man *UCL* bzw. *LCL* eigenhändig festlegen.

Letzteres ist interessant, wenn man die Karte in Phase II einsetzen will. Dann muss man zudem unter *Mittell.* den hypothetischen Wert für μ vorgeben, und unter *Sigma* den für σ. •

Auf der Karte *Karten* kann man sich über den Knopf *Deskr. Stat.* berechnete Werte und Grenzen auch tabellarisch ausgeben lassen.

Beispiel 12.1.3.5

Die Datei `Kolbenring.sta`, siehe Montgomery (2005), enthält Prozessdaten zum inneren Durchmesser (in mm) von gefertigten Kolbenringen für Fahrzeugmotoren. Zudem enthält die Variable *Stichprobe*

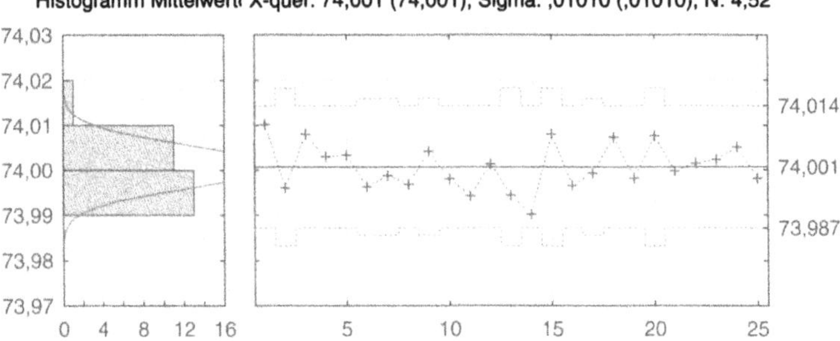

Abb. 12.6: *$\bar{X}$-Karte zu den Kolbenringdaten aus Beispiel 12.1.3.5.*

ein Kennzeichen, welcher der nacheinander dem Prozess entnommenen Stichproben ungleichen Umfangs die Daten zuzuordnen sind.

Es soll nun rückblickend untersucht werden, ob sich der Prozess zur Zeit der Stichprobenentnahme unter Kontrolle befand, d. h. es gilt eine Kontrollkarte in Phase I zu erstellen. Dazu gehen wir wie in den Durchführungen 12.1.3.3 und 12.1.3.4 beschrieben vor und erstellen eine $\bar{X}$-Karte mit angepassten 3-σ-Grenzen, unter Berücksichtigung der ungleichen Stichprobengrößen. Das Resultat ist in Abbildung 12.6 zu sehen. Offensichtlich werden die Kontrollgrenzen in keinem Fall verletzt, so dass der Prozess unter Kontrolle zu sein scheint. Das mit ausgegebene Histogramm ist in diesem Fall wenig hilfreich, da überglättet. Um also die Normalverteilungsannahme aus Voraussetzung 12.1.3.1 zu untersuchen, muss man eigenständig wie in Kapitel 8 beschrieben vorgehen. Man bestätigt dabei die Normalverteilungsannahme. □

Wer sich am bei den Kontrollkarten mit ausgegebenen Histogramm stört, kann dieses unterdrücken, indem man im Regelkartenmenü auf *Optionen...* klickt und dann im erscheinenden Dialog auf die Karte *Layout* wechselt. Dort muss man das Häkchen bei *Histogramme einbeziehen* entfernen. Falls man diese Einstellung dauerhaft speichern will, zudem noch ein Häkchen bei *Bei OK als Standard...* setzen. Anschließend bestätigt man mit *OK*.

Auf der Karte *Statistik* kann man zudem bestimmen, ob weitere Statistiken in der Grafik ausgegeben werden sollen, ferner kann man auf der Karte *Muster* das Aussehen der Karte (Punkte, Linien, Farben, etc.) modifizieren.

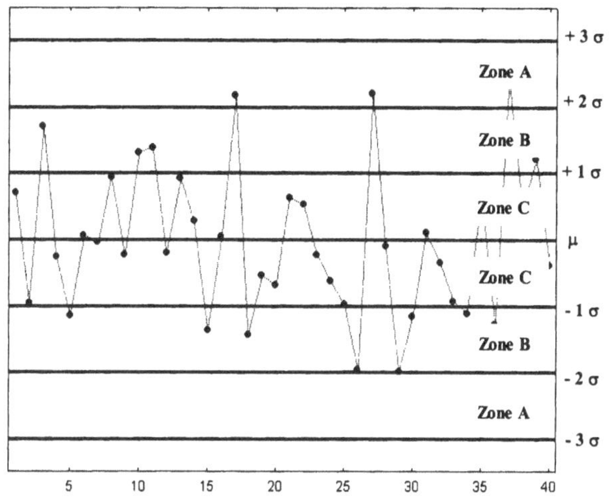

Abb. 12.7: *Kontrollkarte mit drei Zonen.*

Beispiel 12.1.3.6

Bei dem den Fräsdaten aus Beispiel 5.1.2 zu Grunde liegenden Prozess, welcher auch eingangs von Kapitel 12 diskutiert wurde, ist aus Voruntersuchungen bekannt, dass er im Zustand statistischer Kontrolle Voraussetzung 12.1.3.1 erfüllt, mit Erwartungswert $\mu_0 =$ 2,20 und Standardabweichung $\sigma_0 = 0{,}00491$. Nun soll der Prozess in Phase II weiter überwacht werden.

Erstellen wir eine Einzelwertkarte der in der Datei `FraesenAb.sta` abgelegten Prozessdaten, die während Phase II aufgenommen wurden. Dabei tragen wir gemäß Durchführung 12.1.3.4 die Vorgabewerte für μ_0 und σ_0 ein und wählen erneut 3-σ-Grenzen. Es ergibt sich die Karte aus Abbildung 12.5. Offenbar gerät der Prozess außer Kontrolle, ein deutlicher Abwärtstrend ist erkennbar, der schließlich einen Alarm auslöst. Ein korrigierender Eingriff in den Prozess ist nötig. □

Hintergrund 12.1.3.7

Wie weiter oben bereits erwähnt, prüft man die *Unabhängigkeitsannahme* aus Voraussetzung 12.1.3.1 mit einer Reihe von Verlaufsregeln, die kritische Muster beschreiben. Dabei stellt man sich die $\bar{X}$- oder Einzelwertkarte mit 3-Sigma-Grenzen in drei Bereiche unterteilt vor, wie in Abbildung 12.7 dargestellt. Bei STATISTICA sind standardmäßig die nun folgenden Verlaufsregeln implementiert, bei deren Eintreten eine Verletzung der Unabhängigkeitsannahme vorliegen kann:

- 9 Punkte in Folge auf einer Seite der Mittellinie,

- 6 Punkte in Folge stetig wachsend oder fallend,
- 14 Punkte in Folge alternierend, d. h. im ständigen Wechsel auf und ab,
- 2 von 3 Punkten in Folge in einer Zone A,
- 4 von 5 Punkten in Folge in oder jenseits einer Zone B,
- 15 Punkte in Folge in den Zonen C,
- 8 Punkte in Folge in den Zonen B oder A.

Manche der Regeln können auch so interpretiert werden, dass sie auf eine Änderung des Mittelwertes oder der Streuung hinweisen. Fällt ein Punkt hinter die Kontrollgrenzen, wird ohnehin ein Alarm gesendet. ◇

Durchführung 12.1.3.8

STATISTICA prüft die *Verlaufsregeln* nach, wenn wir auf der Karte *Karten* auf den Knopf *Runs-Tests* klicken, und gibt das Resultat der Überprüfung in Form einer Tabelle aus. Die obigen Regeln können auf der Karte *X (MA..) Einst.* unter *Runs-Tests* modifiziert werden. •

Beispiel 12.1.3.9

Lässt man die Kolbenringdaten aus Beispiel 12.1.3.5 auf Verletzung der Verlaufsregeln hin prüfen, so stellt STATISTICA keine kritischen Muster fest. Es spricht also nichts dagegen, dass die Daten die Unabhängigkeitsannahme aus Voraussetzung 12.1.3.1 erfüllen.

Die Kontrollkarte aus Abbildung 12.5 dagegen, siehe Beispiel 12.1.3.6, weist kritische Muster bzgl. mehrerer Verlaufsregeln auf. Wie die von STATISTICA erzeugte Tabelle in Abbildung 12.8 zeigt, liegen etwa die Punkte 39 bis 42 allesamt in der unteren Zone B, ein kritisches Muster gemäß der '4 von 5 Punkte'-Regel. Bereits vor dem zum Ende hin ausgegebenen Alarm gibt es also Anzeichen dafür, dass der Prozess außer Kontrolle ist. □

In Abschnitt 12.1.2 wurden bereits die wesentlichen Ziele beim Einsatz von Kontrollkarten in Phase I umrissen, u.a. gilt es, den Zustand statistischer Kontrolle zu charakterisieren, indem man etwa Erwartungswert und Standardabweichung des Prozesses in diesem Zustand schätzt. Dazu ist es nötig, durch Analyse der historischen Daten erst einmal festzustellen, in welchen Phasen der Prozess denn unter Kontrolle war. Montgomery (2005) empfiehlt hierzu ein iteratives Vorgehen, indem man wiederholt jene Werte/Teilstichproben von der Analyse ausschließt, die von der Kontrollkarte als außer Kontrolle angezeigt werden. Dieses Verfahren wird auch als *Brushing* bezeichnet, ein Begriff, mit dem wir uns bereits in Abschnitt 6.3, Seite 105, beschäftigt haben.

	Real ; Runs-Tests (Fraesen1.sta) X-Karte Mittellinie: 2,200000 Sigma: 0,005106	
Zonen A/B/C: 3,000/2,000/1,000 * Sigma Tests auf spez. Ursachen (Runs-Regeln)	von Stichpr.	bis Stichpr.
9 Stichproben auf gleicher Seite	39	47
6 Stichpr. auf-/abstg. (Trend)	OK	OK
14 Stichpr. alternierend auf/ab	OK	OK
2 von 3 Stichpr. in Zone A/außerh.	54	56
	57	59
4 von 5 Stichpr. in Zone B/außerh.	38	42
	54	58
15 Stichpr. Zone C	OK	OK
8 Stpr. außerh. Zone C	OK	OK

Abb. 12.8: *Verletzte Verlaufsregeln bei der Karte aus Abbildung 12.5.*

Durchführung 12.1.3.10

Hat man eine Kontrollkarte zu historischem Datenmaterial gemäß der Durchführungen 12.1.3.3 und 12.1.3.4 erstellt, so aktiviert man erneut das entsprechende Qualitätsregelkartenmenü und wechselt dort auf die Karte *Brushing*, um Selbiges durchzuführen. Im Feld *Stichproben ein-/ausschließen* wird dabei eine Liste aller Stichproben angezeigt, aus denen nun einige von der Analyse ausgeschlossen werden sollen.

Dazu muss sich im Tabellenblatt eine leere Variable befinden, in die STATISTICA ein Kennzeichen eintragen kann, welche der Stichproben auszuschließen sind. Gibt es keine solche Variable, so muss man diese zuerst anlegen, indem man auf den Knopf *Setup* klickt und im sich öffnenden Dialog *Setup Ursachen,...* auf *Variablen zu Daten hinzufügen*. Nun gibt man an, wo und mit welchem Namen die Variable eingefügt werden soll und bestätigt.

Nehmen wir nun an, im Tabellenblatt befindet sich die Variable *Ausschluss*, in die entsprechende Kennzeichnungen eingetragen werden können. Dann wählen wir im Listenfeld der Stichproben mit linker Maus- und *Strg*-Taste all jene aus, die von weiteren Analysen ausgeschlossen werden sollen. Anschließend machen wir ein Häkchen bei einer der drei Optionen aus Tabelle 12.2. Dabei öffnet sich, wenn nicht bereits früher spezifiziert, der Dialog *Variablen mit Codes für Ein-/Ausschluss*, in welchem wir die Variable *Ausschluss* auswählen. Nach der Bestätigung erscheint evtl. eine Meldung zu Einschränkungen bei der Echtzeitanalyse, die wir mit einem Klick auf *OK* übergehen. Nun können wir die gewünschten Analysen wie gewohnt durchführen lassen, wobei nun gemäß unserer Auswahl einige der Stichproben nicht mehr berücksichtigt werden. •

inklusiv: Die gewählten Stichproben werden weiter berücksichtigt.

exklusiv für Berechnungen: Die ausgewählten Stichproben werden z. B. nicht in die Berechnung von Mittellinie und Kontrollgrenzen miteinbezogen, jedoch in den Kontrollkarten, gesondert markiert, weiterhin angezeigt.

aus Grafiken entfernen: Die ausgewählten Stichproben werden in Berechnungen weiterhin berücksichtigt, in Grafiken dagegen nicht mehr angezeigt.

Tabelle 12.2: *Brushing-Optionen gemäß Durchführung 12.1.3.10.*

Bei der *Auswahl* der Stichproben beim Brushing gemäß Durchführung 12.1.3.10 kann man STATISTICA auch veranlassen, *Alle Stichproben außer Kontrolle* auszuwählen. Dabei werden standardmäßig erst einmal alle jene Stichproben ausgewählt, deren Kontrollstatistik die Kontrollgrenzen verletzen. Will man auch jene ausschließen, welche die Verlaufsregeln verletzen, so muss man zuerst auf *Optionen...* klicken und im sich öffnenden Dialog auf die Karte *Layout* wechseln. Dort setzt man ein Häkchen bei *Runs-Test (...)* und bestätigt mit *OK*. Soll diese Einstellung dauerhaft übernommen werden, muss man zuvor noch ein Häkchen bei *Bei OK als Standard ...* setzen.

Auf der Karte *Brushing* hat man übrigens auch die Möglichkeit, einzelnen Stichproben selbst verfasste *Ursachen*, *Aktionen* und *Kommentare* zuzuordnen. Dabei handelt es sich um kleine umrandete Texte, die in den Kontrollkarten über einen Pfeil auf bestimmte Punkte zeigen. Für jede der drei Arten von Text muss wieder eine eigene Variable angelegt werden.

Beispiel 12.1.3.11

Betrachten wir die Datei `Durchmesser.sta` aus Montgomery (2005), die ähnliche Prozessdaten wie in Beispiel 12.1.3.5 enthält, jedoch sind nun alle Stichproben von gleicher Größe 5. Gemäß der Durchführungen 12.1.3.3 und 12.1.3.4 erstellen wir eine $\bar{X}$-Karte mit 3-σ-Grenzen und lassen die Verlaufsregeln nachprüfen. Das Resultat dieser Analysen ist Abbildung 12.9 zu entnehmen. Offenbar ist der Prozess ab Stichprobe 34 außer Kontrolle, auch bei den Stichproben 10 bis 14 wird ein kritisches Muster erkannt. Übrigens hat das Histogramm zudem deutlich nichtnormale Gestalt.

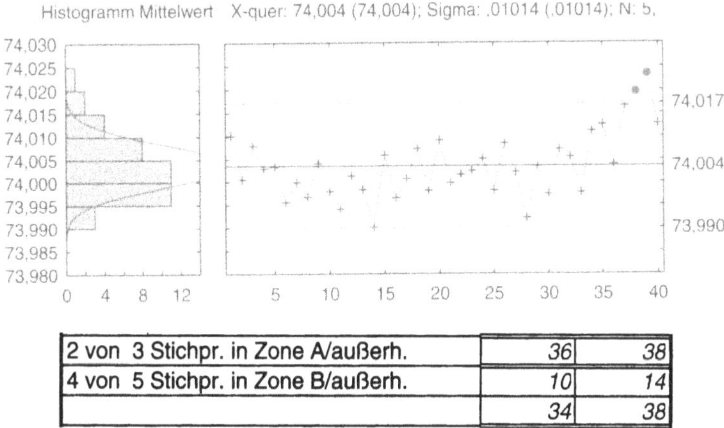

2 von 3 Stichpr. in Zone A/außerh.	36	38
4 von 5 Stichpr. in Zone B/außerh.	10	14
	34	38

Abb. 12.9: *Prozessdaten aus Beispiel 12.1.3.11 – außer Kontrolle.*

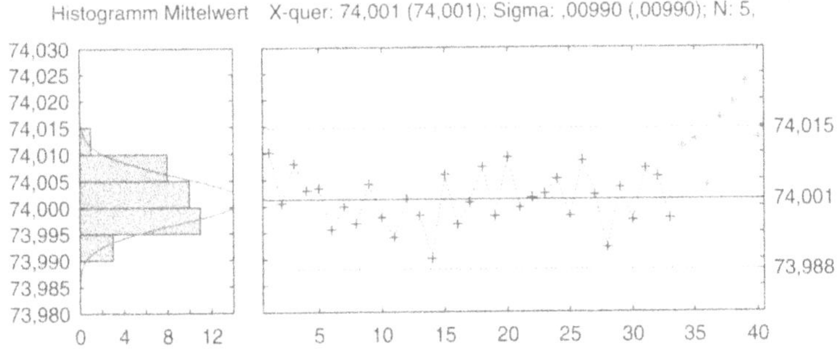

Abb. 12.10: *Prozessdaten aus Beispiel 12.1.3.11 nach Brushing.*

In einem ersten Schritt schließen wir die Stichproben 34 bis 40 von den Berechnungen aus und lassen die $\bar{X}$-Karte neu berechnen. Das Resultat ist in Abbildung 12.10 wiedergegeben, alle Punkte liegen jetzt innerhalb der Kontrollgrenzen. Auch eine Überprüfung der Verlaufsregeln zeigt keine kritischen Muster mehr an, das zuvor erkannte Muster bei den Stichproben 10 bis 14 beruhte wohl nur auf den verfälschten Kontrollgrenzen. Bei den Stichproben 1 bis 33 scheint der Prozess also unter Kontrolle gewesen zu sein, man schätzt in diesem Fall den Erwartungswert μ zu 74,001 und die Standardabweichung σ zu 0,00990. □

Gemäß der Voraussetzung 12.1.3.1 ist der Zustand statistischer Kontrolle des Prozesses $(X_t)_T$ durch serielle Unabhängigkeit sowie identisch normalverteilte Einzelbeobachtungen X_t gemäß $N(\mu, \sigma^2)$ charakterisiert. Die serielle Unabhängigkeit untersucht man mittels Verlaufsregeln, die Normalverteiltheit etwa mit Hilfe eines Histogramms, und den Erwartungswert μ über $\bar{X}$- oder Einzelwertkarte. Somit wird nur noch ein Werkzeug zur Kontrolle der Streuung des Prozesses benötigt.

Hintergrund 12.1.3.12

Wie in Hintergrund 12.1.3.2 sei $X_{t,1}, \ldots, X_{t,n_t}$ die zur Zeit t aufgenommene Teilstichprobe des Prozesses vom Umfang n_t, wobei auch $n_t = 1$ erlaubt ist.

Sei jedoch vorerst $n_t > 1$. Zur Kontrolle der Streuung des Prozesses untersuchte man früher bevorzugt die Teilstichproben*spannweiten* (engl.: *range*), welche leicht per Hand berechnet werden können. Diese kann man dann auf einer entsprechend gestalteten Kontrollkarte auftragen, der sog. *R-Karte.* Da uns die Berechnungen jedoch von STATISTICA abgenommen werden, ist eine Überwachung der Teilstichproben*standardabweichungen* S_t zu bevorzugen. Wie bereits in Hintergrund 12.1.3.2 erläutert, ist nur die korrigierte Statistik $S_t/c_4(n_t)$ ein unverzerrter Schätzer von σ_0, umgekehrt ist S_t selbst ein unverzerrter Schätzer von $c_4(n_t) \cdot \sigma_0$. Also ist die Varianz von S_t gegeben durch $V[S_t] = (1 - c_4^2(n_t)) \cdot {\sigma_0}^2$.

In Phase II, wenn der Wert für σ_0 als bekannt angenommen wird, trägt man die realisierten Werte von S_t auf eine *S-Karte* auf, die wie folgt konstruiert ist:

$$\begin{aligned} UCL_t &= c_4(n_t) \cdot \sigma_0 \ + \ k \cdot \sigma_0 \cdot \sqrt{1 - c_4^2(n_t)}, \\ \text{Mittellinie} &= c_4(n_t) \cdot \sigma_0, \\ LCL_t &= c_4(n_t) \cdot \sigma_0 \ - \ k \cdot \sigma_0 \cdot \sqrt{1 - c_4^2(n_t)}, \end{aligned}$$

oder

$$\begin{aligned} UCL_t &= c_4(n_t) \cdot \sigma_0 \ + \ z_{1-\frac{\alpha}{2}} \cdot \sigma_0 \cdot \sqrt{1 - c_4^2(n_t)}, \\ \text{Mittellinie} &= c_4(n_t) \cdot \sigma_0, \\ LCL_t &= c_4(n_t) \cdot \sigma_0 \ + \ z_{\frac{\alpha}{2}} \cdot \sigma_0 \cdot \sqrt{1 - c_4^2(n_t)}. \end{aligned}$$

Dabei wird LCL_t gleich 0 gesetzt, falls der berechnete Wert negativ ist. Die zuletzt angegebene Art von Kontrollgrenze wird von STATISTICA angeboten und basiert auf den oberen und unteren $\frac{\alpha}{2}$-Quantilen der Standardnormalverteilung, wobei α ein vorgegebener Wert ist, z. B. $\alpha = 0{,}001$. Es handelt sich dabei jedoch allenfalls um approximative Quantilgrenzen für große n_t, da S_t *nicht* normalverteilt ist. Tatsächlich unterliegt $\frac{n_t-1}{\sigma^2} \cdot S_t^2$ im Kontrollzustand einer χ^2-Verteilung mit $n_t - 1$ Freiheitsgraden, vgl. Hintergrund 9.1.2, so dass exakte Quantilgrenzen entsprechende Quantile der χ^2-Verteilung verwenden müssten:

$$UCL_t \ = \ \sigma_0 \cdot \sqrt{\frac{\chi_{n_t-1}^{-1}(1 - \frac{\alpha}{2})}{n_t - 1}}, \quad LCL_t \ = \ \sigma_0 \cdot \sqrt{\frac{\chi_{n_t-1}^{-1}(\frac{\alpha}{2})}{n_t - 1}}.$$

Diese sind jedoch bei STATISTICA nicht implementiert, können also lediglich manuell eingegeben werden. Die gleiche Aussage gilt ebenso für die k-σ-Grenzen. Auch diese lassen sich durch die unsymmetrische(!) Verteilung von S_t eigentlich nicht rechtfertigen, sind aber trotzdem in der Praxis verbreitet.

In Phase I dagegen, weiterhin sei $n_t > 1$, muss der Wert für σ_0 aus den gegebenen Daten heraus unverzerrt geschätzt werden durch

$$\bar{S} := \frac{1}{T} \cdot \left(\frac{S_1}{c_4(n_1)} + \ldots + \frac{S_T}{c_4(n_T)} \right),$$

vergleiche Hintergrund 12.1.3.2. Dabei wird angenommen, dass der Prozess zur beobachteten Zeit unter Kontrolle war. Nun konstruiert man die *S-Karte* wie oben, indem man lediglich σ_0 durch $\bar{S}$ ersetzt.

Kommen wir schließlich erneut zum Fall $n_t = 1$. In dieser Situation müssen wir uns, wie in Hintergrund 12.1.3.2, auf die Überwachung der *gleitenden Spannweiten* (engl.: *moving range*)

$$MR_t := |X_t - X_{t-1}|, \quad t = 2, \ldots, T, \qquad \overline{MR} := \tfrac{1}{T-1} \cdot \sum_{t=2}^{T} MR_t,$$

beschränken. Dort hatten wir bereits erwähnt, dass $\hat{\sigma} := \overline{MR}/1{,}128$ ein Schätzer für σ_0 ist, bzw. $\overline{MR}$ schätzt $1{,}128 \cdot \sigma_0$. Ferner ist die Standardabweichung von MR_t ungefähr gleich $0{,}853 \cdot \sigma_0$. Deshalb trägt man die Werte von MR_t auf eine *Moving-Range-Karte* auf, konstruiert gemäß

$$\begin{array}{rcl} UCL_t &=& 1{,}128 \cdot \sigma_0 + k \cdot 0{,}853 \cdot \sigma_0, \\ \text{Mittell.} &=& 1{,}128 \cdot \sigma_0, \\ LCL_t &=& 1{,}128 \cdot \sigma_0 - k \cdot 0{,}853 \cdot \sigma_0, \end{array} \quad \text{oder} \quad \begin{array}{rcl} UCL_t &=& \overline{MR} + k \cdot \frac{0{,}853}{1{,}128} \cdot \overline{MR}, \\ \text{Mittell.} &=& \overline{MR} \\ LCL_t &=& \overline{MR} - k \cdot \frac{0{,}853}{1{,}128} \cdot \overline{MR}. \end{array}$$

Erstgenanntes Design bezieht sich auf Phase II, zweitgenanntes auf Phase I, es wurde σ_0 durch $\hat{\sigma}$ ersetzt. Auch hier wird LCL_t gleich 0 gesetzt, wenn ein negativer Wert berechnet wird. Eine Kontrolle nach unten ist dann nicht möglich. ◇

Durchführung 12.1.3.13

S-Karte und *Moving-Range-Karte* werden in völliger Analogie zu den Durchführungen 12.1.3.3 und 12.1.3.4 erstellt. Einzige Unterschiede: Das Design der Kontrollkarte bestimmt man auf der Karte *R/S Einst.*, und eine einzelne *S*- bzw. Moving-Range-Karte erstellt man über den Knopf *R/S* auf der Karte *Karten*. Einen Vorgabewert für σ muss man aber weiterhin auf der Karte *X (MA..) Einst.* unter *Sigma* eintragen. •

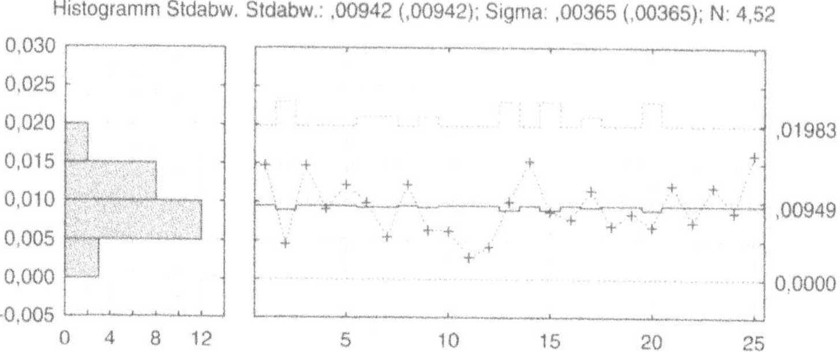

Abb. 12.11: *S-Karte zu den Kolbenringdaten aus Beispiel 12.1.3.14.*

Beispiel 12.1.3.14

Setzen wir Beispiel 12.1.3.5 fort. In Abbildung 12.11 ist eine S-Karte mit 3-σ-Grenzen zu sehen, die keinen Alarm meldet, so dass auch von Seiten der Prozessstreuung her alles darauf hindeutet, dass der Prozess unter Kontrolle ist. Folgende Beobachtungen sind erwähnenswert: Auf Grund der ungleichen Stichprobenumfänge variiert hier nicht nur die obere Kontrollgrenze, sondern auch die Mittellinie. Ferner ist die untere Grenze konstant 0, d. h. eine Kontrolle nach unten, ob die Standardabweichung also ungewöhnlich klein wird, ist nicht möglich. □

12.1.4 Die Operationscharakteristik

In Abschnitt 9.9 hatten wir uns mit den zwei Fehlern auseinandergesetzt, die man bei der Entscheidung nach Ausführung eines Testverfahrens begehen kann. Es waren dies der Fehler 1. und 2. Art. Während man das Testverfahren so konstruiert, dass die Wahrscheinlichkeit α, den Fehler 1. Art zu begehen, klein genug ist, ist der Fehler 2. Art nur bedingt kontrollierbar. Auskunft gibt hier die *Gütefunktion* bzw. die *Operationscharakteristik* des Testverfahren.

Gerade Kontrollkarten vom Shewhart-Typ, bei denen aufeinanderfolgende Kontrollstatistiken unabhängig voneinander sind, können in Phase II als wiederholtes Testen interpretiert werden. Hierbei sind etwa hypothetische Parameter, die den Zustand statistischer Kontrolle beschreiben, gegeben, und die Karte wird so konstruiert, dass im Zustand statistischer Kontrolle eine Verletzung der Kontrollgrenzen (Fehler 1. Art) nur mit kleiner Wahrscheinlichkeit α eintritt. Doch gesetzt der Fall, der Prozess ist außer Kontrolle, wie zuverlässig wird dieser Zustand dann erkannt? Anders formuliert: Wie gering ist die Wahrscheinlichkeit, dass die Kontrollstatistik weiterhin Werte zwischen den Kontrollgrenzen (Fehler 2. Art) realisiert?

Aussagen hierzu kann man mit Hilfe der Operationscharakteristik der Kontrollstatistik treffen. Bei STATISTICA sind hierbei Operationscharakteristiken für folgende Karten implementiert:

- Für $\bar{X}$- und R-Karte bei Messdaten, siehe Abschnitt 12.1.3,
- für alle in Abschnitt 12.1.7 diskutierten Karten.

Beispielhaft wollen wir uns in diesem Abschnitt auf die Operationscharakteristik einer $\bar{X}$-Karte mit gleichem Teilstichprobenumfang n konzentrieren, vgl. Hintergrund 12.1.3.2. Analoge Resultate und Durchführungen gelten auch für die anderen Karten. Vertiefende Informationen findet der interessierte Leser bei Montgomery (2005).

Hintergrund 12.1.4.1

Beim Einsatz der $\bar{X}$-Karte in Phase II betrachten wir folgende Ausgangssituation, vgl. Hintergrund 12.1.3.2: Der betrachtete Prozess sei unabhängig und besitze die hypothetische Verteilung $N(\mu_0, {\sigma_0}^2)$ im Zustand statistischer Kontrolle. $X_{t,1}, \ldots, X_{t,n}$ ist die zur Zeit t aufgenommene Teilstichprobe des Prozesses vom Umfang n, und die aufzutragende Kontrollstatistik ist das zugehörige Stichprobenmittel $\bar{X}_t$. Im Falle von k-σ-Grenzen sind die Kontrollgrenzen gegeben zu

$$UCL = \mu_0 + k \cdot \frac{\sigma_0}{\sqrt{n}}, \quad LCL = \mu_0 - k \cdot \frac{\sigma_0}{\sqrt{n}}.$$

Aus praktischen Gründen wird der Shift in σ_0-Einheiten gemessen. Ist das wahre Prozessmittel um $\delta \cdot \sigma_0$ verschoben, so ist gemäß Hintergrund 9.9.2 die *Operationscharakteristik* von $\bar{X}_t$ gegeben zu

$$oc(\delta) = \Phi\big(k - \delta \cdot \sqrt{n}\big) - \Phi\big(-k - \delta \cdot \sqrt{n}\big). \tag{12.1}$$

Für $\delta \neq 0$, wenn also tatsächlich das Prozessniveau verschoben ist, drückt $oc(\delta)$ gerade die Wahrscheinlichkeit dafür aus, dass bei Beobachtung eines $\bar{X}_t$ der Shift *nicht* entdeckt wird (Fehler 2. Art). Umgekehrt ist die Wahrscheinlichkeit dafür, dass der Shift sofort bei der ersten Stichprobe entdeckt wird, gleich $1 - oc(\delta)$, dass er bei der zweiten entdeckt wird, gleich $(1 - oc(\delta)) \cdot oc(\delta)$, ..., dass er bei der k-ten Stichprobe entdeckt wird schließlich gleich $(1 - oc(\delta)) \cdot oc(\delta)^{k-1}$. Im Wesentlichen liegt hier also eine Art geometrischer Verteilung vor, siehe Anhang A.2.1. Deren Erwartungswert, also die mittlere zu erwartende Zahl an Stichproben, die untersucht werden müssen, bis der Shift um $\delta \cdot \sigma_0$ entdeckt wird, kurz ARL[8], ist gegeben durch

$$ARL(\delta) = \frac{1}{1 - oc(\delta)}.$$

◇

[8]**A**verage **R**un **L**ength.

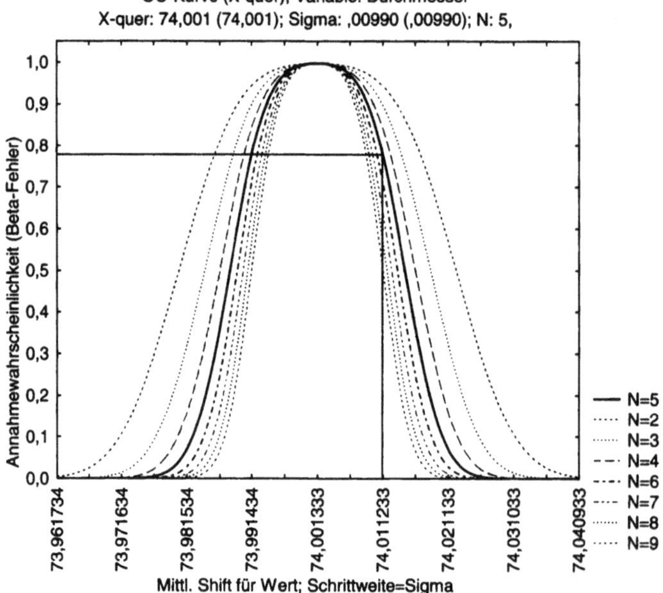

Abb. 12.12: *OC-Kurve zum Prozess aus Beispiel 12.1.4.3.*

Durchführung 12.1.4.2

Nachdem wir, wie in Durchführung 12.1.3.3 beschrieben, eine $\bar{X}$-Karte erstellt haben, aktivieren wir erneut den Dialog *X-quer/S:...*, um die zugehörige Operationscharakteristik berechnen zu lassen. Dazu wechseln wir auf die Karte *Karten* und klicken auf die Schaltfläche *OC X (1)*. •

Beispiel 12.1.4.3

Betrachten wir erneut die Prozessdaten der Datei `Durchmesser.sta`, die wir in Beispiel 12.1.3.11 bereits analysiert hatten. Dort hatten wir festgestellt, dass die Stichproben 1 bis 33 wohl im Zustand statististischer Kontrolle entnommen wurden, so dass wir nun, basierend auf diesen 33 Stichproben, die Operationscharakteristik (OC-Kurve) des Prozesses im Kontrollzustand berechnen wollen. Dazu müssen wir, wie in Beispiel 12.1.3.11, via Brushing die Stichproben 34 bis 40 von der weiteren Analyse ausschließen. Dann verfahren wir gemäß Durchführung 12.1.4.2. Dabei verwenden wir wieder 3-σ-Grenzen, d. h. gemäß Hintergrund 12.1.4.1 ist $k = 3$.

Es ergibt sich die Grafik aus Abbildung 12.12, welche OC-Kurven für unterschiedliche Teilstichprobenumfänge n zeigt, unter anderem auch für $n = 5$, die momentan vorliegende Situation. Demnach ist μ_0 zu 74,001333, und die Skala ist in σ_0-Einheiten gegeben, wobei hier $\sigma_0 = 0{,}00990$ ist.

Um eine gute Qualität der Kolbenringe zu garantieren, sollte eine Verschiebung des Prozessniveaus um $1 \cdot \sigma_0$ oder mehr zügig entdeckt werden. Der Operationscharakteristik entnehmen wir, dass bei $n =$ 5 der Wert von $oc(\mu_0 + 1 \cdot \sigma_0) \approx oc(74{,}011233)$ bei etwa 0,78 liegt (genauer: 0,777546041). Bei Beobachtung der ersten Stichprobe außer Kontrolle also werden wir mit 78 % Wahrscheinlichkeit *nicht* entdecken, dass der Prozess außer Kontrolle geraten ist. Gemäß Hintergrund 12.1.4.1 sinkt die Wahrscheinlichkeit bei Stichprobe 2 jedoch schon auf ca. 60 %, bei der dritten auf ca. 47 % etc., und man berechnet als mittlere zu erwartende Laufzeit der Karte bis zur Entdeckung $ARL \approx \frac{1}{1-0{,}78} \approx 4{,}5$. Im Mittel muss man also 4–5 Stichproben abwarten, bis man den Shift um $1 \cdot \sigma_0$ entdeckt. Da wir den Stichprobenumfang $n = 5$ haben, bedeutet dies, dass im Mittel zumindest 20-25 Kolbenringe gefertigt werden müssen, bis wir die Verschiebung des Prozessniveaus erkennen.

Die Sensibilität der Karte kann jedoch verbessert werden, wenn wir Teilstichproben größeren Umfangs ziehen, z. B. $n = 10$. In diesem Fall berechnet man $oc(74{,}011233) \approx 0{,}44$, vgl. Formel (12.1), also beträgt die ARL nur noch $ARL \approx \frac{1}{1-0{,}44} \approx 1{,}79$. Entsprechend entdecken wir den Shift im Mittel schon nach der zweiten Stichprobe, was also 20 gefertigten Kolbenringen entspricht.

Die verbesserte Sensibilität erkauft man sich jedoch mit doppeltem (finanziellen) Aufwand. Untersuchten wir beispielsweise zuvor immer $n = 5$ von 50 gefertigten Kolbenringen, dann würden im Mittel 200–250 Kolbenringe bis zur Entdeckung gefertigt. Hingegen bei $n = 10$ würden im Mittel nur noch 100 Kolbenringe bis zur Entdeckung produziert. Ob sich dies unter dem Strich lohnt, muss im Einzelfall geprüft werden. □

12.1.5 Kontrollkarten für Messdaten: Komplexere Ansätze

In Abschnitt 12.1.3 beschäftigten wir uns mit den elementarsten Arten von Kontrollkarten für Messdaten, den sog. Shewhartkarten. Charakteristisch für diese ist, dass die nacheinander aufgetragenen Kontrollstatistiken vollkommen unabhängig voneinander sind, so dass diese Karten, wenn man keine Verlaufsregeln berücksichtigt, völlig 'gedächtnislos' sind. Deshalb wollen wir in diesem Abschnitt drei populäre Kontrollkarten mit Gedächtnis vorstellen, d. h. Karten, deren Kontrollstatistiken auch immer frühere Prozesswerte berücksichtigen. Es sind dies die *EWMA-Kontrollkarte*, die *Moving-Average-Kontrollkarte* und die *CUSUM-Karte*. Auch diese Karten beschränken sich auf Prozesse, die Voraussetzung 12.1.3.1 genügen, d. h. der beobachtete Prozess $(X_t)_T$ ist *univariat*, und im Zustand statistischer Kontrolle wird angenommen, dass der Prozess *unabhängig und identisch verteilt (i. i. d.)* ist mit Randverteilung $N(\mu_0, {\sigma_0}^2)$.

Beginnen wir mit der *EWMA-Karte*, wobei EWMA hier wieder als Kürzel für den in Abschnitt 11.4.1, Hintergrund 11.4.1.8, besprochenen Ansatz des *einfachen exponentiell gewichteten gleitenden Durchschnitts* steht. Die EWMA-Karte stellt eine Alternative zur $\bar{X}$-Karte aus Hintergrund 12.1.3.2 dar, d. h. sie ist geeignet, eine Änderung im Prozessniveau μ_0 festzustellen. Zur Kontrolle der Prozessstreuung dagegen müssen wir weiterhin auf S- oder Moving-Range-Karte zurückgreifen, vgl. Hintergrund 12.1.3.12.

Hintergrund 12.1.5.1

Sei $X_{t,1}, \ldots, X_{t,n_t}$ die zur Zeit t aufgenommene Teilstichprobe des Prozesses vom Umfang n_t. Zwar ist die EWMA-Karte in STATISTICA tatsächlich für beliebige n_t implementiert, bei unserer Beschreibung der EWMA-Karte beschränken wir uns jedoch vereinfachend auf die Situation konstanter Teilstichprobenumfänge $n_t = n$, wobei auch $n = 1$ erlaubt ist. Es bezeichne $\bar{X}_t$ das zugehörige arithmetische Mittel, welches im Falle $n = 1$ gleich X_t ist. Im Zustand statistischer Kontrolle ist $\bar{X}_t$ verteilt gemäß $N(\mu_0, \frac{{\sigma_0}^2}{n})$.

Als Kontrollstatistik betrachten wir nun, für gewähltes $\lambda \in (0; 1)$,

$$Z_t := (1-\lambda) \cdot Z_{t-1} + \lambda \cdot \bar{X}_t, \quad t \geq 1, \qquad Z_0 := \mu_0.$$

Dann besitzt auch Z_t den Erwartungswert μ_0, jedoch die Varianz

$$V[Z_t] = \frac{\sigma_0^2}{n} \cdot \frac{\lambda}{2-\lambda} \cdot \left(1 - (1-\lambda)^{2t}\right) \underset{t\to\infty}{\longrightarrow} \frac{\sigma_0^2}{n} \cdot \frac{\lambda}{2-\lambda}.$$

Entsprechend konstruiert man in Phase II, wenn die Werte für μ_0 und σ_0^2 als bekannt angenommen werden, die *EWMA-Karte* mit k-σ-Grenzen wie folgt:

$$\begin{aligned} UCL_t &= \mu_0 + k \cdot \tfrac{\sigma_0}{\sqrt{n}} \cdot \sqrt{\tfrac{\lambda}{2-\lambda} \cdot \left(1-(1-\lambda)^{2t}\right)}, \\ \text{Mittellinie} &= \mu_0, \\ LCL_t &= \mu_0 - k \cdot \tfrac{\sigma_0}{\sqrt{n}} \cdot \sqrt{\tfrac{\lambda}{2-\lambda} \cdot \left(1-(1-\lambda)^{2t}\right)}. \end{aligned}$$

In Phase I dagegen ersetzt man μ_0 und σ_0 durch die in Hintergrund 12.1.3.2 diskutierten Schätzer.

Design einer EWMA-Karte: Da die Kontrollstatistik Z_t nicht mehr normalverteilt ist, ist die Wahl der symmetrischen k-σ-Grenzen wie auch des konkreten Wertes von k durch andere Überlegungen zu rechtfertigen. Hierzu berechnet man approximativ *ARLs* für verschiedene Kombinationen von (λ, k), und wählt dann solche Pärchen (λ, k) aus, für die sich gute *ARL*-Werte ergeben. Eine detaillierte Diskussion findet der Leser in Abschnitt 8-2.2 bei Montgomery (2005), dort insbesondere Tabelle 8-10. Kurz gefasst lässt sich Folgendes sagen: Generell sollte λ zwischen 0,05 und 0,25 gewählt werden, wobei kleine λ besser geeignet sind zur Entdeckung kleiner Verschiebungen des Prozessniveaus μ und umgekehrt. Für $\lambda > 0{,}1$ ist $k = 3$ empfehlenswert, für $\lambda \leq 0{,}1$ dagegen $2,6 \leq k \leq 2,8$. (Montgomery, 2005, S. 411) ◇

In Hintergrund 12.1.5.1 haben wir in der Rekursion von Z_t als Parameter λ gewählt, während wir in Hintergrund 11.4.1.8 α verwendet haben. Dies geschah nicht, um den Leser zu verwirren. Leider hat STATISTICA in seiner Menüführung die Bezeichnung gewechselt. Diese Rekursion jedenfalls, die ja die gesamte Prozessvergangenheit exponentiell gewichtet berücksichtigt, ist es, welche die EWMA-Karte zu einer Karte mit Gedächtnis macht.

Durchführung 12.1.5.2

Eine *EWMA-Karte* erstellt man in völliger Analogie zu Durchführung 12.1.3.3, mit dem Unterschied, dass man nun

- *EWMA X-quer & R-Karte* wählt, um diese mit einer R-Karte zu kombinieren, oder wenn $n = 1$ ist, oder
- *EWMA X-quer & S-Karte* wählt, um diese mit einer S-Karte zu kombinieren, wobei $n \geq 2$ sein muss.

Ferner muss man nun im Dialog *Variablen für EWMA X-quer...* im Feld *Lambda Moving Average (...)* den Wert für λ eingeben. Den Wert für k kann man erst anpassen, wenn man nachträglich das *EWMA*-Menü erneut aktiviert. •

Bemerkung zu Durchführung 12.1.5.2.

Standardmäßig gibt STATISTICA auch hier wieder Histogramme für die EWMA-Karten mit aus, allerdings ist fraglich warum. Die einzelnen Z_t sind nicht identisch normalverteilt, auf Grund der seriellen Abhängigkeit von $(Z_t)_T$ ist seine Fähigkeit als Dichteschätzer ohnehin eingeschränkt.

Ferner bietet STATISTICA auch hier wieder die Überprüfung von Verlaufsregeln an. Dies sollte man tunlichst unterlassen, da auf Grund der seriellen Abhängigkeit von $(Z_t)_T$ diese ständig verletzt werden, was aber ganz normal ist. □

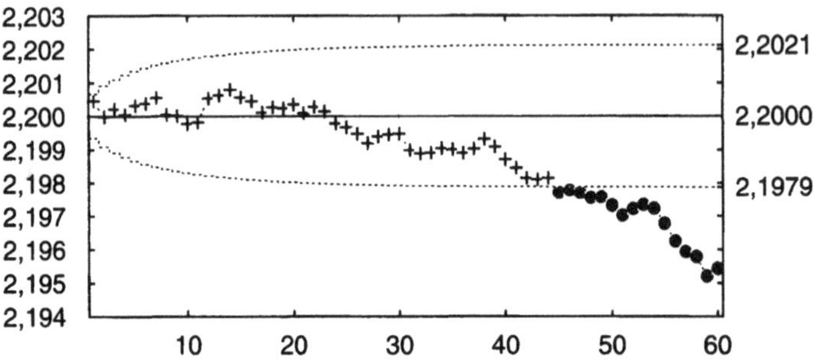

Abb. 12.13: *EWMA-Karte zu Beispiel 12.1.5.3.*

Beispiel 12.1.5.3

Setzen wir Beispiel 12.1.3.6 fort. Für die dortigen Fräsdaten ($n = 1$) in der Datei `FraesenAb.sta` sind die Werte $\mu_0 = 2{,}20$ und $\sigma_0 = 0{,}00491$ für den Kontrollzustand bekannt. Wir erstellen nun eine EWMA-Karte mit $\lambda = 0{,}05$, wobei wir entsprechend der Empfehlung von Montgomery (2005) in Hintergrund 12.1.5.1 $k = 2{,}7$ wählen.

Das Resultat ist in Abbildung 12.13 wiedergegeben. Der Abwärtstrend, den wir schon in Beispiel 12.1.3.6 entdeckten, kommt hier noch deutlicher zur Geltung. Die Kontrollgrenzen werden bereits bei $t = 45$ verletzt, im Gegensatz zur Einzelwertkarte, wo dies erst bei $t = 59$ der Fall war. Somit scheint die EWMA-Karte klar überlegen. Berücksichtigt man bei der Einzelwertkarte jedoch auch Verlaufsregeln, siehe Beispiel 12.1.3.9, was bei der EWMA-Karte nicht möglich ist, dann relativiert sich dieser Vorteil wieder, denn bereits zwischen $t = 39$ und $t = 42$ wird ein erstes kritisches Muster entdeckt. Da jedoch Verlaufsregeln schwerer manuell nachzuprüfen sind, bleibt zumindest ein praktischer Vorteil auf Seiten der EWMA-Karte. □

Auch die *Moving-Average-Karte* wird, genau wie die EWMA-Karte, durch ein Glättungsverfahren der Zeitreihenanalyse motiviert, und zwar durch den *einfachen gleitenden Durchschnitt*, siehe Hintergrund 11.4.1.5. Hierzu muss man die Länge w des Fensters angeben, welches über die Prozessdaten gleitet, und als Kontrollstatistik wird entsprechend der Mittelwert des Fensterinhaltes betrachtet. Somit besitzt auch diese Karte ein Gedächtnis, in diesem Fall der Länge $w - 1$.

Hintergrund 12.1.5.4

Sei $X_{t,1}, \ldots, X_{t,n_t}$ die zur Zeit t aufgenommene Teilstichprobe des Prozesses vom Umfang n_t. Zwar ist die Moving-Average-Karte in STATISTICA tatsächlich für beliebige n_t implementiert, bei unserer Beschreibung der Moving-Average-Karte beschränken wir uns jedoch vereinfachend auf die Situation konstanter Teilstichprobenumfänge $n_t = n$, wobei auch $n = 1$ erlaubt ist. Es bezeichne $\bar{X}_t$ das zugehörige arithmetische Mittel, welches im Falle $n = 1$ gleich X_t ist. Im Zustand statistischer Kontrolle ist $\bar{X}_t$ verteilt gemäß $N(\mu_0, \frac{\sigma_0^2}{n})$.

Als Kontrollstatistik betrachten wir nun, für gewählte Fensterlänge $w \in \mathbb{N}$,

$$Z_t := \begin{cases} \frac{1}{t} \cdot (\bar{X}_1 + \ldots + \bar{X}_t), & t < w, \\ \frac{1}{w} \cdot (\bar{X}_{t-w+1} + \ldots + \bar{X}_t), & t \geq w. \end{cases}$$

Dann ist Z_t selbst ebenfalls normalverteilt, und zwar gemäß $N(\mu_0, \frac{\sigma_0^2}{n \cdot t})$, falls $t < w$, und gemäß $N(\mu_0, \frac{\sigma_0^2}{n \cdot w})$, falls $t \geq w$. Allerdings sind, genau wie bei der EWMA-Karte auch, die einzelnen Z_t nun seriell abhängig, so dass eine Überprüfung von Verlaufsregeln wenig Sinn macht und auch das Histogramm mit Vorsicht zu genießen ist.

In Phase II, wenn die Werte für μ_0 und σ_0^2 als bekannt angenommen werden, konstruiert man die *Moving-Average-Karte* mit k-σ-Grenzen mit Mittellinie bei μ_0 und Kontrollgrenzen

$$UCL_t = \begin{cases} \mu_0 + k \cdot \frac{\sigma_0}{\sqrt{n \cdot t}}, & t < w, \\ \mu_0 + k \cdot \frac{\sigma_0}{\sqrt{n \cdot w}}, & t \geq w, \end{cases} \qquad LCL_t = \begin{cases} \mu_0 - k \cdot \frac{\sigma_0}{\sqrt{n \cdot t}}, & t < w, \\ \mu_0 - k \cdot \frac{\sigma_0}{\sqrt{n \cdot w}}, & t \geq w. \end{cases}$$

In Phase I dagegen ersetzt man μ_0 und σ_0 durch die in Hintergrund 12.1.3.2 diskutierten Schätzer.

Design einer Moving-Average-Karte: Da die Kontrollstatistik Z_t erneut normalverteilt ist, ist die Wahl der symmetrischen k-σ-Grenzen gerechtfertigt, alternativ können auch quantilbasierte Grenzen konstruiert werden. Bezüglich der Fensterlänge gilt, dass zur Entdeckung kleiner Shifts eher große Fensterlängen zu empfehlen sind, für große Shifts dagegen kleine. (Montgomery, 2005, S. 417) ◇

Obwohl die Kontrollstatistik Z_t der Moving-Average-Karte gegenüber jener der EWMA-Karte den Vorteil hat, dass im Kontrollzustand ihre exakte Verteilung von einfacherer Gestalt ist als die der EWMA-Statistik, wird in der Praxis die EWMA-Karte bevorzugt, wohl insbesondere wegen der leichteren Implementierung. Schließlich muss bei der EWMA-Karte nur ein Wert im Arbeitsspeicher verbleiben, und nicht $w - 1$ wie bei der Moving-Average-Karte.

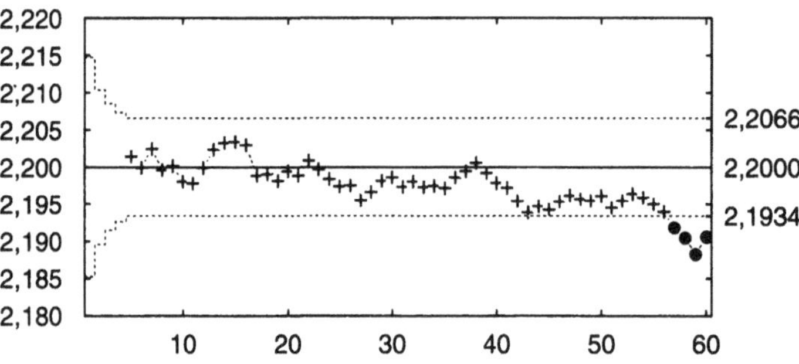

Abb. 12.14: *Moving-Average-Karte mit* $w = 5$ *zu Beispiel 12.1.5.6.*

Durchführung 12.1.5.5

Eine *Moving-Average-Karte* erstellt man in völliger Analogie zu Durchführung 12.1.3.3, mit dem Unterschied, dass man nun

- *MA X-quer & R-Karte* wählt, um diese mit einer R-Karte zu kombinieren, oder wenn $n = 1$ ist, oder
- *MA X-quer & S-Karte* wählt, um diese mit einer S-Karte zu kombinieren, wobei $n \geq 2$ sein muss.

Ferner muss man nun im Dialog *Variablen für MA X-quer...* im Feld *Moving Average Spanne* den Wert für w eingeben. Den Wert für k kann man erst anpassen, wenn man nachträglich das *Moving-Average*-Menü erneut aktiviert. •

Bemerkung zu Durchführung 12.1.5.5.

Erstellt man, bei gewählter Fensterlänge w, eine Moving-Average-Karte gemäß Durchführung 12.1.5.5, so werden, wie in Hintergrund 12.1.5.4 beschrieben, die Kontrollgrenzen korrekt berechnet und angegeben für *alle* t. Leider jedoch werden die Kontrollstatistiken nur für $t \geq w$ berechnet und aufgetragen. Somit ist mit den bei STATISTICA implementierten Moving-Average-Karten eine Kontrolle der ersten $w - 1$ Werte nicht möglich. □

Beispiel 12.1.5.6

Setzen wir Beispiel 12.1.3.6 bzw. 12.1.5.3 fort; es ist $n = 1$, $\mu_0 = 2{,}20$ und $\sigma_0 = 0{,}00491$. Wir erstellen zwei Moving-Average-Karten mit diesen Vorgaben, einmal mit Fensterlänge $w = 5$, siehe Abbildung 12.14, dann mit $w = 20$, siehe Abbildung 12.15. Offenbar

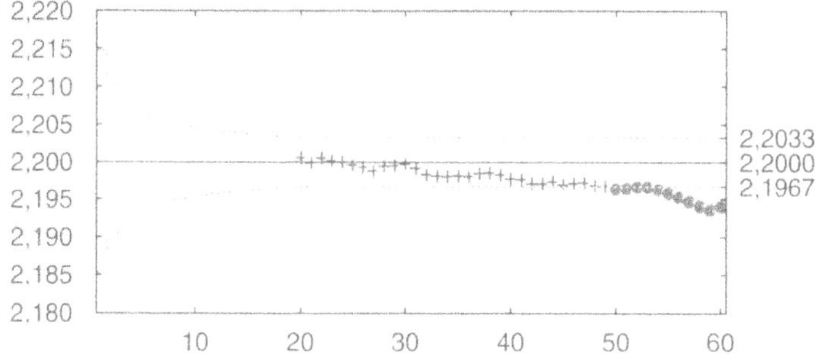

Abb. 12.15: *Moving-Average-Karte mit $w = 20$ zu Beispiel 12.1.5.6.*

erkennt die Karte mit $w = 20$ den Abwärtstrend wesentlich früher, übrigens nicht so früh wie obige EWMA-Karte, siehe Beispiel 12.1.5.3. Jedoch erkauft man sich diesen Vorteil bei STATISTICA damit, dass sich die ersten 19 Werte jeglicher Kontrolle entziehen. □

Die *CUSUM-Kontrollkarte*[9] wird motiviert insbesondere durch die Schwäche der $\bar{X}$- bzw. Einzelwertkarte beim Erkennen kleiner Verschiebungen im Prozessniveau μ, zumindest wenn keine Verlaufsregeln berücksichtigt werden. Die grundlegende Idee hierbei ist, dass sich viele kleine Abweichungen zu einer großen addieren. Die Anwendung der *tabellarischen CUSUM-Karte*, wie sie bei STATISTICA implementiert ist, beschränkt sich dabei auf einen Prozess mit Einzelwerten, d. h. wir betrachten $(X_t)_T$ selbst, ohne dass wir Teilstichproben ziehen.

Hintergrund 12.1.5.7

Vom Prozess $(X_t)_T$ wird angenommen, dass er im Kontrollzustand unabhängig und identisch verteilt ist mit Randverteilung $N(\mu_0, {\sigma_0}^2)$, siehe Voraussetzung 12.1.3.1. In Phase II, wenn die Werte für μ_0 und σ_0^2 als bekannt angenommen werden, sind die Kontrollstatistiken ${C_t}^+$ und ${C_t}^-$ definiert als

$$C_t^+ = \max\left(0 \;;\; (X_t - \mu_0) - \epsilon \;+\; C_{t-1}^+\right), \quad C_0^+ := 0,$$
$$C_t^- = \min\left(0 \;;\; (X_t - \mu_0) + \epsilon \;+\; C_{t-1}^-\right), \quad C_0^- := 0.$$

Zur Interpretation betrachten wir die Statistik ${C_t}^+$ etwas ausführlicher: Der Wert von ${C_t}^+$ wächst gegenüber dem von ${C_{t-1}}^+$ immer dann an, wenn X_t um mehr als ϵ größer als μ_0 ist. Um hierbei den Toleranzparameter ϵ zu bestimmen, folgt STATISTICA einer Empfehlung von Montgomery (2005) und erwartet die Vorgabe eines kritischen Shifts vom Betrage $\delta \cdot \sigma_0$, den es auf jeden Fall zu entdecken gilt; es ist dann $\epsilon := \frac{\delta}{2} \cdot \sigma_0$.

[9]**Cumulated Sum**.

Die *tabellarische CUSUM-Karte* wird nun wie folgt konstruiert: Man wähle

$$\text{Mittellinie} = 0, \quad UCL = k \cdot \sigma_0, \quad LCL = -k \cdot \sigma_0,$$

und trage zur Zeit t auf die entsprechend konstruierte Karte nun jene der beiden Statistiken ${C_t}^+$ und ${C_t}^-$ auf, die stärker von der 0 abweicht. Per Definition sind die aufgetragenen Kontrollstatistiken wieder seriell abhängig, so dass eine Überprüfung der Verlaufsregeln nicht sinnvoll ist, auch ein Histogramm ist wenig hilfreich. In Phase I ersetzt man μ_0 und σ_0 durch die in Hintergrund 12.1.3.2 diskutierten Schätzer.

Design einer CUSUM-Karte: Wenn durch äußere Gegebenheiten nicht anders erforderlich, ist bei der Wahl des kritischen Shifts ein Wert $\delta = 1$, also $\epsilon = \frac{\sigma_0}{2}$, empfehlenswert. Bei den k-σ-Grenzen sollte k zwischen 4 und 5 gewählt werden. Diese Ratschläge beruhen auf ARL-Überlegungen, wie bei der EWMA-Karte auch, siehe Hintergrund 12.1.5.1. (Montgomery, 2005, S. 395ff) ◇

Durchführung 12.1.5.8

Eine *CUSUM-Karte* erstellt man in völliger Analogie zu Durchführung 12.1.3.3, mit dem Unterschied, dass man nun *CUSUM-Karte Einzelwerte* wählen muss, vorerst nur die *Variable* auswählt und *OK* klickt. Neben einer auf Schätzwerten basierenden CUSUM-Karte wird auch eine Moving-Range-Karte mit ausgegeben, siehe Hintergrund 12.1.3.12.

Die Werte für δ, μ_0, σ_0 und k kann man erst anpassen, wenn man nachträglich das *CUSUM*-Menü erneut aktiviert. Ersteres gibt man auf der Karte *Karten* unter *Entdecke Shift ab* ein, die Übrigen wie gewohnt auf der Karte *X (MA..) Einst.*. •

Beispiel 12.1.5.9

Setzen wir die Beispiele 12.1.3.6, 12.1.5.3 und 12.1.5.6 fort; es ist $\mu_0 = 2{,}20$ und $\sigma_0 = 0{,}00491$. In Abbildung 12.16 ist eine CUSUM-Karte mit $\delta = 1$ und $k = 5$ zu sehen; offenbar erkennt diese ab $t = 45$ den Abwärtstrend als kritisch. Die Sensibilität der CUSUM-Karte kann erhöht werden, indem man beispielsweise den Toleranzparameter verkleinert. Bei der CUSUM-Karte in Abbildung 12.17 wurde $\delta = \frac{1}{2}$ und $k = 5$ gewählt, entsprechend wird der Abwärtstrend bereits bei $t = 41$ erkannt. Es sollte aber beachtet werden, dass man sich eine erhöhte Sensibilität auch mit erhöhten Raten falscher Alarmmeldungen erkauft. □

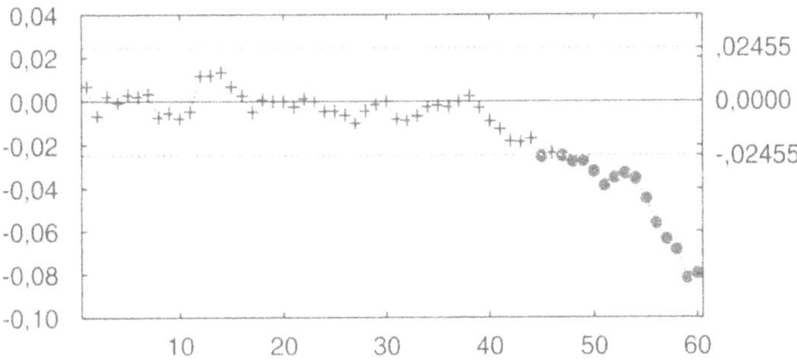

Abb. 12.16: *CUSUM-Karte mit* $\delta = 1$ *und* $k = 5$ *zu Beispiel 12.1.5.9.*

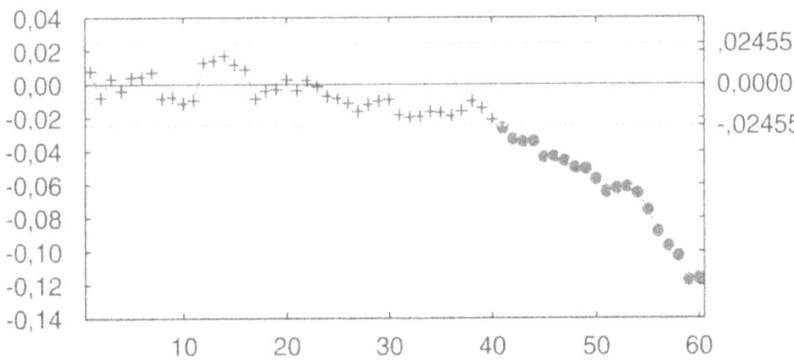

Abb. 12.17: *CUSUM-Karte mit* $\delta = \frac{1}{2}$ *und* $k = 5$ *zu Beispiel 12.1.5.9.*

12.1.6 Kontrolle multivariater Prozesse

Liegen statt eindimensionaler Daten mehrdimensionale Daten vor, die entsprechend einer multivariaten Normalverteilung folgen, so könnte man die einzelnen Komponenten für sich mit einer der obigen Karten kontrollieren. Ist die Dimension p der Daten groß, müsste man aber recht viele Karten zugleich im Auge behalten, was schnell unübersichtlich wird. Zudem können die einzelnen Komponenten untereinander stark korreliert sein, was durch Einzelkarten nicht berücksichtigt wird. Deshalb ist eine einzelne Karte wünschenswert, bei der jeder aufgetragene Wert den gesamten Vektor mit seinen internen Abhängigkeiten widerspiegelt.

Neu ab Version 7 ist, dass das Qualitätsregelkartenmodul nun auch eine Karte für multivariate Daten enthält, nämlich *Hotellings* T^2*-Karte.* Im Moment ist diese jedoch noch gut versteckt, nämlich unter *Statistik* → *Analyse für Gruppen* → *Industrielle Statistiken und Six Sigma* → *Hotelling T^2-Karte.* Eine genaue Beschreibung dieses Ansatzes wird im Rest dieses Abschnitts vorgenommen. •

Auch das MSPC-Modul, siehe Anhang E, bietet Hotellings T^2-Karte an.

Voraussetzung 12.1.6.1

Der beobachtete Prozess $(\boldsymbol{X}_t)_T$ besteht aus p-dimensionalen Zufallsvektoren mit Zielbereich $\mathbb{R}^p$, und im Zustand statistischer Kontrolle wird angenommen, dass der Prozess *unabhängig und identisch verteilt (i. i. d.)* ist mit der multivariaten Normalverteilung $N(\boldsymbol{\mu}_0, \boldsymbol{\Sigma}_0)$ als Randverteilung. •

Hintergrund 12.1.6.2

Sei $\boldsymbol{X}_{t,1}, \ldots, \boldsymbol{X}_{t,n}$ die zur Zeit t erhobene Teilstichprobe gemäß Voraussetzung 12.1.6.1, dann ist auch das Stichprobenmittel $\bar{\boldsymbol{X}}_t$ multivariat normalverteilt. Sind $\boldsymbol{\mu}_0$ und $\boldsymbol{\Sigma}_0$ bekannt, so ist im Zustand statistischer Kontrolle die χ^2-Statistik

$$\mathbf{X}_t^2 \;:=\; n \cdot (\bar{\boldsymbol{X}}_t - \boldsymbol{\mu}_0)^T \boldsymbol{\Sigma}_0^{-1} (\bar{\boldsymbol{X}}_t - \boldsymbol{\mu}_0)$$

χ^2-verteilt mit p Freiheitsgraden. Entsprechend konstruiert man die *einseitige χ^2-Kontrollkarte* mit unterer Grenze $LCL = 0$ und oberer Grenze $UCL = \chi_p^{-1}(1-\alpha)$, wobei Letzteres das $(1-\alpha)$-Quantil der χ^2-Verteilung mit p Freiheitsgraden ist.

Das eben besprochene Kartendesign entspricht der idealen Phase-II-Situation. Tatsächlich aber wird man $\boldsymbol{\mu}_0$ und $\boldsymbol{\Sigma}_0$ nicht exakt kennen, sondern aus m früheren Stichproben, zu den Zeiten $t = 1, \ldots, m$, heraus schätzen, die als im Kontrollzustand befindlich angenommen werden. Hierbei ist $\bar{\bar{\boldsymbol{X}}} \;:=\; \frac{1}{m}\sum_{t=1}^{m} \bar{\boldsymbol{X}}_t$ ein Schätzer für $\boldsymbol{\mu}_0$, und

$$\mathbf{S} \;:=\; \frac{1}{m}\sum_{t=1}^{m} \mathbf{S}_t, \quad \text{mit} \quad \mathbf{S}_t \;:=\; \frac{1}{n-1} \cdot \sum_{i=1}^{n} (\boldsymbol{X}_{t,i} - \bar{\boldsymbol{X}}_t)(\boldsymbol{X}_{t,i} - \bar{\boldsymbol{X}}_t)^T$$

ein Schätzer für $\boldsymbol{\Sigma}_0$. Die χ^2-Kontrollstatistik muss dann modifiziert werden zur *T^2-Statistik*

$$\mathbf{T}_t^2 \;:=\; n \cdot (\bar{\boldsymbol{X}}_t - \bar{\bar{\boldsymbol{X}}})^T \mathbf{S}^{-1} (\bar{\boldsymbol{X}}_t - \bar{\bar{\boldsymbol{X}}}).$$

Die obige χ^2-Verteilung ist dann lediglich eine Approximation der exakten Verteilung von $\mathbf{T}_t^2$, die nur für große m, etwa $m > 50$ (Montgomery, 2005, S. 497), akzeptabel ist. Für kleine m dagegen muss man die Kontrollgrenzen gemäß der exakten Verteilung von $\mathbf{T}_t^2$ berechnen. Die entprechenden Kontrollgrenzen für *Hotellings T^2-Karte* in Phase II, also $t > m$, sind dann

$$LCL = 0, \quad UCL = \begin{cases} \frac{p(m+1)(n-1)}{mn-m-p+1} \cdot F_{p,mn-m-p+1}^{-1}(1-\alpha), & n > 1, \\ \frac{p(m+1)(m-1)}{m(m-p)} \cdot F_{p,m-p}^{-1}(1-\alpha), & n = 1, \end{cases}$$

wobei $F_{p,mn-m-p+1}^{-1}(1-\alpha)$ bzw. $F_{p,m-p}^{-1}(1-\alpha)$ das $(1-\alpha)$-Quantil der entsprechenden F-Verteilung ist.

In Phase I dagegen, d. h. wenn die Statistiken $\mathbf{T}_t^2$ für $t = 1, \ldots, m$ berechnet werden, ergeben sich die Grenzen von *Hotellings T^2-Karte* zu

$$LCL = 0, \quad UCL = \begin{cases} \frac{p(m-1)(n-1)}{mn-m-p+1} \cdot F^{-1}_{p,mn-m-p+1}(1-\alpha), & n > 1, \\ \frac{(m-1)^2}{m} \cdot \beta^{-1}_{p/2,(m-p-1)/2}(1-\alpha), & n = 1, \end{cases}$$

wobei $F^{-1}_{p,mn-m-p+1}(1-\alpha)$ bzw. $\beta^{-1}_{p/2,(m-p-1)/2}(1-\alpha)$ das $(1-\alpha)$-Quantil der entsprechenden F- bzw. Betaverteilung ist. ◇

Bemerkung zu Hintergrund 12.1.6.2.

Bis dato ist bei STATISTICA Hotellings T^2-Karte nur für Phase I implementiert, wobei STATISTICA beim Teilstichprobenumfang $n > 1$ die in Hintergrund 12.1.6.2 angegebenen Kontrollgrenzen verwendet. Für $n = 1$ dagegen, also eine Einzelwertkarte, berechnet STATISTICA die obere Kontrollgrenze als $UCL = \frac{p(m-1)}{m-p} \cdot F^{-1}_{p,m-p}(1-\alpha)$. Laut Montgomery (2005) ist dies jedoch bestenfalls als approximative obere Kontrollgrenze für Phase II akzeptabel, und auch dann nur für $m > 100$ (Montgomery, 2005, S. 499, 501). Deshalb sollte man in diesem Fall, wie unten im Beispiel 12.1.6.4 erläutert, die obere Kontrollgrenze manuell anpassen. □

Durchführung 12.1.6.3

Hotellings T^2-Karte ist unter *Statistik* → *Analyse für Gruppen* → *Industrielle Statistiken und Six Sigma* → *Hotelling T^2-Karte* zu finden. Dort wählt man auf der Karte *Standard* die *Variablen* aus, bei Bedarf auch eine Gruppierungsvariable. Anschließend wechselt man auf die Karte *Allgemein* und wählt dort unter *Eingabedaten: Einzelne Beob.*, falls eine Einzelwertkarte erstellt werden soll, oder *Mehrere Beob.*, falls $n > 1$ ist. Den Stichprobenumfang n trägt man bei *Anzahl Beob. ...* ein und gibt bei *Alpha-Wahrscheinlichkeit* den Wert für α vor. Bei Ergebnisumfang wählt man z. B. *Umfassend*, anschließend klickt man auf *OK*. •

Beispiel 12.1.6.4

Die $m = 56$ Daten der Datei `Kies.sta` aus Montgomery (2005) beschreiben Anteilswerte (in %) von Partikeln großer und mittlerer Größe in Stichproben bei einem Kieshersteller. Approximativ können diese Daten durch eine bivariate Normalverteilung beschrieben werden. Eine Untersuchung der Randverteilungen etwa mittels Quantilplots, siehe Abschnitt 8.2, ist zufriedenstellend. Beide Komponenten sind stark negativ korreliert, STATISTICA berechnet einen Wert von -0,77, siehe auch Abschnitt 6.1. Dies ist nachvollziehbar, denn ist etwa der Anteil großer Partikel hoch, muss zwangsweise der Anteil mittelgroßer Partikel kleiner ausfallen.

Zu diesen Daten wird eine Hotelling-Karte für Einzelwerte erstellt, zum Niveau $\alpha = 0{,}01$. Das Resultat ist in Abbildung 12.18 zu sehen, wobei STATISTICA nur die Kontrollgrenze bei 10,2284 ausgibt. Demnach scheinen die Daten unter Kontrolle zu sein. Wie oben jedoch bereits bemerkt, müssten wir hier die obere Grenze mit Hilfe des 0,99-Quantils der Betaverteilung mit Freiheitsgraden $\frac{p}{2} = 1$ und $\frac{m-p-1}{2} = 26{,}5$ bestimmen, wobei man dieses Quantil mit Hilfe des Wahrscheinlichkeitsrechners, siehe Anhang A.3, zu 0,159518 berechnet. Entsprechend ist $UCL \approx \frac{55^2}{56} \cdot 0{,}159518 \approx 8{,}6168$. Um diese Grenze, wie in Abbildung 12.18 zu sehen, in die Karte einzutragen, vollführen wir einen Doppelklick auf den Randbereich der Grafik und wechseln im sich öffnenden *Alle Optionen*-Dialog auf die Karte *Nutzerdefinierte Funktion*. Hier klicken wir auf *Funktion hinzufügen* und tragen schließlich im Feld *Y=* die Zahl 8,6168 ein. Anschließend wechseln wir auf die Karte *Achse: Nutzereinheiten* und tragen in eine neue Zeile des Tabellenfeldes bei *Position* und *Text* jeweils erneut 8,6168 ein und bestätigen mit *OK*.

Bezüglich dieser oberen Kontrollgrenze erhalten wir nun zumindest einen Alarm bei $t = 26$. Tatsächlich wären weitere Alarmmeldungen wünschenswert gewesen, denn von $t = 24$ auf $t = 25$ erfährt der Prozess eine Verschiebung des Niveaus. Dies drückt die Variable *Niveau* aus, mit deren Hilfe man gruppenweise Mittelwerte für $t = 1, \ldots, 24$ berechnet zu $(4{,}229167\ ,\ 90{,}83333)^T$ bzw. für $t = 25, \ldots, 56$ berechnet zu $(6{,}771875\ ,\ 86{,}25938)^T$. Diesen Shift kann man auch gut in Linienplots der Einzelkomponenten erkennen.

Der Grund für diese mangelnde Sensitivität liegt in der Anfälligkeit der geschätzten Kovarianzmatrix **S** gegenüber Ausreißern, weshalb Montgomery (2005) einen alternativen Schätzer vorstellt. □

12.1.7 Kontrollkarten für diskrete Merkmale

In den Abschnitten 12.1.3 und 12.1.5 haben wir uns bisher nur mit Kontrollkarten für Messdaten beschäftigt. Im Rahmen der SQC ist man häufig aber auch mit Prozessen konfrontiert, bei denen die einzelnen Zufallsvariablen nur Werte eines diskreten, u. U. sogar endlichen Wertebereichs annehmen können. Karten, die zur Kontrolle solcher Prozesse eingesetzt werden, wollen wir *Kontrollkarten für diskrete Merkmale* (engl.: *attributes control charts*) nennen. Wir wollen uns dabei im Folgenden auf zwei Sonderfälle diskreter Prozesse $(X_t)_T$ konzentrieren, nämlich solche mit Binomial- oder Poissonverteilung als Randverteilung.

Stellen wir uns etwa vor, zu einer jeden Zeit t entnehmen wir einem Produktionsprozess eine Stichprobe des Umfangs n_t und prüfen jedes Element $Y_{t,i}$ auf seine Funktionsfähigkeit hin. Mögliche Ergebnisse:

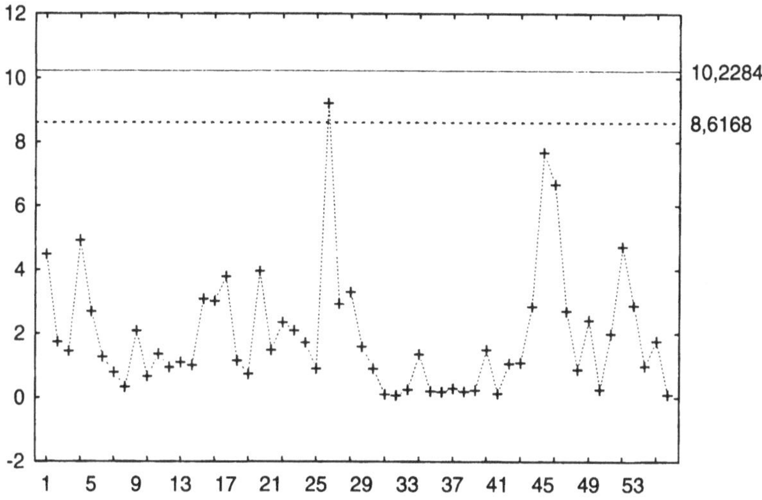

Abb. 12.18: *Hotellings T^2-Karte zu Beispiel 12.1.6.4.*

defekt (=1) oder funktionsfähig (=0). Unter der Annahme, dass jedes Element der Stichprobe, unabhängig von den anderen Elementen, mit einer gewissen Wahrscheinlichkeit p defekt sein wird, also $P(Y_{t,i} = 1) = p$, ist die Variable $X_t := \sum_{i=1}^{n_t} Y_{t,i}$, also die Zahl defekter Elemente in der Teilstichprobe, binomialverteilt gemäß $B(n_t, p)$. Um eine einfache Kontrollstrategie für einen derartigen Prozess $(X_t)_\mathcal{T}$ formulieren zu können, verschärfen wir die allgemeine Voraussetzung 12.1.2.1 aus Abschnitt 12.1.2 wie folgt:

Voraussetzung 12.1.7.1

Der beobachtete Prozess $(X_t)_\mathcal{T}$ ist *univariat*, und im Zustand statistischer Kontrolle wird angenommen, dass der Prozess *unabhängig* ist und die einzelnen X_t binomialverteilt sind gemäß $B(n_t, p_0)$. •

Hintergrund 12.1.7.2

Der Prozess $(X_t)_\mathcal{T}$ erfülle Voraussetzung 12.1.7.1, d. h. es sei insbesondere X_t verteilt gemäß $B(n_t, p)$, wobei im Zustand statistischer Kontrolle $p = p_0$ gelte. Der Erwartungswert von X_t ist dann $n_t p$, bzw. es ist $E[\frac{X_t}{n_t}] = p$. In Phase II, wenn wir den Wert p_0 als bekannt voraussetzen, bieten sich somit die folgenden Kontrollstrategien vom Shewhart-Typ an:

Trägt man die realisierten Werte von $\hat{p}_t := \frac{X_t}{n_t}$ auf eine Kontrollkarte mit

$$UCL_t = p_0 + k_U \cdot \sqrt{\frac{p_0(1-p_0)}{n_t}}, \qquad UCL_t = \frac{z_{t,1-\frac{\alpha}{2}}}{n_t},$$

$$\text{Mittellinie} = p_0, \qquad \text{oder}$$

$$LCL_t = p_0 - k_L \cdot \sqrt{\frac{p_0(1-p_0)}{n_t}}, \qquad LCL_t = \frac{z_{t,\frac{\alpha}{2}}}{n_t},$$

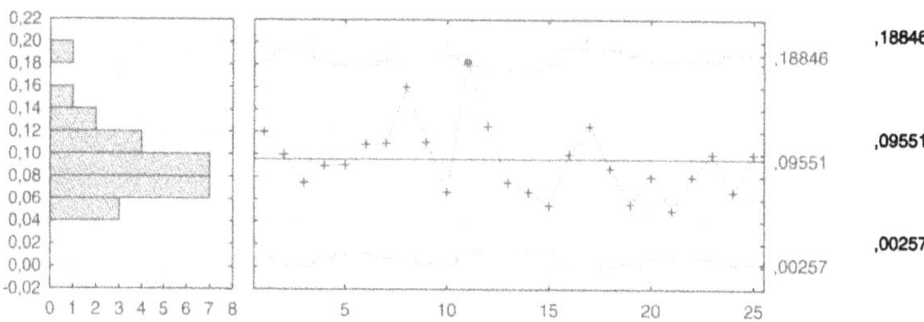

Abb. 12.19: *p-Karte zu den Daten aus Beispiel 12.1.7.4.*

auf, so spricht man von einer *p-Kontrollkarte.* Hierbei bezeichnet $z_{t,\beta}$ das β-Quantil der Verteilung $B(n_t, p)$. Alternativ kann man auch die Zählwerte X_t selbst auf eine Karte mit

$$\begin{aligned} UCL_t &= n_t p_0 + k_U \cdot \sqrt{n_t p_0 (1-p_0)}, & & UCL_t = z_{t,1-\frac{\alpha}{2}}, \\ \text{Mittellinie} &= n_t p_0, & \text{oder} & \\ LCL_t &= n_t p_0 - k_L \cdot \sqrt{n_t p_0 (1-p_0)}, & & LCL_t = z_{t,\frac{\alpha}{2}}, \end{aligned}$$

auftragen, dann spricht man von einer *np-Kontrollkarte.* Beide Karten sind offensichtlich äquivalent und unterscheiden sich lediglich in der Skalierung der Hochachse und darin, dass bei ungleichen Stichprobengrößen n_t die Mittellinie der *np*-Karte nicht konstant ist. Im Falle der jeweils erstgenannten Kontrollgrenzen setzt man $LCL_t = 0$, falls man einen negativen Wert berechnet; eine Kontrolle der unteren Grenze, also ein Absinken von p verglichen mit p_0, ist dann nicht möglich. Auch hier ist wieder $k_L = k_U = 3$ eine populäre Wahl, die allerdings auf Grund der teils ausgeprägten Schiefe der Binomialverteilung, die Schiefe von X_t beträgt $(1-2p)/\sqrt{n_t p(1-p)}$, oftmals unbefriedigend ist. Für $n_t p(1-p) \geq 9$ ist der Absolutbetrag der Schiefe immerhin $\leq \frac{1}{3}$, so dass man dann von einer annähernd symmetrischen Verteilung ausgehen kann. Deshalb sind die zweitgenannten quantilbasierten Kontrollgrenzen eigentlich vorzuziehen – nur leider nicht bei STATISTICA implementiert. Für den Fall konstanter Stichprobengrößen $n_t = n$ werden wir in Beispiel 12.1.7.5 unten dennoch sehen, wie man manuell solche Grenzen bestimmen kann.

In Phase I dagegen müssen wir, unter der Annahme, dass der Prozess zur beobachteten Zeit unter Kontrolle war, den Wert von p_0 schätzen durch $\bar{p} := \frac{X_1+\ldots+X_T}{n_1+\ldots+n_T}$, und entprechend p_0 durch $\bar{p}$ in den obigen Karten ersetzen. ◇

Durchführung 12.1.7.3

Um eine *p-Karte* bzw. *np-Karte* zu erstellen, wählt man *Statistik* → *Industrielle Statistik & Six Sigma* → *Qualitätsregelkarten* und wechselt im erscheinenden Dialog auf die Karte *Zählung*. Dort wählt man *P-Karte* bzw. *Np-Karte* und bestätigt mit *OK*. Je nach vorliegendem Datenmaterial wählt man für die Daten *Häufigkeiten* (falls Zähldaten), *Anteile* (falls relativer Anteil an Stichprobe) oder *Rohdaten* (falls binäre Einzeldaten) aus. Bei variablem n_t muss man zudem eine Variable mit Stichprobenumfängen auswählen, ansonsten genügt es, den Stichprobenumfang $n_t = n$ unter *Konstanter Stichprobenumfang* zu vermerken. Es wird schließlich eine p- bzw. np-Karte mit angepassten 3-σ-Grenzen erstellt.

Aktiviert man das Menü *P: ...* bzw. *Np: ...* erneut, so kann man auf der Karte *Karten* über *Karte* Selbige ausgeben lassen, über *Deskr. Stat.* die konkreten Werte der Kontrollstatistiken, -grenzen, über *OC* eine OC-Kurve, siehe Abschnitt 12.1.4, und über *Runs-Tests* das Resultat der Überprüfung der Verlaufsregeln, siehe Hintergrund 12.1.3.7.

Auf der Karte *Einstellungen* kann man das Design der Karte modifizieren, analog zu Durchführung 12.1.3.4, und auf der Karte *Brushing* genau wie in Durchführung 12.1.3.10 einzelne Werte von der Berechnung der Kontrollgrenzen in Phase I ausschließen. •

Beispiel 12.1.7.4

Die Einkaufsgruppe eines Luftfahrtunternehmens gibt n_t Bestellungen an einen Lieferanten in der Woche t aus. Dabei werden immer wieder Bestellungen fehlerhaft ausgefüllt, etwa durch Angabe falscher Artikelnummern. Die Datei `Luftfahrt.sta` aus Montgomery (2005) enthält Angaben zur Zahl n_t aller Bestellungen und derer, die fehlerhaft sind. An die Daten soll eine p- bzw. np-Karte mit 3-σ-Grenzen angepasst werden, das Resultat ist den Abbildungen 12.19 bzw. 12.20 zu entnehmen. Offenbar gibt es in der Woche $t = 11$ auffallend viele fehlerhafte Bestellungen. Schließt man diesen Wert von der Berechnung der Kontrollgrenzen aus, so erhält man die p-Karte aus Abbildung 12.21, der zu Folge die übrigen Prozessdaten im Zustand statistischer Kontrolle entstanden zu sein scheinen. Auch die Verlaufsregeln werden nicht verletzt. Es scheint also, dass man selbst im Kontrollzustand mit einem Anteil von im Mittel über 9 % fehlerhaft ausgefüllter Bestellungen rechnen muss. □

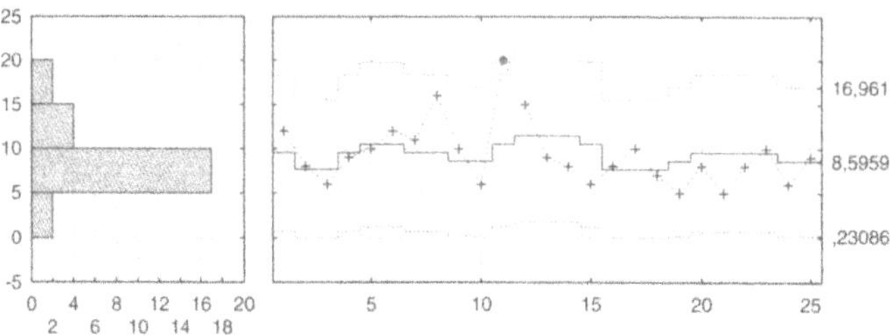

Abb. 12.20: *np-Karte zu den Daten aus Beispiel 12.1.7.4.*

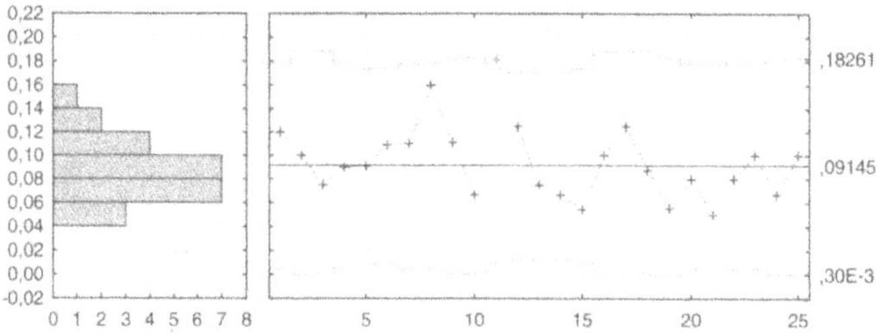

Abb. 12.21: *p-Karte zu den Daten aus Beispiel 12.1.7.4 nach Brushing.*

Beispiel 12.1.7.5

Die Datei `Orangensaft.sta` enthält die Anzahl defekter Saftpackungen aus Teilstichproben vom Umfang je 50. In Aufgabe 12.5.3 werden Sie feststellen, dass die Daten, bei geschätzten 3-σ-Grenzen, unter Kontrolle zu sein scheinen und man als mittlere Defektwahrscheinlichkeit $\bar{p} = 0{,}11083$ berechnet. Wir wollen nun quantilbasierte Grenzen gemäß der geschätzten Verteilung $B(50,\ 0{,}11083)$ berechnen. Steht das Modul *Poweranalyse* zur Verfügung, so wechseln wir ins Menü *Statistik* $\rightarrow$ *Poweranalyse* und wählen dort in der Rubrik *Wahrscheinlichkeitsver...* die *Binomialverteilung* aus. Um das obere 0,00135-Quantil zu berechnen, markieren wir *Berechn.: X* und geben *Stpr.umfang (N): 50* sowie *Ant. Grundges. (Pi): 0,11083* ein. Bei *Erforderlicher Wert* schreiben wir 0,99865 und klicken *Berechnen.* Es wird *Beobachtetes X: 13* ausgegeben, und tatsächlich ist, wie man nach Wahl von *Berechn.: p* nachrechnet, $P(X > 13) = 0{,}0008112 < 0{,}00135$, jedoch $P(X > 12) = 0{,}0025617 > 0{,}00135$. Versucht man auf gleiche Weise das untere 0,00135-Quantil zu berechnen, wird dies mit der Meldung *-Error-* quittiert. Tatsächlich ist $P(X = 0) = 0{,}0028129 > 0{,}00135$, so dass eine Kontrolle der unteren Grenze auf dem gewünschten Niveau nicht möglich ist.

De facto müssen wir also bei quantilbasierten Grenzen die obere Kontrollgrenze sogar etwas größer wählen als bei 3-σ-Grenzen, hier erhielte man $UCL = 12$, was durch die Schiefe der Verteilung verursacht wird. Auf der Karte *Einstellungen* wählen wir jetzt bei *UEG* den Wert 0, bei *OEG* den Wert 13 im Falle der *np*-Karte, den Wert $\frac{13}{50} = 0{,}26$ im Falle der *p*-Karte. □

Eine andere Art von Prozess diskreter Merkmale liegt vor, wenn die möglichen Werte der Zählvariablen nach oben unbegrenzt sind. In einem Produktionsprozess könnten wir etwa nicht nur prüfen, ob ein Teil defekt oder funktionsfähig ist, sondern wir könnten alle Fehler pro Teil zählen. Im Dienstleistungsbereich kann die Zahl der täglich eintreffenden Beschwerden ein Qualitätscharakteristikum von Interesse sein, auch hier ist keine natürliche Beschränkung nach oben gegeben. Derartige Zähldaten lassen sich oftmals mit Hilfe einer Poissonverteilung modellieren, und auf genau solche Prozesse mit poissonverteilten Einzelwerten wollen wir uns im Folgenden konzentrieren. Bei den genannten Beispielen kann übrigens ein weiteres Werkzeug der SQC hilfreich sein, nämlich das Paretodiagramm, siehe Abschnitte 5.6 und 12.1.1. Dazu müssten wir die Art der Fehler bzw. Beschwerden festhalten und dann deren Häufigkeiten auswerten. Konzentrieren sich die Fehler bzw. Beschwerden auf wenige Typen, so können u. U. die zu Grunde liegenden Hauptursachen identifiziert und gezielt Maßnahmen eingeleitet werden.

Voraussetzung 12.1.7.6

Der beobachtete Prozess $(X_t)_\mathcal{T}$ ist *univariat*, und im Zustand statistischer Kontrolle wird angenommen, dass der Prozess *unabhängig* ist und die einzelnen X_t einer Poissonverteilung folgen. •

Hintergrund 12.1.7.7

Betrachten wir vorerst den Fall, dass wir zu gewissen Zeiten t Stichproben *konstanter* Größe n ziehen und darin alle Vorkommnisse gewisser Merkmale zählen. Für das i-te Element einer solchen Stichprobe werde diese Anzahl von der Variablen $Y_{t,i}$ ausgedrückt, und die Gesamtzahl der auftretenden Fehler ist entsprechend $X_t := Y_{t,1} + \ldots + Y_{t,n}$. Alle $Y_{t,i}$ seien dabei unabhängig und identisch verteilt gemäß $Po(\lambda)$, wobei im Zustand statistischer Kontrolle $\lambda = \lambda_0$ gelte. Somit ist auch $(X_t)_\mathcal{T}$ ein seriell unabhängiger Prozess mit Randverteilung $Po(n\lambda)$, genau wie in Voraussetzung 12.1.7.6 gefordert. Der Fall $n = 1$ ist dabei durchaus üblich, dann beschreibt X_t entsprechend die Zahl der Vorkommnisse beim zur Zeit t untersuchten Element.

In Phase II nehmen wir den Wert von λ_0 als bekannt an, und wir können nun die erhaltenen Zählwerte X_t direkt auf eine Kontrollkarte mit

$$\begin{aligned} UCL &= n\lambda_0 + 3\sqrt{n\lambda_0}, & & UCL = z_{1-\frac{\alpha}{2}}, \\ \text{Mittellinie} &= n\lambda_0, & \text{oder} & \\ LCL &= n\lambda_0 - 3\sqrt{n\lambda_0}, & & LCL = z_{\frac{\alpha}{2}}. \end{aligned}$$

auftragen, man spricht dann von der *c-Karte* (**c**ount). Hierbei sind die zuerst angegebenen Grenzen gewöhnliche 3-σ-Grenzen, wobei man $LCL = 0$ setzt, wenn man einen negativen Wert berechnet. Die zweite Art von Grenzen beruht auf dem oberen und unteren $\frac{\alpha}{2}$-Quantil der Verteilung $Po(n\lambda)$. Genau wie im Falle der Binomialverteilung, siehe Hintergrund 12.1.7.2, ist die Anwendung der 3-σ-Grenzen für kleine Werte von $n\lambda_0$ zweifelhaft, da dann die Schiefe der Verteilung mit $\frac{1}{\sqrt{n\lambda_0}}$ ausgeprägt ist. Andererseits sind auch hier quantilbasierte Grenzen bei STATISTICA nicht implementiert und können allenfalls manuell, in Analogie zu Beispiel 12.1.7.5, erstellt werden.

Alternativ, und eigentlich zu bevorzugen für $n > 1$, trägt man nicht die Zählwerte X_t selbst auf, sondern die mittlere Zahl pro Einheit (engl.: **u**nit), also $U_t := \frac{1}{n} \cdot X_t$, wobei dann das Kartendesign durch

$$\begin{aligned} UCL &= \lambda_0 + 3\sqrt{\tfrac{\lambda_0}{n}}, & & UCL = \frac{z_{1-\frac{\alpha}{2}}}{n}, \\ \text{Mittellinie} &= \lambda_0, & \text{oder} & \\ LCL &= \lambda_0 - 3\sqrt{\tfrac{\lambda_0}{n}}, & & LCL = \frac{z_{\frac{\alpha}{2}}}{n}. \end{aligned}$$

gegeben ist. Man spricht von der *u-Karte*. Letztere ist bei STATISTICA auch für ungleiche Stichprobengrößen n_t implementiert. Dann ist bei den eben genannten Kontrollgrenzen jeweils n durch n_t zu ersetzen, entsprechend sind die Kontrollgrenzen dann variabel.

In Phase I, wenn wir annehmen, die betrachteten Daten sind im Zustand statistischer Kontrolle entstanden, müssen wir λ_0 ersetzen durch $\bar{U} := \frac{X_1+\ldots+X_T}{n_1+\ldots+n_T}$. ◇

Durchführung 12.1.7.8

Um eine *c-Karte* bzw. *u-Karte* zu erstellen, geht man völlig analog zu Durchführung 12.1.7.3 vor, mit dem Unterschied, dass man anfangs auf der Karte *Zählung C-Karte* bzw. *U-Karte* wählt. •

Beispiel 12.1.7.9

Die Datei `Leiterplatten.sta` aus Montgomery (2005) enthält Zähldaten zu Fehlern, die auf einzelnen Einheiten von Leiterplatten festgestellt wurden. Von diesen Daten wird eine c-Karte mit 3-σ-Grenzen erstellt, und das Resultat aus Abbildung 12.22 zeigt, dass die

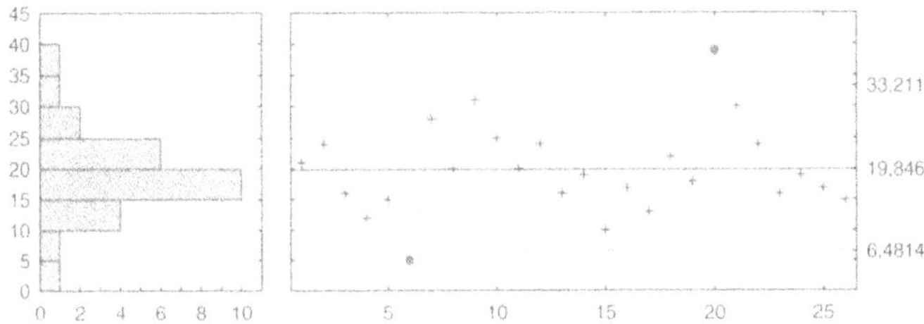

Abb. 12.22: *c-Karte der Daten aus Beispiel 12.1.7.9.*

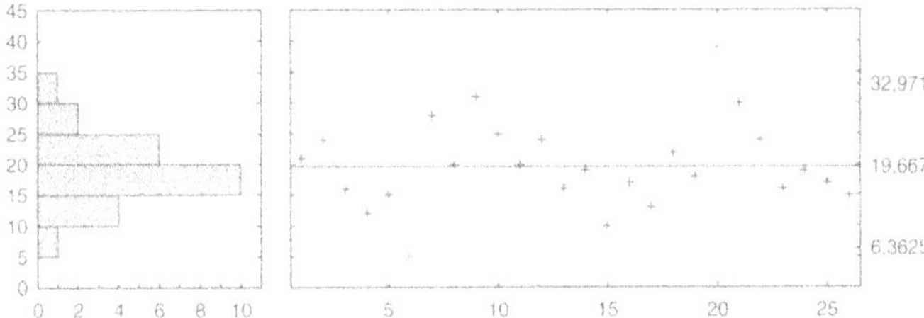

Abb. 12.23: *c-Karte der Daten aus Beispiel 12.1.7.9 nach Brushing.*

Punkte zu den Zeiten $t = 6$ und $t = 20$ außerhalb der Kontrollgrenzen liegen. Ferner ergibt eine Überprüfung der Verlaufsregeln, dass zwischen $t = 19$ und $t = 21$ ein Muster gemäß der '2 von 3'-Regel aufgetreten ist. In einem ersten Schritt schließen wir deshalb die zu $t = 6$ und $t = 20$ gehörigen Punkte von der Berechnung der Kontrollgrenzen aus, es ergibt sich die Karte aus Abbildung 12.23. Keine weiteren Punkte liegen außerhalb der Grenzen, auch sind keine kritischen Muster mehr zu entdecken. Deshalb schätzen wir den Wert λ_0, den der Prozess im Zustand statistischer Kontrolle hat, zu $\hat{\lambda}_0 = 19{,}667$. □

12.1.8 Prozessfähigkeitsanalyse

In den Abschnitten 12.1.2 bis 12.1.7 haben wir verschiedene Ansätze kennengelernt, wie man einen Prozess unter statistische Kontrolle bringen, ihn beherrschen kann. Dazu mussten Quellen substantieller Variation erkannt und beseitigt werden, so dass der Prozess stationär verläuft. Anschließend musste der Prozess dahingehend überwacht werden, ob neue Quellen substantieller Variation auftreten. Im Rahmen jeglicher Prozessoptimierung ist dies der erste Schritt. Aber auch wenn ein Prozess beherrscht wird, heißt dies noch lange nicht, dass er tatsächlich auch 'Qualität' produziert. Wann etwa ein einzelnes produziertes Gut als qualitativ hochwertig angesehen wird, entscheidet sich nicht an der Stationarität des Prozesses, sondern ob es *von außen vorgegebene Qualitätsanforderungen* erfüllt. Häufig lassen sich diese Qualitätsanforderungen bzgl. eines Qualitätscharakteristikums durch einen *Sollwert* (engl.: target) sowie untere und obere Spezifikations- bzw. Toleranzgrenzen (engl.: lower/upper specification limit) LSL und USL beschreiben. Wenn der Wert des Qualitätscharakteristikums *nicht* in das Intervall $[LSL; USL]$ fällt, so ist das produzierte Gut als Ausschuss anzusehen.

Nachdem der Prozess also beherrscht wird und kontrollierbar ist, gilt es zu prüfen, inwieweit er den äußeren Qualitätsanforderungen gerecht wird. Ziel muss sein, dass der Prozess so ausgerichtet ist, dass sein Prozessniveau möglichst nahe am Sollwert liegt, und dass seine Streuung so gering ist, dass ein sehr großer Prozentsatz der realisierten Werte innerhalb von $[LSL; USL]$ liegt. Auf dieses Thema werden wir übrigens weiter unten in Abschnitt 12.4.1 nochmals eingehen.

Es soll betont werden, dass Kontroll- und Spezifikationsgrenzen völlig unterschiedliche Konzepte sind. Die Kontrollgrenzen LCL und UCL eines kontrollierbaren Prozesses ergeben sich aus stochastischen Eigenschaften des Prozesses. Sie dienen lediglich dazu anzuzeigen, wann der Prozess möglicherweise den Zustand statistischer Kontrolle verlässt. Sie sind deshalb so gewählt, dass im Kontrollzustand ein hoher Prozentsatz aller realisierten Werte, etwa 99,73 %, im Bereich $[LCL; UCL]$ liegt. Die Spezifikationsgrenzen LSL und USL dagegen sind von außen vorgegeben und es ist lediglich wünschenswert, dass möglichst viele der realisierten Werte zwischen ihnen liegen. Anzustreben ist dabei, dass $[LCL; UCL] \subset [LSL; USL]$ ist, d. h. alle realisierten Werte innerhalb der Kontrollgrenzen erfüllen auch die vorgegebenen Qualitätsanforderungen. Im Falle der 3-σ-Grenzen bei einem normalverteilten Prozess sind dies 99,73 % aller Werte, falls der Prozess unter Kontrolle ist.

Hintergrund 12.1.8.1

Betrachten wir vorerst folgende Situation: Der betrachtete univariate Prozess $(X_t)_T$ ist im Zustand statistischer Kontrolle *unabhängig und identisch verteilt (i. i. d.)* mit Randverteilung $N(\mu_0, \sigma_0^2)$, genau wie in Voraussetzung 12.1.3.1 gefordert. Von einem solchen Prozess wissen wir, dass im Kontrollzustand 99,73 % aller realisierten Werte im 3-σ-Bereich $[\mu_0 - 3\sigma_0; \mu_0 + 3\sigma_0]$ liegen; dieser Bereich ist offenbar genau $6 \cdot \sigma_0$ breit. Ein *Prozessfähigkeitsindex* (engl.: process capability index), der nun diesen dem Prozess inherenten Wert $6 \cdot \sigma_0$ mit dem von außen vorgebenen Differenzwert $USL - LSL$ vergleicht, ist der C_p-Index, definiert als

$$C_p := \frac{USL - LSL}{6 \cdot \sigma_0}.$$

Ist die Streuung des Prozesses wünschenswerterweise so gering, dass $6 \cdot \sigma_0 < USL - LSL$ ist, so nimmt C_p einen Wert größer 1 an, andernfalls besteht Handlungsbedarf. Die Norm DIN 55350, Teil 33, gibt folgende Klassifikation an:

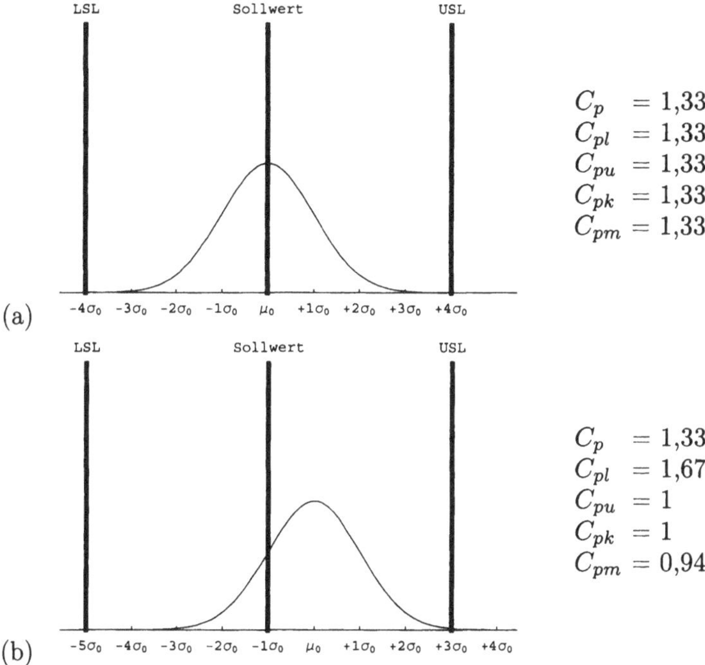

Abb. 12.24: *Verteilung eines Prozesses bei gegebenem Sollwert und Spezifikationsgrenzen.*

- $C_p < 1$: Prozessfähigkeit nicht vorhanden,
- $1 \leq C_p \leq 1{,}33$: bedingte bzw. eingeschränkte Prozessfähigkeit,
- $C_p > 1{,}33$: Prozessfähigkeit vorhanden.

Letzteres bedeutet, dass sogar $8 \cdot \sigma_0 < USL - LSL$ gelten muss. Abbildung 12.24 demonstriert jedoch, dass ein guter C_p-Wert noch lange nichts über die Güte des Prozesses aussagt. Ein Prozess mit hohem C_p-Wert hat lediglich das *Potential* zu einem guten Prozess, siehe Abbildung 12.24 (a), da seine Streuung im Prinzip recht gering ist verglichen mit der Breite des Spezifikationsbereichs. Er kann jedoch noch immer zu viel Ausschuss produzieren, falls er schlecht zentriert ist, siehe Abbildung 12.24 (b). Deshalb wurde eine Reihe weiterer Indizes definiert, die neben der Streuung des Prozesses auch seine Lage berücksichtigen. Die Indizes

$$C_{pl} := \frac{\mu_0 - LSL}{3\sigma_0}, \quad C_{pu} := \frac{USL - \mu_0}{3\sigma_0}, \quad C_{pk} := \min\left(C_{pl}, C_{pu}\right)$$

beachten die Lage bezüglich der Spezifikationsgrenzen, und nehmen einen von C_p abweichenden Wert an, wenn sich das Prozessniveau nicht in der Mitte von $[LSL; USL]$ befindet. Da aber der Sollwert T selbst nicht zwangsweise mittig in $[LSL; USL]$ liegen muss, gibt es ferner noch den

Index

$$C_{pm} := \frac{USL - LSL}{6\sqrt{\sigma_0^2 + (\mu_0 - T)^2}},$$

der explizit die Abweichung des Prozessniveaus μ vom Sollwert T berücksichtigt. Bei perfekter Justierung ist auch $C_{pm} = C_p$. Während C_{pm} schlimmstenfalls gegen 0 tendiert, erkennt man extrem schlecht justierte Prozesse beim C_{pk}-Index an negativen Werten. Zu den Beispielen in Abbildung 12.24 sind jeweils auch die Werte aller Indizes mit aufgetragen. Der Ausdruck $\sigma_0^2 + (\mu_0 - T)^2$ im Nenner der Definition von C_{pm} lässt sich übrigens gleichwertig auch als $E[(X - T)^2]$ schreiben, wobei $X \sim N(\mu_0, \sigma_0^2)$ angenommen wird. Er beschreibt also die mittlere quadratische Abweichung vom Sollwert T.

Oft sind die Werte für μ_0 und σ_0 im Kontrollzustand nicht bekannt. Dann müssen sie aus vorliegendem Datenmaterial, von dem man annimmt, es ist im Zustand statistischer Kontrolle entstanden, heraus geschätzt werden. Dabei verwendet man einen der Schätzer aus Hintergrund 12.1.3.12, um die Standardabweichung σ_0 zu schätzen, und den Schätzer $\bar{\bar{X}}$ aus Hintergrund 12.1.3.2, um μ_0 zu schätzen.

Alternativ wird in der Literatur auch immer wieder vorgeschlagen, μ_0 und σ_0 durch globales empirisches Mittel und Standardabweichung der angesammelten Daten zu ersetzen. Man spricht dann von den *Prozessleistungsindizes* P_p, P_{pk}, etc., auch *vorläufige Prozessfähigkeit* genannt. Diese zweite Art von Index ergibt im Zustand statistischer Kontrolle Werte, die denen der Prozessfähigkeitsindizes ähnlich sind, so dass sie in diesem Fall keine neuen Informationen liefern. Angeblich aber sollen diese Indizes auch für Prozesse anwendbar sein, die nicht im Zustand statistischer Kontrolle sind, was in der Fachliteratur zu Recht als grober Unfug zurückgewiesen wird (Montgomery, 2005, S. 348f). Deshalb wird an dieser Stelle von der Verwendung der Prozessleistungsindizes abgeraten.

Sind die Daten dagegen im Kontrollzustand nicht normalverteilt, so ist eine Definition der Indizes wie oben wenig aussagekräftig. Die Normalverteilung ist charakterisiert durch ihre Symmetrie, entsprechend stimmen Erwartungswert und Median überein, sowie dadurch, dass $\mu_0 \mp 3\sigma_0$ gerade dem unteren/oberen 0,00135-Quantil entspricht. Demzufolge modifiziert man obige Indizes für andere Verteilungsarten, indem man μ_0 in den obigen Definitionen durch den Median ersetzt, wie er im Kontrollzustand zu erwarten ist. Ferner ersetzt man jeweils $\mu_0 \mp 3\sigma_0$ durch die entsprechenden unteren/oberen 0,00135-Quantile. Der C_p-Index beispielsweise wäre dann definiert als $C_p := \frac{USL-LSL}{z_{0,99865} - z_{0,00135}}$. ◇

Es gibt zumindest zwei Ansätze, um mittels STATISTICA die Prozessfähigkeit aus gegebenem Datenmaterial, aufgenommen im Zustand statistischer Kontrolle gemäß Voraussetzung 12.1.3.1, berechnen zu lassen. Die erste Möglichkeit besteht darin, dies direkt vom Menü *Qualitätsregelkarten* aus zu veranlassen. Dies hat den Vorteil, dass man sich des Brushing-Werkzeuges bedienen kann.

Durchführung 12.1.8.2

Wie in Durchführung 12.1.3.3 beschrieben, haben wir das Menü *X-quer & S-Karte* bzw. *Einzelwerte und MR* aufgerufen, und, nachdem die entsprechende Karte erstellt wurde, erneut aktiviert. Ferner seien all jene Punkte, die Kontrollgrenzen und/oder Verlaufsregeln verletzt haben, über *Brushing* von weiteren Berechnungen ausgeschlossen, siehe Durchführung 12.1.3.10.

Um die *Prozessfähigkeit* zu berechnen, wechseln wir auf die Karte *X (MA..) Einst.* und klicken auf *Prozessfähigkeit*. Im sich öffnenden Fenster muss man nun die von außen vorgegebenen Spezifikationsgrenzen sowie den Sollwert eingeben. Dazu wählt man etwa *Typ: Soll ±Delta*, falls der Sollwert genau in der Mitte der Grenzen liegt, oder gleich *Typ: Untere, Soll, Obere* und gibt dann die entsprechenden Werte ein; bei *Sigmagrenze ...* belässt man es bei 3. Anschließend klickt man *OK (Berechnen)*, um die Indizes ausgeben zu lassen. Sind die genannten Rahmenbedingungen erst einmal eingegeben, kann man außerdem über *Histogramm* oder *Indizes* im Feld *Prozessfähigkeit* auf der Karte *Karten* entsprechende Werte berechnen lassen. •

Beispiel 12.1.8.3

Betrachten wir ein weiteres Mal die Datei `Durchmesser.sta` aus Beispiel 12.1.3.11. Dort hatten wir bereits festgestellt, dass die Werte zu den Zeiten $t = 34$ bis 40 via Brushing von den weiteren Berechnungen ausgeschlossen werden müssen. Von den Kolbenringen, um die es in diesem Beispiel geht, wird gefordert, dass der Durchmesser idealerweise bei 74,00 mm liegen sollte, auf jeden Fall aber im Intervall [73,95;74,05]. Andernfalls sind die gefertigten Kolbenringe für die weitere Verwendung nicht brauchbar.

Mit diesen Vorgaben *und* dem Ausschluss der Werte zu den Zeiten $t = 34$ bis 40 berechnen wir

$$C_p = 1,68353, \quad C_{pu} = 1,72843, \quad C_{po} = 1,63864 = C_{pk},$$

der Prozess weist also ein großes Potential an Prozessfähigkeit aus (1,68353, entspricht also etwa $\pm 5\hat{\sigma}_0$ zwischen den Spezifikationsgrenzen) und schöpft dieses auch weitgehend aus, eine leichte Verschiebung des Prozessniveaus vom Sollwert nach oben ist beobachtbar. Ferner zeigt auch das Histogramm aus Abbildung 12.25, dass der Prozess tatsächlich gut zentriert ist und, im Vergleich zum Zielbereich, relativ wenig streut. □

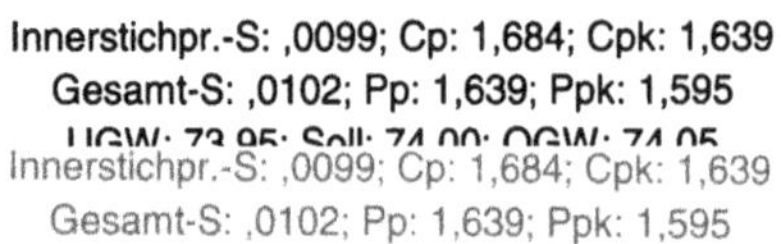

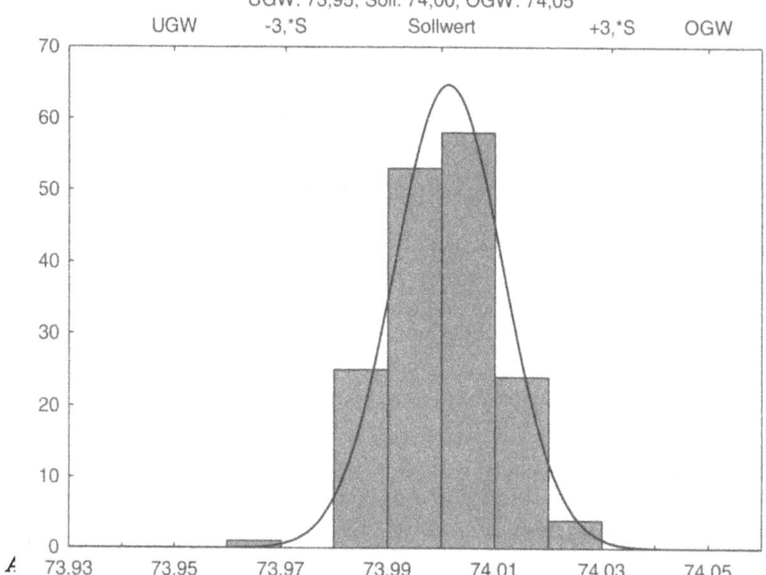

Wenn das vorliegende Datenmaterial als vollständig im Zustand statistischer Kontrolle aufgenommen angesehen werden kann, gibt es noch eine zweite Möglichkeit, Prozessfähigkeitsindizes berechnen zu lassen. Dieser zweite Ansatz bietet gegenüber dem in Durchführung 12.1.8.2 beschriebenen den Vorteil, dass erstens auch der Index C_{pm} berechnet wird, und zweitens auch andere Verteilungstypen als die Normalverteilung voreingestellt werden können. Drittens werden im Falle der Normalverteilung auch Konfidenzintervalle für C_p, C_{pk} und C_{pm} ausgegeben. Da die bis dato aus den Daten geschätzten Werte für die Indizes stets Punktschätzer waren, also nur entsprechend unsichere Informationen wiedergeben, ist ein Konfidenzintervall zur Quantifizierung der Unsicherheit äußerst nützlich. Für Ansätze zur Berechnung sei verwiesen auf Abschnitt 7-3.5 bei Montgomery (2005).

Durchführung 12.1.8.4

Die *Prozessfähigkeit* kann man auch über das Menü *Statistik* → *Industrielle Statistik & Six Sigma* → *Prozessanalyse* berechnen lassen. Dazu wählt man *Prozessfähigkeitsanalyse und Toleranzintervalle, Einzeldaten*, bestätigt mit *OK*, und wechselt im sich öffnenden Dialog zuerst einmal auf die Karte *Gruppierung*. Hier wählt man die *Variablen für Analyse* aus, die das im Kontrollzustand aufgenommene Datenmaterial enthalten, und gibt im Feld *Gruppierung (Prozessfähigkeit)* den vorliegenden *Konst. Stichpr.umfang* an. Ferner muss man bei *Schätze Sigma aus* festlegen, wie σ_0 aus den Daten heraus geschätzt werden soll. Wählt man *Standardabweichungen*, so wird dieses analog einer S-Karte geschätzt, wobei im Fall von Einzelwerten automatisch gleitende Spannweiten verwendet werden, siehe auch Hintergrund 12.1.3.12. Ferner muss man bei *Toleranzen* den Sollwert sowie die Spezifikationsgrenzen festlegen, Letztere entweder in der Form Sollwert ± Delta oder direkt bei *UGW* und *OGW*.

Nachdem man auf der Karte *Verteilung* noch den vorliegenden Verteilungstyp festgelegt hat, bestätigt man mit *OK* und wechselt im erscheinenden Dialog zuerst auf die Karte *Intervalle*. Dort gibt man das Konfidenzniveau γ vor, und kann dann auf der Karte *Standard* über *Zus.: Aktuelle Variable* oder *Histogramm (Prozessfähigkeit)* entsprechende Berechnungen ausgeben lassen. •

Beispiel 12.1.8.5

Setzen wir Beispiel 12.1.8.3 fort. Wir legen eine neue Variable an und kopieren in diese die Werte der ersten 33 Stichproben, von denen wir ausgehen, dass sie im Zustand statistischer Kontrolle aufgenommen wurden. Ziel ist es, nun auch den Index C_{pm} sowie Konfidenzintervalle auf dem Niveau 99 % ausrechnen zu lassen. Als Resultat erhält man

Index	Punktsch.	Untere Konf.gr.	Obere Konf.gr.
C_p	1,68353	1,47529	1,89146
C_{pk}	1,63864	1,42956	1,84772
C_{pm}	1,62499	1,44975	1,8000

Offenbar sind also die teilweise bereits in Beispiel 12.1.8.3 berechneten Schätzer mit spürbaren Unsicherheiten behaftet, insgesamt jedoch ist die Prozessfähigkeit sehr zufriedenstellend. □

12.2 Annahmestichprobenprüfung

Motivation. Eine Firma erhält von ihrem Zulieferer eine Lieferung von N Einzelteilen, die weiter verarbeitet werden sollen. Diese Teile müssen dabei gewisse Qualitätsanforderungen erfüllen, damit das Endprodukt, in welches sie eingebaut werden, funktionsfähig ist. Entsprechend könnte man die gelieferten Teile als 'geeignet' und 'ungeeignet' klassifizieren. Nehmen wir etwa an, es ist für die Firma vertretbar, wenn 0,1 % der gelieferten Teile ungeeignet sind. In diesem Fall wird die Lieferung angenommen und verarbeitet. Sind dagegen mehr als 0,1 % ungeeignet, so soll die Lieferung abgelehnt werden. Welche Möglichkeiten gibt es, zu einer Entscheidung zu kommen? □

Die geschilderte Situation ist eine von vielen, in denen Verfahren der *Annahmestichprobenprüfung* (engl.: *acceptance sampling*) eingesetzt werden können. Im konkreten Beispiel hat die Firma zumindest drei Möglichkeiten, zu einer Entscheidung zu gelangen:

- Der Zulieferer konnte glaubhaft belegen, dass die von ihm gefertigten Teile ein hohes Qualitätsniveau einhalten, weil er etwa mit SPC-Methoden seinen Produktionsprozess im Sinne von Abschnitt 12.1.8 kontrolliert. Die Lieferung wird ohne Prüfung akzeptiert.
- Alle N gelieferten Teile werden einzeln überprüft, die ungeeigneten werden zurückgesandt.
- Eine Stichprobe angemessener Größe wird auf angemessene Weise gezogen und die Zahl unbrauchbarer Teile in ihr bestimmt. Auf Grund dieses Resultates wird ein Schluss auf die Gesamtlieferung gezogen und entsprechend gehandelt.

Während Ansatz 1 eine Vertrauensfrage ist, können die zwei Alternativen je nach Situation interessant sein. Eine vollständige Prüfung wird man dann durchführen, wenn kein einziges ungeeignetes Teil in die weitere Fertigung gelangen darf, wenn dabei die Kosten für die Prüfung vertretbar bleiben, und vor allem wenn die Prüfung zerstörungsfrei abläuft. Letzteres ist beispielsweise bei Feuerwerkskörpern schwer möglich. In den anderen Fällen wird man auf Ansatz 3 zurückgreifen und sich bei Verfahren der Annahmestichprobenprüfung bedienen, um die zwei Anforderungen nach 'Angemessenheit' erfüllen zu können.

Bevor wir beispielhaft auf Details dieser Verfahren eingehen, noch kurz ein paar allgemeine Bemerkungen. Die Annahmestichprobenprüfung ist ein Verfahren zur Qualitätsverbesserung allenfalls für anschließende, weiterverarbeitende Prozesse, indem diese vor grob schlechten Materialien bewahrt werden. Aussagen oder gar Schätzungen über die Qualität des vorherliegenden Prozesses lassen sich dagegen schwerlich treffen. Eigentliches Ziel muss es sein, diese Prozesse mit Verfahren der SPC, siehe den vorigen Abschnitt 12.1, der Art zu kontrollieren, dass diese von sich aus angemessene Qualität produzieren.

> *Acceptance sampling can be an important ingredient of any quality-assurance program; however, remember that it is an activity that you try to avoid doing.*
>
> (Montgomery, 2005, S. 651)

Im Folgenden wollen wir jene zwei Arten der Annahmestichprobenprüfung vorstellen, welche bei STATISTICA implementiert sind. Es ist dies einerseits der *einfache Stichprobenplan*, bei dem wir *eine* Stichprobe ziehen, diese auswerten und unseren Schluss ziehen. Es sind aber auch komplexere Ansätze vorstellbar. Bei einem *doppelten Stichprobenplan* etwa ziehen wir eine erste Stichprobe und treffen, je nach Analyseresultat, eine der folgenden *drei* Entscheidungen: Annahme, Ablehnung oder Ziehung einer weiteren Stichprobe. Im letztgenannten Fall *muss* man dann auf Basis *beider* Stichproben eine endgültige Entscheidung treffen. Offenbar kann man diese Prüfphilosophie leicht verallgemeinern auf dreifache, vierfache, etc., Stichprobenpläne. Im Grenzfall geht dies in einen *sequentiellen Stichprobenplan* über, bei dem wir so lange Stichproben ziehen, bis eine Annahme- oder Ablehnungsentscheidung getroffen werden kann. Von besonderer praktischer Bedeutung, und nur dieser Fall ist bei STATISTICA implementiert, ist dabei der Fall, dass wir jeweils genau ein Element ziehen und untersuchen. Andere Standardpläne (Military Standard 105E, 414, Dodge-Roming, etc.) werden von STATISTICA nicht angeboten.

Bei den vorigen Überlegungen ist natürlich mit Ziehen einer Stichprobe eine *Zufallsstichprobe* gemeint. Es wäre fatal, bei einer Lieferung immer nur ein paar der oben in der Kiste liegenden Teile zu überprüfen. Stattdessen sollte man beispielsweise jedem Teil eine Nummer zuordnen und dann über einen Generator von Pseudozufallszahlen entscheiden lassen, welche der Teile in die Stichprobe aufgenommen werden. Für weitere Hinweise und Alternativen sei auf Montgomery (2005) verwiesen.

Hintergrund 12.2.1

Beim *einfachen Stichprobenplan* wird das Design vor allem durch folgende Vorgaben bestimmt: Festlegung des hypothetischen (akzeptablen) Qualitätsniveaus und einer Wahrscheinlichkeit α klein genug, mit der man irrtümlicherweise die Lieferung ablehnt (Fehler 1. Art). Ferner Festlegung des Qualitätsniveaus, welches nicht mehr akzeptabel ist und aufgedeckt werden sollte, wobei man hier eine Irrtumswahrscheinlichkeit β in Kauf nimmt (Fehler 2. Art). Es liegt also wieder genau jene Situation vor, mit der wir uns bereits in Abschnitt 9.9, auch in Abschnitt 12.1.4, auseinandergesetzt haben. Damals stand das Design der betrachteten Tests fest und es ging darum, die Güte der Testverfahren zu beurteilen, d. h. Aussagen bzgl. des Fehlers 2. Art zu treffen. Im nun betrachteten Fall liegt durch die Vorgaben bzgl. des Fehlers 1. Art das Design des Stichprobenplans nur bis auf den Stichprobenumfang fest, und es gilt diesen so zu bestimmen, dass auch die Vorgaben für den Fehler 2. Art eingehalten werden können.

Dabei bietet STATISTICA Berechnungen für normal-, Poisson- und binomialverteilte Merkmale an. Allerdings beruhen jegliche Berechnungen bei den letztgenannten Verteilungen auf Approximationen durch die Normalverteilung, die u. U. ziemlich schlecht sind. Bei binomialverteilten Merkmalen mit sehr kleinem p etwa führt diese Nährung häufig zu deutlichen Abweichungen. Deshalb werden wir uns im Folgenden nur auf den Fall normalverteilter Merkmale konzentrieren, für binomialverteilte Merkmale kann das Modul *Poweranalyse* herangezogen werden.

Seien also, wie in Hintergrund 9.9.2, $X_1, \ldots, X_n$ unabhängige und identisch normalverteilte Zufallsvariablen mit bekannter Varianz σ^2 und Erwartungswert μ, für den gemäß der Nullhypothese H_0: $\mu = \mu_0$ gilt. Im zweiseitigen Fall wollen wir sowohl eine Abweichung des wahren Erwartungswertes μ von μ_0 nach unten wie auch nach oben entdecken. Hierbei wollen wir bei einer Abweichung vom Betrage $\theta > 0$ die Wahrscheinlichkeit für den Fehler 2. Art auf höchstens β beschränken. Entsprechend muss man also die sich aus Formel (9.30) ergebende Gleichung $g(\theta) = 1 - \beta$ nach n auflösen und den sich ergebenden Wert auf die nächstgrößere ganze Zahl runden.

Im einseitigen Fall, und beispielhaft betrachten wir hier den rechtsseitigen Fall, wollen wir nur feststellen, ob eine Abweichung nach oben vorliegt. Entsprechend gilt dann für die Statistik T aus Hintergrund 9.9.2 folgende Entscheidungsregel: Wenn der realisierte Wert von T größer als das obere α-Quantil $z_{1-\alpha}$ der Standardnormalverteilung ist, so lehnen wir die Nullhypothese H_0: $\mu \leq \mu_0$ zu Gunsten der Alternativhypothese H_1: $\mu > \mu_0$ ab. Insbesondere wollen wir dabei wieder eine Abweichung des Ausmaßes $\theta > 0$ mit einer Irrtumswahrscheinlichkeit von höchstens β erkennen, ergo muss

$$oc(\theta) = \Phi\left(z_{1-\alpha} - \frac{\theta\sqrt{n}}{\sigma}\right) \overset{!}{=} \beta$$

gelten. Für den Mindeststichprobenumfang ergibt sich daraus

$$n = \left\lceil \frac{\sigma^2}{\theta^2} \cdot (z_\alpha + z_\beta)^2 \right\rceil . \tag{12.2}$$

Analoges leitet man für den linksseitigen Fall her. Auch für andere Verteilungsarten sind im Prinzip ähnliche Überlegungen durchzuführen, es sei aber nochmals daran erinnert, dass STATISTICA hier auf die Näherung über die Normalverteilung zurückgreift. ◇

Durchführung 12.2.2

Einen *einfachen Stichprobenplan* kann man über das Menü *Statistik → Industrielle Statistik & Six Sigma → Prozessanalyse* erstellen lassen. Hier wählt man zuerst *Stichprobenpläne für ...* und wechselt im sich öffnenden Dialog auf die Karte *Details*. Dort wählt man Verteilung und Testkriterium aus und macht die in Hintergrund 12.2.1 beschriebenen Vorgaben. Anschließend klickt man *OK* und kann sich auf der Karte *Fester Stichprobenplan* Selbigen über *Zusammenf.:...* ausgeben lassen. Ebenso kann man wieder verschiedene Gütefunktionen(!) über den Knopf *Operationscharakteristik* erstellen lassen. •

Beispiel 12.2.3

Eine Firma kauft beim Hersteller der Frästeile aus Beispiel 12.1.3.6 10.000 solcher Teile ein. Der Hersteller verspricht, dass diese bzgl. der Rillentiefe den Anforderungen $\mu_0 = 2{,}20$ und $\sigma_0 = 0{,}00491$ genügen. Für den Käufer ist die Lieferung jedoch nur akzeptabel, wenn der wahre Erwartungswert μ der Frästiefen nicht mehr als 2,21 beträgt, d. h. eine Abweichung von $\theta = 0{,}01$ ist bereits kritisch.

Um sich von der Qualität der Lieferung überzeugen zu können, soll deshalb eine Zufallsstichprobe gezogen und die darin enthaltenen Teile vermessen werden. Ein rechtsseitiger Gaußtest soll bei der Entscheidung über die Qualität der Lieferung helfen, wobei die recht strengen Vorgaben $\alpha = 0{,}1$ % und $\beta = 1$ % erfüllt sein sollen. Mit STATISTICA berechnet man entsprechend, siehe Abbildung 12.26, dass bereits eine Stichprobe des Umfangs 8 genügt, um mit entsprechender Sicherheit eine Entscheidung treffen zu können. Mit Hilfe des Wahrscheinlichkeitsrechners und Formel (12.2) prüft man dieses Resultat leicht nach. Die Abbildung der Gütefunktionen für verschiedene alternative Stichprobenumfänge zeigt, dass beispielsweise bei einem Stichprobenumfang von $n = 4$ eine Unsicherheit von $\beta = 0{,}160745$ in Kauf genommen werden müsste.

Eine Bemerkung zum Entscheidungskriterium: Wir prüfen, ob $T > z_{0{,}999} \approx 3{,}090232$ ist, oder alternativ, bei $n = 8$, ob $\bar{X}_n > 2{,}20536$ ist. Der von STATISTICA in der letzten Zeile berechnete Wert 2,20571 dagegen ist irreführend, da er auf $n \approx 7{,}0732$ beruht. □

Die zweite Art von Stichprobenplan, die bei STATISTICA implementiert ist, ist der *sequentielle Stichprobenplan*. Es sei nochmals erläutert, dass hier die wesentliche Idee ist, so lange Teile zu ziehen und zu vermessen, bis eine Akzeptanz- oder Ablehnungsentscheidung getroffen werden kann.

Schätzung	Wert
Verteilung	Normalvert.
Angen. Sigma	,004910
N (aus Beta berechnet)	8 (7,0732)
MW für H0	2,20000
MW für H1	2,21000
Alpha-Fehler (einseitig)	,00100
Beta-Fehler	,01000
Untere Konf.grenze H0	2,19429
Obere Konf.grenze H0	2,20571

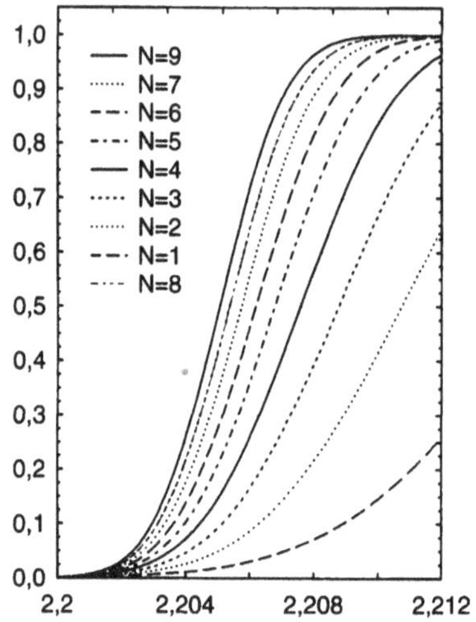

Abb. 12.26: *Stichprobenplan und Gütefunktionen zu Beispiel 12.2.3.*

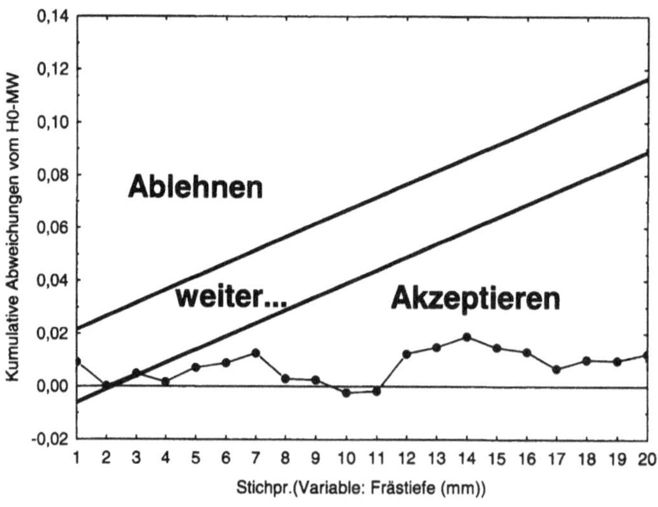

Abb. 12.27: *Grafische Darstellung eines sequentiellen Stichprobenplans.*

Hintergrund 12.2.4

Wegen der in Hintergrund 12.2.1 erwähnten Einschränkung bei der Implementierung diskreter Verteilungen beschränken wir uns hier wieder auf normalverteilte Merkmale, und dabei beispielhaft auf die rechtsseitige Situation. Es seien also $X_1, X_2, \ldots$ unabhängige und identisch normalverteilte Zufallsvariablen mit bekannter Varianz σ^2 und Erwartungswert μ, für den $\mu = \mu_0$ gelten sollte. Ziel ist es wieder, die Nullhypothese H_0: $\mu \leq \mu_0$ mit der Alternativhypothese H_1: $\mu > \mu_0$ zu vergleichen, wobei ein Wert von $\mu = \mu_0 + \theta$ wieder kritisch wäre.

Dazu bestimmen wir nacheinander $X_1, X_2, \ldots$ und berechnen jeweils $T_1, T_2, \ldots$ mit $T_1 = X_1 - \mu_0$ und $T_i := T_{i-1} + (X_i - \mu_0)$ für $i \geq 2$. Im Fall $\mu = \mu_0$ wären die T_i dann $N(0, i \cdot \sigma^2)$-verteilt. Bei vorgegebenen Werten für α und β vergleicht man nun die realisierten Werte von T_i, $i = 1, 2, \ldots$ mit folgenden Schranken:

$$O(i) = \frac{\theta}{2} \cdot i + \frac{\sigma^2}{\theta} \cdot \ln\left(\frac{1-\beta}{\alpha}\right), \quad U(i) = \frac{\theta}{2} \cdot i + \frac{\sigma^2}{\theta} \cdot \ln\left(\frac{\beta}{1-\alpha}\right).$$

Es gilt dann folgende Entscheidungsregel:

$T_i > O(i)$ $\Rightarrow$ Beende Test und lehne H_0 ab.
$T_i < U(i)$ $\Rightarrow$ Beende Test und akzeptiere H_0.
$U(i) \leq T_i \leq O(i)$ $\Rightarrow$ Keine Entscheidung, berechne T_{i+1} und vergleiche erneut.

Diese kann man grafisch wie in Abbildung 12.27 darstellen, wo auch die drei Entscheidungsbereiche gekennzeichnet sind. Bei den eingetragenen Punkten handelt es sich um die realisierten Werte der T_i, wobei man eigentlich nur die Werte von T_1, T_2, T_3 und T_4 berechnet hätte, denn bereits nach dem vierten Wert hätte man sich für Akzeptanz entschieden.

◇

Durchführung 12.2.5

Einen *sequentiellen Stichprobenplan* erstellt man in völliger Analogie zu Durchführung 12.2.2, nur dass man am Ende auf die Karte *Sequentieller Stichprobenplan* wechselt. Hier kann man sich den Plan grafisch über *Äquivalenten ...plotten* oder tabellarisch über *Zusammenfassung äquiv. ...* ausgeben lassen. Auch besteht die Möglichkeit, retrospektiv, wie in Abbildung 12.27, bereits in einer Tabelle gesammelte Rohwerte X_i mit einzeichnen oder zusammen mit einer Entscheidung in die Tabelle mitaufnehmen zu lassen, indem man zuvor eine *Variable mit Daten...* auswählt. •

Als Beispiel betrachte der Leser erneut die Daten aus Beispiel 12.2.3, die sich ergebende grafische Version ist dann ähnlich der aus Abbildung 12.27. Bei einem zweiseitigem Test übrigens würden entsprechend zwei Paare von Linien eingezeichnet.

12.3 Versuchsplanung und -auswertung

Wie in den einleitenden Worten zu Kapitel 12 beschrieben, ist es eines der wesentlichen Konzepte der SQC, zwischen substantieller und natürlicher Variation zu unterscheiden. Ein Produktionsprozess läuft erst dann im statistischen Sinne stabil, wenn Quellen substantieller Variation ausgeschlossen wurden und nur noch natürliche Variation beobachtbar ist. Von den in Abschnitt 12.1 besprochenen Werkzeugen war insbesondere die Kontrollkarte äußerst hilfreich, um substantielle Variation zu identifizieren. Doch gesetzt den Fall, substantielle Variation wurde festgestellt, wie lässt sich diese ausschalten? Und selbst wenn der Prozess unter statistischer Kontrolle ist: Ist seine natürliche Streuung gering genug, um etwa die in Abschnitt 12.1.8 geschilderten Anforderungen erfüllen zu können? Zur Optimierung von Prozessen unter diesen Gesichtspunkten können Methoden der *Versuchsplanung* (engl.: *Design of Experiments*, *DoE*) eingesetzt werden. Dabei sind bei STATISTICA Verfahren zur Planung und Auswertung von Versuchen prinzipiell wie folgt implementiert:

Durchführung 12.3.1

Verfahren zur *Versuchsplanung* und -auswertung sind bei STATISTICA im Menü *Statistik* → *Industrielle Statistik & Six Sigma* → *Versuchsplanung (DOE)* implementiert. Auf der Karte *Details* hat man eine Reihe von Ansätzen für verschiedene Situationen zur Verfügung, um geeignete Versuchspläne erstellen zu lassen. Nach Auswahl eines Verfahrens und Klick auf *OK* gelangt man zu einem Dialog, der über die zwei Karten *Planung* und *Auswertung* verfügt.

Auf der Karte *Planung* wählt man einen für das vorliegende Problem passenden Plan aus und klickt auf *OK*. Anschließend kann man über Zusammenfassung den konkreten Versuchsplan in tabellarischer Form ausgeben lassen.

Hat man sich einen solchen Plan erstellen lassen, die Versuche entsprechend ausgeführt und die Resultate im Tabellenblatt eingetragen, so verwendet man nun die Karte *Auswertung*. Hier wählt man sowohl die Datenvariable als auch die Variablen, die das Versuchsdesign beschreiben, aus und klickt auf *OK*. Anschließend werden eine Reihe von Verfahren angeboten, die zur Auswertung der gemachten Versuche geeignet erscheinen. •

Die Versuchsplanung ist ein sehr umfassendes Teilgebiet der SQC, dessen ausführliche Beschreibung den Rahmen dieses Buches bei weitem sprengen würde. Für vertiefende Informationen und vor allem Referenzen zu weiterführender Literatur sei deshalb auf Montgomery (2005) und

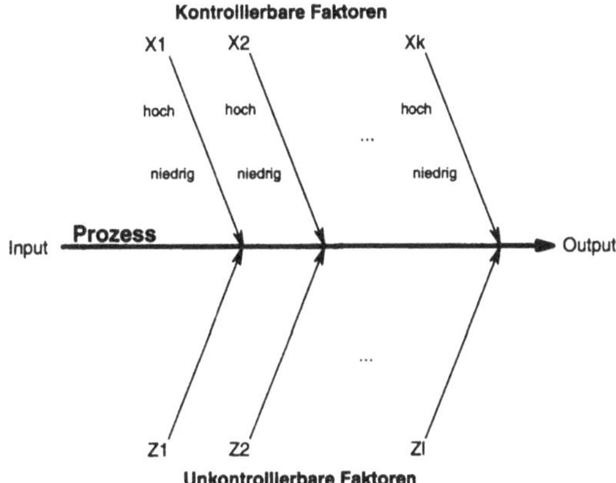

Abb. 12.28: *Allgemeines Modell eines Prozesses.*

Pfeifer (2001) verwiesen. Im Folgenden wollen wir uns beispielhaft mit einer Situation auseinandersetzen, nämlich den 2^k-Versuchsplänen. Ziel dieses Abschnitts ist es, dem mit der Versuchsplanung noch nicht vertrauten Leser die Grundideen und -probleme vorzustellen, und dem Leser mit Hintergrundwissen zu zeigen, wie prinzipiell die verschiedenen Ansätze bei STATISTICA implementiert sind. Die Übertragung der hier geschilderten Vorgehensweise auf andere Situationen sollte ohne Schwierigkeiten möglich sein.

Einen Produktionsprozess kann man sich abstrakt vorstellen wie in Abbildung 12.28, die erstellt wurde in Anlehnung an Abbildung 12-1 bei Montgomery (2005). Ein gewisser Input wird durch den Prozess in einen entsprechenden Output transformiert, wobei der Prozess selbst durch eine Reihe von Faktoren beeinflusst wird. Die Faktoren $x_1, x_2, \ldots, x_k$ sind dabei kontrollierbar, etwa die Temperatur, bei der ein chemischer Prozess abläuft oder dessen Ablaufdauer, andere wiederum, $z_1, z_2, \ldots, z_l$, sind unkontrollierbar, etwa Außentemperatur und Luftfeuchtigkeit. Zur Optimierung des Prozesses haben wir nur die Möglichkeit, die Einstellung der kontrollierbaren Faktoren zu variieren. Ziel ist es, Versuche so zu planen, dass deren Auswertung es einem erlaubt, möglichst optimale Prozessbedingungen zu identifizieren. Dabei nehmen wir im Folgenden an, dass, wie in Abbildung 12.28, ein jeder Faktor über zwei Stufen verfüge. Ferner sei die Qualität des Outputs anhand eines messbaren Charakteristikums Y bewertbar, an welches wir später zusätzliche Normalverteilungsannahmen stellen werden.

Die elementarste Art, die Auswirkung der einzelnen Faktoren zu prüfen, ist die *Einfaktormethode*, bei der ein Faktor variiert und alle übrigen konstant gehalten werden. Nun wird unter den jeweiligen Konstellationen ein Probelauf des Prozesses durchgeführt und die jeweiligen Werte von Y bestimmt, d. h. ein *Versuch* wird ausgeführt. Anhand der realisierten Werte von Y bei entsprechenden Versuchswiederholungen, also *Durchläufen* des Experimentes, lässt sich der Einfluss des jeweiligen Einzelfaktors ausmachen. Allerdings lässt sich auf diese Weise nicht feststellen, ob und wie die Faktoren gemeinsam Einfluss auf Y nehmen (Synergieeffekte). Deshalb ist ein *vollfaktorieller Versuchsplan* vorzuziehen, bei dem für alle denkbaren Kombinationen von Faktoreinstellungen, davon gibt es genau 2^k, Wiederholungen des Versuches durchgeführt werden. Man spricht von einem 2^k-*Versuchsplan.*

Hintergrund 12.3.2

Es sei Y ein messbares Qualitätscharakteristikum, welches von k Faktoren $x_1, \ldots, x_k$ beeinflusst werde, von denen jeder zwei Stufen annehmen kann. Diese zwei Stufen seien als $+1$ und -1 codiert. Wir nehmen an, dass es während des gesamten Experimentes gelingt, die Außenbedingungen konstant zu halten, etwa weil die einzelnen Durchläufe innerhalb weniger Stunden durchgeführt werden können. Dabei bezeichnen wir das Resultat der i-ten Wiederholung in Situation $x_1, \ldots, x_k$ mit $Y_{x_1 \ldots x_k, i}$.

Es liegt hier offenbar eine Situation vor, mit der wir uns bereits im Rahmen der *mehrfaktoriellen Varianzanalyse* in Abschnitt 9.8 beschäftigt haben. In Anlehnung an Voraussetzung 9.8.1 präzisieren wir also wie folgt:

Für jede der 2^k Faktorkombinationen, auch *Versuchspunkte* genannt, führen wir jeweils unter sonst gleichen Ausgangsbedingungen n *Durchläufe* (engl.: *runs*) aus. Diese insgesamt $n \cdot 2^k$ Beobachtungen $Y_{x_1 \ldots x_k, i}$ werden dabei *vollständig randomisiert*[10] aufgenommen, so dass wir folgende Annahmen machen:

Alle $Y_{x_1 \ldots x_k, i}$ sind unabhängig normalverteilt gemäß $N(\mu_{x_1 \ldots x_k}, \sigma^2)$.

Wie in Hintergrund 9.8.2 können wir dies auch in Form einer *Effektdarstellung* ausdrücken, für den Fall $k = 2$ siehe Formel (9.19), welche den Einfluss der Faktoren einzeln (*Haupteffekte*) und in Kombination (*Synergie-/Zwischeneffekte*) besonders verdeutlicht. Für den Fall $k = 3$ etwa erhielte man $Y_{x_1 x_2 x_3, i}$ =

$$\mu + \alpha_{x_1} + \beta_{x_2} + \gamma_{x_3} + \theta_{x_1 x_2} + \rho_{x_1 x_3} + \tau_{x_2 x_3} + \kappa_{x_1 x_2 x_3} + \epsilon_{x_1 x 2 x_3, i},$$

wobei die Residuen $\epsilon_{x_1 x 2 x_3, i}$ unabhängig $N(0, \sigma^2)$-verteilt sind. Es wären $\alpha_{x_1}, \beta_{x_2}, \gamma_{x_3}$ die *Haupteffekte*, $\theta_{x_1 x_2}, \rho_{x_1 x_3}, \tau_{x_2 x_3}$ die *Zwischeneffekte zweiter Ordnung*, und $\kappa_{x_1 x_2 x_3}$ ein *Zwischeneffekt dritter Ordnung*. Nun können wir, wie in Hintergrund 9.8.2 beschrieben, mittels geeigneter F-Statistiken untersuchen, ob einzelne Faktoren/Faktorkombinationen einen Effekt zusätzlich zum allgemeinen Mittel μ ausüben. Das Resultat einer

[10] *Vollständig randomisiert* heißt dabei, dass die Versuche in zufälliger Reihenfolge ausgeführt werden. Die vollständige Randomisierung ist dabei von großer Wichtigkeit, damit mögliche äußere Effekte (z. B. Aufwärmphase) keinen verfälschenden Einfluss nehmen.

solchen Untersuchung fasst man wie gewohnt in einer *ANOVA-Tafel* zusammen.

Alternativ kann man den Einfluss der Faktoren auch mit Hilfe einer *Regressionsanalyse* (*Responce Surface Modellierung*) untersuchen. Die Faktoren sind nach Voraussetzung bereits *effektcodiert*, vgl. Hintergrund 11.1.1.5. Wie in den Abschnitten 11.1 und 11.2 beschrieben, kann man nun ein lineares Regressionsmodell anpassen, welches um gemischte Terme ergänzt ist. Im Fall $k = 3$ wäre dieses von der Form

$$\begin{aligned} Y \; = \; & \beta_0 + \beta_1 x_1 + \beta_2 x_2 + \beta_3 x_3 \\ & + \beta_{12} x_1 x_2 + \beta_{13} x_1 x_3 + \beta_{23} x_2 x_3 + \beta_{123} x_1 x_2 x_3 \; + \; \epsilon, \end{aligned}$$

mit einem $N(0, \sigma^2)$-verteilten Residuum ϵ. Hier drückt nun jedes β den Einfluss der entsprechenden Faktorkombination auf das allgemeine Mittel aus. Ein *Paretodiagramm* der einzelnen β gibt an, welche Faktorkombinationen dominant sind, d. h. durch Variation welcher Faktorkombinationen man die größten Änderungen erzielen kann. Mit einer wie in Beispiel 11.2.3 beschriebenen Analyse des angepassten Modells kann man zudem die optimalen Prozessbedingungen abschätzen. ◇

Hat man die entsprechenden Messungen durchgeführt, so kann man die eben genannten Analysen im Prinzip manuell durchführen, genau wie in den Abschnitten 9.8 oder 11.2 beschrieben. Jedoch erleichtert einem das Versuchsplanungsmenü die Arbeit, indem es alle relevanten Analysetypen gesammelt anbietet.

Durchführung 12.3.3

Um gewonnene Daten faktorieller Versuche zu analysieren, entscheiden wir uns, wie in Durchführung 12.3.1 beschrieben, für *Standardpläne für zweistufige Faktoren* und anschließend für die Karte *Auswertung* und bestätigen. Danach wählen wir etwa die in Tabelle 12.3 beschriebenen Analysearten aus.

Wichtig ist dabei, dass man auf der Karte *Modell* das Modell auswählen kann, indem man etwa festlegt, welche Zwischeneffekte (Interaktionen) berücksichtigt werden sollen. Da man u. U. nicht alle (Zwischen-)Effekte bestimmter Ordnung erfassen will, kann man wiederum über *Ignoriere best. Effekte: Effekte* jene auswählen, die *nicht* berücksichtigt werden sollen. Die Auswahl tätigt man am einfachsten per Maus und gedrückter *Strg*-Taste. •

Bislang haben wir vom Planungsteil des Versuchsplanungsmenüs noch keinen Gebrauch gemacht, da wir davon ausgegangen sind, dass wir für alle Faktorkombinationen unter ansonsten gleichbleibenden Bedingungen genügend viele Messwerte erlangen können. Die eigentlichen Probleme fangen an, wenn dies nicht so ist.

- *Varianzanalyse:* Karte *Standard*, Knopf *ANOVA-Tabelle.*
- *Regressionsanalyse:* Karte *Standard*, Knopf *Zusf.: Haupfteffekte ...* zur Ausgabe der geschätzten Regressionskoeffizienten samt Gütestatistiken; Knopf *Paretodiagramm Effekte* für ein Paretodiagramm der durch ihren Standardfehler dividierten Koeffizienten.
- *Residualanalyse:* Karte *Plots Residuen* zur Analyse der Unabhängigkeits- und Normalverteilungsannahmen an die Residuen über *Histogramm Residuen*, *Normalverteilungsplot* oder einen Scatterplot *Prognosewerte – Residuen.*

Tabelle 12.3: *Auswertung faktorieller Versuche gemäß Durchführung 12.3.3.*

Hintergrund 12.3.4

Die Zahl 2^k der Faktorkombinationen, vgl. Hintergrund 12.3.2, wächst exponentiell in k, z. B. ist bereits $2^6 = 64$. Aus praktischen Gründen (Kosten, Zeit, ...) ist es oftmals nicht möglich, $n > 1$ Wiederholungen aller 2^k Kombinationen durchzuführen. Eine erste Reduktion besteht darin, dass man nur $n = 1$ Durchgang für alle Versuchspunkte macht, weiterhin *vollständig randomisiert.* Konsequenz: Auf Grund der reduzierten Datenlage ist eine Entwicklung der Modelle aus Hintergrund 12.3.2 nicht mehr für alle Zwischeneffekte möglich, zumindest auf die Zwischeneffekte maximaler Ordnung muss man verzichten. Hierzu vergleiche man auch Modell (9.28) auf Seite 232. Noch üblicher ist es jedoch, die Modelle sogar nur bis zur Ordnung 2 zu entwickeln, was im Falle des Regressionsmodells einem quadratischen Modell entspricht.

Manchmal jedoch genügt selbst die Reduktion auf einen Komplettdurchgang nicht, um während dieser Versuche homogene Bedingungen zu garantieren. Dann muss man den Versuchsplan weiter in kleinere *Blöcke* zerlegen, innerhalb derer homogene Bedingungen gesichert sind, zwischen denen jedoch Änderungen auftreten können. Die Blöcke sollten dabei so gewählt werden, dass zumindest die Haupteffekte nicht mit den Blockeffekten vermengt werden.

Schließlich kann es sein, dass die Zahl 2^k der Versuchspunkte bei einem Durchgang noch immer zu hoch ist. In diesem Fall kann man *teilfaktorielle Versuchspläne* verwenden, bei denen die Zahl der Versuchspunkte durch Vernachlässigung von Wechselwirkungen reduziert wird. Vermindert man dabei die Zahl der Versuchspunkte um 2^p, so spricht man kurz von einem 2^{k-p}-Versuchsplan. Je nach Grad p der Reduktion kommt es dabei zu *Vermengungen* (engl.: *aliases*), d. h. einige Effekte lassen sich nicht mehr voneinander trennen. Zumeist richtet man das Design so ein, dass möglichst nur Zwischeneffekte höherer Ordnung vermengt werden, was aber trotzdem dann zu Fehlinterpretationen führt, falls starke Wechselwirkungen vorliegen.

Je nach Design des teilfaktoriellen Plans spricht man von unterschiedlichen *Lösungstypen* des Teilfaktorplans, man vgl. hierzu insbesondere Abbildung 7.12-17 in Pfeifer (2001). Pläne vom *Lösungstyp III* etwa, sog. *Hochvermengungspläne*, führen zu einer starken Reduktion von Versuchspunkten, können aber gerade die Haupteffekte untereinander trennen, diese jedoch nicht einmal von Zwischeneffekten zweiter Ordnung. Bei *Lösungstyp IV* dagegen ist eine solche Trennung möglich, und bei Lösungstypen noch höherer Ordnung sind u. U. auch Zwischeneffekte höherer Ordnung getrennt untersuchbar, und das bei noch immer geringerem Aufwand als zumindest beim vollfaktoriellen Experiment. ◇

Durchführung 12.3.5

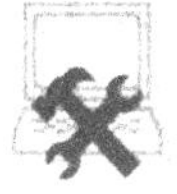

Um einen 2^k-Versuchsplan zu entwerfen, entscheiden wir uns, wie in Durchführung 12.3.1 beschrieben, für *Standardpläne für zweistufige Faktoren* und anschließend für die Karte *Planung*. Hier legen wir die *Anzahl Faktoren ...*, also k, sowie das gewünschte Schema *Faktoren/Blöcke/Runs* fest und bestätigen.

Auf der Karte *Plan anzeigen* können wir über *Faktornamen, Werte, ...* die Bezeichnungsweisen an unser konkretes Problem anpassen, siehe auch Beispiel 12.3.6. Ferner können wir festlegen, ob z. B. die *Reihenfolge Runs* gleich zufällig gemischt werden soll und die *Bez.[eichnung] Faktoren* gemäß unserer Vorgaben *mit Namen* erfolgen soll. Über *Zusammenf.: ...* gibt man schließlich den konkreten Plan aus.

Zuvor kann man jedoch auf der Karte *Hinzufügen* veranlassen, dass eine Leerspalte für die späteren Messwerte ins Tabellenblatt aufgenommen wird, indem man die *Anzahl Leerspalten (abh. Var.)* auf 1 erhöht. Falls insgesamt $n > 1$ Wiederholungen geplant sind, so sollte man zudem *Anzahl identische Kopien: $n - 1$* setzen. •

Beispiel 12.3.6

In einem Experiment zur Plasmaätzung in der Halbleitertechnik, für Details und Daten siehe Montgomery (2005), soll der Einfluss von $k = 4$ Faktoren untersucht werden. Bei diesem gaschemischen Verfahren, welches Hexafluorethan C_2F_6 als Ätzgas verwendet, wird die Ätzrate (in Ångström pro Minute) bei Siliziumnitrid Si_3N_4 gemessen in Abhängigkeit vom Abstand zwischen Anode und Kathode (in cm), vom Druck in der Gaskammer (in Torr), vom Gasfluss (in sccm)[11]

[11]Standard-Kubikzentimeter pro Minute: Durchfluss bei 273K und 1,013 bar.

Faktor	ANOVA SQ	FG	MQ	F	p
(1)Abstand	*41310,6*	*1*	*41310,6*	*20,2765*	*0,006382*
(2)Druck	10,6	1	10,6	0,0052	0,945391
(3)C2F6	217,6	1	217,6	0,1068	0,757069
(4)Leistung	*374850,1*	*1*	*374850,1*	*183,9879*	*0,000039*
1 * 2	248,1	1	248,1	0,1218	0,741351
1 * 3	2475,1	1	2475,1	1,2148	0,320582
1 * 4	*94402,6*	*1*	*94402,6*	*46,3357*	*0,001042*
2 * 3	7700,1	1	7700,1	3,7794	0,109498
2 * 4	1,6	1	1,6	0,0008	0,978978
3 * 4	18,1	1	18,1	0,0089	0,928641
Fehler	10186,8	5	2037,4		
Gesamt-SQ	531420,9	15			

Abb. 12.29: *ANOVA-Tafel zu Beispiel 12.3.6.*

und von der Kathodenleistung (in Watt). Es soll ein vollfaktorieller 2^4-Versuch mit $n = 1$ Komplettdurchgang durchgeführt werden.

Dazu gehen wir gemäß Durchführung 12.3.5 vor, wählen vier Faktoren und das Schema '4 / 1 / 16' aus und klicken nach der Bestätigung auf den Knopf *Faktornamen, Werte, ...*. Im sich öffnenden Tabellenfeld geben wir folgende Bezeichnungen ein:

	Faktor	Code niedrig	niedrig	Code hoch	hoch	Art
1	Abstand	-1	0.80 cm	1	1.20 cm	C
2	Druck	-1	450 Torr	1	550 Torr	C
3	C2F6	-1	125 sccm	1	200 sccm	C
4	Leistung	-1	275 W	1	325 W	C

Diese liegen übrigens auch in der Datei `ÄtzungVorgaben.sta` vor, so dass sie einfach kopiert werden können. Das 'C' der Spalte *Art* steht hierbei für stetige (engl.: continuous) Faktoren. Ferner lassen wir gemäß Durchführung 12.3.5 eine Leerspalte für die späteren Messwerte erstellen.

In der Datei `Ätzung.sta` ist diese Spalte nun bereits mit den Messwerten des damaligen Experimentes gefüllt. Zur Auswertung gehen wir wie in Durchführung 12.3.3 beschrieben vor. Als abhängige Variable wählen wir *Ätzrate*, als Faktoren *Abstand*, *Druck*, *C2F6* und *Leistung* aus. Ferner beschränken wir uns auf Grund der reduzierten Datenlage darauf, nur Zwischeneffekte bis zur Ordnung 2 zu berücksichtigen, entsprechend markieren wir auf der Karte *Modell* die *2-fach Interaktionen.*

Das Ergebnis der Varianzanalyse zeigt die ANOVA-Tafel aus Abbildung 12.29. Demnach lassen sich nur die Haupteffekte 1 und 4, sowie

Faktor	R² = ,98083;korr=,94249 (Ätzung.sta) Koeff.	Stdf. Koeff.	t(5)	p	-95,% Konf.Gr.	+95,% Konf.Gr.
MW/Konstante	*776,0625*	*11,28429*	*68,77372*	*0,000000*	*747,055*	*805,0697*
(1)Abstand	*-50,8125*	*11,28429*	*-4,50294*	*0,006382*	*-79,820*	*-21,8053*
(2)Druck	-0,8125	11,28429	-0,07200	0,945391	-29,820	28,1947
(3)C2F6	3,6875	11,28429	0,32678	0,757069	-25,320	32,6947
(4)Leistung	*153,0625*	*11,28429*	*13,56421*	*0,000039*	*124,055*	*182,0697*
1 * 2	-3,9375	11,28429	-0,34894	0,741351	-32,945	25,0697
1 * 3	-12,4375	11,28429	-1,10220	0,320582	-41,445	16,5697
1 * 4	*-76,8125*	*11,28429*	*-6,80703*	*0,001042*	*-105,820*	*-47,8053*
2 * 3	-21,9375	11,28429	-1,94407	0,109498	-50,945	7,0697
2 * 4	-0,3125	11,28429	-0,02769	0,978978	-29,320	28,6947
3 * 4	-1,0625	11,28429	-0,09416	0,928641	-30,070	*27,9447*

Abb. 12.30: *Geschätztes Regressionsmodell zu Beispiel 12.3.6.*

der zug. Zwischeneffekt, als signifikant ausmachen. Dies bestätigt auch das angepasste Regressionsmodell, vgl. Abbildung 12.30. Aus diesem schließt man, dass die Daten sich wohl durch das reduzierte Modell

$$Y = \beta_0 + \beta_1 x_1 + \beta_4 x_4 + \beta_{14} x_1 x_4 + \epsilon$$

beschreiben lassen. Bei allen anderen Koeffizienten ist der p-Wert zu hoch bzw. enthält das zug. Konfidenzintervall auch den Wert 0. Auch ein Paretodiagramm der Effekte bestätigt diesen Eindruck. Wiederholt man die Analysen mit dem reduzierten Modell, so werden die genannten Effekte als signifikant bestätigt. Ebenso liegen nun R^2- und korrigierter R^2-Wert dicht beinander. Die gemachten Voraussetzungen bzgl. der Residuen belegt man mittels Quantil- bzw. Scatterplot. □

12.4 Six Sigma

Der Begriff *Six Sigma* geht auf die Firma Motorola zurück, welche das Six-Sigma-Konzept in den 1980er Jahren entwickelte. Grund dafür war das bis zu diesem Zeitpunkt unbefriedigende Qualitätsniveau, welches Motorola im internationalen Vergleich erreichte, gerade in Hinblick auf die japanische Konkurrenz. Während einer Sitzung der Firmenleitung soll dabei der berühmte Satz „Our quality stinks." gefallen sein. Seit dieser Zeit stand *Qualität* bei Motorola ganz oben an, und nach jahrelangen (auch finanziellen) Bemühungen wurde eine Reihe qualitätsfördernder Konzepte entwickelt, bei denen *Six Sigma* eine herausragende Rolle einnahm. Dieses Konzept wurde von anderen Firmen weiterentwickelt, etwa von General Electrics, welche Six Sigma eine Kosteneinsparung in einer Größenordung von angeblich mehreren Milliarden Dollar zuschreibt. Für vertiefende Informationen sei auf Abschnitt 2.6.2 bei Pfeifer (2001) verwiesen.

Im nun folgenden Abschnitt 12.4.1 wollen wir uns kurz mit dem Begriff 'Six Sigma' selbst auseinandersetzen, und im anschließenden Abschnitt 12.4.2 auf die *DMAIC-Strategie* und ihre Implementierung bei STATISTICA eingehen.

12.4.1 Motivation des Six-Sigma-Begriffs

Wie in Abschnitt 12.1.8 erläutert, heißt *Prozessoptimierung* immer zweierlei: Einerseits ist der Prozess unter *statistische Kontrolle* zu bringen, d. h. es sind Quellen substantieller Variation auszuschalten, so dass der Prozess stationär verläuft und mittels geeigneter Kontrollmechanismen rasch erkannt werden kann, ob neue Ursachen substantieller Variation aufgetreten sind. Andererseits sind natürlich gewisse Randbedingungen zu beachten, die von außen vorgegeben werden: Ein Getriebeteil etwa kann nur dann später auch in ein Getriebe eingebaut werden, wenn die Frästiefe einer bestimmten Rille in einem gewissen Bereich $[LSL; USL]$ liegt, wobei ein in diesem Intervall liegender *Sollwert* idealerweise erreicht werden sollte. Liegt die Frästiefe außerhalb dieses Intervalls, ist das Getriebeteil als Ausschuss zu betrachten. Deshalb muss ein kontrollierbarer Prozess an seinem Sollwert ausgerichtet werden, und seine Streuung muss so reduziert werden, dass ein möglichst großer Prozentsatz der gefertigten Teile innerhalb der Spezifikationsgrenzen LSL und USL liegt. Der Begriff *Six Sigma* beschreibt die (langfristige) Zielsetzung eines Six-Sigma-Projektes: Die Optimierung eines (normalverteilten) Prozesses hinsichtlich seiner Streuung, ausgedrückt durch die Standardabweichung σ, der Art, dass der Bereich $\mu \pm 6\sigma$ zwischen diesen Spezifikationsgrenzen liegt.

In Abbildung 12.31 ist die Verteilung eines Charakteristikums eines Prozesses zu sehen, verglichen mit den von außen vorgegeben Prozessbedingungen: dem *Sollwert* und unterer und oberer Spezifikationsgrenze LSL und USL. Fällt ein produziertes Gut unter LSL oder über USL, so ist es als Ausschuss anzusehen.

In Abbildung 12.31 (a) ist ein Prozess zu sehen, der relativ stark streut, die fest vorgebenen Grenzen LSL bzw. USL entsprechen einer Abweichung von nur $\mp 1{,}5\sigma$, so dass diese oft verletzt werden. Ausschussrate:[12] 13,3614 % bzw. 133.614 ppm. Optimierung dieses Prozesses heißt, die Streuung zu mindern, d. h. die Standardabweichung σ zu reduzieren. Dies ist in Abbildung 12.31 (b) geschehen, nun fallen die Spezifikationsgrenzen lediglich mit den $\mp 3\sigma$-Grenzen zusammen, wie von der DIN EN ISO gefordert. Der produzierte Ausschuss ist deutlich geringer: 0,26998 % bzw. 2699,8 ppm.

Das Ideal der Six-Sigma-Philosophie ist der 6σ-Prozess, d. h. die Spezi-

[12] Anstatt die Ausschussrate in Prozent auszudrücken, verwendet man häufig auch die Einheit ppm (parts per million), wobei 1 % genau 10.000 ppm entspricht.

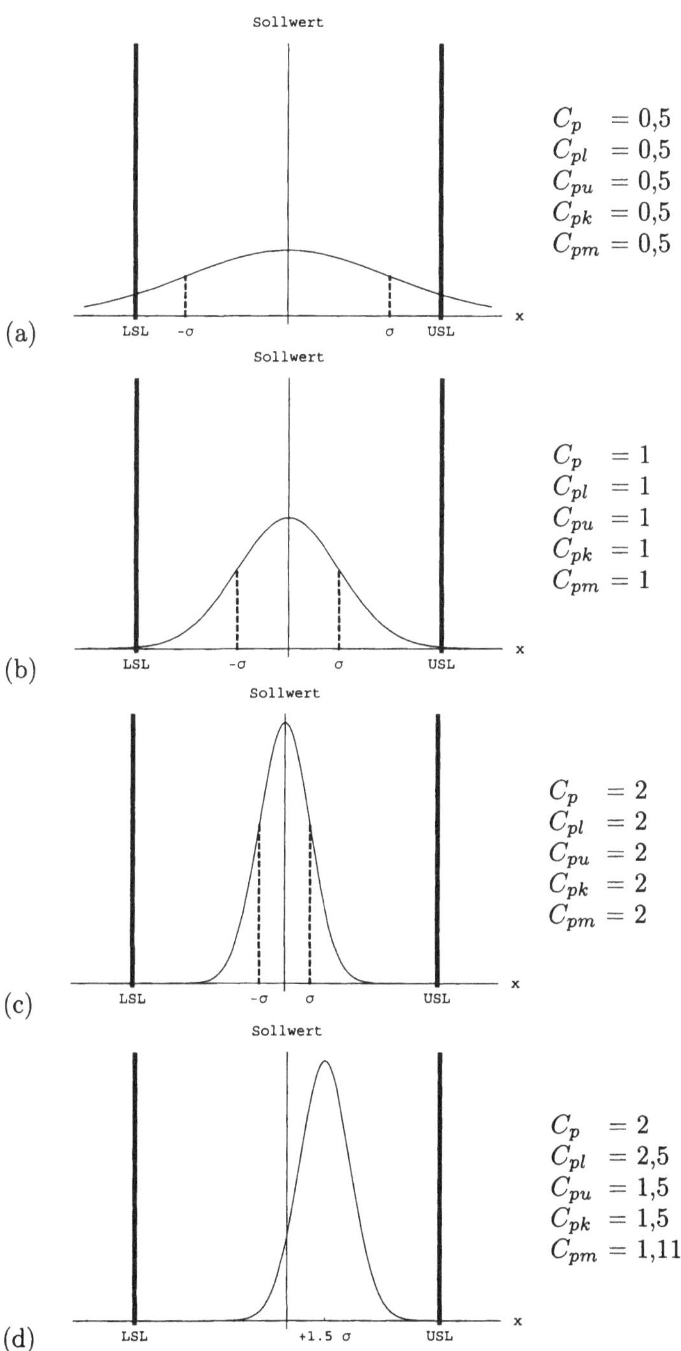

Abb. 12.31: *Verteilung eines Prozesses bei gegebenem Sollwert und Spezifikationsgrenzen.*

fikationsgrenzen fallen bei perfekter Justierung mit den $\mp 6\sigma$-Grenzen zusammen, wie in Abbildung 12.31 (c) zu sehen. Anders formuliert wird ein C_p-Wert von 2 angestrebt, siehe Hintergrund 12.1.8.1. Der produzierte Ausschuss wäre dann bei perfekter Justierung lediglich 0,0000001973 % bzw. 0,001973 ppm. Vor allem aber wäre der Prozess dann robust gegenüber einer Verschiebung des Prozessniveaus μ: Selbst wenn sich dieses um 1,5 σ verschieben würde, siehe Abbildung 12.31 (d), würde noch immer ein extrem geringer Ausschuss anfallen von gerade einmal 0,0003398 % bzw. 3,398 ppm.

Motivieren lässt sich eine der Art strenge Forderung an den Prozess etwa durch Überlegungen der folgenden Art: Besteht ein Gut aus 100 unabhängig produzierten Einzelteilen, die alle jeweils auf dem Niveau 3,4 ppm gefertigt werden, so ist nur mit 0,034 % Wahrscheinlichkeit damit zu rechnen, dass ein solches Gut fehlerhaft ist. Wird dagegen jeweils nur auf dem $\pm 3\sigma$-Niveau gefertigt, d. h., mit einer Ausschusswahrscheinlichkeit von 0,26998 % je Einzelteil, so ist mit 23,7 % Wahrscheinlichkeit mit einem fehlerhaften Gut zu rechnen.

12.4.2 Strategie und Implementierung bei STATISTICA

Der Six-Sigma-Ansatz strebt ein hohes Qualitätsniveau für alle unternehmensinternen Prozesse an. Um dieses zu erreichen, wird ein Vorgehen nach dem *DMAIC-Schema* empfohlen, wobei hierbei insbesondere auf die Verwendung geeigneter statistischer Methoden Wert gelegt wird.

Hintergrund 12.4.2.1

Die grundlegende Strategie von Six Sigma lässt sich kurz beschreiben als

D-M-A-I-C
(**D**efine-**M**easure-**A**nalyze-**I**mprove-**C**ontrol).

Diese fünf Phasen sollen bei einem Qualitätsprojekt durchlaufen werden, wobei ein Zurückschreiten in frühere Phasen möglich ist. Im Einzelnen sind sie wie folgt zu verstehen:

Definieren heißt, die Ziele und Grenzen eines Projektes festzulegen und die wesentlichen Punkte zu identifizieren, auf die es sich zu konzentrieren gilt, um ein erhöhtes Qualitätsniveau zu erreichen.

Messen heißt, grundlegende Informationen über die momentane Situation zu beschaffen und mögliche Probleme zu erkennen.

Analysieren heißt, den zuvor identifizierten Problemen auf den Grund zu gehen und mögliche Ursachen zu erkennen.

Verbessern (Improve) heißt Schritte einzuleiten, mit denen man den zuvor identifizierten Ursachen der Qualitätsprobleme entgegenwirken kann.

Prüfen (Control) bedeutet schließlich, nach Durchführung der Schritte zu überwachen, ob denn nun tatsächlich die gewünschten Verbesserungen festzustellen sind. Andernfalls muss man erneut in die D-Phase (Definieren) eintreten. ◇

Durchführung 12.4.2.2

Six Sigma-Methoden, also statistische Methoden, die als geeignet angesehen werden, in einzelnen Phasen des DMAIC-Zyklus hilfreich zu sein, sind bei STATISTICA unter *Statistik → Industrielle Statistiken & Six Sigma → Six Sigma-Shortcuts (DMAIC)* implementiert. Es ist empfehlenswert, sich ein eigenes Six Sigma-Menü erstellen zu lassen. Dies kann man bei eben genanntem Pfad unter *Anpassen → Six Sigma-Menü anzeigen* tun.

Zudem kann es sinnvoll sein, das Six Sigma-Menü um weitere Methoden zu ergänzen. Dies erreicht man, indem man unter *Extras → Anpassen* die entsprechenden Verfahren per Maus an die gewünschte Stelle zieht. •

Bemerkung zu Durchführung 12.4.2.2.

Bei den in Durchführung 12.4.2.2 beschriebenen *Six Sigma-Methoden* handelt es sich mit wenigen Ausnahmen um statistische Verfahren, die in diesem Buch besprochen wurden. Diese sind jedoch gelegentlich anders benannt. So verbergen sich etwa hinter *Schichtengrafiken* im *Verbessern (...)*-Menü schlicht *2D-Histogramme in Kategorien*. Auch beim in verschiedenen Menüs verfügbaren *Six Sigma-Rechner* handelt es sich im Prinzip einfach um einen auf Normalverteilung eingeschränkten Wahrscheinlichkeitsrechner, wobei alle Berechnungen auf einer angenommenen Verschiebung des Erwartungswertes um $1,5 \cdot \sigma$ beruhen. Dabei wird die Ausschusswahrscheinlichkeit gleich in DPMO (defects per one million opportunities) angegeben. Die *Six Sigma-Grafik* schließlich, die man auch über das *Qualitätsregelkarten*-Menü erreicht, ist eine Kombination von sechs Einzelgrafiken, die man über den Knopf *Six-Sigma-Opt.* auf der Karte *Karten* modifizieren kann. □

12.5 Aufgaben

Es wird empfohlen, für jede Aufgabe einen eigenen STATISTICA-Bericht (Endung `.str`) anzulegen.

Aufgabe 12.5.1

Vom Fräsprozess, wie er etwa in den Beispielen 5.1.2 und 12.1.3.6 untersucht wurde, ist bekannt, dass er bei aktueller Justierung im Zustand statistischer Kontrolle Voraussetzung 12.1.3.1 erfüllt mit Erwartungswert $\mu_0 = 2{,}20$ und Standardabweichung $\sigma_0 = 0{,}00491$. Während Phase II werden nun die Daten der Datei **`Fraesung.sta`** aufgenommen.

(a) Erstellen Sie eine Einzelwert- und eine Moving-Range-Karte der Daten, wobei Sie obige Vorgaben und 3-σ-Grenzen verwenden. Ist der Prozess unter Kontrolle?

(b) Was ergibt eine Analyse der Verlaufsregeln?

(c) Wiederholen Sie Teilaufgabe (a), jedoch mit einer CUSUM-Karte an Stelle der Einzelwertkarte. Wählen Sie hierbei $\delta = 1$ und $k = 4$.

(d) Damit die Getriebeteile verwendet werden können, sind folgende Spezifikationen für die Frästiefe vorgegeben: Sollwert 2,195, $LSL = 2{,}180$, $USL = 2{,}210$. Schätzen Sie aus den Daten heraus, unter der Annahme, dass diese im Zustand statistischer Kontrolle aufgenommen wurden, die in Abschnitt 12.1.8 besprochenen Prozessfähigkeitsindizes und interpretieren Sie diese. Berechnen Sie auch zur Probe die theoretischen Werte gemäß Hintergrund 12.1.8.1, wie sie sich mit den Vorgaben $\mu_0 = 2{,}20$ und $\sigma_0 = 0{,}00491$ ergeben würden. Schätzen Sie schließlich die Unsicherheit der Schätzungen über Konfidenzintervalle zum Niveau 95 % ab.

Aufgabe 12.5.2

Analysieren Sie rückblickend die Daten der Datei **`Durchmesser.sta`**, siehe Beispiel 12.1.3.11. Verwenden Sie dazu einmal

- eine EWMA-Karte mit $\lambda = 0{,}1$ und $k = 2{,}8$, beim zweiten Mal
- eine Moving-Average-Karte mit $w = 10$ und 3-σ-Grenzen.

Sie werden jeweils feststellen, dass einige Daten außer Kontrolle sind, insbesondere wird am Ende wieder ein Aufwärtstrend sichtbar. Gehen Sie deshalb iterativ vor, schließen Sie immer wieder die *am Ende* außerhalb der Kontrollgrenzen liegenden Punkte via Brushing von der Berechnung der Kontrollgrenzen aus und erstellen Sie eine Karte mit aktualisierten Grenzen, so lange, bis der Prozess unter Kontrolle scheint.

Hinweis: Sie werden zuerst die Punkte bei $t = 39$ und $t = 40$, anschließend noch den bei $t = 38$ ausschließen müssen.

Aufgabe 12.5.3

(a) Passen Sie an die Daten der Datei `Orangensaft.sta`, vgl. Beispiel 12.1.7.5, eine p-Karte mit 3-σ-Grenzen an. Sollten sich die Daten im Zustand statistischer Kontrolle befinden, so notieren Sie sich die berechneten Werte für Mittellinie und Kontrollgrenzen.

(b) Etwas später werden nun die Werte der Datei `Orangensaft2.sta` aufgenommen. Falls Sie bei Teilaufgabe (a) Referenzwerte finden konnten, so erstellen Sie nun eine Karte der neuen Daten mit diesen Werten – ist der Prozess unter Kontrolle? Andernfalls konstruieren Sie 3-σ-Grenzen mit dem Vorgabewert $p_0 = 0{,}11083$.

(c) Überprüfen Sie jeweils auch die Verlaufsregeln.

Aufgabe 12.5.4

In Beispiel 12.1.7.9 hatten wir Fehlerdaten zu Leiterplatten in Phase I analysiert. Auf Grund des dort erhaltenen Resultates nehmen wir nun an, dass der Prozess im Kontrollzustand den Erwartungswert $\lambda_0 = 19{,}667$ hat. Nun werden die Daten der Datei `Leiterplatten2.sta` gemessen, die wir erneut auf eine c-Karte mit genanntem Vorgabewert und 3-σ-Grenzen auftragen. Ist der Prozess weiterhin unter Kontrolle? Was ergibt eine Analyse der Verlaufsregeln?

Aufgabe 12.5.5

Die Datei `Stoff.sta`, entnommen aus Montgomery (2005), enthält Daten, die Auskunft über die Gesamtzahl der Fehler auf Stoffstücken gewisser Größe geben. Das uns interessierende Charakteristikum ist jedoch die Zahl der Fehler pro 50 m^2, weshalb die Variable *Einheiten* die sich daraus ergebende variable Stichprobengröße n_t enthält. Beispielsweise haben wir zur Zeit $t = 1$ insgesamt 14 Fehler bei 10 Einheiten, also 1,4 Fehler/50 m^2.

Erstellen Sie eine u-Karte der Daten, die sich ergebenden Kontrollgrenzen sind variabel, und prüfen Sie die Verlaufsregeln nach. Sind die Daten im Zustand statistischer Kontrolle erhoben worden?

Aufgabe 12.5.6

Vom Produktionsprozess der Kolbenringe aus Beispiel 12.1.3.11 sei bekannt, dass dieser im Zustand statistischer Kontrolle normalverteilt sei mit $\mu_0 = 74{,}000$ und $\sigma_0 = 0{,}010$. Ferner wird eine Prozessverschiebung um $\pm\delta = 0{,}005$, also etwa zu $\mu = 74{,}005$, bereits als kritisch angesehen. Unter Vorgabe der Irrtumswahrscheinlichkeiten zu $\alpha = 1$ % und $\beta = 5$ % erstelle man

(a) einen einfachen zweiseitigen Stichprobenplan und beurteile dessen Operationscharakteristik bzw. Güte,

(b) einen sequentiellen zweiseitigen Stichprobenplan.

Aufgabe 12.5.7

Sonolumineszenz dient dem Sichtbarmachen von Tönen. Ein Ultraschallhorn erzeugt Luftblasen in einem Medium. Die Blasen werden verdichtet und kollabieren zu lichtemittierendem Plasma. Wichtige Faktoren, die die Lichtintensität beeinflussen, sollen im Rahmen eines Versuches[13] untersucht werden.

Eine Liste von ursprünglich 49 Faktoren wurde auf 7 Faktoren reduziert. Auf Grund des enormen Zeitaufwands pro Durchgang, und weil insgesamt nur 1 Monat verfügbar ist, soll das Experiment auf 16 Versuchspunkte reduziert werden, d. h. es wird ein 2^{7-3}-Experiment, Auflösung IV, geplant.

(a) Erstellen Sie einen entsprechenden Versuchsplan. Zur Beschriftung können Sie, analog zu Beispiel 12.3.6, die Angaben aus der Datei `SonolumineszenzVorgaben.sta` kopieren.

(b) Die Datei `Sonolumineszenz.sta` enthält nun die erzielten Messwerte des Experiments. Untersuchen Sie die Daten mittels Durchführung einer ANOVA, und erstellen Sie ein Regressionsmodell. Bei beiden sollen jeweils nur die Haupteffekte berücksichtigt werden. Welche der Faktoren sind signifikant auf einem Niveau von 5 %? Erstellen Sie auch ein Paretodiagramm der Effekte und interpretieren Sie dieses.

(c) Sind die Modellannahmen erfüllt?

(d) Wiederholen Sie die Aufgaben (b) und (c), nun jedoch mit folgenden Änderungen, vorzunehmen auf der Karte *Modell*:

- Lassen Sie *2-fach Interaktionen* zu, jedoch
- nur die zwischen Faktor 2 und 5. Alle übrigen, und auch die Faktoren 4, 6 und 7, schließen Sie über *Effekte ignorieren* aus.

Lösungshinweis zu Aufgabe 12.5.1 (d)

Als theoretische Werte berechnet man $C_p \approx 1{,}018$, $C_{pk} \approx 0{,}679$ und $C_{pm} \approx 0{,}713$, die Punktschätzer liegen nahe an den theoretischen Werten. □

[13]Quelle: Eva Wilcox, Ken Inn, NIST Physics Laboratory, `http://www.itl.nist.gov/div898/handbook/pri/section6/pri621.htm`.

13 STATISTICA Visual Basic

Wie viele andere Windowssoftware auch, bietet STATISTICA eine eigene Variante von Visual Basic zum Programmieren von Makros an. Derartige Makros können dann sinnvoll eingesetzt werden, wenn man bestimmte Arbeitsschritte in ein und derselben Weise wiederholt ausführen will. Dann werden diese durch Start des Makros entsprechend durchlaufen. Ein Makro erlaubt also die Automatisierung von Arbeitsvorgängen.

Die Erweiterung, die Visual Basic dabei von STATISTICA erfährt, umfasst alle Bereiche der grafischen und statistischen Datenanalyse. Dies macht *STATISTICA Visual Basic (SVB)* der Art umfangreich, dass es den Rahmen dieses Buches sprengen würde, wenn man auch nur annähernd die wichtigsten Funktionalitäten besprechen würde. Deshalb soll dieses Kapitel lediglich beispielhaft demonstrieren, wie man prinzipiell Makros verfassen kann, und andeuten, welche Möglichkeiten man dabei hat. Die zum Verständnis der Beispiele nötigen Grundkenntnisse in Visual Basic selbst können mit Hilfe des Anhangs C aufgefrischt werden.

13.1 Die Entwicklungswerkzeuge von STATISTICA

Wenn man ein neues Makro schreiben will, verwendet man am einfachsten den *STATISTICA Visual Basic-Editor*, zu finden unter *Extras → Makro.* Diese Programmieroberfläche ist mit einer Reihe angenehmer Eigenschaften ausgestattet, die es dem Benutzer erleichtern, gut strukturierte Programme zu schreiben. Zu nennen sind dabei:

- Ein sehr aufwendiges Syntax-Highlighting, welches z. B. Kommandos, Klasseneigenschaften und Kommentare vom übrigen Programmtext abhebt.
- Im Kopf des Fensters zwei Listenfelder zum Navigieren; das Feld *Proc:* etwa erlaubt einem, gezielt Unterprozeduren (`Sub...End Sub`) anzusteuern.
- Eine Stichworthilfe, die es ermöglicht, gezielt Hilfeinformationen zu einem Kommando im Programmtext zu erhalten. Dazu ist das Wort zu markieren, anschließend drückt man die Taste *F1.*

- Eine Direkthilfe, welche Informationen über Parameter von Funktionen oder Methoden zur Verfügung stellt. Während der Eingabe des Programmtextes erscheint eine QuickInfo, welche über Zahl und Art der nötigen Parameter informiert, vgl. Abbildung 13.1.
- Die automatische Elementliste, welche die zu einer Instanz einer Klasse gehörigen Eigenschaften und Methoden anzeigt, sobald der Punktoperator eingegeben wurde, vgl. Abbildung 13.2. Es öffnet sich ein Listenfeld, in dem man mit den Pfeiltasten navigieren kann. Mit der Tabulatortaste übernimmt man einen Vorschlag, mit der *Esc*-Taste schließt man die Liste.

```
newanalysis.Dialog.ResultsVariables = "2 4"
newanalysis.RouteOutput(
                  RouteOutput( ByVal docs As Variant ) As AnalysisOutput
```

Abb. 13.1: *Direkthilfe der Methode* `RouteOutput`.

Für übersichtliches Programmieren unabdingbar ist das Einrücken von Programmzeilen. Entgegen gewöhnlichen Texteditoren kann man hier auch markierte Blöcke mit der Tabulatortaste einrücken, die markierten Zeilen werden nicht gelöscht.

Ferner gibt es noch eine Reihe weiterer nützlicher Werkzeuge, die in den nun folgenden Abschnitten 13.1.1 bis 13.1.3 vorgestellt werden.

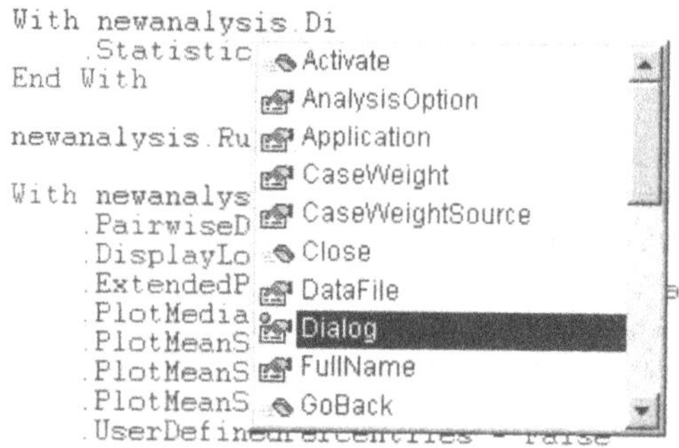

Abb. 13.2: *Elementliste für* newanalysis *vom Typ* **`Analysis`**.

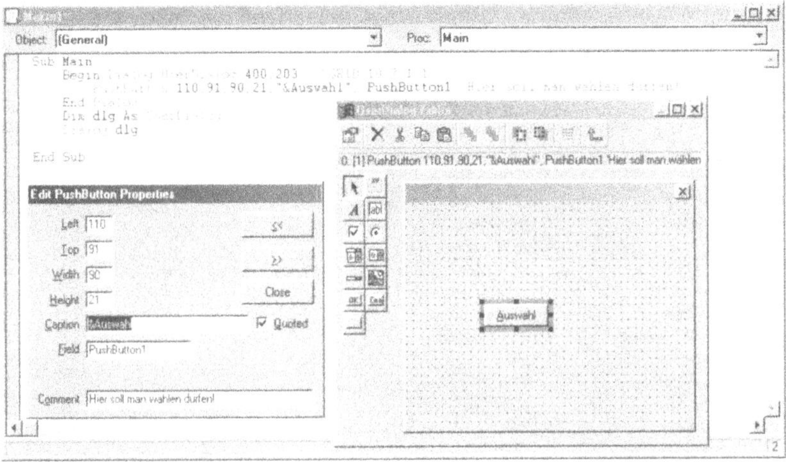

Abb. 13.3: *Der Dialogeditor.*

13.1.1 Der Dialogeditor

Der *Dialogeditor* kann im Menü *Extras* aufgerufen werden, sobald der Visual Basic-Editor geöffnet ist. Mit ihm kann man per Mausklick Dialoge äußerlich gestalten und an der gewünschten Stelle, die Stelle, wo sich der Cursor zuletzt befand, platzieren. Ferner kann man diese Dialoge, `UserDialog` genannt, später auch wieder mit dem Dialogeditor nachbearbeiten, indem man den Cursor im Programmtext des `UserDialog` platziert und dann den Dialogeditor öffnet.

Sehr aufschlussreich ist Abbildung 13.3. Rechts unten erkennt man das Fenster des Dialogeditors selbst und in ihm unseren `UserDialog`. Dieser besteht im Moment nur aus einem Formblatt, noch ohne Überschrift, und einem `PushButton`. Dieser ist mit der Aufschrift *&Auswahl* versehen, vgl. den Dialog links unten, welcher sich nach einem Doppelklick auf den `PushButton` geöffnet hat. Dabei bewirkt das '&', dass der nachfolgende Buchstabe unterstrichen erscheint und es insbesondere später erlaubt ist, durch Eintippen des betreffenden Buchstabens den *Auswahl*-Knopf zu betätigen.

Weitere Eigenschaften des `PushButton` betreffen Position und Größe, ferner darf ein Kommentar eingegeben werden, der dann im Programmtext erscheint. Diesen Programmtext sieht man im Hintergrund von Abbildung 13.3, insbesondere in der dritten Zeile den zum `PushButton` gehörigen Text.

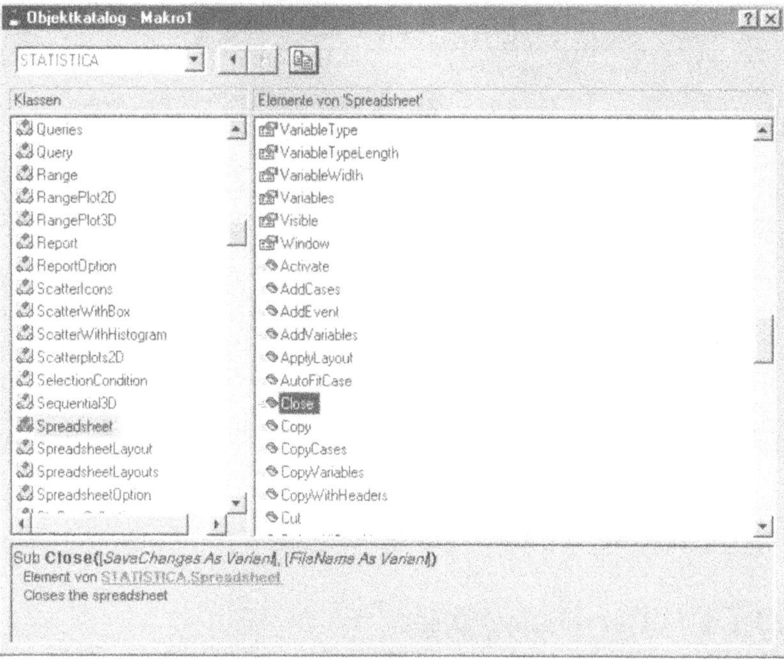

Abb. 13.4: *Der Objektkatalog.*

13.1.2 Der Objektkatalog

Der *Objektkatalog* kann ebenfalls im Menü *Extras* aufgerufen werden, falls der Visual Basic-Editor gerade aktiv ist. Der Objektkatalog, wie er in Abbildung 13.4 zu sehen ist, enthält knappe Informationen zu allen verfügbaren Klassen, deren Eigenschaften, Methoden, Ereignisse, und zu Konstantenlisten und deren Konstanten.

Vertiefte Informationen findet man in der STATISTICA-Hilfe unter dem Eintrag *STATISTICA Objektmodell.* Von besonderer Bedeutung ist dabei der Untereintrag *Core Functions*, welcher Informationen zu all jenen Klassen enthält, die im Objektkatalog unter der Rubrik STATISTICA laufen, vgl. Abbildung 13.4.

Etwas Vorsicht ist geboten, im Objektkatalog auf ein solches Objekt oder dessen Methoden etc. einen Doppelklick auszuüben – es erscheinen keine ausführlicheren Informationen zum betreffenden Begriff, stattdessen wird dieser an der Stelle des Cursors in den Programmtext eingefügt. Informationen dagegen erhält man durch Klick mit der rechten Maustaste und Wahl des Punktes *?* im sich öffnenden PopUp-Menü.

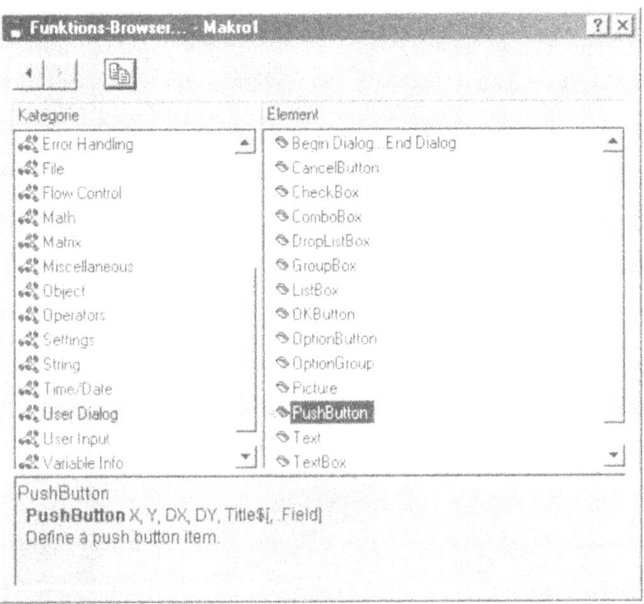

Abb. 13.5: *Der Funktions-Browser.*

13.1.3 Der Funktions-Browser

Zu guter Letzt sei auf den Funktions-Browser verwiesen, der, wie Dialogeditor und Objektkatalog auch, bei aktivem Makro aus dem Menü *Extras* aufgerufen werden kann. Dieser enthält Kurzinformationen zu Funktionen verschiedener Kategorien, u. a. auch der Kategorien, auf die man mittels einer *Formel im Tabellenblatt*, vgl. hierzu Abschnitt 3.2, zugreifen kann.

Ein Bildschirmausdruck des Funktions-Browsers ist in Abbildung 13.5 zu sehen. In diesem ist übrigens die Kategorie `UserDialog` markiert und deren Element `PushButton`, welches wir in Abschnitt 13.1.1 bereits kennengelernt hatten.

13.2 Aufzeichnen von Makros

Der einfachste, wenn auch nicht immer praktizierbare Weg, ein Makro zu erstellen, ist der, eines aufzuzeichnen. Mit STATISTICA geht das erstaunlich einfach, was an einem Beispiel erläutert werden soll.

Öffnen wir etwa wieder die Datei `MannFrau.sta` aus Beispiel 6.1.3. Auf diese wenden wir das Menü *Statistik → Elementare Statistik → Deskriptive Statistik → Karte: Details* an. Dort wählen wir einige interessierende

Fortsetzen... Strg+R
Optionen
Ausgabemanager...
Makro erzeugen...
Schließen
Alle Analysen beenden...
Deskriptive Statistik: ...
Start

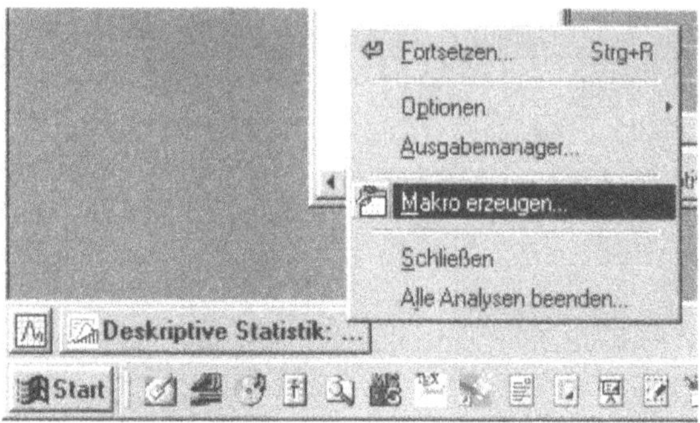

Abb. 13.6: *Aufzeichnung eines Makros im Anschluss an eine abgeschlossene Analyse.*

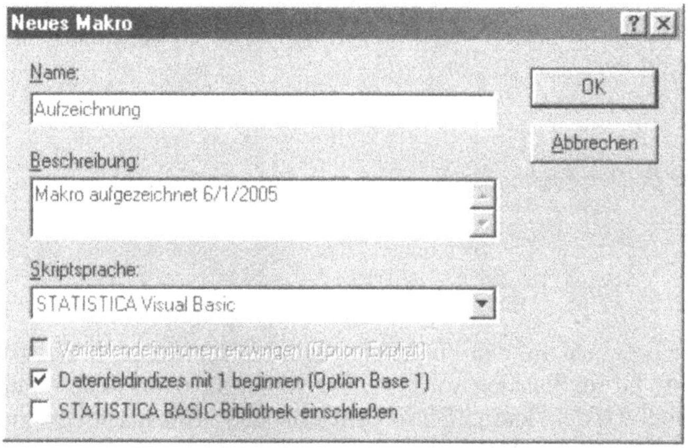

Neues Makro
Name:
Aufzeichnung
OK
Abbrechen
Beschreibung:
Makro aufgezeichnet 6/1/2005
Skriptsprache:
STATISTICA Visual Basic
Datenfeldindizes mit 1 beginnen (Option Base 1)
STATISTICA BASIC-Bibliothek einschließen

Abb. 13.7: *Benennen des aufgezeichneten Makros.*

Analysen aus, ferner die zwei Variablen *GrößeMann* und *GrößeFrau*, das sind die Variablen Nummer 2 und 4, und klicken schließlich auf *Zusammenfassung*. Es erscheint wie gewohnt eine Tabelle mit Resultaten beider Variablen in einer Arbeitsmappe.

Nun der entscheidende Schritt: Um unser bisheriges Vorgehen nachträglich aufzuzeichnen, klickt man mit der rechten Maustaste auf den *Deskriptive Statistik*-Knopf links unten, vgl. Abbildung 13.6, und wählt im sich öffnenden PopUp-Menü den Punkt *Makro erzeugen*.

Es öffnet sich dann ein Dialog wie in Abbildung 13.7, in welchem man einen Namen für das Makro eintragen soll. Man beachte: Durch die Wahl des Namens wird das Makro noch *nicht* unter Selbigem abgespeichert, dies geschieht später per Hand über *Datei* → *Speichern*.

```
Option Base 1
Sub Main

Dim newanalysis As Analysis
Set newanalysis = Analysis (scBasicStatistics, ActiveDataSet)

With newanalysis.Dialog
     .Statistics = scBasDescriptives
End With

newanalysis.Run

With newanalysis.Dialog
     .Variables = "2 4"
     .PairwiseDeletionOfMD = True
     .DisplayLongVariableNames = False
     .ExtendedPrecisionCalculations = False
     .PlotMedianQuartileRange = False
     .PlotMeanSEAndSD = False
     .PlotMeanSD196TimesSD = True
     .PlotMeanSE196TimesSE = False
     .UserDefinedPercentiles = False
     .ValidN = True
     .Mean = True
     .Median = True
     .Mode = True
     .GeometricMean = False
     .HarmonicMean = False
     .ConfLimitsForMeans = False
     .Sum = True
     .StandardDeviation = True
     .Variance = True
     .StandardErrorOfMean = False
     .MinimumMaximum = True
     .LowerUpperQuartiles = True
     .Range = True
     .QuartileRange = True
     .Skewness = True
     .Kurtosis = True
     .StandardErrorOfSkewness = False
     .StandardErrorOfKurtosis = False
     .UseNumberOfIntervals = True
     .NumberOfIntervals = 10
     .NormalExpectedFrequencies = False
     .KSAndLillieforsTestForNormality = True
     .ShapiroWilkWTest = False
     .ConfidenceIntervalForMeansPlot = 95.000000
     .CompressedStemAndLeaf = False
End With

newanalysis.RouteOutput(newanalysis.Dialog.Summary).Visible = True

End Sub
```

Abb. 13.8: *Das aufgezeichnete Makro.*

Abb. 13.9: *Die Makro-Symbolleiste.*

Es ergibt sich nun der Programmtext, wie er in Abbildung 13.8 zu sehen ist. Bevor wir diesen genauer beschreiben, erst noch ein Hinweis, wie man das Makro ausführt: Immer dann, wenn der Visual Basic-Editor aktiv ist, erscheint auch eine zusätzliche Symbolleiste, wie in Abbildung 13.9 zu sehen. Mit den drei ersten Schaltflächen kann man die Werkzeuge der Abschnitte 13.1.1 bis 13.1.3 aufrufen, mit dem vierten Knopf dann das Makro starten. Bei einer jeden Ausführung des Makros wird die aufgenommene Analyse auf identische Weise wiederholt.

Bemerkung zu Abbildung 13.8.

Der Programmablauf findet zwischen `Sub Main` und dem finalen `End Sub` statt. Dazu wird zuerst die Instanz **`newanalysis`** vom Typ **`Analysis`** geschaffen, deren Eigenschaften und Methoden übrigens in der Hilfe unter dem Eintrag *STATISTICA Objektmodell → Core Functions → Analysis* zu finden sind. Dabei wird festgelegt, dass die Analyse vom Typ **`scBasicStatistics`** sein und sich auf das jeweils im Moment aktive Tabellenblatt beziehen soll. Schließlich wird der Dialog **`scBasDescriptives`** ausgewählt und durch die Methode **`Run`** aufgerufen. Bisher entspricht dies also dem Weg *Statistik → Elementare Statistik → Deskriptive Statistik.*

Im Dialog von **`newanalysis`** können nun eine Reihe von Eigenschaften festgelegt werden, insbesondere dabei

- **`Variables = "2 4"`**: Die Variablen 2 und 4 werden aus dem aktiven Tabellenblatt ausgewählt.
- **`ValidN = True`**, **`Mean = True`**, etc.: Es wird bestimmt, welche Berechnungen ausgeführt werden sollen, etwa soll die Zahl gültiger Fälle sowie der Mittelwert bestimmt werden.

Zum Schluss wird **`newanalysis`** veranlasst, eine Ausgabe zu erzeugen, und zwar jene, die durch Drücken des Knopfes *Zusammenfassung* entsteht, und diese auch sichtbar zu machen. □

Neben diesen einfachen Makros einzelner Analysen erlaubt STATISTICA auch die Aufzeichnung ganzer Sitzungen sowie von Tastatureingaben generell. Dazu wird jeweils im Menü *Extras → Makro* der Punkt *Protokollaufzeichnung ...* bzw. *Tastaturmakro ...* angeboten. In beiden Fällen öffnet sich ein stets oben stehendes Menü mit einem Pauseknopf **II** und einem Stoppknopf ■, mit dem die Aufzeichnung jederzeit unterbrochen bzw. beendet werden kann. Im Fall des Tastaturmakros ist das

Makro von äußerst einfacher Struktur, enthält im Wesentlichen nur das Kommando `SendKeys` und die Kürzel der verwendeten Tasten.

13.3 Erstellen eines einfachen Dialogs

Das Makro des vorigen Abschnitts 13.2 soll Motivation sein, ein ähnliches eigenes Makro zu erstellen. Dieses soll zuallererst einen Dialog erzeugen, in dem der Benutzer folgende Entscheidung treffen kann:

- Er kann alles abbrechen.
- Er kann vom momentan aktiven Tabellenblatt die Variable 1 analysieren lassen.
- Er kann ein beliebiges Tabellenblatt auswählen und dort wiederum beliebige Variablen, die analysiert werden sollen.

Dazu wählen wir die Analyse des vorigen Abschnitts 13.2, welche deswegen an dieser Stelle auch nicht mehr weiter erläutert werden soll.

Wie in Abschnitt 13.1.1 beschrieben und in Abbildung 13.10 zu sehen, erstellen wir einen Dialog mit drei Knöpfen und zwei Texten, allesamt auf einem beschrifteten Formular. Nachdem wir diesen `UserDialog` in den Programmtext haben einfügen lassen, erstellen wir den übrigen Programmtext – das fertige Makro ist in Abbildung 13.11 zu sehen. Da das Makro vollständig dokumentiert ist, Kommentare beginnen in Visual Basic mit `Rem` oder einem einzelnen Hochkomma, wird auf eine ausführliche Erläuterung verzichtet. Erwähnt werden soll lediglich folgende Punkte:

- Die anfängliche Entscheidungsfindung geschieht mit Hilfe einer `Select...Case`-Verzweigung, vgl. Anhang C.2. Dabei wird durch `Dialog (meindialog)` der zuvor gestaltete Dialog aufgerufen und die Entscheidung des Benutzers zurückgegeben. Auf *OK* oder *Auswahl* wird direkt reagiert, es sind dies die Anweisungen bei `Case -1` und `Case 1`. Bei *Abbrechen* wird die erzeugte Fehlermeldung abgefangen, vgl. Zeile 2 des Makros, und das Programm hinter der *Sprungmarke* `beenden:` in der vorletzten Zeile fortgesetzt, also beendet.
- Um STATISTICA zu veranlassen, den *Öffnen*-Dialog anzuzeigen, schreibt man

  ```
  Dim tabelle As Spreadsheet
  Set tabelle = Application.SelectSpreadsheetDialog(False)
  ```

  Das Argument `False` bewirkt dabei, dass nicht nur *Eingabetabellen*, sondern auch *Ausgabetabellen* geöffnet werden können, vgl. den Tipp auf Seite 17.

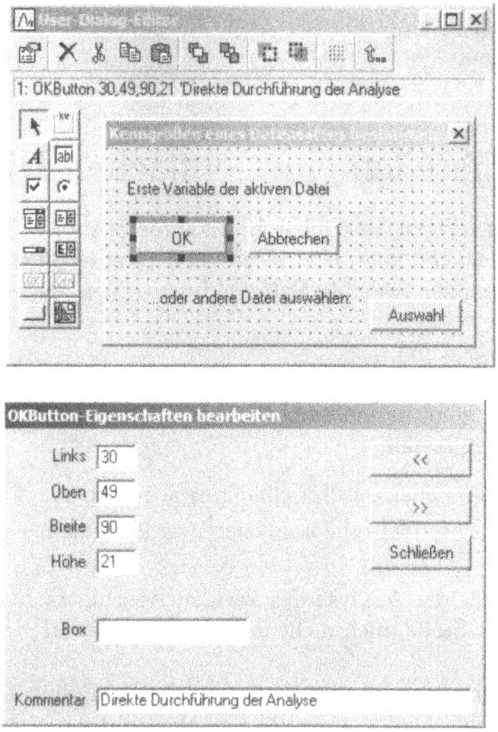

Abb. 13.10: Den Dialog des Makros erstellen.

- Um einen Dialog zur Auswahl von Variablen anzuzeigen, ist etwas mehr Arbeit nötig. Zuerst bestimmt man, wieviele Variablen überhaupt vorhanden sind:
  ```
  Dim VarZahl As Long
  VarZahl=ActiveDataSet.NumberOfVariables
  ```
  Anschließend legt man ein dynamisches Feld vom Typ `Long`, vgl. Anhang C.1, an, welches die Variablenauswahl speichern soll:
  ```
  Dim VarListe() As Long
  ReDim VarListe(1 To VarZahl)
  ```
  Der Umweg über `ReDim` ist nötig, da ein Feld bei der ursprünglichen Dimensionierung eine *konstante* Größenangabe erwartet. Schließlich geschieht die Variablenauswahl über
  ```
  meineanalyse.Dialog.Variables = VarListe
  ```

Im Falle des *Auswahl*-Knopfes (`Case 1`) wird ein Tabellen-Objekt erzeugt. Diesem Objekt wird das Ergebnis der Auswahl zugeordnet, die der Benutzer im `SelectSpreadsheetDialog` trifft. Die beiden Fälle `Case -1` und `Case 1` unterscheiden sich bloß bis zu dieser Stelle, alles Weitere, also alles nach `End Select`, betrifft sie wieder gemeinsam.

```
Sub Main

On Error GoTo beenden
'Klick auf Abbrechen liefert Error-Code 10031 zurück

'Definiere den Dialog
    Begin Dialog UserDialog 360,126,"Kenngrößen eines Datensatzes bestimmen:"
        'Soll elementare Kenngrößen berechnen %GRID:10,7,1,1
        Text 20,21,250,14,"Erste Variable der aktiven Datei analysieren:",
.Text1
        OKButton 30,49,90,21 'Direkte Durchführung der Analyse
        CancelButton 140,49,90,21 'Abbruch des Makros
        Text 40,91,210,14,"...oder andere Datei auswählen:",.Text2
        PushButton 260,98,90,21,"&Auswahl",.PushButton1 'Soll Auswahl-Menü
 aufrufen
    End Dialog

'Erstelle Objekt "meindialog" vom Typ Userdialog
Dim meindialog As UserDialog

'Erstelle Objekt "meineanalyse" vom Typ Analyse
Dim meineanalyse As Analysis

'Reagiere auf Wahl des Benutzers
Select Case Dialog (meindialog)'ReturnId

    Case -1'OK-Knopf wurde gedrückt

        'Bestimme Art und Ziel der Analyse
        Set meineanalyse = Analysis (scBasicStatistics, ActiveDataSet)

        'Wähle Analyseart aus
        meineanalyse.Dialog.Statistics = scBasDescriptives

        meineanalyse.Run 'Nächster Schritt

        meineanalyse.Dialog.Variables = "1" 'Erste Variable auswählen


    Case 1 'Der erste Knopf des Dialogs wurde gedrückt

        'Neue Tabelle auswählen:
        Dim Tabelle As Spreadsheet
        Set Tabelle=Application.SelectSpreadsheetDialog(False)

        'Prüfen, ob Tabelle nicht leer
        Dim VarZahl As Long
        VarZahl=ActiveDataSet.NumberOfVariables
        If VarZahl<1 Then GoTo beenden

        'Liste der später ausgewählten Variablen
        Dim VarListe() As Long
        ReDim VarListe(1 To VarZahl)'Platz für alle Variablen

        'Bestimme Art und Ziel der Analyse
        Set meineanalyse = Analysis (scBasicStatistics, ActiveDataSet)

        'Wähle Analyseart aus
        meineanalyse.Dialog.Statistics = scBasDescriptives

        meineanalyse.Run 'Nächster Schritt

        'Auswahl festlegen und analysieren
        meineanalyse.Dialog.Variables = VarListe

End Select

With meineanalyse.Dialog
    .PairwiseDeletionOfMD = True
                                        .
                                        .
                                        .
    .CompressedStemAndLeaf = False
End With

'Analyse durchführen und Ergebnis "sichtbar machen"
meineanalyse.RouteOutput(meineanalyse.Dialog.Summary).Visible = True

beenden:
End Sub
```

Abb. 13.11: *Das fertige Makro.*

13.4 Arbeiten mit Tabellenblättern

Beim Arbeiten mit Tabellen sind vor allem drei Klassen von Interesse, deren Eigenschaften und Methoden im Folgenden immer wieder verwendet werden. Diese Klassen sind

- `Spreadsheet`, mit Informationen in der Hilfe unter *STATISTICA Objektmodell → Core Functions → Spreadsheet*,
- `Areas`, mit Informationen in der Hilfe unter *STATISTICA Objektmodell → Core Functions → Areas*,
- `Range`, mit Informationen in der Hilfe unter *STATISTICA Objektmodell → Core Functions → Range*.

Dass dabei die erste Klasse von Bedeutung ist, ist einleuchtend, schließlich sind ja Tabellenblätter Instanzen der Klasse `Spreadsheet`, bei den zwei anderen dagegen erkennt man die Bedeutung nicht auf den ersten Blick. Um aber Variablen bzw. Fälle eines Tabellenblattes manipulieren zu können, greifen wir auf dessen Eigenschaft `.Variables` bzw. `.Cases` zu, und diese beiden sind vom Typ `Areas`, verfügen also gerade über die dort definierten Eigenschaften.

Ferner können Zellen bzw. Zellbereiche eines Tabellenblattes über dessen Eigenschaften `.Cells(i,j)`, `.CellsRange(a,b,c,d)` oder `.Range(var)` angesprochen werden, und diese sind vom Typ `Range`, welcher eine ganze Reihe von Eigenschaften und Methoden anbietet.

Wer viel mit Tabellen arbeitet, sollte sich die drei genannten Hilfeeinträge am besten ausdrucken, für alle anderen genügt wohl die Auswahl im Anhang D. In den nun folgenden Beispielen werden ausschließlich Eigenschaften verwendet, und nicht mehr erklärt, welche in Anhang D erläutert werden. Gewöhnlich sind die Eigenschaften und Methoden auch so benannt, dass ihre Bedeutung selbsterklärend ist.

13.4.1 Abfragen von Informationen

Mit Hilfe einer *Message Box*, vgl. auch Anhang C.4, kann man sich Informationen anzeigen lassen, welche die Tabelle betreffen. Handelt es sich bei der betrachteten Eigenschaft um den Typ `String`, ist eine Ausgabe direkt möglich.

```
MsgBox tabelle.Cells(1,2).Text
```

etwa zeigt den Textwert der Zelle 1 von Variable 2 an. Andernfalls muss erst eine Typumwandlung vorgenommen werden, wozu man `CStr(...)` verwendet. Ein Beispiel:

```
MsgBox CStr(tabelle.Variables.Count)
```

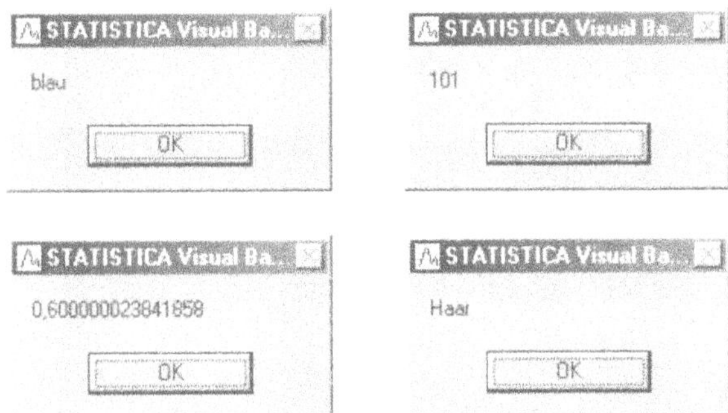

Abb. 13.12: *Die vier erzeugten Message Boxes aus Beispiel 13.4.1.1.*

Beispiel 13.4.1.1

Betrachten wir erneut die Datei `HaarAuge.sta` aus Beispiel 5.2.3. Aus dieser Datei wollen wir folgende Informationen herauslesen: Textwert und interner Code der Zelle 5 der Variablen 1, Breite der Spalte 1 und Name der Variablen 2. Dazu verwenden wir folgenden Code:

```
Sub Main
    Dim tabelle As Spreadsheet
    Set tabelle = _
        Application.SelectSpreadsheetDialog(False)
        'Ruft Dialog auf, wir wählen HaarAuge.sta
    MsgBox tabelle.Cells(5,1).Text
    MsgBox tabelle.Cells(5,1).Value
    MsgBox CStr(tabelle.Variable(1).ColumnWidth)
    MsgBox CStr(tabelle.Variable(2).ColumnName)
End Sub
```

Die vier erstellten Message Boxes finden sich in Abbildung 13.12. □

13.4.2 Manipulation von Tabellenblättern

Um Tabellenblätter zu manipulieren, können entweder Eigenschaften von `Spreadsheet` direkt angesprochen, oder Eigenschaften vom Typ `Range` bearbeitet werden, wobei dann wiederum auf die zug. Untereigenschaften zugegriffen wird. Beispielhaft sollen durch fortgesetzte Codefragmente die Möglichkeiten angedeutet werden.

```
Set tabelle = _
    Application.Spreadsheets.New("Meine Tabelle")
tabelle.SetSize(10,2)
tabelle.Header = "10 Fälle und 2 Variablen"
tabelle.Visible = True
```

Es wird eine neue Tabelle namens 'Meine Tabelle' mit 2 Variablen à 10 Fällen erstellt und ihr eine Kopfzeile zugewiesen.

```
For i=1 To 10
    tabelle.Cells(i,1).Value = i
Next
```

Die erste Spalte wird gefüllt mit den Zahlen von 1 bis 10.

```
tabelle.CaseNameWidth=1.0
tabelle.CaseHeaderCell(1)="Das ist Fall 1"
tabelle.CasenameLength=7
```

Die Breite der Fälle wird verändert, Fall 1 umbenannt. Anschließend werden die Feldnamen auf Länge 7 reduziert, dabei wird der neue Name von Fall 1 abgeschnitten.

```
tabelle.VariableLongName(2) = "=v1^2"
tabelle.Recalculate(2)
```

Variable 2 wird eine Formel zugewiesen, danach die Variable neu berechnet. Dabei werden ihr die Werte aus Variable 1 quadriert zugewiesen.

```
Dim matrix() As Double
ReDim matrix(tabelle.Cases.Count,tabelle.Variables.Count)
matrix = tabelle.Data
matrix(1,1) = 27
tabelle.Data=matrix
```

Nun wird ein zweidimensionales Feld definiert, welches exakt die Größe der Tabelle hat, die Daten der Tabelle werden eingelesen, das erste Feld ein wenig manipuliert, und der Feldinhalt an die Tabelle zurückgegeben.

```
tabelle.DeleteCases(6,10)
tabelle.DeleteVariables(2,2)
tabelle.SaveAs("C:\MeineTabelle.sta")
tabelle.Close()
```

Abschließend werden die Fälle 6 bis 10 gelöscht, ebenso die zweite Variable, das Resultat wird unter dem gegebenen Pfad gespeichert und die Tabelle schließlich geschlossen.

Der im eben genannten Beispiel gezeigte Weg, den Inhalt einer Tabelle in eine Matrix zu kopieren, dort zu bearbeiten, und am Ende wieder zurückzukopieren, ist immer dann zu empfehlen, wenn komplexere Berechnungen vorgesehen sind. Diese können auf einer Matrix wesentlich schneller ausgeführt werden.

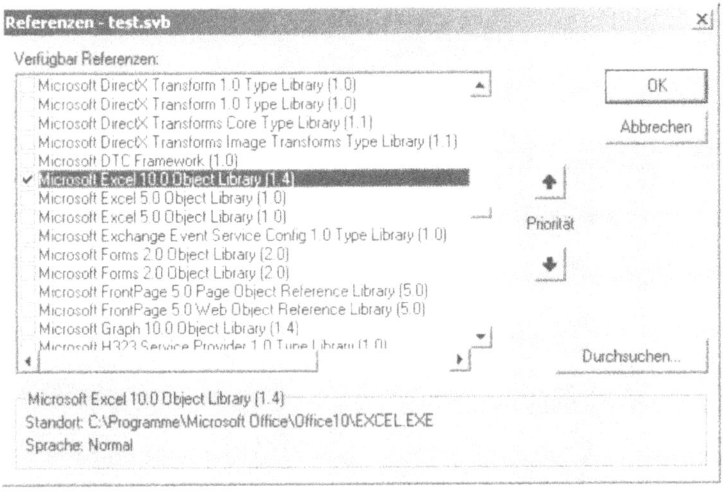

Abb. 13.13: *Zugriff auf Objektbibliotheken anderer Programme.*

13.5 Verbindung mit anderen Programmen

STATISTICA Visual Basic erlaubt auch den Zugriff auf VB-Objektbibliotheken anderer Programme. Dies erreicht man, indem man das Menü *Extras* → *Verweise* wählt und im sich öffnenden Dialog die gewünschten Objektbibliotheken auswählt. Ein Beispiel ist in Abbildung 13.13 zu sehen, bei dem eine EXCEL-Bibliothek ausgewählt wurde.

Dieser Weg kann natürlich auch umgekehrt beschritten werden, so kann man beispielsweise von EXCEL aus auf STATISTICA-Bibliotheken zugreifen, wie in Abbildung 13.14 zu sehen. Um dann konkret auf STATISTICA-Klassen zugreifen zu können, muss man im Prinzip stets ein `STATISTICA.` voransetzen, etwa

```
Dim anwendung As New STATISTICA.Application
Dim tabelle As Spreadsheet
Set tabelle = anwendung.Spreadsheets.Open("C:\test.sta")
Dim analyse As STATISTICA.Analysis
Set analyse = anwendung.Analysis(scBasicStatistics, tabelle)
    ⋮
```

Dann lässt man beispielsweise eine Tabelle von Kenngrößen erstellen (im Hintergrund) und kopiert deren Inhalt in die EXCEL-Tabelle hinein:

```
analyse.Dialog.Statistics = scBasDescriptives
analyse.Run
analyse.Dialog.Variables = "1"
```

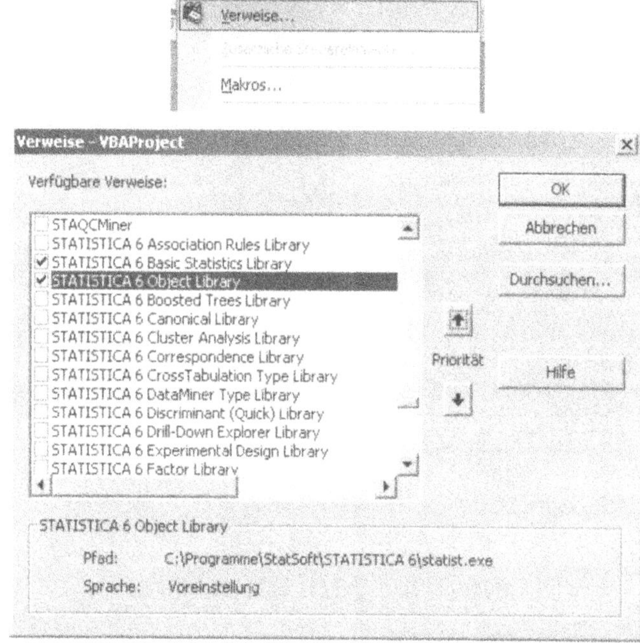

Abb. 13.14: *Zugriff auf die STATISTICA-Objektbibliotheken durch andere Programme.*

```
Dim ausgabe
Set ausgabe = analyse.Dialog.Summary

ausgabe.Item(1).SelectAll
ausgabe.Item(1).Copy

Range(''A1'').Select
ActiveSheet.PasteSpecial Format:=''Biff4''
tabelle.Close
```

Detailliertere Informationen zur VBA-Programmierung in MS Office XP findet der Leser z. B. bei Held (2005).

13.6 Aufgaben

Aufgabe 13.6.1

Zeichnen Sie folgendes Makro auf: Öffnen Sie die Datei `MannFrau.sta` aus Beispiel 6.1.3 und erstellen Sie auf einmal einzelne Histogramme für die Variablen *GrößeMann* und *GrößeFrau*. Kommentieren Sie das Makro ausführlich Schritt für Schritt.

Aufgabe 13.6.2

Manipulieren Sie das Makro aus Aufgabe 13.6.1 so, dass zu Beginn ein *Öffnen*-Dialog erscheint, in dem Sie selbst eine Tabelle auswählen können. Anschließend soll es ferner möglich sein, selbst Variablen auszuwählen, von denen dann ein Histogramm erzeugt wird.

Aufgabe 13.6.3

Ergänzen Sie das Makro aus Aufgabe 13.6.2 um einen Benutzerdialog.

Aufgabe 13.6.4

Erstellen Sie ein Makro, welches eine neue Tabelle mit zwei Variablen und drei Fällen anlegt. Die Zellen der ersten Variablen soll der Benutzer über wiederholte Input Boxes mit Zahlenwerten füllen, Variable 2 soll dann den Sinus dieser Werte erhalten.

Lösungshinweis zu Aufgabe 13.6.2
Das Makro könnte z. B. wie folgt beginnen:

```
Sub Main

Dim tabelle As Spreadsheet
Set tabelle = Application.SelectSpreadsheetDialog(False)

Dim VarZahl As Long
VarZahl=ActiveDataSet.NumberOfVariables
Dim VarListe() As Long
ReDim VarListe(1 To VarZahl)
```

□

Teil V

Anhänge

A Grundlagen der Stochastik

A.1 Grundbegriffe der Stochastik

In diesem Abschnitt sollen wichtige Grundbegriffe der Stochastik aufgefrischt werden. Als gut lesbare und verlässliche Begleitlektüre sei das Buch von Basler (1994) empfohlen.

A.1.1 Kenngrößen von Datensätzen und Zufallsvariablen

Bei einem Versuch mit zufälligem Ausgang sei eine gewisse Messgröße von Interesse, die bei jedem Versuchsausgang eine reelle Zahl als Messwert annimmt. Eine solche Messgröße kann durch eine *Zufallsvariable* X beschrieben werden. Wenn wir im vorliegenden Text salopp von der Realisation bzw. Wiederholung von X sprechen, ist eigentlich gemeint, dass das zu Grunde liegende Zufallsexperiment ausgeführt bzw. wiederholt und der entsprechende Messwert bestimmt wird. Die stochastischen Eigenschaften von X werden durch das zu Grunde liegende Wahrscheinlichkeitsmaß P beschrieben; für eine präzise Auseinandersetzung der Begriffe sei auf Basler (1994) verwiesen. Aus P leitet sich die *Verteilungsfunktion* $F(x) := P(X \leq x)$ von X ab, welche die Wahrscheinlichkeit angibt, dass X einen Wert realisiert, der nicht größer als $x \in \mathbb{R}$ ist.

Man unterscheidet gemeinhin zwischen zwei Arten von Zufallsvariablen: Eine Zufallsvariable *X vom diskreten Typ* nimmt einen von nur endlich oder höchstens abzählbar vielen Werten an. Kategoriale Zufallsvariablen über einem endlichen Alphabet, binäre Zufallsvariablen oder Zufallsvariablen mit Wertebereich $\mathbb{N}_0$ sind typische Beispiele. Ist X eine diskrete Zufallsvariable mit Zielbereich $\mathcal{V}$, dann kann man für jeden Wert eine explizite Wahrscheinlichkeit angeben dafür, dass X diesen Wert annimmt. Es gibt also für alle $x \in \mathcal{V}$ eine Wahrscheinlichkeit $p_x \in [0; 1]$, so dass $P(X = x) = p_x$ ist. Insbesondere muss gelten, dass $\sum_{x \in \mathcal{V}} p_x = 1$ ist. Für konkrete Beispiele derartiger Verteilungen sei auf Abschnitt A.2.1 verwiesen.

Eine reellwertige *Zufallsvariable X vom stetigen Typ* kann dagegen einen Wert aus einem kontinuierlichen Bereich, wie etwa den gesamten reellen

Zahlen $\mathbb{R}$ oder einem Intervall $[a;b]$, annehmen. Wesentlicher Unterschied zum diskreten Typ ist, dass jeder Einzelwert x nur mit Wahrscheinlichkeit 0 angenommen werden kann. Man nennt X dabei vom stetigen Typ, wenn eine sog. *Dichtefunktion* $f : \mathbb{R} \to \mathbb{R}_0^+$ existiert, so dass der Zusammenhang $F(x) = \int_{-\infty}^{x} f(y)\,dy$ gilt. Dieser ist in Abbildung A.4 auf Seite 406 veranschaulicht. Mit Hilfe der Dichte- bzw. Verteilungsfunktion kann man Wahrscheinlichkeiten dafür berechnen, dass der Wert von X in einen bestimmten Bereich fällt:

$$P(a \leq X \leq b) = \int_a^b f(x)\,dx = F(b) - F(a).$$

Eine Reihe von theoretischen Kenngrößen sind wichtig, wenn man X und seine Verteilung charakterisieren will, zu nennen sind hierbei

Momente: Ist X eine reellwertige Zufallsvariable vom diskreten Typ mit Wertebereich $\mathcal{V}$, so berechnet sich der *Erwartungswert* $\mu := E[X]$ von X zu $E[X] = \sum_{x \in \mathcal{V}} x \cdot P(X = x)$, im Falle stetigen Types dagegen gemäß $E[X] = \int_{-\infty}^{\infty} x \cdot f(x)\,dx$. Ist $X_1, \ldots, X_n$ eine Stichprobe unabhängiger Wiederholungen von X, so konvergiert das Stichprobenmittel $\bar{X}_n := \frac{1}{n} \sum_{i=1}^{n} X_i$ für wachsenden Stichprobenumfang n gegen diesen Wert μ; dies besagt das *Gesetz der großen Zahlen.* Entsprechend beschreibt der Erwartungswert jenen Wert, den man bei genügend häufiger, unabhängiger Wiederholung von X (auf lange Sicht) *im Mittel* beobachten wird. Das Stichprobenmittel stabilisiert sich also bei μ für wachsendes n. Somit kann der Erwartungswert als Lage-/Lokationsparameter interpretiert werden, vgl. Abbildung A.1 (a).

Die *Varianz* $\sigma^2 := V[X] := E[(X - \mu)^2]$ dagegen beschreibt im genannten Sinne die mittlere quadratische Abweichung vom Erwartungswert. Sie ist also ein Maß für die Streuung von X, siehe Abbildung A.1 (b). Je kleiner die Varianz, desto näher liegen im Mittel die Werte an μ. Etwas aussagekräftiger ist σ selbst, genannt die *Standardabweichung* von X. Im Vergleich zu den unten besprochenen, quantilbasierten Streuungsmaßen sind beide jedoch allein betrachtet nur schwer zu interpretieren. Im Falle von normalverteilten Daten dagegen kann man dies z. B. in Hinblick auf die k-σ-Regel tun. So umfasst der Bereich $\mu \pm 1\sigma$ ca. 68,27 % Wahrscheinlichkeitsmasse, der Bereich $\mu \pm 2\sigma$ ca. 95,45 %, und der Bereich $\mu \pm 3\sigma$ ca. 99,73 %. Ferner können natürlich Standardabweichungen verschiedener Zufallsvariablen miteinander verglichen werden.

Da die Zufallsvariable $Y := \frac{X-\mu}{\sigma}$ Erwartungswert 0 und Varianz 1 hat, nennt man Y die *Standardisierung* von X.

Der Erwartungswert ist das erste *Moment* von X, die Varianz ein Moment zweiter Ordnung, genauer das zweite *Zentralmoment.* Das

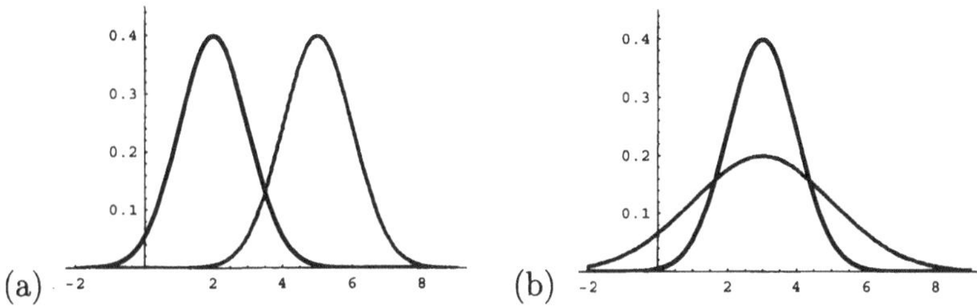

Abb. A.1: *Lage und Streuung von Verteilungen.*

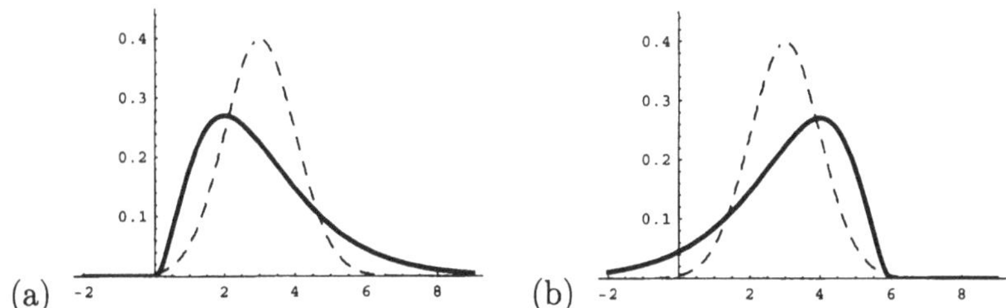

Abb. A.2: *Beispiel einer rechtsschiefen und linksschiefen Dichte.*

dritte standardisierte Zentralmoment, auch *Schiefe* genannt, ist folgerichtig definiert als $m_3(X) := E[(X-\mu)^3/\sigma^3]$. Die Schiefe gibt Auskunft über das Symmetrieverhalten der Dichtefunktion. Ist die Dichte symmetrisch um den Erwartungswert, so nimmt die Schiefe den Wert 0 an. Abweichung der Schiefe von 0 bedeutet somit Unsymmetrie, genauer nennt man die Dichte von X im Falle von $m_3(X) > 0$ *rechtsschief* (linkssteil) und für $m_3(X) < 0$ entsprechend *linksschief* (rechtssteil). Ein Beispiel dazu zeigt Abbildung A.2.

Aus dem vierten standardisierten Zentralmoment $m_4(X) := E[(X - \mu)^4/\sigma^4]$ leitet sich die Größe $m_4(X) - 3$ ab, genannt *Exzess* oder *Wölbung* von X. Der auf den ersten Blick recht willkürlich erscheinende 3er rührt von der Normalverteilung[1] her. Deren viertes standardisiertes Zentralmoment beträgt nämlich gerade 3, so dass ihr Exzess per Definition den Wert 0 hat, genau wie übrigens auch ihre Schiefe. Somit kann man den Exzess wie folgt interpretieren (vgl. hierzu Abbildung A.3): Ein positiver Exzess bedeutet, dass die Dichte flacher als die Gaußsche Glockenkurve der Normalverteilung verläuft, somit aber mehr Wahrscheinlichkeitsmasse in den Ausläufern hat.[2] Umgekehrt gilt für negativen Exzess, dass die Dichte einer solchen Verteilung stärker zentriert verlaufen würde als die Normalverteilung.

[1] Und die Normalverteilung ist *das* Maß der Dinge. Auf Grund des *zentralen Grenzwertsatzes* sind viele natürliche Zufallsphänomene annähernd normalverteilt, siehe Abschnitt A.2.3.

[2] Konsequenz: Es ist natürlich, dass stark vom Zentrum abweichende Werte auftreten, diese sind somit keine Ausreißer.

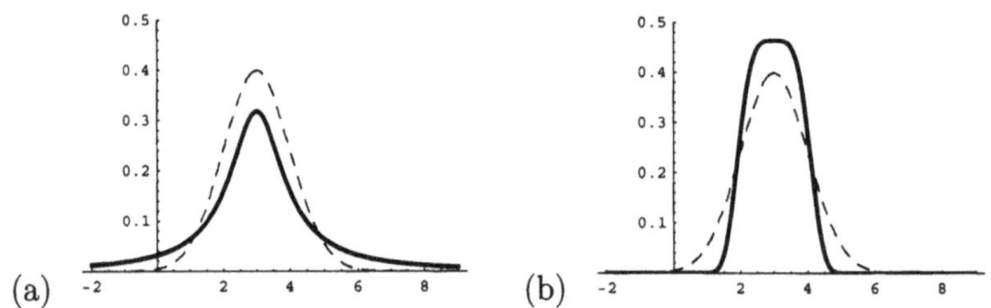

Abb. A.3: *Beispiel positiven und negativen Exzesses, gestrichelt die Normalverteilung.*

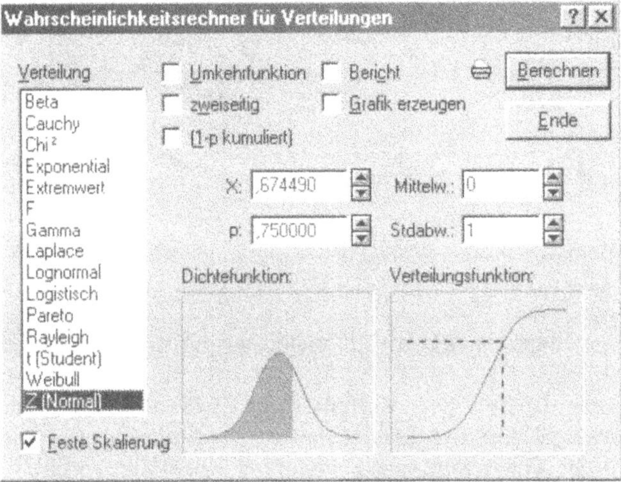

Abb. A.4: *Das 75 %-Quantil der Standardnormalverteilung.*

Quantile: Sei X eine Zufallsvariable vom stetigen Typ, sei $0 < \alpha < 1$. Dann heißt der größtmögliche, durch $P(X \leq x_\alpha) \overset{!}{=} \alpha$ definierte Wert x_α das *α-Quantil* von X. Anschaulich gesprochen ist dies ein Wert auf der x-Achse, so dass links davon die Wahrscheinlichkeitsmasse α liegt, rechts entsprechend $1 - \alpha$. Im Falle diskreten Types muss die Definition des Quantilbegriffes leicht modifiziert werden. Betrachtet man Abbildung A.4, so sieht man, dass beispielsweise das 75 %-Quantil[3] der Standardnormalverteilung gegeben ist durch $x_{0{,}75} \approx 0{,}674490$, d. h. mit 75 % Wahrscheinlichkeit ist der Wert, der von einer standardnormalverteilten Zufallsvariablen realisiert wird, kleiner gleich 0,674490.

Basierend auf diesen Quantilen kann man nun ebenfalls eine Reihe wichtiger Kenngrößen definieren. Der *Median* einer Verteilung ist

[3]Gelegentlich spricht man bei Charakterisierung eines Quantils über einen Prozentwert auch von einem *Perzentil*.

das 50 %-Quantil. Dieser ist somit ein Maß für das Zentrum, die Lage, der Verteilung, da links und rechts davon jeweils 50 % der Wahrscheinlichkeitsmasse liegen. Im Allgemeinen stimmt der Median *nicht* mit dem Erwartungswert überein, Ausnahmen sind symmetrische Verteilungen. Somit deutet eine Abweichung von Median und Erwartungswert auf Schiefe hin.

Das 25 %- bzw. 75 %-Quantil wird *unteres* bzw. *oberes Quartil* genannt, ihre Differenz der *Interquartilsabstand* (engl.: inter quartile range, *IQR*). Dieser ist Ausdruck für die 'Breite' der Dichte, also ein Streuungsmaß, indem er die Breite jenes Bereiches angibt, welcher die mittleren 50 % Wahrscheinlichkeitsmasse umfasst. Je schmaler dieser Bereich, desto geringer offenbar die Streuung.

Sei nun $X_1, \ldots, X_n$ eine zufällige Stichprobe, bestehend aus unabhängigen Wiederholungen[4] von X. Nach ihrer Realisation wird sie als $x_1, \ldots, x_n$ notiert. Basierend auf dieser Stichprobe versucht man nun *Statistiken* $T(X_1, \ldots, X_n)$ zu definieren, die zum Schätzen obiger Kenngrößen geeignet sind. Dabei sind von Bedeutung:

Arithmetisches Mittel: $\bar{X}_n := \frac{1}{n}\sum_{i=1}^{n} X_i$ ist ein unverzerrter[5] Schätzer des Erwartungswertes μ, mit für wachsendes n abnehmender Varianz $V[\bar{X}_n] = \frac{\sigma^2}{n}$.

Empirische Varianz: $S_n^2 := \frac{1}{n-1}\sum_{i=1}^{n}(X_i - \bar{X}_n)^2$ ist ein unverzerrter Schätzer der Varianz σ^2. Dagegen ist S_n ein leider verzerrter Schätzer der Standardabweichung σ, siehe auch Tabelle 12.1 auf Seite 325.

Empirische Schiefe: Die Größe $\frac{1}{n}\sum_{i=1}^{n} \frac{(X_i - \bar{X}_n)^3}{S_n^3}$ ist ein Schätzer der Schiefe $m_3(X)$.

Empirischer Exzess: Die Größe $\frac{1}{n}\sum_{i=1}^{n} \frac{(X_i - \bar{X}_n)^4}{S_n^4} - 3$ ist ein Schätzer des Exzesses $m_4(X) - 3$.

Um Schätzer für Quantile formulieren zu können, benötigt man den Begriff der *Ordnungsstatistik*. Sei $X_{(1,n)} \leq X_{(2,n)} \leq \ldots \leq X_{(n,n)}$ die der Größe nach geordnete Stichprobe, dann ist $X_{(k,n)}$ die k-te Ordnungsstatistik. Man beachte: Noch ist $X_{(k,n)}$ zufällig, der Wert von $X_{(k,n)}$ wird nach Realisierung der Stichprobe gerade der kt-größte Wert sein.

Bezeichnet nun $\lceil y \rceil$ die kleinste ganze Zahl größer gleich $y \in \mathbb{R}$, so ist offenbar $X_{(\lceil \alpha \cdot n \rceil, n)}$ ein Schätzer für das α-Quantil. Insbesondere schätzt

[4]Die Stichprobe besteht also aus unabhängigen und identisch verteilten Zufallsvariablen, weshalb man kurz von einer *i. i. d. Stichprobe* spricht.

[5]Man nennt T einen *unverzerrten* bzw. *erwartungstreuen* (engl.: unbiased) Schätzer von θ, wenn $E[T] = \theta$ gilt.

$X_{(\lceil\frac{1}{4}n\rceil,n)}$ das untere Quartil, $X_{(\lceil\frac{1}{2}n\rceil,n)}$ den Median und $X_{(\lceil\frac{3}{4}n\rceil,n)}$ das obere Quartil.

Man beachte, dass die eben definierten Statistiken selbst wieder zufällig sind; erst nach der Realisierung der Stichprobe können wir ihren Wert explizit angeben.

A.1.2 Statistische Abhängigkeit und Korrelation

Gegeben seien nun zwei reellwertige Zufallsvariablen X und Y, dann ist es häufig von Interesse zu wissen, ob sich beide Zufallsvariablen gegenseitig beeinflussen, oder ob sie unabhängig voneinander sind. Man nennt X und Y *(statistisch) unabhängig*, wenn für alle x, y gilt, dass die gemeinsame Wahrscheinlichkeit $P(X \leq x, Y \leq y)$ gleich dem Produkt der Einzelwahrscheinlichkeiten ist, also

$$P(X \leq x, Y \leq y) = P(X \leq x) \cdot P(Y \leq y).$$

Entsprechend verallgemeinert man für eine Familie/Stichprobe $X_1, \ldots, X_n$ von reellen Zufallsvariablen, dass diese unabhängig sind genau dann, wenn für alle $x_1, \ldots, x_n$ gilt:

$$P(X_1 \leq x_1, \ldots, X_n \leq x_n) = P(X_1 \leq x_1) \cdots P(X_n \leq x_n).$$

Ein verwandter Begriff ist der der *Korrelation*. Für die reellwertigen Zufallsvariablen X und Y definiert man deren *Kovarianz* bzw. deren *Korrelation* als

$$Cov[X,Y] = E[(X-\mu_X)(Y-\mu_Y)] \quad \text{bzw.} \quad Corr[X,Y] = \frac{Cov[X,Y]}{\sigma_X \cdot \sigma_Y}.$$

Im Gegensatz zur Kovarianz ist die Korrelation also auf das Intervall $[-1;1]$ standardisiert und deshalb leichter interpretierbar. Es gilt:

$$X \text{ und } Y \text{ unabhängig} \quad \Rightarrow \quad X \text{ und } Y \text{ unkorreliert.}$$

Die Umkehrung gilt dagegen i. A. nicht. Die Korrelation misst lediglich *lineare* Abhängigkeit, bei Korrelation ± 1 besteht der lineare Zusammenhang $Y = aX + b$. Andere Arten von Abhängigkeit werden dagegen nicht berücksichtigt. Deshalb kann man aus Unkorreliertheit, d. h. $Corr[X,Y] = 0 = Cov[X,Y]$, nicht auf Unabhängigkeit schließen.

A.2 Wichtige statistische Verteilungen

Im Folgenden werden wichtige statistische Verteilungen und einige ihrer Eigenschaften aufgelistet, vgl. Walck (2001).

A.2.1 Verteilungen vom diskreten Typ

In diesem Abschnitt sollen einige für die Praxis relevante Verteilungen vom diskreten Typ vorgestellt werden, vgl. Abschnitt A.1.1.

Binomialverteilung: Kann eine Zufallsvariable Y nur die zwei Werte '0' und '1' annehmen, wobei $P(X = 1) = p \in [0;1]$ gelte, so unterliegt sie der *Bernoulliverteilung* $B(1,p)$. Nun wiederhole man das zug. Zufallsexperiment n-mal unabhängig voneinander, die resultierende Zufallsstichprobe sei $Y_1, \ldots, Y_n$. Bezeichnet $X := Y_1 + \ldots + Y_n$ die Zahl der '1er' (Treffer) in der Zufallsstichprobe, so ist X *binomialverteilt* gemäß $B(n,p)$, und es gilt:

$$P(X = k) \;=\; \binom{n}{k} p^k (1-p)^{n-k}, \quad k = 0, \ldots, n. \qquad (k \text{ Treffer})$$

Hierbei ist $\binom{n}{k}$ ein *Binomialkoeffizient*, definiert als $\binom{n}{k} = \frac{n!}{k! \cdot (n-k)!}$, wobei die *Fakultät* $r! := r(r-1)(r-2)\cdots 2 \cdot 1$ ist für $r \in \mathbb{N}$, $0! := 1$. Wichtige Eigenschaften: $E[X] = np$ und $V[X] = np(1-p)$.

Erlaubt man für die Zufallsvariable Y nicht nur 2, sondern allgemein endlich viele Werte, so führt dies zur *Multinomialverteilung.*

Geometrische Verteilung: Sei erneut Y eine Bernoulli-Zufallsvariable gemäß $B(1,p)$ und $Y_1, Y_2, \ldots$ eine Zufallsstichprobe unabhängiger Wiederholungen von Y. Dabei werde Y so lange wiederholt, bis das erste Mal der Wert '1' auftritt (der erste Treffer). Es bezeichne X die Zahl der Fehlversuche bis zum ersten Treffer, dann ist X *geometrisch* verteilt gemäß $NB(1,p)$, und es ist

$$P(X = k) \;=\; (1-p)^k \cdot p, \quad k \in \mathbb{N}_0. \qquad (k \text{ Fehlversuche})$$

Zählt man die Fehlversuche bis zum n-ten Treffer, so führt dies zur *negativen Binomialverteilung* $NB(n,p)$ mit

$$P(X = k) \;=\; \binom{n+k-1}{k} (1-p)^k \cdot p^n, \quad k \in \mathbb{N}_0.$$

Wichtige Eigenschaften: $E[X] = n\,\frac{1-p}{p}$ und $V[X] = n\,\frac{1-p}{p^2}$.

Hypergeometrische Verteilung: In einer Urne befinden sich N Kugeln, von denen M markiert seien. Aus dieser Urne greift man *ohne Zurücklegen* n Stück heraus. Bezeichnet dabei X die zufällige Anzahl von markierten Kugel in dieser Teilstichprobe, so ist X *hypergeometrisch* verteilt gemäß $H(N, M, n)$. Somit gelten

$$P(X = k) = \frac{\binom{M}{k}\binom{N-M}{n-k}}{\binom{N}{n}},$$

sowie $E[X] = n \cdot \frac{M}{N}$ und $V[X] = n \cdot \frac{M}{N} \cdot (1 - \frac{M}{N}) \cdot \frac{N-n}{N-1}$.

Multinomialverteilung: Die *Multinomialverteilung* ist eine mehrdimensionale Verallgemeinerung der Binomialverteilung. Sei Z eine kategoriale Zufallsvariable mit möglichen Werten $0, \ldots, m$, nach geeigneter Codierung, wobei $P(Z = i) = p_i$, $i = 0, \ldots, m$, sei mit $p_0 + \ldots + p_m = 1$. Dann kann man Z gleichwertig repräsentieren durch einen binären Vektor $\boldsymbol{Y} = (Y_0, \ldots, Y_m)^T \in \{0,1\}^{m+1}$, wobei die i-te Komponente Y_i, $i = 0, \ldots, m$, gleich 1 ist genau dann, wenn $Z = i$ ist. Man sagt, dass dann $\boldsymbol{Y}$ multinomialverteit ist gemäß $MULT(1; p_0, \ldots, p_m)$.

Seien nun $\boldsymbol{Y}_1, \ldots, \boldsymbol{Y}_n$ unabhängige Wiederholungen von $\boldsymbol{Y}$, dann ist $\boldsymbol{X} := \boldsymbol{Y}_1 + \ldots + \boldsymbol{Y}_n$ multinomialverteilt gemäß $MULT(n; p_0, \ldots, p_m)$. Die Wahrscheinlichkeit, dass bei diesen n Wiederholungen k_0 Werte in die Kategorie 0, k_1 Werte in die Kategorie 1, etc., fallen, ist gegeben durch

$$P(\boldsymbol{X} = \boldsymbol{k}) = \binom{n}{k_0, \ldots, k_m} \cdot p_0^{k_0} \cdots p_m^{k_m}.$$

Dabei ist $\binom{n}{k_0, \ldots, k_m} := \frac{n!}{k_0! \cdots k_m!}$ ein *Multinomialkoeffizient*, und es muss gelten $k_0 + \ldots + k_m = n$. Wichtige Eigenschaften: Jede Einzelkomponente X_i, $i = 0, \ldots, m$, ist binomialverteilt gemäß $B(n, p_i)$, und die Komponenten von $\boldsymbol{X}$ sind untereinander negativ korreliert, denn es ist $Cov[X_i, X_j] = -np_i p_j$ für $i \neq j$.

Poissonverteilung: Die *Poissonverteilung* liegt häufig dann zu Grunde, wenn man das Auftreten seltener Ereignisse zählt. Ist X verteilt gemäß $Po(\lambda)$, wobei $\lambda > 0$ ist, so gilt

$$P(X = k) = e^{-\lambda} \frac{\lambda^k}{k!}, \quad k \in \mathbb{N}_0. \quad (k \text{ Ereignisse})$$

Wichtige Eigenschaften: $E[X] = V[X] = \lambda$.

A.2.2 Verteilungen vom stetigen Typ

In diesem Abschnitt sollen einige für die Praxis relevante Verteilungen vom stetigen Typ vorgestellt werden, vgl. Abschnitt A.1.1. Der wichtigsten Verteilung stetigen Types, der *Normalverteilung*, wird dabei im Anschluss ein eigener Abschnitt gewidmet.

Betaverteilung: Eine der Betaverteilung $BETA(\alpha, \beta)$ folgende Zufallsvariable X kann nur Werte im Intervall $[0; 1]$ annehmen, genau wie eine Wahrscheinlichkeit. Deshalb findet die Betaverteilung bei Bayesianischen Statistikern intensive Verwendung. Ist

$$B(\alpha, \beta) := \int_0^1 t^{\alpha-1}(1-t)^{\beta-1}dt = \frac{\Gamma(\alpha)\,\Gamma(\beta)}{\Gamma(\alpha+\beta)}$$

die Betafunktion, hierbei ist $\Gamma(\cdot)$ die Gammafunktion, so ist die Dichte von X gegeben durch

$$f(x) := \frac{1}{B(\alpha, \beta)}\, x^{\alpha-1}\,(1-x)^{\beta-1}, \quad x \in [0; 1], \qquad \text{und 0 sonst.}$$

Des Weiteren sind $\mu := E[X] = \frac{\alpha}{\alpha+\beta}$ und $V[X] = \frac{\mu\,(1-\mu)}{\alpha+\beta+1}$.

Extremwertverteilung: Die *Extremwertverteilung* $EXT(\alpha, \beta)$, auch *Gumbelverteilung* genannt, wird häufig zur Beschreibung extremer Ereignisse, etwa im Bereich des Klimas oder der Börse, verwendet, da sie geeignet ist, das Maximum bzw. Minimum von i. i. d. Stichproben zu modellieren. Im ersteren Fall ist ihre Dichte gegeben durch

$$f(x) = \frac{1}{\beta} \cdot \exp\left(-\frac{x-\alpha}{\beta}\right) \cdot \exp\left(-\exp\left(-\frac{x-\alpha}{\beta}\right)\right), \quad x \in \mathbb{R},$$

ferner sind $E[X] = \alpha + \gamma\beta$ und $V[X] = \frac{\pi^2\beta^2}{6}$, wobei $\gamma \approx 0{,}57722$ die *Eulersche Konstante* ist. Im zweiten Fall spricht man auch von der *Minimum-Extremwertverteilung*, in der Dichte hat man dann $\frac{x-\alpha}{\beta}$ an Stelle von $-\frac{x-\alpha}{\beta}$ zu setzen.

Gammaverteilung: Eine Zufallsvariable X ist *gammaverteilt* gemäß $GAM(\alpha, \beta)$, $\alpha, \beta > 0$, wenn ihre Dichte gegeben ist durch

$$f(x) = \frac{1}{\alpha \cdot \Gamma(\beta)} \cdot \left(\frac{x}{\alpha}\right)^{\beta-1} \cdot \exp\left(-\frac{x}{\alpha}\right), \; x \geq 0, \quad \text{und 0 sonst.}$$

Hierbei ist $\Gamma(\cdot)$ die Gammafunktion, d. h.

$$\Gamma(x) := \int_0^\infty e^{-t} \cdot t^{x-1}\, dt,$$

und es gilt $E[X] = \alpha\beta$ und $V[X] = \alpha^2\beta$.

Im Spezialfall $\beta = 1$ spricht man von der *Exponentialverteilung*, für $\beta \in \mathbb{N}$ von der *Erlangverteilung*, und für $\alpha = 2$ und $\beta = \frac{n}{2}$, $n \in \mathbb{N}$, von der χ^2-*Verteilung* mit n Freiheitsgraden, siehe Abschnitt A.2.3.

Gleichverteilung: Eine Zufallsvariable X ist gleichverteilt auf dem Intervall $[a;b]$, wenn ihre Dichte gegeben ist durch

$$f(x) = \frac{1}{b-a}, \quad \text{falls } x \in [a;b], \quad \text{und 0 sonst.}$$

Deshalb spricht man gelegentlich auch von der *Rechteckverteilung*. Es sind $E[X] = \frac{a+b}{2}$ und $V[X] = \frac{(b-a)^2}{12}$.

Logistische Verteilung: Die *logistische Verteilung* $LOGIST(\alpha, \beta)$ wird oft zur Modellierung von Wachstumsprozessen verwendet. Ihre Dichte ist gegeben durch

$$f(x) = \frac{\exp\left(\frac{x-\alpha}{\beta}\right)}{\beta \cdot (1 + \exp\left(\frac{x-\alpha}{\beta}\right))^2}, \quad x \in \mathbb{R},$$

ferner sind $E[X] = \alpha$ und $V[X] = \frac{\pi^2}{3} \cdot \beta^2$.

Lognormalverteilung: Ist Y eine normalverteilte Zufallsvariable gemäß $N(\mu, \sigma^2)$, so ist $X = e^Y$ *lognormalverteilt* gemäß $LOG(\mu, \sigma^2)$. Die Lognormalverteilung kann häufig für die Modellierung von Finanzwerten o. Ä. verwendet werden. Die Dichte von X ist gegeben durch

$$f(x) = \frac{1}{\sqrt{2\pi}\,\sigma \cdot x} \cdot \exp\left(-\frac{(\ln x - \mu)^2}{2\sigma^2}\right), \quad x \geq 0, \quad 0 \text{ sonst},$$

ferner sind Erwartungswert $E[X] = \exp\left(\mu + \frac{\sigma^2}{2}\right)$ und Varianz $V[X] = \exp\left(2\mu + \sigma^2\right) \cdot \left(e^{\sigma^2} - 1\right)$.

Weibullverteilung: Die Weibullverteilung $WEI(\vartheta, \alpha)$ ist eine Lebensdauerverteilung mit Dichte

$$f(x) = \alpha \cdot \frac{x^{\alpha-1}}{\vartheta^\alpha} \cdot \exp\left(-\frac{x^\alpha}{\vartheta^\alpha}\right), \quad x \geq 0, \quad 0 \text{ sonst},$$

sowie $E[X] = \vartheta \cdot \Gamma(1 + \frac{1}{\alpha})$ und $V[X] = \vartheta^2 \cdot \left(\Gamma(1 + \frac{2}{\alpha}) - \Gamma^2(1 + \frac{1}{\alpha})\right)$. Hierbei ist $\Gamma(\cdot)$ die Gammafunktion.

Wichtige Spezialfälle liegen vor für $\alpha = 1$, dann spricht man von der *Exponentialverteilung*, und für $\alpha = 2$, dann spricht man von der *Rayleighverteilung*.

Für weitergehende Informationen zu diesen und weiteren Verteilungen sei verwiesen auf Walck (2001).

A.2.3 Die Normalverteilung

Die *Normalverteilung* $N(\mu, \sigma^2)$, auch *Gaußverteilung* genannt, ist die wohl bedeutendste Verteilung zur Modellierung natürlicher Phänomene. Wenn eine Zufallsgröße von vielen unabhängigen äußeren Faktoren beeinflusst wird, so lässt sie sich häufig näherungsweise durch eine Normalverteilung modellieren. Ihre Dichte, die *Gaußsche Glockenkurve*, ist

$$f(x) \;=\; \frac{1}{\sqrt{2\pi}\sigma} \cdot \exp\left(-\frac{(x-\mu)^2}{2\sigma^2}\right), \qquad x \in \mathbb{R},$$

ferner sind $E[X] = \mu$ und $V[X] = \sigma^2$.

Ihre herausragende Stellung verdankt die Normalverteilung dem *zentralen Grenzwertsatz*, der in einer schwachen, aber praxisrelevanten Form besagt:

> *Seien $X_1, \ldots, X_n$ unabhängige und identisch verteilte (i. i. d.) Zufallsvariablen mit existierendem Erwartungswert $E[X_i] = \mu$ und Varianz $V[X_i] = \sigma^2$. Dann gilt, dass die Verteilungsfunktion der Standardisierung $\sqrt{n} \cdot (\bar{X}_n - \mu)/\sigma$ für $n \to \infty$ punktweise gegen die Verteilungsfunktion der Standardnormalverteilung $N(0,1)$ konvergiert.*

Für eine hinreichend große i. i. d. Stichprobe ist also das Stichprobenmittel näherungsweise normalverteilt, unabhängig von der Verteilung der einzelnen X_i selbst.

Auf Grund ihrer Bedeutung wurden eine Reihe weiterer Verteilungen von der Normalverteilung abgeleitet. Diese versuchen die Verteilung von Statistiken normalverteilter Stichproben zu modellieren.

χ^2-Verteilung: Sind $X_1, \ldots, X_n$ unabhängige und standardnormalverteilte Zufallsvariablen, also $X_i \sim N(0,1)$, so heißt ihre Quadratsumme $Y := X_1^2 + \ldots + X_n^2$ *χ^2-verteilt* mit n Freiheitsgraden. Ihre Dichte ist gegeben durch

$$f(y) \;=\; \frac{1}{2^{\frac{n}{2}} \cdot \Gamma(\frac{n}{2})} \cdot y^{\frac{n}{2}-1} \cdot \exp\left(-\frac{y}{2}\right), \qquad y > 0,$$

und 0 sonst, ferner sind $E[Y] = n$ und $V[Y] = 2n$.

F-Verteilung: Sind X und Y unabhängige und χ^2-verteilte Zufallsvariablen mit m und n Freiheitsgraden, so heißt der Quotient $Z := (\frac{1}{m}X)/(\frac{1}{n}Y)$ *F-verteilt* mit m und n Freiheitsgraden. Seine Dichte ist

$$f(z) \;:=\; \frac{\Gamma(\frac{m+n}{2})}{\Gamma(\frac{m}{2}) \cdot \Gamma(\frac{n}{2})} \cdot m^{\frac{m}{2}} \cdot n^{\frac{n}{2}} \cdot \frac{z^{\frac{m}{2}-1}}{(n+mz)^{\frac{m+n}{2}}}, \qquad z > 0,$$

und 0 sonst, ferner sind $E[Z] = \frac{n}{n-2}$ für $n > 2$ und $V[Z] = \frac{2n^2(m+n-2)}{m(n-2)^2(n-4)}$ für $n > 4$.

t-Verteilung: Sei X standardnormalverteilt und, unabhängig davon, Y χ^2-verteilt mit n Freiheitsgraden, dann heißt $X/\sqrt{\frac{Y}{n}}$ *t-verteilt* mit n Freiheitsgraden. Im Fall $n = 1$ spricht man auch von der *Cauchyverteilung*. Die Dichte ist gegeben durch

$$f(z) = \frac{\Gamma(\frac{n+1}{2})}{\Gamma(\frac{n}{2}) \cdot \sqrt{\pi n}} \cdot (1 + \frac{z^2}{n})^{-\frac{n+1}{2}}, \qquad z \in \mathbb{R},$$

ferner sind $E[Z] = 0$ und $V[Z] = \frac{n}{n-2}$ für $n > 2$. Die Dichte der t-Verteilung ist symmetrisch und glockenförmig, jedoch weist sie einen sehr hohen Exzess auf. Dieser ist gleich $\frac{6}{n-4}$ für $n > 4$.

A.3 Der Wahrscheinlichkeitsrechner

Ein gelungenes Werkzeug zum Illustrieren von Wahrscheinlichkeitsdichten und -verteilungen, sowie dem Berechnen von Wahrscheinlichkeiten und Quantilen ist der STATISTICA *Wahrscheinlichkeitsrechner*, wie er in Abbildung A.4 zu sehen ist. Man findet ihn unter *Statistik* → *Wahrscheinlichkeitsrechner* → *Verteilungen.* Auf der linken Seite kann man eine Reihe stetiger Verteilungen auswählen, neben den in den Abschnitten A.2.2 und A.2.3 angeführten Verteilungen auch Pareto- oder Laplaceverteilung.

In der Mitte gibt es die zwei Textfelder *X:* und *p:*; Zweiteres ist eine Wahrscheinlichkeit, Ersteres das dazugehörige Quantil (vgl. Anhang A.1). Die übrigen Textfelder enthalten Verteilungsparameter, welche vorgegeben werden müssen. Je nachdem, ob man einen Wert bei *X:* oder *p:* eingetragen hat, wird nach Klick auf *Berechnen* der jeweils andere berechnet. Zudem werden beide Werte in den untenstehenden Grafiken veranschaulicht: Die dunkelgraue Fläche unter der Dichte ist *p:*, die Grenzstelle auf der X-Achse ist *X:*.

Ein Häkchen bei *zweiseitig* bewirkt zweiseitige Quantile, ein Häkchen bei *(1-p kumuliert)* bewirkt obere an Stelle von unteren Quantilen. Ferner kann man auf Wunsch einen Bericht und/oder eine Grafik erzeugen lassen.

Weitere Verteilungen, wie etwa die Binomialverteilung oder die nichtzentralen χ^2-, t-, F-Verteilungen, finden sich unter *Statistik* → *Poweranalysis* → *Verteilungen.* Ferner kann man über Formeln in Tabellenblättern, vgl. Abschnitt 3.2, auf weitere Verteilungen zugreifen, etwa auf die in Abschnitt A.2.1 angeführten diskreten Verteilungen.

B Kleines MySQL-ABC

Zur Erstellung, Verwaltung und Kontrolle relationaler Datenbanksysteme hat sich als Quasistandard die *Structured Query Language (SQL)* etabliert. Der Befehlssatz von SQL umfasst alle Bestandteile, die für Datenbanksysteme erforderlich sind:

- *Data Definition Language (DDL)*: Es stehen Befehle wie `CREATE`, `ALTER`, `DROP`, etc. zur Verfügung.
- *Data Manipulation Language (DML)*: Es stehen Befehle wie `SELECT`, `UPDATE`, `INSERT`, `DELETE`, etc. zur Verfügung.
- *Data Control Language (DCL)*: Es stehen Befehle wie `COMMIT`, `ROLLBACK`, etc. zur Verfügung.

Im Folgenden soll ein kurzer Überblick über die Sprache SQL gegeben werden. Dabei wird zur Illustration das kostenlos erhältliche Datenbanksystem *MySQL* (im Internet unter `www.mysql.de`) verwendet, welches im Anschluss beschrieben wird. Weitere relationale Datenbanksysteme, die ebenfalls eine auf SQL basierende Sprache verwenden, sind das ebenfalls kostenlose *PostGreSQL* (`www.postgresql.org`) oder kommerzielle Produkte von Oracle, Borland, Microsoft etc. Für weitergehende Informationen zu MySQL sei auf Hinz (2002) verwiesen, Informationen zur Sprache SQL und zu relationalen Datenbanksystemen findet der Leser etwa bei Throll & Bartosch (2004).

B.1 Das Datenbanksystem MySQL

Um MySQL verwenden und Daten von STATISTICA aus abfragen zu können, muss zumindest *MySQL* selbst sowie *MyOLEDB* bzw. *MyODBC* installiert sein. Um komfortabler arbeiten zu können, empfiehlt sich zudem die Installation einer grafischen Benutzeroberfläche wie etwa das *MySQL Control Center* oder der *MySQL Query Browser*. All diese Programme können für alle gängigen Betriebssysteme von der MySQL-Homepage `http://www.mysql.com` kostenlos heruntergeladen werden.

Im Folgenden gehen wir von der minimalen Installation aus, d. h. MySQL wurde ohne grafische Oberfläche installiert, so dass alle SQL-Kommandos von einem DOS-Fenster aus eingegeben werden müssen. Nehmen

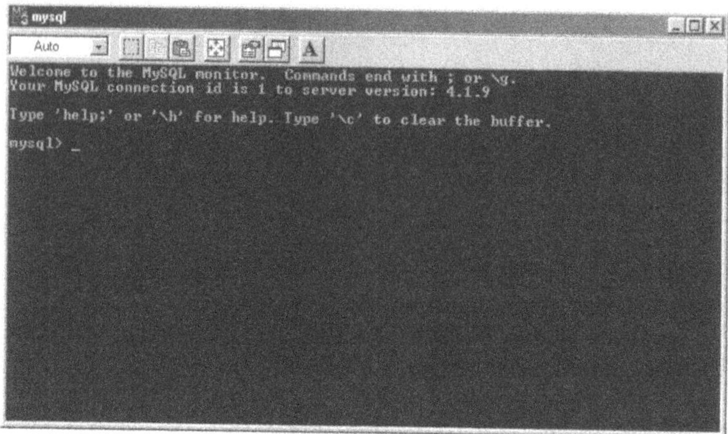

Abb. B.1: *Der Startbildschirm von MySQL.*

wir ferner an, dass MySQL unter `C:\Programme\MySQL` abgelegt wurde. Folgende Dateien sind für die Verwendung von MySQL von Belang, zu denen man am besten auch eine Verknüpfung legen sollte:

- Zu Beginn jeder Sitzung muss der Datenbankserver hochgefahren werden, dies geschieht durch Ausführung der Datei `mysqld.exe`, welche im Ordner `C:\Programme\MySQL\bin` zu finden sein müsste.
- Anschließend kann MySQL gestartet werden durch Ausführung der Datei `mysql.exe`, welche ebenfalls im eben genannten Ordner liegen sollte. Es erscheint ein DOS-Fenster wie in Abbildung B.1.
- Treten während der Verwendung von MySQL Fragen auf, die über die hier beschriebenen Funktionalitäten hinausgehen, empfiehlt sich ein Blick in die Datei `manual.html`, welche zu finden sein sollte unter `C:\Programme\MySQL\doc`.
- Nach Abschluss der Arbeit mit MySQL verlässt man mit `EXIT` oder `QUIT` das Eingabefenster und fährt anschließend mit

  ```
  C:\Programme\MySQL\bin\mysqladmin.exe -u root shutdown
  ```

  den Datenbankserver herunter.

Wurde MySQL gestartet, so werden die SQL-Befehle stets hinter der Marke `mysql>` im Eingabefenster aus Abbildung B.1 eingegeben. Befehle müssen stets mit einem Semikolon '`;`' abgeschlossen werden. Durch Betätigen der Eingabetaste werden die Befehle dann ausgeführt. Drückt man dagegen die Eingabetaste, ohne dass ein Semikolon am Zeilenende steht, so wird der Befehl nicht ausgeführt. Stattdessen wird einfach eine neue Zeile begonnen, an deren Anfang die Marke `->` steht. Der Befehl der vorigen Zeile kann fortgesetzt werden. Somit hat man die Möglichkeit, etwa aus Gründen der Übersichtlichkeit, einen Befehl auf mehrere Zeilen zu verteilen und diesen erst dann auszuführen, wenn ein (notfalls auch alleinstehendes) Semikolon eingegeben wurde.

Aus Gründen besserer Lesbarkeit werden Befehle hier stets in Großbuchstaben geschrieben. Da MySQL selbst jedoch nicht zwischen Groß- und Kleinschreibung unterscheidet, ist dies für die Praxis ohne Belang.

B.2 Daten verwalten

Zur Illustration der SQL-Sprachstruktur in diesem und dem folgenden Abschnitt gehen wir vom Beispiel eines Handelsunternehmens aus. Die Waren, welche es seinen Kunden verkauft, sind durch eine Artikelnummer eindeutig gekennzeichnet. In der Datenbank *verkauf* werden in der Tabelle *transaktionen* nun folgende Daten gespeichert:

Jeder Posten bildet eine eigene Zeile. Als Primärschlüssel wird einfach eine zusätzliche Variable *id* angelegt, welche die Zeilen durchnummeriert. Jede Zeile enthält als weitere Attribute

- *auftrag*: Nummer des Auftrags, der evtl. aus mehreren Posten besteht.
- *abteilung*: Kennzeichen der Abteilung (A, B, C, ...), in welcher die Transaktion getätigt wird.
- *mitarbeiter*: Kennzeichen des Mitarbeiters (drei Kleinbuchstaben), welcher die Transaktion tätigt.
- *artikel/menge*: Artikelnummer/Umfang des Postens.
- *einkauf/verkauf*: Einkaufs-/Verkaufspreis des Einzelartikels.

Zuerst erstellen wir die Datenbank *verkauf*:

```
mysql> CREATE DATABASE verkauf;
```

Geben wir nun den Befehl

```
mysql> SHOW DATABASES;
```

ein, so erhalten wir z. B. das folgende Resultat:

```
+---------+
| Database |
+---------+
| mysql    |
| test     |
| verkauf  |
+---------+
3 rows in set (0.38 sec)
```

Neben der Datenbank *verkauf* sind standardmäßig noch die von MySQL mitgelieferten Datenbanken *mysql* und *test* vorhanden. Wollten wir die Datenbank *verkauf* wieder löschen, müssten wir

```
mysql> DROP DATABASE verkauf;
```

eingeben. Nun wollen wir die Tabelle *transaktionen* erstellen. Dazu müssen wir zuerst per

```
mysql> USE verkauf;
```

in die Datenbank *verkauf* wechseln, um anschließend die Tabelle wie gewünscht zu erstellen:

```
mysql> CREATE TABLE transaktionen(
    -> id BIGINT UNSIGNED NOT NULL AUTO_INCREMENT
    -> PRIMARY KEY,
    -> auftrag INT UNSIGNED NOT NULL,
    -> abteilung CHAR,
    -> mitarbeiter CHAR(3) NOT NULL,
    -> artikel VARCHAR(15) NOT NULL,
    -> menge INT UNSIGNED NOT NULL,
    -> einkauf DECIMAL(5,2),
    -> verkauf DECIMAL(5,2) NOT NULL);
```

Die Bezeichnungen der Datentypen sind weitgehend selbsterklärend, die Einstellung `NOT NULL` bewirkt, dass eine Eingabe nur möglich ist, wenn das zug. Attribut nicht leer gelassen wird. `AUTO_INCREMENT` hat zur Folge, dass bei fehlender Eingabe von selbst weitergezählt wird. Der Datentyp `DECIMAL(5,2)` beschreibt Dezimalzahlen mit maximal 5 Vorkomma- und genau 2 Nachkommastellen. `VARCHAR(15)` bewirkt, dass Strings von Länge maximal 15 eingegeben werden können, bei geringerer Länge wird aber auch entsprechend weniger Speicherplatz verbraucht. Bei `CHAR(3)` dagegen werden unabhängig von der Länge des Strings (natürlich maximal 3) stets volle 3 Byte gespeichert. Weitere optionale Schlüsselwörter wären z. B. `DEFAULT 'abc'`, wenn bei fehlender Eingabe automatisch der Wert *abc* eingefügt werden soll, oder `UNIQUE`, wenn außer dem Wert `NULL` keine Werte doppelt vorkommen dürfen.

Alle eben eingegebenen Spezifikationen für die Variablen können via

```
mysql> DESCRIBE transaktionen;
```

abgefragt werden, und bei Bedarf kann die Tabelle per

```
mysql> DROP TABLE transaktionen;
```

gelöscht werden. Außerdem können wir mit

```
mysql> SHOW TABLES;
```

alle Tabellen der Datenbank *verkauf* anzeigen lassen, momentan also

```
+-----------------+
| Tables_in_verkauf |
+-----------------+
| transaktionen     |
+-----------------+
1 row in set (0.03 sec)
```

Ferner kann man eine bestehende Tabelle modifizieren über Eingabe von

```
mysql> ALTER TABLE verkauf ...;
```

und an Stelle der Pünktchen schreibt man je nach Bedarf etwa

- `ADD abc INT UNSIGNED`, um *abc* als weitere Variable einzufügen,
- `MODIFY abc BIGINT NOT NULL`, um den Datentyp von *abc* zu verändern, wobei dies möglichst verlustfrei durchgeführt wird,
- `DROP COLUMN abc`, um *abc* wieder zu löschen,
- `RENAME verkaeufe`, um die Tabelle *verkauf* in *verkaeufe* umzubenennen,
- `ORDER BY mitarbeiter DESC`, um die Tabelle absteigend nach Mitarbeiterkennungen zu ordnen, wobei ohne `DESC` aufsteigend, oder mit `RAND()` an Stelle von `DESC` 'zufällig' sortiert würde.

B.3 Daten eingeben und ändern

Durch den Befehl

```
mysql> INSERT INTO transaktionen
    -> VALUES(NULL,1705,'A','xyz','a17-02345',
    -> 3,1.47,1.99);
```

wird eine vollständige Zeile in die Tabelle *transaktionen* eingegeben, vollständig abgesehen vom Wert für *id*: Durch das Eingeben von `NULL` wird automatisch weitergezählt, in unserem Fall also eine 1 eingefügt.

Wollen wir zwei nur unvollständige Zeilen eingeben, etwa ohne Wert bei *id* und *abteilung*, so müssen wir alle Variablen gezielt ansprechen:

```
mysql> INSERT INTO
    -> transaktionen(auftrag,mitarbeiter,artikel,menge,
    -> einkauf,verkauf)
    -> VALUES(1706,'abc','a23-98765',5,1.23,0.99),
    -> (1706,'abc','x85-13579',1,10.21,7.49);
```

Wenn wir nun den Inhalt der Tabelle per

```
mysql> SELECT * FROM transaktionen;
```

abfragen, erhalten wir das Resultat

```
+--+----+------+------+---------+-----+-----+----+
| id | auf- | abtei- | mitar- | artikel   | menge | ein-  | ver- |
|    | trag | lung   | beiter |           |       | kauf  | kauf |
+--+----+------+------+---------+-----+-----+----+
| 1  | 1705 | A      | xyz    | a17-02345 | 3     | 1.47  | 1.99 |
| 2  | 1706 | NULL   | abc    | a23-98765 | 5     | 1.23  | 0.99 |
| 3  | 1706 | NULL   | abc    | x85-13579 | 1     | 10.21 | 7.49 |
+--+----+------+------+---------+-----+-----+----+
3 rows in set (0.00 sec)
```

Die fehlenden Abteilungswerte können nun nachträglich ergänzt werden. Nehmen wir etwa an, Mitarbeiter *abc* arbeitet in Abteilung *B*, dann würde man schreiben:

```
mysql> UPDATE transaktionen SET abteilung='B'
    -> WHERE mitarbeiter='abc';
```

`WHERE`-Spezifikationen können auch komplexer sein, durch Verwendung von `AND`, `OR`, etc., und Vergleichsoperatoren (wie =, <, <=, etc.) enthalten. Ferner könnten wir gezielt Zeilen löschen, etwa via

```
mysql> DELETE FROM transaktionen
    -> WHERE mitarbeiter='xyz' OR einkauf>4;
```

Daten können auch aus Textdateien eingelesen werden. Dabei müssen jedoch die Werte zeilenweise mit allen Spalten in der richtigen Reihenfolge angegeben sein, wobei `NULL` durch den Wert `\N` ausgedrückt wird. Die verschiedenen Variablen müssen durch ein einheitliches Trennzeichen (z. B. Tabulator, Leerzeichen, etc.) separiert sein. Beispielsweise enthalte die Datei `Daten.txt`, abgelegt im Ordner `C:\temp`, die folgenden Zeilen:

```
\N 1707 B uvw s15-22082 4 0.56 2.39
\N 1707 B uvw s15-22082 1 0.56 2.39
\N 1707 B uvw r41-12345 10 2.74 2.99
\N 1708 B uvw s15-22082 7 0.56 2.39
\N 1708 B uvw j36-98765 1 5.12 8.49
```

Dann können wir diese Daten in die Tabelle *transaktionen* laden via

```
mysql> LOAD DATA LOCAL INFILE 'C:\\temp\\Daten.txt'
    -> INTO TABLE transaktionen
    -> FIELDS TERMINATED BY ' ';
```

Trennzeichen war hierbei ein Leerzeichen. Man beachte, dass man '\' als '\\' schreiben muss. Die Tabelle *transaktionen* enthält nun

```
+--+----+------+------+---------+-----+-----+----+
| id | auf- | abtei- | mitar- | artikel   | menge | ein-  | ver- |
|    | trag | lung   | beiter |           |       | kauf  | kauf |
+--+----+------+------+---------+-----+-----+----+
| 1  | 1705 | A      | xyz    | a17-02345 | 3     | 1.47  | 1.99 |
| 2  | 1706 | B      | abc    | a23-98765 | 5     | 1.23  | 0.99 |
| 3  | 1706 | B      | abc    | x85-13579 | 1     | 10.21 | 7.49 |
| 6  | 1707 | B      | uvw    | r41-12345 | 10    | 2.74  | 2.99 |
| 5  | 1707 | B      | uvw    | s15-22082 | 1     | 0.56  | 2.39 |
| 4  | 1707 | B      | uvw    | s15-22082 | 4     | 0.56  | 2.39 |
| 7  | 1708 | B      | uvw    | s15-22082 | 7     | 0.56  | 2.39 |
| 8  | 1708 | B      | uvw    | j36-98765 | 1     | 5.12  | 8.49 |
+--+----+------+------+---------+-----+-----+----+
8 rows in set (0.33 sec)
```

Gelegentlich sind in einer Textdatei manche Werte, etwa Textwerte, durch ein spezielles Zeichen eingeschlossen, z. B. ein Anführungszeichen. Dann müsste man zusätzlich noch `ENCLOSED BY '"'` anhängen.

B.4 Daten abfragen und exportieren

Wie weiter oben bereits gesehen, kann man Daten mittels

```
mysql> SELECT ... FROM ... WHERE ...;
```

abfragen. Optional können noch angehängt werden

- `GROUP BY variable`, um die Werte gemäß den Werten der Variablen *variable* zu gruppieren und ggfs. zusammenzufassen,
- `ORDER BY variable`, um die Werte gemäß den Werten der Variablen *variable* zu ordnen,
- `HAVING ...`, wobei an Stelle der Pünktchen eine Bedingung steht. `HAVING` funktioniert genau wie `WHERE`, nur bezieht sich diese weitere Einschränkung schon auf das vorläufige Resultat der Abfrage: die Erfüllung der Bedingung wird nicht im gesamten Datensatz untersucht, sondern nur im schon durch `WHERE` eingeschränkten.

Das Resultat einer Abfrage kann auch in einer eigenen Tabelle abgelegt werden. Sind wir etwa an den Deckungsbeiträgen interessiert, die jeder Auftrag einbringt, so speichern wir diese in der Tabelle *deckung* ab:

```
mysql> CREATE TABLE deckung
    -> (auftrag INT NOT NULL PRIMARY KEY,
    -> abteilung CHAR, mitarbeiter CHAR(3),
    -> deckungsbeitrag DECIMAL(7,2)) AS
    -> SELECT auftrag, abteilung, mitarbeiter,
    -> SUM(menge*(verkauf-einkauf)) AS deckungsbeitrag
```

```
    -> FROM transaktionen
    -> GROUP BY auftrag ORDER BY auftrag;
```

Hierbei werden die Daten nach *auftrag* gruppiert und gemäß der Formel `SUM(menge*(verkauf-einkauf))` über alle Posten je Auftrag summiert. Das Ergebnis wird in der Variablen *deckungsbeitrag* abgelegt. Tabelle *deckung* enthält nun folgende Daten:

```
+-------+---------+----------+---------------+
| auftrag | abteilung | mitarbeiter | deckungsbeitrag |
+-------+---------+----------+---------------+
| 1705  | A       | xyz      | 1.56          |
| 1706  | B       | abc      | -3.92         |
| 1707  | B       | uvw      | 11.65         |
| 1708  | B       | uvw      | 16.18         |
+-------+---------+----------+---------------+
4 rows in set (0.00 sec)
```

Für derartige Zusammenfassungen bzw. *Aggregationen* bietet MySQL neben der Funktion `SUM` auch `COUNT` (zum Zählen der Zeilen), `AVG` (arithmetisches Mittel), `MIN` (Minimum), `MAX` (Maximum), sowie `STD` (Standardabweichung) an.

Resultate können außerdem, mit analoger Syntax wie bei `LOAD DATA...`, in Textdateien exportiert werden, beispielsweise via

```
mysql> SELECT * INTO OUTFILE 'C:\\temp\\Deckung.txt'
    -> FIELDS TERMINATED BY '\t'
    -> OPTIONALLY ENCLOSED BY '"'
    -> FROM deckung;
```

Die neue Datei `Deckung.txt` würde die folgenden Zeilen enthalten:

```
1705  "A"  "xyz"  1.56
1706  "B"  "abc"  -3.92
1707  "B"  "uvw"  11.65
1708  "B"  "uvw"  16.18
```

Hierbei bewirkt `TERMINATED BY '\t'`, dass die Variablen durch Tabulatoren getrennt werden. Das `OPTIONALLY` vor `ENCLOSED BY '"'` hat zur Folge, dass nur Textwerte durch Anführungszeichen eingegrenzt werden.

B.5 Tabellen zusammenfassen

Die Tabelle *transaktionen* könnte in einer ähnlichen Fassung online entstanden sein, wobei ein jeder Artikel, der in der Kasse registriert wird, zu einer neuen Zeile der Tabelle führt. Die Tabelle *deckung* bietet dann interessierende Informationen im nötigen Detail an. Allerdings sind beide Tabellen in ihrer momentanen Fassung nicht auf Speicherökonomie ausgelegt, tatsächlich sind zahlreiche Informationen redundant vorhanden: In der Tabelle *transaktionen* etwa sind die Variablen *abteilung*, *einkauf* und *verkauf* eigentlich überflüssig, denn hätte man z. B. eine kompakte Mitarbeitertabelle, die zu jedem Mitarbeiter die zug. Abteilung enthält, so müsste man den Abteilungswert nicht für jeden Posten extra speichern. Analog wäre eine gesonderte Tabelle mit Artikelinformationen wie Einkaufs- und Verkaufspreis sinnvoller. Eine Mitarbeitertabelle kann man erzeugen und um einen weiteren Mitarbeiter ergänzen wie folgt:

```
mysql> CREATE TABLE mitarbeiter
    -> (mitarbeiter CHAR(3) NOT NULL PRIMARY KEY,
    -> abteilung CHAR) AS
    -> SELECT mitarbeiter, abteilung FROM transaktionen
    -> GROUP BY mitarbeiter;
mysql> INSERT INTO mitarbeiter VALUES ('rst','A');
```

Als Resultat erhält man die Tabelle *mitarbeiter*, bestehend aus

```
+-------------+-----------+
| mitarbeiter | abteilung |
+-------------+-----------+
| abc         | B         |
| uvw         | B         |
| xyz         | A         |
| rst         | A         |
+-------------+-----------+
4 rows in set (0.00 sec)
```

Analog würde man bei der Artikeltabelle verfahren.[1] Anschließend könnte man aus der Tabelle *transaktionen* die Variablen *abteilung*, *einkauf* und *verkauf* löschen. Dies wollen wir aber an dieser Stelle unterlassen, da die Tabelle in anderen Teilen des Buches noch benötigt wird. Stattdessen 'ignorieren' wir für den Rest des Abschnitts die bestehende Existenz dieser drei Variablen.

Nachdem nun unsere Daten auf eine Vielzahl von Tabellen platzsparend verteilt vorliegen, müssen diese bei Abfragen wieder geeignet zusammengefügt werden. Dazu kann man sich der JOIN-Verknüpfung von MySQL bedienen. Die Eingabe von

```
mysql> SELECT a.id,a.auftrag, b.abteilung,
    -> b.mitarbeiter, a.artikel
    -> FROM transaktionen AS a
    -> INNER JOIN mitarbeiter AS b
```

[1]Schemata für das sinnvolle Zerlegen von Datentabellen zur Vermeidung von Redundanz werden übrigens durch eine Reihe aufeinander aufbauender, sog. *Normalformen* beschrieben. Hierzu sei auf die Literatur verwiesen.

```
-> ON a.mitarbeiter=b.mitarbeiter
-> ORDER BY a.id;
```

ergibt folgende Tabelle:

```
+--+-------+---------+-----------+---------+
| id | auftrag | abteilung | mitarbeiter | artikel   |
+--+-------+---------+-----------+---------+
| 1  | 1705    | A         | xyz         | a17-02345 |
                :
| 8  | 1708    | B         | uvw         | j36-98765 |
+--+-------+---------+-----------+---------+
8 rows in set (0.05 sec)
```

Diese Tabelle stellt also schlicht einen Auszug der vollständigen Transaktionsdaten dar, zusammengesetzt aus Werten von *id*, *auftrag* und *artikel* der Tabelle *transaktionen*, sowie *abteilung* und *mitarbeiter* der Tabelle *mitarbeiter*. Die Anweisung `INNER JOIN...ON` bewirkt, dass genau jene Werte beider Tabellen zusammengefügt werden, bei denen die Mitarbeiterkennungen übereinstimmen *und* in *beiden* Tabellen zugleich vorkommen. Der Mitarbeiter *rst* der Tabelle *mitarbeiter*, der an keiner der Transaktionen beteiligt war, kommt deshalb nicht im Abfrageresultat vor. Bei der Formulierung der Abfrage haben wir übrigens von Abkürzungen Gebrauch gemacht: Statt `transaktionen.id` etwa schreiben wir kurz `a.id`, da wir via `AS` die Tabelle *transaktionen* mit dem Kürzel `a` versehen haben.

Hätten wir dagegen in obiger Abfrage `RIGHT JOIN` statt `INNER JOIN` geschrieben, so würde das Abfrageresultat beginnen mit folgender Zeile:

```
+----+-------+---------+-----------+-------+
| id   | auftrag | abteilung | mitarbeiter | artikel |
+----+-------+---------+-----------+-------+
| NULL | NULL    | A         | rst         | NULL    |
                         :
```

`RIGHT JOIN` berücksichtigt *auf jeden Fall* alle Mitarbeiter der rechts von der `JOIN`-Anweisung stehenden Tabelle, und dies ist im Beispiel gerade *mitarbeiter*. Deshalb erscheint nun auch Mitarbeiter *rst*, jedoch mit einigen `NULL`-Werten, da er an keiner Transaktion beteiligt war. Ferner werden *nur* jene Posten der links stehenden Tabelle *transaktionen* aufgenommen, zu denen sich auch Mitarbeiterkennungen in *mitarbeiter* finden. Somit verhält sich `RIGHT JOIN` nach links wie `INNER JOIN`, ist nach rechts aber ‘großzügiger’. Völlig analog ist die Verknüpfung `LEFT JOIN` definiert. Ferner können auch mehr als zwei Tabellen über verschachtelte `JOIN`-Anweisungen miteinander verknüpft werden.

C Kleines Visual-Basic-ABC

In diesem Kapitel sollen kurz die wichtigsten Grundlagen der Programmiersprache *Visual Basic* wiederholt werden. Diese ist für unsere Zwecke bedeutsam, da sie die Grundlage der Makroprogrammierung in STATISTICA bildet, siehe Kapitel 13. Die hier vermittelten Grundkenntnisse sind jedoch allgemeingültig, nicht auf die bei STATISTICA implementierte Variante von Visual Basic beschränkt.

Kommentierungen beginnen in Visual Basic mit `Rem` oder einem Hochkomma `'`. Pro Zeile darf prinzipiell nur ein Kommando stehen; ist dieses Kommando sehr lang, so kann man die Zeile umbrechen, indem man am Ende ' _' setzt und in der anschließenden Zeile weiterschreibt.

C.1 Variablen, Felder und Objekte

Variablen werden in Visual Basic mit dem `Dim`-Kommando definiert; dabei sind die *Datentypen* aus Tabelle C.1 zulässig. Die exakte Syntax

`Boolean`	`True/False`
`Byte`	0 bis 255
`Integer`	-32.768 bis 32.767
`Long`	-2.147.483.648 bis 2.147.483.647
`Single`	Fließkomma, einfach genau, Bereich 10^{-45} bis 10^{38}
`Double`	Fließkomma, doppelt genau, Bereich 10^{-324} bis 10^{308}
`Currency`	skalierte Ganzzahl
`Date`	1. Januar 100 bis 31. Dezember 9999
`Decimal`	Dezimalzahl mit bis zu 28 Nachkommastellen
`String`	Zeichenketten fester oder variabler Länge
`Variant`	siehe Text
`Object`	siehe Text

Tabelle C.1: *Datentypen in Visual Basic.*

ist beispielsweise `Dim laenge As Single`. Würde man dagegen nur `Dim laenge` schreiben, wäre `laenge` vom Typ `Variant`. Eine `Variant`-Variable kann sowohl Zahlen als auch Text aufnehmen, der passende Untertyp wird automatisch gewählt, wenn ein Wert zugewiesen wird. Beim Typ `String` sind ebenfalls zwei Untertypen möglich: `Dim name As String` ergäbe eine Zeichenkette variabler Länge, `Dim name As String`

	Klasse		Eigenschaft
	Ereignis		Eigenschaft mit Defaultwert
	Konstantenliste (Enum)		Methode
	Konstante		Default-Methode

Tabelle C.2: *Objekte und ihre Symbole.*

`* 10` wäre eine Zeichenkette fester Länge, in diesem Fall der Länge 10. Schließlich kann man eine *Konstante* mit Hilfe von `Const` definieren, etwa `Const pi = 3.14159`.

Basierend auf diesen Datentypen kann man *Felder* (*Arrays*) definieren, entweder fixer Größe, dann mit bis zu 64 Dimensionen, oder dynamisch mit bis zu 60 Dimensionen. Ein zweidimensionales Feld der Größe 7×15 vom Typ Integer würde man z. B. so definieren: `Dim meinfeld(7,15) As Integer`. Die Felder wären dann mit 0 bis 6 bzw. 0 bis 14 indiziert. Will man die Indizierung selber wählen, so würde man beispielsweise deklarieren `Dim meinfeld(2 To 8, 1 To 15) As Integer`. Soll nun das Feld mit den Indizes 2 und 1 mit dem Wert -7 belegt werden, so schreibt man `meinfeld(2,1) = -7`.

Um *dynamische Felder* zu erzeugen, schreibt man zu Beginn etwa `Dim meinfeld() As Integer`. Später kann man zur Laufzeit die Größe bestimmen, z. B. mit `ReDim meinfeld(1 To 3, 2 To 5)`. Die Dimension kann anschließend *nicht* mehr geändert werden, wohl aber die Größe, etwa durch erneutes `ReDim meinarray(1 To 5, 2 To 5)`.

Zu guter Letzt kann man auf Modulebene noch benutzerdefinierte Datentypen definieren mit der Syntax

```
Private Type geburtstag
    nachname As String
    vorname As String
    geburtsdatum As Date
End Type
```

Definiert man nun eine Variable oder ein Feld als vom Typ `geburtstag`, greift man via Punktoperator auf die Eigenschaften zu:

```
Dim geburtstagsliste(1 To 10) As geburtstag
    geburtstagsliste(1).nachname = ''Müller''
    geburtstagsliste(1).geburtsdatum = CDate(''13.08.1896'')
        ⋮
```

Visual Basic bietet zwei Arten von Objekten an, *Klassen* und *Konstantenlisten*. Intern werden dabei die Symbole aus Tabelle C.2 verwendet.

Eine *Instanz* einer Klasse verfügt über *Eigenschaften* und *Methoden*, und kann auf *Ereignisse* reagieren. Auch hier greift man mittels Punktoperator auf die Eigenschaften oder Methoden zu. Um eine konkrete Instanz zu erstellen, verwendet man die Schreibweise wie bei Variablen und Feldern, nämlich `Dim... As...`. Dabei weist man der Instanz einen konkreten Klassentyp zu, oder man verwendet den allgemeinen Typ `Object` und legt den Klassentyp erst zur Laufzeit fest.

Muss man auf mehrere Eigenschaften und Methoden zugleich zugreifen, kann man sich Schreibarbeit sparen mit der `With... End With`-Anweisung. Man schreibt dann an Stelle von

```
instanz.eigenschaft1 = -5
instanz.eigenschaft2 = ''Hallo''
instanz.eigenschaft3 = 2.78
      ⋮
```

schlichtweg

```
With instanz
    .eigenschaft1 = -5
    .eigenschaft2 = ''Hallo''
    .eigenschaft3 = 2.78
          ⋮
End With
```

Eine Konstantenliste wird mit dem `Enum`-Kommando definiert, etwa

```
Public Enum geschlecht
    weiblich = 0
    maennlich = 1
End Enum
```

Definiert man nun eine Eigenschaft als vom Typ `Enum`, kann sie bloß die Werte `weiblich` oder `maennlich` annehmen.

C.2 Verzweigungen und Schleifen

Verzweigungen kann man in Visual Basic auf zweierlei Art formulieren, entweder via `If... Then... ElseIf... End If` oder via `Select... Case... Case Else... End Select`. Beide sollen an einem Beispiel gegenübergestellt werden:

```
Dim zahl As Integer                Dim zahl As Integer
    ⋮                                  ⋮
If zahl = 0 Then                   Select zahl
    ...                                Case 0: ...
ElseIf zahl = 1 Then       ↔           Case 1: ...
    ⋮                                  ⋮
Else ...                               Case Else: ...
End If                             End Select
```

Ferner gibt es zwei Arten von *Schleifen*: Bei `For... Next`-Schleifen werden Anfangspunkt, Endpunkt und Schrittweite festgelegt und die Schleife entsprechend oft durchlaufen:

```
For i=0 To 10 Step 2
    wert = wert + i
Next
```

Deutlich flexibler, aber auch fehleranfälliger, sind `Do... Loop`-Schleifen, welche so lange durchlaufen werden, bis oder während eine gewisse Bedingung erfüllt ist:

```
wert=0                             wert=0

Do While wert < 5                  Do
    wert = wert + 1        ↔           wert = wert + 1
Loop                               Loop Until wert >= 5
```

Bei beiden Schleifen ist der Wert von `wert` mit Verlassen der Schleife gleich 5.

C.3 Funktionen und Unterprogramme

Funktionen und *Unterprogramme* werden parallel zu `Main` definiert und können mit dem Navigationsfeld des Visual Basic-Editors direkt angesteuert werden. Die Syntax einer Funktion ist

```
Function name(parameter1, parameter2, ...)
    name = f(parameter1, parameter2, ...)
End Function
```

Definition und Aufruf einer Funktion sollen an folgendem selbsterklärenden Beispiel illustriert werden:

```
Function summe(a, b)
    summe = a+b
End Function
    ⋮
MsgBox summe(2,3) 'Message Box zeigt 5 an.
```

Die Syntax eines Unterprogramm ist

```
Sub name
    ⋮
End Sub
```

Ein Unterprogramm wird durch einfache Nennung seines Names aufgerufen, z. B. `If ... Then name`.

C.4 Message Box und Input Box

Zur Ausgabe von Informationen sind *Message Boxes* ein beliebtes Mittel. Die allgemeine Syntax lautet

```
MsgBox "Meldung", Konstanten, "Überschrift"
```

Mehrere Konstanten können dabei durch '+' verknüpft werden. Dabei sind u. a. folgende Systemkonstanten möglich:

`vbOkOnly` ist die Voreinstellung. Es erscheint eine Box mit dem *OK*-Knopf allein.

`vbOkCancel` Hier ist auch ein *Abbrechen*-Knopf dabei.

`vbAbortRetryIgnore` Drei Knöpfe, beschriftet mit *Beenden*, *Wiederholen* und *Ignorieren*.

`vbYesNoCancel` Drei Knöpfe, beschriftet mit *Ja*, *Nein* und *Abbrechen*.

`vbCritical` Fügt zusätzlich folgendes Bild ein:  .

`vbQuestion` Fügt zusätzlich folgendes Bild ein:  .

`vbExclamation` Fügt zusätzlich folgendes Bild ein:  .

`vbInformation` Fügt zusätzlich folgendes Bild ein:  .

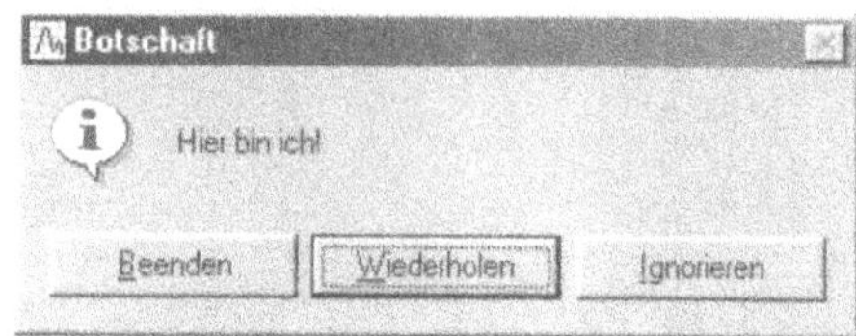

Abb. C.1: *Eine Message Box.*

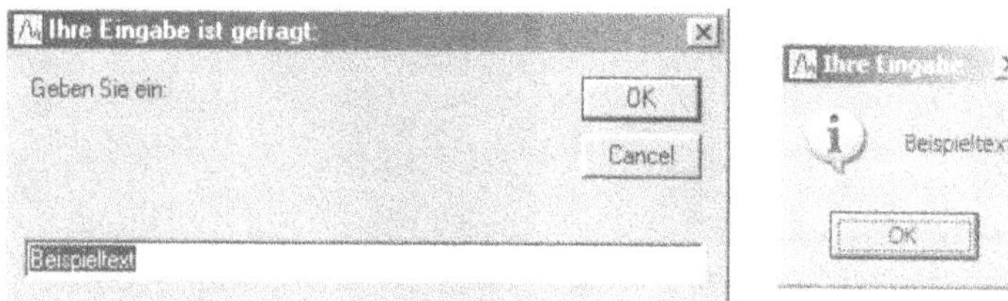

Abb. C.2: *Eine Input Box und eine Message Box.*

`vbDefaultButton1` Setzt den Fokus auf den ersten Schalter. Allgemein können auch die Zahlen 2 bis 4 an Stelle der 1 stehen, dann wird der Fokus entsprechend auf den zweiten bis vierten Knopf gesetzt.

Beispielweise ergibt

```
MsgBox "Hier bin ich!", vbAbortRetryIgnore _
    +vbInformation+vbDefaultButton2,"Botschaft"
```

die Message Box aus Abbildung C.1.

Das Gegenstück zur Message Box ist die *Input Box.* Die prinzipielle Syntax ist dabei

```
InputBox("Meldung", "Titel", "Beispieltext")
```

wobei weitere optionale Parameter erlaubt sind. Ferner liefert die Input Box den eingegebenen Wert zurück:

```
eingabe = InputBox("Geben Sie ein:", _
    "Ihre Eingabe ist gefragt:", "Beispieltext")
MsgBox eingabe, vbInformation+vbOKOnly, "Ihre Eingabe"
```

Das Resultat dieses Code-Fragmentes ist in Abbildung C.2 zu sehen.

Detailliertere Informationen zur Programmierung in Visual Basic findet der Leser z. B. bei Monadjemi (2003).

D Einige SVB-Klassen

Im Folgenden findet sich eine kleine Auswahl wichtiger Eigenschaften und Methoden von einigen STATISTICA Visual-Basic-Klassen, die häufiger Anwendung finden.

D.1 Die Klasse `Spreadsheet`

In den folgenden Beispielen sei stets `tabelle` eine Instanz vom Typ `Spreadsheet`.

Einige *Eigenschaften* der Klasse `Spreadsheet`:

`Application` gibt die Anwendung zurück, die gerade auf das Tabellenblatt angewendet wird, im Regelfall also `STATISTICA`.

`Case` ist vom Typ `Range` und erwartet einen `Integer`-Wert als Parameter, nämlich die Nummer des Falles.
Bsp.: `tabelle.Case(2).Select`.

`CaseHeader` ist vom Typ `Range` und erwartet zwei `Integer`-Parameter, die Anfang und Ende des Bereichs markieren, dessen Fallköpfe betroffen sind.
Bsp.: `tabelle.CaseHeader(2,5).Select`.

`CaseHeaderCell` spricht die Beschriftung eines Fallkopfes an, als Argument wird die Nummer des Falls erwartet.
Bsp.: `tabelle.CaseHeaderCell(2) = ''Hallo''`. Alternativ kann man auch `CaseName` verwenden.

`CaseNameLength` legt die Länge der Fallnamen in Anzahl von Zeichen fest, also zum Beispiel `tabelle.CaseNameLength = 10`.

`CaseNameWidth` legt die Breite der Fallköpfe in Inch (1 Inch $\approx$ 25,4 mm) fest, also zum Beispiel `tabelle.CaseNameWidth = 1.2`.

`Cases` spricht alle Fälle an und ist vom Typ `Areas`.

`Cells` ist vom Typ `Range` erwartet zwei `Integer`-Parameter, der Erste gibt den Fall, der Zweite die Variable an.
Bsp.: `tabelle.Cells(2,5).Text = ''Hallo''`.

`CellsRange` ist ebenfalls vom Typ `Range` und erlaubt das Ansprechen eines zusammenhängenden Blocks. Es werden vier `Integer`-Parameter erwartet, nämlich der Reihe nach erster Fall, erste Variable, letzter Fall, letzte Variable.
Bsp.: `tabelle.CellsRange(1,1,4,5).Select`.

`Data` gibt die Daten des Tabellenblatts in Form eines `Double`-Feldes zurück.

`EntireRange` ist vom Typ `Range` und spricht den kompletten Tabellenbereich an. Bsp.: `tabelle.EntireRange.FillRandomValues`.

`FullName` enthält den Dateinamen inklusive Pfad.

`Gridline` ist vom Typ `GridBorder` und beschreibt die Gitterlinien des Tabellenblatts. Bsp.: `tabelle.Gridline(scHorizontal).LinePattern = scSolidMediumLine` oder `tabelle.Gridline(scVertical).Color = vbBlue`. Dabei sind sowohl `Color` als auch `LinePattern` Konstantenlisten (`Enum`); Informationen zu solchen Konstantenlisten findet man in der Hilfe unter *STATISTICA Objektmodell → Enumerations*.

`Header` bestimmt die Tabellenüberschrift.
Bsp.: `tabelle.Header = "Meine Tabelle"`.

`Name` gibt den Namen der Tabelle zurück.

`NumberOfCases` gibt die Zahl der Fälle zurück.

`NumberOfVariables` gibt die Zahl der Variablen zurück.

`Path` gibt den Dateipfad der Tabelle zurück.

`Range` ist vom Typ `Range`, vergleiche hierzu Abschnitt D.2, und erwartet ein Argument der Art `tabelle.Range("C1R1:C2R3, C1R5:C2R6,...").Select`, wobei `C` für die Variable und `R` für den Fall steht. Hiermit kann man also nicht-zusammenhängende Bereiche ansprechen.

`Selection` ist ebenfalls vom Typ `Range` und spricht die momentane Auswahl an.

`Subset...` erzeugen jeweils eine neue Tabelle, die beispielsweise einen bestimmten Bereich der aktiven Tabelle enthält; siehe hierzu die Hilfe.

`Variable, Variables, VariableHeader, VariableHeaderCell, VariableName` verhalten sich wie das entsprechende `Case`-Analogon.

`VariableLongName` erlaubt den Zugriff auf die Formel einer Variablen, so zum Beispiel `tabelle.VariableLongName(3) = "=(v1=v2)"`.

`VariableType` erwartet ebenfalls einen `Integer`-Parameter, der die betroffene Variable festlegt. Mit `VariableType` wird der Typ der Variablen bestimmt; dabei ist `VariableType` eine Konstantenliste (`Enum`) mit den vier möglichen Werten `scDouble`, `scText`, `scInteger` oder `scByte`.
Bsp.: `tabelle.VariableType(2) = scText`. Ist der Variablentyp gleich `scText`, so kann über `VariableTypeLength` die Textlänge bestimmt werden: `tabelle.VariableTypeLength(2) = 5`.

`VariableWidth` enthält die Breite der ausgewählten Variablen in Inch (1 Inch ≈ 25,4 mm); ein Beispiel: `tabelle.VariableWidth(1) = 1.4142`.

`Visible` ist vom Typ `Boolean` und entscheidet, ob die Tabelle sichtbar ist. Bsp.: `tabelle.Visible=True`.

Einige *Methoden* der Klasse `Spreadsheet`:

`AddCases` fügt Fälle hinzu und erwartet zwei `Integer`-Parameter: Die Position, nach der die Fälle eingefügt werden sollen und die Zahl der Fälle. Bsp.: `tabelle.AddCases(3,5)`.

`AddVariables` fügt entsprechend Variablen ein. Notwendige Parameter sind Name und Position, nach der eingefügt werden soll, optionale Parameter sind zudem Anzahl, Typ, Länge (bei Typ `scText`), ein interner Code für leere Zellen (Voreinstellung: `-9999`), Format und Formel.
Bsp.: `tabelle.AddVariables(''Neu'',1,2,scDouble)` fügt zwei neue `Double`-Variablen hinter der ersten Variablen ein.

`AutoFitCase` bringt Fälle auf optimale Höhe: `tabelle.AutoFitCase()`.

`Close` schließt die Tabelle, z. B. `tabelle.Close()`.

`Copy` kopiert markierte Zellbereiche. Bsp.: `tabelle.Copy()`.

`CopyWithHeaders` kopiert markierte Bereiche mit Variablen-/Fallkopf.

`Cut` schneidet den markierten Zellinhalt aus. Bsp.: `tabelle.Cut()`

`DeleteCases` und `DeleteVariables` erwarten jeweils zwei `Integer`-Parameter, die Anfang und Ende des zu löschenden Bereichs von Fällen/Variablen markieren.
Ein Beispiel: `tabelle.DeleteCases(2,5)`.

`GoTo` erwartet zwei `Integer`-Parameter für Fall und Variable und setzt den Fokus an die entsprechende Stelle. Bsp.: `tabelle.GoTo(2,5)`.

`Paste` fügt den Inhalt der Zwischenablage bei der gewählten Stelle ein, gewählt z. B. mit Hilfe von `GoTo`.

`PrintOut` druckt die Tabelle.

`Recalculate` berechnet eine durch einen `Integer`-Parameter bestimmte Variable neu. Optional kann ein Fallbereich durch Angabe von Anfang und Ende spezifiziert werden.

`Save` und `SaveAs` speichern das Tabellenblatt. Ersteres ist parameterlos, Letzteres erwartet den Dateinamen und -pfad als ersten Parameter und einen `Boolean`-Parameter an zweiter Stelle, welcher Überschreiben erlaubt oder nicht.
Bsp.: `tabelle.SaveAs("C:\test.sta",True)`.

`SelectAll`, `SelectCaseNamesOnly` bzw. `SelectVariableNamesOnly` wählen das ganze Tabellenblatt aus bzw. nur die Kopffelder der betroffenen Fälle/Variablen. Alle drei Methoden sind parameterlos.

`SetSize` bestimmt die Größe des Tabellenblattes und erwartet zwei `Integer`-Parameter für Zahl der Fälle und der Variablen.
Bsp.: `tabelle.SetSize(10,2)`.

`SortData` erfordert zumindest einen `Integer`-Parameter, der die zu sortierende Variable bestimmt. Zudem gibt es sehr viele optionale Parameter, für die auf die Hilfe verwiesen wird. Ein Beispiel mit zwei optionalen Parametern: Der Aufruf
`tabelle.SortData(1,scSortDescending,scSortByText)`
bewirkt, dass die Variable 1 alphabetisch absteigend sortiert wird.

`TransposeData` vertauscht Zeilen und Spalten des Tabellenblattes:
`tabelle.TransposeData()`.

D.2 Die Klasse Range

Zahlreiche wichtige Eigenschaften der Klasse `Spreadsheet`, wie etwa `Case`, `Variable`, `Cells`, `CellsRange` oder `Range` sind vom Typ `Range`, welcher eine Vielzahl von Eigenschaften und Methoden anbietet. Wichtige *Eigenschaften* sind:

`Application` nennt die mit dem 'Bereich' verknüpfte Anwendung.

`Count` nennt die Zahl der Elemente des 'Bereichs'.

`ColumnName` enthält den Namen einer Spalte. Bsp.:
`tabelle.Variable(i).ColumnName = "MeineVariable"`.

`ColumnType` legt den Variablentyp fest, z. B. `tabelle.Variable(i).ColumnType = scText`. Im Falle des Typs `scText` kann man wieder über `ColumnTypeLen` die Textlänge festlegen.

`ColumnWidth` ist ein `Double`-Wert, welcher die Breite der Variable in Inch (1 Inch $\approx$ 25,4 mm) festlegt.
Bsp.: `tabelle.Variable(i).ColumnWidth = 1.2`.

`Name` ist der Namen des Gebietes, z. B. `tabelle.Variables(i).Name = ''MeineVariable''`.

`RowHeight` und `RowName` entsprechen den Eigenschaften `ColumnWidth` und `ColumnName`, nur für Fälle.

`Text` enthält den Textwert einer Zelle, also zum Beispiel `tabelle.Cells(1,2).Text = ''Blau''`.

`Value` dagegen enthält die interne numerische Repräsentation, etwa bei leerer Zelle `-9999`.

Wichtige *Methoden* der Klasse `Range` sind:

`AutoFit` berechnet die optimale Variablenbreite.
Bsp.: `tabelle.Variable(1).AutoFit()`.

`Clear` löscht den Zellinhalt des gewählten Bereichs.
Bsp.: `tabelle.Cells(1,2).Clear()`.

`Find` und `FindNext` geben jeweils einen `Range` zurück, und zwar den, der den gesuchten String enthält. `Find` erwartet als Argument zumindest den Suchstring, optionale Parameter sind möglich.
Bsp.: `zelle=tab.Variable(2).Find(''Hallo'')`.

`PrintOut` druckt den spezifizierten Bereich aus.

`Replace` funktioniert vergleichbar `Find`, zusätzlich muss hier noch der Ersatzstring als zweiter Parameter angegeben werden.

`Select` wählt den spezifierten Bereich aus.
Bsp.: `tabelle.Variables(i).Select`.

D.3 Die Klasse `Areas`

Die Eigenschaften `Cases` und `Variables` der Klasse `Spreadsheet` sind beide vom Typ `Areas`. Die Klasse `Areas` verfügt insbesondere über folgende *Eigenschaften*:

`Application` nennt die mit dem 'Gebiet' verknüpfte Anwendung.

`Count` nennt die Zahl der Elemente des 'Gebiets'.

E Überblick über die STATISTICA-Module

In der Grundausstattung *STATISTICA Standard* verfügt STATISTICA bereits über alle Grafikwerkzeuge, zusammengefasst im Menü *Grafik*, sowie über eine Reihe grundlegender statistischer Werkzeuge. Bei diesen handelt es sich im Menü *Statistik* um die Verfahren der Punkte *Elementare Statistik und Tabellen* bis *Verteilungsanpassung*, vgl. Abbildung E.1. Ferner sind *STATISTICA Visual Basic* sowie der *Wahrscheinlichkeitsrechner* implementiert.

Will man jedoch auch andere Teile des Statistikmenüs aktivieren, so muss man je nach Interesse geeignete Module hinzukaufen. Im Einzelnen sind dies

STATISTICA Höhere Modelle: Aktiviert das Menü *Statistik* → *Höhere (nicht)lineare Modelle*, welches u. a. nichtlineare Regression, siehe etwa Durchführung 11.1.2.3, und Zeitreihenanalyse, vgl. Abschnitt 11.4, ermöglicht.

STATISTICA Explorative Verfahren: Aktiviert das Menü *Statistik* → *Multivariate explorative Techniken*, womit z. B. die in Kapitel 7 beschriebenen Verfahren der Cluster-, Hauptkomponenten-, Faktoren- und Diskriminanzanalyse durchgeführt werden können.

STATISTICA Power Analysis: Aktiviert den gleichnamigen Punkt des Statistikmenüs. Hier werden Verfahren zur Berechnung von Stichprobenumfängen oder Konfidenzintervallen angeboten, sowie von Kenngrößen weiterer statistischer Verteilungen wie Binomialverteilung oder nichtzentrale t-, F- oder χ^2-Verteilung.

STATISTICA Neural Networks: Aktiviert den englischsprachigen Menüpunkt *Neural Networks*, welcher zur Konstruktion und Anpassung neuronaler Netze verwendet werden kann.

STATISTICA Sequence, Association and Link Analysis (SAL): Das SAL-Modul umfasst einen Auszug des *STATISTICA Data Miner*, mit Verfahren zur Erzeugung von (sequentiellen) Assoziationsregeln.

STATISTICA Versuchsplanung, Prozessanalyse, Regelkarten: Diese drei industriellen Zusatzmodule aktivieren jeweils den entsprechenden Punkt im Menü *Statistik* → *Industrielle Statistik und Six*

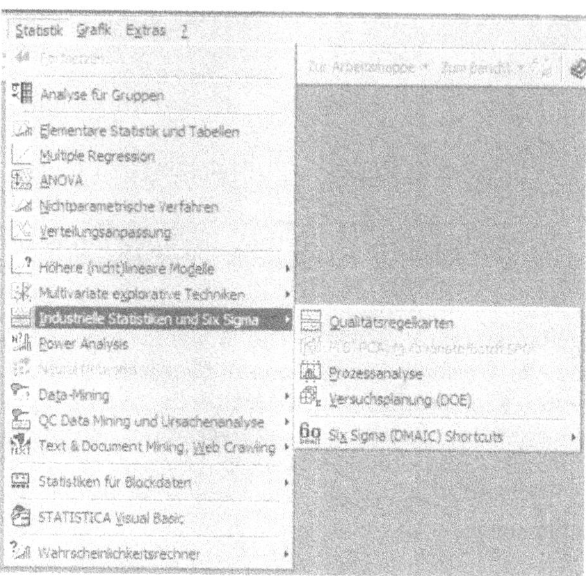

Abb. E.1: *Das Statistikmenü von STATISTICA, Version 7.*

Sigma, vgl. Kapitel 12. Entsprechend sind dann auch im Menü der *Six Sigma (DMAIC) Shortcuts*, siehe Abbildung E.1, die jeweiligen Punkte aktiviert. Mit dem Versuchsplanungsmenü kann man u. a. Zwei- und Dreistufenpläne erstellen. Die Prozessanalyse erlaubt die Berechnung von Prozessfähigkeitsindizes, und das Regelkartenmodul bietet eine Reihe von Kontrollkarten sowie Paretodiagramme an. Dabei besteht auch die Möglichkeit, diese Kontrollkarten mit externen Datenquellen zu verknüpfen, so dass Echtzeitanalysen möglich sind.

Neu ist das Modul *STATISTICA Multivariate Statistische Prozesslenkung (MSPC)*, welches neben Verfahren der statistischen Qualitätskontrolle wie Kontrollkarten auch explorative Verfahren wie Hauptkomponentenanalyse anbietet. Eine Kombination der obigen industriellen Module mit dem *STATISTICA Data Miner* verspricht zudem das Modul *STATISTICA QC Miner.*

STATISTICA Data Miner: Dieser umfasst eine Sammlung von Techniken der Disziplinen *OLAP (On-Line Analytical Processing)* und *Data Mining*, wie etwa Slicing/Dicing, Clusteranalyse, Assoziationsregeln, Klassifikationsbäume, usw. Eine gut lesbare Beschreibung zahlreicher dieser Verfahren bieten Han/Kamber (2001). Eine Ergänzung des Data Miners bietet das Modul *STATISTICA Text Miner*, welches erlaubt, auf Textdokumente verschiedenster Formate (`.pdf`, `.ps`, `.xml`, uvm.) zuzugreifen und diese zu analysieren.

F Hinweise zur Bearbeitung der Aufgaben

Viele Wege führen nach Rom ...

Bei den Aufgaben im vorliegenden Buch geht es zumeist um die Analyse bestimmter Datensätze unter vorgegebenen Gesichtspunkten. Viel wichtiger als die rein technische Analyse ist dabei eigentlich die Interpretation der Resultate, und eine solche Interpretation wird deshalb auch gewöhnlich vom Leser verlangt. Allerdings sind solche Interpretationen oft alles andere als eindeutig. Der Eine erkennt im Histogramm einen Verlauf, der auf Normalverteiltheit der Daten schließen lässt, eine Andere sieht diese Eigenschaft klar verletzt. Die Eine lehnt bei einem p-Wert von 0,049 eine gegebene Nullhypothese ab, ein Anderer würde dies erst bei einem p-Wert kleiner als 0,01 tun.

Weil es eben zu den einzelnen Aufgaben oft viele richtige Lösungswege gibt, wird auf eine Erstellung von Musterlösungen verzichtet. Stattdessen soll in diesem Abschnitt beispielhaft dargestellt werden, wie eine Lösung der Aufgaben aussehen könnte.

Lösungsvorschlag zu Aufgabe 3.6.2
Die Berichtsdatei, die es in dieser Aufgabe zu erstellen gilt, könnte beispielsweise so wie in Abbildung F.1 aussehen. Diese enthält ausgewählte Resultate der Analyse samt einer kurzen Beschreibung und Interpretation. □

Lösungsvorschlag zu Aufgabe 3.6.3
Bei Teilaufgabe (a) könnte man die Formel

```
=v4/tan(v3/2*Pi/180)+(v2=''Motor'')*2
```

verwenden, bei Teilaufgabe (b) beispielsweise

```
=1/3*Pi*v4^2*(v5-(v2=''Motor'')*2)+(v2=''Motor'')*Pi*v4^2*2.
```
□

Lösungsvorschlag zu Aufgabe 5.7.4
Eine beispielhafte Bearbeitung der Aufgabe in Form eines Berichts ist in den Abbildungen F.2 und F.3 wiedergegeben. □

Analyse der Datei Autoabsatz.sta

Analysiert wurde die Variable *Differenz*, welche die Differenz der Verkaufszahlen japanischer und deutscher Autos enthält.

	Descriptive Statistics (Autoabsatz.sta)
Variable	Mean
Differenz	1175218

Zuerst wurde der Mittelwert berechnet, dieser beträgt 1175218.

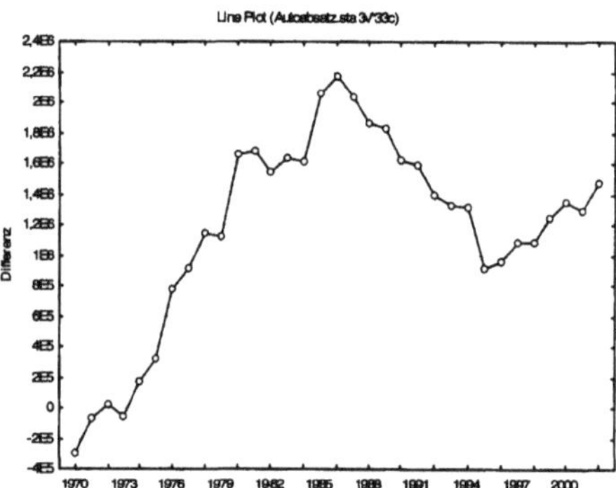

Anschließend wurde ein Run Chart erstellt, welcher in obiger Abbildung zu sehen ist.

Interpretation der Resultate:
Der berechnete Mittelwert verdeckt, dass es große Schwankungen bei den Differenzwerten gab. Waren diese anfangs negativ, so stiegen sie im Laufe der Zeit bis auf über 2 Mio., und stabilisierten sich zum Ende hin bei ca. 1.5 Mio. Somit scheint die Verwendung des Mittelwertes bei dieser Aufgabe als ungeeignet.

Abb. F.1: *Beispiel einer Lösung zu Aufgabe 3.6.2.*

Analyse der Datei Bumerang.sta

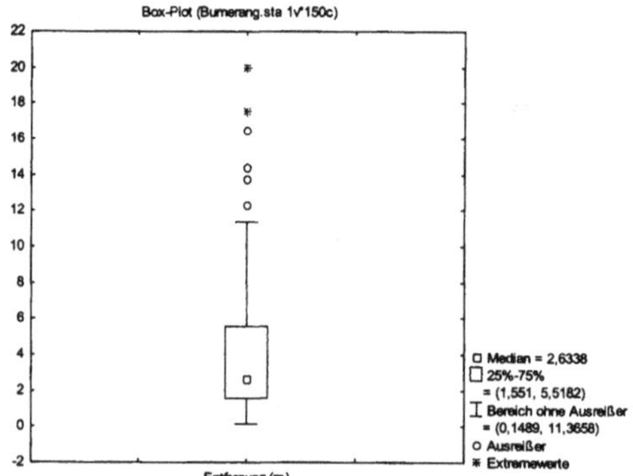

Der Boxplot zeigt, dass die Entfernung des Bumerangs zur werfenden Person im Mittel recht kurz ist, nämlich bei knapp 3 Metern. Trotzdem gibt es gerade nach oben stark abweichende Werte, bis hin zu ca. 20 Metern. Nach oben hin liegt also recht starke Streuung vor. Ob die im Boxplot als auffällig gekennzeichneten Werte tatsächlich als Ausreißer aufzufassen sind, ist fraglich, da die Abweichungen systematisch erscheinen.

Abb. F.2: *Beispiel einer Lösung zu Aufgabe 5.7.4 – Teil 1.*

Variable	Deskriptive Statistik (Bumerang.sta)							
	Mittelw.	Median	Spannw.	Quartile Spannw.	Varianz	Stdabw.	Schiefe	Exzeß
Entfernung (m)	3,933114	2,633791	19,82495	3,967213	13,44192	3,666322	1,839340	3,772904

Mittelwert und Median geben Auskunft über die Lokation der Daten. Da der Mittelwert spürbar größer als der Median ist, scheinen stark nach oben abweichende Werte vorzuliegen (Ausreißer?). Darauf deutet auch die im Vergleich zum IQR hohe Spannweite (= Maximalwert - Minimalwert) hin, welche beide als Streuungsmaß interpretiert werden können. Ein weiteres Streuungsmaß ist die Standardabweichung bzw. Varianz.
Die Daten sind stark rechtsschief (linkssteil), es liegt also eine unsymmetrische Verteilung mit vielen stark nach oben abweichenden Werten vor. Ferner misst man einen großen Exzess, im Vergleich zu normalverteilten Daten werden also viele stark vom Mittelwert abweichende Werte gemessen.

Dies alles demonstriert auch das Histogramm (8 Kategorien) der Daten:

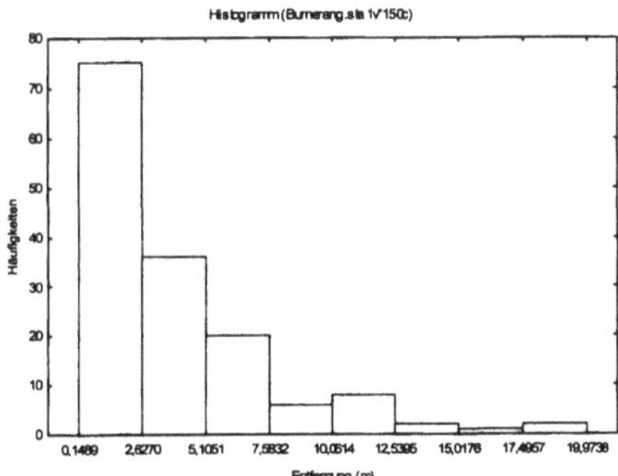

Auf Grund der teilweise hohen Besetzungszahlen besteht die Gefahr von Überglättung, in diesem Fall sollte man sich eher an der sqrt(n)-Regel orientieren.

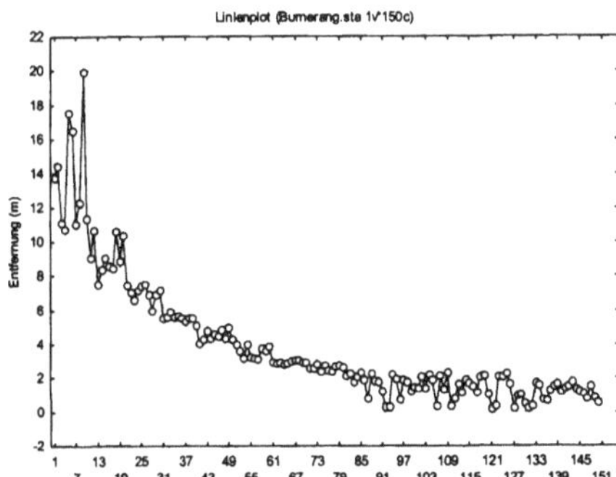

Der Run-Chart zeigt eine starke serielle Abhängigkeit auf. Es besteht ein klar fallender Trend, der Bumerang landet also im Laufe der Zeit immer näher beim Werfer. Dies kann entweder auf eine verbesserte Technik zurückzuführen sein, oder auf Ermüdung des Werfers.

Abb. F.3: *Beispiel einer Lösung zu Aufgabe 5.7.4 - Teil 2.*

Literaturverzeichnis

BASLER, H.: *Grundbegriffe der Wahrscheinlichkeitsrechnung und Statistischen Methodenlehre.* 11. Auflage, Physica-Verlag, Heidelberg, 1994.

BREIMAN, L., FRIEDMAN, J.H., OLSHEN, R.A., STONE, C.J.: *Classification and regression trees.* Wadsworth, Inc., Belmont, 1984.

BROCKWELL, P.J., DAVIS, R.A.: *Introduction to time series and forecasting.* 2nd edition, Springer-Verlag, New York, 2002.

ECKEY, H.-F., KOSFELD, R., RENGERS, M.: *Multivariate Statistik - Grundlage - Methoden - Beispiele.* 1. Auflage, Gabler Verlag, Wiesbaden, 2002.

FAHRMEIR, L., HAMERLE, A., TUTZ, G. (Hrsg.): *Multivariate statistische Verfahren.* 2. Auflage, Walter de Gruyter Verlag, Berlin, 1996.

FALK, M., MAROHN, F., TEWES, B.: *Foundations of statistical analyses and applications with SAS.* Birkhäuser Verlag, Basel, 2002.
Deutsche Fassung: Falk et al. (2004).

FALK, M., BECKER, R., MAROHN, F.: *Angewandte Statistik - Eine Einführung mit Programmbeispielen in SAS.* Nachdruck der 1. Auflage von 1995, Springer-Verlag, Berlin, Heidelberg, 2004.

FALK, M., MAROHN, F., MICHEL, R., HOFFMANN, D., MACKE, M., TEWES, B., DINGES, P.: *A first course on time series analysis - Examples with SAS.* 2006. Download unter
`http://statistik.mathematik.uni-wuerzburg.de/timeseries/`.

GENSCHEL, U., BECKER, C.: *Schließende Statistik - Grundlegende Methoden.* Springer-Verlag, Berlin, Heidelberg, 2005.

HAN, J., KAMBER, M.: *Data mining: Concepts and techniques.* Morgan Kaufmann Publishers, San Francisco, 2001.

HAND, D.J., DALY, F., LUNN, A.D., MCCONWAY, K.J., OSTROWSKI, E.: *A handbook of small datasets.* Chapman & Hall, London, Glasgow, New York, 1994.

HELD, B.: *Jetzt lerne ich VBA mit Excel.* Markt+Technik Verlag, München, 2005.

HINZ, S.: *MySQL 4.0 Referenzhandbuch.* 2002. Download als refman-4.0-de.a4.pdf unter http://dev.mysql.com/doc/.

LOH, W.-Y., SHIH, Y.-S.: *Split selection methods for classification trees.* Statistica Sinica 7, S. 815-840, 1997.

MONADJEMI, P.: *Jetzt lerne ich Visual Basic.* Markt+Technik Verlag, München, 2003. Auch als ebook jetzt-lerne-ich-visual-basic.pdf.

MONTGOMERY, D.C.: *Introduction to statistical quality control.* 5th edition, John Wiley & Sons, Inc., 2005.

PFEIFER, T.: *Qualitätsmanagement – Strategien, Methoden, Techniken.* 3. Auflage, Carl Hanser Verlag, 2001.

SACHS, L.: *Angewandte Statistik.* 11. Auflage, Springer-Verlag, Berlin, Heidelberg, 2004.

SCHLITTGEN, R., STREITBERG, B.H.J.: *Zeitreihenanalyse.* 9. Auflage, R. Oldenbourg Verlag, München, Wien, 2001.

STATSOFT, INC.: *Electronic Statistics Textbook.* Tulsa, OK: StatSoft. WEB: http://www.statsoft.com/textbook/stathome.html, 2004.

THROLL, M., BARTOSCH, O.: *Einstieg in SQL.* Galileo Press GmbH, Bonn, 2004.

TUKEY, J.W.: *Exploratory data analysis.* Addison-Wesley Publishing Company, 1977.

WALCK, C.: *Hand-book of Statical Distributions for Experimentalists.* 2001. Download unter: http://www.physto.se/~walck/suf9601.pdf.

Index

www.ingramcontent.com/pod-product-compliance
Lightning Source LLC
Chambersburg PA
CBHW081224220326
41598CB00037B/6865

* 9 7 8 3 4 8 6 5 7 9 5 9 8 *